군사학총서 22

풍석 이종학 교수 추모
사제동행 논문집

–풍석 이종학 약력–

·1929년 11월 5일 포항 출생
·공군사관학교(3기, 1954) 및 공군대학 졸업(1970)
·미국 공군통신학교 통신장교과정 수료(1958)
·경희대학교 대학원 사학과 졸업(1969)
·충남대학교 명예 군사학 박사(2003)
·공군사관학교 교수부 군사학과장
·공군대학 교수부 제2·3처장
·국방대학원 교수 및 교수부 제3학처장
·충남대학교 겸임교수 및 특임교수(2003-2018)
·한국군사사학회 창설(1976) 및 초대 회장
·서라벌군사연구소장
·공군사관학교 명예교수
·풍석기념관 관장

풍석 이종학 교수 추모

사제동행 논문집

발행일 2024년 6월 23일 발행인 김정겸
저자 이종학·노양규·나태종·최병학·이도학·이도흠·김희만·김강녕·신영덕·김희수·임익순·이원희·이종호·김재범·안재봉
펴낸곳 충남대학교출판문화원 주소 대전광역시 유성구 대학로 99 전화 042-821-6045
홈페이지 http://www.cnupress.co.kr E-mail cnupress@cnu.ac.kr

ISBN 979-11-6503-282-1 93390
정가 30,000원

군사학총서 22

풍석 이종학 교수 추모
사제동행 논문집

이종학·노양규·나태종·최병학·이도학·이도흠·김희만·김강녕
신영덕·김희수·임익순·이원희·이종호·김재범·안재봉

충남대학교출판문화원

이 책을 하늘의 별이 되신

풍석 이종학 교수님께

사랑하는 제자·후학들이 바칩니다

추도사

오늘 우리는 군사학 발전을 위해 평생을 바치신 故 이종학 교수님을 추모하고 그 넋을 위로하기 위해 이 자리에 모였습니다. 교수님께서 하늘나라의 별이 되신 지도 벌써 49일! 먼저 교수님의 영면을 빌고, 사모님의 안녕을 기원합니다.

황무지와 같았던 군사학 분야를 발전시키기 위해 헌신하신 교수님의 그 빛나는 업적은 이루 헤아릴 수가 없습니다. "큰 바위는 되지 못할지언정 바람에 흔들리지 않는 돌이 되겠다."는 뜻으로 風石이라는 호를 지으셨다는 교수님은 이제 '군사학의 태두'이시자, '군사학의 아버지'로 불리고 있으며, 제자들에게는 한국 군사학 발전의 이정표를 제시하신 '큰 바위 얼굴'로 가슴 깊이 새겨져 있습니다.

『나의 학문과 인생』을 통해 "나는 아직 현역이고 건강이 허락하는 한 활동을 계속할 것이며, 내 인생에 은퇴는 없다."며 단호한 의지로 제자들에게 모범을 보이셨던 교수님! 작년 『60대 이후의 인생 전략』을 발간하시고, 살아생전 마지막 남은 일은 '6·25전쟁의 영웅 백선엽 장군의 업적과 친일파 등의 각종 논란을 정리하는 일'이라고 하셨던 교수님께서는 결국 그 말씀을 지키지 못하시고 홀연히 우리 곁을 떠나셨습니다.

교수님께서 뿌리신 군사학이란 씨앗들은 이제 꽃이 피고 열매를 맺어, 온 누리에 퍼져 나가고 있습니다. 군사학 박사들이 수십 명에 이르고, 군사학은 학문으로서의 위치를 확고히 자리 잡았습니다. 저희 제자들은 '군사학 연구를 통해 국가의 안보에 기여 하라.'고 하신 교수님의 유지를 잘 받들어 나가겠습니다.

교수님의 온화한 미소를 볼 수 없는 오늘 이 자리, 저희 제자들은 눈물이 앞을 가립니다. 비록 교수님은 떠나셨지만 저희들 가슴 속에는 영원한 별이 되어 남아 있을 것입니다. 교수님! 부디 극락왕생하시어 생전에 꿈꾸셨던 '군사학이 나라를 지키는 든든한 도구'가 될 수 있도록 하늘나라에서도 지켜봐 주십시오. 그리고 홀로 남으신 사모님께서 건강하게 살아갈 수 있도록 잘 보살펴주시기 바랍니다. 이제 이승에서의 모든 근심, 걱정 훌훌 털어버리시고 부디 평안히 영면하시기 바랍니다.

2023년 2월 15일. 故 이종학 교수님 제자 일동

(제자 이원희 박사가 대표로 작성함)

■ 군사학의 태두, 故 이종학 교수님을 기리며!

이종학 교수님!

국가 안보를 위해 대한민국 군사학을 학문의 수준으로 개척하시고, 다수의 군인을 군사학의 길로 이끌어 주시던 풍석(風石) 이종학 교수님을 기리며 이 글을 바칩니다.

2022년 12월 말, 대부분 사람이 한 해를 마무리하는 일정으로 연말을 바쁘게 지내고 있었고, 전역 5년 차인 나 역시도 계룡과 서울을 오가면서 군사학 강의를 통해 후배양성의 보람 있는 시간으로 한해를 정리하고, 새해의 다가옴에 설레는 마음으로 하루를 보내고 있었다.

군사학 연구의 선배이시자 영남대학교에 적을 두고 계시면서, 경주 인근에서 교수님과 친밀한 내왕을 하시는 노양규 박사로부터 걸려온 한 통의 전화로 갑자기 바쁜 일정이 시작되었다. 개인적으로는 가슴이 무척 아프고, 국가적으로는 큰 별이 떨어지는 안타까움에 정신없이 대전으로 움직였다. 민간 최초로 군사학 학위 과정을 개설한 충남대학교의 배려로 충남대학교병원에서 상을 치르게 되었고, 삼국을 통일한 신라의 수도 경주를 대한민국 군사학의 성지로 만들고자 뜻을 두신 교수님의 유지(遺志)를 받들고자, 경주 수남길 생가에 교수님의 평소 말씀하신 대로 유분(遺粉)을 모시기로 하였다.

충남대학교병원에서는 3일 동안 교수님이 떠나가심을 아쉬워하는 많은 제자와 여러 기관 관계자들의 아쉬움을 전하는 방문과 연락이 있었다. 아마도 국가 안보를 걱정하시며 떠나가시는 교수님의 마음이 약간 불편하실지 몰라도, 보고 싶은 제자들의 군사학 연구에 대한 열정과 학교 및 기관 관계자의 말씀을 들으시면서 영정의 모습이 흐뭇하고 평안하게 변화하는 듯하였고, 아마도 편안하고 기쁜 마음으로 가실 거라고 위안하였다.

교수님의 일생은 『나의 학문과 인생』(2009) [1]이라는 책에 자세히 기록되어 있다. 특히, 군사학 연구를 하시게 된 동기에 대한 자세한 설명과 군사학 연구보다는 영어 등의 일반 과목의 시간이 더 많은 현 군사 교육기관의 교육과정을 바꾸어야 한다는 걱정의 말씀, 평생 모으신 재산을 군사학 발전을 위해 충남대학교와 공군사관학교에 기부하신 동기 등, 군사학과 관련된 많은 사안을 일일이 기록해 놓으셨다. 특히, 군사학을 연구하는 후학들이 가야 할 방향을 담은 『60대 이후의 인생 전략』(2022) [2]을 집필하시기도 하였다. 많은 책 중에서 교수님께서 가장 많이 말씀하신 것으로 기억되는 책으로는 『웨드마이어 회고록과 논평』(2014) [3]이다. 교수님께서 책을 편찬하시고 6·25전쟁의 원인에 대해서 말씀하시면서 국제정치의 희생물로서 6·25전쟁과 똑같은 상황이 미래 한반도에서 또다시 일어나게 해서는 안 된다고 하신 말씀이 가슴에 울려왔다. 지금도 교수님의 말씀을 생각하면 가슴이 두근거림과 깊은 책임감을 느낀다.

---

1) 이종학, 『나의 학문과 인생』, 충남대학교출판부(2009.10.30.)
2) 이종학, 『60대 이후의 인생 전략』, 충남대학교출판문화원(2022.08.03.)
3) 이종학, 『웨드마이어 회고록과 논평』, 충남대학교출판문화원(2014.06.20.)

교수님께서는 평생을 거쳐서 49권을 집필하시면서 군사학이 가야 할 방향과 중요성에 대해서 강조하셨고, 군사학 박사 200명 양성을 외치시기도 하셨다. 강조하신 말씀 중 군사학 연구와 관련하여 평생의 지식을 담은 명언이 다음의 격언(格言)에 담겨있다.

> **"국가의 독립과 평화를 바란다면 전쟁을 이해하고 거기에 대비하라.**
> **그리고 국민·국토·주권의 수호도 전쟁의 대비에서 비롯됨을 명심하라!"**
> **- 風石 李鍾學 -**

국가란, 일정 지역의 인간이 그들의 공동체적 필요를 위하여 창설한 것으로, 그 구성원들을 위하여 일체성과 계속성을 가지고 요청을 수행하며, 내·외의 적으로부터 공동체를 지키고 유지하려는 목적을 가진 조직으로[4] 국민, 국토, 주권의 3가지 요소로 구성되어있다. 국가는 안전이 보장되면 자연스레 번영을 추구하게 되는데, 이때 군사력은 보이지 않는 힘의 원천이 되며 정치적 의지의 마지막 수단으로서 필수불가결한 국력의 수단이 될 것이다. 현 국제정세는 미-중의 갈등 확대, 우크라이나-러시아 전쟁의 장기화 등으로 전 세계적으로 군비 확장이 활발하게 진행되고 있으며, 국가는 국민의 안전 보장과 번영을 위해서 전쟁을 대비해야 하는 중요한 위기(危機)의 시점[5]이라고 생각된다.

국가의 위기 상황에 대처할 수 있는 적절한 군사력 건설과 결정적 시기에 군사력을 효과적이며, 효율적으로 운용하기 위해 뒷받침해주는 이론적 배경이 군사학의 기능이라고 생각한다. 이에, 故 이종학 교수님의 후학들은 교수님께서 늘 말씀하신 대로 *"국가의 독립과 평화를 바란다면 전쟁을 이해하고 거기에 대비하라. 그리고 국민·국토·주권의 수호도 전쟁의 대비에서 비롯됨을 명심하라!"*는 말씀을 다시 한번 가슴에 되새기며 교수님의 군사학에 대한 열정을 이어가기 위한 노력을 진행 중으로, 먼저 교수님께서 연구하시던 '서라벌군사연구소'를 '풍석 기념관'으로 만들어 생전에 사용하시던 유품과 저서, 군사자료 등을 전시하고, 매년 군사학 연구모임을 개최하여 군사학 총서 발간을 지속 이어 나갈 예정이다.

앞으로도 기존의 군사학 연구자들뿐만 아니라, 현장에서 군사력을 운용하는 현역 군인들에게도 군사학 전문가의 길을 가기를 다시 한번 강조한다.

마지막으로 추도 기간 중 방문해주신 많은 제자 분들과 조의를 표해 주신 공군참모총장님을 포함한 모든 관계자께 감사의 마음을 전하며, 국가 안보의 최후 보루인 군사력의 적절한 건설과 효과적인 운용을 위해서는 군사학의 발전이 뒷받침되어야 한다는 점을 다시 한번 강조하면서 故 이종학 교수님의 평안한 영면을 기원드립니다.

국가의 위기와 한여름 무더위가 몰려옴을 느끼는 6월 첫날 연세대 유억겸 기념관 ASTI 연구실에서
연세대, ASTI 국제관계 센터장/객원교수 김재범

---

4) 홍성방, 『헌법학』, 현암사(2007년), pp.3~4.

5) 위기(危機)의 시점이란? 위험(危險)과 기회(機會)가 동시에 공존(共存)하는 상황.

□ 머리말

'풍석 이종학 교수 1주기'를 추모하는 학술 세미나가 2023년 12월 12일 공군사관학교에서 학교장과 교관, 사관생도, 제자 및 군사학 후학들의 참여하에 성공적으로 마무리되었다. 그럼에도 제자들과 후학들은 교수님의 국가와 군에 대한 헌신과 애정, 그리고 군사학에 대한 열정을 널리 알리기에는 여전히 부족하다고 생각하였고, 2023년 5월부터 추모집을 발간하자는 의견이 있었던 터라 교수님의 연구업적과 사상, 제자 사랑의 높은 뜻을 기리는 추모논문집을 발간하기로 뜻을 모았다.

많은 분이 참여하여 한 권의 책으로 엮을 수 있었는데, 그 과정에서 교수님의 마지막 연구가 된 「백선엽 대장 논평」이 탈고되지 않은 유고 논문이지만, 논문 자체가 교수님의 군사학에 대한 연구활동을 이해할 수 있는 소중한 산물이라 생각하여 수록하였다. 그리하여 제1부는 백선엽 장군에 대한 논평인 유고 논문을, 제2부는 후학들과 제자들의 추모 논문으로 구성되었다.

이종학 교수님의 저서와 논문, 주요 활동, 행적들을 살펴보면서, 어린시절부터 참 특이한 분이었구나 하는 생각을 했다. 학창시절에 일본어로 된 『퀴리부인전』과 안동혁의 『과학신화』를 읽고 훌륭한 화학자가 되는 꿈을 꾸었고, 그 후 친구 권유로 울릉도에서 교편을 잡고 있다가 6·25전쟁이 발발하자 포항으로 돌아와 1951년 공군사관학교에 입학하면서 군인의 길을 걷게 되셨다.

1967년 공군사관학교 교수부 군사학과장(중령) 재직 시, 인문학과 학점은 30학점이 넘는 데 비해 군사학과는 16학점밖에 안 된다는 사실을 파악하고, 직업군인을 양성하는 사관학교에서 '적과 싸워 어떻게 승리하느냐'는 과제를 연구하는 군사학과 과목편성(학점)의 증가를 주장하셨다. 1968년 공군사관학교 군사학과장(중령)으로서 국방대학원 안보과정에 「전략론」 강의를 갔다가 1층 대강당 입구에 '백전백승百戰百勝'이라는 현판이 걸려있는 것을 보고 '백번 싸워 백번 승리하는 것은 육군대학 수준에서 연구할 과제이고, 국방대학원에서는 싸우지 않고 적을 굴복시키는 전략적 수준의 과제를 연구해야 한다고 주장하여 결국 그 현판을 내리게 한 일화는 유명하다.

풍석 이종학 교수님은 50대 초반에 인생 후반기인 60대에는 **'하고 싶은 일을 하면서 자유롭게 살자'**는 목표를 설정하고, 65세가 정년인 국방대학교 교수직 사임을 결심하시고 58세(1987)에 명예퇴직 후 경주 평동에 「서라벌군사연구소」를 설립하여 신라 화랑·군사사軍事史 연구와 현장답사에 전력을 경주하셨다. 사실 이런 일련의 결정은 손쉽게 내릴 수 있는 결단이 아니기에 교수님의 혜안이 오히려 더 빛을 발하고 있다고 생각한다.

교수님은 도전적이고 확신에 찬 학문적 용기로 평생을 군사학 발전에 헌신 노력하셨다. 그간의 연구활동을 보면 모두 무심히 넘길 수 없는 과제들이었으며, 일반 역사학자들이 바라볼 수 없는 날카롭고 예리한 군사사학적軍事史學的 시각으로 역사학의 빈 공간을 메우고 그 영역을 확장시켰다. 대표적인 연구 주제와 성과로는 삼국통일의 주역인 태종무열왕, 문무대왕과 김유신,

화랑도에 대한 연구, 원광법사와 원효대사 연구, 백제 주류성의 위치 비정 등 백제사 연구, 이순신 연구, 6·25전쟁 관련 연구, 그리고 클라우제비츠의 『전쟁론』과 손무의 『손자병법孫子兵法』, 웨드마이어 회고록, 북한 핵문제, 한반도의 안보문제 등 이었다. 특히 2001년 1월과 2002년 1월에 일본 방위청 방위연구소 연구원과 일본 자위대 장교들에게 특강을 했으며, 2005년 12월 1일, 「한 군사학도의 연구궤적」이라는 제목으로 일본 방위청 방위연구소 전사부에서 장장 3시간 동안의 발표를 통해 광개토왕대왕 신묘년 기사의 해석, 일본서기 사료비판, 고대 일본의 항해술, 임나일본부설의 허위, 일본 가와우치 왕조 및 천황가의 출신이 한반도의 김해에서 유래했음을 당당히 주장하기도 했다. 또 미 전쟁대학원(WAR COLLEGE)을 방문하여 군사전략 자료를 획득해서 군사전략을 어떻게 실체적으로 수립해 가는가에 대한 절차를 체계화하여 교육함으로써 한국 군사전략발전에 공헌하였다.

얼마 전 교수님의 서재를 둘러볼 기회가 있었는데, 큰 창문으로 밝은 햇살이 들어왔다. 책상 위에는 사용하시던 필기구인 만년필이 놓여있고, 마지막까지 연구하시던 백선엽 장군 관련 서적들이 펼쳐져 있었다. 사방은 귀한 책과 논문, 군사학 관련 서적들로 발 디딜 틈이 없었다. 책 냄새가 나고, 만년필 잉크 냄새가 나고 어둠을 밝히던 탐구의 냄새가 났다. 신라, 가야, 백제, 고구려, 일본 그리고 고려, 조선, 대한민국, 미국, 독일, 중국 그리고 6·25전쟁과 세계전쟁을 넘나들던 시공을 초월한 '군사학 서재' 그대로였다.

교수님께서 남기신 연구 산물은 교수님의 군사학이나 다른 학문연구에 대한 열정을 널리 알리고 이해를 증진하는데 기여할 것으로 생각하며, 나아가 이 추모논문집이 디딤돌이 되어 그동안 교수님이 개척하고 발전시켜 온 군사학의 영역을 더 넓힐 수 있기를 기대한다.

교수님이 당신의 묘비명에 쓰라고 주신 '평생 군사학을 연구하고 내린 결론'이 가슴을 울린다.

국가의 독립과 평화를 바란다면 전쟁을 이해하고 거기에 대비하라.
그리고 국민·국토·주권의 수호도 전쟁이 대비에서 비롯됨을 명심하라.

『풍석 이종학 교수 추모 사제동행 논문집』을 발간하는데 협조해 주신 충남대학교 출판문화원장 박수연 교수와 양광준 과장, 김보라·김민지씨 등 직원들에게 감사를 드린다. 그리고 교수님 곁에서 자료를 입력하시고 교정하면서 편집을 도맡아 하신 사모님 최정화 여사와 추모논문집 발간에 참여해주신 모든 분들께 감사를 드린다.

2024년 6월 10일
제자 일동
(노양규 박사·나태종 박사가 대표로 씀)

■ 군사학의 태두 풍석 이종학 교수의 경력과 주요 활동

□ 학력 및 주요 경력

기 간	기 관	직 위
1951.11.~1954.11.	공군사관학교 3기 졸업	학사
1954~1956	공군 제7항로보안단 제727 파견대	파견대장
1957.9.~1958.10.	미국 공군통신학교 통신장교과정 수료	1년
1965.5.~1970.5.	공군사관학교 교수부 군사학과	교관 및 과장
1967.3.~1969.2.	경희대학교 대학원 사학과	문학석사
1970.5.~1970.10.	공군대학 고급지휘·참모과정 수료	
1970.11.~1974.2.	공군대학 교수부	교관 및 제2·3처장
1974.3.~1987.2.	국방대학원 교수부	교수 및 제3학처장
1976~1979	한국 군사사학회	회장
1980.12.	문교부	군사학전공교수 1호
2003.8.	충남대학교 명예 군사학 박사	한국최초
2003.3.~2019	충남대학교 군사학부	특임교수
2005~2022	미래군사학회	이사장
2009~2022	공군사관학교	명예교수
1987.4.15.~2022.11.4.	서라벌군사연구소	소장
2022.11.5.~2022.12.29	풍석기념관	관장

□ 주요 활동

풍석 이종학 교수의 군사학 학문발전을 위한 주요 활동은 다음과 같다.

·첫째는 군사학의 학문적 체계화에 대한 공헌이다. 군인이자 학자로서 1979년 '군사이론체계

에 관한 연구'를 발표한 이후 평생을 통해 군사학의 이론적 토대와 체계화를 위해 많은 논문과 책을 통해 타 학문과 교류하면서 전쟁을 연구하여 학문적 바탕을 제공하였다. 이러한 노력은 국방부와 육군의 군사학의 학문체계 정립을 위한 정책으로 이어져 2002년 말 한국교육개발원의 '표준교육과정' 공시와 2003년 교육부의 '고등교육법' 학점인증기관에 대한 개정으로 정식으로 군사학 학위를 수여할 수 있게 됨으로써 군사학이 학문으로 인정받게 되는 결실을 맺었다.

• 둘째는 신라, 고구려, 백제 그리고 일본 관련 등 고대사 연구를 통해 군사사학적 역사연구의 이론을 정립하고, 6•25전쟁사, 클라우제비츠, 손자병법, 전략이론, 핵문제, 남북통일 제안 등 전쟁철학과 군사 인문학 분야 발전을 선도하였다.

• 셋째는 군사학이 학문적으로 인정을 받은 이후에도 군사학의 발전을 위해 끊임없이 노력을 경주하고 있다는 것이다. 2003년 법 개정에 따라 여러 민간대학에 군사학 학사 및 석사, 박사 과정이 개설된 이후 충남대에서 직접 강의를 맡아 후진을 양성하는 동시에, 군사학 발전을 위한 기금 조성을 위해 본인이 직접 거금을 출연하는 모범을 보이고 있다. 특히 90세까지 경주에서 대전까지 왕복하면서 학문적 열정을 보이고 있으며, 매년 군사학 관련 논문과 저술 활동을 통해 노익장을 보여주었다.

□ 군사학의 이론 정립

이종학 교수는 국방대학원 교수로 재직시 우리나라에서 최초로 「군사학의 이론체계」(1980.10.30.)를 발표하고, 그 이후 군사학의 이론 정립을 시도했다. 20여년의 세월이 흘러 2002년 12월 군사학이 학문으로 인정되어 2003년 3월 충남대학교에서 '군사학 석사과정' 교육이 시작되었고, 2004년부터 12여개 일반대학교에서 군사학부 과정이 시작되었으며, 2005년에 군사학박사과정이 개설되고 2010년부터 '군사학 박사'가 배출되기 시작했다.

오늘날 한반도를 둘러싼 국제정세가 대단히 불안정하고 변화 가능성이 높다. 미국의 패권에 대한 중국의 도전과 경쟁이 지속되는 가운데 해상 영토분쟁에 대한 각국의 주장도 더욱 거세지고 있다. 북한의 핵개발은 더욱 정교화, 고도화, 소형화에 근접하고 있고, 강도 높은 국제 제재에도 불구하고 김정은을 정점으로 한 북한지도부는 여기에 굴복할 가능성은 거의 없는 듯하다. 젊은 혈기와 도발적인 김정은의 행보는 급변사태 가능성이 제기되는 가운데 그 향방을 전혀 가늠할 수가 없다. 한미동맹을 바탕으로 한 굳건한 한미 연합방위태세의 유지, 주변국과의 긴밀한 협력, 국민의 단결과 지지를 바탕으로 한 강한 국방태세만이 오늘의 상황을 극복할 수 있는 바탕이 되고 있다.

한국은 수많은 침략과 위기를 극복하고 짧은 시기에 높은 경제성장과 민주화, 빛나는 문화를 발전시켜 왔다. 다시는 6•25전쟁과 같은 전쟁을 초래해서는 안된다. 전쟁은 참혹하고 수많은 인명과 재산의 파괴를 가져온다. 전쟁은 방지되어야 한다.

인류의 역사는 전쟁의 역사라고 해도 과언이 아니다. 전쟁은 하나의 사회 현상이다. 국가안보에 대한 관심이 소홀하거나 평시 대비가 부족할 경우, 또 군사적 전문성이 부족할 경우 그

틈을 비집고 다가온다. 정치의 수단으로서의 전쟁은 사회 현상이 복잡하고 정치행위가 존재하는 한 그 가능성은 언제든지 존재한다. 전쟁의 주도권은 강자에게 있으며 약자에게는 언제나 대비해야 할 위기이다. 전쟁은 통제되고 억제되어야 한다. 전쟁을 통제하고 억제하기 위해서는 전쟁 속으로 들어가 전쟁을 관리하고, 다듬고, 컨트롤하여야 한다. 그게 군사학의 역할이다.

군사학이란 전쟁 연구를 통해 효율적 관리를 추구하는 학문이다. 전쟁은 관리되어야 하며 방치되어서는 안된다. 그러면 누가 관리하는가? 클라우제비츠는 정부, 국민 그리고 군대가 함께 관리하여 그 균형을 유지해야 한다고 하였다. 전쟁을 관리하고 통제하기 위해서는 전쟁을 이해하는 사람, 즉 전쟁의 특성을 연구한 군사전문가들이 필요하다. 군사전문가들은 정치와 전쟁을 이해하고 정치의 수단으로서의 전쟁이 되도록 노력한다. 그러면 군사전문가는 어떻게 육성되는가? 다른 여러 학문과 함께 군사학 학문체계를 통해서 육성된다.

군사학(military art and science)이란 전쟁을 연구대상으로 하는 학문체계이다. 전쟁이란 국민의 생사生死와 국가의 존망存亡을 좌우하는 국가의 중대한 일이다. 따라서 전쟁에 대한 연구를 소홀히 한 민족과 국가는 언제나 큰 수모를 겪었다. 그것이 역사적 교훈이다. 이러한 군사학을 한국에서 처음으로 학문화를 추구한 사람이 이종학 교수이다.

이종학 교수는 1960년대 중반, 미국에서 물리학 석사학위를 받고 돌아온 동기생이 '군사학도 학문인가?'라는 농담조의 질문을 받고 군사학을 연구하는 계기가 되었다고 한다. 국방대학원에 교수로 재직하면서 '군사이론체계에 관한 연구' 논문을 작성하여 『국방연구』지(1979.6.)에 게재하였고, 이듬해 「군사학이론과 교육체계정립」이라는 「국방학술세미나」(1980.10.)에서 「군사학의 이론체계」를 발표하면서 처음으로 군사학을 하나의 학문으로 이론 정립을 시도하였고, 문교부로부터 국내 최초로 '군사학 전공 교수'로 승인되었다.

그 후 이종학 교수는 군사학의 학문화를 위한 노력을 지속적으로 실시하였다. 1999년 6월 육군사관학교 화랑대연구소 주최 세미나에서 「한국 군사학의 발전방향」을 발표하였고, 1981년에는 「현대 군사사의 연구방향」이라는 논문을 군사지軍史誌에 발표 및 세미나도 실시하였다. 이러한 노력들은 국방부, 군 관련 학자, 각군본부 담당자들에게 군사학의 학문화에 대한 공감대를 형성하고 군사학의 학문체계 정립에 대한 관심을 증대시키는 계기가 되었다.

군 정책에도 반영되어, 국방대학교와 사관학교 등에서 군사학 관련 세미나들이 개최되어 그 필요성이 확산되었고, 2000년대 초, 육군본부에서는 '군사학 학문체계 정립 및 학위 수여 방안 연구위원회'가 설치되어 군사학의 학문화에 노력하였고, 군사학 학문 및 교육체계에 대한 이론적 분석과 실행을 위한 구체적인 방안이 제시되기도 하였다. 그리고 2002년 교육부에서 군사학 학위수여 기준이 될 법률을 공시함으로써 사관학교 및 일반대학에서 일정한 군사학 교육을 실시할 경우, 군사학 학위가 수여될 수 있게 되었다.

이를 근거로 사관학교 졸업생에게 군사학 학위가 수여되고, 이어 일반대학에 군사학과가 개설되었으며, 대학원에도 군사학 석사 및 박사학위 과정이 개설되어 군사학이 하나의 학문으로 자리잡게 되었다. 여기에 이르기까지 많은 분들의 노력이 있었다. 특히 그중에서도 이종학 교수는 이러한 학문체계 태동과 정립에 남다른 노력을 실시해 왔다. 그러한 노력들은 다음과 같이 정리할 수 있다.

1) 군사학 교육에 투신

2002년 충남대학교 평화안보대학원에서 군사학 석사과정을 개설한다는 것이 공고되자, 평소 군사학의 학문체계 발전을 평생의 희망으로 생각하던 이종학 교수는 이를 실행할 수 있는 기회가 왔다고 판단하고, 군사학과 개설, 교육과목 설정, 강의 및 교육에 직접 뛰어들었다. 그리고 그동안 모은 재산을 기부하고, 직접 군사학 교육 과목을 선별하고 강의를 하는 등 평화안보대학원 군사학 석사과정 개설에 큰 힘을 보탰다. 2003년 8월 우리나라에서는 최초로 '명예 군사학 박사' 학위를 수여받았다.

2) 군사학 발전을 위해 재산 기부

이종학 교수는 군사학의 학문화는 사관학교에서부터 정립되고 발전되어야 한다는 생각에 1987년 퇴직하여 경주로 내려오면서, 서울 신림동의 집을 공군사관학교에 군사학 발전기금으로 기부하였고, 1990년 중반에는 고양에 있는 집마저 사관학교에 기부하였다. 이 기금은 당시 금액으로 2억 6천 2백만 원에 해당하는 거금이었다. 이 금액으로 지금까지 사관학교에서는 생도들의 해외 전적지 답사와 학술세미나, 교수 연구비 등에 보태 사용하고 있다.

그리고 2003년 10월에는 공군사관학교, 공군대학, 국방대학원 교수로 재직하면서 모았던 군사학 분야 장서 1만 여권과 도서구입비 1천만 원을 충남대학교에 기탁하여 군사학 서적이 부족한 충남대학교에서 군사학과 학생들이 사용하도록 하였다. 충남대학교에서는 지금도 도서관에 '풍석문고'를 운영 중에 있다.

2004년 8월에는 국방대학교 퇴직 후 연구 활동을 위해 준비했던 강화도의 임야(28,960㎡, 당시 시가 10억원 상당)를 충남대학교에 군사학진흥기금으로 기부하고 군사학의 학문적 발전에 기여하도록 했다.

별도의 재산 없이 봉급만으로 평생을 모은 재산을 군사학의 발전을 위해 기부한 것이다. 군사학의 학문체계에 대한 열정과 관심이 없으면 불가능한 어려운 결단이었으며, 평생을 군사학의 학문적 발전에 걸은 것임을 알 수가 있다.

※이종학 교수의 학교사랑과 기부활동

- 2002년까지 공군사관학교에 「군사학 연구기금」으로 2억 6천 2백만 원을 기부하여 사관학생들로 하여금 학문연구와 해외 전사적지 견학 경비로 사용.
- 충남대학교 발전기금재단의 「군사학진흥기금」에 기부

① 2003년 10월, 군사학 분야 장서 1만여 권과 도서구입비 1천만 원

② 2004년 8월, 강화도에 있는 임야(28,960㎡ : 10억 원 상당)

③ 2009년 10월, 3억 원

④ 2012년 이후 군사학 박사학위 논문 우수자에게 상금 100만 원 수여(진흥기금 이용)

⑤ 2013년 이후 매년 군사학 총서발간 모임 실시

3) 군사학 강의

이종학 교수는 2003년 충남대 평화안보대학원에 군사학 석사과정이 개설되고, 2005년에 군사학 박사과정이 개설되면서부터 2018년까지 겸임교수 또는 특임교수로서 직접 대학원 학생들에게 군사전략, 군사사, 전쟁사, 군사사상 등의 과목을 강의했다. 민간대학에 군사학을 전문적으로 연구한 교수가 부족하던 시기에 이종학 교수의 군사학 관련 과목의 강의는 군사전문가를 양성하는 데 큰 도움이 되었다.

이종학 교수의 군사학 강의는 쉬운 일이 아니었다. 경주에 거주하는 이종학 교수는 초기에는 경주에서 대전까지 새마을 열차를 타고 강의를 다녔다. 팔순의 나이에도 불구하고, 오고 가는 시간만 7시간이 소요되는(지금은 KTX 이용으로 시간은 단축) 먼 거리였다. 때로는 아침 5시에 집을 나와 밤 10시에 도착하는 힘든 활동이었다. 강의료는 겸임교수로서 한 달에 50만 원을 받는 경우도 있었는 데 교통비가 더 소요되기도 했다. 2003년부터 시작된 강의는 90세가 된 2018년까지 계속하였다. 군사학에 대한 사랑은 세월도, 먼 거리도 문제가 되지 않았다. 군사학이 학문으로서 자리를 잡고 발전한다면 그것으로 만족하였다.

4) 군사학 연구 촉진 활동

학문은 교수들이 열심히 가르치는 것도 중요하지만 학생들의 참여와 관심이 없으면 확장되기 어렵다. 이종학 교수는 군사학과 학생들이 낮에는 군인(대부분이 중령, 대령, 장군 등 현역, 일부 예비역)으로서 근무를 하고 야간 및 휴일에 공부하는 특성을 이해하고, 학생들의 학업 동기를 증진시키기 위한 방안을 강구하였다.

그리하여 2009년 10월에는 3억 원을 다시 충남대에 기부하여 학생들의 군사학 진흥기금으로 사용하도록 하였다. 2011년도부터는 박사학위 졸업자중 우수 논문 학위자 1명을 선발하여 우수논문상 100만 원을 수여하고 있다. 그리고 군사학의 학문발전은 군사학 석사, 박사학위를 성취하는 데만 있는 것이 아니라 학자로서의 지속적인 연구와 논문작성, 관련 분야 연구에 있다는 점을 강조하고, 이를 장려하기 위해 3년째 '군사학총서발간모임'을 경주에서 실시해 오고 있다. 학자는 책을 발간하면서 그 연구노력을 축적시켜 가야한다는 것이다. 그리하여 매년 책자발간 모임을 통해 학문적 열정을 고취하고 아울러 신라 유적지 답사를 통해 신라의 삼국통일 과정을 확인하게 하고 있다. 지금까지 49권의 책을 저술하였고, 90이 넘은 연세에도 불구하고 이종학 교수 스스로도 해마다 한 권 이상의 책을 저술하는 노익장을 과시하면서 학자로서의 학문적 모범을 보였다.

이러한 노력으로 현재 충남대학교 평화안보대학원과 군사학부는 2003년 이후 박사학위 졸업생과 2010년 박사를 배출하기 시작했다.

5) 군사학 교육체계의 선진화

충남대 군사학부가 다른 일반대학교와 구별되는 것은 육군, 해군 군사학부가 개설되어 있고 장차 공군 군사학부까지 개설할 준비를 하고 있다는 것이다. 다른 군사학부와는 다르게 육군, 해군, 공군 등 3군 통합 군사학부를 추구함으로서 군이 추구하는 합동성을 겸비한 우수한 장교를 양성할 수 있는 교육체계를 구축하였다는 것이다. 더욱이 학부과정에 이어 군사학 석사과정, 군사학 박사과정을 개설하여 명실공히 한국에서 가장 앞장선 교육체계와 여건을 형성하고 한국군의 군사학 학문체계 발전에 노력하고 있다.

□군사사학적 역사연구 이론 정립軍事史學的歷史硏究理論定立

경희대 사학과에서 역사학을 공부한 이종학 교수는 9년이나 남은 국방대학원 교수직을 그만두고, 평소하고 싶었던 신라, 고구려, 백제 등 한국의 고대사 연구를 하기 위해 신라의 고도 경주로 내려왔다. 한국의 고대사 연구는 당시 미개척분야가 많고 또 문헌연구와 현지답사가 병행되어야 한다는 관점에서 경주가 위치상으로 연구활동에 가장 적합했기 때문이었다. 직장의 굴레에서 벗어나 평소 연구하고 싶었던 고대사 분야를 마음껏 연구할 수 있다는 것 그리고 삼국 중 가장 열세하고 지리적으로 불리했던 신라가 어떻게 해서 삼국을 통일하여 한민족의 원형의 씨를 뿌리게 되었을까 하는 과제를 남은 인생을 통하여 연구하고 싶었던 것이다. 그리고 이 고대사 연구를 하는 과정에서 군사학적 시각視覺에서 접근하고 분석하는 군사사학軍事史學의 이론 정립理論定立을 시도하였던 것이다. 전쟁은 전쟁을 수행한 장수의 시각과 판단, 군사작전의 조건 등을 고려한 군사적 시각에서 접근해야 보다 더 정확한 분석이 가능하다는 것이 군사사학적 역사 연구방법이다. 그동안은 문헌사학적, 고고학적, 역사적 연구에 치중하고 정작 군사학적 시각에 대해서는 소홀했던 것이다.

군사사학(military history)은 군사학과 역사학의 합성어로서, 과거의 군사문제를 연구대상으로 하는 역사학의 한 분과이며 군사이론과 역사학을 결합한 학문체계이다. 즉 과거 역사와 전쟁사, 군사문제를 군에 대한 전문성과 경험, 이론을 바탕으로 기존 연구방법에 추가하여 연구한다는 것이다.

1) 군사사학적 연구 논문 작성

1981년 국방부 『軍史』지誌(No.3)에 「현대 군사사의 연구방향」이라는 논문에서 처음 이론정립을 시도한 이후, 「대한민국 임시정부의 군사활동」, 「청산리전투의 군사적 의의」, 「신라 삼국통일의 군사사적 고찰」 등 군사사적 시각으로 과거 군사문제를 분석하였다. 그러한 노력의 결과로 「광개토대왕비문 신묘년기사의 검토」, 「주류성·백강의 위치 비정에 관해서 : 군사사학적 방법에 의한 고찰」, 「河內巨大古墳の謎を探する-5世紀前後を中心とする新假說-」(가와우찌 거대고분의 수수께끼를 찾다-5세기 전후를 중심으로 한 신가설-) 등으로 일본학계의 임나일본부설론을 논파했고, 「칠천량해전의 군사사학적 연구」 등등 고대사 연구에 큰 업적을 남겼다. 기존의 한국사韓國史 군사문제에 대한 기술내용記述內容을 수정·보완한 연구 성과가 『한국군사사 연구』(2010)이다.

2) 日本史學界의 「任那日本府」說을 論破함

'任那日本府'說이란, 4~6세기에 걸쳐 倭의 야마도 정권(大和政權)이 한반도 남부를 지배·통치했다는 설로 그 논거를 「廣開土王碑文 辛卯年記事」(391)의 해석에 두고 1889년 6월부터 주장하여 남북한·일본·중국의 고대사학자들의 논쟁의 씨가 되어왔다. 그런데 그들은 '문헌 사학적 연구방법'을 채택했으나, 이종학 교수는 전쟁에 관련된 문제는 군사이론에 바탕을 둔 '군사사학적 연구방법'으로 규명하는 것이 더 타당하다는 주장을 바탕으로 「광개토대왕비 신묘년기사의 검토」 논문을 써서 발표하여 큰 반향을 일으켰다. 일본측의 주장을 논파한 글을 일본의 月刊誌『日本及日本人』(創刊110年記念號, 1998年春)에 게재하였고, 그리고 日本의 古代史專門誌의 요청에 의해 『東アジアの古代文化』(創刊100号記念特大号, 1999)에 재게재再揭載 되었으며, 그 후 '任那日本府'說은 일본에서 자취를 감추게 되었다.(참고자료 : 『軍事史學による古代史散策(군사사학에 의한 고대사 산책)』 pp.122~140.)

3) 日本의 天皇家는 任那加羅(김해) 出身이다

일본의 황국사관皇國史觀에 의하면, 일본은 신국神國이며 만세일계萬世一系의 천황天皇이 통치해 왔으며, 천황은 하늘에서 내려온 신성神性과 그 통치의 정당성, 영원성을 주장하는 학설學說이다. 그런데 일본 도쿄대학(東京大學)의 고고학자인 에가미 나미오(江上波夫, 1906~2002) 교수는 1948년 일본 국가의 기원은 동북아시아(中國의 松花江附近)의 기마민족騎馬民族이 남하하여 일본민족을 정복했다는 설說을 제기했는데, 소위 '騎馬民族征服王朝說'이다. 그는 책에서 논문을 발표했으나, 우익의 협박으로 학자와 일반대중에게 그의 학설을 발표하지 못했다.

이종학 교수는 새로운 가설(hypothesis)을 세워, 논거를 제시하기 위해 문헌사학文獻史學, 인류학, 고고학 및 언어학 등 학제적學際的 연구방법(Interdisciplinary Approach)을 구사했으며, 특히 『日本書紀』(欽明天皇 23年 夏6月)에 "…君父의 원수를 갚지 못하는 것은 죽어서도 臣子의 道를 다하지 못한 恨을 남길 것이다."라고 했는데, 이것은 562년 임나(任那, 고령)가 신라에 의해 멸망되었을 때, 긴메이(欽明) 천황(天皇)이 실토한 내용이다. 2002년과 2003년 『東アジアの古代文化』(第113·114号)에 2회에 걸쳐 논문을 게재했고 또한 2005년 12월 1일 日本防衛廳防衛研究所에서 教授 및 戰史家들에게 발표했다.(참고자료 : 『軍事史學による古代史散策』, pp.155~190 및 pp.11~14.)

4) 한국 군사사학회 창립, 초대 회장

고대사와 군사문제의 군사사학적 연구를 추구하던 이종학 교수는 세계 군사사학회와의 교류와 한국 군사사학회의 발전을 위해 1976년도에 한국군사사학회를 창립하고, 초대 회장으로서 1979년까지 활동하면서 한국 군사사학회 발전을 주도하였다.

이처럼 이종학 교수는 신라, 고구려, 백제 그리고 일본사 연구를 통해 기존 역사학에 군사사학적 연구방법을 정립한 최초의 역사학자이다.

□ 평화적 남북통일에 대한 새로운 제안

오늘날 한반도는 그 어느 때보다도 남북한의 갈등이 높고, 전쟁의 위험성이 증대되고 있으며, 미래 한국의 안보부담이 필연적으로 증대될 수밖에 없는 상황에 있다. 한국의 안보전문가, 군사전문가가 필요한 이유이다. 미국이 한국의 안보를 대신해 주던 시기는 지나갔다. 우리 스스로 조국의 안보를 책임지고 지키겠다는 강력한 의지와 실질적인 역량이 필요한 시기이다. 통일은 어느 날 다가올 수 있지만 그 과정은 순탄치만은 않을 것이다. 필사즉생必死則生의 정신과 노력으로 우리가 쟁취해야 하는 것이다. 오늘날 군사전문가의 육성과 전쟁의 합리적인 통제, 정치의 수단으로서의 군대 운영이 더욱 필요해지고 있다.

전쟁은 인류 역사와 더불어 수행되어온 역사 그 자체이다. 전쟁은 수많은 인명을 빼앗고 재산을 파괴하는 재앙이기 때문에 억제되어야 한다. 그러나 전쟁은 생각만으로 억제될 수 없다. 정치의 수단으로서의 전쟁이 되도록 정치 지도자와 함께 군사전문가들이 전문성을 구비하고 노력하여야 한다. 그러한 노력이 군사학의 학문적 발전임과 동시에 군에 대한 관심이며, 학문적 연구가 이루어져야 하는 이유이다.

많은 학자들이 전쟁을 회피하고, 부적절한 것으로 인식은 하면서도 이를 연구하고 통제하고 분석하려는 노력은 게을리 하였다. 전쟁은 너무나 위험하고 파괴적이기 때문에 군인들에게만 맡겨서는 안 되며, 정치가 개입하고 관리하여야 한다. 정치가 개입하고 관리하기 위해서는 전쟁에 대한 연구가 선행되어야 한다. 군사학에 대한 연구가 곧 군사학의 학문체계 발전이며, 이러한 군사학의 학문적 발전에 평생을 받쳐온 이종학 교수야 말로 높이 평가되고 학문적 업적이 인정되어야 하는 것이다.

이종학 교수는 미래 한반도에서 무력에 의한 한반도의 통일은 무의미하다고 했다. 전쟁으로 인해 한반도가 폐허로 변할 것이고 그러한 폐허속에서 달성된 통일은 의미가 없다는 것이다. 따라서 한반도의 통일에 관한 시나리오는 세 가지가 논의되고 있으나, 강대국의 개입과 피해를 가져올 가능성이 언제나 존재하고 있다. 그래서 바람직한 시나리오는 935년 신라의 경순왕이 마의태자의 반대를 무릅쓰고 고려의 태조에게 국가 권력을 이양한 것처럼, 김정일 국방위원장은 한국 정부에 권력을 이양하고 따뜻한 제주도에서 여생을 편안하게 사는 것이라고 제안하였다. 이렇게 함으로써 김일성이 범한 민족적 비극(6·25전쟁)에 대한 보상도 되고, 또 한민족의 평화적 통일과 동북아시아의 평화와 번영에 공헌하는 것이리라. 이 제안은 日本 도쿄에 소재하는 「日本戰略硏究フォーラム」의 會誌(2007.4.)에 발표했고, 우리나라 월간 『自由』(2007년 5월호)에 번역·발표했다. 이 제안은 지금의 김정은 노동당 위원장에게도 마찬가지로 적용이 된다.(참고자료 : 『웨드마이어 회고록과 논평』, pp.273~277. 그리고 『軍事史學による古代史散策』, pp.1~3.)

□ 영원한 젊은 군사학도

이종학 교수는 서거(2022년, 94세) 때까지 연구 활동을 한 영원한 젊은 청춘의 군사학도였다. 1980년대부터 한국 군사학 학문체계 필요성을 역설하고, 학문의 이론화를 시도하였으며, 국방대학원 퇴직 이후 경주에 내려와 신라통일의 흔적과 원인을 연구하다가, 2003년도부터는 충남대학교에서 군사학과 개설에 참여하고 2018년까지 강의를 하면서 한국의 군사학 학문화에 기여하였다. 그리고 매년 1권 이상의 군사학 저서를 발간하고 사관학교와 대학교에 특강을 실시하고 있다. 이러한 이종학 교수의 열정적이고 지칠 줄 모르는 학구열은 제자들에게 또 다른 인생강의가 되고 있다.

30년이 넘는 야전군인의 삶을 마치고 퇴직하는 군 간부들에게 새로운 학문적 열정을 불러일으키고, 군과 사회의 가교역할을 하도록 하며, 군사학이 전쟁을 통한 평화의 파괴가 아닌 전쟁을 방지하고 평화를 증진시키기 위한 학문이라는 것을 재인식시키는 중요한 계기가 되었다.

또한 50대 중·후반에 군에서 전역하여 새로운 출발을 하는 많은 제자들에게 이종학 교수의 '인생 후반전론' 사고思考는 큰 반향을 일으켰다. 인생 후반전론이란 축구가 전반전도 중요하지만 후반전에서 승리하는 것이 중요하다는 것으로서, 퇴직 후의 생활을 후반전으로 여기고 전반전의 실수와 과오를 분석 평가하여 후반전에서 그것을 극복하는 마음의 준비와 자세를 가진다면 좋은 삶의 결실을 가져온다고 생각하는 자세이다. 평생을 군에서 보낸 제자들이 퇴직에 직면하여 군 생활의 낙오자, 인생의 낙오자로서 심리적인 갈등을 겪는 경우가 많은데, 이종학 교수의 검소하면서도 열정적인 삶, 그리고 끝없는 연구, 강의, 기부활동, 체력관리 등은 군 생활의 낙오자가 아니라 인생의 후반전을 준비하는 출발자로서 사회와 군을 위해 의미있는 역할을 모색하는 롤 모델이 되었다.

그것은 원효가 '모든 것은 내 마음에 달려있다'(一切唯心造일체유심조)의 도리를 그대로 실천하는 것과 같은 것이며, 퇴직이 끝나는 것이 아니라 새로운 출발, 새로운 도전의 시작임을 인식하게 하는 계기가 되었다. 자기가 좋아서 하는 석·박사학위 과정이 주간 근무 야간 공부의 힘든 과정이지만 모두 웃을 수 있다는 것을 알게 되었다. 지금도 그것이 충남대 군사학 박사과정에 수 십명의 학생들이 몰려드는 요인이 되었던 것이다.

그래서 이종학 교수는 하늘의 별이 되어서도(2022.12.29.) 젊은 청춘의 군사학도이다. 이종학 교수는 제자들에게 영원한 젊은 군사학도로서 한국 군사학의 창시자, 한국 군사학의 태두로서 존경받고 있으며, 한국 군사학의 자부심이자 거목으로 인식되고 있다. 오늘날 그 어느 때보다도 국가 안보가 난관에 봉착하고, 북한의 핵 개발과 도발에 직면해 있는 상황에서 우리의 관심을 안보에 중점을 두는 이유이다. 사람이 건강해야 하는 것처럼 국가도 국가안보가 튼튼해야 발전할 수 있고 통일을 주도적으로 이끌어 갈 수 있다.

이종학 교수의 평생 군사학 연구의 결론은 아래와 같다.

"평화를 바란다면 전쟁을 이해하고, 거기에 대비하라. 그리고 국민, 영토, 주권의 수호도 거기서 비롯됨을 명심하라"

□군사학 총서 취지와 목록

·취지 : 군사학은 전쟁이란 무엇이며, 전쟁의 준비·수행 및 억제와 연구방법 등에 관한 지식의 체계이다. 전쟁은 오랫동안 인류 생존의 기본 요소이며 수단으로 등장하였고, 현재뿐만 아니라 앞으로도 형태를 달리하면서 존속하리라. 그리고 전쟁은 국민의 생사·국가의 존망과 직결되는 문제이기 때문에 신중히 대처하지 않을 수 없다. 한민족의 평화적 통일·생존권의 확보 및 번영의 초석이 되는 군사학의 연구·발전을 위해 군사학 총서를 발간하였다. 독자의 지도 편달과 육성, 그리고 동참을 기대한다.(이종학 : leechoy@daum.net)

·목록

○총서 01, 이종학·길병옥 편저, 『군사학개론』(2009)
○총서 02, 이종학 편저, 『군사전략론』(2009)
○총서 03, 이종학 편저, 『나의 학문과 인생』(2009)
○총서 04, 이종학 지음, 『한국군사사연구』(2010)
○총서 05, 이종학 편저, 『전략이론이란 무엇인가』(개정보완판, 2012)
○총서 06, 이종학 지음, 『6·25전쟁이란 무엇인가』(2011)
○총서 07, 박성규·길병옥 지음, 『현대 북한의 이해』(2012)
○총서 08, 이종학 지음, 『군사고전의 지혜를 찾아서』(2012)
○총서 09, 나태종 편저, 『군제 기본원리와 한국의 병역제도』(2012)
○총서 10, 이종학·노양규·이성만 지음, 『현대전략론』(개정판, 2013)
○총서 11, 송영필 지음, 『군사학 입문』(2013)
○총서 12, 이종학 편저, 『웨드마이어 회고록과 논평』(2014)
○총서 13, 이원희 지음, 『예비전력의 이론과 실제』(2015)
○총서 14, 노양규 지음, 『작전술』(2016)
○총서 15, 이종학 지음, 『동북아의 전쟁과 평화』(2016)
○총서 16, 이종학 편저, 『군사명언의 지혜를 찾아서』(2018)
○총서 17, 김경식 지음, 『동아시아 패권경쟁과 해양력』(2018)
○총서 18, 안재봉 지음, 『새로운 패러다임의 군사교리』(2019)
○총서 19, 이종학 지음, 『군사사학으로 본 6·25전쟁사』(2020)
○총서 20, 이종학 지음, 『60대 이후의 인생전략-서라벌에서 온 편지』(2022)
○총서 21, 김희수 지음, 『한국 군사전략의 변화와 발전』(2023)

□ 풍석 이종학 교수의 간략한 일대기 사진

중학생 시절

공군 초급장교시절

미국 유학시절(왼쪽) (1957)

미국 유학시절 (1958년, 링컨생가)

하와이 전적답사 전함 인지애나 호 (1975.8.)

공군대학 논문상 (1970)

공군대학 답사 (풍석(가운데),1972)

국방대학원장 박현식 장군(1975. 오른쪽 2번째)

국제군사사학회의에서 오슬란드 회장과 함께
(독일 슈튜트가르트, 1985.8.20.)

석굴사 답사
(젊은 날의 풍석 부부, 1988.6. 하순)

1999년 9월, 백두산 장백폭포 앞에서
(그 옆의 병에 담긴 물은 장백폭포수이며, 풍석은
이 물이 다 마르기 전에 통일이 되기를 염원하며
병에 담았고, 아직 조금 남아 있다.)

일본 방위청 방위연구소 특강
(2001.1.25)

일본 자위대 특강(2002.1.28.)

국회의장 이만섭 동문과 함께
(왼쪽 5번째 2001.11.2.)

군사학명예박사학위 (충남대학교, 2003.8.26.)

방위연구소 전쟁사 한일학술회의
(일본 도쿄, 풍석(가운데), 2005.12.2.)

팔순 축하행사 (2009.11.5)

풍석(왼쪽)과 일본 방위청 하야시 요시나가(林吉永)戰史部長(2014.5.)

공군역사재단 세미나
(2014.11.20.)

공군사관학교 특강 (공사57기부터 64기까지)

비행단 초청 특별강연 (2015.10.23.)

88세의 풍석 (풍석재 2016.3.)

미수축하행사
(제자들과 함께. 풍석부부(가운데) 2016.11.5.)

서재에서 연구에 몰두하고 있는 풍석 (2018.10.)

94세의 풍석 (풍석재 정원, 2022.5.)

추모세미나 발표토론자들과 함께
(공군사관학교, 최정화 여사(가운데) 2023.12.12.)

자랑스러운 공사인상 대리수상
(최정화 여사(왼쪽)와 정경두 회장 2023.12.22)

이종학 교수님 저서 및 논문

국내·외 발간 저서 목록

번호	연도	저서명	출판사	비고	나이
1	1963	민주교육의 진로	카톨릭출판사	R. M. Hutchins, 역	35세
2	1965	교양교육의 본질	카톨릭출판사	R. M. Hutchins, 역	
3	1968	종합세계전사	박영사	공저	
4	1969	인생의 제문제	카톨릭출판사	Fulton J. Shinn, 역	
5	1969	한국전쟁사	정음사		40세
6	1972	현대전략론	박영사		
7	1972	손자의 병법	한국자유교육협회	손무, 편저	
8	1972	전쟁론	대양서적	클라우제비츠, 역	
9	1974	손자병법	박영사	편저, 문고집	
10	1974	한국명장전	박영사	편저, 문고집	
11	1974	전쟁론	일조각	클라우제비츠, 역	
12	1978	군사전략론	박영사		
13	1979	한반도의 억지전략이론	형설출판사		50세
14	1979	군사명언집	형설출판사	편저	
15	1980	지성인의 전쟁과 평화	형설출판사		
16	1981	한반도의 군사문제	형설출판사		
17	1982	항공전략론	형설출판사		
18	1984	군사전략 I·II	국방대학원	번역	
19	1986	클라우제비츠의 생애와 사상	박영사		
20	1987	조미니의 병술론	정문문화사	역, 문고집	
21	1987	군사전략론	박영사	편저	
22	1988	현대군사전략대강(이론과 실제)	을지서적	공저	
23	1988	병법과 경영전략	정음문화사		
24	1990	한국군사사 서설	서라벌군사연구소		61세
25	1991	군사논문선	서라벌군사연구소		
26	1995	신라 화랑·군사사 연구	서라벌군사연구소		
27	1997	군사이론과 군사교육의 연구	서라벌군사연구소		
28	1998	서라벌에서 온 편지	서라벌군사연구소		

29	1999	광개토대왕비문의 신연구	서라벌군사연구소	공저	70세
30	2001	6·25 전쟁사	서라벌군사연구소		
31	2001	『戰爭論』の読み方 (『전쟁론』을 읽는 방법)	東京：芙蓉書房出版	공저	
32	2002	전략이론이란 무엇인가	서라벌군사연구소		
33	2003	화랑세기를 다시 본다.	주류성	공저	
34	2004	클라우제비츠와 전쟁론	주류성		
35	2006	한 군사학도의 연구 발자취	충남대학교출판부		
36	2007	軍事史學による古代史散策 (군사사학에 의한 고대사 산책)	서라벌군사연구소		
37	2009	군사학개론	충남대학교출판부	공저	80세
38	2009	군사전략론	충남대학교출판부	편저(개정, 보완판)	
39	2009	나의 학문과 인생	충남대학교출판부	공저	
40	2010	한국군사사 연구	충남대학교출판부	개정,보완판	
41	2011	6·25전쟁이란 무엇인가	충남대출판문화원		
42	2012	전략이론이란 무엇인가	충남대출판문화원	개정,보완판	
43	2012	군사고전의 지혜를 찾아서	충남대출판문화원		
44	2013	현대전략론	충남대출판문화원	공저, 개정판	
45	2014	웨드마이어 회고록과 논평	충남대출판문화원		
46	2016	동북아시아의 전쟁과 평화	충남대출판문화원		
47	2018	군사명언의 지혜를 찾아서	충남대출판문화원		
48	2020	군사사학으로 본 6·25전쟁사	충남대출판문화원		91세
49	2022	60대 이후의 인생전략 -서라벌에서 온 편지-	충남대출판문화원	마지막 저서	93세

국내·외 주요 논문 목록

번호	연도	논 문 제 목	학술지	비고
1	1967	대학교육과 국방의식	『한국교육학회학술』(No. 6)	38세
2	1970	초기 한국전쟁의 戰史的 연구	『논문집』(Vol. 3)	41세
3	1974	핵 시대의 국제정치와 전략	『북한』(No. 32)	
4	1974	지정학과 국가전략	『국방연구』(Vol. 17, No. 2)	
5	1975	국제정치와 위협의 이론 -외교정책의 수단으로서의 전쟁위협-	『국방연구』(Vol.18, No. 2)	
6	1976	북한남침의 군사적 능력과 전략구상	『북한』(No. 54)	
7	1976	한반도의 핵전략 이론의 방향 -전략이론의 한반도적 특수성-	『북한』(No. 56)	
8	1976	한반도의 전략이론 연구	『국방연구』(Vol. 19, No. 1)	
9	1977	중공의 핵전력 어디까지 왔나	『북한』(No. 71)	
10	1977	제2차 세계대전의 회고와 반성	『국방연구』(Vol. 20, No. 2)	
11	1979	군사이론체계에 관한 연구	『국방연구』(Vol. 22, No.1)	50세
12	1979	전략이론의 한반도적 특수성	『북한』(No. 93)	
13	1979	한국동란 초기의 북괴군의 전략과 전술	『북한학보』(Vol. 3)	
14	1979	서애 류성룡의 군사사상	『아세아학보』(Vol. 13)	
15	1979	소련의 해양전략과 태평양 함대 (골시코프 제독의 해양전략 사상을 중심으로)	『북한』(No. 96)	
16	1979	북한의 군사력 평가	『북한』(No. 87)	
17	1979	군사기술과 전쟁의 변천(1)	『국방과 기술』(No. 5)	
18	1979	군사기술과 전쟁의 변천(2)	『국방과 기술』(No. 6)	50세
19	1980	군사학의 이론체계	『국방학술세미나 논문집』	51세
20	1980	『동국병감』의 전사적 의의	『경희사학』(제6·7·8합철)	
21	1980	중·월전쟁의 의의와 군사적 평가	『국방연구』(Vol. 23, No. 1)	
22	1981	한반도의 군사정세	『통일문제연구』(Vol. 9)	
23	1981	북한의 대남통일 전략과 간접전략	『북한』(No. 112)	
24	1981	한국전쟁과 남북간의 현실 (한국전쟁 도발의 논쟁점)	『북한』(No. 114)	
25	1981	군사제도와 조선초기의 병력동원문제	『한국사론』(No. 7)	

26	1981	현대군사사의 연구방향	『軍史』(No. 3)	
27	1981	대한민국 임시정부의 군사활동	『韓國史論』(No. 10)	
28	1981	청산리 전투의 군사적 의의	『나라사랑』(Vol. 41)	
29	1982	한반도의 군사정세와 북한의 대남전략	『북한학보』(Vol. 6)	
30	1983	한국의 역대 전쟁사 개관	『국방연구』	
31	1983	간도 사진첩과 관련하여	『백산학회』(No. 27)	
32	1984	신라 삼국통일의 군사사적 고찰	『軍史』(No. 8)	
33	1984	정도전의 군사관 연구	『국방연구』(Vol. 27, No. 2)	
34	1986	한반도의 위기와 6·25전쟁의 교훈	『국제문제』(No. 90)	
35	1987	『삼국사기』의 군사사적 인식 서설	『경희사학』(Vol. 14)	
36	1989	진주만 기습의 전략적 평가	『軍史』(No. 19)	60세
37	1990	한민족의 생존전략과 남북한 군축	『통일한국』(Vol. 78)	
38	1990	원광법사와 세속오계의 신고찰	『신라문화』(Vol. 7)	
39	1991	필사본 『화랑세기』의 사료적 평가	『경희사학』(Vol. 16·17)	
40	1991	신라 군사사상의 연구	『신라문화제논문집』(Vol.12)	
41	1991	문무대왕은 해상세력의 선각자인가	『해양전략』(No. 72)	
42	1992	문무대왕과 신라해상세력의 발전	『경주사학』(Vol. 11)	
43	1992	신라병제의 재조명에 대한 관견	『신라문화』(Vol. 9)	
44	1992	고구려 군사사상의 연구	『군사발전』(No. 64)	
45	1993	일본 군사이론에 관한 연구	『국방연구』(Vol. 36, No. 2)	
46	1993	문무왕과 신라해상세력의 발전	『군사사학』(114호)	
47	1993	일본의 서양 군사이론의 도입·발전에 관한 연구-해군 전략사상을 중심으로-	『해양전략』(No. 8)	
48	1994	죽지랑과 부산성에 관한 일고찰	『경주발전』(Vol. 3)	
49	1994	광개토대왕비문의 왜의 실체에 대한 신고찰 -고대 한왜관계사의 정립을 위하여-	『신라문화제학술발표 논문집』(Vol. 15, No. 1)	
50	1994	廣開土王碑文の倭に關する一考察 (광개토왕비문의 왜에 관한 일고찰)	『東アジアの古代文化』(81號)	
51	1995	광개토대왕비문과 해상상륙작전	『해양전략』(No. 87)	
52	1995	廣開土王碑文の倭の實體 (광개토왕비문의 왜의 실체)	『東アジアの古代文化』(85호)	
53	1996	광개토대왕비문 신묘년기사의 검토	『軍史』(No. 32)	

54	1997	정무공 최진립장군의 얼	『군사논단』(Vol. 9, No. 1)	
55	1997	마이클 헨델, 전쟁의 거장들·고전적 전략사상	『국방정책연구』(Vol. 36)	
56	1998	일본 군국주의 형성과정에 대한 연구	『軍史』(No. 37)	
57	1998	고대 한·왜 관계사의 문제점	『정책과 지역발전』(No. 2)	
58	1998	廣開土王碑文の眞實 -軍事史學的方法による辛卯年記事の檢討- (광개토왕비문의 진실 -군사사학적 방법에 의한 신묘년기사의 검토-)	『日本及日本人』 (創刊110年記念號)	
59	1999	한국 군사학의 발전방향	화랑대연구소세미나('99. 6.)	70세
60	2000	광개토대왕비문10년 경자조의 신고찰 -울산지역 적석총의 수수께끼를 벗긴다-	『경주사학』(Vol. 19)	
61	2000	독도를 둘러싼 바다 명칭에 대한 한·일간의 시각	『군사논단』(Vol. 24, No. 1)	
62	2000	진실의 6·25전쟁	『해양전략』(No. 107)	
63	2001	한반도와 해양정책의 구상	『해양전략』(No. 112)	
64	2001	초기 6·25전쟁과 첩보전 -한국군의 패인을 중심으로-	『공군평론』(No. 107)	
65	2001	望ましい歷史認識のための戰史硏究 (바라는 역사 인식을 위한 전사 연구)	『戰史』	
66	2002	클라우제비츠『전쟁론』재번역에 관한 단상	『군사논단』(Vol. 32)	
67	2002	廣開土王碑文10年庚子條の新考察 -蔚山地域積石塚の謎を探る- (광개토왕비문의 10년경자조의 신고찰 -울산지역 적석총의 수수께끼를 찾다-)	『東アジアの古代文化』 (110號)	
68 ~ 69	2002~ 2003	河內巨大古墳の謎を探する -5世紀前後を中心とする新假說- (가와우찌 거대고분의 수수께끼를 찾다 -5세기 전후를 중심으로 한 신가설-)	『東アジアの古代文化』 (113號·114號)	
70	2003	주류성·백강의 위치비정에 관해서 -군사사학적방법에 의한 고찰-	『軍史』(No. 52)	

71 ~ 75	2002~ 2004	클라우제비츠의 『전쟁론』연구(5회)	『군사논단』 (Vol. 33, 34, 37, 39, 40.)	
76	2004	日本の西洋軍事理論受容に關する硏究 -陸軍參謀本部を中心に- (일본의 서양군사이론 수용에 관한 연구 -육군참모본부를 중심으로-)	『戰史硏究年報』(第7號)	
77	2005	군사학의 이론 정립	『평화와 안보』(Vol. 2)	
78	2006	명량해전의 군사사학적 연구	『해양전략』(No. 132)	
79	2006	전략, 전술 : 군사전략의 본질	『군사논단』(Vol. 45)	
80	2007	리델하트의 『전쟁론』 비판에 대한 논평	『해양전략』(No. 135)	
81	2007	韓半島の現況と展望 (한반도의 현황과 전망)	『日本戰略硏究フォーラム會誌』(Vol. 9-1)	
82	2008	韓國新體制と韓日關係-獨島(日本名, 竹島)の領有權をめぐって- (한국 신체제와 한일관계-독도(일본명, 다케시마)의 영유권을 둘러싸고-	『日本戰略硏究フォーラム會誌』(Vol. 38)	
83	2009	고대 한·일관계사와 독도 영유권의 문제점	『해양전략』(No. 141)	80세
84	2009	『손자병법』의 철학적 기초에 대한 연구	『군사평론』(No. 400)	
85	2010	칠천량해전의 군사사학적 연구	『군사평론』(No. 404)	82세

※국내 논문 75편 외 다수 및 외국 논문 10편

차 례

제1부 풍석 이종학 교수 유고 논문

제2부 풍석 이종학 교수 추모 논문

제 1 부
풍석 이종학 교수 유고 논문

백선엽 대장 논평 / 풍석 이 종 학

■ 백선엽 대장 논평

이 종 학
(서라벌군사연구소장,
명예 군사학 박사)

1. 백선엽 장군은 과연 친일파인가?

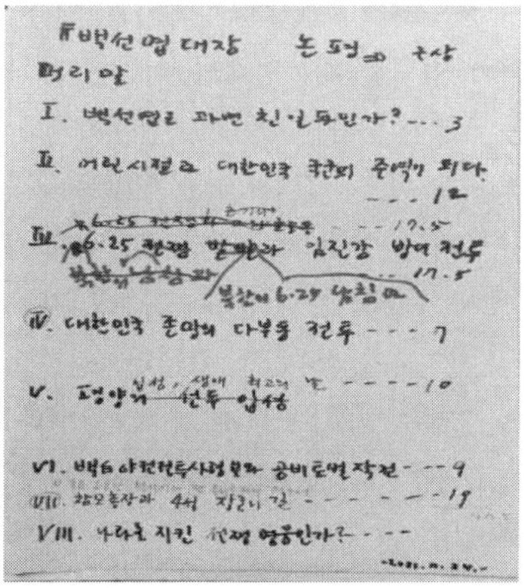

『백선엽 대장 논평』 구상
머리말
I. 백선엽은 과연 친일파인가? --- 3
II. 어린시절과 대한민국 국군의 주역이 되다 --- 12
III. 6·25 전쟁 발발과 임진강 방어 전투 --- 17.5
IV. 대한민국 존망의 다부동 전투 --- 7
V. 평양 선두 입성 --- 10
VI. 백야전전투사령부와 공비토벌작전 --- 9
VII. 참모총장과 4성 장군의 길 --- 19
VIII. 나라를 지킨 전쟁 영웅인가? ---

풍석 이종학 교수의 「백선엽 대장 논평」 구상 메모(2021. 7. 24.)

6·25전쟁 '다부동 전투의 영웅' 백선엽 장군이 2020년 7월 10일 향년 100세로 별세했다. 그런데 제1 야당의 원내대표 주호영은 "백 장군을 동작동 국립현충원에 모시지 못한다면 이게 나라인가"라고 물으며 그의 친일 행적에 대해서 "식민지에서 태어난 청년이 만주군에 가서 일했던 짧은 기간을 '친일'로 팔아 백 장군을 역사에서 지워버리려는 좌파들의 준동"이라고 언급했다. 반면 김종철 정의당 대변인은 "백선엽 씨는 일본이 조선 독립군 부대를 토벌하기 위해 세운 간도특설대에 소속되어 독립운동가들을 탄압한 장본인"이라며 현충원 안장 자체를 반대했다.

백선엽 장군의 죽음을 맞이하여 '나라를 지킨 전쟁 영웅'과 '독립군 토벌에 앞장선 친일파'라는 두 가지의 상반된 견해가 한국 사회에 유포되고 갈등을 일으키고 있다는 것은 슬픈 현실이 아닐 수 없으며, 우리는 이 문제에 대한 '진실'을 밝혀야 대한민국의 안전과 번영이 약속되리라고 확신한다.

※ 여기에 실린 「백선엽 대장 논평」은 풍석 이종학 교수가 돌아가시기 직전까지 붙들고 있었던 전혀 수정·보완이 되지 않은 미완성 논문이며, 이 책에 실은 이유는 후학들이 풍석의 학문에 대한 열정을 이어받고 또 완성해주기를 바라는 뜻에서이다.(편집자 주)

가. '친일파' 국립묘지 안장은 헌법 부정

조선대학교 노영기 교수의 글, 「'친일파' 국립묘지 안장은 헌법 부정」(한겨레21, 2020.7.21.)에서 논의의 내용을 인용해보고자 한다.

> 1948년 9월 22일 제정된 반민족행위처벌법(반민법) 제4조 6항은 "군, 경찰의 관리로서 악질적인 행위로 민족에게 해를 가한 자"를 처벌한다고 규정했다. 백선엽은 만주군 장교로서 4년을, 그중 3년을 악명 높은 간도특설대에서 근무했다. 간도특설대원 백선엽이 토벌작전에 출동했을 때, 그 총구는 누구에게로 향했을까? 반민법에 따르면 그는 처벌의 대상이지 승진 대상은 결코 아니다.… 그가 간도특설대에서 무엇을 했는지 구체적으로 밝혀진 바는 없다. 그러나 일제의 '사냥개'인 부대에서 근무한 장교가 그 경력을 발판 삼아 한국군의 중추가 되고, '6·25전쟁 영웅'만 남긴 채 과거를 씻어버린 이 기막힌 '역설의 역사'를 어떻게 이해해야 할까요?

여기서 노영기 교수의 주장을 검토해 보고자 한다.

첫째 : '친일파'란 용어는 오늘날 한국에서는 어떤 의미로 사용하는 용어일까? 우리가 사용하는 '친미파', '친독파'와 같은 순수한 의미의 수사학적 표현이 아니라, 민족의 안위安危에 피해를 끼친 자들을 의미하는 뜻으로 정착되고 있다. 그런데 '친일파'라는 용어의 기준이나 범위에 대해서는 아직 논란이 계속되고 있다. 2009년 발행된 『친일 인명사전』에는 일제의 국권 침탈에 적극 협력한 자, 일제의 식민통치기구에 일정 지위 이상으로 참여하거나 활동한 자, 일제 식민통치에 협력하는 단체에 참여하거나 밀정행위 등으로 항일운동을 방해한 자, 일제의 징용이나 공출에 적극 협력하거나 위안부의 동원, 대액 금품의 헌납 등으로 일제의 침략전쟁에 협력한 자,…다만 이에 해당하더라도 뒤에 뚜렷한 반일 행적이 확인되는 자는 제외하고 있다고 했다.

2020년 10월, 소설가 조정래 씨가 등단 50주년 기자간담회에서 "일본 유학을 다녀오면 무조건 친일파가 된다"고 했는데, 일본으로 유학하여 옥사한 시인 윤동주(尹東柱, 1917~1945)는 1942년 일본 도시샤(同志社) 대학 영문과에 다녔는데, 1943년 조선독립운동에 관련되어 일본 경찰에 체포되어 후쿠오카(福岡) 형무소에서 복역 중 1945년 옥중에서 사망했는데도 '친일파'에 속한다는 말인가? '친일파'라는 용어는 아직 우리 사회에서 혼란스럽게 사용되는 단어이다.

둘째 : 조선인이 만주국의 간도특설대에 근무했다면 자동적으로 '친일파'로 간주해야 하는가? 이 문제는 '반민법'에 분명하게 명시되어 있다. 즉 "악질적인 행위로 민족에게 해를 가한자"로 명시되어 있으니, 처벌을 받을 뿐만 아니라 '친일파'로 간주해도 무방하리라. 그를 '친일파'로 판단하기 위해서는 확실한 증거가 있어야 한다. 그런데 노영기 교수는 "백선엽이 간도특설대에서 무엇을 했는지 구체적으로 밝혀진 바가 없다"고 하면서, '친일파' 혹은 '친일 반민족 행위자'로 판단한다는 것은 논리의 비약이요, 허구의 주장에 불과하리라.

셋째 : 간도특설대의 임무는 무엇이며, 백선엽이 만주군 중위로 근무할 때(1943.2.~1945.8.), 조선독립군이 그 지역에서 활동하고 있었던가?

1931년 9월 만주사변이 일어난 후 만주국이 일본의 괴뢰정부가 되자, 중국 공산당은 게릴라전의 명수名手로 하여금 일본군과 만주국에 대해 게릴라전을 활발하게 진행시켰다. 그래서 1938년 12월에 '간도특설대'를 설치했고 그 주요 임무가 중국 공산당의 게릴라부대를 토벌하는 것이었는데, 1939년 10월부터 1941년 봄까지 만주국군과 일본군의 관동군 독립수비대가 전력을 기울여 공산게릴라를 토벌했기 때문에 게릴라의 활동은 거의 저지되었던 상태였다.

이범석(李範奭, 1900~1972) 장군은 청산리 전투(1920.10.21~10.26.)의 주역이며, 그 전투의 전과를 회고록 『우등불』(1971)에서 아래와 같이 밝혔다.

> 적의 사상자는 가노(加納) 연대장을 포함하여 3천 3백여 명이었고, 아군은 전사 60여 명, 부상 90여 명, 실종 2백여 명이었다.(실종은 대부분 나중에 부대로 돌아왔다)
>
> 이것은 세계 전사상 매우 드문 전과였다.……
>
> 어쨌든 '황군'(皇軍 : 일본군의 뜻)은 청산리 전쟁에서 치욕의 패전을 당하고, 맨주먹의 교포를 공격할 때는 영광의 승리를 거두었다. 그래서 적군은 라오닝·지린 두 성省에서 대도살 운동을 전개하여 무고한 한국 농민 3만 명을 살해했던 것이다.

이범석 장군의 청산리 전투는 전술적 관점에서 보았을 때, 전사상 보기 드문 승리와 보기 드문 전과요 대성공의 작전이었으나, 전략적 관점에서 본다면 실패의 작전이었다. 왜냐하면 독립군의 작전목표는 백두산 부근에 잠입하여 차후의 독립전쟁을 위해 전력 증강이었는데, 가는 도중에 전투가 벌어져 작전목표도 달성하지 못했을 뿐만 아니라, 일본군은 패전에 대한 원한을 갖고 간도의 조선족 대학살로 그 숫자는 정확하게 알 수 없겠지만, 그 후 간도에서의 조직적인 독립운동은 뿌리 채 소멸되고 말았다. 따라서 백선엽 중위가 간도특설대에 근무할 때, 거기에는 독립군이 존재하지 않았다.

그리고 청산리 전투에서 이범석 장군의 승리로 인해, 그 후 일본군의 앙갚음의 추격전과 만주국의 압력으로 모든 독립군은 소련 영토의 시베리아로 피했고, 간도 지방에는 조직적인 독립군은 존재하지 않았다.

백선엽 중위는 1943년 2월 간도특설대에 전임했는데 그의 저서, 『대對게릴라전』(1993)에 의하면, "내가 간도특설대에 착임했을 때는 게릴라의 활동도 저조하였고, 순찰로 자주 출동했으나 게릴라와 교전하는 경우는 거의 없었고, 백두산에도 등산할 수 있었다"고 했다.

백선엽 장군을 '친일파'로 판정하기 위해서는 먼저 그가 만주군 중위로 간도특설대에서 근무하는 동안 "악질적인 행위로 민족에게 해를 가한 자"로서의 확실한 증거가 있어야만 한다. 이러한 과정을 거치지 않은 판단은 과오에 지나지 않으리라.

백선엽 장군(1920~2020)

한 인간의 평생의 공적과 과오에 대한 평가는 천평칭(天平秤 : 저울의 일종)에서 양자를 저울질하여 비교·분석을 해서 평가해야 마땅하리라. 예컨대 중국의 마오쩌둥(毛澤東, 1893~1976)의 공적과 과오는 7대3이라고 중국인들은 평가했다. 백선엽 장군의 공적과 과오에 대한 평가를 알기 쉽게 수치 표기는 앞으로 최소한 10년 후에 하는 것이 좋으리라. 그래서 필자는 백선엽 장군의 출생(1920)부터 1960년 5월 31일 한국군에서 전역했을 때까지를 평전評傳으로 집필하고자 한다.

나. '친일 반민족 행위자' 판단의 기준은 무엇인가?

광복회에서는 「친일 반민족행위자 명단」(親日反民族行爲者名單, 2002년 10월)에서 아래와 같이 밝혔다.

> "'친일 반민족행위자'의 범위는 1948년 제헌국회制憲國會에서 제정된 '반민족행위 처벌법'에 의거하였습니다"고 했다.
>
> 제4조 제6항은 군·경찰의 관리로서 악질적인 행위로 민족에게 해를 가한 자…
>
> 1. 김석원(金錫源)
> 2. 김창룡(金昌龍)
>
> ……

여기에는 '백선엽'의 이름은 보이지 않았다.

대통령 소속의 '친일 반민족행위 진상규명위원회'의 「친일 반민족행위 진상규명 보고서」(2009년 11월)에 의하면, '일제 강점하 반민족행위 진상규명에 관한 특별법'(2004.3.22.)에 의거하여 명단을 작성하여 백선엽에 관해 아래와 같이 밝혔다.

순번	이름	생몰년	친일반민족행위	적용법호	선정/결정
12	백선엽 (白善燁)	1920~생존	-소위(만주국군), 간도특설대에서 항일세력을 탄압	10호	80차(09.02.02.) *104차(09.10.21.) 결정 이의 신청 기각
…	…	…	…	…	…

백선엽(白善燁, 1920.10.11.~생존)

본적 평안남도 강서군 강서면 덕흥리

가. 주요경력

…

1940. 봉천군관학교(제9기생) 입학

1941.12. 봉천군관학교 졸업

…

1943.02. 만주 간도성 명월구에 있던 한일독립군 탄압부대인 간도특설대間島特設隊로 전임됨.

…

나. 친일 반민족행위 개요

- 1941년부터 1945년 일본 패전 시까지 일제의 식민지였던 만주국군 장교로서 침략전쟁에 협력하였고, 특히 1943년부터 1945년까지 한일세력을 무력 탄압하는 조선인 특수부대인 간도특설대 장교로서 일제의 침략전쟁에 적극 협력함.(2조 10호)

다. 조사내용

1) 〈일제강점하 반민족행위 진상규명에 관한 특별법〉 제2조 제10호(일본제국주의 군대의 소위少尉 이상의 장교로서 침략전쟁에 적극 협력한 행위와 관련하여)

가) 만주국군 장교로 복무함. 특히 간도특설대 장교로서 항일세력을 무력으로 탄압하고 일본의 침략전쟁에 적극 협력함.

…

라. 판단

•백선엽(1920년~생존)은 평양사범학교를 졸업한 후 군인의 길을 택하여 1940년 만주국군 봉천군관학교 제9기로 입학하여 이듬해 12월 봉천군관학교를 졸업하고…백선엽은 1942년 만주국군 소위로 임관한 이래 1945년 일제의 패전에 이르기까지 만주국군 장교로서 일본의 침략전쟁에 적극 협력하였다. 그중에서도 1943년 2월부터 만주지역 항일무장 독립세력을 무력으로 탄압하던 간도특설대에서 이들에 대한 탄압활동을 전개하였고 또 1944년부터 1945년에 걸쳐 간도특설대원으로서 일본군의 '대륙타통작전大陸打通作戰'의 일환으로 열하성으로 들어가 기동(冀動)지역에서 중국군 팔로군을 '토벌'하는 작전에 종사하였다. 또 1945년 봄부터 일제의 패전 당시까지 연길지역 국경수비 임무에 종사하는 등 일제의 침략전쟁에 적극 협력하였다. 백선엽의 이러한 행위는 〈일제강점하 반민족행위 진상규명에 관한 특별법〉 제2조 제10호 "일본제국주의 군대의 소위少尉 이상의 장교로서 침략전쟁에 적극 협력한 행위"에 해당한다.

이상의 내용을 근거로 하여 백선엽의 행위를 〈특별법〉 제2조 제10호에서 규정하고 있는 친일 반민족행위로 결정한다.(2009년 10월 21일)

'친일 반민족행위자'의 범위를 규정하는 법에는 두 가지가 있었다.

•첫째 : 1948년 제헌국회에서 제정된 '반민족행위 처벌법'으로 제4조 6항에 "군•경찰의 관리로서 악질적인 행위로 민족에게 해를 가한 자"로 되어 있다. 이 기준에서는 백선엽은 제외되었다. 그러나

•둘째 : '일제강점하 반민족행위 진상규명에 관한 특별법'(2004년 제정)에 의하면, 제2조 제10호에, "일본제국주의 군대의 소위少尉 이상의 장교로서 침략전쟁에 적극 협력한 행위"에 의하면, 백선엽은 '친일반민족행위자'로 결정된다는 것이다.

필자의 견해는 "일제시대에 일본군 장교였다는 사실만으로 '친일반민족행위자'(이른바 '친일파')로 단정하는 것은 온당치 않다는 기준이라 생각한다.

예컨대, 1948년 8월 이승만 정권이 일본 통치시대에 전문지식을 구비했던 관료나 군인들을 등용한 것은 사실이다. 그러나 이들은 새로히 건국된 대한민국을 위해 가지고 있던 전문지식을 활용하여 '공산주의자 체포'에 봉사한 애국자들이었다. 그들은 결코 다시 일본의 지배를 초대하는 매국자는 한 사람도 없었다. 특히 일본군•만주군 장교 출신자들이 6•25전쟁의 주역으로 북한 인민군과 싸워서 대한민국을 수호했던 것이다.

조지 워싱턴(George Washington, 1732~1799)은 미국독립의 유공자로 미국의 초대 대통령으로 취임하기도 했는데, 그는 영국군 소령출신으로 캐나다 원정군으로 파견되기도 했지만, 그것을 트집 잡는 미국인은 아무도 없었다. 그는 영국군에서의 경험을 미국 독립전쟁에 활용할 수 있었다고 보아야 한다. 백선엽 장군도 중국의 팔로군(제8로군) 게릴라 작전과 1949년 제5사단장 시절 공비토벌에 종사한 경험 때문에 1951년 11월 '백(白) 야전 전투사령부'를 설치하여 지리산 지역의 '공산 게릴라부대'를 격멸할 수 있었다.

일본군 장교로서 악질적인 행위로 민족에게 해를 끼쳤다는 확실한 증거가 있어야만 '친일반민족행위자'로 하는 것이 타당한 기준이다. 백선엽이 1943년부터 1945년에 걸쳐 간도특설대에 근무할 당시, 그 지역에는 '독립군'이 존재하지도 않았다. 유용원 기자에 의하면, "백 장군은 지난해 6월 본지 인터뷰에서 '내가 간도특설대로 발령받아 부임해간 1943년 초 간도지역은 항일독립군도, 김일성 부대도 1930년대 일본군의 대대적인 토벌 작전에 밀려 모두 다른 지역으로 옮겨가고 없을 때였다'며 '독립군과 전투 행위를 한 사실이 전혀 없다'고 밝혔다." (「조선일보」, 2020.5.29.)

따라서 현 시점에서 백선엽 장군을 '친일반민족행위자'(속칭 '친일파')로 단정할 근거가 없다는 것이 필자의 견해이다. 그리고 1945년 8월 해방 이후의 한국군의 창군創軍과 6•25전쟁에서의 지휘관으로서의 북한 인민군과의 투쟁 공로도 아울러 공정하게 평가되어야 한다고 생각한다.

다. 백선엽 장군의 죽음에 대한 보도

백선엽 장군의 죽음에 대한 보도 내용을 소개하면 아래와 같다.

• 안장식에 앞서 서울아산병원에서 열린 백 장군의 영결식은 서욱 육군참모총장 주관으로 엄수됐다. 송영근 예비역 중장은 영결식 추도사에서 "한미연합사령부에 근무할 때 고인의 저서가 미국 장병 필독서로 활용되고 미군들이 '진정한 영웅'이라며 고인에게 인사드리는 모습을 지켜봤다"며 "정작 우리는 살아있는 영웅을 모시지 못했나 회한이 컸다"고 했다. 그는 "국가장으로 동작동(국립서울현충원)에 모시지 못하는 현실이 안타깝다"고도 했다.…

장의 위원장인 서 참모총장은 조사弔辭에서 "백 장군은 다부동 전투에서 나라를 구한 구국의 별이자 평양 입성의 선두에 섰던 북진의 별이었다"며 "한미동맹의 상징인 고인은 호국의 별로 영원히 기억될 것"이라고 말했다.

한편 미국 백악관 국가안보회의(NSC)가 백선엽 장군의 사망을 깊이 애도하는 성명을 냈다. 전직 주한 미군 사령관들도 추모에 동참했다. 미 NSC는 2020년 7월 12일(현지 시간) 트위터를 통해 "1950년대 공산주의 침략을 무찌르기 위해 모든 것을 바쳤던 백선엽 장군과 다른 영웅들 덕분에 한국이 오늘날 번영한 민주공화국이 됐다. 그의 유산에 경의를 표한다"고 밝혔다. 2016년~2018년 한국에서 근무한 빈센트 브룩스 전 주한 미군사령관은 "수십년 동안 백 장군을 존경해 왔다"며 "백 장군의 타계는 한미동맹에 깊은 손실이며, 진정한 역사의 한 부분이 사라진 것"이라고 말했다.

에이브럼스 사령관도 "백 장군은 애국자이자 군인 중의 군인으로 전쟁의 참화 속에서 흘린 피로 강화된 철통같은 동맹의 창시자 중 한 분"이라며 "(6·25전쟁) 전투의 가장 절망적이고 암울한 순간에 유엔군과 어깨를 나란히 하며 한국군을 이끈 영웅을 떠나보내 비통한 심정"이라고 애도했다. 그는 "전우여, 안녕히 가십시오!(Farewell, friend!)"라는 말로 추모사를 끝냈다.

역대 한미연합사령관 6명도 영결식장에 백 장군을 추모하는 영상 메시지를 보내왔다. 월터 샤프 전 연합사령관은 "한미동맹의 위대한 '톱 모델'이었다. 6·25전쟁 때 대한민국을 수호하기 위한 그의 헌신은 역사적으로 기록될 것"이라고 했다. 버웰 벨 전 사령관도 "백 장군은 미국 독립전쟁을 승리로 이끈 조지 워싱턴과 같은 한국군의 아버지"라고 했다.

6·25전쟁 당시 전투복을 수의로 입은 고인의 관엔 생전 유지에 따라 다부동 전투 등 6·25전쟁 8대 주요 전쟁터에서 퍼온 허토(흙을 관 위에 뿌리는 일)하는 의식이 진행되었다. 6·25전쟁 참전용사들과 한미 장병 등으로 구성된 8명이 허토했다. 특히 19세에 결혼한 지 반년 만에 다부동 전투에서 남편을 잃은 김일선 여사(88세)도 치열한 전투가 벌어진 '볼링 앨리'(Bowling Alley)에서 퍼온 흙을 관 위에 부었다. 조포는 대장 예우에 따라 19발이 발사되었다…

15일 오전 서울아산병원에서 열린 백선엽 장군(예비역 육군 대장)의 영결식을 찾은 청와대 주요 인사는 김유근 국가안보실 1차장이 유일했다. 김 차장은 영결식 이후 국립대전현충원에서 해리 해리스 주한 미국대사, 로버트 에이브럼스 한미 연합사령관 겸 주한 미군사령관 등 미측 인사가 참여한 백 장군의 안장식에는 불참했다. 문재인 대통령은 백 장군의 별세(10일) 후 이날까지 추모 메시지를 내지 않았다.…

하지만 군 안팎에선 6·25전쟁 영웅의 마지막 길에 군 통수권자가 굳이 애도 메시지를 내지 않은 이유를 놓고 불만 섞인 반응이 나오고 있다. 군 관계자는 "백악관 국가안보회의(NSC)에 이어 미 국무부도 고인을 애도하는 성명을 발표한 만큼 문 대통령이 소셜네트워크 서비스(SNS)에라도 국민과 함께 추모한다는 글을 올리길 기대했는데 참 아쉽다"고 말했다.

「동아일보」(2020.7.16)의 사설은 아래와 같다.

‘6·25전쟁 영웅’ 백선엽 예비역 대장의 영결식이 어제 육군장으로 엄수됐다. 백 장군은 6·25 때의 군복을 수의 대신 입은 채 대전현충원에 안장됐다. 송영근 예비역 중장은 추도사를 통해 “국가장으로 해서 서울현충원에 모시지 못한 것이 안타깝다”고 말했다.

14일까지 시민 분향소가 운영된 서울 광화문광장에는 빗속에서 1시간씩 기다리면서까지 조문하는 행렬이 끊이지 않았다. 추모의 물결은 전국으로 확산돼 영결식 이후까지 이어지고 있다. 미국도 깊은 애도를 표했다. 백악관 국가안보회의(NSC)는 공식 트위터 계정을 통해 “백선엽과 다른 영웅 덕분에 한국은 오늘날 번영한 민주공화국이 됐다”고 경의를 표했다.

문재인 대통령은 끝내 빈소를 찾지 않았으며, 청와대와 더불어민주당은 애도의 글조차 내놓지 않았다. 청와대는 11일 문 대통령 명의의 조화를 보냈으나 예우에 맞지 않는다는 비난이 이어지자 이튿날 노영민 비서실장을 빈소로 보냈다. 영결식에는 청와대에서 김유근 국가안보실 1차장이 대표로 참석했다. 민주당 지도부는 보이지 않았다.…

서울현충원은 6·25 참전용사를 위해 만들어진 곳이다. 6·25전쟁 영웅인 백 장군을 정작 이곳에 안장하지 못하리라고는 전에는 생각할 수도 없었다. 심지어 일부 과격 세력은 어제 대전현충원 앞에서 운구차를 막는 몹쓸 짓까지 벌였다.

백 장군은 생전에 국가보훈처의 대전현충원 안장 결정을 받아들였다. 삶의 마지막을 앞둔 순간에서까지 나라의 결정을 앞세우고 사적인 이해는 뒤로 돌리는 군인정신에서 나온 결정이다. 백 장군과 유족의 넓은 마음 씀과 별개로 나라를 절체절명의 위기에서 구해낸 호국영웅을 서울현충원에 모시는 것조차 어려운 대한민국 정치권력의 편협함과 분열이 안타깝고 송구할 뿐이다.

문재인 대통령은 끝내 백선엽 장군의 빈소를 찾지 않았고 또 청와대와 더불어민주당은 애도의 글도 내놓지 않았다. 그 이유에 대해 필자는 어렴풋이 짐작은 하고 있었다. 문재인 정부는 ‘종북좌파’의 성향 때문이라고. 그러나 이번에 확실한 근거가 나왔다. 즉 문재인 대통령에 대해 ‘공산주의자’라고 말했다가 명예훼손 혐의로 기소된 고영주(73) 전 방송문화진흥회 이사장이 무죄가 확정되었다는 소식이다(「조선일보」, 2022.2.22.). 고영주 전 이사장은 2013년 1월 한 시민단체 신년 하례회에서 문재인 당시 새정치민주연합 대표에 대해 “부림사건의 변호인으로 공산주의자이고, 이 사람이 대통령이 되면 우리나라가 적화되는 것은 시간문제”라고 했다. 문재인 대통령은 2015년 9월 고 전 이사장을 명예훼손 혐의로 고소했다. 지난해 9월 대법원은 “공산주의자 발언은 고 전 이사장의 경험을 통한 피해자(문재인 대통령)의 사상 또는 이념에 대한 입장표명으로 봄이 타당하고, 이를 피해자의 명예를 훼손할 만한 구체적 사실적시라 보기 어렵다”며 2심 판단을 뒤집고 사건을 서울고법에 돌려보냈다는 내용이다.

라. ‘자유민주주의’와 ‘공산주의’ 체제의 발전과정

1945년 8월 일본이 패망했을 때, 많은 사람들은 한반도에는 자주적인 통일국가가 탄생하리라 생각했으나 불행하게도 38선으로 분단국가가 되었다. 그 이유는 광복군이 제2차대전, 특히 태평양전쟁(1941.12.~1945.8.)에 있어서 미군과 전연 연합작전을 수행하지 못했기 때문이었다. 예컨대 프랑스 망명정부는 1944년 6월 6일 미군을 중심으로 하는 연합군의 노르망디(Normandy) 상륙작전에 겨우 2개 사단이 참전했다. 당시의 작전 규모는 326,547명의 병력과 54,186대의 차량, 104,428톤의 보급품을 양륙 했었다. 프랑스군의 무기와 장비 및 보급품은 전적으로 미군이 담당했으나 연합작전을 함께 수행했기 때문에 2차대전 후 프랑스는 전승국이 되었고 또한 영토와 주권을 회복했다.

한편, 중국 충칭(重慶)의 '대한민국 임시정부'의 김구(金九, 1876~1949) 주석은 그의 회고록 『백범일지』(1984)에서 아래와 같이 기록을 남겼다.

> "아! 왜적이 항복!"
>
> 이것은 내게는 기쁜 소식이라기보다는 하늘이 무너지는 듯한 일이었다. 천신만고로 수년간 애를 써서 참전할 준비를 한 것도 다 허사다. 서안과 부양에서 훈련을 받은 우리 청년들에게 각종 비밀한 무기를 주어 산동에서 미국 잠수함을 태워 본국으로 들려 보내어서 국내의 요소를 혹은 파괴하고 혹은 점령한 후에 미국 비행기로 무기를 운반할 계획까지도 미국 육군성과 다 약속이 되었던 것을 한 번 해보지도 못하고 왜적이 항복하였으니 진실로 전공前功이 가석可惜하거니와 그보다 걱정되는 것은 우리가 이번 전쟁에 한 일이 없기 때문에 장래에 국제간의 발언권이 박약하리라는 것이었다.…
>
> 나는 의정원에 나아가 해산도 총사직도 천만부당하다고 단언하고, 서울에 들어가 전체 국민의 앞에 정부를 내어 바칠 때까지 현상대로 가는 것이 옳다고 주장하여 전원의 동의를 얻었다. 그러나 미국 측으로부터 서울에는 미국 군정부가 있으니 임시정부로는 입국을 허락할 수 없은즉 개인의 자격으로 오라 하기로 우리는 할 수 없이 개인의 자격으로 고국에 돌아가기를 결정하였다.

김구 주석은 임시정부의 광복군이 미군과 연합작전도 수행하지 못했기 때문에 "국제간의 발언권이 박약하리라"고 걱정했으나, 상상을 초월한 무시를 당했다. 즉 한반도는 38도선에서 남북으로 분단되었고, 그리고 미국 측으로부터 서울에는 미국 군정부가 있으니 임시정부 요원으로는 입국할 수 없고 개인 자격으로만 입국이 허용된다고 했다.

분단된 한반도에서 1948년 8월 15일 남한은 미국의 '자유민주주의'를 기초로 하는 '대한민국'(초대 대통령 : 이승만)이 수립되고, 북한에는 1948년 9월 9일 소련의 '공산주의'를 기초로 하는 '조선인민공화국'(초대 수상 : 김일성, 1912~1994)이 수립되었다. 김일성은 한반도의 무력 적화통일을 위해 소련 스탈린(1979~1953) 수상으로부터 무기와 장비 그리고 심지어 남침의 작전계획서를 작성하는 전략수립 전문가까지 지원받았다. 6·25전쟁이 일어나서 백선엽 장군이 등장·활동했기에 간략하게 살펴보고자 한다.

요즘 우리 사회의 일부 인사들은 6·25전쟁은 누가 방아쇠를 당겼나 하는 문제를 거론하지 않으려는 경향을 보이나, 이런 태도는 잘못이며 분명히 밝혀야 할 과제이다. 6·25전쟁은 1991년 12월 소련이 붕괴되고, 1993년 비밀문서가 공개됨으로 그 진상이 밝혀졌다. 6·25전쟁은 스탈린의 조건부 승인과 마오쩌둥(毛澤東, 1893~1976)이 동의함으로써 김일성이 방아쇠를 당겼다. 김일성은 전쟁이 3일 만에 서울점령으로 끝날 것으로 오산誤算했지만, 스탈린은 미국이 전쟁에 개입하여 북한이 위급하면 중국을 개입시키기 위해 북한이 전쟁을 개시하려면 중국 지도부가 이를 찬성할 때만 전쟁을 개시할 수 있다는 조건을 붙였다. 김일성은 1950년 5월 13일 베이징(北京)을 방문하여 남침의 '승인'을 얻어 6월 25일 새벽 04시 38선을 돌파하여 전쟁을 시작했다.

중국공산당 기관지 『백년조류(百年潮流)』(1997년 제1기)는 6·25전쟁의 기원에 대해, "마오쩌둥 동지가 북조선의 김일성에게 전쟁을 승인하지 않았다면 미국과의 전쟁은 회피되었다"고 논평하고, "전쟁은 지금까지 중국에서 주장한 것처럼 영광의 승리가 아니라, 스탈린의 수중에서 놀아난 동아시아에서의 중국의 실익實益을 침해한 실수였다"고 반성했다.

한편, 1966년 3월, 김일성은 평양을 방문한 일본 공산당 서기장 미야모토 겐지(宮本顯治)에게, 6·25전쟁에 관해 말했다. 즉, "소련은 무기를 보내어 원조한다고 결정했다. 그러나 유상有償의 값비싼 무기였다.…조선전쟁(6·25전쟁)에서 돈벌이를 한 것은 소련이었다.…"

6·25전쟁을 체험한 지 70년의 세월이 흘렀지만, 남·북한의 주민생활 실태는 어떻게 변했는가? '자유민주당'(대표 : 고영주 변호사)의 '북 주민 수천만 명을 비참하게 만든 김일성 추종 세력에게 이 나라를 맡기시렵니까?'(「동아일보」, 2022.2.24.)의 광고 내용을 요약하면 아래와 같다.

> 이승만·박정희·전두환 대통령이 세우고 발전시킨 대한민국은, 지금 세계 10위권의 '부국·부민'의 자랑스런 나라로 우뚝 섰습니다!
>
> 1) 문재인과 그 종북좌파 계승자들에게 묻습니다!
>
> 당신들은 북한처럼 마취제 안 쓰고 수술 받아 보시렵니까?
>
> …
>
> 당신들은 대한민국을 이렇게 만들지 못해 그동안 그렇게 선동했습니까?
>
> 2) 대한민국 국민총생산의 60분의 1에 불과한 지역으로 추락한 북한
>
> 김씨 독재자 일가는 반세기 이상에 걸쳐 북쪽 지역과 주민들을 피폐할 대로 피폐하게 만들어 GDP(국내총생산)는 한국의 50분의 1, 국민소득은 27분의 1, 무역액은 322분의 1에 불과한 지역으로 추락시켰습니다.
>
> 3) 먹을 게 너무 부족해 '신체 왜소화'로 인종 DNA가 바뀔 지경의 북한
>
> 역사상 남쪽 지역보다 키가 컸던 북한의 주민의 키는 한국인보다 10cm 가까이나 줄어, 인종 DNA가 바뀔 정도의 '신체 왜소화' 상태가 되어 버렸습니다.
>
> 4) 마취제 없이 수술하고, 주민 절반 이상이 전기 없이 어둠 속에서 생활하는 북한
>
> 의료시설과 의약품이 절대 부족으로 마취제 없이 수술하기도 하고, 주사기와 병상의 위생적 관리도 안 된다고 국제 엠네스티 등은 전합니다.
>
> 5) 국민 여러분, 자랑스러운 자유 대한민국을 종북좌파 세력의 거짓 선동에 또 속아 영영 공산국가로 추락시키렵니까?

위의 내용은 2020년을 기준으로 삼았고, 1인당 국민총소득(GNI)은 한국은 32,000달러이고, 북한은 1,200 달러이며, 중국은 12,500달러(2021 기준)의 수준이다.

자원 부국인 소련 공산주의 정권이 1991년 12월 붕괴된 이유는 여러 가지 요인이 결합되어 있었지만, 특히 '개인의 사유재산'과 '시장경제'를 거부하는 기본이념 때문이었다. 즉 국민들이 열심히 일을 하고자 하는 의욕과 욕망을 마비시켜 버렸기 때문에 경제적 붕괴가 정치적 붕괴로 확대되었기 때문이었다. 그래서 중국의 덩샤오핑(鄧小平, 1904~1997)이 취한 개방정책은 "흰 고양이든 검은 고양이든 쥐를 잘 잡는 고양이가 좋다"고 했는데, 이것은 공산주의 기본이념에 구애받지 않겠다는 의도를 표현한 내용으로 해석된다. 그러나 북한은 두 이념을 고수했기 때문에 국민들이 수백만 명 굶어 죽는 사태까지 벌어진 세계에서 가장 빈곤한 국가로 전락하고 말았고, 독재체제와 인권문제 등을 야기시켰다.

1964년 12월 박정희 대통령은 수출용 원자재 구입과 경제개발에 필요한 외화를 구하기 위해 서독을 방문했는데, 전용 항공기도 없어 민간 항공기를 타고 갔다. 단지 나라가 가난하다는 이유로 이역만리 타국에 와서 땅속 1,000m의 깊은 곳에서 힘든 일을 하는 광부들에게 박 대통령은 애국자라고 칭찬했다.

"우리 열심히 일합시다. 후손들을 위해 열심히 일합시다. 열심히 합시다. 여러분을 보니 내 가슴에서 피눈물이 나옵니다. 앞으로 잘 사는 나라를 우리 후손들에게 물려줍시다."

1990년 당시 필리핀의 국방장관이던 라모스는 한국에 와서 "1950년 한국전쟁 때였다. 내가 유엔군의 일원으로 한국에 파병되어 왔을 때 한국의 1인당 국민소득은 60달러이고 필리핀은 800달러의 나라였다. 그로부터 40년 뒤인 1990년에 한국을 방문하여 전쟁의 잿더미는 찾아볼 수 없고, 국토는 균형 있게 개발되어 있으며, 대단위 공업단지가 조성되어 있을 뿐만 아니라 1인당 국민소득이 한국은 5,000달러인데 필리핀은 더 후퇴하여 700달러의 영세한 나라가 되었다. 이것이 어찌 한국의 기적이요, 20세기의 신화가 아니겠는가' 하고 감탄·감복했다.

제2차세계대전 이후 독립된 수 많은 국가들 가운데 한국은 원조를 받은 나라에서 최초로 돕는 나라가 되었고, 2020년 기준으로 해외 원조에 22억 5천만 달러를 지원했다. 1950년 6월 전쟁이 일어났을 때 필자는 울릉도 천부고등공민학교 교사를 하고 있었다. 그래서 곧 징집통보가 올 것으로 예상했는데 보류되었다는 것이다. 그 이유는 당시 우리나라 주요 수출품목이 '마른오징어'를 홍콩·마카오로 수출하는데 오징어를 많이 잡기 위해 울릉도 젊은이의 징집을 보류했다는 것이었다. 그 후 한국은 수출에 힘을 기울여 1964년 해외수출 1억 달러를 달성한 이후 2021년에는 수출 규모 6,445억 달러로 57년 만에 무려 6,440배 이상 신장伸張 했을 뿐만 아니라, 수출품 내용도 현대 자동차의 전기차가 호평 속에 미국서 싱싱하게 달리고 있고, 또한 컴퓨터·휴대폰·냉장고 등 첨단 산업의 수출품목으로 변했다.

한편 북한 김정일(1942~2011)의 일본인 요리사 후지모도 겐지(藤本健二)의 저서, 『김정일의 요리인』(東京, 2008)에서 아래와 같이 그가 북한에서 13년간 중추中樞에서 본 것을 기록으로 남겼다. 즉, "1989년에서 1991년의 3년간은 자주 김정일의 관저에 초대되었다. 거기에는 커다란 술창고가 있었다. 그 속에는 전 세계의 명주銘酒가 진열되어 있었고, 모두 1만 병은 쌓여 있었다.", "식사의 고급 반찬 재료를 구입하기 위해 외국 출장도 갔다"고 했다.

국민들은 수백만 명이 굶어 죽었지만, 독재자는 홀로 호화로운 생활을 하는 모습을 보여 주었던 것이 현실의 북한 체제였다.

2022년 1월 세계 100여 국 인권상황을 담은 700쪽 분량의 연례보고서를 낸 '국제 인권단체 휴먼라이츠위치'(HRW)의 케네스 로스(67) 사무총장은 북한 인권탄압 문제에 침묵하는 한국 정부를 강력하게 비판했다. 즉, "문재인 대통령은 인권변호사 출신인데 왜 북한 인권 문제에 힘을 쏟지 않는가. 북한 인권이 국민들에게 당장 필요한 음식이나 병원 대신 핵무기 개발에 집중하고 있는데도 말이다.…북한이 모든 정책과 전략을 군대에 쏟고 있으며, 이는 국민들을 탄압하지 않고서는 벌어지기 힘든 상황이다."

백선엽 장군은 저서 『지휘관의 조건』(도쿄, 2002.5.)의 머리말에서 아래와 같이 밝혔다.

> 나의 반평생, 공산주의와의 투쟁으로 일관했다는 것은 불가사의한 만남이라 생각한다. 근년에 소련연방의 붕괴, 중국의 개혁·개방, 그리고 북한의 참상을 견문見聞함에 따라, 나의 삶의 길은 과오가 많았지만, 큰 줄거리는 옳았다는 생각이 드는 것은 행복한 일이며, 모두에게 감사하는 바이다.

그래서 필자는 소련의 붕괴과정을 지켜보면서, '공산주의 이념'은 버려야 하고 '자유주의 이념'을 고수하면서 문제점을 수정·보완해야 한다고 생각했다. 백선엽 장군은 만주군 초급장교로서 또 대한민국 국군의 건군과 6·25전쟁을 통해 평생 '공산주의자'와 싸웠기에 그의 저서 『전쟁과 평화』(2010)의 '서문'에 아래와 같이 밝혔다.

> 우리 민족이 나라를 강탈당한 시대에 태어나서 성장기를 지낸 나는 광복 후에도 편안한 생활을 하지 못했고, 좌우 격렬한 이념理念의 대립과 혼란의 와중에서 지냈다. 그리고 건군해서 곧 일어난 6·25전쟁의 시련, 그리고 전후의 빈곤과 고난의 역사를 스스로 체험했다. 이것을 뛰어넘어 60만의 대군을 육성했고, 산업입국産業立國을 달성했고, 오늘날 세계에서 주목받는 「위대한 나라」를 건설했다. 이처럼 지나간 세월은 어느 시대, 어느 민족의 역사보다 극적이었다고 생각한다.

백선엽 장군은 결코 '친일파'에 속하는 인물이 아니며, 오늘날 세계가 우러러보는 대한민국의 군대와 국가를 육성하는 데 평생을 바친 오랫동안 기억해야 할 영웅이라 생각한다.

▴반기문 전 유엔 사무총장은 윤석열 대통령 당선인의 '새 정부에 바란다'(「조선일보」, 2022.3.14.)에서 아래와 같이 제언했는데, 앞으로 참고가 되기에 소개한다.

> 우리 사회는 지금 자유민주주의가 훼손되는 심각한 위기를 맞고 있다.…
>
> 러시아의 우크라이나 침공 사태는 우리의 외교안보에서 매우 중요한 시사점을 던져주고 있다. 자강의 절실함은 배가 되었고, 동맹의 가치는 더욱 높아졌다. 이러한 국제질서 재편 과정에 능동적이며 주도적으로 참여해야 한다. 외교안보정책의 핵심은 바로 한미동맹이다.…
>
> 중국과의 관계에서도 경제적 이익과 국가안보 간의 비중과 균형을 살피되 자유민주주의 시장경제, 인권과 법치와 같은 보편타당한 가치와 원칙은 반드시 수호해 나가야 한다.…

북한과의 관계에서 우리의 전략적 최종 목표가 북한의 완전한 비핵화에 있음을 재확인해야 한다. 북한의 도발에는 강력하게 대응하는 체제를 지속적으로 갖춰나가되, 북한이 대화에 나설 수 있도록 국제공조를 통해 끈기 있게 설득해야 한다.…

오늘의 대한민국은 세계 10위의 경제 대국과 문화 강국으로서의 위상을 높여가고 있다. 국제사회에서 우리의 위상에 상응하는 역할을 다함으로써 국격도 함께 높여야 한다.

2. 어린시절과 대한민국 건군의 주역이 되다

가. 어린시절

백선엽은 1920년 11월 23일 평양의 서남쪽에 위치한 강서군 덕흥리江西郡德興里에서 아버지 백윤상(白閏相, 1876~1925)과 어머니 방효열方孝烈 사이에서 3남매 중 둘째이자 장남으로 태어났다. 당시 한국 독립운동의 한 정점 3·1운동의 다음 해였다. 3·1운동은 무참히 끝났는데, 한 나라의 독립 쟁취는 길거리에서 '독립 만세'를 외쳐서 이루어진 전례는 인류 역사상 없었고, 힘(군사력)으로 쟁취해야만 한다는 것이 역사적 교훈이다.

동생 인엽(白仁燁, 1923~2013)은 1923년에 태어났고, 2년 후(1925) 아버지 백윤상은 돌아가셨다. 백선엽은 5세였기에 아버지에 대해서는 상세히 알 수 없었으나, 아버지는 어린 시절에 퍽 활발했고, 이웃 아이들을 모아서는 골목대장 노릇을 하는 것을 보고 외조부는 백윤상을 일찌감치 사윗감으로 점찍었다고 한다.

외조부는 구한말 때 평양에서 참령(參領, 지금의 소령급)을 지냈던 방흥주方興周로 평양 진영의 병참 지휘관을 지냈다. 당시 평양지역에 주둔하고 있었던 군대의 최고위는 부령(副領, 지금의 중령급)였으니, 외조부는 평양지역의 부지휘관 출신이었다. 이분의 딸이 방호열이고 백선엽의 어머니였으니 백선엽이 군인의 길을 택하게 된 것은 이런 연분緣分이 있었기 때문이 아닌가 했다. 그의 아버지는 도쿄(東京)에 유학도 했으나 어떤 학교에서 무엇을 공부했는지도 알지 못하는 상황이었다. 일정한 직장이 없었기 때문에 시골집과 조그마한 논·밭으로 겨우 끼니를 해결하는 정도의 가난하게 사는 형편이었다.

백선엽은 수원 백씨(水原白氏)이며, 그가 1960년 초, 중화민국 대사로 근무할 때, 국부군의 맹장으로 알려진 파이챤츠(白崇禧) 장군과는 동일한 성姓이라 하여 친하게 대해 주었다. 파이 장군에 의하면 "한국의 백씨白氏를 포함하여 모든 백씨를 백낙천(白樂天, 772~846)과 통한다"고 했다. 당나라의 위대한 시인의 후손이라는 것은 영광스럽지만, 이것은 이미 전설의 세계라 믿기는 어려운 세계라 생각했다.

한국의 성씨姓氏에는 260여 종이 있으며, 김·이·박·최·정 씨의 5대 성이 전인구의 54%를 점하고 있다. 백씨는 한국인 가운데서 30만 명이 있다고 하니 드문 성씨는 아니다. 본관(本貫 : 조상 발상지의 땅)은 서울 남쪽 20km의 수원水原이다. 전승傳承에 의하면, 백 씨의 조상은 1,300여

년 전 통일신라 시대에 당나라에서 학술 고문으로 이주해 왔다고 했다. 그래서 살게 된 곳은 동해안의 포항시 서쪽 10km 신라의 옛 수도, 경주의 북쪽 안강安康이라 전해져 있다. 안강 부근에는 오늘날에도 방대한 한자漢字로 된 책을 많이 보관하고 있는 옥산서원玉山書院이 있으니, 학술 고문이 부근에 살게 되었다는 것도 어느 정도 수긍이 간다고 하겠다.

남편을 잃은 어머니 방효열은 큰 결심을 하게 된다. 젊은 여자의 몸으로 어린 자식 3명을 키우고, 딸은 시집보내야 하고, 아들은 교육을 시켜야 남자로서의 체면을 유지할 수 있을 것이다. 이런 생각을 하게 된 방 여사는 강서군의 시골에서는 기회가 없으니, 평양으로 이사하기로 결심했다. 곧 행동으로 옮겨 집과 논밭을 정리하여 아버지가 죽은 다음 해, 즉 1926년 누나는 11세, 선엽은 6세, 동생은 3세인데, 걸어서 28km의 먼 길은 고생스러웠고, 저녁때에 평양에 도착했다. 평양에서의 새로운 생활이 시작되었으나, 2년째 접어들면서 호주머니의 저축한 돈이 없어지고, 생활고에 시달리게 되었다. 당시 평양에는 사업을 하는 친척도 있었지만, 선엽의 어머니는 손 벌리기를 싫어했다. 그리하여 어머니가 최후로 선택한 길은 가족 4명이 대동강에 투신자살을 하기 위해 집을 나섰다. 훗날 어머니와 누나로부터 들은 얘기는 다리로 향하는 도중 누나는 어머니에게 "나무도 뿌리를 내리려면 3년이 걸린다는데, 앞으로 3년만 버티어 봅시다. 그래도 안 되면 그때 죽어도 되지 않겠습니까?" 하고 어머니를 설득했다. 어머니는 13세의 딸의 충고를 듣고 깨닫게 되어 무사히 집에 돌아올 수 있었다. 6·25전쟁 중, 1950년 10월 19일, 제1사단장으로 대동강 다리까지 왔을 때, 어린 시절의 생각이 머릿속을 스쳐 갔다고 그는 어린 시절의 사건을 회상했다고 적었다.

이때부터 어머니와 누나는 무슨 일이든지 가리지 않고 닥치는 대로 했기에, 손은 언제나 거칠었다. 어머니는 평양의 고무신 공장에 취직했고, 누나는 비단을 만드는 견직회사에 들어갔다. 당시 일당 40전의 품삯이었지만 인간이 결심을 하게 되면 무서운 힘을 발휘하는데, 그 후 집안의 경제 사정도 안정되어 남자 형제들은 소학교(초등학교)에 입학도 하고 또 저축도 했고, 100원을 출자하여 신리新里에 집을 구입하게 되었다.

이 무렵 누나도 석탄을 판매하는 집안으로 시집가고, 어머니가 그 집 일을 돕게 되면서 집안의 경제 상태는 차츰 나아지게 되었다. 백선엽이 6년제 보통학교를 졸업할 무렵 담임선생이 집안 형편을 알고, 평양사범학교 진학을 적극 권유했다. 그는 평양에 위치한 상업학교와 사범학교에 원서를 제출했는데, 두 곳 모두 합격했다. 당시 그는 명석한 두뇌의 소유자로 성적이 뛰어난 우등생이었다.

그는 사범학교를 택했고, 그 학교에서는 싫어도 군대와 관련을 맺었다. 당시 중학 이상의 학교에서는 '학교교련'이 있었기 때문이었다. 알다시피, 학교교련 배속 장교의 제도는 1922년부터 일본군은 '군축軍縮'을 실시하기 시작했기 때문에, 많은 현역 장교를 유지하기 위한 편법便法으로 실시되었다.

평양사범학교에는 일본군 현역 육군 중령, 예비역 육군 중위와 준위가 배속장교로 나와 교련을 담당했고, 교련은 1주일에 2시간 정도 받았고, 교과서는 『교련 필수』 등을 사용했다. 4학년 때는 1주간, 5학년 때는 2주간 보병 제77연대(평양주재)에 입영하여 실탄사격 등 본격적인 훈련을 받았다. 교련의 목표는 육군사관학교 예과 수료 정도로 교육하고, 약간의 보수교육만으로 보병의 소대장으로 사용할 수 있는 인적 전력人的戰力의 육성이었다. 전시에는 막대한 수를 필요로 하는 소대장을 미리 학교교련을 통해 육성해두자는 것이었다.

백선엽은 학교교련에 열심히 응했다. 왜냐하면, 연대의 사열관이 와서 검열하여 합격하지 못하면 졸업을 할 수 없었기 때문이었다. 거기에다 그는 호기심이 왕성하여 교련뿐만 아니라, 군사 지식에도 관심이 많았다. 교사가 되어 학생집단을 관리하는 데 필요할 뿐만 아니라, 후에 군인으로 지망하게 된 것은 외할아버지의 영향도 있었으리라.

백선엽이 평양사범학교를 졸업한 것은 1939년 3월이었다. 당시 세계정세는 급박했다. 즉, 이해 5월에는 노몬한 사건이 일어났고, 9월에는 제2차세계대전이 일어났다. 사범학교를 졸업하면 자동적으로 초등학교 교사가 된다. 그런데 과연 평온하게 교련 생활을 할 수 있을까? 그는 이 문제에 대해 의문을 가졌다. 한국인에게는 징병은 없었지만, 사태가 위급하면 한국인도 징집되어 전쟁터로 가야만 하리라고 생각했다. 그리고 그는 더 공부를 하고 싶었다. 당시 한반도에서는 '경성제국대학' 하나밖에 없었고, 부유한 젊은이들은 일본으로 유학 갔으나, 백선엽의 가정형편으로 외국 유학은 생각할 수 없었다.

그때 마침 만주의 군관학교에 재학 중인 사람을 알게 되었다. 외조부가 군인이었다는 것과 사범학교 교련의 영향이 있었는지, '군인의 길도 나쁘지 않다. 앞으로 2년만 더 공부할 수 있다면 만주 군관학교에 입학해 보자'는 생각이 났는데, 지금 생각하면 약간 엉뚱한 생각이었다. 어머니에게 의논하니, 군인의 딸인 어머니는 "그것도 좋을 것이다. 생각한 대로 해보렴." 하고 찬성해주었다.

나. 만주군 중위와 간도특설대 파견

1939년 12월, 백선엽은 펑텐(奉天)에서 시험을 치고 합격했지만 '교사 근무 의무'를 해결해야만 했다. 이 문제는 당시 군관학교 군의관軍醫官으로 있던 원용덕元容德 소령에게 의논하여 해결했다. 이곳의 처음 3, 4개월간은 익숙하지 않은 생활과 너무 추워서 모든 것을 체념하고 평양으로 돌아갈 생각도 했으나, 돌아갈 수도 없을 뿐만 아니라, 그사이에 생활에 익숙해져서 견딜 만했다. 더욱이 배움의 즐거움이 있었다. 즉 군사 관계뿐만 아니라, 중국어나 중국 사정의 수업은 지금도 유용하다고 했다. 그는 1941년 12월 말 군관학교를 졸업하고 이듬해 만주군 소위로 임관했다. 봉천군관학교 마지막 기수인 제9기였다. 그는 만주군 소대장 근무를 했고, 1943년 2월 그는 간도성(間島省)의 간도특설대間島特設隊로 전임되었다.

1937년의 통계에 의하면, 만주국에 사는 조선인은 82만 명이고, 그중 46만 명이 간도성에 살았고, 간도성의 전인구의 70%가 조선인이었고, 언어와 간판도 조선어가 더 잘 통했다고 한다.

간도특설대는 대대장 중령과 중대장 2명은 일본인이었고 나머지는 모두 조선인이었다. 이 부대는 만주군 중에서 총검술과 검도, 사격이 가장 우수하다는 평을 듣고 있었다. 그리고 당시 간도와 만주 일대의 상황은 관동군이 만주사변(1931)을 일으킨 뒤 본격적으로 이 지역을 점령해 통치하면서 옛날처럼 독립군이나 중국 공산주의자들의 게릴라는 거의 자취를 감춘 상태였다. 즉 일본 관동군 독립수비대와 만주국군은 1939년 10월부터 1941년 봄에 걸쳐 동부 만주에서 대규모의 게릴라 토벌작전을 수행했기 때문에 거의 게릴라들은 자취를 감추었다.

1943년 초에 특설대는 무대를 베이징(北京) 인근으로 옮겼다. 만리장성을 넘어 그 일대에서 광범위하게 근거지로 형성해 활동하고 있던 팔로군八路軍을 토벌하기 위해서였다. 그들은 최초부터 작전을 신중히 수행했다. 즉 대체로 새벽에 포위 태세를 취해 부락에 들어가면, 곧 종이 울려 주민들은 신속히 피난했다. 전란을 오랫동안 체험한 주민들은 신속한 피난 행동을 취했다. 그러나 도망치지 못한 몸이 불편한 노인이 있으면 정중히 인사하고, 식량을 구입하겠다 하고, '닭 10마리, 돼지 한 마리를 수령하고 대금은 얼마이다'는 증서를 적고, 대금을 지불했다. 그 대금은 시장의 가격보다 3배가 넘었고, 노인에게는 "장수長壽를 기원한다." 하며 정중히 인사하고 마을을 떠났다.

이러한 작전을 세 번 반복했더니, 그 지방에서는 평판이 나왔다. 즉 "이번에 만주에서 온 조선인 부대는 훌륭하고 예의가 바르고 약탈도 하지 않았다. 물건을 취하면 그 값을 치르고 간다"는 것이었다. 이런 소식이 곧 전해지자, 토벌작전으로 부락에 가도 위해危害도 가하지 않을 뿐만 아니라, 장사도 잘된다는 것이었다. 이런 관계가 생기자 그들은 첩보도 전해 주었고 또 길 안내도 해주었다.

당시 상당한 전력戰力만 있었다면 팔로군의 소탕도 꿈이 아니었지만, 간도특설대 1개 대대의 병력으로는 붉은 바다로 변한 지역에서는 작전을 수행할 수 없었고, 주민들이 특설대원들을 보호해 주었다. 팔로군의 대군에 의해 포위되어 전멸의 위기에 놓였을 때, 부락의 장로長老가 중간에서 팔로군과 교섭하여 포위가 해제되었다는 믿을 수 없는 사태가 벌어졌다. "간도특설대는 민중의 편이고, 팔로군도 민중의 편이다. 민중의 편은 민중의 편을 공격하지 않는다"는 기묘한 논리로 살아남았다는 것이다. 간도특설대는 거의 10개월간 붉은 바다에서 전투작전을 수행했으나, 한 사람의 전사자도 내지 않았고, 1945년 8월 15일 일본의 항복으로 부대는 진쪼(錦州)로 집결하여 그 후 귀국하여 해산했다.

1945년 봄, 백선엽은 지이둔(冀東) 지구에서 행동하고 있었던 간도특설대로부터 전속되어 옌지(延吉)에서 국경경비의 임무를 수행하고 있었다. 8월 9일 소련군의 침공을 만나 혼란에 빠졌다. 그런데 대열에 섞여 있던 자신과 비슷한 생김새의 남자에게 말을 건넸다. "당신, 혹시 조선인 아니요?", '어떻게 알았느냐'는 표정을 하면서, "소련군 통역 때문에 따라 다닌다"고 소개했다. 백선엽은 "소련군이 우리를 어떻게 대할 것으로 보느냐"고 물었다. 그는 즉시 "빨리 고향으로 돌아가라. 소련군은 잡은 사람들을 모두 시베리아로 보낼 것"이라고 귀띔했다. 그 후 그는 1개월간의 야숙과 도보로 평양으로 무사히 도착했다.

다. 조만식의 비서와 월남행

백선엽은 곧 생업生業을 찾아야만 했다. 다행히 어머니의 친척 소개로 조만식(曺晩植, 1883~1950) 선생의 사무실에서 일을 하게 되었다. 그는 오랫동안 민족파의 지도자였고, 일본이 패전하자 자주적으로 평안남도 인민정치위원회를 조직하여 평양 일대의 치안유지를 담당했고, 장래의 독립에 대비했다.

당초 소련군은 조만식 선생을 이용했으나, 끝까지 민족주의를 신봉하기에 서서히 압박을 하기 시작했다. 마침내 김일성(金日成, 1912~1994)에 의해 감금되어 처형당했다. 조만식 선생의 사무실에서 백선엽의 업무는 사무실 입구에 책상을 두고 출입자의 관리업무를 맡았고, 그의 동생은 선생의 경호를 담당했다. 사무실에는 여러 사람들이 방문했는데, 처음에는 소련군 고위군인뿐만 아니라, 김일성도 때때로 방문했다. 당시 백선엽의 인상에 남은 김일성의 모습은 여윈 모습의 30대의 청년으로, 머리의 틀은 짧게 깎는 경우가 많았고, 안경은 끼지 않았다. 군복을 입은 기억은 없었고, 언제나 양복을 입었고, 말투는 평양 말투였다. 점차로 소련군 당국의 강력한 지원으로 김일성 일파가 급속히 권력을 장악하게 되었다. 그들은 동부 만주에서 항일 게릴라전을 수행하다가, 후에 소련 영토로 도피하여 소련군과 함께 귀국하여 권력을 장악했다. 11월 하순, 김일성의 친위대였던 적위대가 조만식 선생의 사무실을 습격하여 백선엽의 동생이 경호대장으로 있었던 경비대가 무장해제를 당했다.

북한의 공산주의를 피하여 38선을 넘어 남쪽으로 가는 것을 '월남越南'이라 말했고, 반대로 북쪽으로 가는 것을 '월북越北'이라 말한다. 6·25전쟁을 포함해서 자유를 찾아 월남한 사람들은 수백만에 달하지만 정확한 통계자료는 없는 실정이다.

12월에 접어들자, 조선공산당 북조선군은 북조선 공산당이 되고, 그 책임비서는 김일성이 선출되었다. 김일성은 절대적 권력자로 가는 첫발을 내밀었다. 중국에서 팔로군에 참가했던 조선인들이 많이 귀국해 왔으나 소련은 중국계의 세력이 번지는 것을 두려워하여 귀환한 팔로군 조선계 부대를 신의주新義州에서 무장 해제하여 압록강 맞은편으로 쫓아버리는 사건도 일어났다. 신의주에서는 학생들을 중심으로 반공·반소 폭동이 일어나 많은 사상자를 냈다.

백선엽은 북한에서 살 것인가, 아니면 월남할 것인가를 고민하다 김백일(金白一, 1917~1951) 씨에게 의논했더니 그의 생각은 명백했다. 즉 "공산게릴라가 두려워했던 간도특설대 출신이라는 것이 알려지면, 생업을 주는 것이 아니라 목숨이 날아간다. 최남근(崔楠根, 1911~1949) 씨도 권하자"고 해서 세 사람의 견해가 일치되어 12월 27일 38선을 넘어 월남했다.

서울에 도착한 것은 12월 29일이었다. 마침내 2일 전 27일에 삼국(미국·영국 및 소련) 외상회의에서 5년간에 걸친 한국의 유엔 신탁통치안이 결정되었다. 민족파는 이에 강하게 반발했고, 서울에서는 민족파와 우익의 반대 데모가 일어났으며, 한편 신탁통치를 수락하는 좌익의 집회가 열려 때로는 양자의 충돌이 발생했다. 세상이 어지러우니 직장을 찾을 수도 없었고 호주머니도 마르기 시작했다.

라. 국방경비대 입대와 대한민국 국군의 탄생

때마침, 국방경비대라는 조직이 대원을 모집하고 있고 훈련도 시작했다는 소식이 들려왔다. 그래서 태릉의 제1연대 창설준비실(현재의 육군사관학교 소재)을 방문했다. 국방경비대에 관해 설명해준 사람은 6·25전쟁 발발 시 육군 총참모장이던 당시는 대대장으로 연대의 편성업무를 진행하고 있었던 채병덕(蔡秉德, 1916~1950) 소령이었다. 채병덕은 평양 태생이고, 일본 육군사관학교 49기 출신이며 병과는 중포병였지만 기술 분야의 근무가 길었다. 일본의 패전시 그는 인천 교외의 부평조병창의 공장장을 하고 있었다.

"여러분들 잘 왔소. 세 사람이 입대해야지. 아는 사람들도 여럿 있소. 정일권, 강문봉도 와 있소. 백군, 당신의 동생도 입대하여 여기 있는데, 모른다는 말이요?"

채 소령은 열심히 입대를 권하면서 소대장 근무를 하고 있는 동생을 불러주었다. "미군의 점령하에 합법적인 무장 조직은 지금은 여기밖에 없소. 세 분이 함께 입대하는 것이 어떻소."

세 사람이 서류를 제출하니 교육은 받지 않고 선서宣誓를 하고 중위로 모두 임관했는데 날짜는 1946년 2월 26일이었다. 당시 미군정청 군사국의 고문관을 하고 있었던 이응준(李應俊, 1890~1985) 씨를 만나게 되었다. 그는 이들을 보자, "세 분이 잘 오셨소. 지금 부대를 편성하고 있소. 곧 현지로 가서 일을 해야 하오. 군대 경험이 있는 사람이 해야 하오. 임지는 각자 선택해도 좋소."

묻고 싶은 내용도 있었으나 묻지를 못했다. 그는 일본군 대령(일본 육사 26기) 출신이요 또 20세 이상의 대선배였기에 "알겠습니다." 하고 일행은 답했다.

국방경비대의 부대편성의 당초 목표는 각 도道에 1개 연대로 합계 8개 연대 25,000명이었다. 최종 목표는 이 연대를 확충하여 사단으로 편성하는 것이며, 백선엽 중위는 부산의 제5연대를 선택했다. 그리하여 한국에서의 생활기반이 정해지자, 그는 평양의 어머니와 부인을 서울로 오게 했다. 당시 38선의 경계는 엄중하지 않았기에 어머니와 처가 월남하여 서울에 도착한 것은 1946년 봄이었다.

부산에서 백선엽의 군대생활은 순탄했다. 부산서 모병을 마친 백선엽은 서울과 진주에서 창설된 중대를 합해 제5연대 제1대대를 창설하면서 제1대대의 장이 되었다. 그 후 진해에서 제2대대를, 통영에서 제3대대를 창설했다. 이리하여 제5연대의 창설이 완료됐다. 그 무렵인 1947년 10월 15일 백선엽은 중령으로 진급하면서 제5연대장에 임명되었다.

그는 연대장 시절에 미 군사고문관들과 24시간 함께 생활도 하면서 영어회화를 자유롭게 할 수 있게 되었는데, 그는 사범학교에서 주당 2시간의 영어수업으로 기초를 다져놓았기 때문이었다. 거기에다 미군 교범을 번역하는 과정에서 군사영어와 미군 전술교리를 자연스럽게 정통하게 되었는데, 이것이 그의 출세에 기초가 되었다. 즉 그가 사단장과 군단장 그리고 참모총장할 때 미군과의 연합작전, 한국군의 전력 증강 그리고 방위체제의 구축 등도 그의 영어 실력이 결정적인 도움이 되었다.

거기에다 미 제6사단장 올랜드 워드(Orland Ward) 소장을 알게 되었다는 점이다. 워드 장군은 아이젠하워 원수보다 1기 선배인 미 육사의 1914년 졸업반이었고, 제2차세계대전 초기 제1기갑사단장으로 북아프리카에 상륙한 미 육군의 정예부대였다. 그가 6사단장으로 부산에 주둔하고 있을 때, 백선엽 연대장에게 친절히 대해줬다. 그가 전술교재가 필요하다면 곧 찾아주었고, 장비에 대해 배우고 싶다고 하면 교관과 조교까지 파견해주었고, 장갑차를 빌려달라고 하면 빌려

주었고, 스스로 연습장에 방문하여 강평講評까지 해주었다.

언제인가 통위부 고문인 프라이스(Price) 대령이 시찰차 부산에 왔다. 이것은 일종의 사찰로 신경이 쓰이는 행사였다. 그는 부산의 선임자에게 인사를 해야 한다고 했고, 백선엽 연대장이 프라이스 대령을 데리고 워드 소장에게 안내하고 소개했다. 워드 장군은 "부산의 한국부대에 대해서는 내가 돌봐 주고 있다. 한국부대는 잘 운용하고 있으며, 걱정하지 않아도 좋아"라고 말하니, 대선배 앞에서 긴장하고 있었던 프라이스 대령은, "장군님, 잘 부탁합니다"고 말할 뿐이었다. 그 후 서울에서는 아무런 간섭도 받지 않고 부대를 운용했다.

1947년 12월에 워드 장군은 퇴역하여 귀국했고 그 후 소식이 끊겨 있었는데, 생각지도 않은 곳에서 장군을 다시 만나게 되었다. 1951년 7월, 개성에서 휴전회담이 시작하게 되었는데, 문산汶山의 회담사무실에 워드 장군이 방문해왔다. 그는 전사편찬 책임자로서 한국을 다시 방문했던 것이다. 그는 백선엽 소장이 한국대표로 참석한 것을 축하해 주었고, 백선엽 장군은 은사恩師를 맞이한 것처럼 즐거워했고, 서로 친근한 대화를 나누는 것을 본 미국 군인들은 "어떻게 백 장군이 우리들의 대선배를 알고 즐거운 대화를 할까?" 하고 백 장군을 다시 쳐다보았다고 한다. 그리하여 통위부 고문 프라이스 대령이 백선엽 중령을 통위부의 요직인 정보국장 자리에 추천한 것으로 추정해보았다.

1948년 4월 11일 백선엽 중령은 통위부 정보국장에 임명되었다. 그는 초창기의 정보업무를 정립하기 위해 미 제24사단 정보처장 호턴 화이트(Horton White) 대령을 찾아가서, "통위부 정보국장 백선엽 중령입니다. 정보국 업무에 관해 조언을 부탁합니다"고 말했다. 화이트 대령은 책장에서 미국에서 발간된 정보업무 교본을 꺼내 주며 업무에 참고하라고 했다. 그러면서 정보에서 중요한 것이 신문訊問이니 정보요원들에게 신문하는 법부터 가르쳐야 믿을 수 있는 정보를 얻을 수 있다고 조언했다. 그리고 그는 백선엽 국장에게 "교관요원과 통역관을 보내줄 테니 정보학교를 설립해 정보요원의 양성부터 서두를 것"을 조언했다.

백선엽 정보국장은 정보학교를 설립하여, 갓 임관한 육사 제8기생 중 우수자원 30명을 선발하여 정보교육을 받게 했는데, 차후 거기 출신의 유능한 인재가 많이 배출되었다. 즉 김종필(육군 준장 예편, 국무총리 역임), 이희성(육군 대장 예편, 육군참모총장 역임), 김창룡(육군 중장 추서, 특무부대장 역임), 이세호(육군 대장 예편, 육군 참모총장 역임) 등이다. 백 국장의 노력으로 초창기의 정보분야를 체계화 시키고 인재를 육성했다는 점은 높이 평가되어야 하리라.

통위부 정보국장으로 부임한 지 얼마 후 백선엽은 통위부의 정보국과 조선경비대 총사령부(육군본부의 전신)의 정보처를 통합했다. 1948년 8월 15일 대한민국이 건국되는 과정에서 군 조직에 큰 변화가 있었다.

1948년 가을, 이응준 육군 총참모장이 백선엽 정보국장과 신상철 헌병사령관을 밤중에 "내 집으로 오라"는 느닷없는 전화를 해서 두 사람이 찾아갔다. 이응준 총참모장은 응접실에 앉아 있다가 이들이 응접실에 들어서자, 그는 탁자 위에 놓여 있던 큰 서류 보따리를 가리키면서 얘기를 했다.

오늘 국회의원들과 개성을 시찰했는데, 다녀와서 로버트(군사고문단장)를 만났어. 그 사람이 이 큰 보따리 하나를 줍디다. 김태선 치안국장이 이승만 대통령에게 보고한 서류 보따리래. 군대 안에 숨어 있는 남로당 조직원의 명단이 이 안에 들어 있답니다. 이 대통령은 로버트 단장에게 호통을 쳤대요. '당신네들이 군정시절에 국방경비대 모집을 잘못해 군대를 이 지경으로 만들어놨으니 당신들이 책임을 져라'고 했대요. 그러면서 이 보따리를 로버트 단장에게 맡겼답니다.

이응준 총참모장은 "당신 두 사람이 중심이 되어 비밀리에 군대 좌익들을 가려내라"고 지시했다. 신상철 헌병사령관이 함께 갔지만 그 일을 제대로 책임지고 담당할 사람은 백선엽 정보국장이었다. 따라서 보따리는 백 국장이 직접 들고 왔다. 그는 집에 돌아와서 그 보따리를 펼치는 순간 놀라지 않을 수 없었다. 도저히 상상할 수도 없을 만큼 많은 사람이 좌익으로 분류되어 있었기 때문이었다. 당시 남로당 가입 혐의로 조사를 받은 사람은 4,749명으로, 당시 군 병력의 5%에 해당되었다.

마. 박정희 소령의 구명

1949년 1월 말, 퇴근 시간이 되었을 때 문을 노크하는 소리가 들렸다. 방첩과 김안일 과장이 들어왔다. 그리고 말하기를, "박정희 말입니다. 지금 사형을 선고받아 이 건물 지하 감방에 있습니다. 군 내부 좌익척결에 상당한 협조를 했습니다.…부탁이 있습니다. 박 소령이 곧 처형장으로 끌려가는데, 마지막으로 국장님을 한 번 뵙게 해달라고 제게 부탁을 했습니다. 괜찮으시다면, 한 번 만나 주시는 게 어떤지요…"

백 국장은 김안일 과장에게 "그렇다면, 한 번 봅시다"고 말했다. 김안일 과장은 "곧 데려오겠습니다"라는 말을 남기고 사무실을 빠져나갔다. 잠시 후, 박 소령이 사무실에 왔으나, 말이 없다가 입을 열었다.

"한 번 살려주십시오…"

약간의 침묵이 흐르고 백선엽은 입을 열었다.

"그래요. 그렇게 해보도록 하지요."

당시 박정희 소령은 남로당 군사책이라는 혐의는 무거웠고, 백 국장과의 면담이 실패하면, 10일 후 수색의 처형장에서 총살을 당할 신세였다.

백선엽 장군과 10여 년 인터뷰했던 전 중앙일보 논설위원 유관종 소장(중국인문경영연구소)은 박정희를 살려준 대목에 대해 몇 차례나 질문했다. 백 장군은 "나도 잘 몰라"라고 그냥 넘어가는 경우가 많았다고 했다. 그래도 뭔가 알아내기 위해 계속해서 물으면 백 장군이 내놓은 대답은, "내 이름 안에 착할 선善이라는 글자가 있잖아"였다고 했다.

백선엽 국장은 박정희 소령에 대해 다시 조사해보니, 그가 남로당 군사책으로 활동한 전력은 별로 없었고, 남로당 검거작업에 협조적이었다는 것을 알았다. 그리하여 그는 이응준 총참모장에게 구명에 관한 서류를 올려 결재를 받았다. 그리하여 박 소령은 사형 집행 10여 일 전에 극적으로 살아났다.

백 국장은 유양수 과장에게 "박정희 소령이 갈 곳이 없다. 군무원으로 데리고 있으라"고 말했다. 박 소령은 다시 정보국에서 문관 자격으로 생업을 이어갈 수 있게 되었다. 백 국장은 박 소령의 생명을 구해 주었을 뿐만 아니라, 생계까지도 염려해 해결해 주었으니, 그의 인간성의 선량함과 이름에 착할 '선善'이 있다고 주장할만 했다.

필자는 1954년 공군사관학교를 졸업할 때, 교장이었던 신상철(신상철, 1924~2005, 일본육사 58기, 1946년 2월, 소위임관. 1948년, 헌병사령관. 1950년 6월, 7사단장. 1951년, 공군으로 전과, 공군본부 작전국장. 1962년 12월, 예편) 장군을 찾아뵙기로 했다. 그리하여 10여 일 전에 편지로 약력과 일본에서 공저共著로 발간한 『〈전쟁론〉의 읽는 방법』(『〈戰爭論〉の読方』, 東京:原書房, 2001)을 보내면서, 6·25전쟁의 체험담을 듣고 싶다는 방문 목적도 알리고, 2001년 11월 2일 자택을 방문하여 5시간의 인터뷰를 했다. 1949년 초, 헌병사령관으로 있을 때, 박정희(朴正熙, 1917~1979, 육본 작전교육국 과장, 5·16혁명 후 대통령) 소령이 그의 사무실에서 "내 앞에서 눈물을 흘리면서 '자술서'를 썼다"고 설명했다.

미군정 시기에 미군이 국방경비대원을 모집할 때 너무 허술하게 모집했다. 즉 그들은 '충성서약'만 받고 바로 입대를 허용했다. 그래서 미군정 시기에 좌익활동의 혐의로 경찰에 쫓기던 사람들이 쉽게 군대에 입대했기에 국방경비대가 좌익세력들의 은신처로 변해 버렸다. 그리하여 여수의 제14연대의 10·19사건, 제8연대 대대장 강태무 소령 등이 부대원을 이끌고 집단으로 월북하기도 했다.

그러나 1948년 8월 15일 대한민국이 수립되고, 또 백선엽 정보국장과 신상철 헌병사령관의 철저한 숙군작업은 새로 출범한 대한민국에게는 불행 중 다행이었다. 이를 계기로 대한민국은 반공국가로 확고한 기초를 다졌다. 군대에 침투한 많은 좌익세력들을 그때 뿌리를 뽑지 않았다면 6·25전쟁 때, 대한민국의 운명은 어떻게 되었을까? 전쟁 중, 좌익세력의 반란사건은 한 번도 일어나지 않았다.

중국대륙에서의 국공내전國共內戰에서 장제스(蔣介石, 1887~1975)의 국민당 군대가 마오쩌둥(毛澤東, 1893~1976)의 공산당에게 쉽게 패배한 가장 큰 원인은 바로 군내에 침투한 공산당의 책동이라는 것은 역사가 증명하고 있다. 아무리 우수한 미제의 군사 무기와 장비를 갖추고 있었다고 해도 싸울 의지가 없다면 소용이 없었다. 그들은 마오쩌둥의 공산군과 만나면 싸우지도 않고 집단으로 투항하고 말았으니, 장제스는 결국 타이완(臺灣)으로 쫓겨나고 말았다.

바. 논평

·첫째, 백선엽 장군은 저서를 발간하면 언제나 필자에게 책을 보내주었다. 그러나 필자는 '군사학 총서' 발간에 온 정력을 기울이고 있었기 때문에 백 장군이 보내준 책을 치밀하게 읽지 못했다. 그분이 2020년 7월 10일에 돌아가셨기에 보내준 책을 읽으면서, 생존했다면 문의하고 싶었던 내용이 있었다. 그 가운데 한 가지가 부친의 사인死因을 알고 싶었다. 그는 일본어 회

고록, 『젊은 장군의 6·25전쟁』(2000)에서,

> 나의 아버지 백윤상白潤相은 내가 5세 때 갑자기 세상을 떠났기 때문에 어머니로부터 들은 얘기에 의하면, 백씨 집안은 이런 생활을 했다.…아버지는 강서군에 부양해야 하는 가정을 이루고 2남1녀를 가졌다. 또 도쿄(東京)에 유학도 했다. 조국을 식민지로 만든 일본이 어떤 나라인지 실제로 보고 싶었겠지만, 어디서 무엇을 배웠는지 정확하지가 않다.

고 했다. 그의 아버지가 일본에서 무슨 학문을 어디서 얼마 동안 연구했는지도 알고 싶었지만, 무엇보다도 그의 아버지가 29세에 돌아가셨다니 그 사인은 무엇인가?

백선엽 장군을 10여 년간 인터뷰했고 저서 발간에 협조했던 유광종劉光鍾의 저서 『백선엽을 말한다』(2011)의 초판에서는 그의 아버지 백윤상에 대해 언급이 없었는데, 개정판(2020)에서는 아래와 같이 주장했다.

> 백선엽에게 자신의 부친은 자랑스러웠던 인물일까. 답은 그 반대다. 이후 백선엽 장군은 결코 아버지를 입에 올리지 않았다. 애써 잊고자 한 흔적이 역력하다.…
>
> 맏딸 백남희는 "자연스럽게 할아버지 이야기가 나올 분위기에서도 아버지는 꼭 입을 닫고 계셨지요. 일부러 피하는 듯 보였어요. 할아버지 얘기는 그래서 우리 자식들이 거의 듣지 못하고 자랐어요.…
>
> 생계가 어려워 어린 세 남매를 데리고 선교리 철교에 올라 "이제 여기서 대동강 물에 빠져 함께 죽자"고 했던 모친의 절규. 그에 앞서 가정을 외면하고 홀로 만주를 향해 떠났던 부친의 행보는…
>
> 젊은 아내와 어린 남매 셋을 뒤에 두고 바람처럼 집을 나가 사라진 부친을 향한 원망과 유감遺憾이 그런 백선엽의 성정을 일찌감치 키웠던 것은 아닐까라는 생각이 든다.(pp.36~37.)

백선엽 장군은 부친의 '사망설'을 주장했으나 유광종은 '가출설'을 주장했지만 그 근거를 제시하지 않았다. 아마도 유광종은 백 장군의 어머니 방효열 혹은 큰 딸 백복엽 여사의 증언을 토대로 했으리라 추정하지만, 백 장군이 생존시에 근거를 밝히면서 주장하기는 거북했으리라. 앞으로 개정판을 낼 때는 근거를 명시해주기를 바란다.

·둘째 : 한국 육군의 주역자와 영어 실력의 향상

백선엽이 월남해서 며칠이 지나자, 먹고 사는 것이 문제였다. 마침 국방경비대에서 대원을 모집하기에 응시했더니, 장교 이력이 있기에 곧장 중위로 임관하여 부산으로 파견되어 대원모집에 힘을 기울였다. 그 과정에서 그는 앞으로 미군을 상대하자면 영어 실력이 필요하다는 것을 예측하여 미군의 전술 교재를 번역도 하고 영어회화도 연습하여 능통했다. 그는 사범학교 시절에 주당 2시간의 영어공부 밖에 하지 않았지만, 연대장 시절에 미 제6사단장 워드 소장의 적극적인 지원을 획득했고, 또한 통위부 고문인 프라이스 대령의 신임과 실력을 인정받아 정보국장의 요직까지 승진했다. 그 후 1948년 8월 대한민국이 수립되자 육군본부의 정보국장으로 군대에 잠입한 공산주의자를 숙청했기에 6·25전쟁을 무사히 수행했다. 그는 만주 군관학교 교육만 받았지만, 사단장, 군단장, 참모총장, 한국군 최초의 4성장군 그리고 한국군의 증강 등을 미국과의 교섭으로 달성했으니, 그의 선견지명先見之明, 학구적인 태도와 열성은 높이 평가되어야 하리라.

·셋째 : 박정희 소령의 구명사건

1949년 1월 말, 박정희 소령은 '남로당 군사책'이라는 혐의로 군법회의에서 사형 언도를 받아 10일 후에는 총살을 당할 신세였다. 그런데 그가 "마지막으로 백 국장을 만나고 싶다"는 말을 듣고 만나기로 했다. 박 소령은 "한 번만 살려주십시오." 하고 말하자, 백선엽은 말했다. "그래요. 그렇게 해보도록 하지요." 하고는 어려운 행정적 절차를 거쳐 총살을 면케 했다.

백선엽 장군에 대해 10여년 간 인터뷰를 했던 유광종 소장은 "왜 박정희를 살려주었는지?" 궁금하여 몇 차례나 질문했으나, 명확한 확답을 하지 않다가 내놓은 대답은 "내 이름 안에 착할 선善이라는 글자가 있잖아!"라고 했다는 것이다. 뿐만 아니라, 박정희의 생계까지 걱정해서 정보국 문관으로 채용해 주었다.

박정희는 6·25전쟁 후, 그의 인품과 재질을 인정받아 곧 1950년 7월 14일 소령으로 현역 복귀했다.

1961년 5월 16일 박정희 소장은 군사정변을 일으켜 권력을 장악하여 1978년 7월 6일 제9대 대통령으로 피선되었으나 10월 26일 김재규 중앙정보부장에 의해 살해되었다. 그가 대통령으로 출마하기 전에 17년간이나 권력을 잡고 있었으니, 깊이 생각하여 『노자老子』의 "공이 이루어지면 몸이 물러가는 것은 자연의 법칙이다"(功遂身退天之道, 제9장)를 깨닫고 권력을 후계자에게 물려주었다면…아쉬움을 남겼다.

오늘날 대한민국이 원조를 받는 나라에서 주는 나라로 변했고, 세계 10위의 경제 대국과 수출 대국으로 발전할 수 있도록 초석을 다져놓은 것은 박정희 대통령의 업적이라는 사실을 모두 알고 있으니 말이다.

·넷째 : 게릴라 소탕작전의 원칙

1943년 초 특설대는 팔로군을 토벌하기 위해 만리장성을 넘어 중국 본토로 파견되었다. 그들은 최초부터 작전을 신중히 했고, 주민들에게 세심한 주의를 했다. 그리하여 그들로부터 닭과 돼지를 구입해도 값을 후하게 치르었고, 피난하지 못하는 노인들이 집에 있으면 "장수를 기원한다"고 인사하고 보호했다. 이렇게 작전을 수행하자 그 지방에서 좋은 평이 나왔다. 즉 "이번에 만주에서 온 조선인 부대는 예의가 바르고 약탈을 하지 않으며, 물건값도 후하게 준다"고 하자, 그들은 팔로군의 첩보도 전해 주고 또 길도 안내해 주었다.

당시 간도특설대의 병력은 1개 대대의 병력으로 점차 팔로군에 의해 완전 포위를 당하자, 부락 장로長老의 중재로 기적처럼 귀환할 수 있었다. 따라서 게릴라 토벌작전에 있어서는 먼저 그 지역의 주민들을 안심·보호하여 자기편으로 만들어야 한다. 그래야만 상세한 게릴라의 귀중한 첩보(information)도 획득하고 또 게릴라 작전을 성공적으로 수행할 수 있다는 것을 백선엽 중위는 배웠다. 그 후 1949년 8월 지리산 지역의 공비토벌 작전을 성공리에 수행했고, 그것으로 인해 1951년 11월 백白 야전전투사령관으로 임명되어 2개 사단을 동원해서 공비토벌작전을 훌륭

하게 수행하여 1952년 1월 12일 중장으로 진급했다.(32세)

·다섯째 : 한국 육군 건군의 주역이 되다

부산의 5연대장으로 재직하고 있을 때, 통위부 고문인 프라이스 대령이 시찰차 부산에 왔는데, 이것은 부대사찰의 성격을 띠고 있었다. 그런데 그가 부산의 선임자에게 인사를 해야 한다기에 백선엽 연대장이 프라이스 대령을 데리고 워드 미 제6사단장에게 안내하고 소개했다. 워드 사단장은 프라이스 대령 면전에서 백선엽 연대장을 대단히 칭찬했다. 즉 "한국부대는 내가 돌봐 주고 있고, 한국부대는 잘 운영하고 있으며 걱정하지 말라"고 했다.

프라이스 대령도 대선배인 워드 사단장의 칭찬을 듣고 1948년 4월 통위부의 정부국장으로 백중령을 추천함으로써 임명되어, 서울 중앙무대에서 활동하기 시작했다. 그는 미 제24사단장 정보처장 화이트 대령의 조언으로 정보학교를 설립하여 갓 임관한 육사 제8기생 중에서 우수자원 30명을 선발하여 정보교육을 받게 했는데, 여기서 많은 인재가 배출되었다.

백선엽은 통위부 정보국장에서 1948년 8월 대한민국이 건국되어 육군본부 정보국장이 되었다. 여기서 육군에 잠입 입대한 좌파 남로당원을 철저히 숙청했고, 그 후 사단장, 군단장 그리고 1952년 7월 육군참모총장, 1953년 1월 한국군 최초의 육군 대장으로 진급했다.

3. 6·25전쟁의 발발과 임진강 방어전투

가. 임진강의 방어전투

1950년 6월 25일 아침 사단 작전참모의 숨가쁜 전화가 당시 1사단장 백선엽 대령에게 걸려왔다.

"사단장 각하, 전방에서 적이 전면적으로 침공해 왔습니다. 개성開城이 대환란에 빠져 있습니다. 벌써 점령당하지 않았나 생각됩니다."

1사단은 38선에 배치된 4개 사단을 좌익 사단으로 황해도 청단靑丹, 연안에서 고랑포, 적성에 이르는 90㎞의 광범위한 정면을 수비하고 있었다. 그는 불과 두 달 전인 4월 22일, 광주의 5사단장에서 1사단장으로 부임해 부대 사정을 소상히 파악하기 전이었고, 더구나 열흘 전부터 3개월 예정으로 시흥 소재 보병학교에서 '고급 간부교육'을 받는 중이었다.

백 대령은 당시 신당동에서 부인과 두 달 지난 딸과 함께 살고 있었다. 그는 한길에 나가 마침 지나가는 군용지프를 세워 용산 삼각지 소재의 육군본부로 직행했다. 그가 육군본부로 간 것은 우선 전황을 자세히 알아보고 또 자기 신분이 보병학교 파견근무 명령을 받고 있는 중이라 즉시 1사단을 지휘해도 좋은지 확인하기 위해서였다.

채병덕(蔡秉德, 1916~1950) 참모총장에게 사단으로 복귀, 지휘해도 좋은지 묻자, 그는 "무슨 그따위 소리를 하는가. 빨리 사단으로 가라"고 소리쳤다. 차편을 얻을 겸 육본 근처의 관사에 사는 1사단의 미국 수석 고문관 로크웰(Lloyd Rockwell) 중령 관사로 찾아갔다. 그는 급보를 전하고, 로크웰 중령이 운전하는 지프를 타고 사단 사령부에 도착한 것은 9시경이었다. 사령부 현관에서 참모들이 대기하고 있었다. 현관에서 현황을 들었는데, 개성은 벌써 함락, 주둔하고 있던 12연대와는 통신도 끊겨버린 절망적인 상황이었다. 문산 방면의 13연대는 현재 교전 중, 수색의 11연대는 병력을 모아 전방 진지에 투입 중이라 했다.

임진강 남안의 진지를 점령하게 되자 임진강 철교를 언제 폭파해야 하는가 하는 문제에 부딪히게 됐다. 정오가 조금 지나 공병대장이 "폭파 준비가 다 됐습니다. 폭파 시기를 지시해 주십시오"라고 보고했다. 백 사단장은 "잠시 기다려라. 개성 12연대의 주력이 철수하면 폭파하라"고 지시했다.

한 시간을 더 기다렸으나 철교를 건넌 병사는 그리 많지 않았다. 철교 북쪽 입구에서 철교를 경비하던 수용收容부대가 "아군의 후미에 적이 따라오고 있다"고 보고해 왔다.

"철교를 폭파하라"

그러나 굉음도 없었고, 철교는 그대로였다. 철교는 폭파되지 않았다. "도화선 코드가 끊겼는지 폭파를 시도했으나 실패했습니다."라고 공병대장은 사색이 되어 보고했다.

27일 오후 봉일천초등학교의 사단 사령부에 육군본부 전략 지도반장의 이름으로 김홍일(金弘壹, 1898~1980) 장군이 방문했다. 그는 백 사단장의 보고를 듣고, "1사단의 전투에 놀랐다"고 칭찬을 하면서도 그러나 의정부 쪽이 끝장나 희망이 없다는 말을 전했다. 김 장군은 "여기서 저항을 일단 그치고 한강 남쪽으로 후퇴하는 게 어떻겠느냐"고 백 사단장의 의견을 물었다.

"저도 그렇게 생각합니다. 그러나 임의로 후퇴할 수는 없습니다."

백 사단장은 김 장군에게 육본에 빨리 들어가서 채병덕 참모총장에게 후퇴 허가를 받아달라고 부탁했다. 김 장군도 "그렇게 하겠다"는 약속을 남기고 급히 되돌아갔다. 저녁 늦게 육본에서 지프를 타고 온 한 장교가 참모총장의 명령서를 갖고 나타났다. 그러나 명령서는 "현 진지를 사수하라"는 것이었다.

28일 오전 적의 기마대 공격을 측면에서 받을 위기의 상황 아래서 백 사단장은 연대장 및 주요 참모들을 집합시켜 다음과 같이 훈시했다.

> "나흘 동안 잘 싸워주었다. 그러나 오늘 아침 서울이 함락되었다. 한강 다리도 폭파되었다. 미군 폭격기를 보니 미군이 참전한 모양이다. 저 오폭을 보면 알 수 있듯이 우리나라는 우리들이 지켜내야 한다. 사단은 전력을 최대한 온존해서 한강 남쪽으로 철수하자. 목표는 우선 시흥 보병학교다. 거기서 재집결하자. 만약 그곳이 여의치 않으면 지리산으로 가자. 지리산에서 농성하며 게릴라가 되어 철저히 항전하자. 2~3년을 버티면서 유리한 정세를 기다리자."

공병 경험이 있었던 최영희 대령은 능숙한 솜씨로 도하작전을 지휘하여, 지프 2대까지 싣고 무사히 한강을 건널 수 있었다. 시흥에 도착한 것은 28일 동이 틀 무렵이었다.

김홍일 장군이 지휘하는 '시흥지구 전투사령부'는 이때 지휘체계가 무너진 서울 근처의 병력을 총지휘하며 한강 이남으로 철수하는 각 부대 장병들을 거두어 중·대대 단위로 재편성해서 이들을 한강 방어선에 투입하여 적군의 도하를 지연시키는 작전을 수행하고 있었다.

백선엽 장군은 저서 『길고 긴 여름날 1950년 6월 25일』(1999)에서 아래와 같이 주장했다.

> 김홍일 장군은 시흥지구 전투사령부의 전열을 갖추고 한강 방어선을 고수했다. 결과부터 말하자면 김 장군은 한강 방어선을 6일간 지켜냈다. 당시 미국측은 일본 주둔 미군을 한국 전투에 투입하기 위해 이 전선을 최소한 사흘간만 지탱해주었으면 하는 희망을 나타냈다고 한다.
>
> 전쟁 중 우리나라가 패망의 위기에 처할 때도 수차 있었지만 이를 이겨낼 수 있었던 그 하나는 바로 이때의 한강 전선이었다. 한강 방어선이 조기에 무너졌다면 미국은 지상군과 전투 장비를 투입할 시기를 놓쳐 전세를 만회하기 어려웠을 것이다.…
>
> 임진강의 서전은 이로써 끝났다. 원인과 과정은 어떻든 결과는 나의 패배로 끝났다. 1사단과 증원부대는 혼연일체가 되어 잘 싸웠다. 장병들은 애국심과 책임감으로 무장하여 목숨을 아끼지 않았다. 또 나를 신뢰하여 지휘에 잘 따라주었다. 나도 최선을 다해 용기 있게 싸우고 또 인내했다. 나이도 젊고 경험도 미흡했으나 지모를 짜서 지휘했다.

나. 백선엽 사단장의 임진강 전투에 대한 논평

• 첫째 : 지휘관의 국토방위에 대한 결심

제1사단장 백선엽 대령은 6·25전쟁의 첫 전투는 30세의 젊은 나이에 처음으로 체험하는 본격적인 전투였기 때문에 경험의 부족과 심리적 부담이 겹쳤지만, 4일간의 전투를 잘 버티었으나 6월 28일 북한군의 서울점령과 한강 인도교의 폭파로 한강 이남으로 철수하지 않을 수 없었다. 그는 연대장 및 주요 참모들에게, "우리나라는 우리들이 지켜야 한다는 것"과 사태가 불리하여 계속 후퇴할 경우 "지리산에서 농성하여 게릴라가 되어 철저히 항전하고, 2~3년을 버티면서 유리한 정세를 기다리자"고 주장했다. 이것은 지휘관으로서 국토방위에 목숨을 바쳐 최선을 다하겠다는 결의를 밝힌 것이고 당연한 주장의 내용이지만, 어려운 후퇴의 상황하에서 부하들에게 결의를 명시했다는 것은 높이 평가해야 하리라.

• 둘째 : 방어와 공격의 변증법

> 나는 전선 사수를 명령받은 이상, 방어만으로 수비가 될 수 없으므로 또 반격을 구상했다. 28일 새벽, 작전참모에게 문산 탈환을 목표로 하는 반격 계획을 세우도록 명령하고 곧 각 부대에 이를 하달하도록 했다.…사단이 반격을 개시하기도 전에 반격 계획은 수포로 돌아간 것이다. 나는 반격을 중지하도록 명령하고…

백선엽 사단장은 6월 28일 새벽 2시 30분경에 한강 인도교가 폭파되고, 육군본부가 수원으로 이동했으며, 적군이 이날 미아리를 넘어 서울을 점령한 사실을 알지 못했기 때문에 최후의 결전을 준비했다가 포기하고 말았지만, '방어에서 공격으로 옮겨야 한다는 생각'은 군사학의 관점에서 탁견卓見이라 하지 않을 수 없다.

만약 백선엽 장군이 생존해 계신다면 질문하고 싶은 내용이 몇 가지 있는데, 그 가운데 한 가지는 "군사고전인 『손자병법』(B.C. 513.?)과 클라우제비츠의 『전쟁론』(1832)을 읽어보셨습니까?" 이다. 왜냐하면 백 장군의 독서 범위가 넓지만 그의 저서에는 군사고전에 대한 인용구가 거의 없기 때문이다.

『전쟁론』에서 '방어'와 '공격'에 대한 설명은 아래와 같다.

(자료 1) 방어의 개념이란 무엇인가? 그것은 적의 공격을 저지하는 것이다.…교전交戰에서의 방어적 체제라는 것은 결코 단순한 방패와 같은 것으로 생각해서는 안 되며, 교묘하게 공방攻防 양용으로 사용되는 방패로 생각해야 한다.(제6편 제1장, 차후 VI-1로 표기함)

(자료 2) 전략적 성과를 올리기 위한 주요 원리는 다음과 같다.

① 토지 및 지형의 유리
② 기습
③ 여러 방면에서의 공격(이상 세 가지는 전술에서와 동일하다)
④ 요새 및 이에 속하는 일체의 것을 원용하여 전장을 보호한다.
⑤ 국민의 지원
⑥ 훌륭한 정신력의 활용

……

이상으로 우리들은 방어란 공격보다 더 강력한 전쟁형식이라고 하는 명제를 충분히 증명했다고 믿는다.(VI-3)

1870년 프랑스-프로이센 전쟁에서 프로이센이 프랑스를 대패시키고 승리하여 프랑스의 베르사유 궁전에서 통일된 독일제국을 탄생시키자, 그 후 독일의 군사전문가들은 클라우제비츠가 주장한 "방어란 공격보다 더 강력한 전쟁형식이다"는 명제를 수용하는 것을 거부했다. 예컨대, 1880년판의 『전쟁론』의 편집자인 셀프 대령은 "방어에 관한 클라우제비츠의 이론은 독일 군부의 의견을 두 개의 대립적 진영으로 분리해 놓았다"고 실토했다.

많은 독일의 군사전문가들은 "방어가 공격보다 더 강력한 전쟁형식"이라는 그의 이론을 반박하는 데 모든 정력을 기울였으며, 어떤 옹호자는 만약 이 위대한 전쟁철학자가 이 문장을 적어놓지 않았더라면 더 행복하고 존경을 받았을 터인데, 유감스럽게도 그는 이 견해를 표명하고 말았다고 애석하게 말하기도 했다. 일본의 육군대학에서 용병술을 가르친 바가 있는 멕켈(1842~1906) 장군은 "방어에의 결정은 절망적 상태에의 첫째 단계이다"고 했고, 브루메 장군도 "전략적 공세는 전쟁의 정치적 목적이 적극적이든 소극적이든, 전쟁 수행의 더 효과적인 형태이며, 그것만이 궁극적 목적에 도달할 수 있는 것이다"고 했다.

독일의 저명한 군사 저술가인 골츠(1843~1916) 장군은 공세를 설교하고 수세를 거부하는 글을 발표했다. "우리들 독일군의 현대적 전투방식은 우리들의 결의에 가득 찬 공세의 개념에 따라 계속적인 강력한 타격에 의해 결정적 결과를 획득하는 것을 목표로 한다. 공세의 개념에는 말하지 않아도 우리들의 모든 이론적 논문의, 또 대부분의 실제적 연습의 기초가 되어 있다. 주저하거나, 기다리거나, 또 소극적인 수세는 우리들의 성격에 맞지 않는다.…클라우제비츠의 저술著述 가운데 공격에 관한 내용이 초고草稿로 그대로 있다는 것은 참으로 애석한 일이다. 아마도 이 위대한 군사이론가는 엄밀한 연구 끝에는 만년晩年에 공격의 편이 이롭다는 설로 바꾸었으리라."

필자는 독일의 군사전문가들의 견해를 읽으면서, 이들은 『전쟁론』을 제대로 치밀하게 읽지 않았다는 결론에 도달했으며, 『전쟁론』의 아래 내용을 소개하고자 한다.

(자료 3) 교전에서의 방어적 체제라는 것은 단순한 방패(순盾)와 같은 것으로 생각해서는 안 되며, 교묘하게 공방攻防 양용으로 사용되는 방패를 생각해야 한다.(VI-1)

(자료 4) 방어자가 신속하고 강력한 공격으로 옮기는 것, 즉 적의 공격을 저지하고자 곧 반격을 하는 것이야말로 방어의 가장 빛나는 순간이다.(VI-5)

(자료 5) 비롯 적극적 원리를 결여한 방어는 전술에서와 마찬가지로 전략에 있어서도 그 자체가 모순이라는 것이 우리들 본래의 주장이 되지 않으면 안 된다. 따라서 어떠한 방어도 방어의 이점利點을 모두 활용했다면, 곧 공격으로 옮겨야 한다는 것을 반복하여 지적해 둔다.(Ⅷ-4)

(자료 2)는 '방어가 공격보다 강력한 전쟁형식'이라는 근거를 제시했고, 다른 자료는 치밀하게 읽는다면, 클라우제비츠의 '방어'의 개념 속에는 '방어의 이점을 모두 활용했다면, 곧 공격으로 옮겨야 한다'는 내용이 포함되어 있으며, 이 내용을 더 명확하게 알려면 철학적 용어 '변증법(Dialektia)'을 알아야 하리라.

변증법이란 용어는 서양 철학계에 있어서 문답술(dialogos)을 나타내는 그리스어에서 유래하지만, 그 뜻은 시대와 철학자에 따라 상이相異한 내용으로 주장되어왔다. 헤겔(Hegel, 1770~1831)의 변증법에 의하면, 정립(Thesis)과 반정립(Antithesis)을 거쳐 이 대립의 종합(Synthesis)에 도달하는 사상과 실재實在의 논리적인 발전을 뜻하며, 이것을 지양(止揚, aufheben) 되었다고 한다. 지양이라는 독일어는 ㉮ 폐기한다, ㉯ 보존한다, ㉰ 위로 올린다는 세 가지의 뜻을 가지고 있다.

소크라테스(B.C. 470~399)에서 칸트(1724~1804)에 이르는 서양의 형식 논리학은 모순矛盾을 배제하고 'A는 非A가 아니다' 즉, '생生은 사死가 아니다'라고 주장했다. 이것을 우리의 주제에 적용한다면, '방어는 공격이 아니다'가 되며, 이러한 논리가 클라우제비츠의 '방어'와 '공격'에 대한 이해를 어렵게 만들었다. 그런데 헤겔은 변증법이란 절대와 상대, 무한과 유한, 정지와 운동, 生과 死 등 거의 통일이 불가능하게 보이는 궁극적인 대립도 결코 고정시키지 않고, 얼핏 보아 분명히 모순으로 생각되는 대립마저도 유동화함으로써 이것을 결부시키는 역동적인 사고방식이며, 'A는 非A가 된다'고 주장한다. 따라서 '방어는 공격이 된다'는 주장이며, (자료 1, 3, 4, 5)는 이 내용을 명시하고 있다.

이렇게 주장한 헤겔의 변증법은 당시의 지식인들이 쉽게 이해할 수 있었을까? 1827년 10월 18일 바이마르에 왔던 헤겔에게 저명한 시인 괴테(1749~1832)는 변증법의 본질에 대해 질문하기도 했다. 그리고 제1차 세계대전 후, 독일 국방군의 총사령관 제크트(1866~1936) 대장은 1930년 클라우제비츠 탄생 150주년을 기념함에 있어서, 『전쟁론』은 "어려운 저술"이라 했고, 수년 후 그의 부인에게 편지로 "클라우제비츠에 관한 한, 나는 이해하기 어려운 철학적 훈련을 받지 않았다. 나는 간혹 행운의 공식을 발견하는 재능을 가진 경험주의자가 되고 싶다"고 한숨을 내뱉었다.

필자는 생과 사에 대한 변증법의 훌륭한 사례를 소개하고자 한다. 1597년 9월 15일 명량해전 전날 초저녁에 수군통제사水軍統制使 이순신(李舜臣, 1545~1598)은 지휘관들을 소집해서 강력한 어조로 말했다. 즉 "병법에 이르기를, 죽고자 하면 오히려 살고, 살고자 하면 도리어 죽는다."(兵法云必死則生必生則死)고, 그가 왜 이런 말을 했는가 하면 불과 2개월 전, 칠천량해전(1597.7.15.)에서 조선 수군은 일본 수군에 의해 160여척의 병선을 잃으므로 해서 거의 괴멸되었다. 특히 통제사 원균(1540~1597)을 비롯하여 조선 수군들은 밤에 기습을 당하여 싸울 생각은 하지 않고 도망치는데 바빴기 때문이었다. 위의 인용구를 의역意譯하자면, "죽을 각오로 싸우면 살고, 도망쳐 살려고 하면 죽는다"가 되면 이해하기 쉬우리라.

이순신은 다음날 명량해전에서 13척으로 일본 수군 133척을 상대로 싸워 31척을 격파하고 승리함으로써 조선 수군의 건재함과 일본 수군의 서해 진출을 저지했다.

• 셋째 : 임진강 다리 폭파의 실패

임진강 교량은 2개인데 남쪽은 경의선 철도이고, 북쪽은 인도교였다. 사단 공병대대는 사단장의 철교 폭파에 대한 준비명령이 내려지자 대대장이 대대 작전과장 정극서 대위로 하여금 기존 폭파계획을 시행하도록 지시했다. 이에 정 대위는 폭파책임부대인 제3중대의 주둔지인 봉루리(문산 남쪽 1㎞)로 직행하여 중대장 김동일 대위를 찾았다. 그러나 그의 행방이 묘연하자 중대장을 대신하여 자신이 직접 폭약을 장전하였다.

철교의 폭파 시간은 개성의 12연대의 주력이 철수하면 폭파하기로 했고, 15시경 마침내 12연대 주력이 철수한 후에 사단장 백선엽 대령이 폭파 명령을 내렸으나 철교는 폭파되지 않았고, 전략상 요점인 철교를 적에게 거저 내주는 꼴이 되어 경험의 부족과 생각이 깊지 못했던 것을 후회하고 또한 모든 책음은 '사단장'에게 있다고 했다.

서울 이북의 인민군 전차가 통과해야 하는 다리가 거의 폭파 실패로 끝난 이유는 과연 무엇일까? 6·25전쟁 당시 북한군의 작전국장 유성철(兪成哲, 1917~1995)의 『증언證言』(1991)에 의하면, "38선을 넘어 서울로 진격할 인민군은 전략적으로 중요한 다리에는 주민으로 가장한 유격대를 사전에 보내 국방군이 다리를 폭파하지 못하도록 했으나 한강 다리는 신경을 쓰지 않았다"고 회상했다.

사단장 백선엽 대령, 다리 폭파의 책임자 공병대장 등은 다리의 폭파 장치에만 신경을 쓰고 폭파 장치의 보호 및 경계를 소홀히 했고 또 폭파 장치의 책임자인 중대장 김동일 대위가 중대한 시기에 행방이 묘연했다면, 그의 행방을 철저히 규명하여 대책을 수립했어야 했다. 지휘관들의 경험 부족과 사려思慮가 깊지 못했기 때문에 다리를 폭파하는 데 실패했다고 생각한다.

•넷째 : 백선엽 장군의 한강 방어선에 대한 논평

백선엽 장군은 시흥지구 전투사령부 김홍일 장군의 6일간의 방어작전으로 패망의 위기를 극복했다고 논평했으나, 필자의 견해는 약간 다르다. 인민군 작전국장을 역임한 유성철의 『증언』 내용은 아래와 같다.

> 6월 28일 아침 탱크사단을 앞세운 제4사단이 마침내 서울에 입성했다는 보고를 받고 나는 "이제 전쟁이 끝났구나"라고 생각했다.
>
> 하지만 이 같은 감격은 잠시뿐이고 우리는 선제타격 작전의 치명적 허점을 발견하고 당혹해야 했다.
>
> 앞서도 말했듯이 우리의 남침계획은 사흘 안에 서울을 점령하는 것으로 끝나게 돼 있었다. 이러한 작전개념은 우리가 남한 전역을 장악할 의도가 없었기 때문이 아니다. 단지 우리는 남한 수도를 점령하면 남한 전체가 우리 손에 들어오는 것으로 '착각'했던 것이다.…
>
> 그리고 전선사령부도 서울로 이동했다. 만약 이때 인민군이 쉬지 않고 진격을 계속했다면 6•25의 역사는 전혀 달라졌을지도 모른다.

김백일 장군은 한강 인도교의 조기 폭파로 인해 한강 이북의 한국군의 조직은 와해되었고 또 무기와 장비도 버렸기 때문에 부대의 재편성과 배치 등에 분주했으리라. 그러나 '6일간'을 버티었다는 견해는 재고再考할 여지가 있다고 보는 것은, 위의 유성철 회고담으로 판단한다면 그들의 '작전개념'의 착각으로 한강 이남으로 한국군을 추격하지 않았다는 것, 그리고 북한군이 서울을 점령하고 멈추고 있자, 소련의 스탈린 수상은 북한군이 한국군을 추격하지 않는 점에 대해 북한의 소련대사에게 꾸지람의 전문도 보냈던 것이다.

그렇다면 6일간이나 버틴 한국군의 한강 방위선은 왜 붕괴되었나? 북한군이 한강 이남으로 한국군을 추격하자면, 넓고 깊은 한강을 건너야 하는데 거기에는 한강 인도교(조기 폭파에 관해서는 논외로 한다)와 경인 간의 철교, 그리고 경부 간의 복선 철교가 있었다. 그런데 그 철교 가운데 하나가 폭파되지 않고 남았다. 이 철교의 폭파 실패가 인민군으로 하여금 거기에 철판을 깔고, T-34 전차 등 중장비와 병력을 도하하는 기회를 주었기 때문에 한국군의 한강 방위선은 붕괴되고 말았다. 만약 그 철교를 폭파했다면 북한군은 T-34 전차의 도강을 위한 부교浮橋를 소련으로부터 수입한다면 1주일 이상의 시간이 소요되었으리라. 따라서 폭파되지 않은 철교의 폭파 실패의 원인 규명과 김백일 장군은 왜 조속히 재폭파의 조취를 취하지 않았을까?

백선엽 사단장이 한강을 건너 시흥에 도착한 것은 6월 29일 동틀 무렵이었다. 거기서 그는 설탕물을 마시고 기력이 살아나고 정신이 들기 시작했고, 그곳에서 처음으로 전투복으로 옷을 갈아입었다. 그러니 그는 부인과 어린 딸자식의 피난 문제를 생각할 틈이 없었다.

백 대령 부인은 국군의 필승을 믿고 서울에 있었으나, 피난 문제를 생각했을 때는 이미 한강 인도교가 폭파되었다. 이런 비참한 패전敗戰에 남편이 살아남기는 어렵다고 생각하여 남편의 뒤를 따르고자 생각했으나 이웃의 충고와 어린 딸 때문에 생각을 달리하게 되었다. 북한군 통치하에서 강제노동의 어려움을 겪었지만, 어렵게 들려온 소식에 의해 남편은 살아있고 선전하고 있음을 알고 국군의 서울 수복을 고대했다. 당시 북한군은 군인이나 경관의 가족까지 색출하여 숙청했다. 다행히 이웃 주민들이 백 대령 부인을 보호했으나 결국 발각되어 수감되었다. 그러나 정세의 혼란으로 겨우 살아남았다. 그리하여 국군이 서울을 수복한 후에야 다시 만났다.

백선엽 사단장은 위급한 작전 수행 때문에 가족을 인민군 점령하의 서울에 남겨두고 말았다. 그의 회고록에 의하면 가족 문제는 전연 언급이 없다가 1950년 9월 15일 유엔군의 인천상륙작전으로 전세가 호전되고 수도 서울을 수복하고서야 짤막하게 가족과 만났다고 했다.

4. 대한민국 존망의 다부동전투

가. 김일성 작전목표는 대구점령

6월 28일 육군본부는 한강 이남으로 철수했고 또 한강의 인도교도 폭파되었다는 것을 알게 된 백선엽 사단장은 포와 중화기 그리고 자동차도 버리고 한강 이남으로 철수하여 장장 300㎞의 장정 끝에 낙동강변에 서게 되었다. 그들은 7월 8일 후퇴 명령에 따라 음성을 뒤로 하고, 괴산槐山~미원米院을 거쳐 속리산 동남쪽 기슭인 화령장(化領場 : 경북 상주군 화서면 소재)으로 철수했다. 여기서 미 25사단 24연대와 합류하여 최초로 미 지상군과 연합작전을 경험하게 되었다. 미 24연대장 화이트(Horton White) 대령을 만났는데, 서로 아는 사이였다.

그래서 백 사단장은 화이트 대령으로부터 5만 분의 지도와 투명지, 글라스 펜슬을 얻어 초등학교 벽에 걸린 '대한민국 전도'를 보고 작전을 구상했던 참모진을 기쁘게 해 주었다. 7월 26일 상주에 철수해서 20연대를 흡수하여 겨우 사단의 병력이 7천 명으로 증강되었고, 또 총이 없는 병사들에게 모두 M1 소총과 카빈이 지급되는 형편이었고, 미 공군의 항공지원도 받는 형편이 되었다.

7월 27일 상주우체국의 사단 지휘소에 신성모申星模 국방장관과 정일권 참모총장이 예고도 없이 방문했다. 백 사단장은 "사단이 증원 재편되어 이제부터 전투를 할 수 있습니다."고 모처럼 자신 있게 보고했다. 그동안 후퇴하면서 병력·무기와 장비가 열세했지만 잘 싸웠다. 그런데 이들은 뜻밖에 "장군 승진을 축하한다"고 악수를 청하며 별 하나의 준장 계급장을 전투복 옷깃에 달아주었다. 백선엽 준장은 그때의 승진 소감을 다음과 같이 적었다. 즉 "군인으로서 장군이 된 것은 기쁜 일임에 틀림 없었으나, 전쟁의 앞날을 한 치도 내다볼 수 없는 때인지라 오히려 무거운 짐을 지지 않았나 하는 중압감을 더욱 느낄 뿐이었다."

김일성은 8·15 광복절까지 소위 '해방전쟁'을 종결시킬 목표를 부산에 두었다가, 전세가 여의치 않자 수안보까지 내려온 그는 '작전목표'를 대구 점령으로 수정하여 독전을 했다. 그리하여 인민군은 필사적인 공세를 취했다. 8월 4일부터 적군의 일부가 도하에 성공하여 낙동강 방어선도 뚫리기 시작했다. 항공지원이 없는 야간에 가마니와 드럼통으로 수중 교량을 가설하여 8일부터 전차도 강을 건너 침공해 들어왔다.

전선은 다시 급박해졌다. 8월 초순부터 한국군은 처음 신형 대전차 무기인 3.5인치 로켓포와 57mm 무반동총을 지급받았다. 미군은 3.5인치 로켓포를 주면서, "이 무기는 적에게 빼앗기면 절대 안 되므로 사단장이 직접 관리해 달라"는 주문을 달았다. 과연 '로켓포탄은 소련제 T-34전차의 철강을 관통했다. 12연대가 최초로 적 전차 4대를 파괴하고 그중 1대를 노획했다. 제1사단은 이 전선에서 10대 가량의 전차를 파괴하는 전과를 올렸고, 전차 공포증을 씻어버릴 수 있게 되었다

나. 다부동 전투

백선엽 사단장은 낙동강 최후의 방어선을 구축하기 위해 지형정찰에 나섰다. 다부동 북쪽의 유학산~수암산의 긴 능선이 동서로 뻗어 있어 방어진지 구축에 유리한 지형이었다. 여기서 대구까지 25㎞이고, 이 산맥이 마지막 승부처가 될 것으로 예상했다. 정찰을 마친 백 사단장은 참모장과 작전참모를 불렀다. "지금까지 전투지형은 참모인 당신들이 건의하여 잘 선정해 주었다. 그러나 이번만은 내가 직접 정하고 싶다. 이번의 방어선이 우리의 최후의 전투가 될지 모르겠다. 가산과 다부동 일대를 정찰하고 방어계획을 세우도록 하라"고 했다. 그들은 곧 현지 확인을 해보겠다고 하고, 몇 시간 후에 역시 그곳이 가장 좋은 방어선이라 했다. 백 사단장은 예하 지휘관들에게 최후 저지선을 설명하고 다음과 같은 훈시를 했다.

> "이 선이 사단의 최후 저지선이다. 우리가 이 선을 지키지 못하면 대구가 떨어지고 그렇게 되면, 낙동강의 미군 방어선도 붕괴된다. 따라서 조국의 운명도 여기에 걸려 있다. 이 선은 내가 정했다. 성패成敗의 모든 책임은 내가 지겠다. 부디 성공하여 명예와 기쁨을 여러분과 나눌 수 있기를 바란다."

경부선을 따라 오산, 평택, 대전 등지에서 미군 스미스 대대를 비롯한 미 24사단의 방어진지를 돌파하고 파죽지세로 남하한 인민군 주공 3사단은 백선엽 장군의 제1사단을 엄습해 왔고, 이 외도 인민군 15사단과 13사단도 가세하여 당장 대구를 삼킬 듯한 기세였다. 이리하여 8월 15일은 위기의 절정이 닥쳐왔다. 그리하여 백 사단장은 대구의 미 8군 사령부와 하양의 제2군단 사령부에 증원부대를 요청하니, 곧 17일 저녁 무렵 미27 연대장 존 마이켈리스(John H. Micheles, 1912~1985, 후일 대장으로 승진, 주한 미군 사령관 역임) 대령이 부대를 지휘하여 1사단 지휘소에 도착했고, 또 국군은 제8사단 10연대가 증원군으로 왔다. 그리고 미23 연대도 증파되어 왔다. 6·25전쟁 중 국군사단에 미군이 두 겹으로 중첩·투입된 것은 다부동 전투가 유일한 경우였고, 그만큼 대구의 관문 다부동을 중시하였다.

마이켈리스 대령은 제2차대전의 노르망디 상륙작전(1944년 6월 6일)에 참전했던 미 101 공수사단장 맥스웰 테일러 장군의 참모장을 역임했다. 그는 백 사단장을 찾아와서 그가 보는 가운데 작전 배치에 들어갔다. 그의 부대 27연대는 협곡 가운데에 해당하는 천평동의 계곡을 지키는 임무를 맡았다. 북한군은 당시 국군이 지니지 못했던 전차를 보유하고 있었다. 고지를 두고 벌이는 전투와는 다른 양상의 전투가 벌어질 수 있는 곳이 바로 천평동이었다. 북한군이 전차를

앞세우고 몰려올 경우를 대비하기 위해 미8군이 27연대를 보냈던 것이다.

백 사단장은 그의 뒤를 줄곧 따라다니면서 그가 하는 행동을 유심히 지켜보았다. 약 2시간 사이의 짧은 시간에 연대급 전투 병력을 모두 배치했다. 백 사단장은 그가 끌고 왔던 병력이 궁금해서 질문했다. 그는 "전차 1개 중대, 155mm 곡사포 6문, 105mm 18문에 공지空地 연락장교도 데리고 왔다"고 시원스럽게 대답했다. 그는 아울러 "포탄 사용량에도 제한이 없으니 그리 알고 있으라"면서 씩 웃어 보였다. 그후 북한군은 전차를 앞세워 천평동 계곡 초입 지역 돌파에 안간힘을 기울였으나, 마이켈리스의 27연대에 의해 번번이 꺾이고 말았다.

8월 18일, 국군 8사단 10연대가 1사단을 지원하기 위해 곧 도착한다는 연락이 왔다. 사지死地나 다름이 없었던 당시의 다부동 전투에서 1사단을 지원하기 위해 원군이 온다는 일은 가뭄에 만나는 단비 이상의 달콤함이었다. 백 사단장은 사령부가 있던 동명초등학교 정문 앞에서 기다렸다. 오후 5시 무렵 선발대가 보였다. 앞에는 대대장 한 사람이 대열을 이끌고 있었다. 백 사단장이 1948년 정보국장 시절 데리고 있던 김순기 소령이었다. 백 사단장은 그 얼굴을 보자마자 반가움에, "순기야 밥은 먹었냐"고 소리쳤다. 김 소령은 사단장의 얼굴을 알아보고 달려와서 "사단장님, 아이고…먼 길 오느라 아직까지 밥도 못 했습니다"라고 말했다. 영천에서 하루 종일 시간에 쫓겨 굶으면서 행군을 했다. 이어 도착하는 장병들도 피곤과 갈증, 배고픔에 지친 모습이 역력했다.

이들은 사실 바로 전선을 향해 더 행군해야 했던 상황이었다. 가산산성의 상황이 제법 심각했기 때문이다. 그렇지만 백 사단장은 배고픈 군인은 전투를 잘 수행할 수 없다는 점을 먼저 고려했다. 이들을 사단사령부 운동장에 숙영시키기로 결심했다. 그러자 참모 한 사람이 "그래도 가산산성으로 먼저 보내야 합니다"는 의견을 냈다. 그럼에도 백 사단장은 이들을 우선 쉬도록 했다. 이 상태에서 전선에 올려보낸다고 하더라고 전투력을 제대로 발휘할 수 없으리라 생각했기 때문이었다. 백 사단장은 내친김에 인근 마을에서 돼지 3마리를 사오도록 했다. 그리고 문형태 작전참모에게, "우선 배불리 먹고 쉬게 한 다음에 내일 아침 일찍 전선으로 보내라"고 지시했다.

고달픈 행군에 지쳤던 증원군 부대원들이 오랜만에 먹은 돼지고기와 식사로 들떠 있었다. 사단장은 그런 모습을 지켜본 뒤, 교사 숙직실로 가서 잠이 들었다. 밤중에 요란한 총소리가 울렸다. 그때 갑자기 숙직실 문을 박차고 백 사단장을 깨웠다. 부관인 김판규 대위가 다급하게 말했다. "사단장님, 사단장님, 큰일 났습니다.…적이 기습했습니다. 어서 일어나십시오.…" 사단사령부에 적이 당도한다는 얘기는 상상조차 하기 힘든 일이었다. 그러나 백 사단장은 곧 상황을 짐작했다. 북한군이 소규모 부대로 기습을 벌였다는 얘기였다.

백 사단장은 군화를 맨 상태에서 자는 버릇이 있었는데 그것은 교범의 규정대로였다. 그에 따르면 전시 중의 지휘관은 취침 시간에도 군화의 끈을 매고 자야 했다. 그는 곧장 운동장으로 뛰어나가 연병장에 숙영하고 있던 부대를 향해 소리쳤다. "순기야, 빨리 부대를 출동시켜라. 적들이 앞에 왔다.…" 김순기 소령은 다행히도 기민하게 부대를 지휘하여 적을 소탕했다. 다부동은 북한군 최고 사령관 김일성의 지시대로는 뚫리지 않았다. 그래서 사단 지휘부의 전열을 노리고 기습작전을 폈다.

전쟁 중이라도 사람은 먹어야 한다. 먹지 못하면 싸우지 못한다. 이것은 평생 백 사단장이 믿는 바였다. 그에 따라 하룻밤을 먹이고 재운 김순기 소령 대대의 병력이 결국 사단 수뇌부의 전멸을 막을 수 있었다. 그 사건으로 인해 사단사령부의 자체 경계 능력을 높이기로 했다.

8월 20일 미 27연대 좌측 능선을 엄호하던 11연대 1대대(대대장 김재명 소령)가 출격의 초동初動에 기선을 제압당해 고지를 탈취 당하고 다부동 쪽으로 후퇴하고 있다는 보고가 들어왔다.

한편 미8군 사령부로부터 전화가 걸려 왔다. "한국군은 도대체 어떻게 된 거냐. 싸울 의지가 있느냐"는 노한 음성의 힐책이었다. 연대의 측면이 뚫리자 마이켈리스 대령이 즉각 미8군에 "한국군이 후퇴했다. 퇴로가 차단되기 전에 철수하겠다"고 즉각 보고한 것이었다. 마이켈리스 대령은 백선엽 사단장에게도 전화를 해서, "후퇴하겠다"고 통고했다.

백선엽 사단장은 동명초등학교에서 다부동으로 급히 지프를 몰았다. 과연 진목동 도로 서쪽의 11연대 병사들은 피로에 지친 모습으로 후퇴하며 산을 내려오고 있었고, 고지를 점령한 적은 산발적으로 미군의 포병 진지를 향해 측면 사격을 가하고 있었다.

백 사단장은 김재명 대대장을 불러, "어떻게 된 것이냐?"고 물으니 그는 "장병들이 계속된 주야의 격전에 지친 데다 고립된 고지에 급식이 끊겨 이틀째 물 한 모금 먹지 못했다"는 대답이었다.

백 사단장은 후퇴하는 병사들 앞으로 달려나왔다.

> "모두 앉아 내 말을 들어라. 그동안 여러분 잘 싸워주어 고맙다. 그러나 우리는 여기서 더 후퇴할 장소가 없다. 더 후퇴하면 곧 망국亡國이다. 우리가 더 갈 곳은 바다밖에 없다. 저 미군을 보라. 미군은 우리를 믿고 싸우는데 우리가 후퇴하다니 무슨 꼴이냐. 대한 남아로 다시 싸우자. 내가 선두에 서서 돌격하겠다. 내가 후퇴하면 너희들이 나를 쏴라."

백 사단장은 부대에 돌격 명령을 내리고 선두에 서서 앞으로 나아갔다. 곧 병사들의 함성이 골짜기를 진동했다. 대대장 김재명 소령은 용감하게 앞장서 부대를 지휘했다. 대대는 삽시간에 고지를 재탈환했다. 적은 증원부대가 공격하는 줄 알았으리라.

산에서 내려오자 미군들이 몰려들었다. 마이켈리스 미 제27 연대장도 있었다. 그들은 후퇴를 서두르려다가 한국군이 다시 산을 오르는 장면을 계속 아래에서 지켜봤다. 한국군이 다시 고지에 오르자 환호성까지 들었다. 그들은 철수를 멈추었고, 연대장 마이켈리스 대령은 백 사단장 앞에 다가와서 "미안합니다"고 말하고, "사단장이 직접 돌격에 나서는 것을 보니 한국군은 신병神兵입니다."라고 감탄했다. 이 전투의 내용은 한국민·한국군보다 미국 군인들에게 더 철저히 알려졌을 뿐만 아니라, 한·미 양군 사이의 신뢰를 깊게 하는 계기가 되었다.

8월 3일부터 12일까지, 제1사단이 낙동강 연안의 방어전투에서 획득한 전과戰果는 적 사살 6,867명이고, 8월 13일부터 30일까지의 다부동 전투시에는 5,690명으로 기록되어 있으니, 8월 한 달간의 전과는 1만 2천명을 넘었다. 이 기간 중에 포획한 적의 장비는 소총 2,297정, 기관총 354정이었다. 아군의 손해도 적지 않았다. 전사자는 한국군 2,016명, 미군 1,282명, 경찰

111명 등 합계 3,409명으로 기록되어 있다. 이것은 젊은이의 피를 가지고 방어를 수행한 낙동강 최후의 방어선이었다.

다. 백선엽 사단장 자신의 다부동 전투 논평

백선엽 장군은 6·25전쟁 60주년을 맞이하여 다부동 전투(1950.8.3.~8.30)를 회상하면서 최후까지 방어할 수 있었던 요인要因을 저서, 『전쟁과 평화』(2010)에서 요약하여 소개하면 아래와 같다.

첫째 : 진지陣地의 선정이 적절했다는 점이다. 동서로 뻗은 험준한 산을 이용한 주진지가 방어에 큰 도움을 주었다.

둘째 : 적시에 증원부대가 달려왔다는 점이다. 특히 미 제27연대와 미 제23연대 그리고 한국군 제10연대가 적시에 지원해 주었고, 미 제8군 사령관 워커 장군의 작전지도가 효과적이었다는 것이다.

셋째 : 미군과의 연합작전이 원활하게 수행되었다는 점이다. 서로 맡은 임무를 충실하게 수행한다는 것이 서로의 신뢰관계를 성립시킨다. 이 전투에서 백 사단장은 미군부대의 지원을 받았고 또 미 군단에 편입되어 북진의 주력부대에 참가할 수도 있었다. 우리 사단이 지원을 요청했기 때문에 미군부대가 스스로 온 것이 아니라, 그들은 신뢰할 수 없는 부대에는 가지도 않았다. 지원부대도 자기네들의 안전을 우선적으로 고려하기 때문에 믿을 수 없는 부대 사이에 끼어서 싸우는 것을 싫어하는 것은 당연하다. 1971년초, 재한 미군사령관으로 와서 다시 만나게 된 마이켈리스 대장은 다부동 전토를 회상하면서 이렇게 말했다. "당시 미군의 지휘관들은 한국군 부대의 전투능력과 지휘관의 능력을 주의 깊게 관찰했다. 왜냐하면, 언제 한국군 부대와 연합작전을 수행할지 알지 못했기 때문이었다. 이러한 관찰에 따라 우리들은 한국군 제1사단과 백 장군의 작전능력과 감투정신을 믿었던 것이다. 백 장군을 믿을 수 없다면 어떻게 내가 다부동의 골짜기로 들어갈 수 있었겠는가."

한국군 사단으로는 최초로 미군 사단과 동등한 화력이 부여되었고, 미 제1군단장 밀번(Frank W. Milburn) 소장의 지휘하에 작전을 수행한 것도 한국군의 전투능력에 회의적이었던 당시의 미군의 분위기로 보아 획기적인 사건으로 자부했다.

넷째 : 미 공군의 제공권 장악으로 인해 적에게 주간 공격을 단념시켜, 적시의 항공지원에 의해 아군의 공격을 크게 도와주었다.

다섯째 : 적의 군사력이 공세 한계점에 이르렀다는 것이다. 그들의 능력을 넘어선 보급선의 신장에 의해 원활한 보급이 이루어지지 못했고, 병력의 손실을 보충할 능력을 상실하고 있었다.

여섯째 : 현지 주민들의 협력이었다. 학생들은 병원兵員모집에 응해주었고, 주민들은 여성들까지도 자주적으로 지원하여 등지게를 산꼭대기까지 보급품과 탄약을 운반해 주었다.

일곱째 : 제5사단과의 통합도 크게 이점을 가져왔다. 서로 믿음이 통했다는 것이 힘을 보태어 주었다. 더욱이 한미 양국의 훌륭한 지휘관과 참모를 만났다는 것이 나에게 행운을 가

져왔다.

그리고 많은 제1사단 병사들의 구국헌신救國獻身의 뒤에는 솔선하는 장교들의 진두지휘가 있었다.…

특히 워커 8군 사령관의 낙동강 방어사수에 대한 놀라운 신념에 감동하지 않을 수 없다. 그는 낙동강 전선이 위기에 직면할 때마다 "스탠드 오아 다이(Stand or Die)"를 외쳤다. 지키지 않으면 죽는다는 뜻이다. 이 말의 뜻은 죽음을 각오하고 낙동강을 방어한다는 비장한 결의의 표명이었다.

한편 나는 낙동강 방어전투를 수행하면서 미국의 훈장을 받았다. 8월 초순, 제2군단에 오라는 연락이 왔기에 가보니 미국정부로부터 훈장이 수여되었다는 것이었다. 워커 장군이 나에게 트루먼 대통령의 서명이 박힌 미국정부공로훈장(Legion of Merit)을 주었다. 훈기勳記에는 38선 초기 전투와 한강 이남에서의 북조선 인민군을 지체시켜 성공리에 부대를 철수시킨 지휘통솔력을 치하한다는 내용이 적혀 있었다. 당시 낙동강 방어전선까지 부대의 건제建制를 유지하면서 철수한 부대는 제1사단과 제6사단뿐이었다.

낙동강 전투가 한국을 위기에서 구하는 구국救國의 전투였고, 다부동 전투는 바로 그 낙동강 방위전을 성공으로 인도한 하나의 원동력이라 말할 수 있다. 즉 다부동의 승리는 낙동강 방어를 지탱하고, 북진의 기폭제가 되었고, 그리고 전세 역전의 분수령이 되기도 했다. 북한 인민군은 그 주력부대의 3개 사단을 여기서 파탄破綻시켰기 때문에 사실상 휴전 때까지 재기불능再起不能의 치명적 타격을 받았던 것이었다.

이처럼 제1사단 최대의 전투는 다부동에서 시작하여 다부동에서 끝났다고 말해도 과언이 아닐 정도로 귀중한 것이었다.

라. 논평

백선엽 장군의 회고록 『전쟁과 평화』(2010)는 6·25전쟁 60주년을 맞이하여 전쟁을 역사적으로 재조명해서 실상을 정확하게 알리기 위해 대한민국 국방부에서 선정한 도서 『회고록』이라고 했다. 특히 다부동 전투의 승리에 대해 상세히 기록했기에 길지만 요약해서 인용했으며, 그는 "다부동의 승리는 낙동강 방어를 지탱하고, 북진의 기폭제가 되었고 또 전세 역전의 분수령이 되었다"고 주장했다.

•첫째 : 김일성은 8월 15일까지 부산을 점령하여 한반도의 '적화통일'을 완성코자 했으나, 미군 및 유엔군의 개입으로 상황이 불리해지자, '대구점령'으로 변경하고 수안보까지 내려와서 독전을 했다. 그리고 인민군 가운데 정예부대 3개 사단을 투입했으나, 다부동 전투에서 패배하자 방향을 영천 방면으로 옮겼다. 백선엽 사단장은 당시 제1사단 정면에 인민군의 정예부대 3개 사단이 집중 공격을 하고 있었다는 것을 알지 못했다고 실토했다. 그러면서 "몰랐기 때문에 쓸데없는 겁을 집어먹을 겨를도 없었다."고 했다. 그는 또 다부동 전투가 그렇게까지 중요한지 알지 못했고, 무아지경에서 하루하루 최선을 다해 지휘했을 뿐이라 했다. 그 과정에서 인민군이 끝없이 밀려오고 또 미군이 중첩해 증파되는 것을 보고, 그리고 정일권 육군 참모총장과 워커

8군 사령관 및 미 육군 참모총장 코린스(J. Lawton Collins) 대장까지 사단을 방문하여 전황을 점검하고 격려해 주는 것을 보고 이 전선이 막중함을 차차 깨닫게 되었다고도 했다. 그는 다부동 전투의 승리에 대해 북진의 기폭제가 되었고 또 전세 역전의 분수령이 되었다고 했으나, 필자는 더 명확하게 지적하고 싶은 것은 맥아더 원수의 인민군 남침의 야욕을 붕괴시킨 '인천상륙작전과 수도 서울 탈환'의 기초를 조성해 주었다는 것을 밝히고자 한다.

•둘째 : 백선엽 사단장의 다부동 진지의 사수死守에 대한 결의와 지휘통솔력(leadership) 및 솔선수범•탁월함을 발휘한 전례戰例라 평가한다.

사단장은 장병들이 계속된 주야의 격전에 지친 데다 고립된 고지에 급식이 끊겨 이틀째 물 한 모금도 먹지 못해 지친 모습으로 철수하는 병사들에게 달려가서, 그들에게 훈시를 통해 "더 후퇴하면 곧 망국亡國이다"고 말하여 장병의 싸울 투지를 고취했을 뿐만 아니라, "내가 선두에 서서 돌격하겠다. 내가 후퇴하면 너희들이 나를 쏴라"고 외쳤다. 그리고 백 사단장은 돌격 명령을 내리고 선두에 서서 앞으로 나아가니, 곧 장병들의 함성이 골짜기를 진동했고, 대대는 삽시간에 고지를 재탈환했다.

이 장면을 지켜본 연대장 마이켈리스 대령은 백 사단장에게 다가와, "미안합니다"고 말하고 "사단장이 직접 돌격에 나서는 것을 보니 한국군은 신병神兵입니다"고 감탄했다. 이 사실은 전 미군들에게 잘 알려져, 그 후의 한•미 연합작전을 원활하게 수행하는 초석이 되었을 뿐만 아니라, 사단장으로서의 지휘•통솔력을 높이 평가받았기에 육군 참모총장과 한국 최초의 4성 장군, 즉 대장大將까지 진급할 수 있었다고 평가한다. 그리고 필자는 전쟁사를 연구한 지 반세기가 넘었지만, 사단장이 부하를 직접 지휘하여 돌격해서 상실한 고지를 재탈환했다는 전쟁사 기록은 아직 보지 못했다.

백 장군의 영문 저서, 『부산에서 판문점까지』(1992)의 '머리말'에서 미 8군 사령관을 역임한 리지웨이(Ridgway, 1950~1951) 대장과 밴 플리트(Van Fleet, 1951~1953) 대장은 첫머리에 아래와 같이 논평했다.

> 전투란 지휘통솔력(leadership)을 검증하는 가장 가혹한 시험장이다. 우리가 백선엽을 처음 만난 것은 1951년 초였다. 그때 백선엽은 이미 검증받고 또 검증받고 또다시 검증받아 이미 더 바라거나 나무랄 데가 없는 군인이었다. 우리의 지휘하에 있을 동안에도 백선엽은 사단, 군단 그리고 그보다 높은 지휘계통을 거치며 계속해서 뛰어난 능력을 보여주었다. 백선엽이 대한민국 육군에서 가장 뛰어난 작전지휘관이라는 데에는 이견異見이 있을 수 없었다. 무엇보다도 백선엽은 직업군인으로서 가장 기본적이고 확고한 교의(教義, tenet)를 가지고 있었다. 즉 국가에 대한 충성, 개인으로서의 명예, 도덕적 용기, 부하들에 대한 변치 않은 애정, 그리고 승리를 향한 의지가 그것이었다.

•셋째 : '배고픈 병사들은 전투를 잘 수행할 수 없다'는 신조는 제1사단 지휘본부의 위기를 모면케 했다. 8월 18일, 국군 8사단 10연대가 1사단을 지원하기 위해 곧 도착한다는 연락이 왔다. 백 사단장은 사령부가 있던 동명초등학교 정문 앞에서 기다렸는데, 선발대로 대대 병력을 인솔해 온 대대장 김순기 소령은 옛날 부하였다. 그래서 첫 질문은 "밥은 먹었냐?"였다. 중무장

하고 영천에서 하루 종일 행군해 왔으니 말이다. 김 소령은 "먼 길을 오다보니 식사도 하지 못했다"고 솔직히 답했다. 사단 참모 가운데는 "사태가 위급하니 곧 가산산성으로 이동시켜야 합니다"고 건의했으나, 백 사단장은 배고픈 병사들은 전투를 잘 수행할 수 없다는 관점에서, 작전참모에게 "우선 배불리 먹고 쉬게 한 다음에 내일 아침 일찍 전선으로 보내라"고 지시했다. 백 사단장은 증원군 병사들이 돼지고기 식사를 맛있게 먹는 모습을 확인하고 숙직실로 가서 잠들었다.

그런데 밤중에 적이 기습해 왔으나, 운동장에 야영하고 있었던 부대를 김순기 소령이 기민하게 지휘하여 적을 소탕했다. 만약 증원군 병사들에게 식사도 시키지 않고 일선으로 배치시켰다면?… 백 장군은 다부동 전투의 승리 요인 가운데 현지 주민들의 협력을 잊지 않고 기록했다. 즉 남녀의 주민들이 총알이 날아오는 전장까지 병사들의 식사와 탄약을 등지게로 산꼭대기까지 운반해 주었는데, 백 장군은 병사들에 대한 관심과 애정을 보내주었을 뿐만 아니라, 오랜 시일이 흘렀음에도 현지 주민들의 협력도 잊지 않았다.

5. 평양 입성, 생애 최고의 날

다부동 전투에서 인민군의 정예부대 3개 사단을 섬멸하여 낙동강 방어전에 승리한 제1사단은 남은 적들을 소탕하면서 추격 명령을 기다리고 있었다. 미 1기병 사단장 게이 소장이 직접 지휘·북상하면서 백선엽 사단장에게 "인천에 상륙한 미 10군단과 접촉하기 위해 오산 방면으로 북진합니다. 서울에서 만납시다"는 말을 남기고 맹렬한 속도로 전진하였다. 미 1기병 사단이 앞질러 전진하자 백 사단장은 미 1군단에 1사단도 서울 방면으로 진군했으면 좋겠다는 뜻을 강력히 전했다. 그러나 군단의 명령은 "후방에 남은 적을 소탕하며 군위軍威를 거쳐 청주淸州로 진출하라"는 것이었다.

10월 5일 대전의 미 1군단 사령부로부터 사단장 회의 소집 연락을 받아 미군 포병부대가 내준 연락기 편으로 대전으로 날아갔다. 충남 도청에 자리 잡고 있던 군단 사령부에 가니, 이미 사단장들이 벌써 다녀간 후였다. 백 사단장은 드디어 평양으로 진격하게 되었구나, 하고 생각하면서 '작전 명령서'를 수령하여 읽었다. 그러나 내용은 실망스러운 것이었다.

미 1기병 사단이 주력부대를 받아 돌진하고, 미 24사단이 우익 부대로 구화리九化里~수안遂安을 거쳐 평양을 공격하게 돼 있었다. 여기에 영국 27여단이 예비 군단으로 기병사단을 따르고, 국군 1사단은 개성, 연안延安, 해주海州를 거쳐 안악安岳방면으로 공격하여 후방의 잔적을 소탕하는 것이었다. 결론적으로 평양 탈환 작전에 국군은 참여하지 못하게 된 것이었다.

평양입성

백 사단장은 참모장을 통해 군단장 면담을 요청했다. 그는 "지금 군단장이 심한 감기로 누워 있다"면서 거절했다. 백 사단장은 "아니, 사단장이 군단장도 만나지 못한다는 말이냐"라고 언성을 높이자 그제야 전화를 했다. 밀번 군단장은 주거 시설을 갖춘 특수 차량 내 침대에 누워 있었다. 백 사단장이 들어서자 그는 위스키를 권하며, 1사단의 전선 돌파를 축하해 주었다. 백 사단장은 그에게 노획한 소련제 권총을 선물로 주었다. 그리고는 곧 본론을 꺼냈다. "평양 공격에 국군이 직접 참여하지 못하게 된 것은 납득할 수 없다"고 재고를 요청했다.

밀번 군단장은 잠시 백 사단장의 말을 듣더니 "1사단이 차량을 얼마나 갖고 있느냐"고 물었다. "60~70대가 있다"고 말하자, 그는 이렇게 말했다.

"미군 사단은 수백 대의 차량을 보유하고 있다. 1사단의 기동력으로 공격의 선두에 설 수 있겠는가. 맥아더 사령관은 신속한 평양 공격을 희망하고 있다. 따라서 기동력과 화력이 우세한 미군을 앞세워 신속히 진군하여 평양을 점령하고자 한다. 장군의 심정은 이해하나 양해 해 달라."

그러나 백 사단장은 "임진강 전투 이래 쓰라린 후퇴를 겪은 전우들과 나라를 지키다 전사한 전우들의 명예를 되찾아 주기 위해서라도 국군이 참여해야 한다"고 말했다. 그리고 "월남민으로 내려와 국군의 장성까지 된 나야말로 고향을 수복하는 데 앞장서야 할 사람"이라고 말하며 물러서지 않았다.

"우리는 차량이 많지 않으나 밤낮으로 행군할 투지가 있다. 우리에게도 기회를 달라. 한국은 산이 험하고 도로가 나빠 불철주야로 행군하면 오히려 국군이 걸어서 평양에 먼저 입성할 수도 있다. 게다가 평양은 바로 내 고향이다. 그 고장의 지형을 나만큼 아는 사람도 없다."

백 사단장은 감정이 격해져서인지 어느 틈에 눈물이 뺨을 타고 흘러내리고 있었다. 그리고 그는 "이번의 평양 공격작전 계획이 1894년 청·일전쟁 때, 일본군이 수집한 평양 공격과 공교롭게도 거의 같은 구상"이라고 말하면서 "나는 당시의 전사戰史를 잘 알고 있다"고도 말했다.

밀번 군단장은 지도를 펼쳐 놓더니 백 사단장의 설명을 귀담아들었다. 잠시 침묵이 흐른 뒤 밀번 군단장은 입을 열었다.

"좋다. 장군에게 기회를 주겠다. 미 24사단과 한국군 1사단의 전투 구역을 바꾼다."

밀번 군단장은 전화기를 들어 참모장에게 "처치 장군과 백 장군의 작전 구역을 변경하라"고 지시했다. 군단장 한마디로 대부대의 작전명령이 변경되다니, 놀라운 일이었다. 회의나 설명도 필요 없었다. 참모장은 백 장군에게, "작전 명령서를 곧 수정해서 보내겠으니 그만 가도 좋다"고 했다. 그러나 백 사단장은 그 사이에 혹시 이들의 마음이 변하거나 다른 사정이 생겨 명령이 번복될지 모른다는 걱정 때문에 기어이 두, 세 시간을 기다려 새로 작성된 '작전 명령서'를 손에 쥐고 사단 사령부로 돌아왔다. 그리고 부하들에게 소식을 전했다.

1사단은 이틀 만에 마포나루 건너편 여의도 도하지점에 도착했다. 그러나 도로는 군용트럭으로 큰 혼잡을 이루고 있었다. 녹번리 면사무소에 임시 지휘소를 차리고 강 건너기를 기다리던 중, 백 장군의 동생 인엽이 서울에 주둔 중이라는 소식을 듣고 짬을 내어 시내로 갔다. 동생도 인천 상륙부대로 선발된 17연대장으로 복귀하여 인천 상륙작전에 참가해서 서울 수복작전을 마친 직후였다. 그리하여 백 사단장에게 처자妻子가 무사하다는 기쁜 소식도 전했다.

1사단이 고랑포 남쪽 집결지에 도착한 것은 10월 10일이었다. 앞서 진격한 미 1기병사단 보다 이틀이 뒤졌다. 그런데 고랑포에서 백 사단장은 뜻밖의 사건을 만났다. 그것은 임진강 전투에서 남하하지 못해 서울에 잔류했던 장병 100여 명이 부대를 찾아 '지각 합류'한 것이다. 일면 반갑기도 하고 일면 유감스러운 심정이 들기도 했다. 한강을 건너 탈출하지 못한 각자의 어려운 사정이 있었을 것이나, 특히 장교들은 죽음을 무릅쓰고라도 부대에 합류했어야 하지 않았나, 하는 생각도 들었다. 일부 참모들 중에는 이들이 탈출하지 못한 경위를 조사해야 하지 않겠느냐는 의견을 내기도 했다. 그러나 백 사단장은 참모회의를 소집해 지휘관으로서의 생각을 밝혔다.

"우리가 엄청난 국난을 당해 이 같은 일이 벌어진 것이다. 이 마당에 누가 누구를 탓하겠는가. 모두 과거를 임진강 물에 씻어버리고 재단결하여 다시 나라에 충성하도록 하자. 적의 수도를 탈환하는 데 힘을 모으자. 지난 일은 불문에 부치겠다."

백 사단장은 인사참모에게 이들을 모두 기용하여 적재적소에 재배치하도록 지시했다. 이들은 대부분 배전倍前의 노력으로 충실하게 근무했고, 후에 각계 요직에 발탁된 사람도 있었는데, 당시 사단장의 넓은 아량과 판단이 옳았다는 것을 보여주는 예에 속한다.

10월 11일 아침 1사단은 심기일전하여 고랑포로부터 38선을 돌파하면서 공격을 개시했다. 첫날 공격은 지극히 실망스러웠다. 각 연대가 5km 내외의 진격에 그친 것을 확인한 후 백 사단장은 고랑포 면사무소에 설치된 지휘소에 돌아와 낙담하고 있었다. 하루 5km를 진격해서 170km 북쪽에 있는 평양에 언제 입성할 것인가?

포병사령관 헤닉 대령이 들어와 얼굴을 보고, "안색이 좋지 않은데 어떻게 된 거냐?" 하고 말을 걸었다. 백 사단장은 "공격 속도가 생각보다 좋지 않다. 이래서야 밀번 군단장과 약속한 평양 선착은 기대할 수 없는 것이 아닌가?"라고 하소연하였다. 그러자 헤닉 대령은 백 사단장에게, "조지 패튼 장군을 아느냐?"고 물었다. 그가 "얘기는 들어 알고 있다"고 하자, 헤닉 대령은 "패튼 장군은 보步·전戰·포砲와 공병, 항공을 일체로 해서 중앙을 돌파하는 작전으로 용맹을 날렸다"며 '패튼 전법'을 구사해 보자고 했다. 그러나 '패튼 전법'의 핵심인 전차가 1사단에는 없었다.

헤닉 대령은 백 사단장에게 전차 지원을 군단장에게 요청해 보라고 권하고, 밀번 군단장이 백 사단장을 신임하고 있으므로 거절하지 않을 것이라고 귀띔까지 했다. 그는 전차만 지원받으면 자신이 보유한 탄약 운반차로 보병과 포병을 교차 수송하는 소위 '셔틀(shuttle) 전진'으로 패튼 전법 구사가 가능하다고 했다.

백 사단장은 밀번 군단장에게 전화를 걸어, "전차를 지원해 달라"고 요청했다. 그는 백 사단장의 설명을 듣더니, "잠시 후에 회신하겠다"면서 전화를 끊었다. 그리고 30분쯤 지난 후, "전차 1개 중대를 보내주겠다"는 답이 돌아왔다. 이튿날 아침 20여 대의 M-26형 전차(일명 패튼 전차)가 장병들의 환호 속에 괴음을 울리면서 사단에 도착했다.

헤닉 대령은 백 사단장에게, "패튼 전법에는 하나의 조건이 있다. 그것은 사단장이 선두 전차에 탑승하여 진두지휘 하는 것"이라고 말했다. 국군과 미군의 여러 병과兵科가 협조하는데, 언어의 장벽, 훈련도의 격차, 사고방식 차이 등으로 지휘·통솔이 어렵기 때문에 사단장이 선두에서 여러 문제를 해결해야 하기 때문이었다.

한국군은 기초부터 배워야 했는데, 12연대의 1개 대대를 차출해 고랑포 부근에서 적전敵前 훈련을 했다. 미군 전차중대장(대위)이 이튿날 백 사단장에게 "첫 훈련으로 이만하면 훌륭하다. 공격을 해도 좋겠다"고 했다. 백 사단장이 1번 전차에 탑승하여 진군하려는 순간, 수석고문관(중령)이 반대하고 나섰다. 사단장이 선두에 서면 적의 표적이 되고, 만약 저격되면 누가 부대를 지휘하느냐는 것이었다. 그러나 꿈에도 그리던 공격을 앞둔 백 장군은 선두에 서겠다고 했다.

그런데 앞에 엄청난 먼지를 일으키며 통과하는 미군 부대를 보게 됐다. 미 1기병사단의 은익 5기병 연대가 1사단 전투 구역을 침범하여 진군하는 것이었다. 전투구역의 침범은 흔히 오인 사격으로 아군끼리 교전할 가능성이 있기 때문에 작전 중 금기일 뿐만 아니라, 이때는 특히 평양 입성을 경쟁하던 중이라 신경을 곤두세웠다. 백 사단장은 상대의 연대장 크롬베즈 대령에게 항의하자, 그는 금천金川에 적군 부대가 집결하여 저항이 완강하므로 측면으로 우회 공격하기 위해 게이 사단장의 명령에 따라 이곳을 통과하고 있다고 해명했다.

백 사단장은 크롬베즈 대령의 설명을 듣고 이들을 먼저 통과시켰다. 오히려 한국군을 지원하던 미군들이 5연대를 향해, "전쟁 질서를 어긴다"며 분개했다. 어느덧 고사포군단과 전차 중대는 '미군의 일원'이 아니라, '국군 1사단의 일원'이 되어 있었던 것이다. 여하튼 5기병 연대는 이곳으로의 우회 공격으로 금천에 집결한 적 19·27사단을 격멸하여 적의 조직적 저항을 사전에 분쇄하는 공을 세웠다.

황해도에 진입하려 할 즈음 날이 저물었다. 하루 동안 무려 30km 이상을 진격한 전차 중대는 공격을 멈추고 야영 준비에 들어가려고 했다. 그러나 백 사단장은 미군 전차 중대장에게 "빨리 가자. 지금 쉴 때가 아니다"고 재촉했다. 그러자 중대장은 "밤에는 좀 쉬게 해 주십시오. 더운 식사도 하고 면도도 해야 하겠습니다"면서 "전차는 낮에는 호랑이지만 밤에는 고양이"라고 통사정을 해왔다.

백 사단장은 낯선 땅에 건너와 싸우는 이들의 처지를 감안하여 숙영하도록 하고 경비병을 배치해 주었다. 하지만 국군 장병들은 쉴 수가 없었다. 전차부대에게는 "내일 아침 우리를 따라잡으라"는 말을 남기고 야간 행군을 계속했다.

평양이 가까워지자 백 사단장은 15연대를 분진分進시켜 서북쪽으로 돌아 대동강 상류의 강동江東 서쪽에서 강을 넘어 평양을 함께 공격하도록 했다. 백 사단장은 10월 18일 해질 무렵, 평양 외곽 15km 지점인 진동리 가까이까지 진출했다. 백 사단장은 예하 지휘관·참모 회의를 거쳐 그들의 의견을 종합하여 즉각 야간 공격을 개시하고, 적 방어선 돌파 후 12연대는 주공으로 전차와 협동하여 대동교로 향하고, 11연대는 대림 비행장과 평양 비행장을 거쳐 능라도 상류 주암산 쪽으로 대동강을 도하하도록 결정했다. 아울러 각 지휘관에게 문화재는 포격하지 말도록 지시했다. 진격하면서 백 사단장은 일개 월남 청년이 1만 5천여 한·미 장병을 지휘하며 고향인 평양을 탈환하려 진군하는 감회感懷를 어찌 필설로 표현할 수 있는가. '내 생애 최고의 날'이 바로 이 순간이라고 백 사단장은 회고했다.

제1사단이 미 1기병사단과 합류 지점인 대동교 입구 선교리 로터리에 진출한 것은 10월 19일 오전 11시경이었다. 제1사단이 약속한 대로 선착하였다. 선교리 로터리에 도착하자마자 대동교에서 "꽝"하는 폭음과 함께 다리의 철편이 떨어졌다.

'전차대대의 미군들은 어느 틈에, "환영 제1기병사단－한국군 1사단 백"(Welcome 1st Cav. Division－from 1st ROK Division Pack)이라는 피켓을 만들어' 미 1기병사단의 도착을 기다렸다. 백 사단장은 너무 심한 장난인 듯하여 이를 만류하려 하자 한 미군 장교가 얼굴을 붉히며 "나는 한국군 1사단의 일원이고 이것을 자랑스럽게 여긴다. 이런 팀이 승리한 것이다"고 말했다.

40분쯤 지나자 1기병사단의 선두와 함께 군단장 밀번 소장과 사단장 게이 소장 그리고 트루먼 대통령의 특사 로(Low) 소장이 함께 로터리에 도착했다. 외신 종군 기자들이 어느 틈에 뒤쫓아와서 연방 카메라의 셔터를 눌렀다. 만감이 교차하는 가운데 한·미 장병들은 평양 입성을 축하했다. 1사단은 쉴 새도 없이 평양 시내의 인민군 소탕전을 전개했다.

특히 15연대의 우회 공격이 예상보다 신속히 성공하는 바람에 대동강 둑에서 동쪽을 향해 방어선을 준비하던 적군은 등 뒤를 공격당하게 되자 모두 총을 버리고 투항했다.

1사단이 도하 장비도 없이 강의 폭이 400m 이상이고, 수심이 깊은 대동강을 도하한 것을 미군들은 신기하게 생각했다. 미 1기병사단은 부대가 대동강 아래서 부교를 설치한 다음에야 평양 시내로 진입할 수 있었다.

백 사단장은 대동강 둑에서 기병 연대장 크롬베즈 대령이 한국군은 부교도 없이 대동강을 어떻게 도하 했는가를 질문하자, "나는 대동강에서 수영을 배웠다. 땅 위의 지리뿐만 아니라, 강물 속의 지리도 잘 알고 있다"고 답변해 주었다. 그리고 10월 19일 밤 평양 소탕전은 일단락됐다.

필자는 여기서 '평양 입성'은 누가 먼저인가를 규명해야 할 처지에 놓였다. 그것은 2001년 11월 초에 서울에 가야 할 일이 생겨, 이번 기회에 사관학교 졸업 때 교장인 신상철(1924~2005) 장군을 찾아뵙고, 6·25전쟁의 체험담을 듣기도 했다. 거기서 국방장관이 7사단장 신상철 대령에게 수여한 표창장에 '평양 최초의 입성'을 기록한 내용을 읽고, 신 장군에게, "본인이 알기로는 평양의 최초 입성은 1사단장 백선엽 장군으로 알고 있는데, 이것은 어찌 된 일입니까?" 하고 질문했으나, 말을 아끼고 답변하지 않았다. 그래서 궁금하여 조사해 보니 정일권(丁一權, 당시 육군 참모총장 소장, 예비역 육군 대장, 전 총리)의 회상은 다음과 같다.

> "국군 7사단이 애당초의 작명作命을 어기고 진격 코스를 변경, 평양에 들어간 것은 사실입니다. 그때는 모두 누가 제1착으로 입성하느냐를 가지고 혈안이 됐으니까요. 특히 이승만 대통령께서는 미 제1기병사단이 평양으로 육박하고 있다는 소식을 듣고 평양만은 무슨 일이 있더라도 국군이 먼저 들어가야 한다고 해서 7사단의 작명이 변경된 겁니다.… 평양 문제도 나는 이 대통령의 의도를 받들어 7사단이 그곳으로 들어가라고 명령했습니다."[1]

1) 중앙일보사 편, 『한국전쟁 실록, 민족의 증언③』(서울 : 을유문화사, 1972), p.86.

유재흥(劉載興, 당시 한국군 제2군단장 준장, 예비역 육군 중장, 국방장관)의 회상은 아래와 같다.

"평양이 처음에 우리 제2군단 작전구역에 들어있지 않았던 것은 사실입니다. 그래서 나 자신도 쭉쭉 올라가서 적의 퇴로를 차단할 생각이었지, 평양을 점령할 생각은 없었어요. 그런데 위도緯度상으로 평양 근처까지 진격했을 때 정일권 참모총장이 직접 일선에 나와 제2군단은 빨리 평양을 점령하라고 합니다. 이래서 나는 육본의 갑작스러운 명령에 따라 7사단에 평양탈환 작명을 내린 거예요.
7사단 8연대가 평양에 먼저 들어간 것은 사실입니다. 8연대는 강 건너기 좋은 상류에서 빨리 평양에 들어갈 수 있었지요.
나는 7사단이 평양에 돌입했다는 보고를 받고, 지프로 달려가 화신백화점에서 신상철 사단장과 김용주 연대장을 만나보고, 시가 행진을 했지요. 그후 육본에서 나에게 7사단을 평양에서 빼라고 해서 철수시켰지요. 그때 미군이 최고 작전지휘권을 갖고 각 군단의 바운더리를 정해 주었는데, '평양만은 우리가 제일 먼저'라는 명분 때문에 육본이 '독단전행권獨斷專行權'을 행사한 것으로 알아요. 타부대의 경계에 뛰어든다는 것은 무리이고 위험한 일이기도 하지만, 추격 중에 앞서 지나간 부대가 잠깐 먼저 평양을 점령했다는 것은 있을 수 있다고 생각해요. 나는 이 점에 대해 1사단장 백선엽 장군에게 개인적으로는 미안하게 생각하고 있지요."[2)]

백선엽 사단장의 회상은 아래와 같다.

마침내 10월 19일 밤 평양 소탕전은 일단락 됐다.
그런데 사단 우익 2군단 예하 7사단 8연대도 11연대와 비슷한 방향에서 공격하며 서평양에 진입해 들어왔다. 나는 김 중령으로부터 전화 연락을 받고 깜짝 놀라, "어떻게 남의 전투 구역에 무단 진입했느냐"고 호통을 쳤다.
그는 군단장(유재흥 소장)과 사단장(신상철 준장)의 명령을 받아 진로를 바꿔 평양을 공격하게 됐다고 해명했다. 나중에 알고 보니 당시 정일권 참모총장이 어떻게 해서라도 국군을 평양에 먼저 도착시키기 위해 고심 끝에 명령했다는 사실을 알게 됐다. 여하간 우군끼리 충돌하는 사고가 나지 않은 것은 천만다행이었다.[3)]

국방부 군사편찬연구소의 『6·25 전쟁사 6』에 의하면, 아래와 같이 기록되어 있다.

미 제1군단이 서부전선에서 평양으로 향하고 있을 때, 중부전선의 산악지대로 북진 중이던 국군 제2군단도 10월 10일부터 육군본부의 명령에 따라 평양탈환 작전에 합류하게 되었다. 10일 국군 제2군단에는 육군본부로부터 "가능한 신속히 원산으로 계속 전진, 원산을 경유 미 제1군단과 합세하기 위하여 양덕-장림리-강동외선을 따라 평양을 향해 공격하라"는 작전명령이 하달되었다.…
국군 제7사단 제8연대는 10월 18일 아침 일찍 제1대대와 제3대대를 선봉으로 하고…그런데 이날

2) 위의 책, p.87.
3) 백선엽, 『군과 나－6·25 한국전쟁 회고록』(서울 : 시대정신, 2010). p.126.

"제8연대의 선두부대가 대동강을 도하해 평양에 들어갔다"고 하는 제7사단 참전자들의 증언이 있다.…제3대대장이었던 박관영 소령은 "18일 오전에 제9중대와 제11중대가 대동강을 도하해 오후에 김일성대학에 들어갔다"라고 증언하고 있다.…

연대 좌측의 미 제1군단 주력이 본평양에 진출함에 따라 20일 10:00시경부터 평양시는 차차 평온을 되찾았다. 이날 오후에 국군 제2군단장 유재홍 소장과 제7사단장 신상철 준장이 화신백화점 3층에 마련된 연대지휘소를 방문하고, 연대가 노획한 군마를 타고 평양시 중심가를 순시한 다음 군단 지휘소로 돌아갔다.[4]

위의 기록에 의하면, 10월 18일 오전에 제7사단 8연대가 대동강을 도하하여 오후에 김일성대학을 점령했고, 10월 19일 오후에 국군 제2군단장과 제7사단장이 화신백화점의 연대지휘소를 방문했다는 것이다. 한편 백선엽 제1사단장이 대동교 입구 선교리 로터리에 진출한 것이 10월 19일 오전 11시경이라 했으니, 평양의 첫 입성은 제7사단이 하루 빠르다는 결론이나, 그러나 7사단은 1사단의 작전지역을 침범했다는 문제점을 안고 있다.

한편 일본의 방위대학교 전사 교수인 사사키(佐々木春隆)는 『조선전쟁』(1977)에서 아래와 같이 논평했다.

그런데 미 육군공간사 『2』에서는 한국 제1사단의 평양 첫 입성을 시인하고 있으나, 동시에 "제8연대는 평양 북부에 들어가 김일성대학을 점령했다"고 담담하게 말하고, 거리낌 없이 한국군의 용전을 칭찬했다. 그러나 월경 문제에 대해서는 다루지 않았다. 확인하기 위해 하우스만(Houseman) 씨에게 질문했더니 "작전 지경의 무단 월경을 알게 되자, 워커는 무척 화를 냈다"고 확언했다. 육군본부가 나중에 "작전 지경을 준수하라"고 명령한 것은 이 때문이었으리라.

그런데 정 참모총장의 회상은 『민족의 증언』에 다음과 같이 실려있다.…이처럼 사리에 맞거나 틀리는 것은 이상하지만, 외국인에게는 알 수 없는 복잡한 사정이 있으리라.[5]

평양 시내의 소탕작전이 일단락되자 백선엽 사단장을 가장 먼저 찾아온 것은 '인디언 헤드' 마크를 단 미 2사단 소속 일단의 장교들이었다. 선임자 포스터(Foster) 중령은 증명서를 내보였다. 그들은 맥아더 사령부에서 '문서수집반'으로 차출된 요원으로서 평양 시내 진입을 허가해 달라고 요청했다. 백 사단장의 허락을 얻은 이들 일행 70명은 곧 평양 소재 공공건물을 샅샅이 뒤져 중요한 많은 비밀문서 등을 도쿄(東京) 극동사령부로 후송했다.

백 사단장은 문서수집반의 활동과 함께 인상 깊었던 것은 미군은 연대 단위까지 전사戰史 기록 장교가 배치돼 격전 중에도 중요 사실을 매일 기록한다는 것이었다. 그래서 우리가 6·25전쟁의 많은 부분을 당사자의 기억에만 의존하고 있다는 것을 생각해보면 큰 대조를 이룬다고 하겠다. 기억에 의존하다 보면 승리는 과장되고, 패배는 은폐됐다는 비판을 받는 것도 여기서 비

---

4) 국방부 군사편찬연구소, 『6·25전쟁사 ⑥ - 인천상륙작전과 반격작전』(서울 : 국방부 군사편찬연구소, 2009), pp.434~438.

5) 佐々木春隆 著, 『朝鮮戰爭, 漢江から休戰まで』下卷(東京 : 原書房, 1979, 2刷), pp.431~432.

₩롯된 것이리라. 가장 좋은 예는 『민족의 증언』 속에 앞뒤가 일치하지 않는 증언이리라. 백 장군의 많은 회고록을 읽으면서, 어떻게 이런 상세한 내용을 기억하고 있을까? 하고 의문이 있었는데, 평시에도 중요한 내용을 기록해 두었기 때문에 많은 회고록의 저서를 집필한 것으로 추정했다.

백 사단장은 평양 시내의 소탕전이 끝나자 서둘러 신리新里를 찾아갔다. 그가 월남하기 전까지 살던 곳이고, 출가한 누님이 가족 중 유일하게 평양에 남아 있었기 때문에 안부가 궁금했다. 마을에서 낯익은 사람들을 만날 수 있었고 또 그들은 누님이 교외로 소개疏開했다고 알렸다. 그는 또 모교인 약송 보통학교와 평양 사범학교도 둘러보았다. 시내의 건물도 새로 들어선 것이 별로 없는 것을 목격하자 그는 김일성이 전쟁 준비에 혈안이 되어, 그 밖의 일에는 손을 대지 못했다고 논평했다.

6. 백白 야전 전투사령부와 공비 토벌 작전

1951년 4월 15일 백 장군은 강릉의 제1군단장(소장 진급)으로 임명되었을 때, 맥아더 원수의 해임 말고도 국민 방위군 사건, 거창居昌사건이 터져 정세가 어수선한 때였다. 그리고 명색이 군단이라 하나 그 내용은 보잘 것 없었다. 즉 군단장이 직접 지휘할 수 있는 포병이나 전차는 전연 없었고 1101 야전 공병단이 있을 뿐이었다. 백 군단장은 다부동 전투 이래 미군에 배속되어 미군과의 연합작전(전차부대의 지휘)에 익숙해 있었던 그의 안목으로는 마치 "도시에 살다가 시골에 간 듯, 또는 시계바늘을 거꾸로 돌려놓은 듯한 기분이었다"고 회상했다. 그는 군사의 병력 증강과 훈련에 역점을 두고 부대를 지휘했다.

그런데 7월 10일 휴전회담 한국대표로 임명되었다. "우리는 통일이 목표야. 지금 휴전하자는 것은 국토를 분단하는 것이야. 나는 절대 반대다"라고 이승만 대통령이 강한 어조로 불만을 표시했다. 백 장군은 당황할 수 밖에 없었다. 대통령이 분명히 반대하는 휴전회담에 한국측 대표로 참석해야 하다니. "문산은 내가 전쟁 중 후퇴와 진격을 반복하며 수차례나 그곳을 무대로 싸운 곳이다. 수많은 전우들의 몸을 바친 전쟁터를 이번엔 휴전을 위해 찾아가는 것이다." 하고 난처한 입장을 회상했다.

휴전회담이 시작되자 전선이 소강상태로 접어들었으나, 동부 전선의 요충, 펀치볼 지구만은 꼭 탈환해야 한다는 것이 밴 플리트 사령관의 판단이었다. 펀치볼은 동부 전선의 철의 삼각지라 할 만큼 이 분지를 장악하는 쪽이 그 일대에서 주도권을 행사할 수 있는 요충지였다.

중공군도 이곳에 6개 사단을 집결시키고 거점 공사를 서둘러 적진도 요새화하고 있었다. 8월 18일 1군단은 향로봉을 중심으로 동해안을 등에 지고 동에서 서로, 미 10군단은 양구로부터 남에서 북으로 펀치볼을 향해 공격을 개시했다. 많은 사상자를 냈으나 적의 역습을 견디지 못하고 있었다. 백 군단장은 밴 플리트 사령관에게 155mm 포가 있어야 병력 손실을 줄이고 공격에 성공할 것이라고 건의했다. 밴 플리트는 155mm 포를 갑자기 어디서 구하느냐고 반문 했다. 백 군단장은 동석한 바이어즈 10군단장의 지원을 받아야 한다고 말했다. 바이어즈는 즉각 곤란하다고 난색을 표했다. 그러나 밴 플리트는 강한 어조로 바이어즈에게 지원을 하명했다. 다음날 155mm 곡사포 1개 중대(68)가 11사단에 도착했다.

때마침 하늘의 구름도 걷혔다. 155mm 포격 직전에 동해상의 항공모함에서 함재기들이 출격해 공중지원까지 가세했다. 그리하여 열흘을 끌던 혈투는 단숨에 끝장이 났다. 그리하여 펀치볼을 감제敢制 할 수 있는 고지를 모두 확보하게 되었다.

백 군단장은 1군단에 일시 돌아가는 것으로 알고 평화촌을 나왔다. 그러나 그게 아니었다. 리지웨이와 밴 플리트는 이 기회에 백 군단장을 전선에 복귀시켜 전투에 전념하도록 결정을 내리고 있었다. 조이 휴전회담 수석 대표는 그의 회고록에서 아래와 같이 기록했다.

> 8월 27일, 리지웨이로부터 김포에서 만나자는 연락을 받음.…리지웨이는 백선엽 1군단장이 전투에 요긴하므로 회담장에 복귀하지 않고 1군단에 남아 있을 것이라고 통고함.

남강南江 동쪽의 요지를 모두 점령하여 전선이 비교적 안정되고 있던 11월 중순 어느 날, 이종찬 참모총장으로부터 전화가 왔다. 즉 "내일 서울의 8군 사령부에서 밴 플리트 사령관과 만나 함께 숙의할 일이 있습니다."

동숭동 구 서울대학교 본부건물 내 미 8군 사령관실에는 다음날 밴 플리트 사령관과 미 8군 참모장 애덤즈 소장, 미 8군 작전참모 머제트 대령과 이 총장 그리고 백 군단장이 모였다.

토의 내용은 지리산 일대의 공비 소탕이었다. 밴 플리트 사령관은, "백 장군이 게릴라전 경험이 많다하니 작전을 맡아 주어야겠다. 작전에 차출될 병력은 2개 사단이다. 어느 사단을 선정할지는 귀관 의견에 따르겠다"고 말했다. 그는 이어 지도를 펴놓고 작전 내용을 설명했다.

> –대전 이남 지역은 작전 기간 중 한국 정부에서 계엄을 선포한다.
> –1개 사단은 해상 기동으로 여수에 상륙해 남에서 북으로, 1개 사단은 육로로 대전 쪽에서 내려가 북에서 남으로 각각 지리산을 포위, 공격한다.
> –한국 공군은 지상부대를 직접 지원한다.
> –작전의 세부 계획은 육군 참모총장 지시와 협조를 받아 수립한다.
> –미 8군과 유엔군 사령부는 모든 지원을 아끼지 않겠다.
> –미 극동사령부는 방송, 전단 살포 등 심리전을 지원한다.

머제트 대령과 백 장군은 따로 밴 플리트 사령관의 지침에 따라 세부 계획을 짰다. 그는 공비 토벌에 어느 사단을 기용하겠는지 물었다. 백 장군은 수도사단과 8사단을 지명했다. 그리고 11월 16일 지리산 일대 공비를 소탕하는 토벌군 사령관에 임명되었고, 또 부대 명칭을 '미 8군 작전명령'에 따라 '백 야전 전투사령부(Tack Force Pack)'로, 작전 명칭은 '쥐잡기(Operation Rat Killer)'로 명명되었다. 그리고 지리산 공비 토벌작전을 현지에서 수행해 오던 '서남지구 전투사령부'와 각급 경찰 부대가 백 장군의 지휘하에 들게 됐다. 미 8군과 육본이 지원을 아끼지 않았기 때문에 작전 준비는 신속하고도 순조롭게 이뤄졌다.

백 장군은 계엄 선포에 따라 계엄사령관인 육군 참모총장 대행관으로 행정기관 및 경찰을 지휘·통제할 수 있는 권한을 부여받았다. 강릉에 배치됐던 한국 공군의 무스탕 전투기(F-51) 편대들도 진해 기지를 거쳐 사천 비행장에 이동 배치돼 대지對地 공격 지원 채비를 마쳤다. 포로수용소도 남원 외곽과 광주에 설치되었다. 미 8군이 보유한 여분의 통신장비는 각 예하부대에 지급되었다. 토벌작전 개시 직전 김성수金性洙 부통령으로부터 한 통의 친서가 전달되었다.

> "주민들은 도탄에 빠져 있습니다. 산간 오지는 치안이 유지되지 않아 국민들이 공비 때문에 신음하고 있습니다. 더욱이 군경마저 민폐를 끼쳐 군의 위신도 손상되고 있습니다. 백 장군이 정예 2개 사단을 지휘하여 공비를 소탕한다 하니 안심이 되는 바이지만 부디 국민을 애호하여 민간에 피해를 끼치지 않고 치안을 확보해 국민들이 안심하게 살 수 있도록 해주십시오."

돌이켜 생각해보면, 11사단의 거창 양민학살 사건이 큰 물의를 일으킨 것을 비롯하여 공비 토벌에 나선 군과 경찰이 산간 주민에게 피해를 입힌 사례가 적지 않았기 때문에 이런 염려를 하는 것도 무리가 아니었으리라.

백 장군도 지난 1949년 광주 5사단장으로서 공비 토벌을 지휘하다 쓰라린 경험을 한 적이 있었다. 때는 1949년 가을이었다. 15연대를 따라 백운산白雲山 지구에 가서 토벌작전을 지휘하고 광주로 돌아오는 길에 한 마을이 송두리째 불길에 휩싸인 광경과 마주쳤다.

마을 이름은 보선군 문덕면 한천부락이었다. 약 300호의 집이 모두 타고 주민들은 넋을 잃고 주저앉아 있었다. 경위를 조사하자 처음에는 공비들이 불을 지르고 달아났다는 보고가 올라왔다. 그러나 이상한 낌새를 느낀 백 사단장은 어르신들께 다가가 자초지종을 캐물었다. 아니나 다를까 범인은 국군이었다. 그것은 백 사단장의 예하 부대가 이 마을이 공비들과 연락을 했다는 통비부락通匪部落이라며 마을을 모두 태우고 가버린 것으로 드러났다.

백 사단장은 마을 사람들에게 사죄와 아울러 꼭 대책을 세워주겠다는 약속을 하고 광주로 돌아와 곧 전남도지사를 찾아갔다. 사단장의 설명을 들은 이남규李南圭 지사는 기꺼이 지원을 약속하고 이튿날 마을까지 동행을 승락했다. 다음날 이 지사와 함께 부락을 다시 찾았다. 마을 사람들이 모인 자리에서 백 사단장은 무릎을 꿇었다.

> "내게 모든 책임이 있습니다. 원하신다면 나를 죽여 주십시오.…사단의 공금 3천만 환을 제가 가져왔습니다. 단 여기 오신 도지사님이 부락의 재건을 약속하셨습니다."

마을 사람들은 곧 힘을 얻어 근처 산에서 나무를 베어 오는 등 해서 불에 탄 마을은 재건되었고 민심은 국군편으로 돌아섰다(그 부락에는 당시 주민들이 힘을 모아 세운 백선엽 송덕비가 있다).

백 장군은 그 후 공비 소탕은 토벌 못지않게 민심을 얻어야만 성공할 수 있다는 것을 뼈저리게 느꼈다고 회상했고, 따라서 이번 작전에 참여하는 모든 예하부대에 작전 기간 중 절대로 부락 근처에 숙영하지 말 것, 물 한 모금도 그냥 얻어 마시지 말 것, 식량은 여유 있게 지급되니 남는 것은 주민들에게 분배해 줄 것, 저항하는 자 이외에는 절대로 사격하지 말 것 등을 강력히 지시했다.

작전 개시의 날짜와 시간은 12월 2일 아침 6시였다. 지리산을 포위한 3만여 병력이 산정을 향해 포위망을 좁혀 들어갔다. 토끼몰이와 같은 개념이었다. 포위망을 좁히는 2개 사단은 '타격부대', 작전지역 외각 통로와 도주로를 차단하는 경비연대와 경찰 부대를 '저지부대'로 구분하고, 타격부대의 틈을 뚫고 달아나는 공비를 남김없이 토벌하자는 작전구상이었다. 그리고 포위망을 좁혀가며 산골의 가옥과 시설은 모두 소각해 다시는 공비들의 거점으로 이용할 수 없도록 하고 주민들을 구호소로 소개시켰다.

백 장군은 작전이 진행되는 동안 주간에는 정찰기를 타면서, 부대와 공비의 움직임을 눈으로 보고 사단장, 연대장들에게 작전을 지시했다. 부대들이 상황변화에 따라 순발력 있게 움직여 주어야 했으므로 예하 지휘관들을 가장 많이 독려했던 전투가 바로 이 작전이었다고 회상했다.

작전을 개시한 지 삼일 만에야 포위망이 좁혀든 곳곳에서 전과 보고와 함께 포로들이 잡혀오기 시작했다. 포로 중에는 북한 정규군 출신이 가장 많았다. 이들은 붙잡혀 와서도 살기등등한 눈빛을 감추지 않았는데 남로당 출신 입산자들이나 공비에 가담한 지역 출신자들은 한결같이 살려달라고 애원하는 것과는 퍽 대조적이었다.

포위망이 지리산 정상 근처로 좁혀지자 공군의 활약이 눈부셨다. 타격부대는 전폭기 조종사들이 공비와 식별할 수 있도록 대공포판對空砲板을 휴대하고 움직였다. 사단에 배속된 공지 연락장교가 항공 지원을 요청하면 인근 사천 비행장에서 무스탕(F-51) 전투기 편대들이 단시간 내에 출격해 쫓기는 공비들에게 기총소사와 폭격을 가했다.

타격부대의 공격과 아울러 심리전도 활발하게 병행되었다. 남원에 방송시설을 갖춘 미군은 공비들에게 투항 권유의 방송을 밤낮으로 송출했다. 또 각 부대마다 확성기를 메고 다니며 현지에서 육성으로 총을 버리고 자수 또는 투항할 것을 권유했다. 현지 주민들에게도 공비에게 협조하지 말라는 경고 방송을 내보냈다. 그리고 도쿄에서 인쇄해 온 전단도 넓은 지리산을 하얗게 덮일 정도로 공중 살포를 했으며 토벌 기간 중 살포된 전단은 992만 장에 달한 것으로 기록되어 있다.

지리산 정상까지 이르는 소탕에는 1주일이 걸렸는데 이것이 제1기 작전이고, 12월 8일부터 각 부대는 공격했던 코스를 거슬러 산을 내려오고, 경찰부대가 퇴로를 차단한 가운데 포위망을 뚫고 달아나는 공비를 추격하며 토벌했다. 2주간에 걸친 이 작전으로 난공불락을 자랑하던 공비들의 근거지인 지리산 요새는 철저하게 분쇄되었다.

12월 19일부터 시작된 제2기 작전은 지리산 외곽 지점을 소탕하는 것이었고, 공비들의 저항이 현저히 약화되었다. 공비들은 달아나는 데만 급급했고 귀순자도 약 400명에 육박했다.

마지막 제3기 작전은 해를 넘긴 1952년 1월 15일부터 시작되었다. 1개월 반의 토벌작전으로 공비 조직은 붕괴되었고 근거지도 파괴되었다. 그러나 공비의 두목, 이현상李鉉相이 공비 잔당들에게 지리산으로 재집결하라는 지령을 내렸다는 것이 탐지되었다. 그리하여 백 사령관은 수도사단을 주축으로 지리산을 재차 포위 공격하도록 했다. 작전이 순조롭게 진행되어, 분산된 공비를 추격과 매복으로 토벌해서 나날이 전과를 더해갔다.

이렇게 되자 주민들 태도에도 변화가 오기 시작했다. 국군을 도와주어도 공비에게 보복당할 위험이 사라졌다고 판단한 것이다. 주민들의 협력에 의해 전과도 늘어났고, 전과가 늘수록 주민들의 협력이 강화되는 상승작용을 일으켰다. 반면, 주민들의 도움을 기대할 수 없게 된 공비들은 지리산을 버리고 김제金堤, 양산梁山, 청도淸道 등지로 자취를 감추었다.

1월 말, '백白 야전 전투사령부'의 지리산 공비 토벌작전은 사실상 막을 내렸다. 작전 기간 중 양 사단의 전과는 육본 자료에 따르면, 사살 5,800명, 포로 5,700여 명으로 집계되었다. 미군 자료에는 군경 각 부대가 9,000여 명을 사살한 것으로 집계되었다.

공비 토벌로 예상치도 않았던 많은 고아가 발생한 것도 문제였다. 부모를 잃은 공비 및 입산자 자녀들까지 국군 장병들이 돌보지 않으면 안 되었다. 백 사령관은 전남 도지사의 도움을 얻어 송정리에 있는 적산가옥을 고아원으로 바꿔, 백 사령관과 참모들이 상당 기간 운영을 도왔다. 많은 세월이 흘렀고, 송정리가 광주직할시로 편입되어 고아원 터가 큰 재산이 되었다. 백 장군은 사단법인 이사진과 협의하여 이 고아원을 1988년 여름 천주교 수녀원에 기증해 사후사업을 계속할 수 있도록 해주었다.

8사단은 1952년 2월 초 다시 전방에 투입되었고, 수도사단도 그후 한 달을 더 머무르며 작전을 마무리했다. 공비 토벌작전으로 바쁜 나날을 보내던 1월 12일 백 사령관은 육군본부로부터 중장에 진급됐다는 전문을 받았다. 같은 날짜로 이종찬 육군 참모총장과 손원일 해군 참모총장도 함께 중장으로 진급했다.

한편 공비 토벌작전이 막바지에 이르렀을 때, 미 8군 작전참모 머제트 대령이 남원 사령부에 은밀히 왔다. 그는 백 사령관에게, "밴 플리트 사령관으로부터 한국군에 2군단을 창설하겠다는 내명內命을 받고 찾아온 것"이라고 했다. 그러면서 신설될 2군단은 공비 토벌 목적으로 임시 편성된 '백白 야전 전투사령부'를 중심으로 만들어질 것이며, 사령부 요원을 춘천 북방에 주둔하고 있는 미 9군단에서 일정기간 교육을 거칠 계획이라고 설명했다.

백 사령관은 "그 계획에 동의할 수 없다"고 잘라 말했다. 왜냐하면, 군단 사령부가 예하사단을 지휘해 전쟁을 이기려면 사단을 지원할 포병단, 공병단, 병참단 등 지원부대를 가져야 한다. 당시 한국군은 미군의 도움이 없는 한, 이름뿐인 군단을 만들 수밖에 없는 형편이었다. 백 사령관이 이야기를 듣더니 머제트 대령은 빙긋 웃으며 말했다. "그것은 걱정하지 않아도 됩니다. 미 8군이 육군본부와 협조해 수 개의 포병부대를 창설하고 공병·행정·보급 능력도 갖추도록 할 것입니다."

백 사령관은 귀가 번쩍 띄었다. 머제트 대령은 한미 혼성으로 5포병단을 창설해 2군단 포병사령부의 역할을 하도록 계획하고 있었으며, 공병단, 병참단도 갖추게 될 것이라고 덧붙였다. 머제트 대령이 다녀간 얼마 후, 백 사령관은 수도사단에게 토벌작전을 마무리 하도록 남겨두고 2군단 재건이라는 새 임무를 받아 미 9사단 담당 지역인 춘천 동북쪽 천전리泉田里로 이동했다.

천전리에 천막을 친 약 200명 규모의 '백白 야전 전투사령부' 요원들은 2군단 창설 요원으로서 미 9사단의 해당 부서에 배치돼 한미 합동 군무를 통한 교육에 들어갔다. 참모들은 약 5주간에 걸친 '현장훈련(On the Job Training)' 방식의 교육을 통해 미군의 조직과 운용을 배웠다. 동시에 창설될 새 군단의 예규(例規 : SOP(Standard Operating Procedure))를 작성하고 창설과 동시에 보병, 통신, 병참, 공병, 공지 연락 등 모든 분야의 업무가 즉각 차질 없이 가동할 수 있도록 준비하느라 밤낮없이 바쁜 나날을 보냈다.

그리하여 1952년 4월 마침내 새로운 군단은 형체를 갖추게 되었다. 전차만 없을 뿐 군단 포병을 위시한 제반 지원 능력을 갖춰 제병諸兵 합동작전을 수행할 수 있는 국군 최초의 군단이었다. 2군단은 신생 국군의 힘을 상징하는 부대로 탄생했다.

4월 5일을 기해 2군단은 금성지구로 불리는 화천 북방 북한강으로부터 서쪽으로 약 25km에 달하는 최전선의 전투 정면을 미 9군단으로부터 인계받았다. 2군단은 미 9군단에 배속되어 있었던 3사단(사단장 백남권 준장)과 6사단(사단장 백인엽 준장) 및 공비 토벌을 마친 수도사단(사단장 송요찬 준장)을 예하에 두게 됐다. 좌익에 6사단, 우익에 3사단 그리고 수도사단이 중앙을 담당하는 배치였다.

4월 5일 소토고미小土古味 경비행장에서 거행된 부대 창설식에는 이승만 대통령을 비롯해 신태영 국방장관…밴 플리트 미 8군 사령관 등 요인들이 모두 참석했다. 담당 정면을 인계한 미 9군단장 와이먼 소장이 2군단기를 만들어 백 군단장에게 전했다. 2군단 마크는 미 9군단이 모체가 되었다는 뜻으로 미 9군단 마크의 색깔을 바탕으로 로마자II를 넣은 도안이었다.

이승만 대통령은 감격을 감추지 못했다. 즉 "국군은 이제 인적, 물적으로 싸울 수 있게 됐다. 오랑캐를 무찌르고 북진 통일을 해야 한다"고 거듭 당부했다. 미군이 국군 2군단의 창설을 도와 중부 전선을 담당케 한 것은 전차와 차량의 기동력을 주축으로 하는 미군에게는 산악이 험준한 이곳이 그들의 전투력을 발휘하는데 적합하지 않았기 때문이었다. 그리고 이때 NATO군의 창설을 서둘렀기 때문에 한국 전선으로의 미군 병력 동원에도 한계에 부딪히고 있었다. 국군에 대한 집중 훈련과 화력 지원을 통해 단계적으로 전선의 담당 폭을 늘려야 한다는 구상도 가지고 있었으리라.

백선엽 장군이 2군단장을 맡고 있는 동안 진지전으로 교착된 전선은 소강상태를 유지하고 있었다. 그러나 가장 신경을 쓰게 된 것은 중공군이 국지적인 대공세를 한국군 정면, 즉 2군단 전면에 가하지 않을까 하는 점이었다. 왜냐하면, 중공군은 과거 상투적으로 새로 배치된 한국군 부대를 골라 대공세를 취했고, 이러한 작전은 어김없이 대성공을 거두었기 때문이다. 따라서 새로 발족한 2군단에 대한 공격의 유혹을 억누르기 어려울 뿐만 아니라, 더욱이 적진으로 돌출한 금성지구는 그들에게는 눈에 가시일 것이 분명했다.

백 군단장은 잡혀오는 중공군 포로들의 소속 부대를 유심히 분석·관찰했다. 그런데, 한 달여가 지난 5월부터 포로들의 소속부대 명칭이 다양해지고 있었다. 중공군이 2군단 정면에 추가로 집결하고 있다는 것이 분명했다. 그래서 백 군단장은 5월 중순 어느 날 미 8군 사령부에 보고했다. 밴 플리트 사령관은 곧 백 군단장에 직접 전화를 걸어, "적의 집결 예상 지점에 명령 수령 즉시 포격을 가하라. 탄약은 필요한 만큼 제한 없이 사용하라"고 명령했다. 백 군단장은 포병 단장 메이어 대령을 불러 제압 포격을 명령했다.

메이어 대령은 군단장의 명령에 난색을 표했다. 그는 미 포병학교에서 교관으로 근무한 베테랑급 포병장교로서 탄약의 절약을 강조하는 입장이었다. 목표가 확인되지 않는 한 포격하지 말아야 한다는 것이 그의 신조였다. 그러나 그도 밴 플리트 사령관의 명령을 어길 수는 없었다.

오후 3시경부터 군단 포병 7개 대대와 3개 사단 보유 3개 대대 등 10개 포병 대대와 보병부대의 박격포들이 일제히 불을 뿜었다. 포격은 밤을 꼬박 새우고 다음 날 아침 10시경까지 계속되었다. 20여 km의 정면에서 적진을 향해 180여 문의 야포와 박격포 2만 발에 달하는 사격을 가했다. 이 포격으로 중공군이 어느 정도로 피해를 입었는지 확인할 방법은 없었다. 그러나 그들이 공세를 취해 보려는 의지는 철저히 분쇄되었다는 데에는 의심의 여지가 없었다. 왜냐하면, 그후 중공군은 백 군단장이 군단을 떠나는 1952년 7월까지 공격을 가하지 않았기 때문이다.

백 군단장은 나중에 밴 플리트 사령관에게 포격 지원에 대한 고마움을 표시하자 그는 다음과 같이 설명했다. 즉 그 포격으로 인해 적의 기선을 꺾었고 적진도 잠잠해졌으므로 아군의 인명피해를 줄인 것이니, 결과적으로 비용 효과 면에서 싼값으로 전과를 올렸다는 것이었다. 그는 중공군이 한국군을 얕잡아 보기 때문에 화력으로 적을 단단히 제압해야만 군단을 지탱할 수 있을 것이라는 점을 강조했다.

『손자병법』에 의하면, "저 편의 능력과 의도를 알고 이 편의 그것을 알고 있으면, 백번 싸워도 위태롭지 않다"(知彼知己 百戰不殆)고 했는데, 백선엽 군단장은 중공군 포로들의 부대명이 많이 달라진 것을 분석·평가하여, 적의 공격을 예상하여 미리 적의 집결지를 포병으로 강타함으로써 적의 공격 능력을 상실케 하여 부대 정면의 위협을 제거하고 방어태세를 유지할 수 있었다.

7. 참모총장과 4성 장군의 길

가. 육군 참모총장으로 임명

이승만 대통령은 1952년 7월 22일 이종찬 육군 참모총장을 갑자기 해임했다. 그것은 소위 부산 정치파동의 여파 때문이었다. 즉 이승만 대통령이 발췌 개헌안을 무리하게 통과시키는 과정에서 국회의원들을 회유하기 위해 군을 동원하려던 이 대통령의 뜻에 이종찬 총장이 반기를 들었다가 자리에서 물러나게 된 사건이다.

뜻밖에 백선엽 여단장이 이 총장 후임으로 임명되었다는 통지를 받았다. 나중에 백선엽 장군이 들은 바에 의하면, 이승만 대통령이 이종찬 총장을 해임할 때 옆에 함께 있었던 밴 플리트 미 8군 사령관이 조심스럽게, "그렇다면 백선엽 장군을 기용하는 게 어떻겠느냐"고 조언을 했다고 한다. 이 대통령은 밴 플리트 사령관의 그 제안을 그대로 받아들여 백선엽 장군을 육군 참모총장으로 확정했다는 것이었다.

2군단장 후임을 참모차장이던 유재흥 소장에게 넘겨주고 백선엽 장군은 서울을 거쳐 부산으로 향하게 되었다. 그는 동숭동의 미 8군 사령부를 찾아가 밴 플리트 사령관에게 이임 인사를 하자 백 장군의 영전을 축하하며 저녁식사를 대접했다. 백 장군은 여러 이야기 끝에 참모총장직을 어떻게 해야 성공적으로 수행할 수 있겠느냐고 그에게 의견을 물었다. 정년퇴임을 1년 남긴 당시 59세의 밴 플리트 사령관은 32세라는 젊은 나이에 참모총장에 오르는 백 장군에게 충고할 자격이 충분했다.

사령관은 한동안 진지하게 생각을 하더니 대충 이런 요지의 말을 했다. 즉 "나는 귀관의 지난 경력으로 보아 총장직을 훌륭히 수행하리라고 믿소. 다만 말을 많이 하지 마시오. 또 어떠한 어려운 일에 봉착하더라도 조급하게 결론을 내리지 말고 하룻밤 잘 잔 다음 결정을 내리시오. '예스'와 '노'를 분명히 하시오. 그리고 사람들 앞에서 절대 화내지 마시오."

7월 23일 백 장군은 경남 도지사 관사의 부산 임시 경무대에서 이승만 대통령에게 신고했다. 이 대통령은 참모총장 취임을 축하해 주면서 백 장군의 손을 붙잡고 "그간 퍽 위태로웠어"라고 말했다. 이 대통령은 이어 이종찬 전임 총장과의 그간의 경위를 드문드문 얘기하고, "참모총장은 대통령의 말을 잘 들어야 되는데…"라고 말했다.

육군 참모총장은 군의 최고 선임자로서 국방장관을 통해 군사면에서 대통령을 보좌하는 막중한 자리였다. 특히 전시 중에 계엄이 선포된 상황이라 대통령의 통치권도 일부 보좌, 수행해야 했다. 또 유엔군 산하 참전 16개국 군부대와도 전쟁수행 업무를 수시로 협조해야 했다. 군의 작전지휘권이 미군에 있었으나 12개 사단을 비롯한 전후방 각 부대의 작전지원도 적지 않았다. 당시 육군본부와 미군의 관계를 살피면, 미 8군은 도쿄(東京)의 유엔군 사령부 겸 미 극동 사령부의 지휘를 받아 한반도 전방지역 모든 부대를 지휘·통솔 및 작전임무를 수행했다. 육군본부는 전방 2개 군단 및 12개 사단(휴전 시까지 16개 사단으로 증편됨)에 대한 인원 보충, 보급, 행정 및 훈련 등 작전지원 업무를 담당했다. 국군의 식량, 봉급 및 일부의 피복, 기초적 군수품 보급은 정부가 담당했고, 탄약, 유류, 장비품 및 주요 군수품은 전량 미군이 지원했다.

육군 본부에서 멀지 않은 옛날 대구사범학교 건물에 미 군사고문단이 자리잡고 있었다. 육군본부의 각 참모부에는 군사고문단의 요원이 파견돼 방마다 한국군과 미군이 나란히 앉아 근무하고 있었다. 그리고 당시 백선엽 참모총장의 최우선 과제는 육군의 전투력 증강으로 확신하고 있었다.

소강상태를 유지해오던 전선은 1952년 가을로 접어들자 비록 국지전이었으나 곳곳에서 치열한 전투가 전개됐다. 중공군은 국군이 담당하는 정면만 골라 좁은 지역에서 집중 공격을 했다.

1952년 10월 6일부터 철원 북쪽 백마고지에서 9사단은 열흘간 1만여 명의 사상자를 내는 피로 산하를 물들인 격전 끝에 전선을 사수했다. 또 1952년 10월 14일부터 한 달 보름간 2사단은 오성산 동쪽의 저격능선에서 부단히 밀려 내려오는 중공군을 저지했다. 동해안 전선 5사단도 돌출부를 탈환하려는 북한군의 4개월에 걸친 끈질긴 공격을 저지했다. 국군의 전투력이 전과 같지 않음을 대내외에 과시한 쾌거였다.

1952년 가을, 백 총장은 신태영 국방장관으로부터 동래로 급히 와 달라는 연락을 받았다. 신장관을 만나자 그는 백 총장에게 서류 한 장을 내보였다. 그 서류에는 '민기식閔機植 준장 파면'이라고 씌어 있었고, 거기에는 이승만 대통령의 서명이 적혀 있었다. 신 장관은 민 준장을 파면하라는 대통령의 결재가 나자 이를 어떻게 처리해야 할지 백 총장을 부른 것이었다. 백 총장은 신 장관으로부터 서류를 받아 그 길로 서울의 경무대로 찾아갔다.

이 대통령은 불쾌한 표정을 지었으나, 백 참모총장은 입을 열었다. "각하, 민 장군은 개전 이래 사단장으로 충성스럽게 잘 싸웠습니다. 이만한 전투 지휘관을 육성하기 쉽지 않습니다. 그렇지 않아도 인재가 부족한데 민 장군은 웬만하면 살려 주십시요." 이 대통령은 백 참모총장의 간청에 한참 망설이다, "그러면 어떻게 하면 좋겠어"라고 물었다. "각하 폐기하시지요." "폐기가 뭐냐." 백 총장은 이때 호주머니에서 결재 서류를 꺼내 전하면서, "이것을 찢어 버리면 됩니다." 라고 얼른 말했다. 이 대통령은 그 서류를 백 총장 앞에서 찢어 버렸다.

민 준장이 이런 곤욕을 치른 이유는 소위 '서민호徐珉濠 사건' 때문이며, 군법회의 재판장으로 1952년 8월 서 피고인에게 징역 8년을 선고했다. 그러나 은근히 서민호의 중형을 기대했던 이 대통령에게는 8년의 형량은 마땅치 않은 결과였고, 이 때문에 민 준장은 이 대통령에게 서운함을 안겨 '파면' 조치가 내려졌으나, 백선엽 참모총장의 전투 경험이 많은 고급장교의 인재의 필요성을 강조한 확고한 태도로 이 대통령을 설득하여 민 준장을 소생시킬 수 있었다.

1952년 11월 아이젠하워는 미 대통령 선거전에서 '한국전쟁을 종결하겠다'는 선거 공약을 내걸고 승리했고, 그 공약 실천의 의지를 보여주기 위해 12월 2일 대통령 당선자의 자격으로 내한하게 되었다. 아이젠하워의 방한은 도착시까지 극비에 붙여졌으며 김포 공항에 내린 후에도 동숭동 서울대의 미 8군 사령부로 직행해 그곳에서 유숙했다.

아이젠하워는 회의 직전 복도에서 참석자 일행을 만나, "굿모닝, 이렇게 모이니 마치 노르망디 상륙작전 때 D데이 전날을 방불케 한다"고 말했다. 회의에 앞서 밴 플리트는 한국전에 종군하고 있는 아이젠하워 아들인 존 아이젠하워의 안부를 전했다. "존은 3사단에서 훌륭히 근무하고 있습니다. 귀하가 대통령으로 당선된 후 대대장의 보직을 정보참모로 바꿨습니다."

아이젠하워는, "그것은 군사령관의 권한에 속하는 일이나, 나로서는 적의 포로가 되지 않았으면 하는 것이 희망입니다"라고 말했다. 한국전쟁에서 아들을 잃은 밴 플리트와 역시 아들을 최전선에 보낸 아이젠하워 간의 아버지로서의 대화 내용은 지휘관으로서 곱씹어볼 내용이 포함되어 있었다.

당시 한국군에 있어서는 군의 증편에 미국의 확약을 받는 것이 최우선 과제였기 때문에 백선엽 참모총장은 이에 대해 아이젠하워에게 브리핑을 할 준비를 미리 갖추고 있었다. 그는 아이젠하워에게 한국군 20개 사단 증편 계획을 설명하여, 특히 미군 1개 사단을 유지하는 비용으로 한국군 2~3개 사단의 유지가 가능하다는 점을 강조했다. 아이젠하워는 이 계획에 '원칙적으로 동의'한다는 뜻을 즉석에서 밝혔다.

이승만 대통령은 아이젠하워 미 대통령 당선자의 시민 환영 대회장에 먼저 도착해서, 아이젠하워 일행이 태도를 바꿔 참석할 것을 기대했고 10만 군중이 추위를 무릅쓰고 장시간 기다렸지만 그는 신변의 보안 때문에 끝내 나타나지 않았다. 이 대통령은 기다리는 동안 단상에 올라가 우리가 왜 휴전을 반대해야 하는지 열변을 토했다. 이 대통령은 계획이 어긋남을 확인하자 배석한 백선엽 참모총장을 불러 세우고, "미국에 아이젠하워라는 2차대전의 영웅이 있다면 우리에게도 이 전쟁의 영웅이 있다. 백선엽 장군이 바로 그 사람이다"고 하면서 백 장군을 추켜세웠다. 이 대통령은 낙동강, 평양 등지에서의 결과를 소개하며 백 장군을 우리나라를 수호한 군인이라고 칭찬하였다.

2박 3일의 아이젠하워 방문 일정이 끝나는 날, 일은 또다시 꼬이기 시작했다. 이 대통령은 이한離韓을 앞둔 아이젠하워가 당연히 경무대를 예방할 것으로 믿었다. 이 대통령은 백두진 총리 등 전 각료를 경무대에 불러들이고 김태선金泰善 서울시장을 8군 사령부로 보내, 아이젠하워의 경무대 예방을 주선토록 했다. 그는 미국 유학을 했고 또 영어가 능통했다. 그러나 김 시장은 구 서울대 자리에 있던 미 8군의 정문에서 저지돼 영내에 들어가 보지 못하고 되돌아왔다.

미군측은 아이젠하워가 보안상의 이유로, 또한 '대통령'이 아니라 '대통령 당선자'이기 때문에 경무대를 방문할 의사가 없음을 전했다. 이유야 어찌 됐든 국가원수의 체면이 연거푸 손상되는 상황이었다. 이 대통령과 백 총리는 백선엽 참모총장을 부르더니, 8군에 가서 다시 한 번 절충해 보도록 지시했다.

백 총장은 밴 플리트 미 8군 사령관을 찾아가 용건을 얘기하자, 그는 '클라크 유엔군 총사령관에게 한국측의 의사를 전했으나 반응이 신통치 않다'면서, 클라크와 만나 직접 얘기해 보기를 권했다.

클라크의 설명은 경호원(Secret Policy)들이 승인하지 않는 장소는 방문할 수 없다는 것이었다. 미국 대통령의 경호는 재무부 소관이며, 이들은 융통성이 없다는 얘기였다. 백 총장은 클라크 사령관에게 정중히 말했다.

> "만약 아이젠하워 장군이 이 대통령을 예방하지 않으면, 이 대통령은 물론 한국 국민들에게 실례를 범하는 것입니다. 양자간 회담이 실현되지 않으면 미군도 앞으로 한국군의 협조를 기대하기 어려울 것입니다. 신중히 결정하기 바랍니다."

백 총장의 말을 듣자 클라크는 상기된 얼굴로 아이젠하워가 있는 바로 옆 사령관실로 들어가더니 한참 후 나와 낮은 목소리로, "저녁 6시 경무대에서 만나자"고 전했다. 아이젠하워는 아들 존 및 수행원을 대동하여 저녁 6시 예정대로 경무대에 도착해 의장대를 사열하고 이 대통령과 각료들과 함께 약 40분간 환담을 나눈 후 공항으로 직행하여 한국을 떠났다.

백선엽 참모총장은 아이젠하워 미국 대통령 당선자의 방한을 맞이하여 두 가지 과제를 성공적으로 완수했다.

·첫째 : 한국군의 20개 사단 증편계획을 설명하면서, '미군 1개 사단을 유지하는 비용이면, 한국군 2~3개 사단의 유지가 가능'하다고 역설함으로써 그의 '원칙적 동의'를 얻었다는 점이다.

·둘째 : 아이젠하워의 이한에 앞서, 청와대 방문 문제에 대해서 백 총장은 클라크 유엔군 사령관에게, "청와대 방문이 실현되지 않으면, 앞으로 한국군의 협조를 기대하기 어렵다"고 온건한 외교적 협박으로 바라는 목표를 달성했다는 점에서 높이 평가해도 좋으리라.

백 참모총장 취임시 10개 사단이던 국군은 1953년 7월 휴전시까지 16개 사단, 1953년 말까지는 20개 사단으로 계획된 증편이 완료되었다. 백 총장은, "군대는 인원과 장비만을 모아서 이뤄지는 것이 아니다. 불과 1년여의 단기간 내에 10개 전투사단이 창설된 배경에는 정부 및 육군본부와 미 8군, 미 군사고문단의 불철주야의 노력이 있었다"고 회고했는데 지당한 견해라 생각한다.

1952년 가을, 행정 참모부장 신응균申應均 소장이 백 총장에게 포병 증강계획의 일환으로 포병 사령관 양성 방안을 가져왔다. 그는 과거 사단장과 사단 포병 사령관의 계급상 격차가 심해 포병이 경시됐던 점에 비추어 신설 사단에서는 양자의 격을 좁혀야 원활한 작전수행을 기할 수 있다는 의견이었다. 따라서 부사단장급의 고참 보병 대령 중에서 요원을 선발해 집중적 포병교육을 시킨 후, 이들을 포병으로 전과轉科시켜 각 사단의 포병 사령관으로 배출하자는 내용이었다. 동시에 이들을 진급시켜 사단장을 소장, 포병 사령관은 준장으로 격을 맞추자는 계획이었다.

백 참모총장은 이 안이 보병의 인사 적체까지 해소할 수 있는 일석이조의 아이디어였기 때문에 이를 승인했다. 그래서 이들은 1952년 10월 13일부터 3개월간 광주포병학교에서 교육을 받은 후, 다시 메이어 준장의 제5 포병사단에서 현장 교육을 받았다. 그러나 교육을 마치고 장성 진급과 함께 배치에 들어가기 직전 미군측으로부터 완강한 반대에 부딪혔다.

테일러 8군 사령관으로부터 급히 만나자는 연락을 받고 서울로 올라왔더니, "포병 지휘관은 단기간에 육성될 수 없다"면서, 이 계획을 백지화해달라는 것이었다. 포병 출신인 테일러 사령관은, 포병은 평생 배워도 부족하다는 지론을 갖고 있었으며, 동시에 한국인의 수학적 능력을 과소평가하고 있는 듯 했다. 게다가 기존의 국군 포병장교들이 미 8군 포병 부장 데이(Day) 준장을 통해 보병 대령들의 포병 전과를 반대한다는 의견을 은밀히 전해 두고 있었다.

백 참모총장은 불쾌감을 억누르며 한국군의 인사문제는 내가 잘 알아서 할 일이며, 이들의 자질과 리더십이 훌륭하다고 테일러 사령관을 설득했다. 아울러 테일러와 동행해서 화천 주둔 제5 포병단에 가서 이들을 개별 면접해 보고 가부를 판단하자고 타협안을 제시했다.

테일러 사령관은 백 총장의 말을 듣더니 태도를 누그러뜨리며 자기 대신 라이언 군사고문단장이 면접을 실시하고 결과를 보고해 달라고 했다. 백 총장과 함께 제5 포병단으로 직행한 라이언 소장은 메이어 포병단장으로부터 개인 기록 카드를 제출받고 백 총장의 통역으로 면접을 마쳤다.

라이언 소장은 "이만하면 훌륭하다. 이 이상의 장교를 어디서 구하겠는가." 하면서 전원 합격 판정을 내렸다. 이 문제가 타결되자 이들은 1953년 3월 모두 준장으로 진급해 포병 사령관으로 부임했다. 테일러 사령관이 이 계획을 끝까지 반대했더라면, 이들은 장성 진급의 기회를 잃을 뻔했다. 한국군이 포병 지휘관 및 장교를 양성하고, 미군이 포병 장비를 지원함으로써 국군 포병은 궤도에 오르게 되었고, 중공군과도 대적할 수 있게 되었다.

나. 한국군 최초의 대장이 되다

1953년 1월 31일, 백 총장은 한국군 최초의 4성 장군인 대장으로 진급했다. 박진석 비서실장을 통해 연락을 받고 부산의 경무대에 가자, 이승만 대통령이 백선엽의 오른쪽, 밴 플리트 장군이 왼쪽에 서서 백선엽의 어깨에 별 넷의 계급장을 달아줬다. 이 대통령은 이때, "자네 원래 우리나라에는 임금이 대장이고 신하에는 대장이 없었어. 지금은 공화국이니 자네가 대장이 된거야." 하면서 백 총장을 격려해 주었다.

백 총장은 전연 대장이 되리라는 생각을 가지고 있지 않았다. 즉 "미군은 병력 20만 명당 1명의 대장을 두는 것을 원칙으로 하고 있었으나 당시 국군으로서는 나를 포함해 누구도 대장에 승진하리라고는 생각하지 않고 있었다"고 회상했다. 당시 육군의 병력이 10개 사단밖에 안 되었으니, 그렇다면 그가 한국군 최초의 대장이 된 사유事由는 무엇이며, 왜 그 자리에 미 8군 사령관 밴 플리트가 계급장을 이 대통령과 함께 달아주었을까?

이 문제는 이승만 대통령이 회고록에서 밝히지 않는다면, 아무도 말하지 못 하리라. 필자는 백 총장이 한국군 최초로 대장으로 진급한 사유에 대해 아래와 같이 추측을 해 보기로 했다.

첫째 : 1952년 12월 2일 아이젠하워 대통령 당선자와 여러 고관 참모들 앞에서 18분 동안 한국군 20개 사단의 유지가 가능하며, 또한 미군 1개 사단을 유지하는 비용으로 한국군 2~3개 사단의 유지가 가능하다는 점을 강조하여, 아이젠하워로 하여금 '원칙적으로 동의'한다는 뜻을 밝히게 했다.

둘째 : 이승만 대통령은 아이젠하워의 십만 환영 대회장에 미리 도착했다. 10만 군중이 추위를 무릅쓰고 기다렸으나 그는 나타나지 않는다는 것을 확인하자, 배석한 백선엽 총장을 세우고, "미국에 아이젠하워라는 2차 대전의 영웅이 있다면, 우리에게도 이 전쟁의 영웅이 있다. 백선엽 장군이 바로 그 사람이다"라며 백 장군을 추켜세웠다. 이 대통령은 낙동강, 평양 등지에서의 전과를 소개하며 우리나라를 수호한 군인이라고 칭찬했다.

셋째 : 이 대통령은 이한離韓을 앞둔 아이젠하워가 당연히 경무대를 예방할 것으로 믿었다. 그리하여 백두진 총리 등 전 각료를 경무대에 불러들이고 영어에 능통한 김태선 서울시장을 8군 사령부로 보내 경무대 예방을 주선토록 했으나, 미 8군 정문에서 제지되어 들어가지도 못하고 돌아왔다. 이 대통령은 백선엽 총장을 불러 8군에 가서 다시 한번 절충해 보도록 지시했다. 그는 클라크 유엔군 사령관에게, "만약 아이젠하워 장군이 이 대통령을 예방하지 않으면…미군도 앞으로 한국군의 협조를 기대하기 어려울 것입니다. 신중히 결정하기 바랍니다"고 말하자, 옆방에 들어가더니 한참 후에 나와 낮은 목소리로, "저녁 6시 경무대에서 만나자"고 전했다. 아이젠하워는 아들과 수행원을 대동하고 저녁 6시에 경무대를 방문하고 약 40분간 환담을 나눈 후 공항으로 직행하여 한국을 떠났다. 백 총장은 어려운 아이젠하워의 경무대 방문을 성사시켜 이 대통령의 체면을 세운 공로가 지대했다.

넷째 : 백 총장의 그동안의 공로와 또한 앞으로 대미 관계의 협상을 위해 '대장'으로 진급시키는 것이 유리할 것으로 판단했고,

다섯째 : 이 대통령은 백선엽 장군을 '진급'시키기에 나이가 33세이고 또 군사문제는 잘 알지 못하기에 한국전쟁의 작전지휘자, 즉 유엔군과 한국군을 총지휘하고 또 그를 '육군 참모총장'으

로 추천한 사람이 8군 사령관 밴 플리트 대장이기에, 그에게 "백 총장을 대장으로 진급시켰으면 하는데, 당신의 의견은 어떤가?" 하고 질문하자, 그는 곧 찬성했기에 진급식 때 참석하여 백 총장의 어깨에 계급장을 달아주는 데 참석했으리라.

이상이 이승만 대통령이 백선엽 장군을 '4성 장군인 대장'으로 진급시킨 사유로 필자는 추측해 보았다.

1953년 5월 중순, 백 총장은 미 육군 참모총장 콜린스 대장의 초청으로 미국을 방문하게 되었다. 초청 목적은 펜타곤(Pentagon) 및 미국 내 각급 군사교육 시설의 시찰과 백 총장에 대한 군軍 및 군단軍團급 지휘과정의 지도교육을 위한 것이었다.

워싱턴에 도착한 백 총장은 환영회에서 정치인들뿐만 아니라, 함께 싸운 전우들을 만났는데, 특히 버크 제독을 만났다는 것은 다행이었다. 백 총장이 1군단장 때 동해상의 제5 순양함대 사령관으로서 또한 휴전회담이 개시될 때 회담 대표로서 함께 회담에 임했고, 이때는 해군성 전략기획 국장이었다. 몇 명의 옛날 전우들과 새벽 3시까지 계속된 토론 끝에 도달한 결론은 '한국은 비록 통일 없는 휴전을 결사 반대하고 있으나, 미국은 조만간 휴전을 할것'이며 '이 시점에서 한국이 미국으로부터 어떤 보장을 얻어내지 못한다면 한국의 장래는 위태롭다'는 것이었다.

특히 버크 제독은 미국 정부로부터 모종의 군사적, 경제적 보장을 받아 내려면 백 총장이 아이젠하워 대통령을 직접 만나야 할 것이라고 강력히 권했다. 날이 밝자 백 총장은 콜린스 참모총장을 찾아 아이젠하워 대통령의 면담을 주선해 달라고 부탁했다. 그러나 콜린스는 난색을 표했다.

"미국에는 매년 수많은 각국의 참모총장이 방문합니다. 귀관을 대통령이 만나게 되면 전례가 돼 다른 총장들의 면담을 사절하기 어려워집니다."

그러나 백 총장은 물러설 수가 없었다.

"매일 수없이 많은 사상자를 내며 미군과 함께 싸우고 있는 한국의 참모총장을 어떻게 타국의 총장과 비교할 수 있습니까. 더욱이 나는 아이젠하워 대통령과 구면입니다."

콜린스 총장은 백 총장의 완강한 태도를 보더니 옆방의 참모차장 헐 대장을 부르더니 백 총장이 백악관을 방문하도록 연락을 취하라고 지시했다. 이튿날 상오 10시 정각, 백 총장은 백악관의 집무실에서 아이젠하워 대통령과 수행원도 배석치 않고 단독 면담을 갖게 되었다. 아이젠하워 대통령은 먼저 이 대통령의 안부를 묻고 말을 꺼냈다.

"한국 정부와 국민이 휴전을 반대하는 뜻은 잘 알고 있으나, 한국전쟁을 종식시키겠다는 것이 나의 선거 공약이며 우방인 영국과 여러 동맹국들이 휴전을 하도록 압력을 가하고 있습니다."

백 총장은 이에 대해, "만약 여기서 휴전하게 되면 통일의 기회는 사라지고 맙니다. 한국 정부와 국민의 휴전 반대를 과소평가하지 않기를 바랍니다."라고 말했다.

"그렇다면 무슨 방안이 있겠소?"

"대통령 각하, 왜 우리에게 보장을 해 주지 않습니까?"

"보장(Guarantee)이 무슨 뜻이요?"

"우리나라는 3년간의 전쟁으로 폐허가 됐고, 아무것도 남은 것이 없습니다. 예를 들면 상호방위조약(Mutual Defence Pact) 같은 것을 고려할 수 있지 않습니까?"

"귀하의 뜻에 원칙적으로 동의합니다. 그러나 '상호방위조약'은 유럽 국가와는 많이 체결하고 있지만, 아시아 국가와는 드문 경우이고 또 이 문제는 상원의 인준을 받아야 합니다."

그리고 아이젠하워 대통령은 백 총장에게 워싱턴에 얼마간 체류할지를 묻고, 그간 스미스 국무차관을 만나 이 문제를 협의하라고 말했다. 백 총장은 이튿날 버크 제독과 함께 스미스 차관을 찾아가 휴전 후 한국의 방위 및 재건에 대해 많은 의견을 나누었다. 이것이 1954년 11월 18일 체결된 '한·미 상호방위조약'의 시발이었다.

그리고 아이젠하워 대통령을 만나 '군사적·경제적 보장'을 받아야 한다고 강력히 권한 버크 제독과 백 총장과는 과연 어떤 관계였을까? 그들은 두터운 '평생의 친구'였다. 앞에서 얘기한 것처럼 동해 쪽의 1군단장 시절, 백 장군의 작전을 돕기 위해 값비싼 함포 사격을 무한정 지원해 주었는데, 당시 함포 한 발의 값은 고급승용차 한 대 값의 고가高價였다. 이런 친구를 워싱턴에서 다시 만났다. 뒷날의 이야기지만, 버크 제독은 뛰어난 능력을 인정받아 아이젠하워 대통령에게 발탁되어 6년간 해군 참모총장을 역임했다. 그런 그가 부인을 데리고 한국을 찾아오면 백선엽의 집에서 하루를 묵을 정도로 사이가 친밀했다.

약 5일간의 워싱턴에서의 일정을 마친 백 총장은 뉴욕의 웨스트포인트(미 육군사관학교)와 미 1군 사령부를 방문했다. 17발의 예포 속에 방문한 웨스트포인트에서 1사단장 시절 다부동 전투 때 함께 격전을 치렀던 마이켈리스와 재회했다. 그는 준장으로 진급해 생도대장을 맡고 있었다. 그리고 뉴욕에서는 월도프 아스토리아 호텔의 펜트하우스에 거주하는 맥아더 원수를 예방하여 옛정을 나누었다.

백 총장의 마지막 일정은 캔자스주의 '지휘참모대학(Command and General Staff College)'이었다. 이곳에서 2주간의 교육을 받도록 예정되어 있었다. 백 총장에 대한 교육은 특별히 짜여진 교육이었다. 한 사람을 두고 20여 명의 교관이 전문 분야별로 속성·집중 교육을 실시하는 것이었다. 백 총장이 이 대통령의 전화를 받은 것은 이 교육이 열흘쯤 진행되고 있을 때였다. "그쪽 형편이 꼭 급하지 않으면 돌아오는 것이 좋겠어." 백 총장은 미국 방문일정을 줄이고 급히 귀국해야 했다.

백 총장의 눈으로 보기에 '흑백 차별을 제외한다면 당시 미국과 우리나라는 천국과 지옥의 차이를 나타내고 있었다'고 회상했는데, 필자도 1957~58년 미 공군 통신학교 통신장교 과정을 이수하면서 장교숙소(VOQ)의 흑인 청소부의 흑백 차별에 대한 불만의 소리를 들었기에 같은 생각을 가졌던 기억이 새롭게 떠올랐다.

특히 백 총장의 미국 방문에서, 1954년 11월 18일 체결된 '한·미 상호방위조약'이 체결되었는데, 이 실마리를 준비한 것이 백 총장임을 우리는 기억해야 할 것이다.

다. 세계를 놀라게 한 반공포로 석방

백 참모총장은 미국 방문 중 일정을 단축해 6월 초순 귀국하여 경무대로 이승만 대통령을 찾아갔으나 대통령은 별말이 없었다. 그러나 백 총장이 왜 급히 돌아와야 했는지는 거리를 가득 메우고 시위를 벌이는 군중들이 대신 전해 주고 있었다.

"통일이 없으면 죽음을 달라!"

"중공군을 한반도에서 몰아내자!"

귀국 후 며칠이 지나자 이 대통령은 백 총장을 비롯해 육본의 참모진과 주요 지휘관들을 경무대로 불렀다. 이 대통령은 수시로 육본과 각 사단을 찾아 장병들을 위문했으나, 이처럼 군의 주요 장성들을 모두 경무대로 불러들인 것은 당시로서는 이례적인 것이었다.

이 대통령은 훈시 후 백 총장을 따로 불러서 낮은 목소리로 말했다.

"자네 원용덕을 잘 알지. 내가 원용덕에게 숙제를 줬어. 잘 좀 도와주게." 백 총장은 그 말의 숨은 뜻을 짐작하고 있었다. 그것은 수일 후로 임박한 '반공포로 석방'이라는, 세계를 놀라게 할 사건을 두고 한 말이었다.

이 대통령은 판문점의 회담이 급진전 되는 가운데, 미국측으로부터 휴전을 방해하지 말라는 압력을 받고 있었다. 그러나 이 대통령은 그의 온몸을 던지는 최후의 저항을 준비하고 있었다. 이 대통령이 이때 육군 장성들을 모두 부른 것은 '반공포로 석방'을 극비리에 준비하면서, 부산 정치 파동 때 군이 지시를 따르지 않았던 '실패'를 되씹어 이번에는 군이 그의 뜻을 거스르지 않도록 신경을 쓰는 듯 했다.

원용덕元容德 소장은 당시 군편제와는 별도로 창설된 '헌병 총사령부'의 사령관이었다. 2개 중대 규모로 창설된 '헌병 총사령부'는 형식상 국방부의 관찰로 두었으나, 사실상 대통령의 직접 명령에 따라 움직이는 특수부대인 셈이었다.

백 총장은 헌병 사령부의 '극비작전'에 대해 참모들에게도 얘기하지 않고 모르는 척하고 있었으나, 6월 17일 육본의 헌병 사령관이 총장에게, "헌병 총사령부에 모종의 움직임이 있다"는 정보 보고를 해왔다. 백 총장은 그에게, "그 일에 대해서는 일체 관여하지 말라"고 일러두었다.

6월 18일 새벽 2시, 부산, 마산, 광주, 논산 등 전국에 산재한 포로수용소에서 북한으로의 송환을 거부하는 반공포로들은 일제히 수용소를 탈출했다. 포로수용소는 육군의 관할이 아니라, 미군의 병참 관구 사령부인 KCOMZ의 소관이었다. 다만 수용소의 경비를 미군 지휘하에 국군의 경비부대 및 헌병들이 맡고 있었다.

원용덕 소장의 헌병 총사령부는 주요 경비초소를 장악, 사전에 준비한 대로 거사 순간에 때맞춰 철조망을 끊고 전등을 껐다. 그리고 경비 업무를 일제히 포기하는 형식을 빌어 포로들의 탈출을 도왔다. 2만 7천여 명의 포로가 심야에 일제히 탈출했다.

새벽 2시가 좀 지나자 대구의 백 총장 관사로 전화가 빗발치기 시작했다. 처음 걸려온 전화는 포로수용소를 관장하는 KCOMZ 사령관 헤렌 소장이었다. 그는 "한국의 경비원들이 직무를 이탈했다"고 격렬히 항의하며 포로들을 재수용할 수 있도록 해 달라고 요청했다. 그리고 테일러 미 8군 사령관도 역시 전화를 걸어 백 총장에게 분통을 터뜨렸다. 도쿄의 클라크 유엔군 사령관으로부터도 두 차례나 항의 전화를 받았다. 클라크는 이 사태에 대해 자신을 포함한 미군 전원이 사전에 낌새조차 차리지 못한 것에 큰 충격을 받은 듯 했다.

그는 이 사건이 누구의 지시에 의한 것인지 거듭 물었다. 그러나 백 총장으로서는 어떠한 답변이나 해명도 할 수가 없었다. 미군측의 반응이 예상보다 훨씬 강력했기 때문에 염려가 앞섰다. 그리하여 백 총장은 경무대로 전화를 연결했다. 한밤중에 대통령을 깨우는 전화를 한 것은 전무후무한 일이었다.

"각하, 클라크를 위시해 미군들이 대단히 유감스럽다고 말하고 있습니다. 사태가 심상치 않은 것 같습니다."

그러나 백 총장의 보고를 받은 이 대통령은 의외로 담담했다.

"음, 알았어. 내가 했다고 그러게. 내가 아침에 기자회견을 하겠어."

대통령의 대답은 백 총장에게는 뜻밖이었다. 이 엄청난 사태를 혼자서 떠맡겠다는 것이 아닌가. 참모총장이나 헌병 총사령관인 원용덕 소장에게 책임을 돌린다 해도 조금도 이상할 것이 없을 것이고, 백 총장도 당연히 그렇게 되리라고 각오하고 있었다고 회상했다. 이 대통령도 정치인의 한 사람으로서 경우에 따라 이중성을 나타내기도 했었다. 비록 자신의 결정에 따른 일이라 결과가 좋지 않을 것이 예상될 때는 책임을 전가하는 수가 있었고, 또한 아랫사람들은 그것을 기꺼이 받아들여야 하는 것이 도리처럼 여겼었다.

그러나 이처럼 중대한 사태에 임해 스스로 책임을 지겠다고 나서는 데는 감탄하지 않을 수 없었다. 백 총장은 이 대통령과의 통화를 마치고 곧 도쿄의 클라크 유엔군 사령관에게 전화를 걸어, "반공포로 석방은 이 대통령이 자신의 책임하에 단행한 것입니다. 아침에 발표가 있을 것입니다"라고 전해 주었다.

이날 새벽 미군은 달아난 포로들을 붙잡아 재수감해 사태를 수습하려 했으나, 각지의 행정기관에서 이들에게 갈아입을 옷을 주고, 민가에서도 이들을 숨겨주어 미군의 노력은 수포로 돌아갔다.

반공포로 석방은 이 대통령이 외국을 상대로 행할 수 있는 단 하나의 마지막 카드였다. '인사에는 등신, 외교에는 귀신'이라는 말이 이 대통령에게는 늘 따라다녔지만, 반공포로의 석방에서 휴전 조인까지 약 한 달간이야말로 이 대통령의 외교적 수단을 유감없이 발휘해 단신으로 거대한 미국을 상대로 외롭게 투쟁하며, 한국의 장래를 위해 필요한 거의 모든 것을 쟁취해 낸 극적인 기간이었다 해도 조금도 과장이 없을 것이다.

이 대통령도 6월 18일 항의하기 위해 도쿄에서 날아온 클라크 사령관에게, "내가 장군에게 미리 얘기해 주었다면, 장군의 입장이 더 곤란했을 것 아니겠소"라고 가볍게 받아넘겼다. 미국은 휴전회담을 파국으로 몰고 갈지도 모를 이 사태를 수습하기 위해 국무부 극동담당 차관보 로버트슨(Walter S. Robertson)을 특사로 급거 서울로 파견했다.

전쟁 3주년인 1953년 6월 25일에 콜린스 육군 참모총장과 함께 내한한 로버트슨은 경무대로 들어가 연일 이 대통령과 회담을 벌였다. 백 총장도 이 회담이 열리는 동안 수시로 경무대를 드나들었다.

미국측 인사들의 전반적인 분위기는 반공포로 석방과 같은 엄청난 일을 저지르는 이승만 대통령과 과연 앞으로 협조가 되겠는가 하는 짙은 의구심을 깔고 있었다. 그러나 이러한 분위기는 날이 갈수록 이 대통령에 대한 동정과 존경으로 바뀌어 가는 듯했다.

클라크 사령관은 경무대에서, "미국 역사에 관해서도 이 대통령이 우리보다 더 잘 알고 있다"면서 경탄을 금치 못했으며, 명분을 적절히 구사해 신뢰를 얻어내는 외교적 수단을 도대체 어디에서 터득했는지 알 수 없다면서 감탄했다. 그 이 대통령을 '위대한 사람(great man)'이라고 서슴없이 지칭했다.

'소 휴전회담'이라고 불린 18일간의 이·로버트슨 회담에서 이 대통령은 다음과 같은 약속을 얻어냈다.

(1) 상호 안전보장조약의 체결
(2) 최초 2억 달러의 원조자금 공여를 비롯한 장기 경제원조에 대한 보증
(3) 한·미 양국 정부는 휴전 후의 정치 회담에서 90일 이내에 실질적 성과가 없을 경우 정치적 회담의 중단
(4) 계획 중인 한국군의 확장에 대해 육군 20개 사단과 상응하는 해군 및 공군의 설치 승인
(5) 정치 회담에 앞서 공동 목적에 대해 한·미간 정상 회담 개최

이 대통령은 이 조건을 얻어내는 대신 휴전을 받아들이겠다는 것을 양해했다.

휴전 직후인 1953년 9월 인도군 1개 여단이 송환을 원치 않는 포로들의 관리를 맡기 위해 인천항을 통해 입국했다. 이때 원용덕 장군은 또 이들의 판문점행을 방해하기 위해 철길을 가로막는 역할을 수행해 미군들에게 악몽이 되살아났다. 이 때문에 8군 사령부에서 원용덕 장군 문제를 다루는 회의가 열렸다. 백선엽 총장도 참석하게 됐다. 클라크 유엔군 사령관과 테일러 8군 사령관은, "이 사람은 유엔군의 작전을 방해했다. 이대로 두어서는 안 된다"고 심히 못마땅해 했다. 미군들은 원 장군을 지칭해 '나쁜 친구(nasty one)', '반미주의자'라는 극언을 서슴치 않았다. 백 총장은 흥분한 미군들을 설득해야만 했다.

"원 장군은 당신들이 생각하는 그런 사람이 아닙니다. 그는 세브란스 의과대학 출신이며, 그의 부친은 목사입니다. 다만 이 대통령에게 충성하기 위한 애국심에서 빚어진 일입니다."

그러나 클라크는 백 총장을 향해, "당신은 왜 원 장군을 옹호합니까. 이런 일이 재발되지 않는다는 것을 당신이 책임질 수 있습니까." 하고 다그쳤다. 백 총장은 이들에게 재발 방지를 거듭 다짐하고 간신히 이 일을 무마했다.

백 총장은 동시에 말썽의 소지가 있는 '헌병 총사령부'를 군의 편제 속에 포함키로 하고, 이 부대를 미군의 지원대상에 넣도록 합의했다. 이로부터 '헌병 총사령부'도 장비와 유류를 미군으로부터 지원받게 되었다.

여하튼 이 대통령은 반공포로 석방에 미군측과 협의 없이 창설했던 '헌병 총사령부'를 동원함으로써 1950년 7월 자신이 제안하고 서명한, 즉 한국군의 '작전 지휘권(Operational Command)'을 유엔군에 이양키로 한 약속을 깨뜨렸다. 이 대통령이 4·19를 전후해 하야하는 과정에서 미국측의 도움을 얻지 못한 데는 반공포로의 석방으로 심화된 미국측의 불신감이 작용되었으리라 추측한다.

한편 비밀 취급이 해제된 공개된 미 국방부의 분석들은 당시 이 대통령의 '제거계획'이 있었음을 폭로하고 있다. '에버 레디 작전(Operation Ever ready)'으로 명명된 이 계획의 골자는 아래와 같다.

- 첫째 : 이 대통령에게 장기 상호방위조약, 20개 사단에 대한 충분한 군원, 수억 달러의 군사 및 경제 원조를 약속하여 휴전에 협조하도록 종용한다.
- 둘째 : 이것이 여의치 않을 때는 대한對韓 지원 약속을 모두 철회하고 미군의 전면 철수를 내세워 위협을 가한다.
- 셋째 : 이것이 실패할 경우 단계로 쿠데타를 조종해 이 대통령을 축출하고 장택상 총리로 하여금 새 정부를 구성토록 한다.

미 8군 사령부에서 작성돼 클라크 유엔군 사령관의 동의를 얻어 워싱턴에 제출된 '에버 레디 작전'은 중대한 긴급 사태가 발생했을 때 필요한 조치를 취하는 그 시행을 클라크 사령관에게 위임한 것으로 되어 있었으나, 다행히 이 작전은 실행되지 않았다.

라. 백 총장의 중공군과의 마지막 전투

백선엽 참모총장은 휴전이 임박해지면서 전선에서는 오히려 긴박감이 더해지는 것을 느꼈다. 중공군은 휴전이 성립하기 직전에 전선의 몇몇 중요한 지형을 탈취하고자 했다. 전쟁을 그들의 승리로 마감했다는 선전자료로 삼으려는 계산도 숨어 있었다. 중공군 측에서는 눈엣가시처럼 느끼는 지형이 두 곳이 있었다. 중부전선 351고지 일대의 돌출부였다. 이곳은 공교롭게도 백 총장이 1·2군단장을 거치면서 담당했던 곳이었고, 선제포격으로 그들의 공세 의도를 좌절시킨 곳이며, 또한 휴전이 될 경우 적으로서는 두고두고 아프게 느껴야 하는 곳이었다.

1951년 5월 중공군의 춘계 대공세 이후 최대 규모의 격전인 '금성전투'는 1953년 7월 13일 저녁을 기해 개시됐다. 2군단 예하의 6·8·3·5사단 등 4개 2군단 좌익의 미 9군단 예하의 9사단, 수도사단 등 6개 국군 사단이 담당하는 약 35km의 정면에 걸쳐 중공군 24·68·67·60군 및 후방에서 이동해 온 54군 등 5개 군軍 30만의 병력이 일시에 기습적 총공세를 가했다.

그러나 이들 국군 사단의 좌우에 포진한 미군 사단 정면은 전과 다름없이 평온했다. 국군만을 골라서 대공세를 취하는 중공군의 전략은 변함이 없었다. 이 일대는 지형상 아침마다 운해雲海가 짙게 끼고 장마까지 겹쳐 미 공군이 공중 공격을 하기가 어려웠다.

대병력의 야간 기습공격으로 곳곳에서 전선을 돌파당한 국군은 순식간에 후퇴해야 하는 국면에 접어들었다. 대구 육군본부에서 상황 보고를 접한 백 총장은 14일 낮 테일러 8군 사령관에게 전화를 걸어, "도울 일이 없느냐?"고 물었다. 사령관은 "현재 전황을 점검 중이니 좀 더 기다려보자"고 했다. 저녁 무렵 그에게서 "곧 2군단으로 가서 사태수습을 도와달라. 대구로 비행기를 출발시켰다"는 급한 연락을 받았다.

때마침 장대비가 전국에 내리고 있어 경비행기는 이륙도 못 할 형편이었다. 테일러 사령관은 계기 비행이 가능한 C-47 쌍발기를 보내주었다. 백 총장은 부관만 데리고 자정쯤 대구를 떠나

여의도 K-16 기지에 내린 다음 헌병 지프차로 갈아타고 밤새워 춘천을 거쳐 화천 2군단 사령부로 달려갔다.

동이 틀 무렵 군단 사령부에 도착하자 정일권 군단장이 백 총장을 맞았다. 정 중장은 고열로 신음하고 있었고 혈색도 말이 아니었다.

"미안하게 됐소. 많은 영토를 잃어버리고…"

그는 사태가 급박하게 돌아가는 상황에서 열병에 시달려 손을 제대로 쓸 수 없는 자신의 처지를 한탄하며 비탄에 빠져 있었다.

"무슨 그런 심약한 말씀을 하십니까. 휴전이 목전에 도달한 마당에 최후까지 싸워 이겨야 합니다."

백 총장은 정 장군을 위로하며, 조속히 해야 할 일을 점검하기 시작했다. 2군단 부군단장 윌리엄즈 소장은 진두지휘를 위해 헬기를 타고 전선으로 향하고 있었다. 국군 군단에 미군 장성이 부군단장을 맡은 것은 이때가 처음이자 마지막으로, 당시 2군단 담당 지역이 그만큼 위급했기 때문이었다. 테일러 사령관은 미 25사단장인 윌리엄즈 소장을 특별 파견했다.

당시 작전지휘 체계상 전투지휘는 사단장－군단장－미 8군 사령관의 계통을 따라 이뤄졌고 (1950년 7월, 이승만 대통령의 작전권 이양으로), 참모총장인 백 장군은 행정 및 군수 지원을 총괄하는 것이었다.

백 총장은 군단 정보참모 김종환 대령으로부터 상황설명을 들었다. 전선을 돌파당한 국군은 금성천 남쪽으로 후퇴했으며, 사단마다 인원과 장비 손실이 막대하다는 것이었다. 백 총장은 이어 연대장 및 사단장들을 만나 전황을 점검했다. 아직 적의 의도와 능력을 파악할 수 없고 상황도 분명치 않다는 보고였다.

백 총장은 즉시 수색대를 투입해 전방 상황을 정확히 파악하도록 하고, 수색대가 귀대할 때까지 서너 시간을 함께 기다렸다. 적정을 제대로 파악하지 않아 필요 이상으로 장거리를 후퇴하는 실수를 그동안 국군은 물론이고 미군도 여러 차례 경험했었다. 수색대의 보고는, 중공군이 금성천 이북에는 쇄도해 들어왔으나 그 이남에는 소규모 병력만이 침투해 있다는 것이었다.

백 총장은 중공군이 금성천 정면 돌파를 주저하고 있다고 판단했다. 백 총장 주변에 모여 있던 연대장, 대대장, 포대장들은 백 총장의 의견에 따라 신속히 진지 강화에 착수했다. 각 사단장을 만나보니 인원과 장비를 보충해달라는 다급한 요청뿐이었다.

백 총장이 느낀 것은 국군도 이제 과거와는 확연히 달라졌다는 점이었다. 개전 후 6차례의 중공군 대공세를 맞이할 때마다 국군은 초전부터 투지를 잃고 허둥거리며 도망치기 일쑤였다. 그러나 이제는 달랐다. 비록 중과부족으로 최전선이 돌파당했으나, 신속히 재편해 후방까지 돌파당하는 일도 허용하지 않고 있었다. 손실된 병력과 장비를 신속히 보충한다면 곧 수습되리라 믿을 수 있었다.

백 총장은 육군본부 유재흥 참모차장과 양국진 행정참모부장에게 연락해 후방의 모든 보충병력과 보급품을 전력을 다해 전투지역으로 급송토록 하고, 로저스 군사고문단장에게도 전화를 걸어 현지로 급히 올라오도록 했다. 국군에 관한 것은 백 총장의 명령으로 즉시 조치할 수 있으나, 미 8군 창고에 보관 중인 탄약, 병기 등 작전수행에 긴요한 주요 물자를 긴급히 조달하자면 군사고문단을 통해 요청해야 했기 때문이었다.

이튿날부터 보충 병력과 장비가 속속 2군단 지역에 도착했다. 전력 보충이 신속히 이뤄지는 것 또한 과거에는 볼 수 없었던 일이었다. 테일러 사령관 역시 신속한 전력 보충에 최우선을 두고 잇달아 과감한 결정을 내렸다.

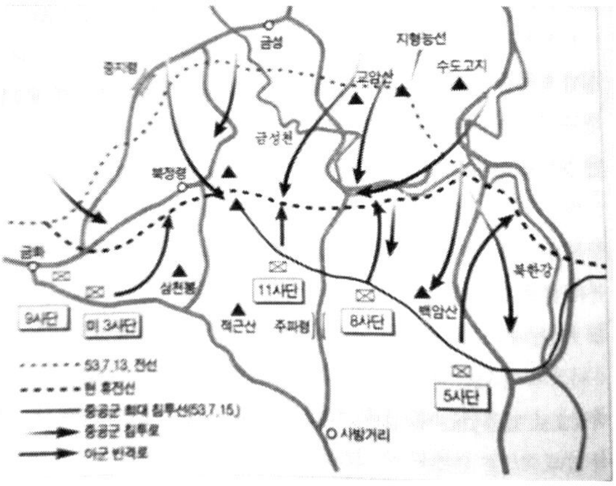

금성전투(중공군 최후공세, 1953.7.13.~19.)

전투는 사흘쯤 지나자 일단 고비를 넘겨 국군의 반격이 먹혀들기 시작했다. 7월 19일에는 돌출부를 동서로 가르는 금성천을 중심으로 새로운 전선이 형성된 채 전투는 다시 소강상태로 접어들었다. 그러나 우리는 휴전을 불과 1주일 남겨두고 폭 31km의 금성 돌출부에서 최대 9km까지의 땅을 빼앗기고 말았다.

작전 지휘권이 없었던 백선엽 총장은 좀 더 적극적인 반격을 수행하지 않는 것을 아쉬워 했다. 즉 "다행인지 불행인지 중공군의 공격이 금성천에서 저지됨으로써 반격의 기회는 무산되고 말았다"고.

중공군의 이 최후 공세의 목표는 금성 돌출부를 빼앗는 것은 물론, 강력한 군대로 발돋움하는 한국군의 사기를 꺾어 위신을 추락시켜 놓고 휴전에 승자로 임하겠다는 데 역점을 두고 있었다. 그리고 이를 위해 30만의 대병력을 집중·투입했고 66,000여 명의 사상자를 감수했다. 한편 한국군은 14,000여 명의 사상자를 냈고, 중공군에게 탈취당한 금성 돌출부의 90%의 영토를 재탈취 함으로써 중공군의 작전 목표는 실패하고 말았다. 중공군이 6·25전쟁에 개입 후, 한국군을 그들의 먹잇감으로 노리고 기습공격을 가하여 한국군은 패배만 연출했으나, 이번 '금성 돌출부 전투'는 중공군의 작전목표를 좌절시킨 역사에 기록할 대전투였다. 또한 한국군 단독으로 중공군을 물리친 전투였으며, 장병들의 불굴의 투지 못지않게 중요한 것은 작전 수행에 필요한 병력·무기와 장비를 즉각 지원함으로써 보급지원체제도 갖추었다는 것을 엿볼 수 있다.

무엇보다도, 백선엽 참모총장이 전선에 출두하여 즉시 수색대를 투입해서 적의 능력과 의도를 살폈다는 것은 현명한 조치이며, 『손자병법』(513 B.C?)에도 "저편의 능력과 의도를 알고 이편의 그것을 알고 있으면, 백번 싸워도 위태롭지 않다"(知彼知己 百戰不殆 -謀攻-)고 했다. 백 총장은 즉시 수색대를 투입해 전방 상황을 정확히 파악토록 하여, 수색 결과는 중공군이 금성천 돌파를 주저하고 있다고 판단했고 한국군의 병력·무기와 장비만 갖추면 반격전이 가능하다고 판단했다. 그리하여 긴급조치를 취하여 다음 날에는 벌써 병력·장비 등이 전방에 도착하여 3일 만에 반격을 개시하여 탈취당한 영토를 재탈환했다. 이 작전에는 테일러 8군 사령관과 백 총장과의 의사소통과 우호관계가 깊게 작용했다는 것도 잊어서는 안 되리라.

그런데 중공군은 6·25전쟁에 개입한 이래 한국군만 공격목표로 택하여 승전한 이유는 무엇일까?

한국군은 1948년 8월 15일 대한민국이 수립된 이후 국군으로 새출발하여 공비토벌 등으로 인해 첫째, 조직적인 전투훈련이 부족했고, 둘째, 무기와 장비의 부족 그리고 셋째, 지휘관들의 실전 경험과 리더십의 부족 등이었고, 또 전쟁 중에는 실전 능력을 보완할 시간적 여유도 없었다.

백선엽 장군은 사단장 시절에 중공군 포로를 통해 중공군 66군 사령부가 간행한 1950년 11월 20일자, 「운산전투 경험에 관한 결론」이라는 '전훈속보戰訓速報'를 입수했는데, 집필자는 중공군 부사령관 덩화(鄧華)가 작성한 것이었다. 여기에는 "미군은 전차와 포병의 협동전투가 장기이다. 공군의 대지對地 공격력도 강하다. 그러나 보병은 약하다. 죽음을 두려워해 과감한 공격이나 진지를 사수하겠다는 의지가 없다. 낮에만 행동하는 버릇이 있다. 야간 전투나 근접전에는 아주 미숙하다. 보급이 끊기면 곧 전의戰意를 상실하고, 후방을 차단하면 스스로 물러난다"고 씌어 있었다. 한편, 한국군에 대해서는, "한국군은 모든 면이 미숙하다. 훈련이 절대 부족하다. 화력과 전투력을 비교할 때, 한국군 사단은 미군 사단의 3분의 1에도 미치지 못한다. 그러나 전의는 어느 정도 갖추고 있다"고 했다.

'금성 돌출부 전투'(1953.7.13.~19.)는 미 8군 사령관 테일러 장군의 급한 요청으로 백선엽 참모총장이 급히 전선에 달려가 계속 밀리기만 했던 전선을 방어하고, 신속한 상황판단과 병력·무기와 장비를 투입하여 마침내 반격전에 성공함으로써, 중공군의 작전 목표를 좌절시킨 빛나는 승리의 전투였다.

당시 콜린스 미 육군 참모총장은 회고록에서 '금성 돌출부 전투'를 승리로 장식한 한국군에 대해, "한국군이 그처럼 성장했을 줄은 몰랐다"고 했다. 그리고 테일러 미 8군 사령관도 이 전투를 성공적으로 수행한 백선엽 총장을 전적으로 신뢰하게 되었다. 냉정하고 깐깐하며, 철저하게 타산적이었던 테일러 사령관은 이 전투를 계기로 백선엽 총장의 절대적인 지원자로 변신했고 또 곧 설치할 제1야전 사령관에 백선엽 장군을 천거했다. 그리고 한국군 전력증강 사업을 원활하게 수행되었다. 당시 국군의 편제와 규모는 확충되었다고 하지만, 그 유지는 전적으로 미국의 지원과 원조를 전제로 하고 있었다. 당시 한국은 기름 한 방울, 총탄 한발, 작전 지도도 조달할 수 없는 처지였다. 결국 휴전은 조인되었고, 한반도에서 총성은 일단 멈추게 되었다.

그런데 '금성 돌출부 전투'(1953.7.13.~19.)에 관해 국방부 군사편찬연구소에서 발간한 『6·25 전쟁사⑩ - 휴전회담 고착과 고지 쟁탈전 격화 -』(2012.12.30.)에는 전연 소개하는 내용을 찾아볼 수 없는데, 보완·개정판을 낼 때는 반드시 소개해야 할 내용이라 생각한다.

1954년 2월 14일 이승만 대통령은 육군 지휘체계의 개편에 대비하도록 고급 장성의 인사를 단행했다. 정일권·이형근 장군이 같은 일자로 대장에 승진, 정일권 대장이 육군 참모총장에 복귀했고, 이형근 대장은 신설된 연합 참모본부 총장에 임명되었다. 연합 참모본부는 육·해·공·해병대와 협의해 전략을 수립하고 각 군단과 연계되는 업무를 기획·조정하는 임무를 담당하게 되었다.

백선엽 장군도 이날 동시에 참모총장직에서 물러나 창설을 앞둔 1군 사령관에 임명되었다. 그는 1군 사령관 초기에 미 8군 부사령관 윌리엄스(Samuel Williams) 소장으로부터 깊은 인상을 받았다고 했다. 즉 그는 '금성 돌출부 전투'에서 정일권 2군단장을 도와 전선을 수습했었다. 그는 1군단 지역을 속속들이 살펴보고 단시간 내에 방대한 보고서를 작성했다. 그 보고서는 전선의 배치에서부터 전투 및 지원부대의 문제점, 심지어 식당 운용에 이르기까지 지적 사항을 빠짐없이 언급했다.

백 사령관은 그 보고서를 읽고 8군 사령부로 윌리엄스 소장을 찾아가기로 결심했다. 백 사령관은 그에게, "당신의 보고서에 큰 감명을 받았다. 그렇게 짧은 시간에 훌륭한 보고서를 만드는 비결을 알려 달라"고 하자, 그는 "1급 비밀이라 곤란하다"고 농담을 하며 백 사령관을 영내의 자기 숙소로 안내했다. 그의 방안에는 서류로 가득한 대형 트렁크가 3개 놓여 있었다. 그는 과거 30년의 군대생활 중 여러 보직을 거치며 지휘관 또는 참모장교로서 무엇을 점검해야 할지 그때그때 체크리스트를 챙기고 여기에 점검 사항만 추가하면 그대로 보고서가 된다는 설명이었다.

백 사령관은 그에게 간청해 그 서류를 통째로 빌려 모조리 타자해 한 벌을 복사하는 데 1개월이 소요되었는데, 윌리엄스 소장의 이 문서는 신설 1군 사령부를 조기에 본 궤도에 올려놓는 데 큰 도움을 주었다고 했다.

백 사령관이 제1사단장으로 1950년 10월 평양을 점령했을 때, 가장 먼저 찾아온 사람은 맥아더 사령부에서 파견한 70여 명의 '문서수집반'이었다. 이들은 평양 소재 공공건물을 샅샅이 뒤져 각종 문서를 도쿄 사령부로 후송하여 그 후 6·25 전쟁사 연구의 귀중한 사료史料로 활용되었고 또 그가 인상 깊게 느낀 것은 미군은 연대 단위까지 전사戰史 기록장교가 배치되어 격전 중에도 중요 사실을 매일 기록한다는 것을 알게 되었으니, 그가 '문서'의 사료적 가치를 일찍이 깨달았기에(역사학 연구도 하지 않았지만), 제대 후 6·25전쟁에 관한 '회상록'을 여러 권 남긴 비결은 사료史料의 귀중함을 인식하고 보관하고 있었기 때문이라 추정한다.

8. 백선엽 장군은 나라를 지킨 전쟁영웅인가?

백선엽 장군의 평전評傳을 집필할 생각을 하게 되면서 가장 읽고 싶은 논문은 강문봉(姜文奉, 1923~1988) 장군이 연세대학교에 제출한 박사학위 논문, 「戰時韓國軍主要指揮官의 統率에 관한 硏究」(1983.6.)였다. 여기에는, 6·25전쟁(1950) 개시일부터 휴전성립까지 만 3년간의 한국 육군 참모총장을 역임한 채병덕(蔡秉德, 1916~1950), 정일권(丁一權, 1917~1994), 이종찬(李鍾贊, 1936~), 백선엽(白善燁, 1920~2020)의 리더십(Leadership)에 대한 비교·평가를 해두었기 때문이다.

먼저 행정학 박사학위 논문을 작성한 강문봉 장군의 약력을 소개한다. 즉 그는 만주국 간도성 용정滿洲國間島省龍井에서 태어났고, 만주 군관학교를 수석으로 졸업하고, 일본 육군사관학교 59기에 편입하여 재학 중 1945년 8월 일본의 패전을 맞이하여 귀국했다. 1945년 12월 군사영어학교에 입교하여 1946년 1월 졸업과 동시에 소위로 임관했다.

먼저 채병덕 대위(일본 육사 49기)를 장長으로 경기도 국방경비대(제1연대)를 창설하게 되었는데, 그는 부대장 겸 부관으로 채 대위를 보좌하게 되었다. 1950년 6월 10일 미 육군참모대학에 입교를 명받았으며, 부산에서 도미 준비 중 6월 25일 전쟁이 발발했기에 다음날 서울로 돌아왔다. 의정부 정면이 전진 지휘연락소를 개설하여 채 참모총장의 작전지도를 보좌했으나 6월 28일 수원으로 후퇴하고, 29일 장창국 대령과 작전국장을 교대했다. 1951년 제1사단장(소장), 미 육군대학 유학(1951.6.~1952.7.), 제2사단장(52.11.) 등을 역임, 1954년 제2군 사령관, 1956년 1월 김창룡 중장 살해사건에 관여했기에 무기징역(사형 판결을 받았으나 지금까지의 공功으로 사형을 면함), 그후 60년 4·19 혁명으로 특사, 1963년 미 조지 워싱턴 대학원 졸업, 1967년 스웨덴 대사, 1971년 스위스 대사 그리고 국회의원 등을 역임했다.

강문봉은 박사학위 논문에서, "지금 우리나라가 직면한 북한 공산집단의 위협 아래 전쟁 재발의 가능성을 배제할 수 없는 현실 가운데 있다는 사실을 상기할 때 우리는 이상적인 군사 지도자상에 관한 정립된 견해가 필요한 시점에 서 있다고 할 수 있다"(p.ii.)고 했으며, 필자도 전적으로 동의하는 바이다. 그리고 그의 논문을 요약해 보고자 한다.

· 리더십 정의定義

리더십에 관한 정의는 130개에 달한다 할 정도로 다기다양多岐多樣하다.

미국 해군의 「미국 해군교육기관」(The United States Naval Institute)이 편찬하여 사용하는 정의定義는, "한 사람의 인간이 다른 인간의 마음으로부터의 복종·신뢰·존경·충실한 노력을 얻음으로써 인간의 사고思考와 계획 및 행위를 거취할 수 있고 또한 그와 같은 특권을 갖도록 하는 기술이고 과학이며 나아가 천분이다"라고 했다.

미국 육군부 발간의 야전교범 『통솔법』(The Military Leadership)에는, "계급 또는 직책을 통하여 어떤 임무를 수행할 수 있도록 특정인에게 국가나 집단이 부여한 성원지배成員支配의 법적 권한을 말하는 지휘의 뜻이다"라고 했다.

미국 육군대학은, "한 리더의 지식과 경험의 현명한 조화로서 이루어진 자원을 특수한 상황에 실용성 있게 적용하는 것"이라 말한다.

이런 여러 가지를 김명훈 교수는 아래의 네 가지로 구분하였다. 즉

첫째는 리더가 가지는 인품특성(Personality traits)에 근거를 두고 설명한 것이다.

둘째는 집단목표의 달성이나 집단을 유지하기 위하여 집단성원의 자발적인 행동을 유도하는데 리더가 발휘하는 영향력에 중점을 두고 설명하고 있으며,

셋째는 집단의 변화를 가져오는 집단상황(group situation) 면을 강조하는 입장으로 설명을 가하는 것이며,

넷째는 리더와 부하의 행동방향의 공통성과 이해利害의 일치를 전제로 한 인간관계와 이의 상호작용의 측면에서 설명한다.…

"리더십은 성원成員들의 의지를 조직하고 그들의 업무를 지휘하는 기술이다"

"우수한 사람에 의한 지배이다. 다수결 원칙에 따르는 리더십은 비민주적이다. 사기업私企業은 민주국가에서 가장 번영하고 있지만 또한 다수결의 민주원칙으로는 기업을 경영할 수 없을 것이다. 선원들만으로는 배를 운반시킬 수 없고 리더인 선장船長이 있어야 한다."

"리더십이란 요망하는 목표를 달성하기 위하여 성원成員들이 상호협조하도록 영향을 주는 활동이다."…

리더십의 개념은 여러 가지 입장과 분석태도 등에 따른 정의定義 가운데 집단목표, 그 성원, 능률,

자발성, 상호협조, 기술, 활동 등등 공약公約된 용어를 보게 되며, 종합적 견해를 아래 같이 음미吟味할 수 있다.
"리더십이란 주어진 상황에서 목표 달성을 향한 노력에 대하여 개인 또는 집단의 활동에 영향을 주는 과정이다."

강문봉 장군은 여러 학자들의 견해를 소개하면서 리더십의 개념과 정의定義를 위와 같이 소개했다. 그런데 이 논문의 성격상 'Military Leadership'을 명확하게 다루어야 할 내용이라 생각했으나, 미국의 육군과 해군의 정의定義를 소개하는 것으로 끝났다. 그리고 그는 "「리더십」(leadership)에 완전하게 적합한 우리말을 발견하기 어렵고…관례대로 리더십이라는 낱말을 사용하고자 한다."(p.i.)고 했다.

필자는 'Leadership'을 '지휘통솔법'이라 번역키로 하고, 「군사 지휘통솔법」(Military Leadership)을 아래와 같이 정의定義를 시도해 보았다.

"군사지휘통솔법이란 군지휘관이 군사목표를 달성하기 위해 구성원의 행동방향과 양식을 규정하고, 구성원 상호의 연대連帶를 유지하면서 그들의 관심이나 활동을 바라는 방향으로 자발적으로 이끌어 가는 영향력을 뜻한다."

이러한 '군사 지휘통솔법'을 수행하기 위해 군지휘관이 구비해야 할 자질은 과연 무엇인가? 『손무병법孫武兵法』에 의하면, 장수는 아래와 같은 자질을 구비하고 있어야 한다, 즉

첫째는 이理, 즉 지략과 재능의 겸비 여부,

둘째는 신信, 즉 상벌 시행에 있어서 신의와 공정성의 유무,

셋째는 인仁, 즉 부하를 사랑하고 사기를 고취시키는가의 여부,

넷째는 용勇, 즉 작전에 임하여 과단성과 용감성을 발휘하는가의 여부,

다섯째는 엄嚴, 즉 위엄을 지니고 군기를 엄정하게 유지하여 부대를 잘 지휘하는가의 여부를 가리키는 것이다."(시계始計)

『오기병법吳起兵法』에 의하면, "문·무文武의 자질을 겸비한 인물이라야 비로소 삼군의 장수가 될 수 있으며, 강인함과 온유함을 겸비한 인물이라야 비로소 용병의 다사를 담당할 수 있다.… 장수된 자가 마땅히 살피고 수행하여야 할 다섯의 자질에 따라 그 능력이 평가되어야 한다.

첫째는 이理, 즉 논리적인 사고思考와 합리적인 관리 능력이다.

둘째는 비備, 즉 모든 일에 있어서의 예비 또는 방비와 전투 태세의 능력이다.

셋째는 과果, 즉 결심과 행동에 있어서의 과단성과 의지의 과감성이다.

넷째는 계戒, 즉 언제, 어디서, 어떻게 당연할지도 모르는 상황에 대한 경계심과 신중하고도 세밀한 사고 능력이다.

다섯째는 약約, 즉 업무 처리의 간소화, 지시와 명령, 약속의 간결성이다"(논장論將).

강문봉 장군은 네 사람의 육군 참모총장에 대해 아래 자질에 입각하여 분석·평가한다고 했다.

ⓐ 신체적 특질 : 활동성, 정력精力, 연령, 외모, 신장, 체중.

ⓑ 인격적 특질 : 충성심, 용기, 명예심, 정직성, 진실성, 열의, 신앙심, 겸허, 자신감, 판단력, 상식, 쾌활성, 도덕심, 책임감, 인내심, 독립성, 기지機智.

ⓒ 실천적 자질 : 목표설정, 협력, 신뢰성, 용의주도, 부하 배려, 무사공정, 자제심, 전문지식, 여가 이용, 솔선수범, 계획능력, 상상력, 결단성, 창의성, 승리의 신념, 성취욕, 연구성, 관용, 행정력, 정치성, 사교성, 사회 참여성, 순응성, 적응성, 설득력.

ⓓ 기타 자질 : 부하 이름을 기억하는 힘, 경청력, 절제, 변설력, 말하는 태도, 집단 앞에서 연설, 구두 명령, 회화, 인간관계, 규율 및 사기 앙양.(p.9)

강문봉 장군의 백선엽 장군에 대한 분석·평가는 아래와 같다.

> 백 장군은 평양사범학교를 졸업하고 만주 봉천 소재 훈련소 9기로 졸업함으로써 1941년에 육군소위로 만주군에 복무했다. 만 33세로 가장 무공 높은 명장으로 육군 참모총장이 된 것은 채병덕 장군이 32세에 일차로 육군 참모총장으로 보임된 것보다는 1년 늦었으나 우리 군대 역사에 기록의 하나가 될 것이다.…
>
> 그에 관한 평가 중 군인으로서 명예스러운 항목이라 볼 수 있는 「작전지휘관」이다. 여기에서 111점을 얻음으로써 최고점을 획득했고, 「만사에 정력적이다」에서 최고점인 102점, 「열성과 적극성」에서 최고점인 99점, 「인내심」과 「겸허성」에 최고점, 「부하 기억」, 「필승의 신념」, 「확인」 등에 역시 최고점을 얻게 된 것은 전부 군인 중에 군인이었다는 증좌이다. 그의 리더십의 특색은 과묵실천형이라는 점이다. 묵묵히 상황을 경청하고 상사上司로서 할 수 있는 지원을 속단 속결을 한다. 그는 이렇다 할 군사전문학교에 재학하지 않았다.…
>
> 만주군의 1년 유예라는 짧은 장교 속성과정을 군사교육의 바탕으로 군최고통솔자의 지위를 담당한 것은 오로지 백선엽 장군이 가진 천부적 자질과 스스로 각고면려刻苦勉勵하여 독학독습하는 인내와 정력이 그를 만들었다고 보아도 과언이 아닌 듯 하다.…
>
> 4명의 인물을 종합평가 하면 아래 같은 표가 된다.

	인격자질	실천자질	신체자질	기타자질	평가 순위	
채병덕					4	
이종찬		생			2	
정일권			략		3	
백선엽					1	

전시 한국군 최고 지휘관의 리더십에 관한 종합평가는 상기표 평가 순위 같은 결과를 제시한다.(pp.146~147, p.155.)

필자는 한국군 최고 지휘관들의 군사지휘통솔력(Military Leadership)을 점수화하여 위의 표와 같은 종합평가순위를 결정할 수 있을까, 하는 의문을 제기한다. 물론 강문봉 장군도, "군인 중의 첫째 군인 4명을 비교하는 자리에서 우열을 가린다는 것은 사실상 불가능한 일이라 할 수 있다. 인간에 대한 평가가 어찌 70가지 자질 중심으로만 이루어질 수 있을 것이며, 어찌 예비역 장군 50여 명에 의해서 평가될 수 있단 말인가. 인간에 대한 진가는 수십 가지 다른 기준과 다른 각

도와 다른 층層, 다른 분야의 인물에 의해서도 할 수 있다. 그러나 저자가 취한 한 방식이 비교적 올바르게 군 최고 지휘관이었던 그들을 보는 방법이라 할 수 있음은 틀림없다"(p.146.)고 했다.

필자는 지휘통솔력(Leadership)의 본질상, 지휘관과 부대 구성원 및 전장의 상황에 따라 언제나 변하기 때문에 수량화할 대상이 아니라는 점이다. 즉 인간과 인간집단은 화학분야化學分野에서 무기물(광석 등)처럼 수량화할 수 없다는 입장이다.

백선엽 장군의 영문저서인 『부산에서 판문점까지 – 대한민국 첫 4성장군의 전쟁회고록 – 』*(From Pusan To Panmunjom)*(1992)의 '머리말'을 리지웨이 대장(미 8군사령관, 1950~1951, 유엔군사령관 1951~1952)과 밴 플리트 대장(미 8군 사령관, 1951~1953)이 공동 집필했는데 내용은 다음과 같다.

> 전투란 지휘통솔력(leadership)을 검증하는 가혹한 시험장이다. 우리가 백선엽을 처음 만난 것은 1951년 초였다. 그때 백선엽은 이미 검증받고 또 검증받고 또다시 검증받아 이미 더 바라거나 나무랄 데가 없는 군인이었다. 우리의 지휘하에 있는 동안에도 백선엽은 사단, 군단 그리고 그보다 높은 지휘 계통을 거치며 계속해서 뛰어난 능력을 보여주었다. 백선엽이 대한민국 육군에서 가장 뛰어난 작전 지휘관이라는 데에는 이견異見이 있을 수 없었다. 무엇보다도 백선엽은 직업군인으로서 가장 기본적이고 확고한 교의(教義 : tenets)를 가지고 있었다. 즉, 국가에 대한 충성, 개인으로서의 명예, 도덕적 용기, 부하들에 대한 변치 않는 애정, 그리고 승리를 향한 의지가 그것이었다.…
>
> 백선엽의 책은 3년에 걸친 동족상잔의 전쟁 속에서 단 한 순간도 쉬지 못했던 한 남자에 의해 씌어진 전투에서의 지휘통솔력에 관한 얘기이다. 그것만으로도 이 책은 군사전문가들이 연구해볼 만한 가치가 있다. 이 책은 또 다른 차원에서 보다 넓은 독자들이 읽을 만한 가치가 있는 책이다. 전혀 준비되어 있지 않은 상태에서 전쟁에 휘말려 혹독한 시련을 겪으며 성장해야 했던 한 군대, 그리고 그 과정에서 무능하기 짝이 없는 군대라는 오명을 쓸 수밖에 없었고 또한 그 오명을 오랫동안 벗어버릴 수 없었던 대한민국 육군의 진실과 백선엽의 통찰력, 그리고 그의 개인적인 체험이 씨실과 날실이 되어 잘 짜여져 있기 때문이다.…
>
> 3년여의 전쟁 동안 백선엽은 지휘관으로서의 용맹성을 유감없이 보여줌으로써 네 번이나 진급했고, 드디어 군의 최고 자리에 올랐던 것이다. 그러나 그는 한국 최초로 창설된 야전군의 지휘관이 되기 위해 정상의 자리에서 스스로 내려오기를 선택한 장군이었다.(pp.x~xi)

[*이종학 교수는 여기까지 쓰고 홀연히 하늘의 별이 되셨다.(편집자 주)]

제 2 부
풍석 이종학 교수 추모 논문

I. 풍석 이종학 교수의 군사학 학문체계 발전 노력과 성과

노 양 규※

1. 머리말

하나의 과제가 태동되어 성과를 달성하고 하나의 패러다임으로 발전하기 위해서는 누군가 씨를 뿌리고 가꾸는 노력과 희생이 있어야 한다. 한국군은 1948년 정부 수립과 동시에 건설되어 운용되기 시작하였지만, 건군 초기에는 미군 교리에 바탕을 두고 운용되었다. 그리고 1960~1970년대를 지나면서 한국적 특성에 맞는 싸우는 방식과 교리를 구체화하기 시작하였다. 그러한 변화와 노력의 과정에서, 군사학이라는 학문체계도 씨앗이 뿌려지고 다양한 토론의 과정을 거치면서 2000년대가 되어서야 자리잡게 되었다.

이렇게 오랫동안 사관학교에서 군사학 학위를 수여하지 못하고 2000년대에 들어서야 군사학 학위를 수여하고 일반대학에서 군사학을 하나의 학문으로 연구하게 되었다. 이렇게 된 이유는 그간 군사학에 대한 관심도 저조하였고, 또 군사학 학문에 대한 체계적 연구가 이루어지지 못했기 때문이다.

이러한 군사학에 대한 학문적 체계발전에 일찍이 관심을 가지고 노력해 온 분이 풍석 이종학 교수이다. 이종학 교수는 1960년대 공군사관학교 교관을 하면서 사관학교를 졸업한 장교들이 군사학 학위를 수여받지 못하는 것에 자극을 받고 한국군의 군사학 학문체계 발전에 많은 관심을 기울였다. 1970년대 이후 지속적인 관심을 가지고 있던 중 군사학 이론관련 논문을 작성하고, 1980년도에 처음으로 「군사학 학문체계 발전 학술세미나」를 실시하면서 관련 논문을 발표하였다. 그 세미나를 통해 다시 한번 군사학 학문체계 정립의 필요성을 역설하고, 각 사관학교, 각군 본부, 관련 연구소와 함께 노력하였다. 그리고 그러한 노력의 결과로서 2000년대에 군사학의 학문화를 이끌어 사관학교에서 군사학 학위를 수여하였고, 민간대학에 군사학을 연구하는 학과가 설립되기에 이르렀다.

본고에서는 한국군에 군사학이 태동하여 하나의 학문으로 자리 잡기까지의 과정을 시대별로 파악해 보고, 그 과정에서 풍석 이종학 교수의 노력과 활동상을 조명해 보고자 한다.

연구방법은 군사학 학문에 대한 선행연구 산물을 바탕으로 문헌연구를 실시하였으며, 1960년대부터 오늘에 이르기까지의 시대를 4개 단계로 나누어 태동과 연구 그리고 형성과 발전 등으

※ (전)영남대 교수, 김유신통일전략연구소장, 군사학 박사.

로 구분하여 조명해 보았다.

1장은 개요, 2장에서는 군사학 학문체계 정립의 필요성을 인식하게 된 과정을 알아보고, 그러한 인식하에 군사학 학문체계가 태동하게 된 과정을 살펴보았다. 3장에서는 이종학 교수가 학문화를 위해 노력한 분야를 군사이론체계, 군사전략, 군사사학, 손자병법과 전쟁론 등 군사고전 연구 분야를 중점적으로 살펴보고, 이를 실천한 저서 발간과 논문작성 현황을 살펴보았다. 4장에서는 군사학 학문체계 성과와 발전을 종합적으로 살펴보았다. 이를 통해 이종학 교수가 군사학 발전을 위해 노력한 현황을 종합적으로 평가해 보았다.

하나의 나무가 거목으로 성장하기 위해서는 심고 키우는 여러 과정이 필요하듯이, 남들이 미처 생각하지 못하는 시기에 황무지에 씨앗을 뿌리고 땀을 흘리며 나무를 키우는 노력이 있었고, 그러한 노력과 관심에 의해 큰 숲이 형성되었던 것이다.

2. 군사학의 학문체계 정립 필요성 인식과 태동

가. 군사학 학문체계 필요성 인식

이종학 교수는 1966년 3월부터 공군사관학교 교수부 군사학과에 재직[1]하였다. 사관학교 생도들을 교육하면서 군사학이라는 학문의 중요성을 인식하였다. 그러던 중 우연한 기회에 새로운 자극을 받았다.

> 1960년대 중반, 공군사관학교 교수부 군사학과에 재직하고 있을 때, 미국의 미시간 대학교에서 물리학 석사학위를 받고서 귀국한 동기생 안재수 소령이 하루는 "자네 군사학도 학문인가?" 하고 농담·조롱의 어투로 질문했다. 그 사건이 계기가 되어 평생의 연구과제가 되었다.[2]

평소 사관학교 교육의 핵심은 군사학이 되어야 한다고 생각하던 중, 동기생의 농담이 큰 자극이 되었다. 전쟁에 대비하는 장교를 양성하는 사관학교에서 군사학 학위를[3] 수여하지 못하는 것이 맞지 않다고 생각한 것이다. 이로 인해 이종학 교수는 군사학을 평생의 업으로 연구하고

---

1) 이종학 교수는 1957년 9월부터 1958년 10월까지 미 공군통신학교 통신장교과정을 유학하고 귀국한 후, 공군부대에서 근무하다가 1966년 3월부터 1971년 2월까지 공군사관학교 교수부 군사학과 교관 및 학과장으로 근무하였다. 충남대학교 군사학부, 『풍석 이종학 교수의 삶과 인생』(이종학 교수 미수기념사업회, 2016.11.5), p.3 ; 공군사관학교, 『공군사관학교 50년사(1949~1999)』(공군사관학교, 1999), p.778.

2) 이종학, 『한 군사학도의 연구 발자취』(대전 : 충남대학교 출판부, 2006), p.1.

3) 1948년 대한민국 정부가 수립된 후, 1950년부터 한국의 민간대학에서 학사 학위가 수여되었다. 그러나 국내의 육군, 해군, 공군사관학교에서는 초창기에 대학교로 인정되지 않아 학사 학위를 수여하지 못하였다. 미국을 비롯한 해외 사관학교에서는 학사 학위가 수여되고 있었다. 이에 1955년 10월 1일 「사관학교 설치법」이 제정·공포되어 사관학교도 일반대학와 동등하게 학위를 수여하게 되었다. 따라서 공군사관학교에서는 4기 사관생도 졸업 연도인 1956년도부터 理學士 학위가 수여되었다. 공군사관학교, 『공군사관학교 20년사(1949~1968)』(공군사관학교, 1974), p.167.

발전시키는 계기가 되었다고 한다. 장교를 양성하는 사관학교[4]에서 군사학이 학문으로 인정받지 못하는 것을 인식하고, 군사학을 학문으로 인정받기 위해 노력해야 할 필요성을 인식하였다.

당시 공군사관학교 교육과정을 보면, 1963년 이전 학기까지는 전사를 제외한 거의 모든 군사이론 과목들을 생도전대 군사학과에서 군사훈련과 함께 교육해 왔으므로 군사학이 군사훈련과 혼동되었고, 군사학을 하나의 학문으로 집중 개발해야 할 필요성을 인식하지 못하고 있었다. 군사학(military science)은 군사훈련(military training)과는 엄연히 구별되는 하나의 학문분야였다.[5] 군사훈련이 군인으로서 반드시 이수해야 할 과정이라면, 군사학은 군의 간부인 장교로서 반드시 갖추어야 할 지식이라고 할 수 있다. 그래서 공군사관학교에서는 1963년 9월 1일 군사학과를 교수부 소속으로 변경하여 이론을 교육하게 하고 군사훈련은 생도전대가 담당하게 되었다.[6]

나. 군사학 학문체계 정립을 위한 노력

1) 사관학교 교육의 핵심은 군사학

이종학 교수는 1960～1970년대에 공군사관학교(1966.3.～1970.5.)[7]교관으로 근무하면서 '군사학이 사관학교 교육의 핵심이 되어야 한다'고 생각했다.

당시 일화를 소개하면,

> 당시 사관학교 교수부 군사학과 과장으로 근무시, 사관학교 교육의 핵심이 되어야 할 군사학의 배점이 상대적으로 부족하다고 생각했다. 당시 사관학교 16기(1964.3.～1968.2.) 생도 학과별 배점은 인문학과 37학점, 사회학과 36학점, 군사학과 16학점, 기초학과 56학점, 응용학과 41학점 등 총 186학점이었다.[8] 군사학 전체 학점이 16학점인데 반하여 인문학과의 영어학점이 18점이나 되어 이것이 부당하다고 생각되어 학교 교수부장에게 강력히 건의하였으나 거부당하는 일이 있었다. 이러한 일이 있은 후, 공군대학 고급 지휘참모과정(1970.5.～10.) 교육을 갔다가 공군사관학교로 복귀하지 못하고 공군대학 교수부 교관으로 남게 되었다.[9]

---

4) 1955년 10월 1일 사관학교 설치법이 국회를 통과하여 법령 제374호가 공포되었다. 사관학교 설치법 제8조(이학사 학위의 수여) 사관학교는 그 자격에 있어서 교육법 제109조와 제110조의 규정에 의한 수업연한 4년의 대학으로 간주하고 그 졸업자에 한해서는 이학사의 학위를 수여한다. 당시에는 군사학이 하나의 학문으로 자리잡지 못하고 군사훈련 개념이었으며, 육사의 경우 군사학은 전술학과 체육학으로 구분되었다. 따라서 당시 사관학교에서는 이학사 학위를 수여하였다. 육군사관학교, 『육군사관학교 50년사(1946~1996)』(서울 : 육군사관학교, 1996), p.194. p.209.

5) 배보환, "현 시대의 군사학" 공군사관학교 자문위원회, 참고자료집(1966), 공군사관학교, 『공군사관학교 20년사(1949~1968)』(공군사관학교, 1974), p.318에서 재인용.

6) 공군사관학교, 『공군사관학교 20년사(1949~1968)』(공군사관학교, 1974), p.296. 군사학과가 생도대에서 교수부로 예속 변경될시 군사학과장은 배보환 소령으로서 군사학개론을 강의하였고, 소령 신정도는 군사학개론, 군사전략을, 대위 정봉규는 공군사, 항공작전을, 대위 신현대는 항공작전, 화생방을, 중위 윤영노, 중위 심사수는 전사를, 소령 정헌국은 심리학, 통솔법을, 중위 김승국은 심리학, 교수법을 강의하였다.

7) 군사학이 사관학교 교육의 핵심이 되어야 하고, 당시 학점 할당이 부적절하다고 생각해 건의한 것은 이종학 교수가 처음이었다. 당시 사관학교에서 군사학 학위를 수여해야 한다는 생각을 90년대 이전에 한 사람이 없었다. 이종학, 『나의 학문과 인생』(대전 : 충남대학교출판부, 2009), pp.109～112.

8) 공군사관학교, 『공군사관학교 20년사(1949~1968)』(공군사관학교, 1974), pp.489～490.

9) 이종학, 앞의 책(2009), pp.109～110.

공군대학은 사관학교에 비해 좀 더 자유롭게 학문을 연구할 수 있었다. 이종학 교수는 3년 4개월 동안(1970.5.~1974.2.)[10] 공군대학에 근무하면서 『현대전략론』(1972), 클라우제비츠 전쟁론 번역서인 『전쟁론』(1972), 동양의 고전 『손자병법』(1973)을 출간하였다. 당시 연구참고서가 부족하던 시기에 이 3가지 저서는 연구자들과 학생들에게 큰 도움이 되었다.

이 교수는 군사고전에 대한 전문가가 부족하던 시기에 독학으로 연구하여 사관생도, 공군대학 학생들을 가르쳤고, 국방대학교에는 1968년부터 전략론 강의(6시간)를 10년간 실시하였다.[11] 공군대학 재직시에는 강의와 병행하여 학생들과 함께 남한산성을 자주 답사하면서 군사학에 대한 관심을 증대시키고, 전략적 사고 함양에 노력하였다.

국방대학교(1974.3.~1987.2.) 교수로 재직하면서도 군사학에 대한 관심은 지속되었다. "정치학(political science)이라는 학문이 존재한다면 왜 군사학(military science)라는 학문은 존재할 수 없는가?"에 대해 항상 의문점을 가지고 있었다.[12]그래서 *Encyclopedia Britanica* 사전이나 *International Encyclopedia of the Social Science* 사전 등에서 'military science'의 용어를 찾아보기도 하고, 미국의 대전략가에게 편지도 해 보는 등 여러 가지 노력을 해 봤지만, 시원한 대답을 얻지 못하고 의문만 가지고 있었다.

그렇게 약 7년간의 세월이 흐르던 중, 소련에서 발간된 군사서적 『공세』(1970년)의 미국판 해설을 읽었는데, 그 글에서 소련에 군사학 박사가 있다는 것을 확인하였다. 푸룬제 군사대학 교수인 시도렝코(A. A. Sidorenko) 대령이 1973년에 군사학 후보에서 군사학 박사 학위를 수여받았다는 것이다. 미국에는 군사학 박사가 없는데, 소련에서는 군사학 박사 학위가 수여된다는 것을 확인하였던 것이다.[13] 소련에서는 군사학이 하나의 학문으로서 자리를 잡았다는 것이다.

또 소련에 군사학 박사가 있다는 것을 『소련의 군사전략』(1962년)이라는 책에서도 확인하였다. 그 책의 저자인 소콜로프스키(V. D. Sokolovskii) 원수를 포함한 15명의 저자 중에 1명의 군사학 박사(Doctor of Military Science)가 있었고, 3명의 군사학 후보 박사(Candidate of Military Science)가 있다는 것이었다. 다른 나라에 '군사학 박사'라는 것이 있구나 하는 것을 확인하니, 군사학을 하나의 학문으로 정립하는 것이 불가능한 것은 아니라는 것을 확인하였다.

당시 미국에서도 군사학의 학문화에 대한 논의가 진행 중이었다. 1977년 미 육군 지휘참모대학에서 발간하는 Military Review에서 군사학 학위 문제를 거론한 내용을 확인하였다. 애트킨슨(E. B. Atkinson)[14]이 쓴 논문에서 "행정학 분야도 학위를 받는데, 높은 전문 군사교육을 실시하

10) 이종학 교수는 1968년부터 국방대학원에 전략론을 강의한 인연으로 국방대학원장인 박현식 중장이 군복을 벗고 국방대학원 교수로 올 의향이 있느냐고 연락이 왔다. 공군본부 인사국에서도 전역하여 이사관으로 공군대학 3처장으로 근무할 의향이 있느냐고 연락이 왔었다. 그래서 여러 판단 끝에 1974년 2월 28일 제대하고 1974년 3월 20일부로 국방대학원 군 교수로 근무하게 되었다. 그리고 1980년 12월 3일 문교부의 교수자격심사위원회 위원장 명의로 교수자격 인정서(제425호)를 수여받고, 전공과목을 최초로 '군사학', 국방대학원 교수로 인정되었다. 이종학, 위의 책(2009), pp.110~111.

11) 이종학, 위의 책(2009), p.60.

12) 이종학, 「군사이론체계에 관한 연구」,『국방연구』 제22권 제1호(국방대 안보문제연구소, 1979), p.65.

13) 이종학, 위의 논문, p.65.

는 육군 전쟁대학(Army War College)은 왜 (박사)학위를 받지 못하는가?" 하는 문제 제기였다. 1976년 1월 미국교육평의회에 의해 육군전쟁대학의 학점이 대학원수준으로 인정되었는데, 앞으로 관심을 가져야 할 사항은 '군사술 및 군사학의 정의(A definition of military art and science)를 인정하는 것'이라고 강조하였다. 그리고 1976년 12월호의 Military Review에는 군사학 석사학위 신청 논문 제목이 실려 있었다. 이러한 소식을 통해 미국이 1963년부터 군사학 석사학위를 수여하고는 있지만 아직 박사학위는 수여하지 못하고, 학문화를 위한 다양한 노력이 이루어지고 있다는 것을 확인하였다.[15)]

2) 최초로 군사학이론체계 논문 작성

이렇게 군사학의 학문화에 관심을 가지고 소련에서는 군사학 박사가 배출되고 있는데 미국에서는 군사학의 학문적 노력이 논쟁 중에 있다는 동향을 파악한 후, 이 교수는 군사학의 학문화에 대한 신념을 재확인하였다. 그리고 「군사학의 이론체계에 관한 연구」라는 논문을 작성하여 1979년 6월 『국방연구』에 게재하였다.[16)]

'군사학의 이론체계에 관한 논문'은 당시로서는 군사학의 학문화에 대한 "최초의 논문"이었다.

・첫째, 당시로서는 처음으로 군사학이란 "전쟁의 본질과 성격 및 전쟁수행의 준비와 실행에 관한 통일된 지식의 체계이다."라고 개념을 제시하였다. 군사학의 학문화를 위한 첫걸음이 군사학이란 무엇인가에 대한 대답이다. 그 정체성을 밝히는 것이야말로 군사학이라는 학문체계를 정립하는 시작이 되는 것이다.[17)]

・두 번째는 그러면 군사학이 하나의 학문으로 성립하기 위해 군사학만의 연구대상이 무엇이냐는 것에 대한 대답이다. 하나의 학문이 자리잡기 위해서는 "다른 학문과 구별되는 그 학문만의 연구대상"이 있어야 한다.

이종학 교수는 논문에서 군사학의 연구대상은,

① 전쟁철학

② 전쟁학 : 군제학, 용병학(국가전략, 군사전략, 전술)

③ 군사사학

④ 군사기술

⑤ 군사교육 및 훈련

⑥ 군사지리

⑦ 군사보조학문(국방, 군법, 위생학 등) 등이었다.

군사학이 하나의 학문으로 정립되기 위해서는 이러한 분야를 집중적으로 연구하고 발전시켜야 한다는 것이다. 이러한 연구 분야가 사관학교 교육의 핵심이 되어야 한다는 것이다.[18)]

14) Edward B. Atkinson, "Military Art and Science: Is there a place in the sun for it?," *Military Review*, January, 1977, pp.75∼78.

15) 이종학, 앞의 논문(1979), p.66.

16) 국방대학원 안보문제연구소, 『국방연구』 22-1호(1979.6.), pp.65∼85.

17) 이종학, 「군사이론체계에 관한 연구」,『국방연구』 제22권 제1호(국방대 안보문제연구소, 1979) p.67.

·세 번째는 어떤 연구방법을 추구해야만 하는가 하는 연구방법의 문제였다. 이 교수는 군사학은 궁극적으로 전쟁을 다루어야 하기 때문에 사회과학분야에 속하며, 또한 군사학의 타당성 여부는 전쟁의 결과에 의해 실증되기 때문에 경험과학에 속하는 것이라고 했다. 따라서 다른 학문과 마찬가지로 군사학 연구는 크게 두 가지의 연구방법이 있는데, 하나는 양적연구방법(Quantitative method)이고 다른 하나는 질적연구방법(Qualitative method)이라는 것이었다. 이렇게 군사학의 연구방법론을 2가지로 제시하였다.[19)]

다음으로 군사학이 한국군에서 아직 수용되지 못하였기 때문에 앞으로 학문이라는 체계가 정립되기 위해 해결해야 할 문제가 있다고 하였다.

첫째, 전쟁 수행에 관한 객관적 원칙의 해명과 연구,

둘째, 이런 원칙에 바탕을 두어 전쟁목적을 달성하기 위한 전쟁의 형태, 방법 및 수단의 연구,

셋째, 전쟁에 대비한 군의 준비, 경제적, 정신적, 기술적 및 다른 면에서의 전쟁의 전면적 지원에 관한 제 문제의 연구와 준비, 지원의 방법 연구,

넷째, 전쟁의 요구에 따른 군대의 조직, 교육, 훈련에 대한 연구,

다섯째, 전쟁 본질의 규명과 군사학 전체 및 각 학문간의 연구방법의 확립 등이다.

군사학이 학문화하기 위해서 앞으로 더욱 발전되고 연구되어야 할 사항들을 조목조목 짚어주고 제시하였다. 선견지명이 있는 지적이고 요구들이었다.

그러면 군사학(military science)과 군사술(military art)의 차이점은 무엇인가? 군사학이 학문으로 자리잡기 위해서는 군사학이라는 개념과 군사술이라는 개념이 구분되어야 했다. 아직 군사학이 발전하지 못하였기 때문에 군사용어에 대한 개념 설정이 명확하지 못했다. 이에 대해 이종학 교수는 군사학과 군사술의 차이점은 학(science)과 술(art)의 문제이다. 이것은 지식과 능력의 차이이며, 학學은 순수한 지식을 목적으로 하는 것으로서 수학, 천문학이 여기에 속한다. 술術은 물건을 생산하는 능력을 목적으로 하는데 건축술, 예술 등이 여기에 속한다. 요약하면 물건을 창조하고 산출하는 것을 목적으로 하는 것이 술術의 영역이며, 연구와 지식을 목적으로 하는 것이 학學의 영역이라고 하였다. 따라서 군의 간부들은 군사학의 연구만 할 것이 아니라 군사술 터득까지 해야 한다고 강조하였다.[20)]

군사학의 정의, 연구범위, 연구방법, 향후 발전시켜야 할 문제점 등을 제시한 이 교수의 논문은 당시로서는 군사학의 이론체계를 학문적으로 '처음'[21)] 제시한 논문이었다.

---

18) 이종학, 위의 논문, p.68.

19) 이종학, 위의 논문(1979). p.66.

20) 이종학, 위의 논문(1979), p.67.

21) '처음'이라는 용어는 상당히 주관적인 것일 수 있다. 그러나 1970년대 후반 한국에서 군사학 이론체계에 대한 논문은 1979년 『국방연구』지에 게재된 이종학 교수의 논문이 처음이다. 군사학의 정의, 군사학의 연구범위, 군사학 연구방법 등을 처음으로 제시한 논문이어서 '처음'이라는 용어가 사용되었다. 2000년도에 발간된 『군사학 학문체계와 교육체계 연구』(육사, 화랑대연구소) 책자에서는 1978년 육사신보에 게재된 이재호 교수의 "자주국방을 위한 전문교육의 일고"라는 짧은 글이 공식적으로 군사학에 대한 최초 글이라고 주장하였지만, 1978년 육사신보를 도서관에서 찾아 확인해 보니, 논리적으로 작성한 논문형식이 아니고, 또 '군사학 이론체계'를 위해 작성된 글이 아니었다. 당시 유신이념을 실천하기 위해서는 자주국

3) 1980년 국방학술세미나시 논문 발표

이렇게 군사학 이론체계에 대한 논문을 『국방연구』지에 발표하자, 이 논문을 읽고 자극을 받은 국방대학원장 천주원 장군이 군사학 학문체계 발전을 위한 학술회의를 실시토록 하였다. 이에 따라 1980년 10월에 국방대학교에서 처음으로 군사학 학문체계에 대한 학술대회가 개최되었다.[22] 군사학 학문화에 대한 이종학 교수의 관심과 노력이 국방대학교 주체 군사학 학술회의로 발전하게 되었던 것이다.

국방학술세미나는 1980년 10월 30∼31일 국방대학교에서 원장 주관하에 개최되었다.[23] 학술회의 대주제는 "군사학 이론과 교육체계 정립" 하에 4명의 발제자가 논문을 발표하였다. 먼저 국방대학원의 이종학 교수가 「군사학의 이론체계」, 육군사관학교의 이재호 교수가 「미국의 군사학 교육체계」, 국방대학원의 유재갑 교수가 「소련의 군사학교육체계」, 마지막으로 국방대학원의 최병갑 교수가 「한국의 군사학 교육체계」에 대하여 발표하였다.

이 논문에서 이종학 교수는 군사학 이론체계 정립에 관심을 가지게 된 세 가지 동기를 언급했는데, 첫째는 오랫동안 군사문제를 다루어 오면서 정치학이라는 학문은 존재하는 데 왜 군사학이라는 학문은 존재할 수 없을까? 둘째는 국가의 간성이 될 젊은 사관생도들이 장차 임무수행에 필요한 전공학문 분야는 무엇인가? 셋째, 군사학 연구를 소홀히 한 군대가 전쟁에서 승리한 전례가 없었다는 것이었다. 이 세 가지 동기가 복합적으로 작용하여 그간의 연구결과를 1979년에 『국방연구』지에 발표했고, 이를 보완하여 1980년 학술회의에서 발표하였다는 것이었다.

이 학술회의 논문에서 "군사학이란 전쟁의 본질과 성격 및 무력전의 준비와 수행에 관한 통일된 지식의 체계"라고 제시하였고, 군사학의 범위는 ① 전쟁철학, ②전쟁학 : 군제학, 용병학, ③ 군사사학, ④ 군사기술, ⑤ 군사교육학, ⑥ 군사지리학, ⑦ 군사 보조학문 : 국방경제론, 군법, 위생학 등으로 제시하였다.[24] 이렇게 공식적으로 관련 전문가들이 모인 자리에서 처음으로 군사학의 이론체계를 발표함으로써 학문으로서의 이론 정립을 시도하였던 것이다. 군사학은 군사훈련이 아니며, 그것은 학문으로서 전쟁에 대한 지식의 체계라는 것이다. 군사학은 사관학교 교육의 핵심이 되어야 한다고 이종학 교수는 주장하였다.[25]

방이 필요하며, 자주국방을 위해서는 군사전문교육이 필요하다. 따라서 군사인문분야, 군사관리분야, 군사과학분야, 국방외국어 및 군사문제분야들을 연구 정립해야 하고, 군사전문가를 육성해야 한다. 이런 분야가 아직 전문화되지 않고 국내 연구도 미흡하니 해외 위탁교육을 해서 전문가를 육성하자는 내용이었다. 따라서 2000년도에 육사에서 발간한 이 『군사학 학문체계와 교육체계 연구』 책자는 육사 교수 중심으로 논리를 구축하였으며, 1980년 국방대 학술회의 자료를 인용하였으면서도 의도적으로 이종학 교수의 군사학이론체계를 부각시키지 않았다. 편중된 서술로 보였다. 군사학 이론체계에 대한 논리적 서술과 군사학 학문체계의 중요성을 처음으로 제시한 논문은 1979년 국방대 『국방연구』지에 발표한 이종학 교수의 '군사이론체계에 관한 연구'가 되어야 한다.

22) 이종학, 『한 군사학도의 연구 발자취』(대전 : 충남대학교 출판부, 2006), p.1.

23) 국방대학원, 『국방학술세미나 논문집 : 군사학이론과 교육체계』(서울 : 국대원, 1980.10.30.)

24) 국방대학원, 위의 책(1980.10.30.)

25) 이종학, 『나의 학문과 인생』(대전 : 충남대학교출판부, 2009), p.34.

4) 『해양전략』지에 군사학이론체계 논문 발표

1981년 해군대학의 『해양전략』 6호에 '군사학 이론체계'를 게재하였다. 군사학의 이론화 및 체계 정립에 대한 본격적인 연구가 이루어지고, 각군 대학 및 사관학교에서도 군사학의 이론체계에 대한 관심이 증대되기 시작하였다.

해군대학 『해양전략』지에 게재한 논문은 1979년 발표 논문, 1980년 국방대 학술회의시 제시한 이론적 연구 등 기존 연구의 보완 및 발전에 관한 내용이었다. 군사학의 정의, 군사학의 연구 범위와 연구방법을 제시하고, 주요 연구범위에 대해 설명하였다.

5) 『군사軍史』지에 '군사사 연구방향' 논문 발표

1981년 12월 『군사』 3호에는 「현대 군사사의 연구방향」에 대한 논문을 게재하였다. 이 논문에서는 군사사 연구에 대해 집중적으로 검토하였는데, 군사사 연구의 의의, 군사사의 개념, 군사사 연구방법, 연구상 고려사항, 군사사 연구방향을 제시하였다.[26]

6) 1999년 육사 세미나에 '군사학 학문체계 정립방향' 논문 발표

1999년 6월 이종학 교수는 육군사관학교 화랑대연구소에서 개최한 학술세미나에 참가하여 「한국 군사학의 발전방향」이라는 제목으로 논문을 발표하였다. 이 세미나에서 "사관학교 교육은 군사학을 핵심으로 하고 인문·사회학과 이공학 분야가 뒷받침되어야 하며, 또 훈육도 임무수행에 기준을 두어야 한다. 지금 사관학교 교육은 근본적인 전환점에 직면하고 있으며, 개혁 여부는 관계관 여러분들 손에 달려 있다"[27]고 주장했다. 필자는 "1951년 사관학교 입교 후 반세기 가까이 군사문제를 배우고, 체험하고, 가르쳤는데, 앞으로 유일한 희망은 사관학교에서 군사학 학사 학위를 수여하는 모습을 보는 것이다."라고 했다.[28]

이 세미나에서는 사관학교 교육의 핵심이 군사학이어야 한다는 데 다시 한번 공감하고, 이제 실천만 남았다는 것을 강조하였다.

다. 소결론

이상과 같이 이종학 교수는 1960년대에 사관학교 교육은 군사학을 핵심과목으로 교육해야 한다고 주장하였고, 군사학 연구 필요성을 강조하였다. 그리고 1979년 군사학 이론에 관한 논문을 최초로 발표하였으며, 이를 바탕으로 1980년에는 군사학 학술회의에서 「군사학의 이론체계」를 발표하여 이론화를 시도하였다. 1981년 해양전략에서는 「군사이론체계」를 제시하였고, 1981년 12월에는 「현대군사사 연구방향」을 『군사』지에 게재하여 군사학의 한 분야인 군사사軍事史의 발전방향을 제시하였다.

---

26) 이종학, 「현대 군사사의 연구방향」,『군사』 3호(군사편찬연구소, 1981.12). pp.10∼59.

27) 이종학, 「한국 군사학의 발전방향」,『군사학 학문체계와 교육체계 세미나 발표논문집』(육군사관학교 화랑대연구소, 1999), p.35.

28) 이종학, 『나의 학문과 인생』(대전 : 충남대학교출판부, 2009), p.113.

1987년 국방대학원 퇴직 후에도 군사학 관련 연구에 전념하였으며, 1999년 화랑대연구소 학술세미나에서는 '군사학의 발전방향'을 제시함으로서 사관학교와 일반대학에서 군사학 학위체계 정립에 크게 기여하였다.

이종학 교수의 군사학 학문화에 대한 노력과 관심은 80년대와 90년대 이후에도 지속적으로 이어져 왔으며, 2000년대 초 군사학이 하나의 학문으로 자리잡는데 크게 기여하였다.

3. 군사학의 학문체계 구축과 성장

군사학의 학문화 필요성을 '60년대 중반에 자극을 받고, '70년대 후반에 처음으로 학술 논문으로 제시한 이종학 교수는 2004년 사관학교에서 군사학 학사 학위가 수여되고, 민간대학에 군사학과가 개설되는 것을 보면서 평생 주창하던 군사학의 학문화 목표가 달성되었다고 자평하였다. 그리고 이러한 목표가 지속 성장할 수 있도록 노력하겠다고 다짐하였다.

> 필자는 군사학이 학문으로서의 시민권을 획득케 하는데 40여년간 노력을 기울여 왔으며, 이 목표는 달성되었다. 그러나 앞으로 알찬 결실을 맺을 수 있도록 뿌리를 내리게 하는데 여생을 바칠 생각이다.[29)]

군사학의 학문화를 위한 목표를 지속 발전시키기 위한 노력은 다음과 같았다.

가. 군사이론체계에 대한 지속 연구

1979년 최초의 군사학이론체계에 대한 논문, 1980년 국방학술세미나 발표 논문은 1981년 국방대학원의 석사과정(군사전략, 국제문제, 조직인력관리, 기획예산관리, 군수방산관리의 5개 전공과정) 신설에 큰 도움을 주었고, 각군 본부와 사관학교 교육에 군사학의 학문화 필요성을 인식시키고 그 발전방향을 제시하였다.

육군본부에서 발간된 『군사이론 대국화 추진방향』(1983)에는 1980년 학술세미나 내용들이 상당수 반영되었다. 이는 군사학의 학문화가 학교기관을 포함하여 정책부서에도 영향을 주었음을 알 수 있다. 1998년 육군사관학교에서는 '군사전문가 육성을 위한 생도 군사학교육 발전방안 연구'를 추진하였고, 그에 따라 '군사학 학문체계 정립 및 학위수여방안 연구위원회'가 구성되었다.[30)] 그리고 그 일환으로 1999년 6월 「'99 군사연구 세미나 : 군사학 학문체계 및 교육체계」가 열렸는데, 이 세미나에서 이종학 교수는 "한국 군사학의 발전방향"이라는 주제로 논문을 발표하였다. "군사학은 군사훈련이 아니며, 그것은 학문으로서 전쟁에 대한 지식체계이다. 군사학은 사관학교 교육의 핵심이 되어야 하며, 유일한 소망은 사관학교에서 군사학 학사 학위를 수여하는 모습을 보는 것과, 일반대학에서도 학문으로서 군사학을 연구하는 군사학연구소의 설치가

---

29) 이종학, 『한 군사학도의 연구 발자취』(대전 : 충남대출판부, 2006), p.19.
30) 육사 화랑대연구소, 『군사학 학문체계와 교육체계 연구』(화랑대연구소, 1999), p.195.

실현되는 날이다"라고 강조했다.[31]

2003년 충남대학교 평화안보대학원에 군사학 석사과정 및 박사과정 개설과 함께 군사학의 이론체계 연구는 지속되고, 학생들에게 그 중요성이 강조되었다.

군사학의 학문화를 위한 노력은 6·25전쟁사 연구, 한국 군사사 발전방향, 청산리 전투 연구, 신라 삼국통일의 군사사적 고찰, 문무대왕 연구, 신라병제, 일본 군사이론, 광개토대왕비문 연구, 화랑도 연구, 클라우제비츠 전쟁론, 이순신 연구, 손자병법 연구, 일본관련 연구 등 국내 논문 59편, 외국 논문 10편 등을 작성하였다.

나. 군사전략 분야 연구 활동

이종학 교수는 한국군의 군사전략 발전을 주도하였다. 한국군은 6·25전쟁을 통해 60만 대군으로 성장하였고 월남전에도 참전하였지만, 전술적 차원에서 맴돌고 전략적 차원[32]에는 미치지 못했다는 판단하에 한국군의 전략적 사고에 대한 노력이 필요하다고 보았다.

그래서 1960년 중반부터 공군사관학교, 공군대학 그리고 국방대학원에서 '전략론'을 강의하였는데, 한국어 입문서가 없어 1972년 『현대전략론』(박영사, 1972)을 저술하여 강의하였다.[33] 이 책에서 전쟁본질, 국가전략, 군사전략, 전술론, 전쟁의 원칙을 다루었다. 그후 1978년 국방대학교에서 『군사전략론』(박영사, 1978)을 보강 발간하였다.

앞서 저서에서는 군사전략을 어떤 논리적 과정과 절차를 거쳐서 수립해야 하는가에 대해서는 언급하지 못하고 연구과제로 남겨 왔었다. 그러던 중 1982년 워싱턴에서 개최된 국제군사사학회 회의에 참가하였다가 미 육군전쟁대학원(Army War College)을 방문하여 군사전략학처장인 존 스티워트(J. Stewart) 대령을 만나 군사전략수립에 대한 의견을 나누고, 『군사전략 : 이론과 실제 *(Military Strategy : Theory and Application)*』 교재를 구해 왔다. 이 책에는 군사전략 수립에 대한 절차와 이론이 제시되어 있어 참고가 되었다.

그후 국방대학원 교수들과 함께 번역하여 『군사전략 I·II : 이론과 적용』(국방대학원, 1984)을 발간하였고, 이 책을 바탕으로 하고 군사전략의 수립절차와 방법론을 더 추가하여 『군사전략론 : 이론과 실제』(1987)를 발간하였으며, 그후 최병갑 외 공저로 『현대군사전략 대강 : 이론과 실제』(국방대학원, 1988)를 출간하였다. 이로서 20년 만에 군사전략의 이론과 실제에 대해 개념을 마무리하였고[34], 육군대학을 비롯한 각군 대학과 사관학교 그리고 군사학 학생들에게 활용되었다.

2009년에는 이러한 내용들을 개정 보완한 『군사전략론』(충남대출판부, 2009)을 출간하였고, 2013년에는 전략의 기본문제를 보완하고 미국의 군사전략 연구 추세, 한문의 한글화, 군사용어

---

31) 이종학, 『나의 학문과 인생』(대전 : 충남대학교출판부, 2009), p.34.

32) 전쟁의 전략적 차원이란 '전쟁을 시작해야 하는가 아닌가? 전쟁의 목적은 무엇인가? 전쟁단계는 어떻게 설계하며 그 종결은 어디에서, 어떤 방식으로 할 것인가?' 등 전쟁계획을 설계하고 수행해야 한다는 것이다. 한국군은 6·25전쟁과 월남전에서 미군이 설계한 전쟁계획하에 전투만 수행했었다. 전쟁계획수립에는 전략적 사고가 기반이 되어야 한다.

33) 이종학, 『현대전략론』(충남대출판문화원, 2013), p.IV.

34) 이종학, 『군사이론과 군사교육의 연구』(경주 : 서라벌군사연구소, 1997), p.52.

삽입 등을 보완하여 『현대전략론』(충남대출판원, 2013)을 증보 출간하였다.

이종학 교수는 한국 군사학이 발전되기 위해서는 전략적 사고를 함양해야 한다고 강조하고 연구해 왔으며, 특히 미 전쟁대학원에서 군사전략을 수립하는 논리적 절차와 과정에 대한 교재를 확보하여 이를 한국군에게 소개하고 강의하는 큰 역할을 수행하였다.

다. 군사사학軍事史學 연구 활동

이종학 교수는 군사학을 연구하면서 군사사학 분야를 개척하고 발전시키는 데에도 크게 기여하였다. 군사사軍事史란 과거의 군사문제를 연구 대상으로 하는 군사학의 한 분과이면서 군사이론을 종합한 학문체계로 역사학의 한 분과[35]이기도 하다. 무엇보다도 '군사사학적 시각'이라는 개념을 제시하여 역사학 연구의 지평을 넓혔다.

역사학은 일반적으로 민간학자들이 연구를 주도하여 왔다. 그러나 인간의 역사는 전쟁의 역사라고 해도 과언이 아닌데, 정작 전쟁을 수행하고 실행해 온 군인들은 역사학을 연구하고 정리하는 데 소외되어 온 것이 사실이다. 그것은 전쟁수행의 경험을 학문적으로 풀고 다듬는 역량이 부족하였기 때문이다. 또한 민간학자들은 군사학에 대한 전문지식이 부족하고, 또 군사학 분야의 자료확보가 제한될 뿐만 아니라 비문으로 인해 대외 유출이 어렵기 때문에 역사학 연구에서 군사분야가 소홀하거나 부족한 부분이 많이 나타났다. 이러한 문제를 인식한 이종학 교수는 역사학 연구에 '군사사학적 시각[36]'을 추가함으로써 역사학 연구의 영역을 확장하는 개념 발전을 이룩하였다.

이종학 교수는 공군사관학교 교관으로 근무하던 중 1967년 3월부터 1969년 2월까지 2년간 경희대학교 대학원 사학과에서 역사학을 연구하였다. 이를 통해 역사학 연구에 군사사학적 시각을 추가하는 개념을 정립하였다. 군사사학軍事史學은 과거의 군사문제를 연구대상으로 하는 역사학으로서, 군사이론과 역사학이 결합된 학문이다. 그것은 역사학의 한 부분인 동시에 군사학(military art and science)의 한 부분이기도 하다[37]고 하였다. 왜냐하면 군사사학의 연구과제는 군사학 발전의 원천 구실을 하는 '과거의 군사경험을 이론화'하기 때문이라고 했다. 군사학은 경험과학에 속하며, 군사학의 이론적 기초는 바로 군사사학에 두고 있다.

군사사軍事史는 역사학의 한 분과요 또한 군사학의 한 분과이다. 역사를 연구하되 그 분과로서 군사사가 존재하며 군사사의 연구범위는 전쟁사, 군 제도사/기술사, 국방사/군대사, 군사적 사료 편찬 등이라고 했다.

군사사의 중요성을 인식한 이 교수는 1969년 『한국전쟁사』(정음사) 책을 필두로 『한국군사사 서설』(서라벌군사연구소, 1990), 『신라 화랑·군사사 연구』(1995), 『광개토대왕비문의 신연구』

35) 이종학, 『60대 이후의 인생전략』(대전 : 충남대학교출판문화원, 2022), p.27.

36) 군사사학적 시각이란 역사를 군인의 시각에서 바라보는 관점이다. 군사 전문성과 군사 경험을 한 군사 전문가의 시각에서 전쟁을 바라보고 평가하고 분석함으로써 민간 역사학의 미흡한 분야를 메울 수 있고, 보다 종합적인 평가를 할 수 있게 되었다.

37) 이종학, 『나의 학문과 인생』(충남대학교출판문화원, 2009), p.117.

(1999), 『軍事史學による古代史散策(군사사학에 의한 고대사 산책)』(2007), 『한국군사사 연구』(2010), 『웨드마이어 회고록과 논평』(2014), 『군사사학으로 본 6·25전쟁사』(2020) 등의 저술과 약 20여 편의 논문을 작성하였다.

특히 「광개토대왕비문의 신연구」에서는 일제가 한반도 침략을 정당화하기 위해 일본 육군참모본부가 중심이 되어 수행해 온 그간의 해석을 반박하였다. 이종학 교수는 군사사학적 연구방법으로 일본의 통설을 논파하는 주장을 1990년대에 한국뿐 아니라 일본 학술지에 발표하였고, 「현대 군사사의 연구방향」(1981), 「신라 삼국통일의 군사사적 고찰」(1984), 「『삼국사기』의 군사사적 인식 서설」(1987), 「한국전쟁의 현대전략적 조명」(1988), 「명량해전의 군사사학적 연구」(2006. 12.), 그 외 유성룡, 임시정부, 정도전, 백제 멸망원인 등 다양한 주제에 대한 군사사적 고찰을 실시하였다.

또한 일본사학계의 '임나일본부설'을 논파하는 논문을 작성하여 일본의 월간지 『日本及日本人(일본과 일본인)』(1998)에 게재하였고, 일본의 천황가는 김해가야 출신임을 제시하여 큰 반향을 일으키기도 하였다.

그리고 무엇보다도 한국 군사사학회를 창립하여 군사사학 발전의 기초를 닦았다. 1975년 8월 미 샌프란시스코에서 제14차 국제역사학회에 참석하였다가 국제 군사사학회장인 오슬랜드 박사를 만나, 한국에 한국군사사학회를 창립하여 발전시키자는 제의를 받았다. 회의에서 귀국한 이 교수는 여러 인사들과 접촉하여 1976년 「한국군사사학회」를 최초로 창립하였다.[38] 그리고 초대 회장으로서 1979년까지 활동하면서 한국군사사학회의 기틀을 다졌다. 그리고 1986년 한국에서 '국제군사사학회'를 최초로 개최하였다.

라. 손자병법과 전쟁론 등 군사고전에 대한 연구

이 교수는 군사고전으로서 학생들의 인문학적 소양을 기르고 전략 및 전쟁사 연구의 바탕이 되는 손자병법과 클라우제비츠의 전쟁론에 대해 연구하였다. 당시 군사고전에 대한 참고서가 부족한 상황에서 독학으로 군사고전을 연구하여 사관학교, 공군대학, 국방대학원에서 강의하였다.

이러한 연구를 바탕으로 1973년에는 『손자병법』(박영사)을 저술하였다. 손자병법은 이 교수의 용병사상에 큰 영향을 주었으며, 특히 손자병법 첫 구절에 큰 감동을 받아 기존의 전술적 사고를 전략적 차원으로 높이는데 크게 기여하였다고 하였다.[39] 또 이 교수는 오랫동안 직업군인이 된다는 것에 회의감을 품고 있었는데 손자병법을 연구하면서 그 생각을 말끔히 씻어내게 되었고, 새롭게 전쟁연구 중요성을 인식했다[40]고 하였다.

클라우제비츠 『전쟁론』은 1957년 7월 대구의 고서점에서 1943년에 간행된 영역본 『전쟁론』을 구입하여 연구하였고, 칸트의 순수이성비판, 헤겔의 저서 등을 함께 연구하면서 전쟁론 연구에 심취하였다. 2000년 일본 방위청에서 「일본의 서양 군사이론 수용에 관한 연구」를 발표하

38) 이종학, 위의 책, p.58.
39) 이종학, 위의 책, p.38.
40) 이종학, 위의 책, p.53.

고, 이를 계기로 일본의 클라우제비츠 학회의 회장 및 회원들과 함께 『戰爭論を読み方(전쟁론 읽는 법)』(2001)을 연구하여 일본에서 출간(공저)하였으며, 2002년 『전략이론이란 무엇인가-『손자병법』과 『전쟁론』을 중심으로-』를 저술하였고, 2004년에는 『클라우제비츠와 전쟁론』 단행본을 출간하였다.

『손자병법』과 『전쟁론』 연구는 이 교수의 군사학 학문에 대한 깊이와 전쟁의 본질에 대한 깊은 성찰을 가져다 준 주제이기도 하였고, 자부심이었다. 그리고 군사학을 연구하는 학생은 반드시 전쟁사와 더불어 손자병법과 전쟁론을 연구하여야 한다는 신념을 갖게 하는 요소였다.

마. 군사저술 활동

이종학 교수는 1960년대부터 2022년에 이르기까지 총 49권에 달하는 저서를 출간하면서 지속적인 저술 활동을 하였다. 시대별 저술 내용을 살펴보면 다음과 같다.

1960년대에는 공군사관학교 교관으로 근무하면서 『종합세계전사』(1968), 『한국전쟁사』(1969) 등을 사관학교 생도교육 및 장교들을 대상으로 저술하여 널리 활용되었다.

1970년대에는 공군대학 교관으로 근무하던 시절로서, 『현대전략론』(1972), 『손자병법』(1974), 『전쟁론』(1974), 『한반도의 억지전략이론』(1979) 등을 저술하였다. 그간 공군 사관학교 및 공군대학 교관으로 근무하면서 저술하였으며, 특히 손자병법, 전쟁론 관련 저술은 당시로서는 선구적인 연구로서 장교들에게 큰 영향을 주었다.

1980년대에는 『항공전략론』(1982), 『군사전략론』(1987)을 저술하였고, 1987년 국방대학교를 명예퇴직하고 경주 서라벌군사연구소에서 신라와 관련된 연구를 하면서 처음으로 『병법과 경영전략』(1988)을 저술하였고, 이어 현대군사사의 연구방향 및 우리나라 역대 전쟁사 연구를 포함한 군사사학 논문을 모아 『한국군사사 서설』(1990)을 저술하였다. 이어 『군사논문선』(1991), 『신라 화랑·군사사 연구』(1995), 『군사이론과 군사교육의 연구』(1997), 『서라벌에서 온 편지』(1998), 『광개토대왕비문의 신연구』(1999) 등을 저술하였다.

2000년대에는 『6·25전쟁사』(2001), 『戰爭論』を読み方(전쟁론을 읽는 방법)』(일본학자 3인과 공저, 東京 : 芙蓉書房, 2001), 『클라우제비츠와 전쟁론』(2004), 『한 군사학도의 연구발자취』(2006), 『軍事史學による古代史散策(군사사학에 의한 고대사 산책)』(일본어, 서라벌군사연구소, 2007), 『전략이론이란 무엇인가』(2005) 등을 저술하였다.

그리고 충남대 평화안보대학원에 군사학 석·박사과정을 개설하고 군사학 관련 강의를 하면서 『군사학 개론』(공저, 2009)을 충남대학교출판부에서 처음으로 발간하기 시작하였다. 이어 군사학 총서로서 『군사전략론』(2009), 『나의 학문과 인생』(2009), 『한국 군사사 연구』(2010), 『전략이론이란 무엇인가』(증보판, 2012), 『6·25전쟁이란 무엇인가』(2011), 『군사고전의 지혜를 찾아서』(2012), 『현대전략론』(개정판, 2013), 『웨드마이어 회고록과 논평』(2014), 『동북아시아의 전쟁과 평화』(2016), 『군사명언의 지혜를 찾아서』(2018), 『군사사학으로 본 6·25전쟁사』(2020) 등을 저술하였다.

그리고 이종학 교수의 마지막 저서로서 『60대 이후의 인생전략-서라벌에서 온 편지-』이 93세인 2022년에 발간되었다. 이 책은 한 군사학도의 90평생을 되돌아 본 단상을 정리한 책으로서 60대 이후의 삶이 황금기라는 것을 강조하였으며, 실체적으로 그것을 증명한 보고서이기도 하다.

《표-1》 이종학 교수의 시대별 도서발간 현황

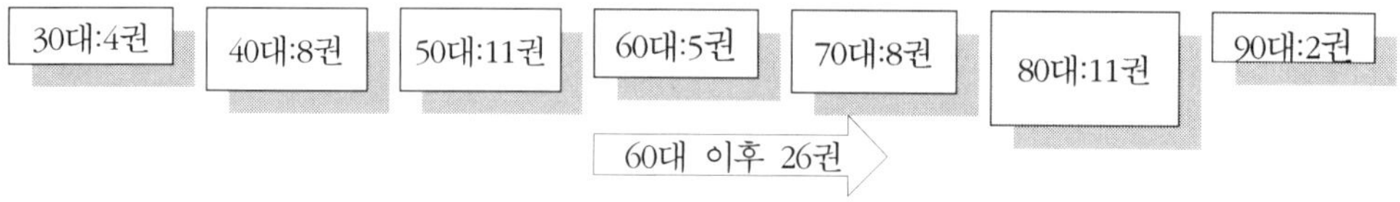

* 출처 : 이종학교수의 저서들을 표로 정리한 결과임.

이 교수는 평생 49권의 책자를 번역, 편저, 저술하였으며, 60대 이후 26권을 저술하고 80대에 11권, 90세 이후에도 2권을 저술하였다. 왕성한 저술활동을 통해 후배들에게 큰 귀감이 되었다.

바. 논문작성 활동

이종학 교수는 평생 84개의 논문을 작성하였으며, 크게 국내 논문 74개, 일본 논문 10개 논문을 작성하였다. 국내외 주요 논문은 전쟁사, 전략 및 작전술, 군사사, 군사이론 그리고 군사이론 연구분야로 구분할 수 있는데, 세부적으로 보면, 군사학 이론체계, 남북관계, 국제정치, 6·25전쟁(한국전쟁)사, 세계전쟁사, 군사제도와 무기체계, 독립전쟁/운동, 신라 등 삼국시대/삼국통일, 광개토대왕비, 김유신/이순신, 손자병법, 클라우제비츠 전쟁론, 해양전략, 고대 한·왜 관계, 인생전략, 군사학에 대한 애정 등 실로 다양한 분야에서 활동하였음을 알 수가 있다. 그리고 1987년 공직에 있으면서 연구활동과 경주 서라벌군사연구소를 설립하고 활동한 기간으로 구분할 수 있다.

그리고 논문을 작성하고 책을 저술하면서 현장 답사를 지속적으로 꾸준히 하였는데 현장답사는 곧 연구 그 자체라고 하였다. 무엇보다도 93세에 이르도록 어느 한 시도 군사학 학문연구에서 손을 떼지 않고 꾸준히 연구하였다는 것이며, 그것이 군사학도의 진정한 모습이라고 하였다.

이종학 교수는 90평생에서 가장 보람되고 영광스럽게 생각한 일이 무엇이라 생각하느냐는 질문에 "2005년 12월 1일 일본 방위청 방위연구소에서 「한 군사학도의 연구궤적」이라는 제목으로 3시간 발표회를 가졌던 일"이라고 대답했다. 그 발표회에서 이 교수는 "일본의 천황가가 김해에서 왔다"는 학설을 일본 도쿄 한복판에 자리잡은 방위청 방위연구소 강당에서 군사사학자로서 당당하게 발표한 것이 자랑스러웠고, 학자로서의 자부심을 느낄 수 있었다고 하였다.[41)]

사. 민간대학 군사학과 개설

2002년 12월 한국교육개발원은 「평생교육법」 제4조 및 동법 제28조의 규정에 따라 학점은행

41) 이종학, 『60대 이후의 인생전략』(충남대학교출판문화원, 2022), p.4

제를 인정한 「학점인정 등에 관한 법률」에 의거, 군사학 학위수여의 기준이 될 표준 교육과정을 군사행정학, 군수관리학, 지상전학 등 3개 전공으로 나누어 공시하였다.[42] 이렇게 되어 사관학교에서 졸업생에게 군사학 학위를 수여할 수 있게 되었고, 민간대학에도 군사학과를 개설하여 교육을 할 수 있게 되었다.[43] 이것은 20여년 전부터 군사학의 학문체계 정립과 군사학 학위수여를 추진해 왔던 이 교수의 노력이 결실을 거둔 것이다.[44] 지금까지 군사학은 학문적 연구대상으로 검토되지 않았지만, 이러한 정책 변경에 따라 민간대학에 군사학과를 설치할 수 있게 됨으로써 군사학은 대학교에서 교육 및 연구되는 학문분야 중 하나로 자리잡게 되었다.

국방대학교를 퇴직 후, 경주 서라벌군사연구소에서 신라사, 특히 신라 삼국통일과 화랑에 대한 다양한 연구를 하던 이종학 교수는 2002년 10월 충남대학교 평화안보대학원에서 군사학 석사과정을 개설한다는 공고를 보고, 이를 실행할 수 있는 기회가 왔다고 생각하여 군사학과 개설에 동참하였다. 이후 민간대학인 충남대 평화안보대학원에 석사과정 군사학과가 개설되고, 교육과목 선정, 학과 운영, 군사학 강의 등 교육현장에 뛰어 들었다. 그리고 2003년 신학기부터 경주에서 대전까지 출강하여 군사학 강의를 다시 시작하였다.[45] 뒤이어 2004년에 대전대, 2005년에 경남대, 조선대, 원광대학교에 군사학과가 개설되었다.[46]

2003년 8월에는 충남대학교에서 최초로 '군사학 명예박사' 학위를 받았다.[47] 군사학 석사과정이 개설되고, 사관학교에서 군사학 학위를 수여하였으며, 민간대학교에 군사학과가 개설되고, 그리고 2005년 군사학 박사과정 개설 준비를 진행하는 과정에서 명예 군사학 박사 학위 수여는 군사학 학문체계 발전에 큰 자극제가 되었다.

2004년 사관학교 설치법 제8조에 보면, 사관학교는 수업연한 4년의 대학으로 보고 그 졸업자에 대하여 학사학위를 수여하며, 제29조에는 이학사, 문학사, 공학사 이외에 군사학 학사를 부여하도록 하였다. 2004년 9월 관련 법령에 의해 육·해·공 사관학교와 육군3사관학교에서 군사학 학위를 수여하였다.

평생을 군사학의 학문체계 발전에 노력한 결과, 2004년 각 사관학교에서 군사학 학위가 수여되고, 대전대 등 민간대학에 군사학과가 설치되기 시작하였으며, 2003년 평화안보대학원에 석사과정이 개설되어 2004년 2월 25일 1기 석사학위 수여식이 실시되었다. 2005년에는 학과간 협동과정으로 군사학 박사과정이 신설되었으며, 2010년 한국군 최초로 군사학 박사가 4명 배출되었다.[48] 이로써 이종학 교수가 40여년간 노력한 목표가 달성되었던 것이다.[49]

하나의 학문이 학문체계로 성립되기 위해서는 그 학문만의 연구대상, 연구방법론, 학문공동체

42) 「국방일보」, 2003년 4월 19일자 기사
43) 진석용, 「고등교육법에 의한 군사학교육 발전방안」,『군사학연구』 권3(대전대 군사연구원, 2005), p.6.
44) 육군본부 개인교육과, "군사학 학위제정 계획", 육군본부 내부문서(2002.3.26.)
45) 평화안보대학원에 석사학위과정으로 군사학과가 정원 50명으로 국방정책전공, 군사학전공으로 개설되었다. 충남대학교 평화안보대학원, 『평화안보대학원 10년사(2002～2012)』(충남대 평화안보대학원, 2013), p. 연혁.
46) 진석용, 앞의 논문(2005), p.5.
47) 이종학, 『나의 학문과 인생』(대전 : 충남대학교출판부, 2009), p.35.
48) 충남대학교 평화안보대학원, 『평화안보대학원 10년사(2002～2012)』(충남대 평화안보대학원, 2013), p.255.
49) 이종학, 앞의 책(2009), pp.114～115.

형성, 연구 교육체계의 정립 등이 필요하다고 할 때, 1960~1980년대에는 군사학을 하나의 학문으로 인정할 만한 조건들이 성숙되지 못했었다. 그런 환경 속에서 이종학 교수는 군사학이 사관학교 교육의 중심이 핵심이 되어야 한다는 '외로운 외침'을 하였던 것이다. 처음에는 외로운 외침이었지만, 세월이 지나서 보면 그 외침이 '큰 천둥'이 되어 군사학이 자리를 잡을 수 있었던 것이다.

아. 군사학 발전을 위한 기부

이 교수는 군사학의 학문화는 사관학교에서부터 정립되고 발전되어야 한다는 생각에 1987년 서울 신림동의 집을 공군사관학교에 군사학발전기금으로 기부하였고, 1990년 중반에는 고양에 있는 부모님 집마저 사관학교에 기부하였다. 이 기금은 당시 금액으로 2억 6,200만원에 해당하는 거금이었다. 이 금액으로 지금까지 사관학교에서는 생도들의 해외 전적지 답사와 학술세미나, 교수 연구비 등에 사용하고 있다.

그리고 2003년 10월에는 공군사관학교, 공군대학, 국방대학원 교수로 재직하면서 모았던 군사학 분야 장서 1만 여권과 도서구입비 1천만원을 충남대학교에 기탁하여 군사학 서적이 부족한 충남대학교에서 군사학과 학생들이 사용하도록 하였다. 충남대학교에서는 지금도 도서관에 「풍석문고」를 운영 중에 있다.

2004년 8월에는 강화도 임야(28,960㎡, 당시 10억 상당)를 충남대학교에 군사학진흥기금으로 기부하고 군사학의 학문적 발전에 기여하도록 했다. 별도의 유산 없이 봉급만으로 근검절약하여 모은 재산을 군사학 발전을 위해 기부한 것이다. 군사학의 학문발전에 대한 열정과 관심이 없으면 불가능한 어려운 결단이었다. 또 2009년 10월에는 3억원을 추가 기탁하여 군사학 장학금으로 사용하도록 기탁하였으며, 2012년 이후 군사학 박사학위 우수자에게 상금 100만원(진흥기금)을 수여하고 있다.

자. 군사학 연구 촉진 활동

이종학 교수는 군사학이 하나의 학문으로 자리잡고 발전되기 위해서는 교수들이 가르치는 것도 중요하지만 학생들의 적극적인 참여가 중요하다고 봤다. 군사학 석·박사과정 학생 대부분이 현역에 근무하는 관계로 야간이나 휴일에 공부하였는데, 학업 동기를 증진시킬 필요가 있었다. 그리하여 2009년 군사학 장학금을 추가 기증하고, 2012년부터 박사학위 졸업자 중에서 우수논문상을 주었다.

그리고 군사학의 학문발전은 학위 취득에 그치지 않고 지속적인 연구와 논문작성, 관련분야 활동에 있다는 점을 강조하고, 이를 장려하기 위하여 '군사학총서 발간 모임'을 실시해 오고 있다. 학자는 책 발간을 통해 그간 연구 노력을 축적시켜 가야 한다는 것이다. 그리하여 경주에서 매년 6월 「군사학총서 발간모임」을 실시하여 총서발간 희망도서에 대한 심사와 토의를 실시하고, 신라 유적지 답사를 통해 삼국통일 과정을 확인하는 등 연구와 답사, 현장체험을 동시에

하도록 하였다.

이종학 교수는 총서발간모임을 하면서 해마다 한 권 이상의 책을 저술하는 노익장을 과시하고 학자로서의 학문적 모범을 보여 왔다.

차. 인생전략

이종학 교수는 인생에 대한 남다른 전략을 가지고 생활하였다. 인생철학이라고도 할 수 있는데, 인생은 전반전과 후반전이 있으며, 전반전은 성공하지 못했다 하더라도 후반전이 있으니, 좀 더 새롭게, 그리고 후회하지 말고 자신의 인생을 찾아가라고 강조하곤 했다. 그 후반전이 언제냐? 이종학 교수는 60대라고 하였다. 60대 이후는 이런저런 생활에 시달리지 않고 '자신이 좋아하는', '진정 하고 싶어 하는' 그런 삶을 살아갈 수 있으며, 군사학 박사들은 군사학에 매진할 수 있는 그런 시기라고 하였다.[50]

이종학 교수의 인생 후반전, 그 60대 이후의 삶이 고스란히 담겨져 있는 것이 2022년 93세에 쓰신 『60대의 이후 인생전략』(2022) 책이다. 『백년을 살아보니』(2016) 라는 책을 쓰신 김형석 교수도 인생은 60대 이후가 황금기라고 한 바 있다. 그리고 시바타 도요는 93세에 『약해지지 마』(2013)라는 책을 내 베스트 셀러가 되기도 했다. 이종학 교수의 인생전략은 60대 이후의 후배들에게 새로운 비전서가 되었다.

또 다른 이종학 교수의 인생철학은 '늙은 청춘'이라는 용어 속에 포함되어 있다. 20대에 인생의 고민, 좌절감을 느꼈을 때 용기를 준 시詩가 롱펠로우의 '비오는 날'이었으며, 퇴직하고 나이가 들어 열정적으로 살아가는 모습은 사뮤엘 얼만의 '청춘'이라는 시를 통해 '늙은 청춘', 청춘은 마음의 문제임을 제자들에게 강조하곤 하였다.[51] 그 외 이종학 교수의 애송시는 모윤숙의 '국군은 죽어서 말한다', 롱 펠로우의 '인생찬가', 조이스 킬마의 '나무', 박목월의 '층층계', 박남수의 '구름은 바람에 실리어', 프로스트의 '가지 않는 길' 등이 있다.

4. 군사학 학문체계 성과와 발전

가. 군사학이 하나의 학문으로 정착

1970년대 이후 군사학 학문화에 대한 학자들의 연구와 학술회의, 각 사관학교를 중심으로 한 토의 등으로 관심이 고조되면서 2000년대에 군사학의 학문화가 이루어지기 시작하였다. 2002년 육군본부 인사참모부 개인교육과(후에 인적자원개발처)에서 '군사학 학위제정계획'을 정책적으로 추진되었다.[52] 육군은 ① 군사학의 연구 및 발전, ② 군사전문인력의 저변 확대, ③ 우수한 군

---

50) 이종학, 『60대 이후의 인생전략』(충남대출판문화원, 2022), p.4.

51) 이종학, 『서라벌에서 온 편지』(서라벌군사연구소, 1998), pp.1~3.

52) 박용현, 「전문직업장교의 육성을 위한 일반대학 군사학과 교육과정에 대한 연구」(대전대 국방정책전공

간부 육성에 기여, ④ 군 위상과 자긍심 고양, ⑤ 군사적, 직업적 전문성 제고, ⑥ 학군 및 민군 교류와 협력 확대, ⑦ 안보의식과 대군신뢰 증진 등을 목적으로 군사학 학위제정계획을 추진하였다.[53)]

이 계획에 의거 교육과학기술부, 학술진흥재단과 협의하여 ①「평생교육법」에 의한 군사학 학사(고등군사반 수료자 등), ②「사관학교 설치법」에 의한 군사학 학사(육·해·공군 사관학교와 3사관학교), ③「고등교육법」에 의한 군사학 학사(민간대학 군사학과 졸업생) 등의 3개 분야 기관에서 군사학 학위를 수여할 수 있게 되었다.

이후 2002년 3월 충남대 평화안보대학원이 개원하여 2003년 3월 2개의 전공(군사학, 국방정책)으로 군사학 석사과정이 개설[54)]되었고, 대전대학교는 2003년 8월 27일 경영행정사회복지대학원(특수대학원)에 군사학 석사과정을 개설하였다.

그리고 2003년 2월 10일 '군사학 발전협력 합의서'와 2004년 1월 5일 '군사학과 운영에 관한 협력합의서'를 체결함으로써 대전대학교에 군사학과가 한국 최초로 개설되었다.[55)]

민간대학교 군사학과는 2002년도 12월 9일 교육부로부터 공식적으로 학문으로 인정받아 2004년도부터 육군본부와 협약을 체결하고, 군사학을 학문적으로 강의하고 연구하는 군사학과가 설립되었다. 이는 군사학을 학문적으로 연구하는 과정이 민간대학에 개설되고, 군사학이 학문적인 연구를 실시하게 되었다는 평소 이종학 교수의 염원이 성취된 것이다.

2004년도에 경남대, 대전대 군사학과가 설치되어 학생을 모집하였고, 2005년에는 원광대, 조선대 등이 추가되었으며, 2011년에는 영남대, 건양대, 용인대, 청주대가 추가 개설되어 8개 대학이 되었다. 2012년에 고려대 사이버군사학과가 개설되었고, 2013년에는 서경대, 상명대, 충남대, 동양대 등 4개 총 13개 대학에 군사학과가 개설되어 총 520명의 학생이 군사학 학사학위를 받아 장교로 임관하게 되었다.

민간 군사학과를 졸업한 학생들은 2008년 1기가 장교로 임관하여 복무하기 시작하였다. 군사학과를 졸업한 학생들에게는 군사학 학위가 수여되었다. 이종학 교수가 1979년 군사학 이론체계에 대한 논문을 작성하고, 1980년에 국방대학원에서 국방학술세미나를 실시하면서 군사학의 학문화와 함께 민간대학에서 군사학 학위가 수여되게 된 것이다.

이외에도 육군본부와 협약을 체결하지 않은 군사학과가 대학 자율에 의해 모집되는 등 민간대학에 군사학과 개설은 급속히 확산되었다. 그리고 이러한 학과 개설에 맞추어 박사학위를 취득한 장교출신 교수들이 군사학과 담당 교수로 선발 운영되면서 민간교수들과 함께 교류하고 군사학의 일반학문화가 확대되었다. 군 관련 교수 명칭은 육군과 협약대학이 상호 체결한 군사학발전협력합의서 제8조에 '학군협약 민간대학 교수'로 명시되었다.

박사학위논문, 2013), p.1.

53) 육군본부, '개인교육과, 군사학 학위제정계획' 내부문서(2002.3.26)

54) 충남대 평화안보대학원, 『평화안보대학원 10년사(2002~2012)』(평화안보대학원, 2013), p.4.

55) 박용현, 앞의 논문(2013), p.2.

나. 군사학 학문공동체 활성화

군사학이 하나의 학문으로서 정립되기 위해서는 군사학 학문공동체가 형성되어야 한다. 학문공동체라는 것은 학문이 유지·발전되어 가는 실체로서 군사학을 연구하고 발전시키는 회원들이 구성되어 있어야 하고, 회원들이 활동하고 연구하는 군사학 연구소, 연구단체, 학술회의, 그리고 회원들의 연구 성과를 정리한 논문과 저서들이 축적되어 있어야 한다.

2002년 문교부에서 군사학이 하나의 학문으로서 공식적으로 인정되고, 2004년부터 각 사관학교에서 졸업생들에게 군사학 학위가 수여되고, 민간대학에 군사학을 교육하고 강의하는 군사학과가 개설되는 등 객관적 절차들이 형성되었다. 그리고 2003년 충남대학교 평화안보대학원에서 군사학 석과과정이 개설되어 2004년 군사학 석사학위가 수여되었으며, 2005년 군사학 박사과정이 개설되고 2010년에는 최초로 군사학 박사학위가 수여되었다. 군사학 학사로부터 석사, 박사까지 학위수여체계도 형성되었다.

학위수여 체계가 자리를 잡는 것과 동시에 학문공동체를 형성하는 다양한 활동들이 이루어졌다. 육군사관학교의 화랑대연구소, 공군사관학교의 항공우주연구소, 해군사관학교의 해양연구소, 제3사관학교의 충성대연구소 등 기존 연구소 외에 군사학과를 개설한 각 대학에서도 군사학 관련 연구소가 설치되었다. 대전대학교 군사학과에서는 군사연구원, 조선대학교는 군사학연구소, 영남대학교는 한국군사문제연구소, 경남대학교는 군사연구소, 충남대학교는 국방연구소, 청주대는 평화안보연구소, 건양대는 군사과학연구소 등 많은 학교에서 군사학관련 연구소를 개설하고, 연구활동이 이루어지기 시작하였다.

아울러 민간대학에 군사학과가 개설되기 시작하면서 군사학 교수들의 임용과 운용이 이루어져 군과 민간 학술의 교류가 이루어지기 시작하였으며, 군사학 관련 연구소가 설치되면서 각 대학별로 군사학 관련 잡지도 발간되기 시작하였다. 또 각 대학별로 군사학술세미나, 학술활동 등이 다양하게 실시되기 시작하였고, 국방대학교를 필두로 하여 각 대학별로 군사학 석사 및 박사과정이 개설되면서 매년 상당한 수의 인력들이 석·박사 학위를 획득하기 시작하였다.

군사학 교수들의 선발과 운용, 석·박사 학위 취득 인원의 증가는 논문의 증가, 학술회의 활동 증가와 전문성의 심화, 그리고 군사학 학문공동체의 활발한 운용과 교류로 이어졌다. 동시에 군사학과 일반 학과와의 교류, 다양하고 폭넓은 군사학 저서들도 발간으로 이어져 20년이 경과한 오늘날 군사학은 하나의 학문체계로 자리잡아 가고 있다. 이러한 학문발전 과정에 풍석 이종학 교수의 노력과 헌신이 큰 디딤돌이 되었던 것이다.

5. 맺음말

풍석 이종학 교수는 1960년대에 군사학의 필요성을 인식하였고, 1970년대에는 군사학을 하나의 학문체계로 발전시키려는 뜻을 형성하였으며, 1980년 국방대학교에서 「군사학 학문체계 발전세미나」를 통해 학술적 접근을 시도하였고, 그후 1980년대부터 2000년대에 군사학 학문체계를 발전시키기 위해 전적지 답사와 연구를 실시하면서 학술회의, 현장 답사와 학술모임 등 실체적 학문 활동으로 실천하였다.

국방대학교와 사관학교를 중심으로 시작된 군사학 학문체계 발전 노력은 각군 본부, 국방부, 학계 그리고 각 군사학교 관계자들의 관심을 증폭시키고, 2000년대 들어 교육부에서 군사학을 하나의 학문으로 인정함으로써 각 사관학교에서 군사학 학위를 졸업생들에게 수여하기 시작하였고, 일반대학교에도 군사학과가 개설되어 체계가 구축되었다.

이러한 과정에 풍석 이종학 교수는 선구자(pioneer)로서 각 사관학교 교수들과 협력하면서 군사학의 물꼬를 트게 하였다. 그러한 노력의 결과 충남대학교에서 군사학 명예박사 학위를 받았던 것이다. 그리고 이종학 교수는 평생을 군사학 발전에 헌신하고 군사학도로서의 모범을 보이며 49권에 이르는 군사학 관련 서적과 84편의 논문을 작성하는 등 '군사학의 태두'로서 큰 위치를 차지하였다.

이종학 교수는 90평생에 가장 보람된 일은 첫째, 2005년 일본 방위청 방위연구소에서 일본 학자들에게 「한 군사학도의 연구 궤적」이라는 제목으로 3시간 발표회를 가졌는데, 거기에서 '광개토대왕 비문 신묘년 기사'를 근거로 '임나일본부설'을 주장해 온 일본학자들의 논거를 '군사사학적 연구방법'으로 반박한 것과 일본 천황 집안이 김해 김씨 출신임을 주장하여 황국사관의 뿌리를 흔든 사실을 들었다. 둘째는 국방대학원 교수로서 1981년 8월 서울대학교 교수들에게 6·25전쟁에 대한 특강을 3시간 동안이나 한 것을 들었다.

이종학 교수는 1987년 서울에서 경주(서라벌)로 귀향하여 「서라벌군사연구소」를 개설하고, 신라사를 포함한 삼국시대를 집중적으로 연구하였다. 관심을 가진 과제는 신라 문무대왕에 대한 연구, 화랑 및 화랑세기, 삼국시대사와 삼국통일, 고구려 광개토대왕비문에 관한 연구, 원효를 포함한 연구와 실제 답사하고 글을 쓰는 활동이었다.

이 교수는 60대부터는 '하고 싶은 일을 하면서 자유롭게 살자'라는 목표를 세우고, 한국 역사와 문화의 본고장 서라벌에서 약 40여년간 자유롭게 연구와 답사를 하였다. 돌이켜 보면, 이종학 교수만큼 학자로서의 강한 의지와 용기를 가지고 연구한 분이 또 있을까 하는 의문이 든다. 그러한 연구가 가능했던 이유는 무엇인가?

•첫째, 이종학 교수는 영어와 일본어, 한문(중국어)을 자유롭게 구사하여 미국을 포함한 한반도, 만주, 일본을 넘나들었다. 특히 일본어를 구사함으로써 신라, 백제, 가야, 일본과의 관계 및 고대사 연구에 거리낌이 없었고, 일본 역사학자들과 깊은 교류를 할 수 있었다.

•둘째, 연구분야는 고대 삼국시대부터 6·25전쟁과 남북한 문제까지, 용병술로는 국가전략으로부터 전술적 문제에 이르기까지, 그리고 공군, 해군, 육군에 이르기까지 그 범위가 넓었다. 군사고전에도 능통하여 『손자병법』, 클라우제비츠 『전쟁론』에 대한 해박한 연구, 그리고 역사학을 군사사학적 시각에서 바라볼 수 있는 군사사학 연구 업적은 당시에는 물론이고 오늘날 각군 대학, 국방대학원, 일반대학원 석·박사과정과 군사학 학술연구에 영향을 주었다. 『종합세계전사』(1968), 『한국전쟁사』(1969)는 당시 사관학교에서 교재로 사용되었으며, 고급 장교들이 필독하는

역사 교과서였다.

•셋째, 이종학 교수가 평생을 군사학 학문화 및 연구에 몰두한 것은 공군사관학교를 졸업하고, 30년간의 군 생활, 공군대학, 국방대학교 교수로서 군사학 분야에 대한 이론 연구와 경주 서라벌군사연구소에서의 답사와 활동이 바탕이 되었기 때문이다. 이 교수는 퇴직 후 연금만으로 생활하면서 연구와 답사에만 전념하였고 근검절약하여 사관학교와 대학교에 장학금과 기금을 기부하였다. 여기에는 컴퓨터를 자유롭게 다루는 부인 최정화 여사의 적극적인 내조가 있었기에 가능하였다.

•넷째, 그리고 무엇보다도 군사학 분야 연구에 대한 열정과 애정 그리고 국가안보에 대한 굳은 신념이 있었기 때문이며, 군사학에 대한 애정은 거주하던 「풍석재(서라벌군사연구소)」를 「풍석기념관」으로 꾸미고 연구기금을 별도로 준비한 데에서도 잘 나타나고 있다. 이종학 교수의 일생은 큰 거인의 모습이었다.

이종학 교수는 평생 군사학을 연구한 결론[56]으로

"국가의 독립과 평화를 바란다면 전쟁을 이해하고, 거기에 대비해야 한다. 그리고 국민의 생명, 국토, 주권의 수호도 전쟁의 대비에서 비롯됨을 명심하라!"

고 결론지었다. 이 신념은 묘비명에도 기록되었다.♠

---

56) 이종학, 『60대 이후의 인생전략-서라벌에서 온 편지-』(충남대학교출판문화원, 2022), p.10.

〈참 고 문 헌〉

● 단행본

·이종학, 『한 군사학도의 연구 발자취』, 충남대학교 출판문화원, 2006.
·______, 『나의 학문과 인생』, 충남대학교 출판부, 2009.
·______, 『60대 이후의 인생전략-서라벌에서 온 편지-』, 충남대학교 출판문화원, 2022.

·군사학 학문체계연구위원회, 『군사학 학문체계와 교육체계 연구』, 화랑대연구소, 2000.
·공군사관학교, 『공군사관학교 20년사(1949-1974)』, 공군사관학교, 1974.
·공군사관학교, 『공군사관학교 50년사(1949-1999)』, 공군사관학교, 1999.
·육사 화랑대연구소, 『군사연구세미나 I : 군사학 학문체계 및 교육체계』, 1999.
·충성대연구소, 『민간대학 군사학과 출현에 따른 사관학교 교육훈련 방향(육군3사관학교 군사학 교육을 중심으로)』, 충성대연구소, 2008.
·충남대 평화안보대학원, 『평화안보대학원 10년사(2002∼2012)』, 평화안보대학원, 2013.

● 논문 및 기타

·이종학, 「군사이론체계에 관한 연구」, 『국방연구』 22권 1호, 안보문제연구소, 1979.
·______, 「군사학의 이론체계」, 『국방학술세미나 : 군사학이론과 교육체계 정립』, 국방대학원, 1980.
·______, 「한국 군사학의 발전방향」, 『군사연구 세미나 I : 군사학 학문체계 및 교육체계』, 육군사관학교 화랑대연구소), 1999.

·이재호, 「육사신보」 제180호(1978년 1월 30일), 1978.

II. 풍석 이종학 교수의 생애와 군사학 학문 발전

나 태 종※

1. 머리말

인간 삶의 과정이 축약된 '생로병사生老病死'의 의미는 '모든 사람은 태어나고 늙으며, 병을 겪고 죽음에 이른다'는 것으로 이 법칙을 벗어난 사람은 지금까지도 없었고 앞으로도 없을 것이다. 또한 '사람의 목숨은 하늘에 달려 있다(人命在天인명재천).' ,'빈 손으로 왔다가 빈 손으로 가는 것이 인생이다(空手來空手去공수래공수거).', 제행무상諸行無常, 새옹지마塞翁之馬, 일장춘몽一場春夢 등의 용어들이 일상생활에서 자주 사용되고 있다.

생로병사의 고통에서 벗어나기 위해서는 각자의 관점에서 헤아릴 수 없이 많은 방법과 실천방안이 제시될 수 있겠지만 불교에서는 "욕심과 무지를 버리고, 진리를 깨닫고, 고통에서 자유로워지는 해탈을 얻어야 한다"고 가르치고 있다. 이는 니체가 말한 "죽음이 인간의 삶을 끝내는 것이 아니라 인간의 삶에 의미와 방향을 제공하는 것"이라는 주장과 일맥상통한 것으로 평가할 수 있다.

'호랑이는 죽어서 가죽을 남기고 사람은 죽어서 이름을 남긴다(虎死留皮人死留名호사유피인사유명)'는 속담이 현대를 살아가는 우리에게 주는 교훈은 '사람이 지나간 자리에는 반드시 유형·무형의 여러 흔적과 자취가 남기 때문에 물욕과 명예욕으로 얼룩진 오명을 남기는 것 보다는 여러 계층과 부류에서 많은 사람들의 존경을 받는 역할 모델이 되어야 함'을 강조하면서 삶의 전 과정에서 주어진 여건에 최선을 다하여 가시적인 성과를 거두고 타의 귀감이 되어야 한다는 것이다.

위에서 살펴본 용어들은 태어난 모든 생명은 죽음을 피할 수 없기 때문에 살아가는 과정에서의 다양한 경험과 소유물은 잠시 빌려 사용하는 것으로 인식하여 '지나치게 욕심을 부리지 말고 살아가되, 세상을 위해 무언가 유익한 일들을 해야 한다'는 경고를 복잡한 세상을 살아가는 우리에게 주고 있다고 할 수 있다

실제로 우리 사회에는 아직도 남북분단의 현실을 직시하지 못한 채 국가안보를 소홀히 취급하는 세력들이 준동하고 있고, 지역간·세대 간의 대립이 심화되고 있다. 게다가 일부 지식인들의 경우에는 진리탐구와 학문연구에 전념하기보다는 부와 명예, 그리고 일신상의 영달만을 추구하여 다중의 지탄을 받고 있는 현실을 접하면서 풍석 이종학 교수의 생애와 군사학 발전을

※ 충남대학교 국가전략연구소 부소장, 군사학 박사.

위한 개척자적인 삶의 과정을 살펴보는 것은 너무나도 당연하다고 생각한다. 그 이유는 국가 구성원으로서 개인이 어떠한 삶의 자세와 태도를 가져야 함을 몸소 실천했을 뿐만 아니라 진정한 의미의 자기개발과 자아실현, 그리고 후학들은 물론 군사학 발전에 미친 선한 영향력 등을 살펴보는 것은 매우 유의미한 일이기 때문이다.

이를 위해 본 연구에서는 풍석 이종학 교수의 삶을 조명하여 재해석 해보고, 후학들에게 제공해 준 삶의 지혜를 공유하며, 일생의 과업으로 여기고 발전시켜온 군사학 학문체계의 발전을 위한 방안을 제시하기로 한다.

2. 이종학 교수는 누구인가?

풍석 이종학 교수는 1929년 11월 5일 경상북도 포항에서 태어났다. 그가 태어나던 당시는 일제의 식민지배가 공고히 자리를 잡아가던 시기로서 모두가 가난한 시대였다. 그렇기에 그의 유년시절은 불우하기 짝이 없었는 바, 이는 동시대를 살아온 모든 사람들이 다같이 겪어야 했던 숙명이었다.[1)]

이종학 교수에 의하면 "어린 시절에 내세울 수 있는 이렇다 할 추억이란 것 자체가 없고, 나아가 그때의 상황을 떠올리는 것 자체가 너무 아픈 기억을 소환하는 것"이어서 의식적으로 피하는 입장이었다. 환언하면 부모(가정)로부터 지지와 성원을 받기는 하였지만 경제적인 지원은 여의치 않았다고 한다. 그가 웃으면서 알려준 유년시절의 일화는 동료들과 버스를 타고 경주에 와서 보고 느낀 놀라운 경험이었다. 당시 그는 동료들에게 "경주는 평지에 이렇게 높은 산이 많다"고 하였는데 오랜 시간이 지나 알고 보니 산재한 왕릉이었다는 것이다. 또 다른 한가지 추억은 그때의 포항은 오늘날과 같은 발전된 도시가 아니라 소규모 항·포구를 제외한 대부분의 지역이 백사장으로 형성되어 있어 '모래밭 달리기'를 하면서 소일하곤 했는 바, 이를 활용하여 기초체력을 충실히 다졌던 까닭에 이후 육상선수, 축구선수로 활동할 수 있었다고 한다. 모래사장 달리기로 올림픽 금메달을 획득한 '황영조 선수보다 먼저 금메달리스트가 될 뻔 했다'며 미소짓던 모습이 지금도 눈에 선하다.

이종학 교수는 그야말로 어렵게 어렵게 초등학교 과정을 졸업하였다. 그가 늘 자랑스럽게 생각했던 것은 바로 '포기하지 않는 마음'이었다. 그는 어려움이 닥치면 닥칠수록 뒤로 물러나거나 포기하기보다 반드시(이종학 교수는 '반다시'로 표현함) 이겨내고야 말겠다는 '꺾이지 않는 마음'으로 중무장을 하고 있었다. 포항에서 초등학교를 졸업한 소년 이종학은 고향에서 중학과정에 입학하여 수학을 하지 못하였다. 이종학 교수에 의하면 초등학교를 졸업하고 중학교에 진학하는 학생이 절반을 넘지 못했는데, 그 이유는 동료들마다 가정형편이 곤란하여 상급학교로 진학시킬 수 있는 돈이 없었기 때문에 배를 타거나, 혹은 부유한 가정의 머슴으로 일하거나, 도회지

1) 이하 내용은 풍석 이종학 교수와 대화를 나누었던 내용 중의 일부이며, 여기에는 시기 면에서 전후가 바뀌어 기술된 것도 있음을 밝혀둔다.

로 나가 생활전선에 뛰어들어야 했기 때문이라고 한다. 중학 진학의 꿈을 접어야 하는 높은 현실의 벽 앞에서 좌절하여 낙심천만하고 있던 소년 이종학에게 가느다란 한줄기 빛이 보였는데, 그것은 그에게 경남 진주로의 유학 권유였다. 그런데, 허울만 좋은 진주로의 중학과정 유학 권유이지 실제로 주간에는 일본군 무기공장인 조병창造兵廠에서 일하고, 야간에 중학과정의 공부를 하면서 기숙사에서 집단생활을 해야 했다. 일과시간에 쇠를 다루는 고된 일을 하고, 밤을 도와 공부를 해야 했던 소년 이종학은 모포와도 같은 이불을 뒤집어쓰고 흘려야 했던 진한 눈물이 보람으로 자리매김 되는 기대를 키웠다고 한다. 중학과정을 졸업한 이종학의 선택은 고향 포항으로의 귀향이었다. 대부분의 동료들은 거기에 남아 숙련된 기능공 대우를 받으며 월급을 받을 수 있었지만, 이종학은 더 나은 미래를 그리면서 포항으로 돌아왔다. 그러나, 그가 할 수 있는 일은 가사를 돕거나 동네의 운력運力에 힘을 보태는 것 외에는 없었다고 한다.

광복 이후 국가의 백년대계를 위한 교육에 관심이 폭발적으로 증가되었다. 때마침 1946년 3월 5일 포항지역에 동지상업학술강습소(동지상업학교 → 동지상업고등학교 → 동지고등학교)가 개교되고, 이종학은 제1회 학생으로 입학하였다. 강습소에서는 대부분 상업과 관련된 과목을 편성하여 가르쳤지만, 학생 이종학의 관심은 공통(교양)과목으로 편성된 화학 과목이었다고 한다. 연구과정에서 반복되는 실패를 두려워하지 않았던 퀴리부인의 열정과 노력에 매료된 이종학은 학업성적이 우수하고 타의 추종을 불허하는 운동 실력을 구비한 만능 스포츠맨으로 탄탄한 입지를 굳히고 위상 또한 크게 제고되었다고 한다.

고등학교 과정을 졸업한 이종학은 꽃길과도 같은 출세 가도를 걷게 된다. 울릉도 지역의 공민학교(초등학교를 졸업하고 중학교에 진학 못한 학생들이 입교하는 중학과정)에 부임한 교사 이종학은 열과 성을 다하여 학생들을 가르쳤다. 교사 이종학은 제자들이 더 넓은 세상에서 푸른 꿈을 펼칠 수 있도록 다양한 동기부여를 위한 노력을 경주했다고 한다. 소년급제少年及第, 또는 소년등과少年登科라는 말은 어린 나이에 높은 반열에 올랐을 때 건네는 축하의 의미로 사용되는 단어이기도 하지만, 너무 젊은 나이에 크게 성공하여 안하무인적인 태도를 견지하는 것을 경계하는 의미로 사용되기도 한다. 그러나, 당시 교사 이종학의 경우에는 위의 두 가지 경우 모두 사치스런 표현이었다. 바꾸어 말하면 교사 직책은 다음 끼니 걱정을 덜어주고 학생들에게 미래를 위한 준비의 중요성을 강조하는 합법적인 도구였던 것이다.

1950년 6월 25일 북한 공산집단의 전면 남침은 교사 이종학의 운명을 180도 전환하여 전혀 새로운 길로 들어서게 하였다. 전황이 불리하게 전개되고 각급학교의 휴교(폐교) 조치로 인해 교사생활을 접고 포항으로 돌아온 청년 이종학의 현실적인 문제는 병역의무의 이행이었다. 당시 포항 시내 곳곳에서 거리 모병활동이 이루어지고 있었고 주위에는 학도병으로 참전하는 동료들도 많았다고 한다.

이 시기에 때마침 사관생도 모집공고가 포항 시내 주요 관공서에 붙어있었는데 청년 이종학은 공군사관학교 제3기 생도모집에 지원하게 된다. 당시 육군사관학교 제11기 사관생도 모집공고가 동시에 붙어 있었지만 합격자의 입교시기가 공군사관학교가 육군사관학교 보다 수개월 빨랐기 때문에 공군사관학교에 지원했다고 한다.

열혈청년 이종학의 공군사관학교 생도생활은 고난의 연속이었다. 가까운 장래, 또는 먼 미래를 내다보고 원대한 포부를 펼쳐 나가는 큰 꿈을 가진 청년 이종학이 상명하복의 군사문화에 조기 적응을 기대하는 것은 쉬운 일이 아니었다. 여기에 심신 건강상의 이유로 지구병원을 거쳐 통합병원으로 후송을 가야 했기 때문에 학업에서 어려움을 겪었다고 한다. 이는 사관학교 교육과 훈육을 담당하는 교관과 훈육관의 입장에서 보면 뒤늦게 사춘기를 겪고 있는 생도로 평가했을 수도 있고, 뭔가 다르고 새로운 것을 추구하는 특이한 생도로 기억되었을 수도 있다.[2] 공사생도 시절에 대한 이종학 교수의 회고 가운데 '대여섯 명이 모처럼 외박을 나가 밥과 고구마를 배불리 먹고 온 것이 전부'라는 것과 공군사관학교 방문시 자율배식을 하는 모습을 보고 "격세지감을 느꼈다"는 이종학 교수의 표현이 우리에게 주는 시사점은 매우 크다고 할 수 있다.

공군사관학교를 졸업하고 통신장교로 임관한 공군소위 이종학은 대구비행장, 공군사관학교 군사학과 교관을 거쳐 미국 유학을 다녀온 후에는 공군사관학교, 공군대학, 국방대학원에서 근무하였다.[3] 이종학 교수의 학문과 연구에 대한 열정은 그가 경희대학교 대학원 사학과에 진학하여 주경야독으로 학위과정 공부를 하면서도 필수적으로 이수할 필요가 없는 학부과정의 선행학습 과목까지 이수한 데서 가늠해 볼 수 있다.[4]

이종학 교수는 문교부(교육부)에 의해 정년이 보장되는 국방대학원 교수 신분이었음에도 불구하고 58세에 퇴직하여 경주 풍석재에 터전을 잡고 전적지 답사 및 저술활동에 전념하였으며, 2002년 10월 충남대학교 평화안보대학원에 군사학 전공 석사과정 설치 및 학생모집 광고를 보고 그간의 군사학 연구논문을 보내고 일반적으로는 상상할 수도 없는 고액을 기부하였다. 나아가 대학원 운영에 관한 적극적인 의견 개진은 물론 교과과정 편성 등을 주도하고 군사학 과목 강의를 하였으며, 2005년부터는 군사학 박사과정 연구자들을 대상으로 군사학 과목 강의를 계속하였다.

그러나, 2023년 12월 29일 급서急逝함으로서 원대한 포부와 흉중의 경륜經綸을 다 펼쳐 보이지 못한 아쉬움을 뒤로한 채 그토록 아끼고 애지중지하던 삶의 터전이자 연구의 본산인 풍석재(풍석기념관)에 영면하고 계시다.

---

2) 「졸업을 1년 남기고 최상급생이 되고 보니 생활에 여유가 생겼다. 나는 중학생 때부터 위대한 화학자가 되고 싶다는 꿈이 있었는데, 사관학교를 졸업·임관하여 직업군인이 된다면, 살인이 본업이 되지 않는가, 하는 회의심이 날로 커져갔다. 1953년 10월 훈육관을 찾아가서 나의 희망과 꿈을 얘기하고 "인생의 진로를 바꾸어야 하지 않겠습니까?" 하고 자퇴할 의사를 건의했다.…3일 후에는 느닷없이 모든 사물을 챙겨서 대기 중인 자동차에 타라는 것이었다. 행선지를 물으니 "마산의 공군병원에 입원하라"는 것이었다.…나는 인생이란 무엇이며, 살만한 가치가 있는가 하는데 관심을 집중했고, 동·서 철학에 관한 책을 탐독했다. 졸업 6개월을 앞두고 동기생들이 특기교육을 받으러 나간다기에 내과 과장님에게 "퇴원했으면 좋겠습니다"고 건방지게 건의했더니, 웃으시면서 퇴원·원대복귀를 승인해 주었다.」 이종학, 『나의 학문과 인생』(대전 : 충남대학교출판부, 2009), p.52.

3) 이종학 교수의 공식 프로필에 게재된 경력으로는 공군사관학교 교수부 군사학과장, 공군대학 교수부 제2·3처장, 국방대학교 교수, 국방대학교 교수부 제3학처장, 충남대학교 평화안보대학원 겸임교수, 충남대학교 군사학부 특임교수로 기록되어 있다.

4) 이종학 교수는 2003년 8월 군사학 발전에 대한 공헌과 대학발전에 기여한 공로로 충남대학교에서 대한민국 최초로 명예 군사학 박사학위를 수여받았다.

3. 이종학 교수가 실천한 삶의 지혜

앞서 살펴보았듯이 이종학 교수의 생애는 그 자체로 한국 근현대사이자 불굴의 의지 하나로 군사학 학문체계의 신기원을 이룩한 그야말로 무에서 유를 창조한 신기원의 일생이었다고 해도 과언이 아니다. 주위의 많은 동료들이 좌절하거나 체념하여 포기할 때에도 의연히 떨쳐 일어나 끊임없는 도전 끝에 기필코 가시적인 성과를 달성해 냈던 소년 이종학의 개척자 정신을 일관되게 실천했던 것이다. 이종학 교수가 후학과 제자들에게 보여준 일거수 일투족이 연구자(학자)의 표본이라고 할 수 있지만 본 연구에서는 대표적인 몇 가지 사례를 통해 구체적으로 살펴보기로 한다.

가. 자인타관自吝他寬과 근검절약의 실천

자인타관이란 자신에게는 한없이 인색하고 타인에게는 너그럽고 관대하게 대한다는 의미이다. 이종학 교수의 특장점으로는 어느 지역을 가든지 약간의 여유시간만 주어져도 가까운 서점가(책방)을 찾아 미리 선정해 놓은 관심 분야의 책을 사거나, 고서적을 다량 구매하고도 전혀 무겁지 않다고 말하지만, 정작 자신을 위해 신상품 계절 옷을 산다거나, 새로운 구두를 사는 것은 극구 사양하는 단계를 넘어 의식적으로 피한다는 점이다.

대학원 박사과정의 제자로부터 "교수님처럼 새로운 옷도 안 사고 구두도 안 사신으시면 상인들로부터 민원을 받게 될테니 지역사회 경제활성화 차원에서 제철 상품을 구입해 보시는 것은 어떠신지요?"라는 말을 듣고, "지금 이 옷은 1957년도에 미국 유학을 갈 때 새로 사서 입고 갔던 옷"이라며, 오래되어 손때와 기름때로 얼룩진 가죽지갑에서 카드를 꺼내 주며 "비용 결제를 하고 영수증은 '반다시' 받아와야 한다"고 웃어넘기실 정도로 철저할 정도로 근검절약을 실천하였다.

한편으로는 학부과정과 석·박사과정 연구자, 최고위과정 수강생들을 대상으로 한 특강에서 "기름 한방울 나지 않는 나라에서 도로에 차가 밀릴 정도로 자동차가 많은데 꼭 필요해서 타는지, 과시를 위해 타는지를 따져서 낭비하지 말아야 한다"고 강조하기도 하였다.

그럼에도 불구하고 이종학 교수는 여러 기관에 고액의 기부를 실천하였다. 국방대학원 교수를 퇴직하면서 공군사관학교에 서울 소재 자가를 기부한 것을 시작으로 충남대학교에는 애장도서 1만여권과 도서구입비 기부, 군사학 진흥기금으로 13억여원의 임야와 현금을 기부하였다.[5] 위 사례야말로 이종학 교수가 자기 자신에게는 추상과 같이 인색하고 타인에게는 춘풍과 같이 관대하였는지를 보여주는 대표적인 사례라고 할 수 있다.

---

5) 풍석 이종학 교수가 기부한 자산으로 공군사관학교에서는 사관생도 해외 전적지 답사와 학술세미나, 교수연구활동에 활용하고 있으며, 해외 전적지 답사를 다녀온 교수와 사관생도들이 이종학 교수에게 감사의 편지와 카드를 보내오기도 하였다. 또한 충남대학교에서는 중앙도서관에 '풍석문고'를 설치하여 연구자들이 대출받아 연구에 활용하고 있으며, 군사학 학문발전을 위한 세미나, 군사학 총서 발간, 군사학 박사학위 우수논문 표창 및 상금으로 활용하고 있다.

나. 연구, 새로운 연구, 끝없는 연구활동

앞서 살펴본 바와 같이 이종학 교수는 처음부터 연구자의 신분이 아니었다. 식민지배를 받는 여느 가정과 동일하게 '춥고 배고픈 작은 소년'이었다. 그리고 가정으로부터 경제적 지원을 받아 부족함이 없는 환경에서 중·고등학교 과정을 졸업한 것도 아니었다. 신생학교를 졸업하고 짧은 교직생활을 거쳐 공군사관학교에 입교하여 통신장교로 임관하였다.

그의 진면목은 초임장교 시절의 짧은 실무부대 근무 이후 공군사관학교와 공군대학, 국방대학원에서 사관생도와 영관장교를 대상으로 강의하는 교관/교수 경험을 통해 드러나게 된다. 그는 군사고전으로 일컬어지는 클라우제비츠의 『전쟁론』(1832년)과 손무의 『손자병법』(B.C. 513년?)을 독학으로 연구하였다.[6]

청년장교 시절부터 이어온 연구자의 삶은 영관장교를 거쳐 전역한 이후 국방대학원의 교수 재직, 그리고 퇴직 이후 풍석재에 서라벌군사연구소를 설립하여 현장답사와 연구를 거듭하는 것으로 발전되었다.

그 결과 이종학 교수는 35세이던 1963년도에 『민주교육의 진로』(번역서)를 시작으로 2022년까지 『종합세계전사』, 『한국전쟁사』, 『손자병법』, 『전쟁론』, 『군사전략론』, 『항공전략론』, 『군사전략』(I권, II권), 『현대전략론』, 『클라우제비츠의 생애와 사상』, 『한국군사사 서설』, 『군사논문선』, 『신라 화랑·군사사연구』, 『서라벌에서 온 편지』, 『광개토대왕 비문의 신연구』, 『6·25전쟁사』, 『클라우제비츠와 전쟁론』, 『군사학개론』, 『군사전략론』, 『한 군사학도의 연구 발자취』, 『나의 학문과 인생』, 『전략이론이란 무엇인가』, 『군사고전의 지혜를 찾아서』, 『웨드마이어 회고록과 논평』, 『동북아시아의 전쟁과 평화』, 『군사사학으로 본 6·25전쟁사』, 『60대 이후의 인생전략』 등 50여 권의 저·역서를 발간하였다. 또한 국내외의 저명 학술지에 80여 편이 넘는 논문을 게재(기고)하는 빛나는 연구업적을 달성하였다.

여기에서 주목해야 할 점은 이종학 교수는 연구과정 자체를 즐겼다는 사실이다. 그는 매우 짜임새 있고 효율적으로 하루 일과를 계획하여 실천하였다. 대학원 강의가 있는 날은 별도의 일정을 잡지 않고 강의에만 전념하였으며, 여타의 날에는 연구와 휴식의 조화를 이루어 장기간 연구가 가능하도록 하였다.

특히, 매일 동일한 시간에 연구실 밖으로 나가 소나무와 매화나무의 가지치기를 하고 감나무에 퇴비를 주거나 정원의 잡초 제거를 하였는데, 노동개념의 일을 하는 것이 아닌 건강 유지를 위한 운동으로 인식하였다는 사실이다.

---

6) 이종학 교수는 후학과 제자들과의 대화에서 손자병법 연구의 중요성을 여러 번 피력한 바 있다. 특히 『손자병법』 제1편 '시계'편의 "전쟁은 나라의 중대한 일이다. 국민의 생사와 국가의 존망이 기로에 서게 되는 것이니 신중하게 살피지 않으면 안 된다(兵者 國之大事 死生之地 存亡之道 不可不察也)라고 하여 평시 전쟁 대비와 군사 문제의 중요성을 깊이 인식하였다. 그는 不戰勝 思想, 즉 싸우지 않고 이기는 지혜와 전략의 구사가 무엇보다도 중요하며, 전쟁 개시의 결정이 신중해야 한다는 것을 이해하고 난 이후 오랫동안 직업군인이 된다는 데 회의심을 품고 있었던 생각을 말끔히 씻게 해주었고 새로운 차원의 전쟁연구의 중요성을 깨닫게 해주었다고 술회하였다.

여기에서 우리는 이종학 교수가 공군대학과 국방대학원 근무시절 20세의 나이 차이가 나는 후배장교들과 체력검정에서 가장 높은 등급을 받고 1.5km 달리기에서 1위로 골인지점을 통과하였을 뿐만 아니라 퇴직 후에도 60대까지 젊은이들과 테니스 실력을 겨루어 당당히 우승을 할 수 있었던 데는 타고난 체력도 있지만 이처럼 꾸준한 자기 노력이 수반되었기 때문임을 알 수 있다.

다. 잘 하는 것, 잘 할 수 있는 것, 좋아하는 것에 집중하기 위한 여건 마련

이종학 교수의 인생 전반에서 돋보이는 부분은 선택과 집중을 잘 실천했다는 점을 들 수 있다. 그의 유년시절은 그가 선택할 수 있는 부분이 많지 않았지만 최선의 선택을 위해 노력하되 차선이라고 하더라도 열심히 노력하여 상황의 변화를 추구하였기에 결과적으로는 최악이 아닌 차악을 선택할 수 있었다. 또한 성인이 된 이후에도 자신이 잘 하는 것, 잘 할 수 있는 것이 무엇인지를 알고 좋아하는 것에 집중하였다.

그가 평상시에 후학들과 제자들에게 강조한 내용을 보면 "우리들은 인생 후반기의 결실을 맞이하기 위해 다음과 같은 사항을 고려하는 것이 좋다. 그 이유는 준비 없는 노년과 장수는 축복이 아니라 고독과 고통을 안겨주기 때문이다. 첫째, 의식주로부터 해방이다. 즉, 직장을 그만둘 때, 일시불이 아닌 연금을 택하고 자식들에게 생계를 의존하지 말 것, 둘째, 평생 하고자 하는 일을 가짐으로써 생활에 활기를 찾을 것, 셋째, 배운다는 자세를 가질 것, 넷째, 정열과 기쁜 마음으로 생활할 것, 다섯째, 건강을 위해 꾸준한 활동과 운동을 계속할 것. 인생의 후반기를 인생의 황금기로 생각하고 활기찬 활동을 할 것인가, 아니면 인생의 황혼기로 생각하고 무위도식으로 죽는 날만 기다릴 것인가는 각자의 인생관에 따라 달라지겠지만, 전자를 택하는 것이 바람직한 인생의 결실을 가져오는 길이라 확신한다.[7]

이종학 교수는 후학과 제자들에게 배우자의 중요성을 강조한 것으로 유명하다. 즉, 남편은 연구에만 전념한다는 핑계로 가족과 떨어져 생활하거나, 혼자 다니지 말고 같이 답사하고 연구하는 분위기를 만들어 나가야 하며, 아내는 남편이 연구하는 과정에 지치지 않도록 적극 지원하되, 공통의 관심사를 유지·발전시킬 수 있는 적절한 취미생활이 중요함을 주지시키고자 하였다. 이렇게 볼 때 이종학 교수야말로 하고 싶은 일, 잘하는 일을 즐기면서 유유자적한 삶을 영위한 학자 중의 학자로 기록될 필요충분조건을 모두 구비하고 있는 것으로 생각된다.

4. 이종학 교수와 군사학 학문 발전

가. 군사학 이론체계 및 정체성 정립

이종학 교수는 공군사관학교 전사교관으로 재직 중이던 1967년부터 군사학을 평생의 연구과제로 설정하여 독보적인 연구업적을 남겼다.[8] 그는 군사학을 "전쟁의 본질과 성격 및 무력

7) 이종학, 『나의 학문과 인생』(대전 : 충남대학교출판부, 2009), p.67.

전의 준비·수행과 억제에 관한 통일된 지식의 체계"로 정의하고, 군사학의 범위를 전쟁철학, 전쟁학, 군사사학, 군사기술, 군사교육학, 군사지리학, 군사보조학문으로 설정하였으며, 질적 연구방법과 양적 연구방법을 제시하여 학자들의 연구를 선도하였다.[9] 요컨대 이종학 교수는 군사학을 여러 학문분야의 혼합체가 아닌 선후 주종관계에 바탕을 둔 통일된 지식체계임을 주장하였는 바, 여기에서 이종학 교수의 혜안과 놀라운 선견지명을 유추해 볼 수 있다.

군사학 학문체계에 대한 최초의 논의는 1979년에 이종학 교수가 「군사이론 체계에 관한 연구」 논문을 발표하면서 시작되었다. 1980년 10월 국방대학원에서 개최된 「군사학 이론과 교육체계 정립」 세미나에서 그가 '군사학의 이론체계'를 주제로 논문을 발표하여 군사학의 이론 정립이 시도되었다. 그러나 당시의 사회 분위기는 뿌리 깊은 반군사주의가 만연되어 실질적인 군사학 학문연구가 매우 제한되었던 것은 주지의 사실이다.

이후 1999년 6월에 개최된 군사연구 세미나에서 이종학 교수는 「한국 군사학의 발전방향」 논문 발표에서 "군사학은 군사훈련이 아니며, 학문으로서 전쟁에 대한 지식 체계이다. 군사학은 사관학교 교육의 핵심이 되어야 하며, 사관학교에서 군사학 학사학위를 수여하고, 일반대학에서도 학문으로서 군사학을 연구하는 연구소가 설치되어야 한다"고 주장하였다. 이를 계기로 「군사학 학문체계 정립 및 학위수여방안 연구위원회」가 설치되고 2002년 12월에는 마침내 교육부로부터 공식적인 학문체계로 인정받게 되었다.

그 결과 대학의 학부과정 군사학과는 육군과의 학군 제휴협약에 의해 2004년에 대전대학교와 경남대학교, 2005년에 원광대학교와 조선대학교에 설치되었다. 2011년에 영남대학교, 건양대학교, 용인대학교, 청주대학교에 군사학과가 개설되었으며, 2012년에 고려대학교, 2013년에는 서경대학교, 상명대학교, 충남대학교, 동양대학교의 군사학과의 설치가 협약되었다. 그 밖에도 대학 단위로 군사학과를 설치하여 학생을 모집하는 비협약 군사학과가 증가되고 있으며, 육군과 협약된 모든 대학은 군사학 학사-석사-박사과정과 군사 관련 연구소를 동시에 운영하고 있다. 그러나, 일부대학에서는 다양한 여러 가지 이유로 군사학의 정체성에 대한 강한 도전과 함께 군사학 학문체계를 뿌리째 흔드는 행위를 하고 있는 바, 그 단초는 「군사학과」의 명칭 변경 시도에서 드러나고 있다. 이에 관한 세부내용은 〈표 1〉과 같다.

8) 이에 관한 이종학 교수의 회상은 다음과 같다. 1960년대 중반 미국의 미시간대학교에서 물리학 석사학위를 받고 귀국한 동기생이 "군사학도 학문인가?"하고 농담을 건네왔다. 그래서 나는 "자네는 미국에서 물상을 공부해 와서 무슨 큰소리냐?" 반격했지만, 이 사건은 군사학의 이론체계 정립을 위해 나의 일생을 매달리게 한 동기부여가 되었다. 이종학, 『나의 학문과 인생』(대전 : 충남대학교출판부, 2009), p.108.

9) 이종학, 『군사논문선』(경주 : 서라벌군사연구소, 1991), p.27.

〈표 1〉 학군 협약대학 군사학과 명칭 현황(2023년 12월 기준)

대전대학교	**경남대학교**	**원광대학교**	**조선대학교**	**영남대학교**
군사학과	군사학과	군사학과	군사학과	군사학과
건양대학교	**용인대학교**	**청주대학교**	**고려대학교**	**서경대학교**
군사학과	군사학과	군사학과	사이버국방학과	군사학과
상명대학교	**충남대학교**	동양대학교		
국가안보학과	국토안보학 전공	(정보통신·의무) 군사학과		

〈표 1〉에서 보는 바와 같이 학군협약 13개 대학 가운데 대부분 군사학과 명칭을 사용하여 학생을 모집하고 교과과정을 운영하고 있지만, 상명대학교와 충남대학교의 경우 국가안보학과, 국토안보학 전공으로 명칭을 변경하여 운영하고 있다.[10] 이종학 교수는 특히, 충남대학교의 군사학 학사-석사-박사과정의 설치 및 교과과정 운영에 함께 하였을 뿐만 아니라 고액의 재정지원 및 장서 기증을 통해 군사학 학문발전과 저변이 확대되기를 소망하였지만, 정체성이 상실되는 아픔을 겪었다. 그럼에도 불구하고 그는 인생만사 새옹지마(人生萬事 塞翁之馬)를 언급하면서 화禍가 복福이 되기도 하고 복이 화가 되기도 하는 것임을 피력하고 인연설因緣說을 활용하여 설명하기도 하였지만 오롯이 감내해야 했던 기간이 너무 긴 세월이 되어버렸다는 사실에서 후학과 제자들에게 주는 메시지는 매우 강렬하다고 생각된다.

나. 이루지 못한 꿈의 실현을 위하여

군사학 학문발전을 위한 이종학 교수의 피나는 노력은 그가 생의 마지막 순간까지도 「백선엽 장군 평전」을 집필하는데 골몰汨沒 했다는 점에서 잘 알 수 있다. 그리고 그에 관한 사례는 이범석 장군(전 국방부장관)이 그의 자서전에서 경성고보 3학년 학생으로서, 학업마저 포기한 채 15세의 나이에 혈혈단신孑孑單身으로 중국 망명의 길을 택한 이유를 설명하는 구절에서 찾을 수 있다.

이범석은 "나는 중학생이 되자 남에게 빼앗긴 내 나라에 대한 생각에 밤을 새울 때가 많아졌다.…(중략) 왜놈은 내게서 나라 빼앗아 갔다. 나는 내가 가야 할 길이 무엇인가를 밤새워 생각하는 청년이 되었다. (중략) 그리고 나는 드디어 결심하였다. 학업을 버리고 독립운동에 뛰어들기로. 그리하여 마침내 나는 출분出奔 하였다." 이와 같이 학생 이범석의 가슴 속 한가운데는 나라를 사랑하는 마음이 자리하고 있었으며, 이를 실천하기 위해 그 어떤 고난이 닥치더라도 반드시 가야 할 길이라 여기고 학업을 포기한 채 독립운동의 길에 나섰던 것이다.

이종학 교수가 조국과 민족을 위해 뜨거운 정열과 싱싱한 젊음을 불태운 빛나는 발자취를 남긴 군사학 분야의 태산북두泰山北斗이자 비조鼻祖였음은 누구나 공감하는 사실이다. 비록 불우한 유년시절이 그를 절망하게 하고 타지로의 유학 등 수많은 좌절을 겪었지만, 그 자리에 머물거

10) 고려대학교의 경우 학군협약 당시부터 사이버국방학과의 명칭을 사용하였으며, 동양대학교는 최초 정보통신군사학과로 개설하였으나, 의무군사학과가 추가 개설되었다.

나 퇴보하지 않고 늘 새로운 목표와 거기에 이르는 중간목표를 설정하여 열과 성을 다해 하나하나 이루어 나갔다. 고도의 인내력과 자제력이 구비되어야 하고 초인적인 역량이 뒷받침되어야 가능한 일이라고 할 수 있다. 또한 이종학 교수는 어느 누구 보다 국가관과 사명감이 투철한 원칙주의자였다. 그는 안일한 불의의 길보다 험난한 정의의 길을 아무런 망설임 없이 선택할 정도로 강직한 삶을 영위하였다. 개인의 사리私利를 위하여 공무公務를 소홀히 하지 않았을 뿐만 아니라, 시간이 흐름에 따라 세상과 인심이 여러 모양으로 바뀌어 본래의 모습이 변화될지라도 군사학 학문발전에 관한 노력과 열정은 바꾸어 놓지 못할 것이라고 생각했고 지금도 그대로 유지되고 있는 것이다.

이종학 교수는 유비무환을 신념으로 지켜오고 실천하였다. 미리 준비하면 환란이 없다는 의미의 유비무환은 미리 준비하지 않으면 환란이 있다는 무비유환으로 설명되기도 한다. 이종학 교수가 다가올 많은 경우의 수(위협)을 상정하여 미리 대비하는 유비무환의 사례는 이루 헤아릴 수 없이 많고, 대부분 튼실하게 구축하였다는 것은 널리 알려진 사실이다.

특히, 이종학 교수는 군사학 발전을 견인할 수 있는 유능한 후진을 발굴하고 저변을 확대하기 위해 「풍석기념관」을 설립하여 군사학발전 세미나, 군사학총서 발간, 군사학 연구자를 대상으로 한 장학금 수여 등의 프로그램 운영까지 제시하고 이를 운영하기 위한 재정분야까지 치밀하게 준비하였다. 이종학 교수는 풍석기념관이 제대로 자리잡는 것을 보지 못하고 고인이 되었지만, 그의 유지를 받드는 후학과 제자들에 의해 더욱더 새로운 모습을 드러낼 것으로 기대를 모으고 있다.

풍석기념관에서는 이종학 교수의 연구자료와 저서를 온전하게 보전함은 물론 미완의 연구산물에 대해서는 세상의 빛을 보게 하고 여러 제자들과 후학들이 활용할 수 있도록 해야 한다. 아울러 그동안 이종학 교수의 연구내용을 우리 군과 학계에 홍보해야 한다.

이종학 교수의 유비무환 정신에 대한 평가는 영국의 역사철학자 카(E. H. Carr)의 주장을 통해 엿볼 수 있다. 카는 "역사란 현재와 과거의 끊임없는 대화이다. 과거-현재-미래로 이어지는 별도의 분리된 상태가 아니라 연속선상에서 존재한다. 따라서 역사가는 사실을 재해석하여 그것이 현재에 주는 교훈과 미래를 예측하고 전망하는 것에 관심을 두어야 한다"고 주장하였다.

이는 지나간 과거를 과거로만 인식하고 쉽게 잊어버리는 민족에게는 현재는 물론 미래도 없다는 뜻으로 해석할 수 있다. 아울러 이종학 교수에 대한 평가는 시대와 관점에 따라 조금씩 달라질 수도 있으나, 분명한 것은 반드시 당시의 상황과 이에 관련된 그의 자기 고백과도 같은 군사학 분야의 연구업적, 그리고 객관적으로 밝혀진 사례를 중심으로 연구·분석되어야 할 것으로 판단된다.

5. 맺음말

일제가 조선을 병탄하고 식민지 정책을 구체화하던 시기에 태어난 이종학 교수는 유년시절에는 가정과 주위의 충분한 지원 없이 스스로 의식주를 해결하고 학업을 이어가야 하는 어려움

가운데서도 절망하거나 주저앉지 않았을 뿐만 아니라 더 나은 미래의 청사진을 그려 놓고 이를 하나하나 채워 나가는 개척자적 태도를 견지하였다.

주어진 여건에 최선을 다하면서 새로운 영역을 추구하고자 한 그의 도전정신은 6·25전쟁이 발발하여 조국이 누란의 위기에 처해 있을 때 이를 극복하기 위한 공군사관학교 입교로 이어지고 마침내 한국 군사학의 태두로 우뚝 서게 하였다. 이종학 교수야말로 억압받고 있는 조국의 현실을 타개하기 위해, 그리고 신생 독립국 대한민국의 자유와 평화를 지키기 위해 군인의 길을 택하여 일로매진한 진정한 의미의 애국자라고 할 수 있다.

이종학 교수는 무한한 제자 사랑과 군사학 지식 전수에 대한 열정을 솔선하여 실천하였다. 학자로서 이종학 교수는 많은 연구자들이 과목 수강을 피하고 싶을 정도로 완벽함을 강조하였다. 과다하다 싶을 정도의 많은 과제 부여는 물론 예외 없는 발표와 토론을 해야 하는 수업진행 방식은 두 번 반복하기 어려운 과정이라는 것은 다 알려진 비밀이 되었다. 강의실 수업과 더불어 교수와의 대화를 통해 알려진 크고 작은 일화와 세세한 경위들은 이종학 교수의 가치관과 소신의 진면목이 무엇인지를 알게 해주는 소중하고 귀한 가르침이 되었다.

이종학 교수의 일생은 한국 근현대사 자체였다. 오직 바른 길, 정도와 정의만을 최고의 가치로 여기고 실천한 그의 앞에 펼쳐진 현실은 타협하기 힘들었고, 그만큼 질곡의 시간이었지만 묵묵히 온몸으로 극복한 인간승리 그 자체였다. 그는 자신의 의도가 온전하게 구현되지 못하는 안타까운 상황에서도 끝까지 의연함을 지키면서 결코 부정한 방법과 불의에 타협하지 않았다. 오히려 면종복배를 일삼는 주변을 어여삐 여기며 훗날의 경계로 삼고자 하였다.

이종학 교수는 군사학 학문체계를 정립한 선구자이자 명실상부한 한국 군사학의 태두이다. 전쟁시기에 공군사관학교를 졸업한 이후 미국 연수 유학을 거쳐 공군사관학교, 공군대학, 국방대학원에서 군사학 과목을 강의하였다. 특히, 그는 충남대학교 군사학 학사 및 석·박사과정 설립 과정에서 피와 땀으로 모은 재산과 소중한 장서의 기증은 물론 직접 강의를 담당하면서 군사학의 저변이 확대될 수 있도록 하였다. 이종학 교수가 집필한 『군사전략론』, 『군사학개론』, 『한국군사사 연구』, 『60대 이후의 인생 전략』 등의 저서는 군사학 연구에 있어 금과옥조와도 같은 위상을 굳게 지키고 있다.

이제 우리는 이종학 교수가 제시해 준 "자유와 평화는 말이나 구호만으로 얻어지는 것이 아니며, 비록 얻어진 자유와 평화라고 할지라도 이를 스스로의 힘으로 지키고 발전시키지 못한다면, 언제든지 타인의 자유와 평화가 되고 만다"는 소중한 교훈을 오래 기억하며, 그의 유지를 이어나가는데 부족함이 없도록 노력을 배가해야 한다.♠

〈참 고 문 헌〉

●단행본

·김광선, 『광복군 전쟁사에 길이 빛나는 철기 이범석 장군』, 대전 : 군사연구 124집, 2007.
·이범석, 『우둥불』, 서울 : 삼화인쇄주식회사, 1994.
·이종학, 『한 군사학도의 연구 발자취』, 충남대학교출판문화원, 2006.
·______, 『나의 학문과 인생』, 충남대학교출판부, 2009.
·______, 『60대 이후의 인생전략』, 충남대학교출판문화원, 2022.

·공군사관학교, 『공군사관학교 50년사(1949~1999)』, 공군사관학교, 1999.
·육군사관학교, 『군사학 학문체계와 교육체계 연구』, 화랑대연구소, 2000.
·육사 화랑대연구소, 『군사연구세미나 I : 군사학 학문체계 및 교육체계』, 1999.
·E. H. Carr, 황문수 역, 『역사란 무엇인가?』, 서울 : 범우사, 1987.

●논문

·이종학, 「현대군사사의 연구동향」,『軍史』 제3호, 1981.
·______, 「군사이론체계에 관한 연구」, 『국방연구』 22권 1호, 안보문제연구소, 1979.
·______, 「군사학의 이론체계」, 『국방학술세미나 : 군사학이론과 교육체계 정립』, 국방대학원, 1980.
·정준, 「이범석의 유비무환 정신」, 『군사저널』, 서울 : 군사저널, 2009년 6월호.

Ⅲ. 군사학의 태두, 이종학 교수의 격물치지格物致知 : 학문적 업적과 후학의 교훈

최 병 학※

1. 군사학을 '학문의 반석' 위에 올려놓다

원래 '격물치지格物致知'는 「대학大學」에서 유래한 성어로 사물의 이치를 명하여 자기 지식을 확고하게 하는 것을 의미하며, 각 자구字句의 뜻은 다음과 같다.[1)]

첫째, 격格은 격식을 뜻하며, 사물의 이치를 밝혀내는 것을 의미한다.

둘째, 물物은 물건이나 사물을 뜻하며, 이는 연구대상이 되는 만물을 의미한다.

셋째, 치致는 이르다, 도달하다의 뜻으로, 이치에 도달하는 것을 의미한다.

넷째, 지知는 알다, 알리다의 뜻으로, 이치를 알고 자신의 지식을 성장시키는 것을 의미한다.

이 글에서는 명실공히 군사학의 대부, 이종학 교수의 고고孤高한 학문적 업적과 후학의 교훈을 '격물치지格物致知'의 정신에 입각하여 주요 학문적 업적을 살펴보면서, 그 깊고 넓은 뜻을 다시 한번 되새겨 보고자 한다.

> …1951년 11월 공군사관학교에 입교한 이래 군사문제를 배웠고, 체험했고, 연구하여 가르쳐 온 지 벌써 60여 년의 세월이 흘렀고, 평생 전쟁을 연구대상으로 하는 '군사학'(military art and science)을 연구해 왔다.
>
> 나는 아직 현역이고, 건강이 허락하는 한 활동을 계속할 것이며, 내 인생에 '은퇴'란 없다는 것을 밝혀 둔다…[2)]

공군사관학교 졸업(3기, 1954), 공군대학 졸업(1970), 경희대학교 대학원 사학과 졸업(1969), 공군사관학교 군사학과장, 공군대학 제2·3처장, 국방대학원 교수 및 제3학처장, 한국군사사학회

※ 崔秉鶴:(전)충남대 군사학부 겸임교수, (현)미래군사학회·항공우주전략포럼 고문 및 한국병무정책학회장, 행정학 박사.

1) 원래 '격물치지(格物致知)'는 중국 남송대의 주희(朱熹)가 『대학장구(大學章句)』에서 사물의 이치를 궁극에까지 이르러 나의 지식을 극진하게 이른다고 제시한 유교용어로서, "사물의 이치를 궁극에까지 이르러 나의 지식을 극진하게 이른다"는 뜻을 담고 있다. 『대학』의 경전 원문에서는 격물치지 문제에 관한 것으로, "나의 지식을 극진하게 이루는 것은 사물의 이치를 궁극에까지 이르는 데 달려 있다(致知在格物)", "사물의 이치가 궁극에까지 이른 다음에 내 마음의 지식이 극진한 데 이른다(物格而後知至)", "이것을 일러 나의 지식이 극진한 데 이르렀다고 한다(此謂知之至也)"의 세 구절이 있다. 『한국민족문화대백과사전』(2023).

2) 이종학, 공군사관학교 '역대교수 초청 학술세미나' 발표내용 중(2017.6.30.).

창설(1976) 및 초대 회장, 충남대학교 명예군사학박사(1호), 서라벌군사연구소장, 공군사관학교 명예교수(1호) 등, 군사학 정립·발전과 후학양성에 한 평생을 바친 이종학 교수는 명실상부 '격물치지格物致知'의 표상이다.

2. 일생을 통해 일궈낸 군사학의 학문적 체계 정립

군사학을 학문의 반석 위에 단단하게 올려놓은 이종학 교수의 학문적 업적은 '군사학 패러다임의 변화와 구축'이라는 관점의 접근이 필요하며, 이는 각각의 군사학 개론서나 연구서 보다도 서지書誌의 집대성 격인 백과사전을 통해 먼저 살펴볼 필요가 있다. 이는 이종학 교수의 군사학의 학문적 정립 노력의 결과가 후대에 어떻게 반영되고 있는가를 살펴볼 수 있다는 점에서 의미가 있다.

첫째(나무위키), '군사학(military science)'은 군사, 전쟁에 관한 것을 연구하는 학문으로, 이는 전략, 작전술, 전술, 군수, 무기, 전쟁사, 군사교육 및 훈련, 국가동원, 군사행정 및 정책, 군법, 국가정보, 국가안보 등 군사와 관련된 모든 분야를 다루고, 용병술과 제병술, 제기술을 핵심으로 제시하고 있다.[3)]

초창기에는 병력 운용 등 전술적인 측면의 기초적인 학문이었지만 정치학이나 경제학 등이 발전하면서 학문간 연계가 이뤄지고 전쟁의 양상이 복잡해지면서 고도의 실용적인 학문으로 발전한다. 군사학이 중요한 것은 전쟁이 나면 당장 써먹어야 하는 학문이란 것이다. 공학이나 의학과 비슷하다. 군사학 중에서 지휘통솔 부분은 제왕학과 어느 정도 겹치는 부분이 있는데 그 부분이 바로 사람을 지배하고 관리하는 부분이다.

둘째(위키백과), 군사학 또는 군사과학(military science)은 군사 및 군사와 관련된 것에 대하여 연구하는 학문이며, 군사학의 연구대상은 군대, 군인, 군사행정, 군용품, 군사훈련, 전술, 전쟁, 무기 등이다. 다른 학문과 교집합을 가지기도 하는데, 경제학에서 다루는 전쟁특수나 법학에서 다루는 전쟁법, 역사학에서 다루는 전쟁, 공학(특히 병기공학)에서 다루는 무기 등으로 제시하고 있다.[4)]

인류는 개인과 집단의 생존과 독립을 위해 전쟁을 억제하고, 유사시 전쟁에서 승리하기 위해 군사력을 건설하고, 군사력을 운영하는 데 요구되는 전쟁술, 전투술, 군사이론 등에 많은 관심과 노력을 기울여 왔다. 학문으로 정립된 것은 최근의 일이지만, 군사학은 고대부터 인류 역사와 함께 발전해 왔다.

셋째(네이버 지식백과), 군사학(軍事學, military science)은 국가의 안보전략을 군사적으로 구현하기 위해 군사력을 건설하고 운용하는 일체의 분야를 연구대상으로 하는 학문이다. 여기에는 군사사상, 군사이론, 전쟁사, 전략, 조직, 무기체계, 장비, 군수, 인력, 교육 등 군에 관련된 모든

3) 「나무위키」(2023.12.10.), 개요 편.
4) 「위키백과」(2023.4.15), 개요 및 연구 대상 편.

분야가 포함된다. 군의 운용을 직접 담당하는 현역 및 군무원 등 군 자체의 조직뿐만 아니라 이론가, 연구가, 실험가, 군사기술 과학자, 엔지니어 등이 이러한 일을 담당한다.5)

군사학 연구의 필요성은 전쟁에 대한 탐구에서 비롯되었다. 싸움의 수준이 단일 전장에서의 전투에서 점차 총력전으로 발전하면서 전쟁에서의 승리 또는 효율적인 전쟁 수행을 위하여 연구의 필요성이 대두되었고, 전쟁에 대한 저술이 탄생하면서 전쟁에 관한 기술, 원칙 및 보다 광범위한 전쟁 준비에 이르는 범위까지 연구대상이 확대되었다.

군사학에는 여러 분야가 있으나, 이 중에서 중심적인 분야는 전략이나 교리와 같은 개념의 분야이다. 조직이나 배치, 무기체계, 교육 및 훈련 등의 분야는 채택된 전략을 구현하기 위해 변경되거나 새로이 고안될 수 있다. 전략을 구현하기 위해 필요한 무기체계가 식별될 수 있으며, 특징적인 전법戰法에 의해 무기체계의 소요가 제기된다.

넷째(두산백과), 군사학은 군사에 관한 기초적인 과학체계, 특히 군사훈련의 일부인 교육과정에서 배우는 일반이론이며, 넓은 뜻으로는 전략·전술 전반에 걸치며, 좁은 뜻으로는 전투계획·준비·운용·지휘통솔 등에 대한 이론체계로서, 전쟁·군대·무기가 주요 대상이 되나, 그중에서도 전쟁론이 가장 이론적으로 체계화되어 있다.6)

다섯째(한국민족문화대백과), 군사학은 전시와 평시에 군사력의 역할·발전·운용 및 지원문제와 국가목표 달성을 위한 군사력 사용에 직접적으로 영향을 미치는 경제·지리·정치·사회심리 등 국력 요소 간의 상호작용관계를 이론적·체계적으로 연구하는 것이며, 따라서 군사학의 연구대상은 군사현상 일반이다. 구체적으로 그 내용은 군사 역량의 준비와 사용, 전략과 전술 및 제반 군사교리, 군사첩보 및 정보, 군사제도, 국방관리, 지휘 및 통솔, 군사문제의 연구·분석기술이라고 할 수 있다.7)

여섯째(국방과학기술용어사전), 군사발전을 위한 과제를 연구하는 학문으로 군대, 군비軍備, 전쟁, 무기 등에 관한 이론을 연구한다.8)

이상과 같이 여러 백과사전에서 제시하고 있는 군사학의 정의와 연구분야를 살펴보았는데, 그 내용에는 차이가 있다. 이미 이종학 교수는 국방대학원 재직시 "군사학의 이론체계" 세미나 주제발표(1980. 10. 30)에서 다음과 같이 제시한 바 있다.

첫째, 군사학의 정의로서, 군사학은 전쟁의 본질과 성격, 무력전의 준비와 수행 및 억지에 관한 통일된 지식의 체계이다.

둘째, 군사학의 범위는 전쟁철학, 전쟁학, 군제학軍制學, 용병술(군사전략·작전술·전술), 군사사학, 군사기술, 군사교육학, 군사지리학(해양학·기상학), 군사보조학문 등이다.

1999년 6월 10일, 육군사관학교 화랑대연구소 주최 세미나에서 "한국 군사학의 발전방향"의 발표를 통해 다음과 같이 설파하였다.

---

5) 「네이버 지식백과」(2022.5.19), 개념 및 정의 편.
6) 「두산백과 두피디아」(2023.12.27. 현재 기준).
7) 『한국민족문화대백과』(2023.12.27. 현재 기준).
8) 『국방과학기술용어사전』(2023.12.27. 현재 기준).

…사관학교 교육은 야전에서 적과 싸워 이겨야 하는 초급장교에게 필요한 전문지식이 무엇이며, 앞으로 군사전문가로 발전하는 데 필요한 기초지식이 무엇인가를 알아야 한다. 의사를 양성하고자 한다면 의학을 전공시키고, 법률가 판사를 양성하고자 한다면 법학을 전공시키고. 사관학교에서 초급장교를 양성하고자 한다면 무슨 학문을 전공시켜야 하는가 하는 문제는 정설이 없다는 것이 오늘의 사관학교 교육이 직면한 중대한 문제점이다. 군사학이 무슨 학문인지 모른다는 것이 문제가 아니라, 모른다는 그 자체를 모르고 있다는 것이 문제를 더 심각하게 만들고 있다…군사학은 군사훈련이 아니며, 그것은 학문으로서 전쟁에 대한 지식의 체계이다. 군사학은 사관학교 교육의 핵심이 되어야 한다…

그 이후, 이종학 교수는 국내에서 최초로 군사학 체계를 학문으로 정립시킨 가히 '군사학의 대부代父'이자 '군사학의 태두泰斗'라는 평가를 받게 되었으며, 국내에서 처음으로 『전쟁론』을 가르쳤고 『종합세계전사』, 『한국전쟁사』, 『현대전략론』, 『손자병법』, 『한반도의 억지전략이론』, 『항공전략론』을 통해 군사학 이론의 기틀을 마련하였다.[9] 또한 충남대학교 대학원에서 '군사학 박사 1호'를 배출했으며, '명예 군사학박사 1호'라는 타이틀을 거머쥐게 되었다.

2002년 10월 충남대학교 평화안보대학원에 '군사학 석사과정'의 설치가 인가되어 2003년 3월부터 강의가 시작되었고, 2005년 '군사학 박사과정'이 설치되어 2010년 8월 최초의 군사학박사 4명이 탄생했으며, 현재 많은 군사학 박사가 배출되어 각 분야에서 활발하게 활동하고 있다. 그리고 2004년 1학기부터 10여 개 이상 일반대학에서 '군사학 학사과정'이 개설·운용하게 되었다.

군사학의 대부·태두인 이종학 교수는 평생의 '격물치지格物致知'를 통해 '각고면려刻苦勉勵'와 '교학상장教學相長'을 이룩하여 '진인사대천명盡人事待天命'을 일궈낸 이 시대의 큰 스승이 되었다.[10]

3. 이종학 교수의 주요 군사학 '열전(列傳·熱戰)'

여기에서는 이종학 교수의 주요 군사학 저술 중에서 몇 가지 뽑아 발간 취지와 체계구성 및 학문적 의의와 함께 교훈을 살펴보기로 한다.

필자가 1974년 공사에 입교한 후 군사학 교과목들은 모두 이종학 교수가 집필하셨던 『종합세계전사』(박영사, 1968), 『한국전쟁사』(정음사, 1969), 『현대전략론』(박영사, 1972), 『전쟁론』(일조각, 1974), 『손자병법』(박영사, 1974)에서 배웠다.

평생을 중단 없이, 변함없이 후학 양성에 몸 바치면서 『군사전략론』(2009), 『한국군사사 연구』(2010), 「6·25전쟁이란 무엇인가」(2011), 『전략이론이란 무엇인가』(2012), 『웨드마이어 : 회고록과

9) 이종학, 『전쟁론』(일조각, 1974) ; 『종합세계전사』(박영사, 1968) ; 『한국전쟁사』(정음사, 1969) ; 『현대전략론』(박영사, 1972) ; 『손자병법』(박영사, 1974) ; 『한반도의 억지전략이론』(형설출판사, 1979) ; 『항공전략론』(형설출판사, 1982).

10) 군사학을 학문의 반석 위에 올려놓기 위해 평생을 군사학 연구에 갈고닦아 후학들에게 군사학의 깊고도 넓은 지평을 활짝 열어주신 큰 학문적 업적을 이런 표현을 통해 기리고자 한다.

논평』(2014) 등 실로 엄청난 학문적 발자취를 남기신 것이다.

그러다가 지난 2009년도 출간된 이종학 교수의 『나의 학문과 인생 : 한 군사학도의 8순을 맞이하여』(충남대학교출판부, 2009)에 "군사학의 현재 인식과 미래 설계"라는 졸고를 게재한 지도 십수 년이 지나 이제는 추모 논문집을 마주하게 되니 참으로 감회가 새롭기 그지없다.

가. 『군사학개론』(초판 2009년, 개정판 2016년) 집필·발간

『군사학개론』(초판, 2009)

『군사학개론』(개정판, 2016)

먼저 살펴볼 저술은 '군사학총서발간사업' 일환으로 이뤄진 『군사학개론』(2009)이다. 이는 당시까지만 해도 제대로 된 군사학 개론서가 없었고, 나와 있는 책은 저자와 출판사 모두 생경하고 체계가 제대로 잡혀지지 않은 군사학 개론서 몇 권이 나와 있을 때였다. 그리하여 충남대학교 대학원 군사학부를 중심으로 당시 학부장 길병옥 교수와 함께 공편저로 발간되었다(이종학·길병옥 편저, 『군사학개론』(초판, 충남대학교출판부, 2009.2.) 발간).

2009년도 초판에서는 '전쟁철학'(philosophy of war), '군제와 용병의 전쟁학'(science of war), '군사사학'(military history), '군사기술'(military technology), '군사교육학'(military pedagogy), 해양학과 기상학을 포함한 '군사지리학'(military geography), 군법, 위생학 등의 군사 보조학문이 그 범주에 속한다는 점을 명시한 바 있다.

그리하여 군사학의 다양성, 다차원성, 다변화성을 포괄하는 학문적 개론서로서 새로운 학문영역으로 자리잡고 있는 군사학의 학문체계를 정립하고자 출간되었으며, 또한 군사학의 개념, 영역, 내용 및 방법에 대한 체계적인 연구와 군사력의 건설 및 운용에 관한 연구를 포함하는 학문적 정체성 확립을 위해 인론因論의 축적과 발전은 물론 군사정책의 대안을 제시하고자 노력하였다.

총 18편으로 이루어져 있는 이 책에서 이종학 교수는 '군사이론/사상/교리', '군사사/전략/작전' 편을 직접 저술하였다.

이후 2016년도에는 개정판이 발간됐다. 이종학·길병옥 편저, 『군사학개론』(개정판, 충남대학교출판문화원, 2016.6.) 발간.

군사학이 우리나라에서 학문으로 공식적으로 인정된 것은 2002년 12월이며, 군사학의 간략한 정의는, "전쟁의 본질과 성격 및 무력전의 준비 및 수행에 관한 통일된 지식체계"라는 점에서 그 범위도 설정되었다. 이런 관점에서 군사학의 다양성, 다

차원성, 다변화성을 포괄하는 학문적 개론서로서 새로운 학문 영역으로 자리잡고 있는 군사학의 학문체계를 정리하고자 각 분야의 전문가 13명의 공동집필로 출간, 개정판으로 나왔다.[11)]

이 저술은 군사학 개론서 집필의 필요성과 학문체계의 정립에 대한 논의 끝에 집필된 책으로 군사이론 및 사상, 군사사 및 전략, 군사제도 및 국방행정, 군사경영 및 국방경제, 군수 및 획득관리, 국방과학기술, 무기체계, 군사정보, 국제분쟁 및 테러, 군사지리 및 기상, 군사지휘통솔, 군사교육훈련, 군대사회 및 예비전력, 군상담심리, 군비통제 및 군축, 군사혁신 및 국방개혁, 비교군사전략연구, 군사학 비평 등의 내용을 포함하였다.

총 17편으로 이루어져 있는 개정판 책에서 이종학 교수는 '군사학의 이론정립/군사사상/군사교리', '용병술과 군사사' 편을 직접 저술하였으며, 이 시기는 서라벌군사연구소장, 충남대학교 군사학부 특임교수 신분이었다.

나. 『군사전략론』(2009년) 집필·발간

『군사전략론』(2009)

『군사학개론』(초판, 2009.2.) 발간 이후 같은 해에 『군사전략론』이 발간되었다(이종학, 『군사전략론』, 충남대학교출판부, 2009.7).

이 저술은 군사전략의 이론과 실제를 다룬 군사학 개론서이다. 군사전략은 이론 면과 실제 면, 두 가지의 면이 있다. 이론 면은 전략적 원칙 및 전쟁계획 작성상의 이론적 근거가 되는 것을 다루게 되고, 실제 면은 공세, 수세, 선수후공先守後攻 및 전략적 규모의 군사행동의 신속한 준비 및 실행 등과 같은 특정한 구체적 문제를 다루게 된다.

이 책은 제1편 군사전략의 기초, 제2편 군사전략의 이론, 제3편 군사전략의 실제로 크게 3부문으로 구성되어 있다.[12)]

전략이론의 고전인 손자병법은 1972년 중국 산동성에서 죽간竹簡 『손자병법』이 나왔기 때문에 그것을 삽입시켜 13편을 완역했다. 한편 클라우제비츠의 전쟁론은 초판본이 나왔고, 거기에서 내용이 너무 방대하기에 전술적 내용을 삭제한 초역抄譯을 했다. 특히, 직업군인과 최고경영자들에게 전략이론을 알기 위한 필독서를 만들고자 꾸며 보았다고 발간 취지를 제시하였다.

다. 『한국군사사 연구』(2020년) 집필·발간

군사학의 분류체계에서 군사사(Military History)를 특별히 강조한 이종학 교수는 이 분야의 굵직한 학문적 발자취를 남겼다(이종학, 『한국군사사 연구』(충남대학교출판부, 2010.7).

11) 『군사학개론』 초판(2009)과 개정판(2016)의 「군사제도/국방행정」 편은 필자가 집필하였다.
12) 이는 특히 군사전략의 수립에 있어서 구체적인 방법과 절차, 기준에 역점으로 두고 저술되었다. 개정판에서는 사용하는 용어를 한글화하고 일부 내용을 현대에 맞게 새롭게 보완·수정되었다.

『한국군사사 연구』(2020)

이 저술은 한국군사사에 대한 연구서로서 총 21장으로 구성되어 있으며, 현대 군사사의 연구방향을 시작으로 시대별 군사사상을 살펴본 것이다. 또한 고구려, 신라, 백제 등에서 활약했던 이들의 군사작전, 군사관軍事觀 등에 대하여 자세히 설명하고 있다.

목차는 고대, 삼국시대, 중세, 근세, 현대에 이르기까지 한국군사사를 통시대적 접근(diachronic approach)을 시도한 본격적인 한국군사사 정립을 위한 연구서이다.

제1장 현대 군사사의 연구방향
제2장 한국의 역대 전쟁사 개관
제3장 신라 군사사상의 연구
제4장 고구려 군사사상의 연구
제5장 광개토왕 비문과 해상 상륙작전
제6장 원광법사와 세속오계에 대한 신고찰
제7장 『삼국사기』의 군사사적 인식서설_ 나·당 연합군의 백제 침공작전
제8장 주류성·백강의 위치 비정에 관하여-군사사학적 연구방법에 의한 고찰[13]
제9장 백제 멸망의 원인 고찰
제10장 신라 삼국통일의 군사사적 고찰
제11장 문무대왕과 신라 해상세력의 발전
제12장 정도전의 군사관 연구
제13장 군사제도와 조선 초기의 병력 동원 문제
제14장 『동국병감東國兵鑑』의 전사적 의의
제15장 서애 유성룡의 군사사상
제16장 칠천량漆川梁 해전의 군사사학적 연구
제17장 청산리 전투의 군사적 의의
제18장 대한민국 임시정부의 군사활동
제19장 6·25전쟁의 현대 전략적 조명
제20장 진실의 6·25 전쟁
제21장 한국군사사학의 발전방향
·부록 : 진주만 기습의 전략적 평가

13) 이종학, 「주류성, 백강의 위치 비정에 관하여」, 『군사』 제52호, 국방부 군사편찬위원회(2004).

라. 『전략이론이란 무엇인가』(2012년) 집필·발간

『전략이론이란 무엇인가』(2012)

이종학 교수의 군사전략 연구의 열정은 다시 「전략이론이란 무엇인가」 저술로 이어졌다(이종학, 『전략이론이란 무엇인가』(충남대학교출판문화원, 2012.2).

이 저술은 전략이론이란 무엇인가를 밝히면서, 원래 군사 분야의 용어가 1960년대 이후 경영분야에도 활용되어 왔다는 것을 알아야 하고 군사전략뿐만 아니라, 국가전략 및 핵전략의 발전과정을 소개했다.

한편 클라우제비츠의 『전쟁론』은 초판본이 나왔고, 거기에서 내용이 너무 방대하기에 전술적 내용을 삭제한 초역抄譯을 했으며, 직업군인과 최고 경영자들에게 전략이론을 알기 위한 필독서를 만들고자 꾸며 보았다.

이 책에는 Ⅰ. 전략이론이란 무엇인가?, Ⅱ. 손무(孫武)의 손자병법(孫子兵法), Ⅲ. 클라우제비츠의 『전쟁론』, Ⅳ. 조미니의 『전쟁술』로 크게 4부문으로 구성되어 있다.

옛날부터 전략이론이란 어떻게 전쟁을 해서 승리할 것인가와 전쟁이란 무엇인가를 주제로 다루어왔다. 알렉산더 대왕, 시저, 칭기스칸, 나폴레옹 등 위대했던 장수들은 성공적인 전쟁 수행 방식에 대해 명확한 개념을 마음 속에 확실히 간직하고 있었을 것이나, 유감스럽게도 그러한 개념들은 개인적인 결론의 범위를 넘지 못했고 기록으로 거의 남기지 않았다. 저자가 규명하고자 하는 전략이론이란, 위대한 장수들의 성공적인 전쟁 수행 방식에 대한 지식의 축적이 먼저 필요하고, 다음에 그것을 학제적 연구방법(interdisciplinary approach)으로 분석·평가하여 지식의 개념적 체계의 형성을 달성함으로써 이루어지리라는 점이 강조되었다.[14)]

마. 『현대전략론』(2013) 집필·발간

이종학 교수의 군사전략 연구는 당시 영남대 군사학과 노양규 교수와 공군사관학교 이성만 군사전략학과 교수와 함께 『현대전략론』 저술로 이어졌다(이종학, 『현대전략론』(충남대학교출판부, 2013.8).

'군사학의 이론체계'에 의하면, 용병술(military art)에는 군사전략, 작전술 그리고 전술이 있다. 그중에서 『현대전략론』은 군사학의 핵심 내용을 담고 있다. 용병술과 함께 '전략이란 무엇인가'에서 전략의 본질에 대한 설명을 새로운 접근법으로 시도하고 있으며, 또한 '전략이론의 주요 학설'을 소개함으로써 전략을 넓은 관점에서 이해할 수 있도록 하였다.

---

14) 그리고 이 책에서는 전략이론, 전쟁이론, 군사이론은 동의어로 간주한다는 것을 미리 밝혀, 전략과 전략이론이란 무엇인가를 주로 손자병법과 클라우제비츠의 전쟁론에 바탕을 두고 규명하며, 그것의 발전과정을 개관하고, 앞으로 우리가 당면할 과제에 대해 어떻게 대응해야 할 것인가를 밝혀보고자 하였다.

「현대전략론」(2016)

특히 용병술 가운데 '작전술'(operational art)은 근래 한국군에 새로이 도입된 분야이며, 작전술로 군사학박사 학위를 취득한 노양규 교수가 집필함으로써 내용이 충실하게 소개되어 있다(지도교수 이종학). 그리고 이성만 교수는 최근의 전략연구의 추세와 '북한의 핵무기와 한반도의 안보'를 집필함으로써 한반도의 위기를 이해하고 해결하는 데 좋은 지침을 전해준다.

이종학 교수의 집필부분은, 1. 전략입문, 2. 현대전쟁의 성격, 3. 국력과 지정학설, 4. 전략이란 무엇인가, 5. 국가전략, 6. 군사전략, 7. 전술, 마무리를 하면서까지 대부분을 집필하였으며, 특히 저자 서문에서는 이렇게 집필의 취지를 적었다.

> …이 책에서 북한 수뇌자들은 핵·미사일 전쟁의 점화 단추를 누르기 전에 그 전쟁의 결과가 어떻게 될 것인가를 사전에 깊이 생각하기 바란다. 한반도에서 핵전쟁이 일어난다면 평양 금수산 기념궁전을 비롯하여 한반도는 완전히 폐허로 변할 것이고, 거기서 적화통일이 무슨 소용이 있으며, 외세의 개입으로 새로운 휴전선이 생기고, 한민족은 영원히 쇠망의 길로 접어들게 되리라…

이어서 전쟁의 성격과 수행 그리고 전략은 시간과 상대측에 따라 반드시 변해야 하지만, 그러나 전쟁과 전략의 본질과 기능은 변하지 않는다(Colin Gray).[15] 오늘날 한반도 정세는 급변하고 있는 상황이다. 즉, 북한은 (집필 당시) 금년 2월 12일 3차 핵실험을 감행하고는 '전시상황 선포' 등, 곧 전쟁이라도 일으킬 것처럼 최고 수준의 대남 협박과 심리전을 구사했다. 박 대통령이 미국(5월)·중국(6월)과의 정상회담을 통해, '한반도의 비핵화 실현이 한반도의 평화와 안전 유지에 부합한다'는 것을 확인하자, 북한은 다급하게 중국과 러시아에 특사를 보내어 외교공세를 펴고 있다.

또한 거기에다 일본의 아베 신조(安倍晋三) 정권이 우경화·군국주의화로 치닫고 또한 과거 역사에 대한 왜곡, 독도 영유권 등으로 오늘날의 한반도는 위기상황에 처해 있다. 그러나 이러한 위기를 슬기롭게 극복하면 기회가 온다는 것을 알아야 하며, 위기를 어떻게 해결할 것인가 하는 것이 '전략'에 속하는 연구과제이다.

바. 『웨드마이어 회고록과 논평』(2014년) 집필·발간

이종학 교수의 오랜 6·25전쟁 연구는 특별한 저술으로 나타났다. 웨드마이어 미 육군대장의 Wedemeyer Reports(1958)를 번역하고 논평을 더해 발간한 것이다(이종학, 『웨드마이어 회고록과 논평』(충남대학교출판문화원, 2014.6).

---

15) Colin Gray, *Modern Strategy*(New York : Oxford Univ. Press, 1999)

『웨드마이어 회고록과 논평』(2014)

6·25전쟁 연구에 있어서 중요한 과제의 하나는 전쟁의 기원(origins), 즉 전쟁은 누가 일으켰는가와 다른 하나는 전쟁의 원인(causes), 즉 전쟁은 왜 일어났는가 하는 양자를 분리해서 규명해야 한다는 점이다. 물론 기원 속에는 원인의 언급이 있지만 그것은 피상적 원인이고, 더 깊숙한 원인이 규명되어야 한다는 것은 6·25전쟁의 복잡한 성격 때문이다. 저자는 웨드마이어의 회고록을 연구함에 따라 트루먼 대통령의 6·25전쟁 개입으로 달성하고자 했던 전쟁의 정치적 목적은 과연 무엇인가를 밝히기 위해 1975년경부터 오랜 시간을 연구에 집중해 왔다.[16)]

이 책은 두 가지 내용으로 구성되어 있다. 제1부는 웨드마이어 대장의 회고록인 『웨드마이어는 보고한다!』(*Wedemeyer Reports!*, 1958)이며, 그의 성장과정과 주요무대인 제2차 세계대전에서의 활동을 상세히 기록했으나, 너무 방대하여 일부를 초역抄譯했다. 그리고 군사전략을 알고자 하는 영관급 이상의 직업군인과 국가정책·전략을 다루어야 하는 고위 정치가들이 알아야 할 내용이 풍부하게 포함되어 있다.

제2부는 '웨드마이어 회고록'에 대한 논평과 역사인식·영토 및 해양안보 등으로 급변하고 있는 동북아시아에서의 한국안보에 대한 단상, 즉 단편적인 생각으로 구성되어 있다.

사. 『동북아시아의 전쟁과 평화』(2016년) 집필·발간

『동북아시아의 전쟁과 평화』(2016)

2016년에는 전략이론을 동북아시아로 지평을 넓힌 저술로 이어졌다(이종학, 『동북아시아의 전쟁과 평화』(충남대학교출판문화원, 2016.11).

이 책은 제5부로 이루어져 있으며 앞부분에서는 중국와 일본과의 미래관계에 대한 대응방향, 이어서 지난 역사 가운데 군사문제와 관련된 사건은 군사사학적 연구방법으로 분석·해석되어야 한다는 입장에서 지난날의 군사와 관련된 역사를 살펴본 것이다.

특히, 제1부 동북아시아의 전쟁과 평화에서는 Ⅰ. 평생 군사학 연구의 동기는?, Ⅱ. 군사학의 이론정립, Ⅲ. 평화적 남북통일에 대한 새로운 제안, Ⅳ. 지정학적으로 본 한민족의 생존전략, Ⅴ. 한반도의 전략이론 서설, Ⅵ. 「무신수지武臣須知」의 현대적 조명, Ⅶ. 한국과 일본의 미래를 위한 단상,

16) 이 저술은 2015년도 대한민국학술원 우수학술도서에 선정되었다.

Ⅷ. 한반도와 중국의 미래관계를 위한 단상, Ⅸ. 급변하는 동북아 정세와 일본의 '집단적 자위권', 그리고 제2부 군사사학으로 본 역사 산책에서는 Ⅰ. 광개토왕 비문의 '倭'의 연구, Ⅱ. 한·일 고대사의 사실史實을 둘러싸고, Ⅲ. 원광법사와 세속오계에 대한 신고찰 등으로 구성되어 있다.

또한 제3부는 인간교육을 역설한 로버트 허친스 박사의 저서를 읽고 공감하여 그의 책을 번역 소개한 내용을 담고 있으며, 제4부에서는 저자가 1951년 11월 공군사관학교에 입교한 이래 인생과 학문에 대한 체험 가운데 기억에 남는 내용을 엮은 것이다. 마지막 제5부에서는 일본에서 발표했던 논문과 세미나 발표의 요약문 등을 담고 있다.

이종학 교수는 이 책에서 북한 수뇌부에게 이렇게 일침을 놓았다.

> …즉, 북한은 무력에 의한 한반도의 적화통일을 정치적 목적으로 삼고 있다. 북한이 전쟁을 일으킨다면 어느 편이 승리하느냐가 문제가 아니라, 핵전쟁이 일어나 평양 금수산 태양궁전을 비롯하여 한반도 전체가 완전히 폐허로 변할 것이며, 그것은 한민족의 영원한 쇠퇴와 몰락을 뜻하는 것이 되리라.
>
> 그러니 북한 수뇌자들은 전쟁을 일으키기 전에 그 전쟁의 결과가 어떻게 될 것인가를 깊이 깊이 생각하기 바란다.…

아. 『군사명언의 지혜를 찾아서』(2018년) 집필·발간

『군사명언의 지혜를 찾아서』(2018)

이종학 교수의 군사학 정립을 향한 열정은 군사명언의 지혜를 집대성한 저술로 이어졌다(이종학, 『군사명언의 지혜를 찾아서』(충남대학교출판문화원, 2018.3).

저자의 군사명언집이 발간된 지 30여년이 지났고 또 한글세대의 등장으로 절판되었으며, 따라서 이 책은 『군사명언의 지혜를 찾아서』 라는 이름으로 다시 발간된 것이다. 군사명언의 지혜는 군 지휘관 및 구성원들에게 전쟁의 준비·수행의 지침서가 될 뿐만 아니라, 우리들 인생의 지침서로도 역할을 할 것이다.

전쟁은 국가의 중대한 일이다. 국민의 생사와 국가존망이 기로에 서게 되는 것이니, 신중히 검토하지 않으면 안 된다. 군주는 한 때의 노여움으로 전쟁을 해서는 안되며, 장수도 분노 때문에 전투를 해서는 안된다. 국가의 이익에 합치되면 행동하고, 이익에 합치되지 않으면 전쟁을 해서는 안된다. 노여움은 해소되어 다시 기뻐질 수 있고, 성냄은 다시 즐거워질 수 있지만, 한번 멸망한 국가는 다시 소생할 수 없고, 죽은 자는 다시 살아날 수 없기 때문이다.

이 책은 제1장 국가안전보장, 제2장 전쟁, 제3장 지휘와 통솔, 제4장 전략·작전술 그리고 전술, 제5장 군사교육과 훈련, 제6장 전쟁의 원칙, 제7장 전략문화로 구성되어 있다.

특히, 제1장 국가안전보장에서는 '정치·전쟁 그리고 국가전략(대전략)'이, 제4장 전략·작전술 그리고 전술에서는 '핵무기와 핵전략'이, 제5장 군사교육과 훈련에서는 '군사이론과 군사학' 및 '전쟁사 연구'가, 그리고 제7장 전략문화에서는 '전략문화(Strategic Culture)란 무엇인가'와 '전략문화 관점의 군사정책 진단'이 각각 포함되어 있어 『군사명언의 지혜를 찾아서』 저술을 통해 이종학 교수의 강조점이 어디에 있는가를 새삼 절감하게 된다.

자. 『군사사학으로 본 6·25전쟁사』(2020년) 및 『6·25전쟁이란 무엇인가』(2011년) 집필·발간

『군사사학으로 본 6·25전쟁사』(2018)

오랜 세월 6·25전쟁사를 연구해 온 이종학 교수는 6·25전쟁 70주년을 회고하면서를 발간했다(이종학, 『군사사학으로 본 6·25전쟁사』(충남대학교출판문화원, 2020.6).

6·25전쟁 70주년을 회고하면서 우리 국민이 꼭 알아야 할 내용, 즉 '6·25전쟁의 방아쇠는 누가 당겼나?', '6·25전쟁은 누가 유인했나?', '6·25전쟁 초기작전에서 한국군은 왜 패했는가?', '평화적 남북통일이란 무슨 내용인가?' 등을 오늘날의 관점에서 재조명한 것이다.

6·25전쟁은 한반도를 무대로 20개국의 군대가 1950년 6월 25일부터 1953년 7월 27일까지 전쟁을 치렀다. 이 전쟁은 한민족에게 심각한 인적·물적·정신적 피해를 안겨 주었고, 세계에서 가장 가난한 민족으로 전락시켰다. 우리는 전쟁이 왜 일어났고, 전쟁의 본질과 성격 그리고 6·25전쟁의 진실을 밝혀 한민족의 평화적 통일을 달성하기 위해 거기서부터 교훈을 찾아야 가능하다고 생각했기에 이 책을 발간하게 된 것이다.

이 책의 내용구성은, 1부 : 6·25전쟁 70주년을 회고하면서!, 2부 : 6·25전쟁의 해석과 논평, 3부 : 손자병법으로 본 6·25전쟁이다.

일찍이 미국의 철학자 산타야나(Santayana, 1863~1952)는 "과거를 기억하지 못하는 자는 과거를 되풀이하기 마련이다."라고 했다.[17] 6·25전쟁 70주년을 맞이하면서 그 전쟁의 비참했던 동족상잔의 비극을 기억하지 못한다면 또 전쟁이 되풀이될 수도 있겠지만, 우리에게 그런 비극이 또 다시 일어나서는 결코 안 되며, 이제 한반도에서 전쟁이 다시 일어난다면 '핵전쟁'이 일어날 가능성이 짙기 때문에 어떤 수단을 강구해서라도 전쟁을 억제해야 한다.

인간의 과거를 연구대상으로 하는 학문이 역사학이며, 많은 저명한 역사학자들이 '역사란 무엇인가' 하고 해답을 찾아왔다. 저자도 이 문제에 많은 관심을 기울여왔으며, 역사란 지난날 인간생활에서 일어난 여러가지 일의 인과관계의 진실을 밝히고, 그것으로 현실을 이해하는 근거

17) "Those who cannot remember the past are condemned to repeat it";과거를 기억하지 못하는 자는 그것을 되풀이할 수밖에 없다. 과거를 기억할 줄 모르는 사람은 그것의 반복을 피할 수 없다.

로 삼고 후세에 넘겨주어 교훈으로 삼게 함으로써 삶을 유익하게 하는 학문이라는 점을 항상 간직하고 강조해 왔다.

> …6·25전쟁은 한반도를 무대로 하여 20개국의 군대가 1950년 6월 25일부터 1953년 7월 27일까지, 3년 1개월여에 걸친 전쟁이었다. 이 전쟁은 한민족에게 심각한 인적·물적, 정신적 피해를 안겨다 주었고, 세계에서 가장 가난한 민족으로 전락시켰다. 그 후 70년의 세월이 흘러 남북한의 삶의 질도 많이 달라졌다.
>
> 즉, 한국무역협회는 지난해 북한의 무역액이 29억 450만 달러이고, 한국 무역액 1조 456억 400만 달러의 0.3%에 불과하다고 2020년 5월 5일 밝혔다.
>
> 온 세계가 코로나19 사태로 몸살을 앓고 있는데도 한반도를 둘러싼 군사정세는 바람직하지 않는 방향으로 치닫고 있다. 즉 최근 김정은 국무위원장은 핵무기와 장거리탄도미사일 개발을 강조하고 나섰기 때문이다. 그러니 북한 김정은체제가 핵 미사일로 '금지선(red line)'을 넘어 미국 국민을 위협한다면 김정은체제가 곧 말살될 뿐만 아니라, 한반도가 '핵전쟁'의 위기에 처하게 된다는 것을 알아야 하리라.…

『6·25전쟁이란 무엇인가』(2011)

지난 2004년 1월 육군사관학교 가입교생 250명을 대상으로 한 설문조사 결과로 충격을 받았다. 즉, 주적主敵을 물었는데 3%만 북한이라고 답하고, 34%는 미국을 꼽았고, 또 한국군과 미군이 먼저 북한을 침공해서 6·25전쟁이 일어났다고 전교조 교사로부터 배웠다는 것이다.[18] 그래서 6·25전쟁에 관한 '진실(truth)'을 알려야겠다는 생각으로 2011년에 「6·25전쟁이란 무엇인가」(충남대학교출판문화원, 623쪽)를 발간했다. 이 책은 그 후의 6·25전쟁에 관한 논문과 누락된 내용 그리고 '평화적 통일'과 우리가 배워야 할 교훈 등으로 엮었으며, 한민족의 평화적 통일을 달성하기 위해서는 6·25전쟁의 진실을 밝히고, 거기서부터 교훈을 찾아야 가능하다고 생각했기에 이번에 이 책을 발간하게 된 것이다.

저자가 1982년 미국 워싱턴의 국방대학교(National Defense University)를 방문하여 알게 된 사실은 미국의 각군 대학 이상의 교육기관에서 '손자병법'과 '전쟁론'을 1980년부터 가르치고 연구하고 있는데, 그 동기는 미군이 베트남 전쟁(1955~1975)에 참전하여 '전투'에서는 언제나 승리했으나, 결국 '전쟁'에서 패배했기 때문이라는 것이었다.

저자는 1954년 공군사관학교를 졸업했는데, 재학 중 군사훈련은 받았으나 군사고전인 '손자병법'이나 '전쟁론'은 전연 배우지 못했다. 당시 한국에는 군사고전을 가르칠 수 있는 군사전문가가 없었다. 독학으로 손자병법을 연구하여 「손자병법으로 본 한국전쟁」을 공군본부에서 발간하

18) 조선일보 사설, "육사생도들까지 오염시킨 좌파 선전선동"(2008.4.4).

는 저널 『공군』지에 2년에 걸쳐 연재했는데, 오늘날에도 현실성이 있는 내용이라 수록했다.

책명 첫머리에 '군사사학'이라는 용어를 썼는데, 전쟁사는 '군사이론'과 '역사'를 결합한 '군사사학'으로 연구하는 것이 적합하기 때문이다. 즉, 일본의 고대사학계는 189년부터 광개토왕 비문의 '신묘년(391) 기사'의 해석을 바탕으로 '임나일본부설'(任那日本府說 : 일본열도의 왜倭가 한반도 남부를 4세기 중반부터 6세기 중반까지 통치했다는 설說의 논거로 삼아왔고, 10여 년 동안 남북한, 일본 및 중국의 역사학자들이 찬반의 논문을 발표했으나 결론을 얻지 못했다. 저자는 최초로 '신묘년(391) 기사'가 군사작전의 내용이며, 연구대상의 본질과 성격에 따라 연구방법도 달라져야 하기 때문에, '군사사학적 방법'으로 분석·해석하여 주장했다. 그리고 일본 도쿄(東京)에서 발간하는 잡지 『日本及日本人(일본 및 일본인)』(창간 10년 기념호, 1998)에 「廣開土王碑文의 眞實-軍事史學的硏究方法에 의한 辛卯年記事의 檢討」을 투고, 게재되었는데,[19] 잡지 편집자는 그 논문을 잡지에 게재하면서 상단에 설명을 붙였다.

즉 "이번에 군사사학적 연구방법이라는 접근법에 의해 그 해석에 도전해 보니, 종래의 고고학이나 문헌사학에서는 알지 못했던 고대 일본의 실상이 떠올랐다"고 했고, 그 후 일본 고대사학계에서는 '임나일본부설'이 꼬리를 감추게 되었다. 저자는 6·25전쟁에 대한 북한의 허위선전을 '군사사학'으로 진실을 밝혔을 뿐만 아니라, 올바른 분석과 해석 및 평가도 가능하다는 것을 이 책의 본문에서 밝혔다.

차. 『60대 이후의 인생전략』(2022년) 집필·발간

『60대 이후의 인생전략』(2022)

이종학 교수는 수많은 군사학 저술에 이어 누구나 맞이하는 정년퇴임 이후의 인생전략을 책으로 발간하였다. 특히 계급정년에 묶여 군에서 사회로 나오는 군인들, 그 후학들에게 애정을 듬뿍 담아 인생전략을 책으로 내놓은 것이다(이종학, 「60대 이후의 인생전략 : 서라벌에서 온 편지」(충남대학교출판문화원, 2022.8).

그리스의 수학자 피타고라스(기원전 582~496)는 이 세상의 가장 중요한 일은 "인생을 어떻게 살아야 하는가를 가르쳐 주는 일이다"고 말했다. 그러나 이 문제 대한 구체적인 방법과 절차는 제시하지 않았다.

저자는 군사학 박사과정 학생들(대략 50대 전후)에게 군사전략 수립에 대한 강의를 하면서, '인생전략' 수립의 중요성을 강조했다. 그 이유는 60대 전후하여 퇴직하면, 요즘은 100세 시대라 앞으로 40년간의 인생목표를 확고히 정해서 살아야

---

19) 李鍾學, 「古代日本と朝鮮の歴史を語る「広開土王碑文」の真実-軍事史学的研究方法による辛卯年記事の検討」, 掲載誌 『日本及日本人』, 通号 1630(1998.4.), pp.144~154.

하기 때문이다. 그리하여 인생전략 수립의 방식은 다음과 같이 제시하였다.

"인생전략=인생목표+방법+수단"

- 인생목표 : 앞으로 하고 싶은 일은 무엇인가를 우선 순위로 정한다. 예컨대, 군사학 연구, 그림 그리기, 서예, 음악, 세계여행…자원봉사 등
- 방법 : 천천히 그리고 꾸준하게(slow and steady)
- 수단 : 인생목표 달성을 위한 자원으로 건강, 취미. 능력, 자금, 이웃에 대한 기여

인생전략이란 인생 목표와 수단을 조화시켜 선택·결심을 하게 되면, 모든 정열을 기울여 실천함으로써 자아실현을 구현하는 데 있다. 인생에 있어서 가장 중요한 것은, 첫째 '목표'의 선택이요, 둘째 '정열·노력'의 집중이다. 올바른 목표의 선택과 끊임없는 정열 및 노력의 집중은 성공과 충실한 인생을 향유하는 비결이리라.

인생의 좌우명座右銘이란 늘 자리에 갖추어 두고 반성의 자료로 삼는 격언이라 하는데, 내가 좋아하는 몇 가지를 소개하면 다음과 같다.

√ 한 길을 쉬지 않고 가야하고(一生一路(일생일로)), 한 가지 일에 정성을 쏟는다(一生一業(일생일업))_ 옛 격언

√ 우물을 파되, 한 우물을 판다. 그리고 샘물이 나올 때까지!_ 슈바이처(Schweitzer, 1975~1965)

√ 철학자의 지혜와 예술가의 정열과 종교인의 신념을 가지고 인생을 열심히 살아야 한다_ 안병욱(1920~2013)

√ 국가의 독립과 평화를 바란다면 전쟁을 이해하고 거기에 대비하라. 그리고 국민·국토·주권의 수호도 전쟁의 대비에서 비롯됨을 명심하라!

특히, 이 책은 저자의 학문과 인생, 제1부 서라벌에서 온 편지, 제2부 한 군사학도의 지난날의 단상으로 크게 3부문으로 구성되어 있다. 그런데 이 책을 먼저 '머리말'과 「나의 학문과 인생」을 읽고 그 다음 순서로 읽는 것이 좋으리라고 적고 있다.

즉, '한 군사학도의 지난날의 단상'(Ch. 38), '후배들에게 들려주고 싶은 군사학'(Ch. 32), '군사고전과 변증법'(Ch. 27), '신라 삼국통일의 의의'(Ch. 18), '신라의 해상세력과 감은사 창건'(Ch. 19), '한국과 일본의 미래를 위한 단상'(Ch. 36), '한반도와 중국의 미래관계를 위한 단상'(Ch. 37) 순이며, 그 방대한 분량과 내용의 목차는 다음과 같다.

3. 군사학의 이론정립
4. 인간만사새옹지마(人間萬事塞翁之馬)
5. 군사사학에 의한 일본 고대사 산책

제1부 서라벌에서 온 편지
1. 늙은 청춘은 가능한가?
2. 서라벌엔 왜 왔는고?
3. 무열·문무왕의 삼국통일 위업을 기리며
4. 문무대왕과 김유신
5. 신라의 군사사상
6. 원광법사와 그의 유적을 찾아서
7. 김유신과 그의 유적을 찾아서
8. 죽지랑竹旨郎과 부산성富山城
9. 원효대사와 그의 유적을 찾아서
10. 혜초와 구도求道의 정열
11. 일본 기타큐슈·나가사키의 답사기행
12. 일본의 국민작가 시바 료타로(司馬遼太郎)
13. 사토 데츠타로(佐藤鐵太郎)의 제국국방사론을 찾아서
14. 사토 도쿠타로(佐藤德太郎) 교수와의 만남
15. 제14차 국제역사학회의 참가
16. 기번(Edward Gibbon)의 로마제국 쇠망사를 읽으며
17. 의상법사와 부석사
18. 신라 삼국통일의 의의
20. 중국의 적산 법화원赤山法華院을 찾아서
21. 고구려 유적을 찾아서
22. 제자리 못 찾은 일연의 부도浮屠
23. 남한산성 답사기
24. 호기심·원자탄·미국
25. 보경사寶鏡寺와 한흑구韓黑鷗 문학비
26. 손자병법과 경영전략

제2부 한 군사학도의 지난날의 단상
27. 군사고전과 변증법
28. 인생에서 제일 보람되고 영광스런 일은?
29. 국회의장 이만섭 동문의 졸업장과 사관생도 시절의 회상
30. 지난날의 공군생활의 회고
31. 평생 군사학 연구의 동기는?
32. 후배들에게 들려주고 싶은 군사학

33. 군사고전과 직업군인의 양성
34. 참모총장 윤자중·김인기 장군과의 추억
35. 다시 살펴본 명량해전의 승리
36. 한국과 일본의 미래를 위한 단상
37. 한반도와 중국의 미래관계를 위한 단상
38. 한 군사학도의 지난날의 단상

지금까지 살펴본 이종학 교수의 '주요 군사학 열전(列傳·熱戰)'에는 여기에 미처 포함시키지 못한 저술이 훨씬 더 많다. 필자가 공군사관학교 생도시절에 교과목으로 배웠고, 공군대학에서 교재 및 추천 도서로 접했던 이종학 교수의 군사학 열전은 뒤를 잇는 후학들에게 중단 없이 이어져, 군사학을 더욱 강건한 학문의 반석 위에서 굳세고 확고한 자리매김이 될 것을 믿어 의심치 않는다.

이종학 교수는 1929년 경북 포항에서 태어났다. 포항 동지고 1회 졸업생이며, 1954년 공군사관학교 3기로 입학, 소위로 임관해 통신장교로 근무했다. 공군 중령으로 예편한 뒤 공군사관학교 교수부 군사학과장, 국방대학원 교수, 교수부 제3학처장 등을 지냈다. 1976년에는 한국군사학회를 창립해 초대 회장을 지냈다. 국방대 재임 때인 1980년에 국내 첫 군사학 정교수로 교육부 승인을 받았다. 58세 때인 1987년, 국방대 교수직을 그만두고 경주시 평동에 서라벌군사연구소를 세웠다. 그로부터 35년 동안 오전에는 농사를 짓고, 오후에는 집필에 몰두하는 느림보의 삶을 부인 최정화 여사와 계속 이어왔다.[20]

그는 73세 때인 2002년 충남대 평화안보대학원 군사학과 설립에 산파 역할을 했다. 84세 때인 2003년 국내 최초 명예 군사학박사 학위를 충남대로부터 받았다. 앞서 서울의 주택을 군사학발전기금으로 공군사관학교에 기부했고, 2003년 충남대에 군사학 석사과정을 개설하면서 강화도의 토지와 함께 군사학진흥기금으로 장서 1만권을 기증했으며(풍석문고風石文庫), 평생 40억원 상당의 기부를 실천했다.

대경일보의 강병찬 기자는, "질곡의 시대에 프로메테우스의 삶을 살아가다 역경을 헤쳐가는 지혜를 남기고 홀연히 떠나간 풍석 이종학 교수, 역경을 이겨내고 한국 군사학의 신기원을 이룩한 초지일관 인생"을 기획특집으로 보도했다.[21]

2023년 12월 12일, 「풍석 이종학 교수의 추모 학술대회」가 모교 공군사관학교에서 뜻깊게 개최됐다. 학술대회 개최에 앞서 입구에 가지런하면서도 빼곡하게 이종학 교수의 생전의 저작들을 정성들여 전시해 놓은 것을 보면서, 군사학에 일생을 바친 이종학 교수의 놀랄만한 업적과 사명을 넘어선 정념情念에 진하고 뜨거운 감동을 느꼈다. 필자는 이 순간 '격물치지格物致知'의 완성을 보았다.

20) 이종학, "인생을 어떻게 살아야 하나?", 「대경일보」(2022.10.16).
21) 강병찬, "[기획 특집] 역경 이겨내고 한국 군사학 신기원 이룩한 이종학 박사의 초지일관 인생", 「대경일보」(2023.1.16).

추모 학술대회 행사장 입구에 전시된 이종학 교수의 저작들, 발간연도 순 배열·전시,
공승배 공사교장(중앙)과 여러 교수진, 최정화 여사(중앙 왼쪽), 김재범 전 공대총장(맨 오른쪽),
필자는 당일 학술대회 좌장으로 참석(중앙 왼쪽)

4. 시대적 요청명제(Postulate)였던 군사학의 학문적 정립의 완성

이번 「풍석 이종학 교수의 추모 학술대회」에서는 노양규 풍석기념관장의 「풍석 이종학 교수와 군사학 학문체계 발전」, 이도학 한국전통문화대 교수의 「풍석 이종학의 신라 해양사 연구」, 조관행 공사교수의 「대만해협 위기와 대만의 군사전략」22) 주제발표와 지정토론 및 종합토론이 있었다.

22) 주제발표 제목에는 별도로 표기되지 않았으나, 발표자 조관행 교수는 이종학 교수의 군사전략에 비추어 본 대만의 군사전략과 한국 군사전략의 시사점에 중점을 두었음을 밝혔다.

(왼쪽사진 왼쪽부터) 조관행 교수, 김희수 교수, 김재범 (예)장군, 이도학 교수, 최정화 여사, 노양규 교수, 최병학 교수, 이원희 박사, 이성만 교수 (오른쪽 사진) 공사교수진, 중앙 최정화 여사

풍석 이종학 교수는 항상 이렇게 강조하였다. "전쟁을 소홀히 한 민족이나 국가는 수모를 당한다는 것이 역사의 교훈이다. 평화를 바란다면 전쟁을 이해하고, 전쟁에 대비하라. 우리 인생도 이와 같다. '천천히 그러나 꾸준히'(Slow but Steady) 노력하다 보면, 인생 후반전에서 누구나 역전승을 이룰 수 있다."

한국 군사학의 대부 풍석(風石) 이종학(李鍾學) 교수는 몇 해 전 서울대학교 교수 백여 명이 모인 자리에서 특강을 했다. 강연은 3시간 너머 이어졌으나 아무도 자리를 뜨지 않았다고 한다.

토마스 쿤(Thomas Kuhn, 1922~1996)의 '패러다임의 전환'(paradigm shift, radical theory change)은 이른바 '정상과학' 즉 많은 패러다임 중 가장 지배적인 패러다임 하나가 존재하다가, 그 패러다임으로 설명할 수 없는 것들이 많아지고, 그래서 기본 가정들이 도전을 받게 되면 기존의 정상과학에 위기가 찾아온다. 이런 과정 속에서 다른 여러 패러다임들과 경쟁을 하게 되고, 그러다가 어느 패러다임이 새롭게 득세하고 수용되면서 과학혁명이 발생한다. 새로운 패러다임이 과학혁명을 통해서 새로운 정상과학으로 인정받고 수용되는 이러한 패러다임들의 전환과정을 통해서 과학은 주로 발전한다는 것이 '과학혁명'의 골자이다.[23]

토마스 쿤이 말한 "과학혁명은 패러다임 전환을 통해 가능하다"는 명제를 원용援用해 본다면, "군사학의 학문적 혁명은 무수한, 탁월한 군사학 저작을 통해 패러다임 전환이 가능하다"는 명제를 이종학 교수는 평생을 통해 올곧게 이끌어냈고, 이를 명백히 실증했다고 필자는 생각한다.

평생을 오로지 군사학의 학문적 정립을 위해 정념情念을 다바쳐 정진해 오신 풍석 이종학 교수의 추모 1주기에 즈음하여, 후학의 한 사람으로 일생을 올곧게 일궈 오셨던 군사학의 학문적 체계정립을 위한 인고忍苦의 노력과 업적에 그저 고개가 숙여질 뿐이다. 무려 29권 이상의 저술 원고를 일일이 컴퓨터에 입력(그 전에는 모두 수작업), 치밀한 교정·교열로 군사학의 학문적 완성도를 높이는 데는 최정화 여사의 손길이 항상 함께 하고 있었다는 사실을 우리 모두는 잘 안다.

2023년 12월 21일, 공군사관학교 총동창회(회장 정경두, 공군총장·합참의장·국방장관 역임) 정기총

---

23) Kuhn, Thomas S., *The Structure of Scientific Revolutions*, 50th Anniversary, 4th ed.,(Univ. of Chicago Press, 2012), p.264.

회에서, 이종학 교수의 생전의 업적과 큰 노고를 기려 '자랑스런 공사인'으로 선정, 최정화 여사가 대신 전달 받았다.

풍석 이종학 교수가 일생에 걸쳐 견고하게 구축해 놓으신 군사학의 세계관을 중단 없이 계승·성숙·확산시키는 것은 오로지 우리 후학들의 몫이 아닐 수 없다. 바라건대 군사학의 세계에 큰 획을 긋는 '풍석학파風石學派'의 창설을 기대한다.

이 글을 마치면서, 필자 개별적인 근황 하나를 덧붙이고자 한다.

필자는 충남대 군사학부 겸임교수, 미래군사학회 고문, 한국해양안보포럼 공동대표, 항공우주전략포럼 상임대표를 거쳐 현재 고문을 맡고 있으며, 작년 설립된 (사)한국병무정책회 초대회장을 맡고 있다. 저출생 여파로 병력급감이 가시화되는 현실 속에서, 병무행정·정책이 안보환경 변화와 국방태세에 긴밀하게 대응하면서 양병養兵의 한 축을 보다 능동적으로 담당해야 한다는 시대정신으로 학회를 설립하였다.[24]

명실공히 군사·군사학의 두 축은 용병用兵과 양병養兵인 것이며, 그 어느 하나도 소홀히 할 수 없다. 이종학 교수의 군사사상과 군사사학, 군사제도와 교육훈련의 중요성을 되뇌이면서, 한국병무정책을 통해 제대로 된 양병의 소임을 다할 때만이 제대로 된 용병이 실로 가능하다고 필자는 믿는다.

이제 하늘의 빛나는 영롱한 별이 되신 풍석 이종학 교수는 군사학의 지속 가능한 발전을 위한 후학들의 열정 어린, 중단 없는 노력을 항상 지켜보시며 아낌없는 격려를 보내주실 것을 믿어 의심치 않으며, 이 글을 마친다.♠

24) 2019~2023년 병무청 자체평가위원장과 갈등관리심의위원장을 맡으면서, 실효성 있는 양병養兵정책은 제대로 된 군인적자원개발(Military Human Resources Development)에 입각해야 한다는 점이 학회 창립이 중요한 계기와 기반이 되었다(www.mhrd.kr 참조).

Ⅳ. 風石 李鍾學의 新羅 海洋史 硏究 業績
(풍석 이종학의 신라 해양사 연구 업적)

이 도 학※

1. 머리말

풍석 이종학(風石 李鍾學, 1929~2022)은 우리나라 군사학 연구의 비조鼻祖로 일컫는 데는 이견이 없다. 그의 학문적 위상과 삶에 대해서는 다음과 같은 부고訃告 기사에 잘 집약되어 있다.

a. 본지에서 칼럼을 연재해 오던 '한국 군사학의 대부'인 풍석風石 이종학(李鍾學, 93) 서라벌군사연구소장이 29일 별세했다. 고인은 이날 오후 1시 45분쯤 노환으로 경북 경주 서라벌군사연구소 사무실에서 별세했다. 향년 94세.

고인은 1929년 경북 포항에서 태어났다. 1954년 공군사관학교 3기로 입학해 소위로 임관해 통신장교로 근무했다. 공군 중령으로 예편한 뒤 공사 교수부 군사학과장, 국방대학원 교수, 교수부 제3 학처장 등을 지냈다.

고인은 국내에서 처음으로 군사학 체계를 학문으로 정립시켜 '군사학의 대부' '군사학의 태두泰斗'라는 평가를 받았다. 국내에서 처음 '전쟁론'을 가르쳤고, 군사학 이론의 틀을 잡았다. 1976년에는 한국군사학회를 창립해 초대 회장을 지냈다. 1980년에는 첫 군사학 정교수로 문교부 승인을 받았다.

1987년 국방대 교수직을 그만두고 경주시 평동에 서라벌군사연구소를 세웠었다. 2002년 충남대 평화안보대학원 군사학과 설립에 산파 역할을 했다. 2003년 국내 최초 명예 군사학 박사 학위를 충남대로부터 받았다. 그는 자신의 집을 군사학발전기금으로 공사에 기부하고, 2003년 군사학 석사 과정이 개설된 충남대에 군사학진흥기금으로 장서 1만권을 기증했다. 10억원 상당의 임야도 기부하는 등 지금까지 13억여원을 군사학 발전을 위해 기부했다. 2019년 충남대 군사학부 특임교수를 그만둘 때까지 국내 최고령 현직 교수로 활동했다.

'군사전략론'(1987, 박영사), '군사학개론'(2009, 충남대 출판부), '한국군사사 연구'(2010, 충남대 출판부) '6·25전쟁사 : 그 진실과 교훈을 찾아서'(2001, 서라벌군사연구소 출판부)와 '6·25전쟁이란 무엇인가'(2011, 충남대 출판문화원) 등 수십 권의 책을 펴냈다.

최근 '60대 이후의 인생 전략-서라벌에서 온 편지-'(충남대학교 출판문화원)를 출간해 구순을 넘긴 나이에도 군사학에 관한 연구와 왕성한 집필활동을 계속해 왔다.

※ 李道學 : (전)한국전통문화대학교 교수 및 명예교수, 문학박사.

만학으로 1969년 경희대 대학원에서 사학과를 졸업했고, 군사학의 뿌리를 찾으려고 신라 화랑 등을 연구했다. '광개토왕비문의 신연구'(1999, 서라벌군사연구소 출판부), '화랑세기를 다시 본다'(2003, 주류성) 같은 역사 관련 공저도 참여하기도 했다. 또 "화랑세기는 진본"이라고 주장하기도 했다.

고인은 지난 10월부터 본지에 '이종학 칼럼' 과 군사학 전문 칼럼인 '서라벌 편지' 를 집필해왔다. 고인은 최근 6·25전쟁 과정에서 백선엽 장군의 공적을 재평가하는 저서를 쓰려고 준비 중이었다고 알려졌다.…[1]

이종학의 여러 업적 가운데 단연 꼽을 수 있는 으뜸 업적을 부고 기사에서 "고인은 국내에서 처음으로 군사학 체계를 학문으로 정립시켜 '군사학의 대부', '군사학의 태두泰斗'라는 평가를 받았다"고 논파했다. 이 점은 그 누구도 부인할 수 없는 이종학의 독보적인 학문 위업으로 평가할 수 있다.

필자는 이종학의 업적 가운데 가장 혜안慧眼이 번득인 연구 분야 가운데 해양사에 관한 통찰이었다고 단언한다. 한국이 어떻게 만난萬難을 헤쳐나왔고, 또 어떻게 해야 융성할 수 있는지에 대한 해답을 바다 이용에서 찾았던 것이다. 우리나라가 반도 국가임에도 불구하고 해금정책海禁政策 이래로 바다를 경원시한 결과 국력의 쇠퇴로 이어졌다는 메시지를 품은 것이다.

해금 정책을 통한 섬을 비우는 공도空島 정책을 조선 왕조가 철회한 것은 1882년(고종 19)부터였다. 왜구의 방어를 위해 마련된 행정 편의적인 국토 관리 정책이 해금 정책이었다. 자국의 영역인 해양 도서島嶼를 방기하거나 포기한 정책은 어떠한 상황에서도 용인되기 어렵다. 이러한 소극적인 영토 방어 전략은 심정적으로도 바깥 세계와 담을 쌓게 하였을 뿐 아니라, 바깥 세상을 알려고도 하지 않았다. 일례로 하멜 일행의 표류는 조선이 중국 너머의 세계에 눈뜰 수 있는 천재일우千載一遇의 기회였다. 그럼에도 조선 조정은 이들을 노역勞役에나 종사시키고 말았다. 내부적으로는 친명모화親明慕華 의식만 두텁게 쌓여갔던 것이다. 이러한 실정과 대조해 이종학은 일본의 사례를 제시했다. 즉 "한편 일본은 철저한 쇄국정책을 취하면서도 나가사키 항구를 열어두고 서양의 선진문물과 제도를 수용하였기에 동아시아에서도 가장 선진국으로 발전하는 기초를 마련했다"[2]고 설파하였다.

이종학은 바다에 대한 역사가들의 몽매한 인식을 개탄하면서 미국의 군사전략가 알프레드 세이어 마한(Alfred Thayer Mahan, 1840~1914) 제독의 지론을 빌어 통탄해 하였다. 즉 "… 미국의 마한 제독은 그의 명저, 『해상세력이 역사에 미친 영향』(1890)에서 '역사가는 대체로 바다의 사정에 어둡다. 그들은 바다에 관하여 특별한 관심도 지식도 가지고 있지 않았기 때문이다. 그래서 그들은 해상세력이 여러 큰 문제에 대해 깊고 결정적인 영향을 미친다는 것을 간과해 왔다'"[3]고 개탄했다. 이를 극복하고자 한 의지는 이종학의 해양사 연구의 촉매제가 되었다.

1) 최서인, "'한국 군사학의 대부' 이종학 서라벌군사연구소장 별세", 「대경일보」(2022.12.31.)
2) 이종학, 「韓民族의 生存戰略」,『軍事理論과 軍事教育의 硏究』(서라벌군사연구소, 1997), p.8.
3) 이종학, 위의 논문과 위의 책(서라벌군사연구소, 1997), p.2.

본고에서는 이종학의 신라 해양사 연구의 성과를 살펴보고자 했다. 특히 이종학은 문무왕의 해양 정책을 주목하였다. 이종학은 문무왕의 해양 정책 증거로서, 678년 선부船府 창설, 무기를 녹여 농구農具를 만들었고, 자신은 화장해 동해구東海口 대왕암에서 장사지냈고, 동해 용이 되었다는 데서 찾았다.[4] 이종학은 한국사의 발전 과정에서 문무왕의 해양 정책이 지닌 의미와 성격을 적극적으로 분석한 것이다.

2. 신라의 국가 전략에 대한 접근

가. 반도 국가의 장점

반도 국가에 대해서는 부정적으로 간주하는 시각이 지배했다. 대표적인 이들이 일제 식민사학의 논리인 '반도적 성격론'이었다. 반도적 성격론은 한국사 무대의 지정학적 위치가 대륙과 해양을 연결하는 반도에 있어 한국사가 부수성과 주변성을 강하게 띠고 있다는 주장이다. 즉 한국사는 중국 본토로부터의 세력, 만주로부터의 세력, 해양의 일본으로부터의 세력 등 세 세력의 영향을 크게 받았다는 것이다. 이 이론을 주장한 도리야마 기이치(鳥山喜一) 등의 학자는 한반도가 지리적으로 거대한 대륙 국가인 중국에 붙어 있음으로써 숙명적으로 외세의 영향을 받게 되어, 결국 타율적일 수밖에 없다고 하였다.[5] 대표적인 두 사람의 주장을 이기백의 논문에서 인용해 본다.

> b. 이 반도半島를 동아시아의 역사적 대세에서 볼 때, 거기에는 하나의 경향을 인정할 수 있을 것 같습니다. 그 경향이란 어떤 것인가 하면, 이 반도는 밖에서 일어난 세 세력의 소장消長에 의하여 그 역사가 영향을 받아 왔다는 사실입니다. (중략) 세 세력이란 중국 본부中國本部 방면으로부터의 힘과 만주滿洲 방면으로부터의 세력, 이러한 대륙 방면으로부터의 두 세력과, 또 하나는 바다로부터의 우리나라(日本-인용자)의 그것입니다(鳥山喜一, 『滿鮮文化史觀』, 刀江書院, 1935, p.246).

> c. 아시아 대륙의 중심부에 가까이 부착된 이 반도는 정치적으로도 문화적으로도 반드시 대륙에서 일어난 변동의 여파를 받음과 동시에, 또 주변 위치 때문에 항상 그 본류本流로부터는 벗어나 있었다. 여기에 한국사의 두드러진 특징인 부수성이 말미암는 바가 이해될 것이다.(三品彰英, 『朝鮮史概說』, 弘文堂, 1940, p.2.)

이에 대한 반론으로 이종학은 반도 국가로서 가장 강력한 국가를 건설한 로마 제국은 2천 년을 유지했고, 삼국을 통일한 신라는 거의 1천 년을 유지했는데, 이것은 세계사에서도 유례가 드

---

4) 이종학, 「한반도와 해양정책의 구상」, 『해양전략』 112(해군대학, 2001) ; 『한 군사학도의 연구 발자취』(충남대학교 출판부, 2006), pp.334~335.

5) 이기백, 「반도적 성격론 비판」, 『한국사 시민강좌』1(일조각, 1987), pp.3~6.

문 사례로 꼽았다. 그는 663년 백강 전투에서 신라가 당군과 함께 왜군을 섬멸했을 뿐 아니라, 676년 기벌포 해전에서 당의 수군을 격파함으로써 서해 제해권을 장악했고, 그 결과 통일을 이룰 수 있었다고 보았다.[6] 그는 국가 번성의 요체로서 "이리하여 국토는 좁고, 자원은 풍부하지 못하지만 우수한 두뇌를 가진 한민족은 3면의 해양을 충분히 활용하고, 고도의 과학기술을 개발하여, 공업국가로서 세계무대를 상대로 한 무역을 통해 복지국가를 이룩하며, 나아가서 국위를 선양할 수 있으며, 그렇게 되면 세계가 우러러 보는 동방의 밝은 등불이 될 것이다"[7]고 갈파했다.

이종학은 반도 국가의 장점을 "우리의 국토는 삼면이 바다로 둘러싸여 있고, 나머지 한 면이 대륙에 붙어 있는 국가이다. 국토의 넓이와 그 해안선 길이의 비율에 있어서 세계에서 첫째가는 연해국緣海國이요, 한류와 난류가 교차하는 곳이라 수산자원이 풍부하기로도 세계에서 손꼽히는 곳이다. 그럼에도 불구하고 해양정신에 관한 뚜렷한 역사적 전통이 우리들에게 계승되지 않고 있다"[8]며 개탄하였다. 이러한 요인이 이종학이 해양사를 제대로 구명하고자 한 동인動因이었을 것이다.

나. 통일을 이룬 신라의 군사 전략

이종학은 삼면이 바다인 반도 국가 우리나라의 생존전략에 대해 비상하게 관심을 투사했다. 국가 생존전략이라는 차원에서 볼 때, 약소국인 신라가 당시 세계 최강국인 당을 축출하고 통일을 이룬 기적 같은 일은 확실히 주목을 끌게 하고도 남았다. 이후 그의 연구에 따르면 신라의 서해 제해권 장악을 결정적인 요인으로 지목하였다. 그에 선행하여 바다의 장악이 지닌 정치·경제 그리고 군사적 의미를 찾기 위해 기존의 해양 관련한 논고를 샅샅이 살펴보았다. 먼저 그는 미국의 군사전략가 알프레드 세이어 마한 제독提督의 『역사에 미친 해양력의 영향(*The Influence of Sea Power upon History 1660~1783*)』(1890)을 통해 마한 제독이 처음 사용한 '해양력(Sea Power)'이라는 용어를 접했다. 해양력은 '해상을 통해 각국과 교역할 수 있는 경제 능력과 교역로를 보호할 수 있는 해군력'을 가리킨다. 마한 제독은 '강대국이 되려면 일명 해양력을 배양해야 한다'고 설파했다.

최근 미국 예일대학교 역사학 교수였던 폴 케네디(Paul M. Kennedy, 1945~)는 『바다에서의 승리 : 해군력과 제2차 세계대전에서의 세계질서의 변혁(*Victory at Sea : Naval Power and the Transformation of the Global Order in World War II*)』(Yale University Press, 2022)에서 2차대전의 숱한 해전의 배경과 과정, 그리고 결과를 상세하게 소개하면서 알프레드 세이어 마한이 제창한 '해양 우세' 전략지정학이 오늘날에도 유용함을 증명하였다. 마한은 "국제정치는 바다를 통제하

---

6) 이종학, 「지정학적으로 본 한민족의 생존전략」,『공군전우회』(2005.5.20) ; 『한 군사학도의 연구 발자취』(충남대학교 출판부, 2006), pp.257~258.

7) 이종학, 「지정학적으로 본 한민족의 생존전략」,『공군전우회』(2005.5.20) ; 『한 군사학도의 연구 발자취』(충남대학교 출판부, 2006), p.258.

8) 이종학, 「韓民族의 生存戰略」,『軍事理論과 軍事敎育의 硏究』(서라벌군사연구소, 1997), p.2.

기 위한 지속적인 투쟁"이라고 강조했다. 강한 해군을 보유한 국가가 국제적으로 더욱 큰 영향력을 발휘할 수 있다는 말이다. 마한은 해양 공간과 통상로 장악이 강대국의 필수조건이라고 지적했다. 마한은 '해양력'이라는 개념을 고안해 해양 중심의 지정학을 설파한 것이다. 그는 기동성과 교통의 편리함 때문에 해양세력이 대륙세력보다 우세하다며, 외교정책 결정 과정에선 해양 진출과 해양 공간 장악이 중요하다고 강조했다.

주지하듯이 영국은 역사적으로 지중해 입구의 지브롤터와 지중해와 홍해를 연결하는 수에즈 운하, 인도와 동남아시아를 연결하는 싱가포르, 중국 남부의 무역항인 홍콩을 서로 연결하는 통상로를 장악했다. '팍스 브리타니카(Pax Britanica·영국에 의한 평화)' 시대를 열고, 1815~1914년 패권 국가로 군림한 배경이다. 그 뒤 20세기와 21세기에는 미국이 그 뒤를 잇고 있다. 국가 대전략·경제력·국제관계·글로벌 영향력·패권 경쟁 등에서 바다와 해상수송로, 그리고 해군력의 중요성을 강조하였다. 그러한 마한 제독의 업적은 21세기에도 여전히 높은 평가를 받고 있다.[9] 이종학은 폴 케네디에 앞서 해양력에 관한 마한의 통찰력을 받아들였던 것이다. 더욱이 마한의 저서가 번역되기 이전에 이종학은 원서를 읽고 내용을 포착한 것이다.[10] 이종학의 저술에 보이는 마한 제독의 해양력에 대한 서술을 다음과 같이 소개해 본다.

> d. 바다가 정치적·사회적 견지에서 가장 중요하고 명백한 점은 그것이 커다란 공로公路라는 것이다. 아니 광대한 공유지公有地라고 말하는 것이 좋으리라. 그 위를 통하여 사람들은 어느 방향으로도 갈 수 있다.…해로海路에 의한 여행이나 수송은 육로에 의한 것보다 용이하고 값이 싸다.…생산·해운 그리고 식민지의 세 가지에서 바다에 연하는 국가의 정책뿐만 아니라 역사의 열쇠를 찾을 수 있다. 생산에 의하여 생산물의 교역이 필요하고, 해운에 의하여 교역품은 운반된다. 식민지는 해운의 활동을 조장·확대하고 안전한 거점을 확보함으로써 해운의 보호에 보탬이 된다.[11]

마한 제독은 광대한 공유지인 바다와 해로를 통한 해운海運의 이점을 설파했다. 그리고 이종학이 함께 소개한 다음과 같은 육당 최남선의 혜안을 소개하지 않을 수 없다.

> e. 바다 본위本位의 서양사와 내륙 중심의 동양사의 사이에는 중대한 차이, 아니 세력의 근본적 우열이 생긴 것은 16세기 이후의 이른바 근세사가 우리에게 보여주는 바와 같다.…바다가 국가 방위선, 민족활동무대 또 국제무역 및 국제 교통로로서 가장 중요함은 이를 것 없거니와 어로양식과 해초채취 등 광대 풍부한 생산자원으로서 일국一國의 경제상에 가지는 가치도 실로 절대한 것이다.[12]

---

9) 폴 케네디 著·강주헌 譯, 『대해전, 최강국의 탄생』(한국경제신문, 2023).
마한 제독의 업적에 대해서는 竹田いさみ, 『海の地政學』(中央公論新社, 2019), pp.74~79를 참조 바란다.

10) 알프레드 세이어 마한 著·김주식 譯, 『해양력이 역사에 미치는 영향 1·2』(책세상, 1999). 이후 2022년에 개정판이 출간되었다.

11) 이종학, 「문무대왕은 해양력의 선구자인가」, 『해양전략』 72(해군대학, 1991) ; 『한 군사학도의 연구 발자취』(충남대학교 출판부, 2006), p.284.

12) 최남선, 「序에 대하여」, 『한국해양사』(海軍本部 戰史編纂官室, 1955), p.17. p.19.

육당은 바다가 지닌 경제·군사·정치적 의미를 짚으면서, 이를 잘 활용했던 서양이 16세기 이후 역사의 주도자가 되었음을 설파했다. 그러면서 이종학은 신라는 문무왕대 해양 정책을 취했으나 고려는 고구려 고토를 회복하고자 대륙 정책을 취했지만, 압록강과 두만강선에도 미치지 못했음은 물론이거니와, 도리어 북방에서 일어난 요遼와 금金의 공격을 받아 개경의 함락을 비롯해 엄청난 손실을 입은 사실을 적시했다. 고려 왕건이 삼국을 통일한 신라 문무왕의 해양 정책을 계승했다면 북방 민족과의 충돌은커녕 국부國富를 크게 일궈 국운國運을 떨쳤을 것이라는 논지를 피력하였다.[13)]

이종학은 고구려 고토 만주를 상실한 신라의 불완전한 통일론을 인정하지 않았다. 오히려 고려와 조선 왕조가 부富의 원천인 넓은 바다의 활용을 소홀히 한 사실을 절통해 하였다. 그러면서 현재 대한민국은 휴전선에 의해 국토가 분질러져 영역면에서는 통일신라보다 더 불리하지만, 세계의 주요한 10대 교역국이 된 사실을 환기했다.[14)]

사실 오랜 기간에 걸쳐 한국에서는 '북진 정책'이라는 미신迷信에 빠져 있었다. 저명한 정복군주 광개토왕의 영역 확장과 관련해 북방 진출을 운위하고 있지만 아무런 근거가 없다. 광개토왕은 경제적 효용성이 없는 북방으로의 진출이 아니라 물산이 풍부하고 인구가 많은 남방으로의 진출을 추진해 왔다.[15)] 그럼에도 미신에 빠져 고구려 북방 영토를 접수하지 않은 신라에 대한 호된 질책이 가해졌다. 경륜가인 문무왕은 매섭게 추운 기후와 메마른 땅, 그리고 인구 희소 지역에 대한 집착 대신 광활한 해역海域의 존재에 눈을 뜬 것이다. 그간 영역하면 육상 영역만 의식한 데 반해, 문무왕은 해상 영역의 존재와 활용 가치를 의식한 것으로 보인다.

참고로 우리나라의 관할 해역은 대한민국의 주권 및 주권적 권리가 미치는 영해와 배타적 경제수역(EEZ), 대륙붕 등을 포함하는데, 전체 관할 해역 면적(남한)은 약 43.8만㎢이며 국토 면적(약 10만㎢)의 약 4.4배에 이른다(해양수산부).

일찍부터 해양에 대한 통찰력을 지녔던 이종학은, 삼국통일의 의의를 세 가지로 요약했다. "첫째, 신라의 삼국통일은 최초의 민족통일, 즉 한민족의 원형이 이 때에 와서야 형성되었다는 것, 둘째, 민족통일국가가 자주적 쟁취로 달성되었다는 것, 셋째, 민족문화의 융합, 토착화 및 발전을 가져왔다는 것"[16)]을 꼽았다.

---

13) 이종학, 「문무대왕은 해양력의 선구자인가」,『해양전략』 72(해군대학, 1991) ;『한 군사학도의 연구 발자취』(충남대학교 출판부, 2006), pp.285~286.
14) 이종학, 「문무대왕은 해양력의 선구자인가」,『해양전략』 72(해군대학, 1991) ;『한 군사학도의 연구 발자취』(충남대학교 출판부, 2006), pp.284~285.
15) 이도학, 『새롭게 해석한 광개토왕릉비문』(서경문화사, 2020), pp.155~161.
16) 이종학, 「신라 삼국통일의 의의」,『國防』1989-3 ;『한 군사학도의 연구 발자취』(충남대학교 출판부, 2006), p.185.

3. 신라의 선부 별치船府別置와 문무대왕

가. 해양력 선각자 문무대왕의 발견

이종학은 일찍이 우리 역사에 찬연히 빛난 전략가이자 성군聖君인 문무왕의 존재를 발견했다. 문무왕의 경륜은 외교 전략가인 동시에 실병實兵을 직접 지휘했던 군 지휘관으로서도 진가를 발휘했다. 문무왕은 이론가나 비전 제시에 불과한 탁상론자가 아니었다. 몸소 현장을 뛰었던 실무자인 동시에 전략가였고, 자신의 의지와 판단을 곧바로 실행에 옮길 수 있는 위치였다. 백제와 고구려의 정복을 비롯해 당군唐軍을 한반도에서 축출하는 일도 몸소 지휘한 것이다. 그러한 문무왕을 "법민法敏은 자표姿表가 영특英特하고 총명聰明하며 지략智略이 많았다"[17]고 평가했다. 따라서 문무왕에 의해 통일이 완수된 것은 결코 우연한 일이 될 수 없었다.[18]

이종학은 우리 문화유산을 사랑한 한국 미술사학의 비조鼻祖인 우현 고유섭(高裕燮, 1904~1944)의 저작著作에서 중요한 사실을 되새겼다. 고유섭의 다음 서술에서는 문무왕의 일대 업적이 잘 집약되어 있다.

> f. 경주에 가거든 문무왕文武王의 위적偉蹟을 찾으라. 구경거리의 경주로 쏘다니지 말고 문무왕의 정신精神을 기려 보아라. 태종무열왕太宗武烈王의 위업偉業과 김유신金庾信의 훈공勳功이 크지 아님이 아니나 이것은 문헌에서도 우리가 가릴 수 있지만 문무왕의 위대한 정신이야말로 경주의 유적에서 찾아야 할 것이니 경주에 가거들랑 모름지기 이 문무왕의 유적을 찾으라. 건천乾川의 부산성富山城도 남산南山의 신성新城도 안강安康의 북형산성北兄山城도 모두 문무왕의 국방적國防的 경영經營이요, 봉황대鳳凰臺의 고대高臺도 임해전臨海殿의 안압지雁鴨池도 사천왕四天王의 호국찰護國刹도 모두 문무왕의 정경적政經的 치적治積이 아님이 아니나, 무엇보다도 경주에 가거든 동해의 대왕암大王岩을 찾으라.[19]

문무왕의 유적은 '문무왕의 위대한 정신'이 응결된 대왕암으로 집약된다. 즉 "군신들이 유언에 따라 동해구 큰 돌 위에서 장례를 치렀다. 속전에 왕이 변해 용이 되었기에, 그 돌을 가리켜 대왕 돌이라고 했다"[20]고 했듯이, 앞서 화장한 문무왕의 유골을 큰 돌 위에서 장례를 치른 것이다. 군이 이곳에 장례를 치르게 한 것은 왜병을 막기 위한 호국용 차원이었다.

고유섭 말의 키워드는 '문무왕의 위대한 정신', '문무왕의 유적', '대왕암'이다. 여기서 '대왕암'은 문무왕 해양 정책의 응결처로 볼 수 있다. 그랬기에 이종학은 문무왕의 선부船府 설치에 대

---

17) 『三國史記』권6, 문무왕 즉위년, "法敏姿表英特 聰明多智略"
18) 이종학, 「韓民族의 生存戰略」, 『軍事理論과 軍事教育의 研究』(서라벌군사연구소, 1997), pp.5~6.
19) 고유섭, 「慶州 紀行의 一節」, 『高麗時報』(1940.8.1.) ; 『又玄 高裕燮全集 9』(열화당, 2013), p.243.
20) 『三國史記』 권7, 문무왕 21년, "羣臣以遺言 葬東海口大石上 俗傳王化爲龍 仍指其石爲大王石"

해 의미를 크게 부여했다. 관련 기사는 다음과 같다.

> g-1. 선부에 令 1명을 두었는데, 선박에 관한 일을 맡았다.[21]
> g-2. 선부는 예전에는 병부의 대감과 제감으로 선박의 일을 맡게 했는데, 문무왕 18년에 별도로 두었다. 경덕왕이 고쳐 이제부를 만들었고, 혜공왕이 예전대로 했다. 영은 1명인데, 관위는 대아찬에서 각간에 이르기까지가 되었다.…[22]

위의 기사에서 선박에 관한 업무를 관장한 선부는 병부의 대감과 제감이 맡아왔다고 한다. 이러한 선부의 설치는 진평왕 5년에 "봄 정월, 선부서의 대감과 제감 각 1명을 두었다"[23]는 기사에서 연원을 찾을 수 있다. 즉 병부 예하에 두었던 선부를, 문무왕 18년에 병부에서 독립시켜 별도로 영令을 장관으로 하는 부서를 만든 것이다. 문무왕 18년 이후 선부는 장관長官인 영令의 관위가 5등 대아찬大阿飡에서 1등 각간角干까지였는데, 다른 부서의 영令과 동급이었다. 진골 신분이 맡은 선부령船府令의 위상에 대해 이종학은 예리한 통찰력으로 포착했다. 그간 국방부 산하에 선박 부서를 두었는데, 문무왕은 국방부와 동격인 선부를 설치했다는 것이다. 이종학은 '이것은 놀라운 조치'라고 찬탄을 아끼지 않았다.[24] 나아가 이종학은 자신의 논지를 강화하기 위해 "동양을 제패한 당의 수군을 도처에서 격파하여 패퇴시킨 당시의 신라 수군을 볼 때 이 기록은 의의를 가지는 듯하다"는 이홍직의 견해를 인용해 평가했다. 최남선 역시 선부의 설치는 통일신라기에 접어들자 일익증폭日益增幅하는 해외교통 및 연해운송 그리고 증대된 국토 연안 방어에 있어서 함선 운용에 필수불가결한 합리적인 관리와 그 유지 및 운용이 이루어진 것으로 간주했다. 이종학은 선학先學이자 석학인 최남선의 지견을 간과하지 않고 적극 원용하였다.

이종학은 신라의 선부가 지닌 의미를, 이웃한 당唐이나 일본의 정부 조직 편제와도 비교했다. 신라의 선부는 이들 국가에서는 찾아볼 수 없는 특유의 관부라는 결론을 내렸다. 즉 "이런 제도가 당이나 일본에도 있었는지 조사해 보았으나 당에는 없었고, 또 해양국가인 일본에는 존재할 것으로 예상했으나 721년경에 제정된 양로율령養老律令에 의하면 병부성兵部省 관할하에 주선사主船司가 설치되어 있었으니, 신라의 선부는 당시 독특하고 독창적인 제도였음을 알 수 있다"[25]고 의미 부여를 했다.

문무왕이 병부와 동격의 선부船府를 설치했다는 것은, 통일 후 신라의 진로를 해양 정책으로 취했다는 의미로 받아들였다. 국가 전략 관점에서 본다면 '육주해종陸主海從'에서 '해주육종海主陸從'으로의 전환을 뜻하는 것으로 해석했다. 문무왕이 선부를 별설別設했고, 죽은 후 나라를 지키는

---

21) 『三國史記』 권7, 문무왕 18년, "春正月 置船府令一員 掌船楫事"
22) 『三國史記』 권38, 雜志, 職官(上), "船府 舊以兵部大監·弟監 掌舟楫之事 文武王十八年別置 景德王改爲利濟府 惠恭王復故 令一人 位自大阿飡至角干爲之"
23) 『三國史記』 권4, 진평왕 5년, "春正月 始置船府署大監·弟監各一員"
24) 이종학, 「문무대왕은 해양력의 선구자인가」, 『해양전략』 72, 해군대학, 1991 ; 『한 군사학도의 연구 발자취』(충남대학교 출판부, 2006), p.273.
25) 이종학, 「韓民族의 生存戰略」, 『軍事理論과 軍事敎育의 硏究』(서라벌군사연구소, 1997), p.4.

대룡大龍이 되겠다고 했으며, 또 유언에 따라 동해구의 대왕암에 장사를 하게 한 것은 국가의 방위와 안전, 성장과 번영은 바다 즉 해양력의 확보에 있다는 것을 제시해 준 것으로 해석했다. 이종학은 이것을 일러 '실로 놀라운 그리고 심오한 지략을 보여준 것으로 확신한다'고 하였다.

그러고 보니 신라는 한국의 해양수산부(1996년 초치初置·2013년 복치復置)보다 무려 1,300여 년 전에 바다를 관장하는 장관급 전담 선부船府를 설치했다. 그럼에도 신라의 지형적 조건은 해양활동에 불리한 것으로 속단하는 경향이 있었다. 이와 관련해 이종학은 마한 제독의 저서 『해양전략론(海洋戰略論, Naval Strategy)』에서 해양력을 구성하는 6가지 요소를 소개하면서 논지를 전개했다. 첫째, 지리적 위치였다. 마한은 "만약, 어느 나라가 육상에서 자국을 방위할 필요가 없고, 또 육상에서 영토의 확장을 구하는 유혹에 빠지지 않는 위치를 점하고 있다면 그 나라는 국경의 일부를 대륙에 접하고 있는 나라와 비교하여 목표를 주로 해상을 향해 집중시킬 수 있다는 점에서 유리하다"는 점을 소개하면서, 영국이 프랑스나 네덜란드보다 해양국으로 훨씬 유리한 점을 적시했다.[26)]

사실 신라는 고구려나 백제보다 국력이 열세였지만 이들 국가의 외침을 막는 데 유리한 지형을 얻고 있었다. 소백산맥이라는 지형구가 북北과 서西로부터의 침공을 막는 데 유효한 지형적 기제였기 때문이다. 약소국인 신라가 굳이 무리수를 써서 북의 고구려와 서의 백제 영역으로 진출하기보다는 해상 쪽으로 출구를 잡았던 것이다. 그럼으로써 중국 대륙이나 일본열도와의 독자 교류뿐 아니라, 그 밖의 더 넓은 세계와의 교류까지 가능해졌다.

이러한 선상에서 신라는 467년(자비왕 10)에 관원들을 시켜 일반 선박이 아니라 전함을 수리하였다.[27)] 싸울 수 있는 군함을 정비한 것이다. 고구려나 왜의 수군과 싸워서 이길 수 있는 선박을 마련했다. 특히 신라를 빈번하게 침공해 온 왜군 수송선을 겨냥했거나, 408년 쓰시마(對馬島) 정벌을 기획한 바 있듯이,[28)] 왜倭 영역으로의 본격적인 진출을 염두에 두었을 수 있다. 신라의 제해권制海權 장악 의지를 분명히 읽을 수 있는 사례이다.

신라 지증 마립간은 505년(지증왕 6) 선박의 이로움을 분부했다.[29)] 즉 '선박의 이로움'을 법제화해 국가 운송 체계에 있어서 획기적인 변화를 일으킨 것이다. 특히 국가 운영을 위한 재원 확보 수단인 수취收取와 관련한 통로通路를 내륙 수로와 해로를 병행한 조치로 보였다. 실제 함안 성산산성 출토 6세기 중엽 목간은, 강배[舡]를 이용해 낙동강을 통한 수취 사실을 확인시켜 주었다.[30)] 목간을 통해 낙동강 상류와 중류 그리고 하류 지역에서 세금을 거둔 사실이 밝혀졌다. 이 조치는 수운水運 이용해 조세 수취하는 조운漕運의 기원이 된 것이다. 주지하듯이 고려

---

26) 이종학, 「문무대왕은 해양력의 선구자인가」,『해양전략』 72(해군대학, 1991) ;『한 군사학도의 연구 발자취』(충남대학교 출판부, 2006), pp.299~300.
27) 『三國史記』 권3, 자비 마립간 10년, "春 命有司修理戰艦"
28) 『三國史記』 권3, 실성 니사금 7년 2월.
29) 『三國史記』 권4, 지증 마립간 6년 11월, "又制舟楫之利"
30) ·김창석 「함안 성산산성 목간을 통해 본 신라의 지방사회 구조와 수취」,『백제문화』 54(2016), p.157.
·임동민, 「네트워크 분석과 한국 고대사 연구의 접목 가능성-함안 성산산성 목간을 중심으로-」,『한국사연구』 197(2022), pp.45~52.

와 조선은 연해沿海와 내륙 수로水路를 이용해 조세로 거둬들인 곡물을 경창京倉으로 운송하는 제도를 시행했다. 이러한 조운漕運의 기원이 신라 지증왕의 조치에서 비롯했다고 본다.

마한은 둘째, 지형적 형태를 꼽았다. 긴 해안선과 수심이 깊은 항만은 국가 부강의 요인이었다고 한다. 신라는 긴 동해안과 더불어 서해안보다 수심이 깊은 항만을 보유했다. 6세기 중엽경 신라는 황초령과 마운령으로 상징되는 함경북도 해안 지역까지 석권하였다. 동일한 무렵 신라는 대가야를 멸망시켜 임나 제국任那諸國이 소재한 현재의 경상남도 남해안 지역을 장악했다. 동해안에서 남해안에 이르는 긴 해안선은 신라의 해양력을 극대화해 주었을 것이다. 특히 신라는 512년 우산국인 울릉도를 점령했다. 그럼으로써 신라의 동쪽 해역海域은 크게 확장되었을 뿐 아니라, 동해 제패制覇도 가능해졌다.

신라가 확보한 긴 해안은, 마한이 언급한 해상 무역·해운업의 성행과 해군 보유를 가능하게 해 주고도 남았다. 이는 마한이 셋째 요인으로 언급한 육상 영토의 총면적이 아니라 해안선의 길이와 항만의 특질이 해군력의 주요 요인이라는 견해와 부합한다. 넷째 요인으로 마한은 해양력은 인구의 총수가 아니라 해상 활동을 좋아하는 인원 수에 좌우된다고 했다. 그 밖에 해양력은 다섯째 국민성과 여섯째 정부의 성격에 좌우된다고 하였다. 신라는 6세기 초 이래로 선박의 이용을 적극적으로 추진했으며, 해양력에 대한 탁월한 식견을 보유한 정부와 걸출한 혜안을 지닌 문무왕이 존재하였다. 이렇듯 신라는 해양력의 구비 요소를 거의 갖춘 것이다.

나. 신라의 '대항해' 사례

신라는 우수한 조선술과 항해술을 배경으로 해외에 진출했던 것 같다. 신라 고분에서 출토된 물소·구세계원숭이·개미핥기와 타조를 비롯한 남방과 열대 지역 동물 형상을 묘사한 토우의 존재는, 이 무렵에 이루어진 대항해의 산물이었다.

최근 신라 토우 가운데 서역인 토우의 존재가 확인되었다. 즉 5~6세기에 만들어진 머리에 터번을 두르고 지중해 동부 사람들이 주로 입던 '카프탄(kaftan)'으로 보이는 옷을 입고 있었다. 그리고 몸에는 발목 위까지 내려오는 장옷을 입었다. 월성 유적 발굴조사단은 이들 토우는 중앙아시아 소그디아나를 근거지로 한 현재 이란계 주민인 '소그드인' 복식과 유사하다고 했다. 그리고 약용·식용 혹은 등잔용 기름 등으로 이용됐던 아주까리(피마자) 씨앗은 아프리카나 인도에서 건너와 실크로드를 거쳐 신라로 유입했다고 한다. 그러나 이 보다는 로만 글라스와 더불어 바다를 통해 유입되었을 가능성이 높다. 로만 글라스는 동부 지중해 연안에서 제작된 로마 유리와 사산조 페르시아 유리로 추정되고 있다. 따라서 "이처럼 5~6세기 신라에서는 다양한 국제 교류의 흔적이 발견되고 있습니다"는 평가가 부여되었다. 말할 나위 없이 '대항해'의 산물이었다.

신라 왕릉급 고분에 부장된 로만 글라스는 대항해의 성과물이었다. 598년(진평왕 20)에 신라가 왜에 선물로 보낸 공작 1쌍은 동남아시아 지역과의 교류를 말해주는 징표였다. 647년에 김춘추는 공작이나 앵무와 같은 진귀한 남방 조류鳥類를 싣고 왜정倭庭을 밟았다. 이러한 남방 조류 선물은 신라의 광활한 교역 범위를 알리고 국력을 과시하는 데 있었다.[31]

앵무는 중국을 통해 백제로 전해진 것으로 추측하기도 한다. 그러나 세계 최대의 영역을 자랑하는 원제국元帝國의 관리가 14세기 전반에 작성한 견문에서도 "새 가운데 공작과 비취새와 앵무새는 중국에 없는 것이다"고 단언했다. 그러니 6~7세기 상황에서 백제가 중국을 통해서 앵무를 얻었을 가능성은 없다. 정원貞元 연간(785~805)에 신라가 당唐에 공작을 바치자 덕종德宗은 화가 변란邊鸞으로 하여금 그리게 했다. 중국인들이 궁중에서라도 공작을 접하는 일이 있었다면 신라는 조공하지 않았을 것이다. 세계국가의 수장인 당제唐帝도 명화가名畫家를 동원해 공작을 그리게까지 하는 일은 없었을 법하다. 따라서 신라의 조공품인 공작은 중국에서 수입한 게 아니었다. 신라 독자 교역의 산물이 명백해진다.

아울러 아프라시압 궁전 벽화에 보이는 고구려 사신도를 상상의 산물로 치부했던 주장은 공감을 잃었다. 고대 한국인들의 교류 반경을 과소 평가했기 때문이다. 그리고 로만 글라스와 더불어 보석과 유리로 화려하게 장식된 계림로 황금 보검의 유입로에 대한 가늠이 가능해졌다.

이와 관련해 신라의 항해 능력을 엿보여 주는 일화가 전한다. 당唐의 능주자사陵州刺史 주우周遇는 지금의 산둥성 일대인 청주靑州에서 푸젠성 지역인 민閩으로 돌아오는 길에 풍랑을 만나 표류했다. 구국狗國에서 만난 신라인들이 이곳 이름을 알려주었다고 한다. 그후 모인국毛人國→야차국野叉國→대인국大人國 등을 지나 유규국流虬國에 이르렀다. 지금의 오키나와로 추정되는 유규국 사람들은 앞 다투어 음식을 가져와서는 정철釘鐵과 바꾸기를 원했다. 이때 동승했던 신라객新羅客들은 그곳 사람들의 말을 반쯤은 통역했다고 한다.[32] 당의 지방관이 체험했던 표류기를 통해 신라인들의 동남아시아 지역과의 교류 사실이 포착되었다. 이렇듯 신라인들의 활동 공간은 광활하였다.[33]

해양력에 기반한 신라의 번성에 대해 이종학은 이슬람 문헌에 소개된, 신라의 존재에 대한 연구 성과를 원용해서 소개했다. 그러면서 "중세 아랍-무슬림들은 신라를 신비의 이상향으로 선망했다. 즉, 그 아름다운 자연환경, 풍부한 지하자원, 신라인들의 쾌적한 생활상이나 환경으로 인하여 일단 신라에 들어간 사람은 정착해서 떠나지 않았다고 했다. 지금 경주에 있는 괘릉掛陵의 맨 앞에 있는 서역인의 모습을 한 무인석武人石은 아마도 아랍인임에 틀림없으리라. 삼국통일 후의 신라의 성장, 번영 및 안정 그리고 한민족의 역사상 가장 찬란한 신라 문화의 창출은 문무대왕의 해양 정책에서 비롯되었다는 것이 필자의 해석이다"[34]는 결론을 도출했다.

이종학은 신라인들의 해외 거점과 관련해 중국 산둥성이나 장쑤성에 설치된 신라인들의 집단 거류지인 신라방新羅坊과 이들을 관할하기 위한 신라소新羅所라는 행정 기관과 신라인 직원의 임명을 상기시켰다. 그리고 해상 무역을 크게 벌인 청해진의 장보고張保皐와 강주康州의 왕봉규王逢規 등을 거론했다.[35]

---

31) 이도학, 『쉽고도 어려운 고대한국사』(학연문화사, 2022), p.231.

32) 『太平廣記』 권483, 蠻夷4, 狗國.

33) 이도학, 『분석 고대한국사』(학연문화사, 2019), pp.752~756.

34) 이종학, 「문무대왕은 해양력의 선구자인가」, 『해양전략』 72(해군대학, 1991) ; 『한 군사학도의 연구 발자취』(충남대학교 출판부, 2006), p.277.

35) 이종학, 위의 논문, pp.275~276.

해양력의 극성기 때 신라는 석굴암이나 불국사 창건 등에서 볼 수 있듯이 괄목할만한 조형미술의 발전을 가져왔다. 신라와 경주의 위상을 알려주는 문장이 있기에 인용하였다.

> h. 당인唐人의 전설에 의하면 어떤 당상唐商은 신라로부터 벽전건辟塵巾 벽전침辟塵針을 얻었는데 건巾은 치마馳馬의 꼬리에 달면 그 주위에 황전黃塵을 벽제辟除할 수 있고, 침針은 보통 수건手巾에 꽂아 마미馬尾에 달면 또한 전애塵埃를 피할 수 있다고 한다. 이 황당한 진보전설珍寶傳說은 신라의 상공품商工品이 당에서 높이 평가되었던 것과 신라와의 교역이 거대한 이익을 재래齎來한다는 것과 당상의 신라 왕래를 의미하는 것이다. 육로와 황해를 통하여 나·당 간의 사람과 물화物貨와 문화의 교류가 이다지 빈번하였으므로 신라의 수도 경주가 소장안화小長安化하고 신라의 귀족·소시민사회가 소당화小唐化하였을 것을 추측할 수 있으니, 과연 경주는 6부部 55리 1360방坊(일작一作 360坊) 17만 8936호 약 8·9십만 인구의 대도시로 되었다. 약 130호(혹은 약 500호)로써 1坊을 형성하고, 25방(혹은 6방) 허許로써 1리를 이루었던 모양이다. 이것은 9세기 말의 상태이므로 통일 이전처럼 군사도시軍事都市로서 인구가 집중된 것은 아닐 터이요 상공도시商工都市로서 발달된 것이다. 전아세아문화全亞細亞文化의 집산지集散地인 장안長安이 겨우 30만호이어늘 경주는 이에 육박하여 아세아 제일류의 도시를 이루었다. 국제적 상공무역商工貿易의 은성殷盛을 제외하고 우리는 이러한 도시발달을 상상할 수 없다. 장안이 황금열병黃金熱病의 도시면 경주도 또한 그러하였다.
> 경주는 지배귀족계급과 그들의 문객門客·사병私兵·승려僧侶·상공소시민·상공부호商工富豪·직공職工·기술자·노동자·기예인技藝人·유녀遊女 등으로 충만하였을 것이다. 그들의 생활은 극히 호화사치 타락하였을 것이나, 기록은 이것을 구체적으로 전하지 않는다. 오직 삼국사기와 삼국유사의 전하는 바를 보면 경주는 39의 금입택金入宅(대부호大富豪)이 있어 김유신가도 그 하나이었으며, 말년에 가까운 9세기 말에는 성중城中에 일동一棟의 초옥草屋도 없이 와가瓦家가 연접하였고 시민은 요리에 신목薪木으로 불을 때지 않고 목탄木炭을 사용하였고, 연락宴樂 유흥의 가취성歌吹聲이 주야晝夜로 그치지 아니 하였다 한다. 화려한 궁전과 광대한 불찰佛刹이며 부호의 대저택이 처처에 수다數多히 임립林立하였다. 이것이 경주의 외모外貌이었다.[36)]

위의 묘사描寫는 비록 9세기 말까지의 경주의 상황을 반영하고 있지만, 8세기대부터 이러한 모양을 갖추어갔을 것이다. 당의 수도 장안과 견줄 정도의 위상을 갖추었던 동아시아 대도시 경주의 면면이었다. 이러한 번성 면면에 대해 이종학은 "삼국통일 후의 신라의 성장, 번영 및 안정 그리고 한민족의 역사상 가장 찬란한 신라 문화의 창출은 문무대왕의 해양 정책에서 비롯되었다는 것이 필자의 해석이다"[37)]고 설파했다.

---

36) 孫晉泰, 『朝鮮民族史概論(上)』(乙酉文化社, 1948), pp.195~196.

37) 이종학, 「문무대왕은 해양력의 선구자인가」, 『해양전략』 72(해군대학, 1991) ; 『한 군사학도의 연구 발자취』(충남대학교 출판부, 2006), p.277.

4. 신라와 고구려의 해양력

가. 신라의 해양력 사례

신라는 바다와 인연이 없는 나라로 간주하기 쉽다. 물론 한반도의 동남 모서리에서 국가를 형성한 신라는 울산이라는 양항良港을 확보하고 있었다. 그럼에도 동해안은 수심이 깊고 해안이 단조로워 항구가 발달하기 어려웠다. 이 같은 불리한 지리적 조건에서 신라가 팽창해 갔던 관계로 국가 발전에 각별히 바다를 활용한 것으로 지목하지는 않았다.

그러나 신라는 기실 바다를 잘 운용했고, 일찍부터 바다와 깊은 인연을 맺고 있었다. 석씨 왕실의 시조인 탈해의 유입설화에 따르면, 바다를 이용해 아진포라는 항구에 도착했다고 한다. 또 탈해는 젊었을 때 고기잡이를 업으로 삼으면서 노모를 봉양했다는 것이다. 이는 수산자원이 풍부한 동해안에서 어렵漁獵이 차지하는 비중을 암시해준다. 그리고 인도의 아쇼카왕(阿育王) 전설을 비롯하여 외래의 문물은 바다를 이용해 유입된 것으로 전해지고 있다. 가령 아쇼카왕이 보낸 수만 근의 철을 적재한 선박이 울산 근처의 항구에 도착하였다. 바로 그 철로써 황룡사 장육존상을 주조했다는 것이다. 그리고 신라 관등 가운데 제4 관등인 파진찬波珍湌은 '파돌찬' 곧 '바다 칸'이었다. 파진찬은 일명 '해간海干'이라고도 하였다. 그 명칭을 볼 때 본래 바다와 관련 깊은 관직 이름에서 기인한 해군 사령관으로 지목하기도 한다.

512년(지증왕 13)에 신라 장군 이사부는 지금의 울릉도인 우산국 정벌에 나섰다. 망망대해에 존재한다는 섬나라를 찾아 나선 것이다. 당시의 항해술에 비추어 볼 때 군도群島를 이루지 않은 작은 섬 하나를 찾아 나선다는 자체는 바다에 대한 자신감 없이는 감히 엄두를 내기 조차 어렵다.[38)]

이무렵 신라의 선박 형태와 관련해 금관총에서 출토된 배 모양 토기의 구조를 살펴 본다. 선박의 앞뒤가 높이 솟아 있고, 뱃전 위에 널판대기를 한 두 장 더 이어 올렸다. 그러므로 하천이 아니라 높은 바다를 항해하는 선박으로 추정되어진다.

이러한 신라의 조선술은 일본측 기록에서 구체적으로 확인된다. 즉 왜에 조선술을 최초로 가르친 이나베씨(猪名部氏)의 선조는 신라인으로 밝혀진 바 있다. 신라 조선 기술의 도입으로 왜에 구조선이 출현했다고 한다. 또 639년(선덕여왕 8)에는 당의 승려들이 신라의 송사送使를 따라 왜로 왔다. 649년(진덕여왕 3)에는 왜의 승려가 신라 선박을 이용해 당에서 귀환했다. 657년(무열왕 4)에는 왜에서 자국 사신을 신라 사신에 붙여 당에 보내려고 했지만 신라의 거절로 이루지 못하였다. 658년에는 왜의 승려 2명이 신라 선편을 이용해 당에 유학 가기도 했다.[39)]

당시 왜는 백제와 밀접한 관계였지만 굳이 신라 선박을 이용하였다. 그랬기에 신라의 조선술

---

38) 우산국에 대해서는 李道學, 「高句麗의 東海 및 東海岸路 지배를 둘러싼 諸問題」,『高句麗渤海研究』 44(2012), pp.182~193.

39) 이종학, 「한반도와 해양정책의 구상」,『해양전략』 112(해군대학, 2001) ; 『한 군사학도의 연구 발자취』(충남대학교 출판부, 2006), pp.325~327.

과 항해술이 백제를 능가했다는 평을 얻기까지 했다. 신라 선박의 명성은 후대까지도 일본에 영향을 미쳤다. 즉 752년(경덕왕 11)에는 선박 1척에 100여 명이 승선할 수 있는 7척의 거함巨艦으로 일제히 북규슈까지 왕래하였다. 839년에 북규슈의 다자이후(大宰府)에서 '신라선'을 만들게 했더니 풍파에 잘 견디었다고 한다. 이렇듯 신라인들은 왜인들에게 조선술을 가르쳤을 뿐 아니라 신라선은 성능이 우수한 것으로 평가되었다. 그랬기에 왜에서 당으로 파견되는 사신의 선박에는 신라인 항해사와 통역사가 동승한 것이다.[40]

그러면 『삼국사기』에는 신라인들의 바다에 대한 관심이 어떠한 형태로 제도화되었을까? 신라는 467년(자비왕 10)에 관원들을 시켜 일반 선박이 아니라 전함을 수리하였다. 505년(지증왕 6)에는 선박의 이로움을 적극 권면했다. 신라는 583년(진평왕 5)에 병부兵部에 선부서船府署를 설치하여 선박 사무를 관장해 왔다. 그러나 678년(문무왕 18)에는 "선부령船府令 1명을 두어 선박의 사무를 관장하게 했다"고 하였다. 여기서 병부와 동격인 선부를 설치하고 장관급에 해당하는 영令을 두었다는 것은 해상을 관장하는 선부의 비중이 막중했음을 뜻한다. 선부가 국방부에 해당하는 병부와 동급으로 자리하고 있는 경우는 중국과 일본에 없는 신라만의 독특한 제도였다. 앞에서 살핀 바 있는 이종학의 지론인 것이다.

여하간 이는 신라가 적극적인 해양 정책을 취했음을 뜻하는 동시에 놀라운 선견지명으로 평가받아 마땅하다. 게다가 경주 월성에서 출토된 토기편에 '도부嶋夫' 명문이 확인되었다.[41] 도부嶋夫는 도서島嶼를 관장하는 직무 담당자를 가리키는 호칭으로 볼 수 있다.

나. 신라의 제해권 장악과 삼국통일

신라의 삼국통일은 제해권 장악의 결실이었다. 이종학의 지론인, 이 사안을 살펴보기로 한다. 신라의 최초 제해권 장악은, 백제와 연계된 왜군 수송선의 상륙을 막고 선단을 소멸시킨 백강 전투였다. 백강 전투는 해전海戰이었다. 해전은 전쟁의 판세를 뒤집을 정도로 비중은 가위 지대하였다.

가령 기원전 480년 살라미스에서 페르시아와 그리스연합군 간에 벌어진 해전에서 그리스는 수적 열세에도 불구하고 페르시아 해군을 격파해 페르시아와의 전쟁에서 중대한 전환점을 만들었다. 이러한 살라미스 해전은 말할 것도 없고, 오랜 기간에 걸친 전쟁도 한 번의 해전으로 결판나는 경우가 적지 않았다. 유럽을 진동시켰던 나폴레옹이지만, 트라팔가르 해전에서 프랑스의 패전으로 영국 침공은 좌절되었다. 육군 대국 제정러시아도 1905년 발트함대가 쓰시마 해전에서 참패함에 따라 사실상 러일전쟁이 종결되었다. 신라는 백강 전투와 기벌포 해전을 통해 왜倭와 당唐을 한반도에서 각각 축출하고 주인공이 될 수 있었다. 다음은 백강 전투 관련 기사들이다.

40) 이종학, 「韓民族의 生存戰略」, 『軍事理論과 軍事敎育의 硏究』(서라벌군사연구소, 1997), p.7.
41) 국립경주문화재연구소, 『신라 왕궁 월성』(2018), p.66.

i. 용삭龍朔 3년(663)에 총관 손인사孫仁師가 군사를 거느리고 와서 부성府城을 구원했으므로, 신라에서도 병마를 내어서 같이 정벌의 길에 올라 주류성 밑에 이르렀습니다. 이때 왜국의 수군이 와서 백제를 돕게 되었는데, 왜선 1천 척은 백사白沙에 머물러 있고, 백제의 강한 기병들은 강가에서 배를 지키고 있었습니다. 신라의 날랜 기병들은 중국 군사의 선봉이 되어 먼저 강가의 적진을 부수니, 주류성은 겁을 집어먹고 드디어 곧 항복했습니다. 남방이 이미 평정되자 군사를 돌려서 북쪽을 치려 했는데, 임존성 하나만은 단단히 지켜 항복하지 않으므로 두 나라 군사가 힘을 합쳐서 함께 임존성任存城을 쳤습니다.…[42)]

j. 가을 8월, 임오壬午가 초하루인 달의 갑오(13일)에 신라는 백제 왕이 자기의 양장良將을 목 베었기에 곧바로 백제에 들어가 먼저 주유를 빼앗으려고 도모하였다. 이에 백제는 적의 계략을 알고서 여러 장수에게 말하기를 "지금 듣자 하니 대일본국의 구원 장수인 이호하라노 기미오미(廬原君臣)가 용사 1만여 명을 거느리고 바다를 건너오고 있다. 바라건대 여러 장수들은 미리 도모함이 있기를 바란다. 나는 스스로 백촌白村에 가서 기다리고 있다가 접대하고자 한다"라고 말하였다. 무술(17일), 적장賊將이 주유州柔에 와서 그 왕성王城을 에워쌌다. 대당大唐의 장군이 전선 170척을 이끌고 백촌강白村江에 진을 쳤다. 무신(27일), 일본의 수군 중 처음에 온 자와 대당의 수군이 합전合戰하였다. 일본이 불리해서 물러났다. 대당은 진을 굳게 하여 지켰다.[43)]

k. 기유(28일), 일본의 여러 장수들과 백제 왕이 기상氣象을 보지 않고 서로 말하기를 '우리가 먼저 공격하면 저들은 스스로 물러갈 것이다'라고 하였다. 다시 일본이, 대오가 난잡한 중군의 병졸을 이끌고 진을 굳건히 한 대당의 군사를 쳤다. 대당은 즉시 좌우에서 선박을 내어 협격하였다. 눈 깜짝할 사이에 관군이 잇따라 패배하였는데, 물속에 떨어져 익사한 자가 많았다. 뱃머리와 고물을 돌릴 수가 없었다. 에치노 다쿠스(朴市田來津)는 하늘을 우러러 맹세하고 이를 갈고는 수십 인을 죽이고는 마침내 전사하였다.…9월 신해가 초하루인 정사(7일), 백제의 주유성이 비로소 당에 함락되었다. 이때 나라 사람이 서로 '주유가 항복하였다. 일을 어떻게 할 수 없다. 백제의 이름은 오늘로 끊어졌다. 조상의 분묘가 있는 곳을 어찌 다시 갈 수가 있겠는가.…이튿날 배가 떠나서 처음으로 일본으로 향하였다.[44)]

l. 손인사孫仁師가 중도中道에서 [부여풍扶餘豊의 군대를] 맞아 쳐 무너뜨리고 드디어 인원仁願의 무리와 합세하니, 병세兵勢가 크게 떨쳤다. 이에 인사仁師·인원仁願 및 신라왕新羅王 김법민金法敏은 육군陸軍을 이끌고 진군하고, 유인궤劉仁軌 및 별수別帥 두상杜爽·부여융扶餘隆은 수군水軍 및 군량선軍糧船을 이끌고 웅진강熊津江에서 백강白江으로 가서 육군과 회합하여 함께 주류성周留城으로 진군하였다. 인궤仁軌가 백강白江 어귀에서 부여풍扶餘豊의 무리를 만나 네 번 싸워 모두 이기고

---

42) 『三國史記』 권7, 문무왕 11년. "至龍朔三年 摠管孫仁師 領兵來救府城 新羅兵馬 亦發同征 行至周留城下 此時 倭國船兵 來助百濟 倭船千艘 停在白沙 百濟精騎岸上守船 新羅驍騎 爲漢前鋒 先破岸陣 周留失膽 遂即降下 南方已定 迴軍北伐 任存一城 執迷下降 兩軍併力 共打一城 固守拒捍 不能打得 新羅即欲迴還 杜大夫云 準勑 旣平已後 共相盟會 任存一城 雖未降下 即可共相盟誓 新羅以爲準勑 旣平已後 共相盟會 任存未降 不可以爲旣平 又且百濟姦詐百端 反覆不恒 今雖共相盟會 於後恐有噬臍之患 奏請停盟"

43) 『日本書紀』 권27, 天智 2년 8월.

44) 『日本書紀』 권27, 天智 2년 9월.

그들의 배 4백 척을 불사르니, 적들은 크게 붕괴되고, 부여풍은 몸만 빠져 달아났다. 위왕자僞王子 부여충승扶餘忠勝·충지忠志 등이 사녀士女 및 왜倭의 무리를 이끌고 함께 항복하니, 백제의 모든 성이 다시 귀순하였다. 손인사孫仁師·유인원劉仁願 등이 철군을 하여 돌아왔다.[45)]

위의 백강 패전을 분기점으로 왜는 더 이상 한반도에서 얼씬거리지 못했다. 당 수군의 압승으로 왜와 백제 그리고 탐라의 3국 연합군을 궤멸시킨 것이다. 이때 신라의 해전 참전 기록이 보이지 않기에 이종학은 아쉬움을 토로했다. 그러나 "백제의 강한 기병들은 강가에서 배를 지키고 있었습니다. 신라의 날랜 기병들은 중국 군사의 선봉이 되어 먼저 강가의 적진을 부수니, 주류성은 겁을 집어먹고 드디어 곧 항복했습니다(i)"는 기사에서 보듯이, 신라군은 강가에 진을 치고 왜군 선단의 상륙을 엄호하던 백제군을 격파했다. 상륙 지점에 진陣 치고 있던 백제군을 격파함으로써 왜군 수송선의 예기銳氣를 꺾어 놓은 것이다. 육상과 해상에서 신라와 당군의 합동 작전이 잘 맞아 떨어졌기에 백강 전투에서 대승을 거둘 수 있었다. 어쨌든 제해권 장악을 통해 더 이상 왜 세력이 한반도에 접근할 수 없게 하였다. 신라의 해양력은 다음의 몇 가지 사실을 통해서도 충분히 가늠할 수 있다.

m-1. 660년 6월, 신라의 법민 태자는 부왕의 명을 받아 병선兵船 100척을 이끌고 덕물도에서 소정방의 당군을 맞았음.[46)]

m-2. 671년 10월 6일, 당의 수송선 70여 척 습격. 당군 궤멸. 대승.[47)]

m-3. 673년, 병선兵船 100척으로 서해 진수西海鎭戍.[48)]

m-4. 676년 11월, 사찬 시득沙飡施得이 수군을 거느리고 설인귀薛仁貴와 소부리주所夫里州 기벌포伎伐浦에서 싸워 패했다. 또 나아가 대소 22회 싸워 이겼는데 목을 벤 게 4천여 급이었다.[49)]

신라는 해양력에 힘입어 676년(문무왕 16) 기벌포 해전에서 당 수군을 무려 22회에 달하는 치열한 전투 끝에 격파함으로써 서해의 제해권을 장악할 수 있었다. 이종학은 기벌포 승전으로써 당의 재침 능력을 말살해 삼국통일을 완결했다는 것이다.[50)] 마한 제독은 영국과 미국의 독립전쟁에서도 프랑스의 함대가 일시적으로 아메리카 대륙의 바다를 통제했기 때문에 미국의 독립

---

45) 『舊唐書』 권149(上), 東夷傳 百濟.

46) 『三國史記』 권5, 태종무열왕 7년 6월, "二十一日 王遣太子法敏 領兵船百艘 迎定方於德物島 定方謂法敏曰 吾欲以七月十日至百濟南 與大王兵會 屠破義慈都城 法敏曰 大王立待大軍 如聞大將軍來 必蓐食而至 定方喜 還遣法敏 徵新羅兵馬 法敏至 言定方軍勢甚盛 王喜不自勝 又命太子與大將軍分信·將軍品日·欽春[春或作純]等 率精兵五萬應之 王次今突城"

47) 『三國史記』 권7, 문무왕 11년, "冬十月六日 擊唐漕船七十餘艘 捉郎將鉗耳大侯 士卒百餘人 其淪沒死者不可勝數 級飡當千功第一 授位沙飡"

48) 『三國史記』 권7, 문무왕 13년 9월, "王遣大阿飡徹川等 領兵船一百艘 鎭西海"

49) 『三國史記』 권7, 문무왕 16년, "冬十一月 沙飡施得領船兵 與薛仁貴戰於所夫里州伎伐浦 敗績 又進大小二十二戰 克之 斬首四千餘級"

50) 이종학, 「문무대왕은 해양력의 선구자인가」, 「해양전략 」 72(해군대학, 1991) ; 『한 군사학도의 연구 발자취』(충남대학교출판부, 2006), pp.288~289.

이 가능했음을 상기시켰다. 프랑스 군대가 영국을 침공하다가 패배한 트라팔가르 해전은 물론이고, 임진왜란 때 이순신 수군의 승전이 전쟁의 흐름을 바꾼 것이다. 제해권의 중요성을 일깨워주는 역사적인 해전海戰이었다.

제해권 장악 후 신라의 삼국통일이 가능해졌다. 이후 신라에 대한 당의 침공은 꿈도 꿀 수 없었다. 바다의 장악이 무려 16년간 지루하게 치러진 삼국통일 전쟁의 대미大尾를 장식한 것이다. 신라가 바다를 장악했기에 통일 위업이 달성되었음을 웅변해 준다.51)

다. 「광개토왕릉비문」에서의 고구려 해양력, 그리고 백강 해전白江海戰

이종학은 고구려 「광개토왕릉비문」에 대한 연구에도 관심을 투사했다. 연구사가 140년이 넘는 신묘년辛卯年 조에 대해 접근하였다. 이종학은 이 구절을 "百殘新羅 舊是屬民由來朝貢 而倭以辛卯年來 渡每破百殘[任那加]羅以爲臣民"라고 판독했다. 그리고 "백잔과 신라는 예전부터 속민屬民으로 고구려에 조공하였다. 그런데 왜가 신묘년(391)부터 왔다. (고구려가) 바다를 건너 백잔과 임나가라를 파하고 신민으로 삼았다"로 해석을 하였다. 「광개토왕릉비문」 영락 6년 조는 "以六年丙申 王躬率△軍討伐殘國 軍△△[首]攻取寧八城 臼模盧城 …"로 석문되고 있다. 이 구절은 백제 정벌을 실행에 옮긴 기사인데, 앞에 적혀 있는 신묘년 조는 영락 6년 백제 정벌의 명분이었다. 이종학은 영락 6년 조의 '△軍'을 '수군水軍'으로 판독한 견해를 취했다. 이렇게 하여 이 구절을 "영락 6년 병신丙申에 왕은 친히 수군을 지휘하여 백제를 토벌했다. …"고 해석하였다.

이종학은 고구려의 능란한 수군 작전을 포착한 것이다. 광개토왕은 왜가 신묘년부터 와서 백제와 연계하자, 바다를 건너 백잔과 임나가라까지 격파해서 신민으로 삼았다는 것이다. 그리고 396년 영락 6년의 대백제전對百濟戰도, 기습적인 수군 작전으로 일거에 백제의 항복을 받아낸 사실로 밝혀진다. 이종학의 논지에 따르면 고구려는 해상력에 의한 탁월한 전쟁 수행 능력을 보유한 것이다.52) 지금 곰곰이 생각해 보면 이종학의 '(고구려가) 바다를 건너 백잔과 임나가라를 파하고'라는 해석은 탁견이라는 판단이 들었다. 이러한 지견을 토대로 이종학은 임나일본부설의 부당성을 밝혔다.

이종학은 군사학적 연구 방법에 의해 「광개토왕릉비문」 신묘년 조를 재해석하였다. 나아가 그는 동일한 방법론을 적용해 동아시아 대전大戰인 백강 전투 현장과 주류성 위치를 구명하는 데도 심혈을 기울였다. 이종학이 결론에 이르른 백강의 동진강, 주류성의 부안 위금암산성설은 가장 온당한 학설이었다. 많은 논란에도 불구하고 이종학은 치밀한 고증과 더불어 군사학적인 감각을 십분 활용해 누구나 수긍할 수 있는 결론에 도달한 것이다. 다소 길기는 하지만 백강과 주류성 위치를 구명하는데 적용한 군사학적 연구 방법을 다음과 같이 소개한다.

---

51) 李鍾學, 『新羅花郎·軍事史硏究』(서라벌군사연구소, 1995), pp.94~114.
신라의 바다 이용에 대한 안목과 분석은 순전히 이종학의 형안과 탁견의 소산이었다.

52) 이종학, 「廣開土王碑文의 倭에 대한 新考察」,『自由』 1993-10. 이종학, 「廣開土王碑文의 辛卯年記事의 檢討」, 『軍事』 32, 1996. 이종학, 『廣開土王碑文 10年 庚子條의 新考察」,『慶州史學』 19(2000) ; 『한 군사학도의 연구 발자취』(충남대학교출판부, 2006), pp.64~139.

n. 작전기지 또는 교두보의 관점에서, 본국에서 멀리 떨어진 도해상륙작전渡海上陸作戰에 있어서, 전쟁목적·군사목표·작전선을 고려하여 최초에 교두보를 설치하는 것이 중요하며, 당군의 최초의 교두보는 백강(기벌포)이었다. 661년 3월 신라군은 두량윤성(주류성)을 공격하기 위해 고사비성古沙比城 외에 작전기지를 설치했다. 고사비성은 고부이기 때문에, 주류성은 고부의 주변(20km 이내)에서 찾아야 한다.

군사지리의 관점에서 전쟁·군사작전의 준비·수행을 위해 지리적 조건을 고려해야 한다는 것은 주지의 사실이다. 주류성과 백강은 서로 가까운 거리에 위치하며, 고부의 주변에서, 또 문헌사료에 의한 주류성의 지형적 조건과 일치하는 것은 주류산성(부안군 상서면 감교리)이다. 따라서 필자는 지금까지의 연구성과를 참고하면서, 군사사학적軍事史學的 연구 방법에 의해, 주류성은 주류산성으로, 백강은 동진강으로 위치 비정하는 바이다.[53)]

이종학은 신라가 백강 전투에서 대승하여 왜군을 궤멸시킴에 따라, 왜는 수도를 아스카(飛鳥)에서 내륙인 시카현 오미정(滋賀縣近江町)으로 옮길 정도로 완전히 수세적 태세에 몰렸다고 분석했다. 이와 더불어 신라는 기벌포에서 당의 수군을 격멸함으로써 제해권을 장악했고, 그 결실이 통일이었다는 것이다. 이종학은 단순히 위치 비정 문제를 뛰어넘어 그러한 전쟁이 지닌 영향과 의미를 두텁게 구명하였다. 이점 이종학이었기에 할 수 있는 비범한 업적이 아닐 수 없다.

5. 맺음말

자타가 공인하는 한국 군사학의 비조 이종학의 업적 가운데 신라 해양사 연구를 살펴보았다. 이종학은 미국의 군사전략가 알프레드 세이어 마한(Alfred Thayer Mahan) 제독의 '해양력(Sea Power=Maritime Power)' 관점에서 신라의 삼국통일 요인을 찾았다. 당시만 하더라도 생경한 용어인 '해양력'을 한국사에 적용한 것이다. 특히 문무왕의 선부船府 설치에 대해 높은 의미를 부여하였다. 지금의 국방부인 병부兵部와 동급의 해양 부서를 별도로 설치한 사실은 중국이나 일본에서도 유례가 없었다는 것이다. 해양의 중요성을 일찍부터 간파한 문무왕의 혜안과 통찰력의 결과였고, 삼국통일 전쟁도 해양의 장악에 기인한 것으로 간파했다.

이종학은 신라인들의 해양과 관련한 자료는 물론이고, 선박이나 조선술과 관련한 자료를 망라해서 공감 있게 논지를 설파했다. 특히 신라의 삼국통일을 부정적으로 인식하는 논자들은, 전가傳家의 보도寶刀처럼 고구려 영역 상실을 들먹였지만, 이들의 주장을 잠재웠다. 가령 고구려를 계승한 고려는 고구려 고토를 회복하고자 북진 정책을 취했지만, 압록강과 두만강선에도 미치지 못했음은 물론이거니와, 도리어 북방에서 일어난 요遼와 금金의 공격을 받아 개경의 함락을 비롯해 엄청난 손실을 입은 사실을 적시했다. 고려 왕건이 삼국을 통일한 신라 문무왕의 해양 정책을 계승했다면 북방 민족과의 충돌은 커녕 국부國富를 크게 일궈 국운國運을 떨쳤을 것이라

53) 이종학, 「周留城·白江의 위치 비정에 관하여」, 『軍史』 52(2003) ; 『한 군사학도의 연구 발자취』(충남대학교출판부, 2006), p.171.

는 논지를 피력한 것이다.

거듭 말하지만 이종학은 고구려 고토 만주를 상실한 신라의 불완전한 통일론을 인정하지 않았다. 고려와 조선 왕조가 부富의 원천인 넓은 바다의 활용을 소홀히 한 사실을 절통切痛해 하였다. 그러면서 현재 대한민국은 휴전선에 의해 국토가 분질러져 영역면에서는 통일신라보다 더 불리하지만, 세계의 주요한 10대 교역국이 된 사실을 환기했다. 이종학의 놀랄만한 형안炯眼이 아닐 수 없었다. 여전히 국토가 분단되어 통일신라 영역에도 미치지 못하지만, 현재 21세기 대한민국의 광휘光輝로운 발전 역시, 문무왕의 해양 정책 계승에서 찾을 수 있는 것이다.

문무왕의 해양 정책 계승은 조선술이나 해외 교역의 활성과 같은 현상에만 한정되지 않는다. 신라인들이 해양을 중시하여 바다로 뻗어나갔다는 것은, 기본적으로 신라인들의 마음속에 웅위한 바탕이 없이는 불가不可하였다. 또는 그 역逆으로 신라인들의 바다 체험은 웅위한 기상을 배양하는 토대가 되었을 것이다.

그러나 한국 역사에서는 신라 이후 해양력을 상실하였다. 이로 인해 문화의 국제성도 상실했을 뿐 아니라, 중국 일변도의 정치와 문화적 편식이 한층 심화되었다. 바깥 세계에 대한 무지無知는 성리학 원리주의의 고착화와 엮어져 사회 자체의 경직을 가속화시켰다. 익숙한 것에 안주하여 새로운 사고思考의 수용을 전혀 용인하지 않았다. 조선 말 성리학 원리주의에 기반한 위정척사衛正斥邪는 정저지와井底之蛙의 산물 그 이상도 이하도 아니었다. 그럼에도 21세기 현재도 위정척사를 한국 민족주의 뿌리로 간주하는 중증重症 모화주의慕華主義까지 태동한 것은 결코 우연하지 않다. 이들은 부끄럼도 없이 '만절필동萬折必東' 의식을 조금도 주저하지 않는다. 사고思考가 행동을 규제한다는 사실에 전율하지 않을 수 없다. 몸은 21세기에 담고 있지만 사고는 여전히 19세기였기 때문이다.

자주 언급한 마한 제독의 말마따나 육상 영토 면적은 협소하지만, 그러나 삼면이 바다인 관계로 긴 해안선을 확보한 한국은, 이러한 지리적 이점을 십분 활용해 적극적인 해양 정책을 추진했다. 해안선 길이는 14,962㎞(육지부 7,752㎞, 도서부 7,210㎞)로 지구 둘레의 37%에 달한다(해양수산부). 한국이 현재 '해운 강국'을 이룬 바탕에는 성리학 원리주의를 바탕으로 한 해금 정책海禁政策과 결별했기 때문이다.

풍석 이종학은, 그 누구도 간과했던 신라 문무왕의 해양 정책을 대한민국 역사의 전면에 견인牽引하였다. 이와 연동해 왕 중의 왕인 문무대왕의 동상 건립이 긴요하다고 본다.

끝으로 앞을 약간 올려보며 응시하는 이종학 교수의 상체 사진을 볼 때마다, 가슴 속에 품은 웅위한 기상을 헤아려 볼 때가 많았다. 이종학 교수의 명복과 더불어, 품었던 우람한 뜻이 막힘 없이 이어지기를 기원한다.♠

〈참 고 문 헌〉

●단행본

·국립경주문화재연구소, 『신라 왕궁 월성』 2018.

·고유섭, 『又玄 高裕燮全集』 9, 열화당, 2013.

·孫晉泰, 『朝鮮民族史概論(上)』, 乙酉文化社, 1948.

·이도학, 『분석 고대한국사』, 학연문화사, 2019.

·______, 『새롭게 해석한 광개토왕릉비문』, 서경문화사, 2020.

·______, 『쉽고도 어려운 고대한국사』, 학연문화사, 2022.

·李鍾學, 『新羅花郎·軍事史硏究』, 서라벌군사연구소, 1995.

·이종학, 『軍事理論과 軍事敎育의 硏究』, 서라벌군사연구소, 1997.

·______, 『한 군사학도의 연구 발자취』, 충남대학교 출판부, 2006.

·최남선, 『한국해양사』 1954.

·알프레드 세이어 마한 著·김주식 譯, 『해양력이 역사에 미치는 영향』 1·2(개정판), 책세상, 2022.

·폴 케네디 著·강주헌 譯, 『대해전, 최강국의 탄생』, 한국경제신문, 2023.

·竹田いさみ, 『海の地政學』 , 中央公論新社, 2019.

●논문

·김창석, 「함안 성산산성 목간을 통해 본 신라의 지방사회 구조와 수취」,『백제문화』 54, 2016.

·이기백, 「반도적 성격론 비판」,『한국사 시민강좌』 1, 일조각, 1987.

·李道學, 「高句麗의 東海 및 東海岸路 지배를 둘러싼 諸問題」,『高句麗渤海硏究』 44, 2012.

·이종학, 「문무대왕은 해양력의 선구자인가」,『해양전략』 72, 해군대학, 1991.

·______, 「韓民族의 生存戰略」,『軍事理論과 軍事敎育의 硏究』, 서라벌군사연구소, 1997.

·______, 「한반도와 해양정책의 구상」,『해양전략』 112, 해군대학, 2001.

·______, 「지정학적으로 본 한민족의 생존전략」,『공군전우회』 2005.5.20.

·임동민, 「네트워크 분석과 한국 고대사 연구의 접목 가능성-함안 성산산성 목간을 중심으로-」, 『한국사연구』 197, 2022.

·최서인,"'한국 군사학의 대부' 이종학 서라벌군사연구소장 별세", 「대경일보」 2022.12.31.

V. 향가에 담긴 화랑의 전쟁

이 도 흠※

1. 향가에 전쟁에 대한 기억의 주름이 있다

향가는 신라에서 고려 때까지 불러졌던 노래다. 25수밖에 남아있지 않지만 그것만으로도 그에 담긴 의미의 심오함과 문학성의 아름다움은 신라 불상 못지않다. 『삼국유사』의 「월명사 도솔가月明師兜率歌」 조를 보면, "월명은 항상 사천왕사四天王寺에 있으면서 피리를 잘 불었다. 어느 날 달밤에 피리를 불면서 문 앞 큰길을 지나가니 달이 그를 위해서 움직이지 않고 서 있다. 이 때문에 그곳을 월명리月明里라고 했다.…신라 사람들도 향가를 숭상한 자가 많았으니 이것은 대개 시詩·송頌 같은 것이다. 때문에 이따금 천지와 귀신을 감동시킨 것이 한두 가지가 아니었다."라고 기술하고 있다. 「융천사 혜성가融天師彗星歌 진평왕대眞平王代」 조를 보면 융천사가 「혜성가」를 부르자 혜성이 사라지고 침략하던 일본병도 돌아가서 나라에 다시 평화가 찾아왔다. 이처럼 향가는 단순히 노래로 그친 것이 아니라 천지와 귀신도 감동을 시켜서 하늘의 질서도 바꾸고 지상의 질서도 바꾼 노래다. 무엇보다 지금 읽어도 현대시 못지않은 문학성과 미학적 아름다움을 느낄 수 있다.

얼핏 보면 향가는 전쟁과 아무런 관련이 없어 보인다. 하지만 현존하는 신라 향가 14수가운데 「혜성가」와 「죽지랑가」엔 화랑이 왜병(倭兵)이나 지역의 맹주와 싸운 기억들이 주름처럼 접혀 있다. 평생을 전쟁과 군사사 연구에 바친 풍석 이종학 선생을 기리는 뜻에서 향가에 접혀있는 화랑의 전쟁에 대한 그 주름들을 조금이나마 펼쳐보겠다.

※ 한양대학교 국어국문학과 교수, 한국시가학회 회장, 한국기호학회 회장 역임.

■ 이 글은 풍석 이종학 선생을 추모하는 뜻으로, 졸고, 「혜성가연구」, 漢陽大學校 碩士學位論文, 1984년 12월. pp.1~62.와 「'모죽지랑가'의 創作背景과 受容意味」,『한국시가연구』 3집, 한국시가학회, 1998년 6월. pp.117~167. 「향가 텍스트와 서사 맥락의 합일 문제」,『한국시가연구』 13집, 한국시가학회, 2003, pp.5~43. 가운데 전쟁과 관련된 부분을 발췌하여 한 논문으로 만들면서 일부 수정하고 보완한 것임을 밝힌다.

2. 「혜성가」에 담긴 세 화랑과 왜병의 전쟁

가. 융천사 혜성가 진평왕 조 서사에서 인물의 행위소 모형

신라 향가 14수는 모두 『삼국유사』에 실려 있다. 편자인 일연이 삼국의 역사와 문화와 향가에 관련된 기록을 함께 기술하였다. 관련 기록은 향가와 거리가 작품마다 차이가 있지만 향가가 창작되거나 향유된 역사적, 사회문화적, 정치적 맥락을 담고 있다. 향가를 올바로 감상하려면, 이에 대한 실증/역사주의적 해석을 한 후에 지평을 넓혀서 기호학이나 수용미학 등으로 해석하여야 한다. 실증/역사주의적 해석이 없으면 역사적, 사회문화적, 정치적 맥락과 동떨어진 해석의 오류를 낳을 가능성이 농후하다. 그렇다고 실증/역사주의적 해석만으로 머물면, 향가가 담고 있는 풍부한 문학적 의미나 미적 아름다움, 한마디로 말하여 문학성을 상실한다.

> 제5 거열랑居烈郎, 제6 설처랑(實處郎 : 혹은 돌처랑突處郎이라고도 씀), 제7 보동랑寶同郎 등 세 화랑의 무리가 풍악風岳에 놀러 가려고 하는데 혜성慧星이 심대성心大星을 범하였다. 낭도郎徒들은 이를 의아스럽게 생각하고 그 여행을 중지하려고 했다. 이때에 융천사融天寺가 노래를 지어 부르자 별의 괴변은 즉시 사라지고 일본日本 군사가 제 나라로 돌아가니 도리어 경사가 되었다. 임금이 기뻐하여 낭도들을 보내어 풍악에서 놀게 했으니, 노래는 이렇다.…(第五居烈郎 第六實處郎 第七寶同郎等 三花之徒 欲遊楓岳 有彗星犯心大星 郎徒疑之 欲罷其行 時天師作歌歌之 星怪卽滅 日本兵還國 反成福慶)

위의 『삼국유사』 기록문과 「혜성가」에 대한 논쟁의 핵심은 혜성의 출현과 왜병의 침략 가운데 어느 것이 역사적 사실이냐는 문제다. 문제는 진평왕이 579년에서 632년까지 54년이나 왕위에 있었음에도 유일한 정사 기록물인 『삼국사기』의 「신라본기」 '진평왕 조'를 보면 혜성의 출현도, 왜병의 침략도 기록이 없기 때문이다. 전자가 역사적 사실이라고 주장하는 이들은 「혜성가」를 주술가나 기원가로 규정하며, 후자를 역사적 사실로 보는 이들은 왜병의 침략을 물리친 화랑찬가로 본다.

일단 선입관을 배제하고 객관적으로 해석하기 위하여 기호학적인 분석을 먼저 행해보자. 위의 기록문을 한 편의 서사로 놓고 그레마스의 행위소 모형(actantial model)에 대입하면 아래와 같다. 이는 이야기를 인물 행위소의 기능별로 구조적, 압축적으로 분석할 수 있는 장점이 있다.[1]

---

1) 여기서 세로축은 주체가 대상을 추구하는 욕망의 축이다. 상부의 가로축은 발신자가 수신자에게 대상을 전달하는 전달의 축이다. 하부의 가로축은 주체를 방해하거나 도와주는 능력의 축이다. 주체(subject)는 대상을 추구하거나 원하는 존재, 인간의 욕망과 관련시킬 때는 그 욕망을 실현하는 자이다. 대상(object)은 주체가 추구하는 객체, 주체가 욕망하는 대상이다. 발신자(sender)는 대상을 주체와 만나도록 이끄는 자, 욕망을 일으켜 발하는 곳이다. 수신자(receiver)는 주체가 대상을 구현함으로써 그 혜택을 받는 자, 실현된 욕망을 누리는 자이다. 조력자(helper)는 주체가 대상을 추구하는 것을 도와주는 자, 욕구를 강화하는 자이다. 적대자(opponent)는 주체가 목적을 구현하려는 행위를 방해하고 주체에게 해악을 끼치는 기능을 수행

〈그림 1〉 융천사 혜성가 진평왕 대 조의 행위소 모형

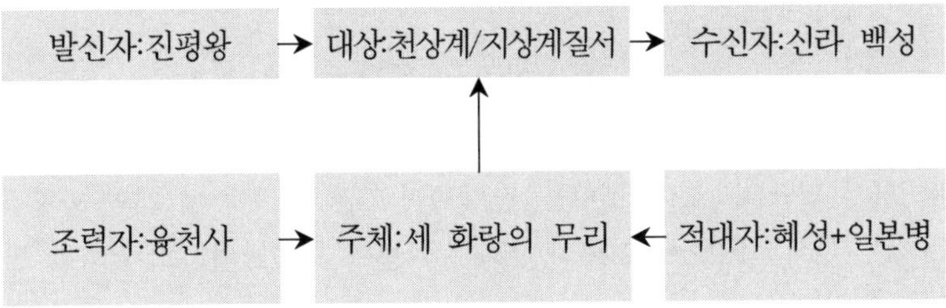

주체는 세 화랑, 곧 거열랑, 실체랑, 보동랑과 그를 따르는 화랑의 무리다. 이들은 하늘과 땅, 곧 천상계와 이 땅 신라 모두 질서와 평화를 유지하기를 욕망한다. 하지만 혜성이 나타나서 하늘의 질서를 어지럽히고 일본병이 나타나서 신라의 평화에 위협을 가한다. 이에 융천사가 조력자로 등장하여 혜성을 없애는 동시에 화랑에게도 사기를 앙양시키는 노래, 「혜성가」를 불러준다. 발신자는 세 화랑 무리가 산행을 보내도록 허락하는 진평왕이며, 수신자는 세 화랑 집단의 대응을 통하여 다시 지상과 천상의 평화를 모두 누리게 된 신라 백성이다.

나. 삼화지도三花之徒의 의미와 기능

삼화三花가 화랑을 뜻하고 그 세 화랑의 이름이 거열랑居烈郞, 실처랑實處郞, 보동랑寶同郞임은 사전적 해석으로 충분하다. 그러나 화랑 이름 앞에 수식한 제 5, 6, 7의 서수와 '삼화지도三花之徒'에서 '徒도'의 의미 등은 더 많은 분석을 필요로 한다. '徒'를 세 화랑의 복수형으로 보기 어렵다. 그들 휘하에 있는 낭도들의 무리를 지칭한 것이라는[2] 박노준의 견해가 타당성을 갖는다. 이것은 박노준의 의견대로 제5, 제6, 제7의 서열명이 화랑단의 단위부대의 명칭을 말한 것이라는 추론뿐만 아니라 역사적 사실에서도 그 근거를 추출해 낼 수 있다.

『삼국사기』에서는 사람들이 사다함에게 화랑되기를 청했고 그 무리가 무려 1천이었다는 확실한 숫자까지 제시하고 있다.[3] 『삼국유사』에서도 부례랑이 국선에 봉해졌고 그 낭도가 1천인이었음을 분명히 하고 있다.[4] 그러나 이에 대해 사다함斯多含과 부례랑夫禮郞과 달리 「혜성가」의 경우처럼 '遊유', 곧 산행을 할 때도 그렇겠느냐는 의문이 제기될 수 있다. 그러나 효종랑이 남산 포석정에 놀러갔을 때 그 무리가 1천이었음을 『삼국유사』는 분명히 밝히고 있다.[5] 이들 1차 사료에 근거할 때 화랑 한 명에 따르는 무리가 대략 1천 명이었음을 알 수 있다.[6] 또 삼화

하는 자, 욕망에 대한 억압, 꿈에 대한 현실을 구체적으로 표상한 자이다[A. J. Greimas, (tr.) Daniele McDowell, Ronald Schleifer and Alan Velie, *Structural Semantics*(Lincoln : Univ. of Nebraska Press, 1966), pp.197~221.]

2) 박노준, 「彗星歌」,『新羅歌謠의 硏究』(서울 : 悅話堂, 1982), pp. 25~26.

3) 『三國史記』 「列傳 第四 斯多含 : "新羅斯多含 系出眞骨…其徒無慮一千人"

4) 『三國遺事』 「塔像」 栢栗寺 : "孝昭王奉…夫禮郞爲國仙…珠履千徒…"

5) 『三國遺事』 「孝善」 貧女養母 : "孝宗郞遊南山鮑石亭…郞之千徒…"

6) 이기동에 의하면 李仁老의 『破閑集』에 四仙의 무리가 3천 명이었다는 견해를 밝히고 있으나 四仙은 네 화랑의 무리가 합쳐진 것이므로 3천÷4 = 750명이다. 이로써 이인로의 파한집의 논거도 낭도가 1천이라는

지도가 다수였다는 점은 화랑이 산행한 것이 일개인의 수련이 아니라 낭도와의 집단적 수련이었다는 논거에 의해서도 뒷받침된다.[7)]

다음으로 삼화랑 명칭 위에 관한 제5, 제6, 제7의 서수가 의문이다. 이것은 진평왕의 6, 7세기가 화랑의 전성기였다는 점, 즉 진평왕 대에 이르러 청년조직이 화랑도로 개편되고 진평왕대에 와서 정비되면서 집단화, 조직화했다는 점,[8)] 화랑도는 일대에 몇 개의 화랑집단으로 나뉘어 있었다는 아유가이 후사노신(鮎貝房之進)의 견해[9)]로 보아 화랑단의 소집단화한 단위부대를 지칭하는 것으로 볼 수 있다.

이런 위상을 갖는 세 화랑의 무리는 서사 안에서 주체로 기능한다. 주체가 추구하는 대상이 호국이든, 천상계까지 아우른 세계와의 조화든, 세 화랑의 무리 3천여 명이 주체적으로 대응하여 대상을 성취함을 전제한다.

다. 욕유풍악欲遊楓岳의 의미와 기능

관련기록에서 다음으로 문제되는 것은 '욕유풍악欲遊楓岳'이다. 풍악이 금강산을 뜻한다는 것은 주지의 사실이다. 그러나 화랑도, 그것도 3천 명에 달하는 집단이 갑자기 놀러 가고자 한 이유와 '遊'의 의미는 숙제로 남는다.

『삼국사기』「신라본기新羅本紀」'제4 진흥왕眞興王 조'에 "이로 인하여 사함과 바름을 알게 되어 그 가운데 선한 자를 뽑아 조정에 천거했다"[10)]는 것은 유오산수遊娛山水가 훈련과 수련과정, 수험과정이었음을 나타낸다.

신라는 건국 이전부터 망국에 이를 때까지 불교가 전래된 이후에도 산천제山川祭를 지내며 강력하게 산신신앙을 숭배했다. 금강산은 소사小祀의 대상이다. 산천제를 '선풍仙風'이라 칭한 것을 보면[11)], 산천신앙이 화랑의 전신인 선도仙徒와 밀접한 연관을 맺고 있었음을 나타낸다. 또 풍월도風月道는 처음엔 제사를 주관하는 역할을 담당하다가 삼국 통일기에 사회적 조직인 화랑도로 개편되었다.[12)] 이 낭도들은 무사武事를 좋아하고 협기俠氣가 많은 호국선護國仙과 향가를 잘하고

논지를 뒤엎는 것은 아니라 본다.

7) 李基東, 「新羅 花郎徒의 社會學的 考察」,『歷史學報』 82輯, p.11.

8) 李基東, 「新羅 花郎徒의 起源에 대한 一考察」,『歷史學報』 69輯, 1976, pp.58~59.

9) 鮎貝房之進, 「雜攷(花郎攷)」(1932), pp.25~28. ; 李基東, 「新羅花郎徒의 社會學的 考察」, pp.6~7.에서 재인용.

10) "三十七年..... 其後更取美貌男子粧飾之 名花郎以奉之 徒衆雲集 或相磨以道義 或相悅以歌樂 遊娛山水 無遠不至 因此知其人邪正 擇其善者 薦之於朝"

11) 崔珍源, 『國文學과 自然』(서울 : 성균관대출판부, 1981), p.163.

12) 『花郎世紀』, 筆寫本, 鄭太鉉 譯, 『花郎文化의 再照明』, 新羅文化祭學術發表會論文集, 제10집(서울 : 서경문화사, 1989). 필자는 『화랑세기』가 진본을 필사한 것으로 본다. 화랑세기에 기재된 「송랑가」의 '前希'는 '앎해'로 '앞'이 ㅎ종성체언이었음을 고려하여 표기한 것으로 현존하는 향가에 나오는 '前良中'보다도 오히려 더 신라어에 가깝다. '逢叱那' 또한 현대어 '만나다'가 고대 신라어에서 '맛나다, 맛보다'임을 고려한 표기로 현존하는 향가에 나오는 용례인 '逢烏支'보다 더 신라인의 말에 가깝다. 이는 '前希'의 예와 함께 「송랑가」가 신라 당시의 용례대로 기록된 것임을 의미한다. 「송랑가」의 '前希'와 '逢叱那'가 1930, 1940년대 향찰 연구 성과를 따르지 않고 오히려 현존하는 『三國遺事』 所載 鄕歌보다 더 고대 신라 당

청류淸流를 좋아하는 운상인雲上人으로 나눌 수 있다.[13)]

이로 추정하면, '유遊'는 화랑이 도의를 연마하고 가악을 즐기는 놀이로서 훈련, 수련과정과 함께 수험과정, 신앙의례와 풍류를 겸한 것임을 알 수 있다. 화랑이 산행을 행한 유오지遊娛地는 경주 남산을 비롯하여 금강산, 지리산, 그리고 암각화로 유명한 울주 천전리川前里, 고성, 간성, 평해 등지의 경치 좋은 명승지다. 이 가운데 금강산, 삼일포, 총석정 등 금강산 일대는 경승이 빼어나 화랑이 주로 찾던 곳이다. 그런데 기록의 문맥을 보면 이 행위의 반작용으로 혜성이 심대성을 범하는 혼란이 야기되고, 이 혼란이 사라지자 크게 기뻐하는 왕으로부터 산행을 다시 가라는 명령을 받는다. 또 산행이 신앙의례였다면 혜성이 심대성을 범하는 혼란을 맞아 산행을 멈추기 보다는 천신께 제를 올리는 것이 순리에 맞는다. 이로 볼 때 서사에서 제시된 순간의 산행은 수험과 수련의 과정, 신앙의례보다는 풍류로서 행해진 것임을 알 수 있다.

따라서 '욕유풍악欲遊楓岳'은 "실처랑, 보동랑, 거열랑의 세 화랑이 제5, 제6, 제7의 단위부대를 구성하고 이에 소속된 낭도 3천여 명을 이끌고 그 당시 대표적 유오지遊娛地이자 소사小祀의 대상이었던 금강산에 가서 풍류를 즐기는 한편 신앙의례로서 산천제를 지내고자 하였다."[14)]로 해석된다.

라. 혜성과 심대성心大星의 의미와 기능

"혜성이 심대성을 범하자 낭도들이 이를 의아히 여기고 그 여행을 중지하려 했다"는 사실은 현대인에게는 잘 이해되지 않는 사건이다. 의아하게 여긴 대상인 '之'가 무엇인지 불분명하다. 의아하게 여긴 이유도 제시되지 않았다. 이 의문을 해결하기 위해서는 무엇보다 먼저 혜성과 심대성이 상징하는 내포 의미를 해석해야 한다.

우선 서사의 문맥으로 볼 때 혜성은 적대자로 기능을 한다. 혜성이 적대자라면 혜성이 범하고 있는 심대성은 긍정적 의미를 갖는 기호다. 주체인 세 화랑이 추구하는 대상이 천상계와 지상계의 안정과 질서이므로 혜성은 이를 방해하는 기능을 수행한다. 이와 같은 기능분석을 바탕으로 혜성과 심대성에 대해 좀 더 면밀히 천착한다.

천상계 질서와 지상계 질서가 동일하다고 여긴 고대 사회에서 신성한 공간인 하늘에 붉은 줄을 긋는 혜성은 흉조로 읽혔다. 윤영옥이 각종 문헌에 나타나는 혜성에 관한 사항을 잘 정리했듯, 혜성은 그 모양이 패패하고 광망光芒이 길어 참참參參해 마치 빗자루와 같아 '소성掃星'이라고 하며 '참창欃槍'이라고도 한다. 혜성이 나타나면 '실화지失和之' 하고 '국악지國惡之' 하는 흉조

시의 신라어의 표기대로 쓰였다는 것은 『필사본 화랑세기』가 신라 당시에 기술된 진본을 필사한 것임을 뜻한다.(이도흠, 「필사본 『화랑세기』의 사료적 가치에 대한 국문학적 고찰」,『국제어문』 29집, 국제어문학회, 2004, pp.233~260.)

13) 『花郎文化의 再照明』, p.338.

14) 신라시대의 유오지가 王京 近郊의 南山을 비롯하여 金剛山, 智異山, 그리고 川前里 巖刻畵로 밝혀진 蔚州 川前里, 그밖에 金蘭, 高城, 杆城, 平海 등지의 경치 좋은 명승지임은 李基白, 李基東, 崔聖鎬 등의 견해대로 주지의 사실이다. 이 가운데 楓岳인 金剛山은 崔南善이 「不咸文化論」에서 밝힌 것과 같이 花郞이 國家的으로 巡行한 대표적인 산이다.

로 받아들인다. 혜성이 나타나는 곳에는 천재天災가 있으며 이곳에는 국가가 망할 대흉이 예견된다. 혜성은 요성으로 이것이 나타나는 곳에는 병혁兵革이 있기 마련이다.[15]

이와 같은 혜성에 관한 관념들이 그 당시의 신라인에게도 보편성을 갖는 것이었느냐 하는 의문이 제기될 수 있는데, 『삼국사기』에 충분한 용례가 나온다. 진평왕 대와 연대가 비슷한 『삼국사기』, 「신라본기」 '문무왕 조'와 '신문왕 조'에도 혜성의 기술 뒤에 외침, 반역 등의 역사적 사실을 기술하고 있다.[16]

다음으로는 심대성에 관한 사항이다. 심수心宿 가운데 가장 큰 별이 심성心星이다.[17] 이 별은 동방에서 가장 중요한 별이다. 이런 동방의 큰 별은 지상에서 똑같이 동방의 큰 별인 신라, 또는 신라의 왕과 유사성을 갖기에 신라, 또는 진평왕의 은유를 형성한다. 이런 동방의 큰 별을 흉조인 혜성이 범했다는 것은 신라나 진평왕에게 위기가 닥침, 곧 외침을 의미한다. 이런 혼란에 대해 호국의 임무를 맡은 낭도들이 의아하게 여기고 평화 시에 수행하는 산행을 파하는 것은 당연한 일이다.

따라서 심대성과 혜성이 주어로 있는 문장의 해독은, "세 화랑의 무리가 흉조의 상징인 혜성이 동방에서 가장 중요한 별로 신라나 진평왕을 상징하는 심대성을 스치고 지나가자 이를 의아히 여기고 외침으로 해독하고서 금강산 산행을 멈추었다"로 해독된다.

마. 융천사融天師의 기능과 의미

서사문맥으로 볼 때 융천사는 조력자로 기능한다. 조력자는 주체를 도와 주체를 위기에서 구하고 주체가 목적을 달성하도록 돕는 기능을 수행하는 자이다. 그렇다면 융천사는 세 화랑을 도와 위기에서 구하여 세 화랑이 천상계와 지상계의 질서와 조화를 달성하도록 돕는 기능을 수행한다.

이런 바탕 아래 의미를 해석할 때 먼저 마주치는 문제는, 융천사가 어떤 직분을 맡고 있는 인물이기에 혜성이 심대성을 범하는 세계의 분열에 대해 노래를 지어 부르는 대응을 취했느냐는 점이다. 다음으로는 신라가 침입을 당할지도 모른다는 위협에 맞서서 겨우 노래짓는 것으로 대응하였는가 하는 점이다. 아무리 고대인의 의식세계가 분화되지 못했고 신라인이 노래의 효험을 중요하게 여겼다 하더라도 의문은 남는다.

융천사의 직분에 대해서는 승려라는 견해, 낭도라는 견해, 주술장呪術長이란 견해가 엇갈리고 있다. 융천사에서 '師'의 해석을 국사國師, 대사大師, 법사法師, 선사禪師 등의 '師'로 보는 이는 승려라는 주장을 편다. 운사雲師, 우사雨師, 공봉복사供奉卜師 등의 '師'로 보는 이는 주술사나 기술사技術師로 간주한다. 이에 대해 조지훈은 일연一然이 국선國仙의 경우 이름 밑에 '師'를 붙이고 승려의 경우 이름 위에 '釋'자를 관冠하였다고 주장한다.[18]

---

15) 尹榮玉, 『新羅詩歌의 硏究』(서울 : 형설출판사, 1982), p.23. 요약함.
16) 상세한 논의는 졸고, 「혜성가 연구」, pp.15~16. 참고 바람.
17) 윤영옥, 같은 책, p.23.
18) 趙芝薰, 「新羅歌謠考」, 『어문논집』, Vol.6.No.1, 1962, p.38.

『삼국유사』 월명사 도솔가 조에 “신승은 단지 국선의 무리에 속해 있기에 오로지 향가를 이해할 뿐이고 범패에는 능하지 않습니다(臣僧但屬於國仙之徒 只解鄕歌 不閑聲梵)”라고 말하고 있다. 월명사 자신이 국선의 무리에 있다고 분명히 밝히고 있다. 또 같은 책 이혜동진二惠同塵 조에 “승려 혜숙이 호세랑好世郞의 무리 중에서 자취를 감추자 호세랑은 이미 황권黃卷에서 이름을 지워 버리니 혜숙은 적선촌에 숨어서 살았다(釋惠宿 沆光於好世郎徒 郎旣讓名黃卷 師亦隱居赤善村)”라 했다. 혜숙에 승려를 뜻하는 ‘釋’과 주술사를 뜻하는 ‘師’라는 칭호를 같이 쓰고 있다. 혜숙이 호세랑의 낭도였음도 분명히 하고 있다. 신라는 불교 수용 이후 통일 전까지는 기존의 신앙인 풍류도에 불교를 융합하였다. 필자는 이를 풍류만다라로 명명한다.[19] 이런 1차 사료와 신라의 문화사를 종합하면, 월명사나 혜숙은 다 같이 승려(僧, 釋)로 화랑의 무리에 속하였음이 입증된다.[20]

승려로 낭도에 속했다면 김영태가 추정한 승려낭도僧侶郎徒다. 김영태는 1대 국선에게는 한 사람의 승려낭도가 있었고, 그 승려낭도는 전 화랑의 단체에 있어서 오직 한 사람의 성인이며, 승려라는 특수한 신분의 낭도로서 어린 국선을 시종하고 보좌하면서 단체의 운영을 맡고 도중徒衆을 지도하는 무리의 우두머리(徒之上首도지상수)였다고 본다.[21] 이기백 또한 “승려낭도가 일반적으로 삼국시대의 최고 귀족층의 한 분자였으며 동시에 최고 지식인이며 이들이 화랑도에 섞여 지적·정신적 방면에 활동하였다.”[22]라고 주장한다. 따라서 융천사는 실존 인물이며, 승려낭도로서 화랑의 정신적 지도자이자 당대 최고 지식인이었던 자다.

그렇다면 ‘時’란 ‘흉조의 상징인 혜성이 동쪽의 별인 심대성을 범하였을 때’를 말한다. 이런 혼란에 대해 화랑집단은 금강산에 유오산수하려는 것을 멈추었다. 그 화랑집단의 정신적 지도자의 기능을 담당하고 있는 승려낭도 융천사가 이런 혼란에 가장 먼저 대응하여야 함은 당연한 일이다. 이 대응이 하필 노래였고, 노래가 이런 혼란에 대한 대응일 수 있느냐의 문제는 당대의 세계관과 문화사회적 맥락과 대비하여 해명되어야 한다. 지금도 입시라는 불안이 있으면 현실적인 대응으로 열심히 공부하지만 이것만으로 불안이 가시지 않기에 점을 치고 기도를 한다. 당시의 화랑도 마찬가지다. 세 화랑은 현실적 대응으로 다가올 위기에 대해 맞서 평화 시에 가는 금강산 산행을 멈추고 싸울 채비를 갖추었다. 하지만 이에 머물지 않고 당대의 풍류만다라 세계관에 따라 ‘지금 여기에서의 조화’를 위해 하늘에 복을 비는 문화적 대응 또한 취해야 한다.

따라서 “그 때에 융천사가 노래를 지어 불렀다(時天師作歌歌之)”라 한 것은 “흉조를 뜻하는 혜성이 동쪽별인 심대성을 범하는 혼란을 당하자 이를 지상계에서도 혼란이 있을 것으로 해석하고 세 화랑이 이끄는 화랑집단이 금강산에 산행하려는 것을 멈추고 현실적 대응을 취하였다. 이와 함께 이 집단의 정신적 지도자이자 화랑의 거의 모든 의례를 집전하는 승려낭도 융천사가 노래를 지어 불러 지금 여기에서 삶의 조화를 이끄는 문화적 대응을 취했다”이다.

---

19) 상세한 논증은 이도흠, 「新羅人의 世界觀과 意味作用에 대한 研究」, 『한민족문화연구』 1집, 한민족문화학회, 1996, pp.135~194. 참고하기 바람.

20) 金承璨, 「彗星歌」, 『韓國上古文學研究』(서울 : 제일문화사, 1978), p. 82을 참고하여 필자가 재구성함.

21) 金煐泰, 「僧侶郎徒考-花郎徒와 佛教와의 관계 一考察」, 『佛教學報』 제7집, 1970, pp.262~268.

22) 李基白, 「三國時代 佛教 受容과 그 社會的 意義」, 『歷史學報』 제6집, 1954, pp.37~49.

바. 성괴즉멸星怪卽滅과 일본병환국日本兵還國의 의미와 기능

서사의 문맥으로 볼 때 "성괴즉멸星怪卽滅"과 "일본병환국日本兵還國"은 주체가 목적을 구현했음을 나타낸다. 주체자와 조력자는 바로 이 결과를 얻기 위하여 세계의 혼란에 대하여 각자 대응했던 것이다.

그러나 혜성가 조의 관련서사에서 이 구절만큼 해석상의 어려움을 가져다주는 부분도 없다. 노래를 불렀더니 혜성이 즉시 없어졌다는 것도 이상하려니와 갑자기 일본병이 돌아갔다는 것은 심한 당혹감마저 안겨 준다. 혜성가를 연구한 많은 논자들 또한 이 부분의 해석에 따라 다양한 결론을 이끌어 내고 있다. 앞에서 말했듯, '성괴즉멸'과 '일본병환국' 가운데 어떤 것이 역사적 사실이냐는 주장에 따라 노래의 성격 또한 달라진다.

먼저 성괴즉멸부터 검토해 보자. 성괴즉멸이 입증되기 위해서는 혜성의 출현이 역사적 사실이어야 한다. 성운이나 개기일식과 달리 혜성의 출현은 전 한반도적인 천문현상이다. 경상도에서 혜성이 보였다면 전라도나 평안도에서도 보였을 것이다. 진평왕 재위시기의 신라본기에 기록이 없다 하더라도 「고구려본기高句麗本紀」나 「백제본기百濟本紀」에 그 사실이 나타난다면 사실로 입증될 수 있다.

진평왕은 6세기에서 7세기에 걸쳐 오랫동안 왕위에 있었다. 579년부터 632년까지 54년의 재위기간 동안 고구려와 백제의 왕은 여러 번 교체되었다. 진평왕이 진지왕眞智王의 뒤를 이어 등위한 것은 서기 579년이다. 이때 백제는 위덕왕威德王 26년이었고, 고구려는 평원왕平原王 21년이다. 진평왕이 흉거한 해는 서기 632년이다. 진평왕의 재위기간 동안 백제는 위덕왕, 혜왕惠王, 법왕法王, 무왕武王 등의 네 왕을 거쳤고, 고구려는 평원왕, 영양왕嬰陽王, 영류왕榮留王의 세 왕을 거쳤다. 이 기간 동안 『삼국사기』에 나타난 혜성 출현이라 할 만한 기사는 다음과 같다.

> 「高句麗本紀」 平原王 : 二十二年 春二月晦星隕如雨
> 「百濟本紀」 威德王 : 二十六年 冬十月 長星竟天 二十日而滅
> 三十九年 秋七月 壬申晦 日有食之
> 四十一年 冬十一月 癸未 星孛于角亢

> 「고구려본기」 평원왕 22년 봄 2월 그믐에 별이 비처럼 떨어졌다.
> 「백제본기」 위덕왕 26년 겨울 10월에 혜성이 하늘에 다다랐다가 20일 뒤에 사라졌다.
> 39년 가을 칠월그믐에 일식이 있었다.
> 41년 겨울 11월 계미날에 혜성이 각항에 나타났다.

다음으로 조동일이 제안한 것으로 607년 진평왕 24년에 핼리혜성이 지구에 나타났다는 천문학적 상식에 근거한 논거다. 76년 주기를 갖는 핼리혜성이 삼국사기에는 누락되었으나 그 해 중국에는 수양제 3년에 "이월 기축날에 혜성이 규奎라는 별에서 보이기 시작하여 문창文昌을 쓸고 대릉大陵 오거五車, 북하北河를 거쳐서 태미太微로 들어갔다가 제좌帝座를 쓸고 전후 백여 일을 나타났다가 사라졌다(二月 己丑 彗星見於奎 掃文昌 歷大陵 五車 北河 入太微 掃帝坐 前後百餘日而止)"라고 『수서隋書』「수양제隋煬帝」 조에 기술되어 있다고 한다.[23)]

평원왕 22년 조부터 혜성 출현의 사실 여부를 살펴볼 때, "성운이 비처럼 내렸다"는 기록은 아무래도 혜성과는 거리가 멀다. 『삼국사기』나 『사기史記』, 『한서2』 등에 혜성이 '彗星, 星, 孛星, 星孛, 掃星, 長星'으로 기록되어 있다. 그 당시 혜성과 성운을 혼동할 정도로 천문학 수준이 낮지도 않았다. 이런 점들을 고려할 때 오기나 오측으로 보기 어렵다.

다음은 위덕왕 26년 조의 기록이다. 우선 "장성長星"이란 표현이 의문이나 이는 혜성의 다른 표현임을 『삼국사기』와 『한서』에서 확인할 수 있다.[24)]

다음으로는 위덕왕 41년 조의 기록인데, "星孛于角亢"이라 기록되어 있다. 박혁거세부터 진평왕까지의 혜성출현 기록을 볼 때, 대부분은 "성패星孛+ '~에'를 뜻하는 어조사 우(于)+성수星宿" 구조로 이루어져 있다.[25)] 성패는 혜성의 별칭이고 이는 혜성이 28수 가운데 어느 자리에 나타났음을 뜻한다.

따라서 위의 견해를 종합해 볼 때 진평왕 재위 기간 동안 혜성은 원년, 16년, 27년 등 무려 세 차례에 걸쳐서 출현했음을 알 수 있다. 그럼 다음으로 문제가 되는 것은 과연 이 세 차례의 혜성 출현 가운데 과연 어느 것이 혜성가를 짓게 한 혜성 출현인가 하는 점이다.

먼저 위덕왕 26년(진평왕 원년, 579년) 겨울 10월의 기록을 보면 "長星竟天 二十日而滅"로 나타나 있다. 여기서는 과연 '竟天'을 어떻게 해석하느냐가 문제로 남는다. 한데 묶어 부사로 보고 '밤낮으로'나 '하늘을 다하도록'으로 해석할 수 있고, 둘을 분리하여 '竟'을 동사, '天'을 목적어나 부사로 보고 "天에 마쳤다"나 "천天에 다다랐다"라고 해석할 수 있다. 그러나 바로 뒤에 20일 지나서 멸했다는 시간에 대한 설명이 나오므로 시간에 대해 중복할 필요가 없으므로 "다다랐다"의 해석이 더 합리적이다. 이렇게 볼 때 '天'은 하늘 중앙을 가리킨다. '天'에 다다랐다면 과연 그 혜성이 심대성이 있는 곳을 지났는지 지나지 않았는지는 확실하지 않다. 지났을 가능성은 아직 남아있다. 이럴 때 뒤의 "이십일이 지나 사라졌다(二十日而滅)" 부분이 문제다. 이는 성괴즉멸과 시간상 차이가 있다. 그러나 이 이유만으로 논의에서 완전히 제거시키기는 곤란하다. 왜냐하면 고대인의 시간관념에 의할 때 이십일을 짧은 것으로 표현할 수 있고, 그렇지 않다 하더라도 융천사나 「혜성가」의 효험을 강조하기 위하여 20일 뒤에 사라진 것도 즉멸했다고 기술할 수 있기 때문이다. 아무리 융천사의 주술성이 인정되는 사회였다 하더라도 노래를 부르자마자 혜성이 사라졌다는 것은 작위적이다. 따라서 진평왕 원년의 "혜성이 하늘에 다다라 이십일 뒤에 사라졌다(長星竟天 二十日而滅)"는 혜성가 창작의 동기가 되었을 가능성이 있다.[26)]

---

23) 조동일, 「彗星歌의 창작 연대」,『백영 정병욱선생 환갑기념 논총』(서울 : 신구문화사, 1982), pp.323~324. 재인용.

24) 이에 대한 상세한 기술은 졸고, 「혜성가연구」, pp.23~24. 참고 바람.

25) 위의 글, p.25.에 이에 대한 논증을 상세히 기술함.

26) 이에 대해 조동일은 "진흥왕 37년인 576년에 화랑이 제정되었는데, 어떻게 3년만의 단기간에 화랑이 정비되어 第五, 第六, 第七로 구분할 정도가 됐는가"는 반론을 제기하고 있다. 그러나 최근 사학계의 논의

다음으로는 서기 594년 진평왕 16년에 해당하는 백제 위덕왕 41년 겨울 11월의 기록이다. '각항角亢'은 28수 가운데 동궁東宮에 있는 별로 심대성과는 가까운 위치에 있다. 이 정도는 관측상의 오차나 지나간 길로 생각할 수 있다. 무엇보다 두 별 모두 동궁에 속하므로 혜성가의 창작 동기가 된 혜성과 별 차이가 없었으리라 본다.

다음은 『수서』「수양제隋煬帝」 3년(진평왕 29년)의 기록이다. 이 기록으로 볼 때 혜성은 서쪽 내지 서북쪽의 별인 문창 등을 쓸고 갔다. 그리고 전후 백여일 동안 나타났다가 사라졌다. 이 점은 혜성가 조와 많은 차이를 보인다. 아무리 중국과 신라와의 시각차를 고려한다 하더라도 동과 서의 정반대 방향을 가질 수 없다. '100여일'과 '즉卽' 의 거리도 효험을 강조하기 위한 표현이나 고대인의 시간관에 따라 늘려 잡은 것이라 하더라도 너무나 긴 시간이다.[27)]

일본의 천문학자 요시다 세이치(吉田誠一)의 계산에 따르면 진평왕 9년인 587년에 프랑스의 쟝 퐁, 피랑쥬 강바르, 아돌퓨 강바르가 발견한 퐁-강바르(Pons-Gambart)라는 혜성이 출현하였으며, 이 혜성은 최고로 밝을 땐 2등성으로 빛나므로 맨눈으로 관측이 가능하나 이것은 남반구에서나 가능한 일이고 일본을 중심으로 할 경우 8월에 3등성, 9월에 4등성으로 빛나 8, 9월에 맨눈으로 관측이 가능하다.[28)] 기록에서 금강산의 명칭을 풍악風岳이라 하였으므로 「혜성가」의 혜성은 가을에 출현한 것이다.[29)]

혜성의 출현이 이렇게 역사적 사실로 증명되었을 때 더욱 난관에 빠지는 문제는 일본병의 환국이다. 그러나 혜성의 출현이 사실이라는 선입관 아래서는 이를 객관적으로 분석할 수 없다. 왜냐하면 서사 구성으로 볼 때 혜성의 출현이 사실이라면 일본병의 환국이 부정되는 것이 서사의 순조로운 진행과 논리성 여부에 합당하기 때문이다. 따라서 이는 이런 선입관 없이 객관적으로 면밀히 검토되어야 한다.

추측이나 가정을 버리고 철저히 1차 사료에 입각해 논증해 볼 때 일본병이 내침했던 근거는 없다.[30)] 화랑이 왜병에게 진 것이라면 모르되 신라 역사의 위대함을 과장해서라도 기술한 김부식이 화랑이 왜병을 물리친 기사를 누락시킬 이유도 없다. 물론 '일본병의 환국'을 혜성가의 효험을 강조하기 위하여 덧붙인 설화적 표현으로 간주하면[31)] 문제는 간단하다. 그러나 관련 서사에서 "오히려 복과 경사가 되었다(反成福慶)"의 '반反'이 문제가 된다. 여기서 '反'은 '도리어'나 '오히려'라는 뜻의 부사다. '오히려'나 '도리어'란 부사는 좋고 나쁘든 간에 어떤 일로 생각하지 않

에 따르면 화랑도의 제정이 法興王代(514~540)까지 소급되고 있다. 『三國史記』에 의하면 이미 斯多含이 진흥왕 23년(562)에 大伽倻 정벌에 종군하여 軍功을 세우고 있는 만큼, 화랑도의 제정은 562년 이전의 시기인 眞興王代(540~576) 前半期로 추정하고 있기도 하다.

27) 지금까지의 혜성의 출현에 관한 논의는 조동일이 「彗星歌의 창작 연대」에서 밝힌 혜성의 출현 기록들을 참고하되 필자가 이 논문의 흐름에 맞게 기술하고 해석하였다.

28) www.aerith.net/comet/와 http://neo.jpl.nasa.gov/orbits/참고.

29) 이도흠, 「향가 텍스트와 서사 맥락의 합일 문제」,『한국시가연구』 13집, 한국시가학회, 2003, p.17.

30) 이도흠, 「혜성가연구」, pp. 26~29에서 『삼국사기』 등 1차 사료를 중심으로 이에 대해 상세히 논증하고 있다.

31) 崔時漢, 「鄕歌 解釋의 한 局面-'혜성가' 및 달을 소재로 한 노래를 중심으로-」, 金烈圭 編, 『三國遺事와 韓國文學』(서울 : 學硏社, 1983), p.131.

은 효과가 수반될 때 쓰는 말이다. 만약 성괴즉멸星怪卽滅만 있었다면 반성복경反成福慶에서 '反'은 빠지고 기록되어야 했을 것이다. 또 해가 둘 떠 있었던 것이 없어진 것을 보고 즐거워 한(旣而日怪卽滅 王嘉之) 왕이 겨우 혜성이 없어짐에 크게 기뻐했다는 것(大王歡喜)도 잘 납득이 가지 않는다.

지금까지의 역사 기록에 충실하면서도 일본병환국의 삼국유사 기록을 사실로 인정하는 선에서 조심스럽게 공통점과 가능성을 타진해 볼 수 있다. 이 상반된 가정에서 두 가지가 공동으로 포함되고 있는 공통집합을 추출해낼 수 있다면 일본병환국의 수수께끼는 풀릴 것이다.

『삼국유사』의 일본병환국과 일본병 내침來侵의 가정이 갖는 공통점은 일본병이 오긴 했지만 싸움이나 노략질 없이 그냥 돌아갔거나 신라인이 알 정도로 대침략을 계획했다가 이를 중지했을 것이라는 추정이다. 이렇게 추정하면 『삼국사기』와 『삼국유사』, 『일본서기日本書記』의 기록을 모두 역사적 사실로 받아들여도 서로 모순되지 않는다. 즉 삼국사기의 숱한 왜침기록으로 볼 때 진평왕 대에도 왜침이 있었을 것이라는 추론, 『삼국유사』의 '일본병환국'과 '반성복경', 『일본서기』「스이코 천황(推古天皇) 조」의 왜침기록, 그러나 노래에는 일본병의 침입을 부정한 점 등을 모두 역사적 사실로 인정하더라도 서로 모순되지 않는다.

그렇더라도 이것이 객관성을 가지려면 일본병이 침략했다가 싸움이나 노략질 없이 돌아갔던 예가 확실한 신빙성을 가진 1차 사료에 나타나야 한다.[32)]

> 奈勿尼師今 三十八年 夏五月 倭人來圍金城 … 乃閉城門 賊無功而退
> 訥祗麻立干 十五年 夏四月 倭兵來侵東邊 圍明活城 無功而退
> 慈悲麻立干 二十年 夏五月 倭人擧兵 五道來侵 竟無功而還

> 나물 이사금 38년 여름 5월에 왜인이 내침하여 경주를 둘러쌌다.…성문을 닫았고 적은 아무런 성과가 없이 물러났다.
> 눌지 마립간 15년 여름 4월에 왜병이 동쪽 변방에 침략하여 명활성을 포위하였으나 아무런 성과 없이 물러났다.
> 자비 마립간 20년 여름 5월에 왜인이 병사를 일으켜 다섯 길로 침략하였으나 결국 아무런 공이 없이 물러났다.

왜병이 침략했다가 아무런 소득 없이 돌아간 '무공이퇴/환無功而退/還'의 사례가 진평왕 이전에 이미 세 차례나 나타나고 있다. 이것으로 『삼국유사』의 일본병환국은 대전이 전제된 것보다는 '무공이퇴/환'으로 봄이 타당할 것이다. 『삼국사기』에는 백제와 고구려의 침입이 극심했던 진평왕 대에 일본병이 '무공이퇴/환'한 것까지 실을 필요가 없었다. 『일본서기』는 '무공이퇴/환'이든 아니든 이때 침입하려 한 것은 사실이므로 이 사실을 실었다.

그렇다면 다시 제기되는 의문은 '무공이퇴'의 원인이다. 『삼국사기』「신라본기」 '흘해 이사금訖

32) 『三國史記』,「新羅本紀」.

解尼師今 조'에 "37년 왜병이 갑자기 풍도에 이르러 해변의 집들을 노략질했다.…왕이 이를 옳다 여기고서 성문을 닫고 나가지 않자 왜병의 식량이 소진되자 물러갔다(三十七年 倭兵猝至風島 抄掠邊戶…王然之 閉門不出 賊食盡將退)."라는 기록이 있다. 이것으로 보아 '성문닫기(閉城門)'한 것이나 '성문을 닫고 나서지 않기(閉門不出)'한 것은 신라의 왜병에 대한 하나의 전술이었다. 왜구가 침략한 주요 원인은 식량을 약탈하기 위함이다. 이에 대해 신라는 맞서서 싸우기도 했지만 성문을 닫고 싸우지 않는 전술도 택하였다. 이럴 경우 왜병은 성문을 넘어 성을 정복할 여력이 없을 경우 식량이 떨어져서 물러간다. 이 전술은 왜병을 물리치는 승리감은 없지만 우리의 희생을 최소화한다.

더 신빙성 있는 기록이 바로 『일본서기』 '스이코 천황 조'에 나온다. 왕 11년(진평왕 23년, 601년) 봄 2월에는 신라를 치기로 했던 대장군 우치마키 오오지(來目皇子)가 갑자기 죽는 바람에 신라 정벌을 포기했고, 그 해 가을 7월에는 우치마키 대신 대장군으로 임명된 토오마 오오지(當摩皇子)가 신라를 정벌하기 위해 출항까지 했으나 따라왔던 아내 사인 히토오오(舍人姫王)가 또 갑자기 죽는 바람에 정벌을 포기한다.[33] 이로 볼 때 왜의 대장군이나 그 처의 죽음 등 왜 자체의 문제도 한 원인이었을 것이다.[34]

이상의 논의를 종합해 볼 때, "혜성이 바로 사라지고 일본병이 제 나라로 돌아갔고 오히려 복과 경사가 되었다"란 "(진평왕 9년에 퐁 강바르 혜성이 나타나 동쪽의 별인 심대성, 곧 전갈좌의 안티레스를 스치고 지나가는 혼란이 일어나자 이를 외침으로 해독하고서 세 화랑의 무리가 산행을 멈추고 왜병과 맞설 태세를 갖추었고, 이 집단의 정신적 지주이자 집사자인 융천사가 문화적 의례로 노래를 지어 불렀다.) 그 결과 혜성 자체의 단생성短生性에 의해 혜성은 곧 소멸해 버렸고 내침하여 오던 일본병마저 여러 이유로 아무런 공이 없이 물러나는 바람에 도리어 복과 경사가 됐다"로 해독된다.

사. 대왕환희大王歡喜와 견랑유악언遣郎遊岳焉의 기능과 의미

서사문맥으로 볼 때, 종결부이자 목적 달성을 나타내는 구문이다. 여기서 다시 주의해 보아야 할 부분이 서사구조다. 성괴즉멸과 일본병환국으로 모든 장애가 제거되었고 반성복경으로 마무리되었는데 굳이 "대왕이 기뻐하여 화랑이 다시 산행을 하게 하였다"를 추가한 사실이다. 더구나 서사의 시작 또한 욕유풍악欲遊楓岳이다. 이는 이 서사가 세 화랑의 산행을 중심으로 구성되어 있음을 나타낸다. 이로 이 서사의 주체가 융천사가 아니라 화랑인 점이 확연해지고 그만큼 세 화랑의 기능과 의미를 중시하려 한 설화 생산자 및 수용자의 의도를 읽을 수 있다.

앞에서 서사의미가 풀렸으므로 이 부분의 의미는 글자 뜻대로 풀어도 통한다. 혜성이 사라졌을 뿐만 아니라 일본병마저 돌아가게 돼 모든 혼란이 사라졌는데 진평왕이 환희에 차지 않을

33) 田溶新 譯, 『完譯 日本書紀』(서울 : 一志社, 1990) : "十一年 春 二月…來目皇子 薨於筑紫…爰天皇聞之大驚…謂之曰 征新羅大將軍來目皇子薨之 其臨大事 而不遂矣 甚悲乎…秋七月…當摩皇子 自難波發船…時從妻舍人姫王薨於赤石…遂不征討"

34) 그 밖의 풍랑이나 난파 등의 천재에 의해 신라에 닿기도 전에 퇴각했을 가능성, 新羅兵, 특히 花郎徒의 단호한 결의와 위세를 보고 퇴각했을 가능성이 남는다. 그러나 이런 모든 것은 사료를 통한 실증적 논리가 아니라 상상력에 의한 가정일 뿐이다.

수 없다. 질서가 회복되어 평화가 오자 진평왕이 평화 시에 보내고 혜성의 출현으로 중지되었던 산행을 다시 가라고 한 것이다.

아. 혜성은 화랑의 앞길을 쓸어주는 별이니 왜병도 돌아가고

「혜성가」의 승구(제2연)를 보면 혜성을 '길쓸별'로 부르고 있다. 왜 굳이 이렇게 불렀을까? 그것은 하늘에 나타난 혜성을 혹성이나 운성이라고 부를 수 없었기 때문이다. 이것은 일식을 미리 예측할 정도로 천문 관측술이 발달한 신라에서는 용납되지 않는다. 그러니 융천사는 천체의 일종인 혜성을 인정하면서도 흉조의 여지를 없앨 수 있는 묘안을 생각해낸다.

혜성이 하늘에 붉은 줄을 긋는 짓을 '흉조'로 은유화할 수 있다면, 혜성의 생김새는 '빗자루' 또는 '빗자루 모양의 것'으로 의미를 옮긴다. 실제로 혜성을 당시에 '소성掃星'이라고도 표기하였다. 융천사는 이에 착안하여 혜성의 이름을 바꾸어 버린다. 흉조의 의미를 갖는 혜성을 '길쓸별'이라고 불러주어 부정적 의미를 거세시키고 있다. 이로 혜성은 하늘에 붉은 줄을 그어주는 불길한 별이 아니라 사람이 가는 길, 그것도 화랑이 가는 앞길을 쓸어주는 길조의 별로 다시 태어난 것이다. 이와 더불어 일본병 또한 아무런 소득 없이 물러간다. 그러니 혜성의 출현이 흉조가 아니라 도리어 복과 경사가 된 것이다.

융천사는 아주 지혜로운 사람이었다. 이렇게 해석을 바꾸어 혼란을 질서로 바꾸어놓았다. 그러나 다른 사람들이 이 해석을 의심하거나 이해하지 않으면 이것은 효력을 발휘하지 못한다. 그래서 그는 초구에서 이와 똑같은 문장구조로 "옛날에도 신기루를, 그것도 신라를 지켜주는 의미를 갖는 건달파성을 왜구의 선단으로 착각하여 봉화를 올리는 바람에 온통 신라가 난리를 치지 않았느냐, 마찬가지로 지금 길쓸별인 저 별을 흉조의 혜성으로 착각하여 온 신라가 난리인 것이다."라고 말하고 있는 것이다.

그리고 이 모든 것 위에 두리둥실 달이 떠올랐다. 달은 모든 것을 무화하고 조화하고 하나로 융합하는 원융圓融의 동그라미이자 어두운 세상을 환히 밝히는 광명이며 온 누리를 환히, 그러나 눈부시지 않게, 높고 낮은 곳을 가리지 않고 비추니 어머니요 관음보살이다. 처음에 4등성으로 나타났다가 점차 지구에서 멀어지며 이내 5등성 아래로 빛이 희미해진 퐁 강바르 혜성은 보름달이 뜨자 그 빛에 가려져 아예 보이지 않았을 것이다. 이는 당시 신라인에게 혜성이 보름달의 위력에 눌려 사라진 것으로 인식되었을 것이다. 혜성이든, 일본병의 침입이든 모든 분열과 대립은 달 아래에서는 무력화한다. 이러니 무질서나 재앙을 뜻하는 혜성의 기운조차 남아 있을 리가 없다. 세상은 다시 조화와 만다라의 세계로 돌아온 것이다.

만약 융천사가 혜성의 출현을 다른 천문관처럼 읽었다면 과연 어떤 일이 일어났을까? 모두들 두려움과 불안에 떨어 일본병에 제대로 맞서 싸우지 못하였을 것 아닌가? 이렇게 화랑은 왜병의 침략이라는 위기를 맞아 맞서서 싸우거나 성문을 닫고 물러날 때까지 버텼다. 진평왕 9년인 587년 초가을에 퐁-강바르(Pons-Gambart)라는 혜성이 출현하여 심대성을 스치고 지나고 왜병마저 침략한다는 소식이 있자 화랑은 금강산으로 산행하려는 것을 멈추고 현실적 대응으로 맞서서 싸울 채비를 하는 동시에 문화적 대응으로 「혜성가」를 부르며 사기를 고조시켰다. 왜병이 여러 이유로 침략하려다가 말자 다시 신라에 평화가 찾아왔다.

3. 「죽지랑가」에 담긴 화랑과 지역의 맹주의 전쟁

유명한 여근곡을 끼고 있는 산이 부산富山이다. 경주 터미널에서 서쪽으로 40리를 달려 월성군(현 경주시) 건천읍을 지나자마자 서쪽을 보면 산이 보이는데 이것이 부산이다. 올라가니 빙 둘러서 능선을 타고 대략 1미터 폭으로 돌이 쌓여 있다. 산성이 있던 흔적이다. 능선 안으로는 상당히 넓은 분지가 있다. 둘레가 3천 6백 척에 높이가 7척에 이르는 산성이 있었고 그 안에는 네 개의 냇물과 아홉 개의 샘이 있었다고 한다. 그 중 천지는 넓이가 5백여 평에 달하는 아주 큰 연못이었다고 한다. 능선 밖으로는 70~80%의 깎아지른 듯 가파른 경사를 가진 낭떠러지에 가까운 비탈이 빙 둘러서 있다. 전형적인 바가지형의 요새다. 산 정상에 이리 물이 풍부하고 동으로는 서라벌을 감싸 안고, 서로는 경산, 밀양 방면에서 침입해오는 백제군의 이동로가 훤히 보이는 곳이기에, 이곳은 신라의 서쪽을 지키는 군사 요지이자 국가 규모의 군창軍倉이 있던 곳이다.

하지만 그런 자취는 사라지고 기억의 주름을 안은 채 몇몇 흔적으로만 남아 있다. 풍석 이종학 선생의 조사에 따르면 불과 1984년 전에만 해도 천지天池가 존재하였으나 안원종安元宗이라는 사람이 이곳을 사유지로 둔갑시키고는 목장으로 만든다는 명목으로 천지를 불도저로 밀어버리고 동문과 성벽도 같이 파괴해버렸다고 한다.[35)]『삼국유사』, 「효소왕대孝昭王代 '죽지랑竹旨郎」조'와 「죽지랑가」에는 김유신에 버금가는 화랑인 죽지랑과 지역의 맹주 익선 사이의 전쟁이 담겨 있다. 이 기억의 주름을 펼쳐보자.

가. 효소왕 대 죽지랑 조의 행위소 모형

제32대 효소왕孝昭王 때에 죽만랑竹曼郎의 무리 가운데 득오(得烏, 혹은 득곡得谷) 급간級干이 있어서 화랑의 명부인 풍류황권風流黃卷에 이름을 올려놓고 날마다 나오고 있었는데, 한 번은 10일이 넘도록 보이지 않았다. 죽만랑은 그의 어머니를 불러 그대의 아들이 어디 있는가를 물으니 어머니는 말한다. "당전幢典 모량부牟梁部의 익선 아간益宣阿干이 내 아들을 부산성富山城 창직倉直으로 보냈으므로 빨리 가느라고 미처 그대에게 인사도 하지 못했습니다." 죽만랑이 "그대의 아들이 만일 사사로운 일로 간 것이라면 찾아볼 필요가 없겠지만 공사公事로 갔다니 마땅히 가서 대접해야겠소."라고 말하고는, 떡 한 그릇과 술 한 병을 가지고 좌인左人을 거느리고 찾아가니 낭郎의 무리 137명도 위의威儀를 갖추고 따라갔다. 부산성에 이르러 문지기에게, 득오실得烏失이 어디 있느냐고 물었다. 문지기는 "지금 익선益宣의 밭에서 예例에 따라 부역賦役을 하고

35) 李鍾學, 「竹旨郎과 富山城에 관한 一考察」,『新羅花郎軍事史研究』(경주 : 서라벌군사연구소 출판부, 1995), p.80.

있습니다."라고 답하였다. 낭은 밭으로 찾아가서 가지고 간 술과 떡을 대접했다. 익선에게 휴가를 청하여 함께 돌아오려 했으나 익선은 굳이 반대하고 허락하지 않는다. 이때 사리使吏 간진侃珍이 추화군推火郡 능절能節의 조租 30석石을 거두어 싣고, 성안으로 가고 있었다. 죽만랑이 선비를 소중히 여기는 풍미風味를 아름답게 여기고 익선의 고집불통을 비루하게 여겨 가지고 가던 30석을 익선에게 주면서 휴가를 주도록 함께 청했으나 허락하지 않는다. 이번엔 진절珍節 사지舍知의 말안장을 주니 그제야 허락했다. 조정의 화주花主가 이 말을 듣고 사자使者를 보내서 익선을 잡아다가 그 더럽고 추한 것을 씻어 주려 하니, 익선은 도망하여 숨어 버렸다. 이에 그의 맏아들을 잡아갔다. 때는 중동仲冬 몹시 추운 날인데 성안에 있는 못(池)에서 목욕을 시키자 얼어붙어 죽었다.

효소왕孝昭王이 그 말을 듣고 명령하여 모량리牟梁里 사람으로 벼슬에 오른 자는 모조리 쫓아내어 다시는 관청에 붙이지 못하게 하고, 승의僧衣를 입지 못하게 하고, 만일 중이 된 자라도 종을 치고 북을 울리는 절에는 들어가지 못하게 했다. 칙사勅使가 간진侃珍의 자손을 올려서 칭정호손秤定戶孫을 삼아 남달리 표창했다. 이때 원측법사圓測法師는 해동海東의 고승高僧이었지만 모량리 사람인 때문에 승직僧職을 주지 않았다.…(第三十二孝昭王代 竹曼郎之徒有得烏(一云谷)級干 隸名於風流黃卷 追日仕進 隔旬日不見 郎喚其母問 爾子何在 母曰 幢典牟梁益宣阿干以我子差富山城倉直 馳去行急 未暇告辭於郎 郎曰 汝子若私事適彼 則不須尋訪 今以公事進去 須歸享矣. 乃以舌餠一合 酒一缸 卒(率)左人(鄕云皆叱知言奴僕也)而行 郎徒百三十七人亦具儀侍從 到富山城 問閽人 得烏失奚在 人曰 今在益宣田 隨例赴役 郎歸田 以所將酒餠饗之 請暇於益宣 將欲偕還 益宣固禁不許 時有使吏侃珍管收推火郡 能節租三十石 輸送城中 美郎之重士風味 鄙宣暗塞不通 乃以所領三十石贈益宣助請 猶不許 又以珍節舍知騎馬鞍具貽之 乃許 朝廷花主聞之 遣使取益宣 將洗浴其垢醜 宣逃隱 掠其長子而去 時仲冬極寒之日 浴洗於城內池中仍合凍死 大王聞之 勅牟梁人從官者幷合黜遣 更不接公署 不着黑衣 若爲僧者 不合入鐘鼓寺中 勅史上侃珍子孫爲枰定戶孫 標異之 時圓測法師是海東高德 以牟梁里人故不授僧職…)"

〈그림 1〉효소왕 대 죽지랑 조의 행위소 모형

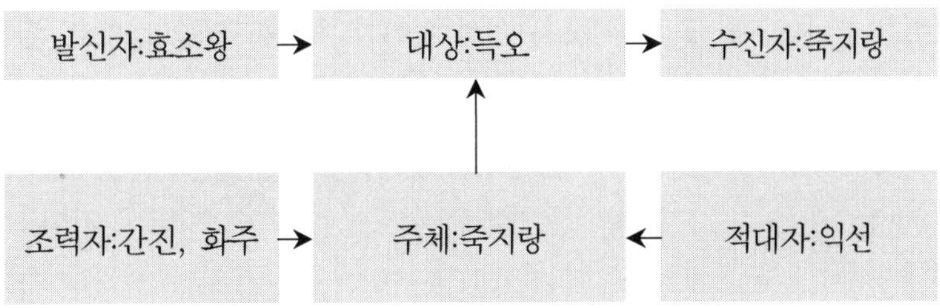

주체는 죽지랑이다. 그는 부하인 득오의 휴가를 원한다. 하지만 익선은 이를 들어주지 않는다. 이에 간진과 사지가 조력자로 등장하여 휴가를 얻게 하고 나중에는 조정의 화주가 익선을 응징한다. 발신자는 화주를 보내는 효소왕이며 수신자는 이를 통하여 득오의 휴가와 익선의 응징을 달성하는 죽지랑이다.

나. 죽지랑 기능과 의미

죽지랑은 죽지랑竹旨郎, 죽만랑竹曼郎, 지관智官 등 여러 이름으로 쓰이고 있다. 결국 우리말 이름을 이렇게 세 가지로 표기한 것이다. '智'의 음은 본래 '디'로서 '竹'과 유사한 음이다. '旨'는 '長旨里'가 '긴마루'로 '광주廣州', '화지리禾旨里'가 '숫마루'로 '순천順天', '지로동旨老洞'이 '마룻골'로 읽혔으니,[36] 죽지랑의 우리말 이름은 '대모로', 또는 '대마루'이다.[37]

죽지랑은 역사적 인물로 그에 대한 기록은 정사인 『삼국사기』에도 보인다. 『삼국사기』, 「신라본기」 '진덕왕眞德王 3년(649) 조'를 보면, 죽지랑은 대장군 김유신金庾信, 장군 진춘陳春, 천존天存 등과 더불어 백제군과 싸워 무공을 세운다. 왕 5년(651)에는 죽지랑이 집사부의 초대 중시中侍로 임명되어 기밀사무를 장악한다. 무열왕武烈王 8년(661)에는 김순金純, 진흠眞欽, 천존과 더불어 증원군으로 파견된다. 문무왕文武王 원년인 661년에는 김유신이 대장군, 죽지와 천존, 천품天品은 귀당총관貴幢摠管에 오른다. 왕 3년인 663년에는 죽지가 문무왕, 김유신, 인문, 천존과 더불어 백제와 왜의 연합군이 진을 치던 두솔성豆率城을 함락시킨다. 왕 8년인 668년에 문무왕은 김유신을 대당대총관大幢大總管, 진순陳純과 죽지는 경정총관京停摠管으로 삼는다. 왕 10년(670)에는 천존과 더불어 백제 토벌에 나서 7성을 빼앗고 2천 명의 머리를 벤다. 왕 11년(671)에는 죽지가 당의 군사와 석성石城에서 싸워 적병 5천 3백여 명의 머리를 베고 백제 장군 2명과 (평시에는 농업에 종사하고 전시에는 군복무에 임하는 당나라 부병제도府兵制度하의 관직인) 당의 과의果毅 6명을 사로잡는다.[38]

『삼국사기』만 보더라도, 죽지랑은 화랑 출신의 삼국 통일전쟁의 영웅이자 귀당총관, 경정총관을 지낸 대장군이다. 또 초대 집사부 중시를 맡았다는 것은, 중시가 진골 출신만이 오를 수 있었고 이 중에서도 왕과 지극히 가까운 친척만이 임명된 전례에 의할 때,[39] 죽지랑이 진골 출신의 왕과 가까운 친척이었음을 의미한다.[40] 이런 경력을 가진 죽지랑은, 그의 아버지 술종공述宗公이 죽지령에서 만난 거사의 환생이란 신성 징표를 갖는다. 이 죽지랑은 효소왕대 화랑을 대표하는 인물로 용맹하였음은 물론, 부하를 친히 찾아가 휴가를 청할 정도로 온유한 품성을 지닌 자다. 그런 죽지랑이 익선과 대결한다. 이 대결은 간진과 익선, 화랑의 우두머리인 화주花主와 익선, 효소왕과 익선의 대결로 확대한다.

다. 득오의 기능과 의미

득오는 서사에서 주체인 죽지랑이 추구하는 대상으로 기능한다. 과연 어떤 요소로 득오가 죽

---

36) 양주동, 『增訂 古歌硏究』(서울 : 一潮閣, 1977), p.70.

37) 홍기문, 김지용 해제, 『향가해석』(서울 : 여강출판사, 1990), p.116.

38) 이상 『三國史記』,「新羅本紀」 文武王, 「列傳」 金分信條 참고.

39) 李基白, 『新羅政治社會史硏究』(서울 : 一潮閣, 1984), pp.162~164.

40) 죽지랑이 김흠돌의 역모사건에 가담하지 않았음은 이미 김승찬이 「慕竹旨郎歌 新考察」,『國語國文學』(부산대) 13/14집에서 잘 논증하고 있으므로 약하기로 한다.

지랑의 대상이 되었는지, 죽지랑이 득오를 대상으로 삼은 것은 무엇 때문인지 알아보자.

득오는 급간이라 했으니 제9등급의 관직에 있는 자다. 급간, 즉 급벌찬은 6두품과 진골만이 오를 수 있는 관등이다. 이로 볼 때 득오는 6두품, 또는 진골의 신분이다. 그러나 부역에 동원되었다는 것을 근거로 득오를 양인 계층으로 파악하거나 '득오 급간得烏級干'이란 표현은 꼭 그 당시 급간이었다고 보기보다는 뒤에 얻은 관직의 표현이라는 보는 견해가 대부분이다. 물론 부역은 양인 계층으로 16세에서 57세까지의 소위 정(丁)에 해당하는 자의 몫이며, 벼슬 명이나 관직명은 뒤에 얻은 것이라도 흔히 취득 전의 기록에도 붙여 부르는 것이 관례이다.[41] 그러나 성을 쌓는 부역이든, 저수지를 축조하는 부역이든, 양인 계층만으로는 불가능하다. 거기에는 관리자와 감독자가 따라야 한다. 영천永川 청제비菁堤碑를 보면, 7명의 중앙에서 파견된 왕경인王京人과 1명의 당해촌에 거주하는 지방 호족이 공사 책임자로 동원되고 있다. 이것은 그 비율만 다를 뿐 남산南山 신성비新城碑 등에서도 확인할 수 있다.[42] 또 신분 질서가 엄격했던 당대 사회에서 6두품, 혹은 진골만이 오를 수 있는 급간의 직위에 오른 득오를 부역에 동원되었다고 해서 양인으로 간주한다면 서로 모순이다.

'죽지랑 조'의 산문기록을 봐도 득오는 양인처럼 단순히 장작인將作人[43]으로 동원되지 않았다. 죽지랑의 질문에 득오의 어머니는 "아들을 부산성창직으로 차출하였다(以我子差富山城倉直)"고 말하고 있다. 또 자기 출신 리里에서 부역을 행해야 함은 당시의 관례였다. 득오는 관례에 따라 엄연히 직책을 받고 간 것이다. 익선이 6등급의 관직이고 당전이란 직책이 모량리의 군창을 관리하는 것이라 할 때, 득오를 창직倉直으로 차출했다는 것은 익선 밑에서 군창을 관리하는 직책을 부여했음을 뜻한다.[44] 6등급 관리 직속의 직책은 그 관리와 서열상 한, 두 등급 아래의 사람이 수행하는 것이 상식이다. 창직이란 직책은 당전의 지휘 아래 모량리의 군창을 관리하는 9등급의 관직이다.

따라서 득오는 죽지랑의 낭도였다가 출신지의 리里에서 부역을 하는 신라의 관례에 따라 모량리의 군창을 관리하는 익선에게 차출당하여 9등급의 창직의 직책을 받고 익선의 밭에서 이를 수행하던 낭도이다.

여기서 득오의 기능은 수동적이다. 익선의 차출에 자기가 그리도 존숭하는 죽지랑에게 알리지도 못한 채 끌려간다. 죽지랑이 찾아가 술과 떡을 대접하고 휴가를 청했다는 문맥으로 볼 때, 비록 직책을 받고 수행하는 일이기는 하나 창직의 일이 결코 쉬운 일은 아니었다. 여기에

41) 이웅재, 『鄕歌에 나타난 庶民意識』(서울 : 백문사, 1990), p.183.

42) 李基白, 앞의 책(1984), p.305.

43) 永川 菁堤碑를 보면, 단순히 육체노동을 하고자 7,000명의 將作人이 동원되었다고 기록하고 있다. 이에 따라 단순히 육체노동을 하고자 동원된 하층민을 뜻하는 기호로 '장작인'을 택했다.

44) "지금 익선의 밭에서 관례를 따라 부역하고 있다"는 것을 근거로 이를 부정할 수도 있다. 물론 상식적으로 득오가 부역하는 장소는 익선의 밭이 아니라 軍倉이어야 한다. 그러나 밭에서 부역하는 것이 밭일하는 것만을 뜻하지는 않는다. 창직이 꼭 창고에서 근무하란 법 또한 없다. 익선의 밭에서 관례를 따라 창직을 수행하고 있다는 것은 군창에 관계된 일을 익선의 밭에서 수행하고 있음을 뜻한다. 기록문만으로는 그것이 무슨 일인지는 확실히 알 수 없다. 창직이 관리자의 직책이라 할 때, 익선의 밭에서 군창에 관계된 일을 부역시키고 이를 감독하고 있었다고 추론할 수 있다.

대해서도 득오 스스로 취하는 행동은 아무 것도 없다. 득오는 구원자를 기다리는 피구원자일 뿐이다.

이런 득오를 구원하러 죽지랑조 서사의 주인공인 죽지랑이 나타나며 죽지랑과 익선이 대결하는 상황에서 조력자로 간진과 조정의 화주花主, 왕이 나타난다.[45] 이 가운데 왕은 초월적 존재는 아니지만 대결을 끝내고 심판하는 전지적 능력을 발휘한다.

라. 익선의 기능과 의미

'당전幢典 모량牟梁 익선 아간益宣阿干'이란 무엇을 뜻하는가. 익선은 서사 안에서 주체인 죽지랑의 적대자로 기능한다. 과연 어떤 요소가 적대자로 기능하도록 했는지 알아보기로 한다. 익선은 죽지랑 조의 기록 외에는 『삼국유사』는 물론 『삼국사기』에도 그 이름이 보이지 않는다. 당전幢典이란 관직은 『삼국사기』 직관職官 조나 청제비 등의 비문에도 보이지 않는다. 용례를 통해 추론하는 수밖에 없다.

관직에 붙은 전典의 용례는 크게 두 가지이다. 거의 대다수를 차지하는 것은 조전租典, 빙고전氷庫典, 약전藥典 식으로 사물이나 관할 대상에 붙이는 것이다. 이것이 경덕왕 대에 '방房'이나 '사司', '부府'로 대치되는 것을 볼 때, 세금, 얼음, 약 등을 관할하는 부서나 그 부서의 건물을 뜻하는 것임을 알 수 있다.

다음은 영묘사성전靈廟寺成典, 사천왕사전四天王寺成典 식으로 대사찰에 붙이거나 회궁전會宮典, 명활전明活典, 평립궁전平立宮典 식으로 궁이나 지명에 붙이고 있다. 앞의 영묘사 성전 등은 각기 절에 드는 비용을 대고 관리하는 일을 했고 경덕왕 대에 사원使院으로 개칭된다. 뒤의 회궁전 등은 각기 그 지역이나 궁의 관리를 전담하는 부서였고 경덕왕 때 대개 부府로 개칭된다. 이로 볼 때, 전典은 방房, 사司, 부府와 통하는 것으로 어떤 것이나 곳을 관할하는 부서에 쓰였다.

당幢의 원 뜻은 군軍을 지휘하는 데 쓰는 깃발, 군부대 편제의 이름이나 100인의 군 부대를 뜻한다. 『자치통감資治通鑑』 「송기宋紀」의 '문제文帝 원가元嘉 7년 조'에 "내도당장(주)(內都幢將(注)) 백인위당百人爲幢"이라 하고 있다. 병사 100인의 부대를 당幢이라 이른 것이다. 또 『남제서南齊書』 「진현달전陳顯達傳」에 따르면 '당주幢主'는 한 군대의 사령관을 뜻한다.[46] 이로 볼 때 '당幢'의 원 뜻은 군부대를 지휘하는 깃발을 뜻하였으나 이것이 제유가 되어 100인 또는 그 이상의 군부대의 편제로 뜻이 넓어졌음을 알 수 있다. 신라가 당나라의 편제를 수용하였음은 주지의 사실이다. 그리고 『삼국사기』 잡지雜志 직관職官 하下 무관武官 조를 보면 무관들의 직위뿐 아니라 36명의 장군이 있는 부대명은 장대당掌大幢에 4명, 녹금당綠衿幢에 2명, 자금당紫衿幢에 2명, 백금당白衿幢에 2명 등으로 거의 당幢자를 포함하고 있다. '당幢'자 앞의 글자가 대개 옷 색깔과 옷깃을 나타내는 부대를 분류하기 위한 관형사이므로 '당幢'은 장군 등 지휘관이 있는 부대의 편제를 뜻한다.

---

45) 孝昭王이 夫禮郞을 國仙에 봉하였고, '朝廷의 花主'가 화랑의 우두머리로 조정에 있는 자를 뜻하므로 화주는 부례랑일 가능성이 크다.

46) 이상 諸橋轍次 著, 『大漢和辭典』 卷四(東京 : 大修館書店, 1984), pp.475~476.

여기에 더해 부산성에 군창軍倉이 있었다는 동국여지승람의 기록, 득오가 창직倉直으로 차출되었다는 죽지랑조의 기록으로 볼 때, '당전幢典'이란 군창軍倉을 관리하고 통제하는 무관武官의 직책이다. 그리고 『삼국사기』「잡지」 무관조를 보면 장군 외에 군사에 관계된 직책은 거의 모두가 나마奈麻에서 사지舍知, 즉 11관등에서 13관등의 직책이 맡고 있다. '당전幢典 모량牟梁 익선益宣 아간阿干'이라 했으니 당전과 아간은 동렬의 명칭이다. 아간은 6등급으로 육두품이 오를 수 있는 최고의 관직이다.[47] 그렇다면 당전은 6등급의 관직이다. '당幢'의 뜻이 원래 100인 이상의 군대 편제를 가리켰고 실제로는 그보다 큰 부대를 뜻하였고, 군사에 관계된 직책이 장군을 제하면 대개 11~13등급인데 이것만 6등급이라면 이 군창은 그만큼 중요한 위상을 가진다. 또 기록문의 맥락을 검토하면, 죽지랑이 득오의 행방을 물었을 때 득오의 어머니가 익선에게 차출을 당하였다고 말한 것, 익선이 화랑에 대항하였다는 이유로 모량리 사람 모두를 벌한 것은 익선이 대표성을 가짐을 뜻한다. 대표성을 가진다면 익선은 모량리 지역에서 거의 최상의 지위에 있는 통치자임을 의미한다. 이런 모든 사실은 모량리의 군창이 일개 부대의 군창의 규모를 넘어서서는 창고임을 뜻한다. 따라서 '당전幢典 모량牟梁 익선 아간益宣阿干'이란 '큰 규모의 군수물자를 관리하는 모량리의 군창을 관리하는 직책으로 6등급인 당전을 맡아한 익선'을 의미한다. 그런 직책이니 만큼 막강한 힘을 가졌을 것으로 보인다.[48]

또 그가 지은 죄로 인해 현재 모량리에 살고 있는 사람뿐만 아니라 모량리 출신으로 벼슬하는 자까지 奚아냈다는 것은 그가 모량리 출신임을 전제한다. 왕년의 대장군인 죽지랑에게 대항하고 뇌물을 받는 것으로 봐서 방자하고 부조리한 관료임을 알 수 있다. 자신의 장자를 놓아둔 채 도망하여 숨었다는 것은 그가 비겁하기도 함을 나타낸다. 그렇다면 익선은 모량리 태생으로 제6등급 아간의 관직이자 큰 규모의 군수물자를 관리하는 모량리 군창의 당전에 올라 부조리를 자행한, 방자하고 비겁한 관료라 할 것이다.

마. 효소왕대의 사회문화 및 세계관의 양상과 구조

문무왕에서 신문왕, 효소왕, 성덕왕에 이르는 시기는 중대의 전제 왕권을 강화하려는 왕권세력과 이에 맞서서 귀족 세력이 자신의 헤게모니를 잃지 않으려고 대립하던 시기였다. 귀족 세력은 전제 왕권을 강화하던 극성기인 신라 중대에서조차 중앙의 권위를 강화하려는 왕권 세력과 맞서서 꾸준히 자기 세력을 형성하였다.

효소왕(602~702)은 선왕인 신문왕神文王에 이어 귀족세력에 맞서서 신라 중대의 전제 왕권을 강화시킨 왕 가운데 하나이다.[49] 효소왕은 집권하자마자 원선元宣을 중시로 임명하는 일부터

---

47) 이것을 근거로 이웅재 등은 익선의 신분을 육두품으로 단정하고 있으나 아간은 육두품이 오를 수 있는 최고의 관등일 뿐이다. 진골계층은 제1등급인 伊伐湌부터 17관등인 造位까지 오를 수 있으므로 진골일 가능성도 있다.

48) 李弘稙은 文官 계통의 奴婢管理官이나 力役調達官, 賦役徵用官으로 추론하고 있으나 앞의 典을 자의적으로 추론한 데서 이런 결론을 도출했다.

49) 神文王은 즉위(681년)하자 마자 장인인 蘇判 金欽突, 波珍湌 興元, 大阿湌 眞功 등의 모반을 평정하고 이들을 사형에 처한다. 왕 2년에 國學을 설립하였고 5년(685)에는 9州 5小京制를 시행하여 지방의 세력

수행한다. 효소왕이 집권하자마자 중시의 임명부터 서두르고 그 다음 해에 이르러서야 상대등을 임명했다는 것은 효소왕 또한 왕권강화에 집착했음을 뜻한다. 효소왕은 자신의 휘諱인 이홍理洪과 명칭이 같다는 이유로 좌우리방부左右理方府를 좌우의방부左右議方府로 교체한다. 왕 10년에는 영암군靈岩郡 태수太守 일길찬逸吉湌 제일諸逸이 공적인 것을 위배하고 사적인 것을 영위하였다는 이유로 곤장 1백 대를 때려 섬으로 내쫓았다.[50] 정공鄭恭과 경영慶永 등 왕권에 도전한 귀족을 사형에 처한다. 이들 모두는 효소왕이 왕권을 강화한 군주임을 나타내는 사례이다.

효소왕이 이렇게 왕권을 강화하려 진력하였지만 그 또한 귀족세력의 저항을 받게 되며 정정은 편안하지 못하였다. 집권 11년 동안 가뭄, 지진, 혜성 출현, 홍수 등이 끊이지 않으며 동해의 물이 핏빛이 되기도 한다.[51]

귀족의 대립과 반발도 계속된다. 왕 9년에는 이찬 경영이 반역을 꾀했고 여기에 중시 순원順元 또한 연좌되어 파면하였다.[52] 순원은 왕 7년에 중시 당원幢元이 늙어 퇴직하므로 그 뒤를 이은 자다. 중시라는 직책이 왕의 직속으로 왕정의 기밀 사무를 관장하는 최고 행정관부의 장이다. 귀족을 누르고 왕권을 강화하기 위해 마련한 직책이 중시다. 그런 자가 반역에 연루되었음은 그만큼 왕권이 취약했음을 나타낸다. 더구나 효소왕은 순원이 반역에 연루되었음을 알고도 처형하지 못한다. 오히려 성덕왕 19년 조를 보면 성덕왕이 순원의 딸을 맞아들여 왕비로 삼는다. 효성왕孝成王 3년에는 "이찬伊湌 김순원金順元의 딸 혜명惠明을 맞아들여 왕비로 삼았다"는 기록이 보인다. 이것은 순원의 세력이 거세되기는커녕 3대에 걸쳐 외척 세력을 형성할 정도로 막강한 힘을 누렸다는 실례이다.[53]

특히 『삼국유사』,「신주」 '혜통이 용을 항복시키다(惠通降龍)' 조의 서사는 죽지랑 조 텍스트를 읽는 데 유용한 맥락 구실을 한다. 신문왕이 죽자 효소왕은 산릉을 수축하고 장례의 길을 닦으려 한다. 그러나 그 길에는 버드나무가 있었다. 당나라에 사신으로 간 적이 있는 정공鄭恭은 잎이 무성한 이 버드나무를 칭찬하여 몹시 사랑하였다. 길 닦는 소임을 맡은 관리인 유사有司가 이를 베려 하자 정공은 "차라리 내 목을 자를지언정 이 버들은 자르지 못한다."라고 하였다. 효

을 중앙 집권의 권위 아래 두고자 했다. 더불어 귀족에게 田土를 주되 등급을 두었으며 內外官의 녹읍을 없애고 벼를 지급하였으며 九誓幢 十停制로 군제를 개편했다.(이상 『三國史記』,「新羅本紀」 神文王 조) 이런 일련의 행동은 왕권, 또는 중앙집권을 강화하기 위한 행위였다. 녹읍을 없앰은 귀족의 가장 큰 세력 기반인 토지를 빼앗은 것을 뜻한다. 또 서당은 왕의 직할부대 성격을 갖는 것이었고 십정은 지방군의 역할을 수행하였다. 즉 구서당 십정제 또한 지방 귀족세력을 누르고 왕권을 강화하기 위한 제도 개혁이었다(이상 李基白, 앞의 책, pp.94~98. 참고).

50) 『三國史記』「新羅本紀」 孝昭王.

51) 『三國遺事』 感通 眞身受供 조를 보면 효소왕은 당나라 황실을 위하여 望德寺를 창건하고 낙성연을 열었다. 이 자리에 누추한 비구가 오자 차림새만 보고 그를 홀대하고 "돌아가 가는 길에 사람들을 대하여 국왕이 친히 올리는 재에 갔더라고 말하지 말라"라고 말한다. 이에 비구는 "폐하께서도 진신 석가를 공양하였다고 말하지 마시오."라고 하고는 홀연히 사라진다. 이로 효소왕이 진중하지 못하였고 가난한 이에게 인색하였음을 알 수 있다. 또 여러 해석이 가능하겠지만 석가의 인연이 닿으려 하였으나 왕의 잘못으로 그러지 못하였다고 설화화한 것은 설화를 형성한 민중층이 효소왕에 대하여 부정적으로 인식하였음을 뜻한다.

52) 『三國史記』「新羅本紀」 孝昭王.

53) 순원에 관한 논지는 박노준, 앞의 책, pp.150~153에서 시사 받았다.

소왕이 이 말을 듣고 이 말대로 목을 자르고 그 집은 파서 못으로 만들어버렸다.

정공이 다른 일도 아니고 한갓 버드나무 때문에 선왕의 장례의 길을 닦는 것을 방해하였다는 것은 그만큼 귀족 세력이 왕권을 얕보고 하찮은 일로도 왕권에 심하게 저항하였다는 것을 뜻한다. 또 정공을 죽이고 그 집을 못으로 바꾸어버린 것은 효소왕이 귀족의 왕권 저항 행위에 대하여 강력하고도 과도한 대응을 취하였음을 뜻한다.

이런 분위기에서 화랑 또한 위상을 달리한다. 통일 직후에는 통일 대업의 주역이었던 화랑은 왕으로부터는 많은 녹읍을, 백성들로부터는 추앙을 받는다. '만파식적萬波息笛조'를 보면, 김유신은 문무왕과 더불어 두 성인으로 추앙받는다. 그러나 이것은 잠시일 뿐, 삼국통일 이후 얼마 가지 않아서 벌써 그 존재를 의심할 만큼 쇠퇴한다.[54] 전쟁이 끝나고 '만만파식적萬萬波息笛'으로 상징되는 평화가 구축되고, 신라 사회가 차츰 문관 위주의 관료 사회화함에 따라, 어느 시대에서 그렇듯, 무력집단인 화랑 세력은 힘을 잃기 시작한다. 『화랑세기』에 화랑들이 통일 이후 승려가 되거나 관료가 된 예가 여럿 있음을 들어 이종욱李鍾旭은 화랑이 통일 이후 무사집단으로서의 필요성이 급격히 약화하자 승려, 관료 등으로 사회화과정을 겪은 것으로 추론하고 있다.[55] 사회화 과정을 겪었다는 것은 화랑이 해체의 과정에 있었다는 것을 의미한다.

그런데 간과할 수 없는 것은, 화랑을 왕의 직속부대인 구서당九誓幢에 편입시킨 점이다.[56] 이는 화랑과 왕이 밀접한 관계를 맺고 있었음을 뜻한다. 이기동은 이에 대하여 지방의 군사력을 신라 왕실에 결부시키기 위한 행위로 본다.[57] 즉 귀족의 견제를 받고 있던 당대 왕권이 통일기에 비하여 현저히 쇠퇴하였지만 아직 일정의 힘을 행사하고 있는 화랑의 군사력에 의존하였고 화랑은 화랑대로 급속히 상실해 가는 헤게모니를 강화하기 위하여 왕권과 연합하였다.

화랑과 왕권세력과의 연합은 효소왕 대에도 강력히 이어진다. 『삼국유사』의 기록을 보면 효소왕은 화랑인 부례랑夫禮郞을 국선國仙으로 삼으며, 부례랑의 낭도는 통일 전과 다름없이 1천여 명에 달한다. 부례랑이 여진족에 끌려가자 왕은 크게 놀라며 만파식적이 있는데 어째서 국선이 포로로 되느냐고 묻고 천존고天尊庫를 살피는데 만파식적이 없자 창고지기를 가둔다. 그런데 부례랑이 살아 돌아오고 만파식적조차 도로 찾자 왕은 전 국가의 경사로 삼고 상상 이상의 포상을 한다. 금은 50냥으로 된 다섯 가지 그릇 두 벌과 가사 다섯 벌과 비단 30필과 밭 1만경을 절에 헌납하고, 국내에 대사령을 내리고 사람마다 작위를 3급씩 높이고 백성에게는 3년의 조세를 탕감하여 준다. 부례랑을 신라 17관등 가운데 제1등급인 이벌찬보다 더 상위의 특례관등이며 재상의 일을 하는 대각관大角干으로 봉하고 아버지 대현아찬大玄阿飡은 태대각간太大角干, 어머니 용보부인龍寶夫人은 사량부沙梁部 경정궁주鏡井宮主로 삼고 끝까지 부례랑을 구한 낭도인 안상安常은 대통大統으로 삼고 창고지기 5명은 사면해 주고 각각 작위를 5급씩 주었다.[58] 이 기

54) 임건상, 「삼국의 사회경제 구성에 대한 몇 가지 문제」, 김광진 외 『삼국 시기의 사회경제 구성에 관한 토론집』(서울 : 일송정, 1989), p.151.

55) 李鍾旭, 『新羅國家形成史研究』(서울 : 일조각, 1987), p.263.

56) 李基東, 『新羅 骨品制社會와 花郎徒』(서울 : 一潮閣, 1984), p.356.

57) 李基東, 위의 책, p.325.

58) 『三國遺事』「塔像」 栢栗寺.

록으로 볼 때 효소왕이 부례랑에 대하여 광적일 정도로 의지하고 크게 보상하였음을 짐작할 수 있다.

더구나 신라 부례랑을 인도하는 것은 백률사柏栗寺의 관세음보살과 현금玄琴과 만파식적이다. 부례랑이 포로로 잡히자 호국의 상징인 만파식적이 사라지고, 낭의 부모는 백률사 대비상에 기도를 한다. 그러자 승려의 인도로 낭이 바닷가로 가 안상을 만나 만파식적과 거문고와 함께 돌아온다. 신라 호국의 상징인 만파식적과 부례랑이 나타남과 사라짐을 같이 하였음은 불교와 더불어 화랑이 호국의 위상을 가짐을 뜻한다. 왕의 입장에서 호국은 신라 전체의 호국이면서 동시에 왕권의 수호를 뜻한다. 이로 효소왕이 왕권을 강화하기 위하여 화랑세력, 불교세력과 밀접한 관계를 맺었음을 알 수 있다.[59] 죽지랑의 아버지 술종공이 무열왕-김유신으로 대표되는 왕권과 화랑의 연합세력을 정치적 기반으로 한 것, 죽지랑이 김유신과 전공을 같이 세운 것은 죽지랑도 바로 이런 연합과 관련이 있음을 뜻한다.[60]

따라서 통일신라 이후 신라 사회에 평화가 구축되고 문관 위주의 관료화가 강화되자 화랑은 장기적으로는 서서히 해체되었으나 그런 가운데 상실한 헤게모니를 보충할 목적으로 왕권과 결합하여 귀족 세력과 대립하였다.

바. 모량리牟梁里와 부산성富山城의 기능과 의미

관련 서사 안에서 모량리는 중요한 의미를 띤다. 단순히 득오가 태어나고 익선이 벼슬살이를 했던 곳의 의미를 넘어선다. 서사 안에서 주체가 적대자와 맞서 대상을 추구하는 공간이자 그 행위로 인하여 위상과 의미가 변하는 공간이다.

모량리란 지명이 맨 처음 나오는 곳은『삼국유사』「기이 제일」'신라시조 혁거세왕 조'다. 이에 의하면 "셋째 촌은 무산茂山 대수촌大樹村인데 촌장은 구례마俱禮馬이다. 처음 이산伊山에서 내려왔으니 이는 점량부漸梁部, 또는 모량부牟梁部 손씨孫氏의 조상이 된다. 지금은 장복부長福部라 하니 박곡촌朴谷村 등 서촌西村이 여기에 속한다."『삼국사기』'유리왕 9년 조'에 의하면 다른 6촌과 함께 대수촌을 점량부로 개편한다.

이는 촌락 사회에 불과한 사로 육촌을 왕 중심의 국가체계에 맞게 왕경육부로 개편하여 통치조직을 정비하려는 정치 사회적 요청에서 비롯된 것이다. 육부는 중대에 와서 전제 왕권을 강화하려는 왕권세력의 요구에 따라 자비 마립간 12년에 일부는 리里와 방坊으로 나뉜다. 사로

---

59) 당시 신라 사회에서 왕을 전륜성왕이나 석가여래, 화랑을 미륵불의 현신으로 본 것 자체가 왕과 화랑의 연합을 상징한다. 이 서사에서 죽지랑을 미륵의 현신으로 보고 있으므로 이 또한 같은 맥락으로 해석할 수 있다.

60) 이는 효소왕의 아우인 聖德王에게도 이어진다. 성덕왕은 11년(712) 김유신의 아내를 봉하여 夫人으로 삼고 해마다 곡식 1천 석을 하사한다. 또 왕 24년(725)에는 김유신의 적손인 允忠을 중시로 임명한다. 윤충은 다른 중시의 임기가 평균 3년임에 비해 12년간 재임하며 장군, 이등급인 이찬 등을 역임한다. 화랑 膺廉이 48대 景文王으로 즉위한 것이나 50대 敬順王이 화랑 孝宗郎의 아들인 것도 이에서 기인한다. 이처럼 통삼 이후 화랑이 쇠퇴한 것이 분명한 데도 화랑의 강화로 보이는 실증이 줄곧 나타나는 것은 화랑의 강화라기보다는 화랑과 왕권의 연합책으로 왕권이 화랑을 옹호한 예일 뿐이다.

육촌과 왕경 육부, 고려의 경주 육부는 각기 명칭만 변하였을 뿐 그 위치와 공간은 대체로 일치한다. 또 신라는 이 육부를 중심으로 한 귀족연맹체로 출발하며 이 연맹관계가 신라의 신분질서를 결정하는 주요 인자로 작용한다. 특히 육부에서도 김씨족, 박씨족, 석씨족의 세 세력이 중심 세력을 형성하면서 사량부, 양부, 본피부가 중심적인 지위를 누리며, 석씨의 퇴조에 따라 사량부와 양부가 헤게모니를 누린다.[61] 이에 대한 실증으로 현존하는 신라 중고기의 각종 금석문 자료를 보면, 사량부와 양부 소속 인물이 압도적으로 우세한 정치적 지위를 나타내고 있고, 또 압도적 다수의 인물이 이에서 배출되고 있다. 이는 부部의 구성원이 다른 부에 대해 특권적 지위를 누리고 있었음을 의미한다. 그러나 이 특권이 골품제의 규제를 넘어선 것은 아니다.[62]

양산촌 등과 더불어 신라 시조 손씨의 조상이 태어난 6촌 가운데 하나인 대수촌이 모량부로 개편되었다가 신라 중대에 와서는 중앙 행정에 편재되어 모량리로 되며 고려 시대에는 장복부로 다시 개편된다. 즉 모량리는 6부족의 연맹체 가운데 하나로 육부 가운데 사량부와 양부보다는 조금 낮은 지위를 누렸던 지역조직이다.

같은 편목 지철로왕 조를 보면, 지철로 왕의 비가 되는 사람은 모량부 상공相公의 딸이다. 「왕력」편 '진흥왕 조'와 「흥법」편 '원종이 불법을 전하고 염촉이 몸을 바침(原宗興法 厭髑滅身) 조'를 보면, 진흥왕의 왕비인 사도부인思刀夫人 박씨朴氏 또한 모량리 영실英失 각간角干의 딸이다. 왕력 편목을 보면 왕비가 누구의 딸인지에 대해서는 잘 밝히고 있으나 그 출신지에 대해서는 거의 밝히지 않고 있다. 이런 가운데 두 군데서나 왕비의 출신지가 모량리임을 밝히고 있음은 모량리란 곳이 왕비를 배출하고, 또 이로 외척 세력을 형성한 곳이란 것이다. 따라서 모량리는 신라 시조의 탄생지인 6촌 가운데 하나로 왕비를 자주 배출하여 왕의 외척 세력을 형성한 곳이다.

이런 모량리의 운명은 효소왕대를 기점으로 해서 전환한다. "효소왕이 어명으로 모량리 사람으로 벼슬하는 자는 쫓아 버리고 다시는 공적 기관에 들이지 않았고, 승의도 입지 못하게 하였으며 혹 승려가 된 자가 있어도 큰 절에는 들지 못하게 하였다."라는 『삼국유사』의 기록은 모량리를 부곡部曲으로 격하시켰음을 뜻한다. 한 마을 사람 전체가 벼슬도 못하고 승려가 되지도 못하며 벼슬에 있는 자까지 쫓겨나는 것은 당대 정치문화 풍토로 볼 때 부곡에서나 가능한 것이기 때문이다.

이를 설화적 과장으로 볼 수도 있겠으나 '원측법사가 해동의 큰 스님이었지만 모량리 사람이었으므로 승직을 주지 않았다'는 구체적 방증이 이어지고 있는 것을 설화적 과장이라 보기 어렵다. 원측은 『송고승전』에도 나오는 실제 인물이기에 이는 더욱 분명하다. 원측은 『성유식론소』 10권, 『반야심경찬般若心經贊』 1권, 『해심밀경소解深密經疏』 10권, 『인왕경소仁王經疏』 등을 저술하였고 규기窺基와 치열하게 논쟁한, 당시 동아시아에서 최고의 반열에 오를 만큼 유식학의 대가다. 또 효소왕 이후 모량리 사람으로 왕비로 간택되거나 벼슬자리에 오르거나 승직에 오른 자는 기록에 나타나지 않는다.

이후 모량리 사람으로 역사에 등장하는 사람은 『삼국유사』 「효선」 '대성이 신문왕 대에 두

61) 李鍾旭, 앞의 책, pp.222~227.

62) 李文基, 「新羅 中古의 六部와 王統」,『新羅社會의 新硏究』(서울 : 서경문화사, 1987), p.76.

세상의 부모에게 효를 다하다(大城孝二世父母 神文代) 조'와 '홍덕왕 대에 손순이 아이를 묻다(孫順埋兒 興德王代) 조'의 김대성과 손순이다. 둘 다 서사의 머리에 모량리 사람이라고 분명하게 밝히고 있다. 여기서 김대성은 "집이 궁색하여 살림할 수가 없어서 부자인 복안福安의 집에 고용살이를 한다." 김대성이 불국사를 조영하는 이로 되는 것은 모량리 사람으로서가 아니라 재상 김문량金文亮의 아들로 환생했기 때문이다. 손순 또한 남의 집에 품팔이를 하여 늙은 어머니를 봉양하고 있다. 유일하게 기록에 나타나는 모량리 출신 두 사람의 공통점은 처참할 정도의 가난이다. 또 불국사를 조영하는 자를 모량리 사람에서 다른 곳의 출신으로 환생시켰다는 것은 모량리 사람이 불국사라는 성소의 건물을 조영할 수 없었기 때문이다. 김대성의 뛰어난 건축술을 활용하면서 모량리 사람에게 가해졌던 규제를 넘어서는 길은 김대성을 다른 출신지로 바꾸는 수밖에 없었던 것이다. 역사서에 기록이 남을 정도로 엄연한 모량리 사람을 출신지를 바꿀 만큼 모량리는 금기의 지역이었던 것이다. 따라서 모량리의 부곡으로의 격하는 설화적 과장이 아니라 역사적 사실이다.

더불어 여기서 생각해야 할 것은 익선의 처신과 모량리를 부곡으로 격하시킨 왕의 행위 사이의 거리다. 죽지랑을 홀대한 일을 가지고, 아니면 한 관리가 뇌물을 받은 죄로 그의 장자를 얼어 죽이는 것까지는 상정할 수 있다. 그러나 그와 전혀 상관없는, 그것도 신라시조의 성소이자 대대로 외척 세력이었던 마을의 사람들을 일시에 부곡민으로 격하시킨다는 것은 아무리 고대사회라 하더라도 있을 수 없는 일이다.[63]

부곡의 형성 과정이 이를 푸는 실마리를 제공할 수 있다. 부곡은 삼국통일을 전후하여 출현하였으며, 이 시기 소토지-공동체의 분할지에 긴박되면서 영세농적, 지대적 수탈을 당하는 예속민의 집단 부락이었다. 『동국여지승람』의 기록에 있는 것만 해도 부곡은 370여 곳에 달하였다.[64] 부곡은 신분상 승격되거나 일부는 개인의 노비로 되었다. 그러나 국가에 대한 반역 행위 등으로 그 주민 전체의 신분을 떨어트려 '부곡'으로 한 경우 존속되었다.[65]

그렇다면 죽지랑 조의 서사에서, 뇌물 받은 것 외에 모량리를 부곡으로 격하시킬 정도로 지은 죄가 있다면 그것이 바로 모량리를 부곡으로 격하시킨 동인이다. 서사의 문맥으로 볼 때, 뇌물 받은 것 외에 익선이 범한 죄는 죽지랑을 홀대하고 대항한 일이다. 이것은 익선과 죽지랑의 대결이 단순히 부하의 청가 유무에 있는 것이 아니라 그 이상의 의미를 띠고 있음을 뜻한다.

여기서 중요한 실마리를 제공하는 것은 부部의 성격과 기능이다. 『삼국사기』 「신라본기」 '파사 이사금 23년 조'를 보면 수로왕을 대접하라는 왕의 명령에 다른 부는 '이찬'을 주主로 삼으나 오직 한기부만이 지위 낮은 자를 주로 삼다가 부주가 수로왕이 보낸 노탐하리奴耽下里에게 죽는 변을 당한다. '지마 이사금祇摩尼師今 원년 조'를 보면, 왕이 한기부를 지날 때 이찬 허루許婁가 왕을 대접하자 왕은 그에게 주다酒多의 벼슬을 내린다. 이는 육부가 국왕의 영향력 아래 놓이기

63) 부곡민은 노예보다는 낫고 양인보다는 못한 신분이었으나 양인과 결혼하여 낳은 자식조차 자기 자식으로 인정하지 못할 정도로 예속되어 있었다.

64) 백남운, 『조선사회경제사』(서울 : 이성과 현실, 1989), pp.294~296.

65) 임건상, 앞의 책, pp.154~155.

는 했으나 어느 정도 독립성을 띠어 부를 다스리는 부주部主가 있고 그 예하에 주다, 이찬을 비롯한 관원들이 존재하여 하나의 질서체계를 이루고 있었음을 뜻한다.[66]

진정법사眞定法師 효선孝善 쌍미雙美 조를 보아도 진정법사는 평민으로 있을 때 졸오卒伍라는 국가에 대한 군역의 의무뿐만 아니라 '부역'으로 표현된 소속 부에 대한 역역力役의 의무도 동시에 지고 있었다. 이로 중고기의 육부민들이 국가에 대해서 뿐만 아니라 소속부 지배세력에게도 여전히 통제되고 있음을 나타낸다. 또 신라 시대의 역역의 동원은 지방에서는 촌 단위, 서울에서는 리 단위로 행해졌다.[67] 그러니 죽지랑 조에서 죽지랑이 득오가 부역을 갔다는 소리를 듣고 "당신의 아들이 사사로운 일로 거기 갔다면 찾아볼 것도 없지마는 이제 공적인 일로 갔으니 찾아보고 대접해야겠다."라고 이를 당연한 일로 받아들이는 것이다. 득오가 자신이 소속된 모량리로 가서 예를 따라 부역했다(隨例赴役)고 표현한 것도 마찬가지이다. 이처럼 육부가 별도의 정치체계를 갖고 있고 부역까지 따로 시켰다는 것은, 결국 중앙 집권적인 통제가 행해지는 가운데 육부가 중앙의 국가에 대해서 단위 정치체제의 기능을 하고 있었음을 의미한다.

부산성富山城은 서라벌의 서쪽 32리에 위치했다. 돌로 쌓았으며 둘레가 3,600척, 높이가 7척이었고 성안에 네 곳의 내와 못 한 곳, 아홉의 샘, 그리고 군창이 있었다. 모량리의 위치 또한 경주부의 서쪽 23리에 있었다고 하니,[68] 10여리의 차이가 있지만, 부산성이 모량리에 있었다고 보아 무리는 아니다. 『삼국사기』 '문무왕 3년 조'와 『삼국유사』 「기이」 '문호왕文虎王 법민法敏 조'에 의하면, 부산성은 문무왕 3년(663)에 쌓기 시작하여 3년 만에 완성한 성이다.[69] 이 성은 경주군 건천읍에서 서쪽으로 약 4km 지점인 오봉산五峰山 정상에 있는 성으로 경산과 밀양 방면에서 침입해 오는 백제를 막는 전략적 요충지이다.[70]

사. 효소왕-죽지랑과 화주가 한 편이 되어 모량리의 익선을 응징하다

이처럼 죽지랑의 서사는 당대 사회에 귀족층과 왕권-화랑 연합세력 간에 갈등과 대립, 각 부의 지배 세력과 이를 중앙 집권적으로 통제하려는 왕권 사이의 대결이 치열했다는 역사적 배경과 서사의 문맥에서 파악해야 한다. 앞에서 정공鄭恭의 예에서 보았듯, 당시 귀족은 선왕의 장례 길을 닦는다는 너무도 지당한 일에 대하여 단지 버드나무를 벨 수 없다는 이유로 맞설 정도로 왕권을 가벼이 여기고 도전한다. 이에 대하여 효소왕은 정공의 목을 자름은 물론 그의 집을 파서 연못을 만들어버릴 정도로 강력하고도 과도하게 대응한다.

---

66) 이문기, 「新羅 中古의 六部와 王統」,『新羅社會의 新硏究』, 신라문화선양회 편(서울 : 서경문화사, 1987), p.70.
67) 李基白, 앞의 책, p.292.
68) 『新增 東國輿地勝覽』 21, 慶尙道 慶州府 城郭.
69) 이를 근거로 죽지랑가가 문무왕대에 이루어진 것이라는 논거가 있으나 이는 논리의 비약이다. 죽지랑조의 문맥을 보면 득오는 부산성을 축성하는 부역을 하고 있는 것이 아니라 부산성의 倉直으로 부역하고 있을 뿐이다. 죽지랑이 면회하는 순간에 득오가 했던 일 또한 축성이 아니라 관례대로 익선의 밭에서 부역하는 것이었다. 밭에서 하는 부역을 축성으로 볼 수 없다. 또 축성이 아닌 개축의 일에 득오가 동원될 수도 있다. 죽지랑이 낭도를 이끌고 부산성에 이르렀다고 기술하고 있으니 오히려 부산성이 이미 지어진 후에 이 일이 벌어진 것이다.
70) 李鍾學, 「竹旨郎과 富山城에 관한 一考察」,『新羅花郎軍事史硏究』(경주 : 서라벌군사연구소 출판부, 1995), p.80.

이와 같은 맥락이나 효소왕의 품성으로 볼 때, 신라 시조 탄생의 성지이자 대대로 외척세력을 형성했던 모량리가 갑자기 부곡으로 전락한 것은 다른 까닭이 있다. 이는 모량리를 근거로 하는 귀족 익선의 세력과 화랑을 대표하는 죽지랑과 효소왕의 연합세력 간의 대결이 있었음을 전제한다. 득오의 청가請暇 문제를 놓고 맞선 죽지랑과 익선의 대립은 간진과 조정의 화주가 개입하면서 화랑세력과 모량리라는 지역의 귀족 세력 간의 대립으로 확대한다. 여기에 효소왕까지 개입하여 일방적으로 화랑의 편에 가담한다. 이로 죽지랑, 간진, 화주, 효소왕이 한 편이 되어 익선을 응징한다. 그가 도망을 가자 그의 아들을 붙잡아서 얼려 죽인다. 여기서 합리적인 추론은 아들의 죽음에 분노한 익선이 모량리 사람들을 모아 저항했으리라는 것이다. 효소왕, 화주, 간진, 죽지랑이 한 편이 되어 모량리의 익선을 따르는 세력과 전쟁이 벌어진 것이다.

이 전쟁은 결국 죽지랑 편의 승리로 끝난다. 효소왕은 익선과 모량리 사람의 행위를 왕권에 대한 도전으로 간주하고 모량리 사람 모두를 반역한 자에게나 행하는 부곡민으로 전락시키는 강력한 응징을 취한다. 신라 시조의 탄생지인 6촌 가운데 하나이자 왕비를 자주 배출한 곳이었던 모량리는 졸지에 반역의 땅으로 전락한 것이다. 이후 김대성은 한국 건축물 가운데 가장 아름다우면서도 심오한 불교의 의미를 담고 있는 석굴암과 불국사를 지을 정도로 뛰어난 건축술을 가졌지만 모량리 출신으로는 불국사를 지을 수 없었기에 재상 김문량의 자손으로 호적을 바꾸어 이 대업에 나서고, 원측법사는 중국에까지 이름을 날리는 고승이었지만 모량리 출신이었기에 승직을 받지 못한 것이었다.

4. 맺음말

진평왕 9년인 587년에 거열랑, 실처랑, 보동랑 등 세 화랑이 이끄는 3천여 명의 화랑도들이 금강산으로 산행을 떠나려는데 퐁-강바르 혜성이 나타나 신라 왕을 상징하는 전갈좌의 안티레스를 스치고 지나간다. 이에 세 화랑은 산행을 가는 것을 멈추고 전쟁에 대비하는 한편, 문화적 대응으로서 융천사로 하여금 「혜성가」를 지어 부르게 한다. 마침 일본병이 침략하려다가 대장군으로 나선 황태자나 그 부인이 죽는 바람에 중지한다. 혜성이 사라지고 지상에서도 평화가 오자 세 화랑의 무리는 다시 금강산으로 산행을 떠난다.

효소왕 대에 김유신과 더불어 삼국통일을 수행한 장군이자 지금의 총리에 해당하는 시중까지 지낸 죽지랑은 자신의 부하인 득오가 모량리에 있는 부산성의 군창에 부역을 하러 간 것을 알고 낭도들을 데리고 술과 떡을 마련하여 면회를 가서는 익선에게 휴가를 청한다. 익선이 거부하다가 말안장을 뇌물로 받고서야 휴가를 허용하자 이 소문을 들은 조정의 화랑의 우두머리가 익선을 응징하려 나섰다. 익선이 도망가자 아버지 대신 죄를 씻으라며 그 아들을 한겨울에 연못에서 목욕을 시켰다. 아들이 추위를 못 이기고 얼어 죽었다. 이에 분노한 익선이 모량리 사람들을 데리고 저항하자 효소왕, 화랑의 우두머리, 죽지랑이 한 편이 되어 익선의 무리와 싸운다. 이 전쟁에서 승리하자 효소왕은 모량리를 부곡으로 격하하여 모량리 사람 모두를 천민으로 전락시킨다.

이렇게 「혜성가」와 「죽지랑가」에 담겨 있는 전쟁사의 주름을 펴 보았다. 하나는 적과의 전쟁이고 하나는 같은 신라인끼리의 내전이다. 진평왕 대의 전쟁은 실제 전투가 벌어지지 않았기에 그 후유증이나 역기능이 없었다. 하지만 효소왕 대의 전쟁의 경우 실제 전투가 벌어지면서 희생도 크고 그 후유증도 만만치 않았으리라. 모량리 출신의 뛰어난 건축가 김대성은 반역의 땅 출신이기에 호적을 바꾸고서야 불국사와 석굴암을 지을 수 있었고, 원측법사는 유식학에서 동아시아에서 최고 대가임에도 부곡 출신이었기에 승직을 받지 못하였다.

역사기록에 없지만, 익선으로 인하여 졸지에 부곡민으로 전락한 선량한 모량리 사람들은 아무런 죄 없이 그 이후 얼마나 고초를 겪었겠는가. 현대사에서도 이는 반복되었다. 해방 이후 한반도의 곳곳에서 얼마나 많은 선량한 서민들이 모량리 양인과 같은 처지에 놓였는가. 아니, 그를 넘어 학살이나 처형을 당하였는가. 그들을 떠올리면서 모량리 양인良人들의 고통의 한 자락이나마 잠시 헤아려본다.♠

〈참 고 문 헌〉

● 단행본

· 金承璨, 『韓國上古文學研究』, 서울 : 제일문화사, 1978.
· 金烈圭 編, 『三國遺事와 韓國文學』, 서울 : 學研社, 1983.
· 박노준, 『新羅歌謠의 研究』, 서울 : 悅話堂, 1982.
· 백남운, 『조선사회경제사』, 서울 : 이성과 현실, 1989.
· 신라문화선양회,『花郎文化의 再照明』, 서울: 서경문화사, 1989.
· 양주동, 『增訂 古歌研究』, 서울 : 一潮閣, 1977.
· 尹榮玉, 『新羅詩歌의 研究』, 서울 : 형설출판사, 1982.
· ______, 『新羅 骨品制社會와 花郎徒』, 서울 : 一潮閣, 1984.
· ______, 『신라인의 마음으로 삼국유사를 읽는다』, 서울 : 푸른역사, 2000.
· 李鍾旭, 『新羅國家形成史研究』, 서울 : 일조각, 1987.
· 李鍾學, 『新羅花郎軍事史研究』, 경주 : 서라벌군사연구소 출판부, 1995.
· 崔珍源, 『國文學과 自然』, 서울 : 성균관대출판부, 1981.
· 홍기문, 김지용 해제, 『향가해석』, 서울 : 여강출판사, 1990.
· 『三國史記』.
· 『三國遺事』.
· 『新增 東國輿地勝覽』.
· 田溶新 譯, 『完譯 日本書紀』. 서울 : 一志社, 1990.

● 논문 및 기타

· 金煐泰, 「僧侶郎徒考-花郎徒와 佛敎와의 관계 一考察」, 『佛敎學報』 제7집, 1970.
· 李基東, 「新羅 花郎徒의 起源에 대한 一考察」, 『歷史學報』 69輯, 1976.
· ______, 新羅 花郎徒의 社會學的 考察」. 『歷史學報』 82輯, 1979.
· 李基白, 「三國時代 佛敎 受容과 그 社會的 意義」,『歷史學報』 제6집, 1954.
· 이도흠, 「혜성가연구」,『漢陽大學校 碩士學位論文』, 1984.
· ______, 「新羅人의 世界觀과 意味作用에 대한 研究」,『한민족문화연구』 1집, 1996.
· ______, 「'모죽지랑가'의 創作背景과 受容意味」,『한국시가연구』 3집, 1998.
· ______, 「필사본 〈화랑세기〉의 사료적 가치에 대한 국문학적 고찰」,『국제어문』 29집, 2004.
· ______, 「향가 텍스트와 서사 맥락의 합일 문제」,『한국시가연구』 13집, 2003.
· 李文基, 「新羅 中古의 六部와 王統」,『新羅社會의 新研究』, 서울 : 서경문화사, 1987.
· 조동일, 「彗星歌의 창작 연대」,『백영 정병욱선생 환갑기념 논총』, 서울 : 신구문화사, 1982.
· 趙芝薰, 「新羅歌謠考」,『어문논집』, Vol. 6, No. 1, 1962.

· Greimas, A. J. (tr.) Daniele McDowell, Ronald Schleifer and Alan Velie, *Structural Semantics*, Lincoln : Univ. of Nebraska Press, 1966.

VI.『삼국사기』 직관지 무관조武官條를 통해 본 신라의 군사 조직

김 희 만※

1. 머리말(문제 제기)

신라는 6세기를 기점으로 비약적인 발전을 거듭하였다. 고구려와 백제의 틈새에서 신라가 급성장할 수 있었던 요인은 다양하다. 국가를 운영했던 국왕과 신하, 생산 경제를 담당하였던 인人과 민民, 유교와 불교로 대표되는 이데올로기에 의한 국가의 리더십, 전투에 직접 참여했던 전사戰士들도 중요한 요소로 꼽을 만하다. 특히, 영토를 확장하기 위해서는 전쟁이 효과적이다. 인류가 탄생한 이후부터 시작된 다양한 전쟁은 인간의 삶을 피폐하기도 했지만, 다른 한편으로는 강력한 국가의 발전을 예고하는 신호탄이기도 하였다.

신라에서도 다양한 전쟁을 통해서 국가의 발전이 모색되었다. 6세기를 기점으로 법흥왕 3년 병부兵部의 설치[1]와 진흥왕과 태종무열왕 대의 병부령兵部令 추가와 그에 따른 군사 운용은 신라의 군사 조직을 확인할 수 있는 상징적 자료이기도 하다. 이후 군부軍府의 확장으로 시작된 6정停, 9서당誓幢, 10정停 등의 정비는 신라가 군사적으로 발전할 수 있는 요체가 되었다. 이들 군사 조직은 신라가 삼국을 통일하는데 밑거름이었으며, 이후 그 조직의 운영은 신라 사회에 평화를 만끽할 수 있는 든든한 기반이기도 하였다. 이러한 과정을 탐색할 수 있는 근거는 역시『삼국사기』잡지雜志 직관지의 여러 기사를 통해서 파악해 볼 수 있다.

특히, 신라의 군사 조직에 대해서는『삼국사기』잡지의 직관지 무관조武官條에서 확인할 수 있다. 그 기록은 크게 네 가지로 분류할 수 있는데 시위부侍衛府를 비롯하여 제군관諸軍官과 범군호凡軍號, 그리고 금·화·령衿花鈴[2]의 항목에서 신라의 군사 조직 또는 통일 이후 고대의 군사 조직 전반을 이해할 수 있는 근거를 제시하고 있다. 이들 사료에 관한 연구를 통해서 지금까지 여러 성과가 발표되었지만, 아직도 미진한 부분이 남아 있다. 특히, 무관조의 구성과 성격에 대

※ 서강대학교 디지털역사연구소 연구교수, 문학박사.

■ 이 논문은 한국군사사학계의 거장이신 풍석 이종학 교수님 추모 1주기를 맞이하여 기획된 추모집에 제출한 것이다.

1)『삼국사기』권38, 雜志 직관 上. 兵部, 令一人, 法興王三年始置. 眞興王五年加一人, 太宗王六年又加一人. 位自大阿湌至太大角干爲之. 又得兼宰相·私臣.

2) 이 부분을 지금까지는 衿·花(將軍花 또는 武官花)로만 이해해 왔는데, 필자는 이 글에서 鈴의 존재를 새롭게 의미를 부여하였다. 그리하여 衿·花·鈴의 용어를 사용하고자 한다. 자세한 내용은 뒤에서 언급할 것이다.

해서는 여러 이견異見이 있으므로,[3] 이 글에서는 『삼국사기』 직관지 무관조의 구성과 내용을 새롭게 검토함으로써 해당 부분 연구에 도움이 되고자 한다.

이를 위해 몇 가지 사항을 대상으로 연구를 진행하고자 하는 바, 첫째로 시위부侍衛府를 비롯해 제군관諸軍官과 범군호凡軍號, 그리고 금·화·령의 구조와 내용을 분석해 보려고 한다. 지금까지 이에 관한 연구는 주로 무관조 각 항목의 전거를 찾아 무관 조직을 역추적하는 방법이 동원되었다. 그 이유는 무관조의 기록이 신라의 군사 조직의 전모를 파악하기 어렵게 서술되어 있기 때문이다. 그러므로 이 글에서는 가장 먼저 무관조의 구성 원리를 살펴보고자 한다. 다시 말해, 사료의 전거 자료를 중심으로 그 구성에 대한 검토보다는, 무관조의 해당 기사의 구조를 어떻게 파악할 것인가 하는 점이다. 그를 위해 위의 네 항목에 대한 전체적인 자료를 근거로 해서 그 구조를 새롭게 제시해 보려고 한다. 둘째로 『삼국사기』 무관조武官條를 통해서 신라의 군사 조직을 시기별 변화과정에 초점을 맞춰서 이를 규명해 보려고 한다. 지금까지는 무관조에 보이는 각 군단이나 군호를 중심으로 그 전거 자료의 구성과 성격을 중심으로 이해해왔다. 이 글에서는 시위부, 제군관, 범군호, 금·화·령의 구조와 내용을 시기별로 구분하여 살펴볼 것이다. 이를 통하여 『삼국사기』 무관조의 구조와 성격에 대한 진지한 논의가 부상할 수 있을 것이다.

2. 무관조武官條의 구조와 내용

『삼국사기』 직관지 무관조武官條는 크게 네 부분으로 구성되어 있다. 첫째는 시위부侍衛府 항목, 둘째는 제군관諸軍官 항목, 셋째는 범군호凡軍號 항목, 넷째는 금·화·령衿花鈴의 항목 등이 그것이다. 이 장에서는 이 네 항목을 검토함으로써 그 구조와 내용을 파악해 보고자 한다. 물론 이들 항목의 기록은 구조와 내용에 편차가 있지만, 이러한 무관조의 다양한 구성을 통해서 신라 사회의 또 다른 측면을 엿볼 수 있는 계기도 될 것으로 여긴다.

가. 시위부侍衛府의 구조와 내용

시위부에 관하여는 『삼국사기』 무관조와 신라본기에 짧게 기록되어 있다.

> A-1. 시위부에는 삼도三徒가 있다. 진덕왕 5년(651년)에 두었다. 장군은 6명이다. 신문왕 원년(681년)에 감監을 폐지하고 장군을 두었다. 관등은 급찬부터 아찬까지로 삼았다. 대감大監은 6명이다. 관등은 나마부터 아찬까지로 삼았다. 대두隊頭는 15명이다. 관등은 사지부터 사찬까지로 삼았다. 항項이 36명이다. 관등은 사지부터 대나마까지로 삼았다. 졸卒은 117명이다. 관등은 선저지부터 대사까지로 삼았다.[4]

---

3) 이에 관한 연구로는, 이문기, 「『삼국사기』 직관지 무관조의 사료적 검토」, 『역사교육론집』 15, 1990 : 홍승우, 「『삼국사기』 직관지 무관조의 기재방식과 전거자료」,『사학연구』 117, 2015 : 전덕재, 「『삼국사기』 직관지 무관조의 원전과 찬술에 대한 고찰-제군관·범군호 기록을 중심으로-」,『한국문화』 86, 2019 등이 참고된다.

A-2. (진평왕) 46년(624) 봄 정월에 시위부侍衛府 대감大監 6인, 상사서賞賜署 대정大正 1인, 대도서大道署 대정大正 1인을 두었다.[5)]

위의 A-1 기사는 시위부의 설치 시기와 구조에 관하여 다소나마 정보를 전해준다. 그런데 꼼꼼히 따져보면 시위부가 언제 설치되었는지를 알려주는 것이 아니라 삼도三徒의 설치를 말하고 있을 뿐만 아니라, 정작 시위부의 설치에 관하여는 진평왕 본기의 기록을 살펴보아야 한다. A-1과 2의 기사는 진평왕 46년(624)과 진덕왕 5년(651) 그리고 신문왕 원년(681)의 내용으로 구성되어 있다. 진평왕 대에는 시위부 대감 6인이 설치되었으며, 진덕왕 대에는 삼도三徒가 있었다. 신문왕 대에는 감監을 폐지하고 장군을 두었다고 함으로써, 대략 그 변화과정을 이해할 수 있을 것이다.

그런데 이 시위부에 관한 내용을 살펴보자면 문득 하나의 의문을 떨쳐버릴 수가 없다. 그것은 왜 진평왕과 진덕왕 그리고 신문왕 대에만 시위부와 연관된 기록이 서술되어 있는가 하는 점이다, 지금까지 이를 바라보는 시각은 대개 신문왕 대의 기사를 주목함으로써 그를 통해서 시위부를 이해해왔다고 해도 과언이 아닐 것이다. 해당 내용을 간단히 검토해 보면, 시위부 변화의 맥락을 파악해 볼 수 있다.

B-1. [8월] 8일에 소판 김흠돌金欽突, 파진찬 흥원興元, 대아찬 진공眞功 등이 반란을 꾀하였다가 처형당하였다.[6)]

B-2. [8월] 13일에 보덕왕報德王이 사신으로 소형小兄 수덕개首德皆를 보내 역적을 평정한 일을 축하하였다.[7)]

B-3. 겨울 10월에 시위감侍衛監을 없애고 장군將軍 6인을 두었다.[8)]

위의 B군群 기사는 신문왕 원년에 발생한 사건을 시기별로 알려주는 대목이다. 8월 8일에 김흠돌 등의 반란이 일어났으며, 이를 처단한 것으로 기록하고 있다. 닷새 뒤인 13일에는 보덕왕이 사신을 보내 평정을 축하하고 있다. 그리고 16일과 28일에는 흠돌 등의 반란 진압 교서를 내리고, 아울러 이찬 군관을 처형하고 교서를 내리는 기사를 살필 수 있다.

그런데 정작 당시 사회에서 긴급하게 필요했던 것으로는 왕성王城과 국왕의 안위를 보좌하는 시위부의 존재 강화가 우선이었을 것이다. 물론 이를 보강하기 위한 작업이 진행되었다. 그것은 바로 10월에 비로소 "시위감侍衛監을 없애고 장군將軍 6인을 두었다"라는 기사를 만날 수 있

4) 『삼국사기』 권40, 잡지 9, 직관(下) 무관 조(侍衛府, 有三徒. 眞德王五年置. 將軍六人. 神文王元年罷監, 置將軍. 位自級飡至阿飡爲之. 大監六人. 位自奈麻至阿飡爲之. 隊頭十五人. 位自舍知至沙飡爲之. 項三十六人. 位自舍知至大奈麻爲之. 卒百十七人. 位自先沮知至大舍爲之).

5) 『삼국사기』 권4, 신라본기, 진평왕 조(四十六年, 春正月, 置侍衛府大監六員, 賞賜署大正一員, 大道署大正一員).

6) 『삼국사기』 권8, 신라본기, 신문왕 원년 조(八日, 蘇判金欽突·波珍飡興元·大阿飡眞功等謀叛, 伏誅).

7) 『삼국사기』 권8, 신라본기, 신문왕 원년 조(十三日, 報德王遣使小兄首德皆, 賀平逆賊).

8) 『삼국사기』 권8, 신라본기, 신문왕 원년 조(冬十月, 罷侍衛監, 置将軍六人).

게 된다. 사실 이 기사만으로 과연 시위부의 존재가 크게 변한 것으로 이해하는 것에 한계가 없지 않다. 김흠돌의 반란이 진압되었지만, 신문왕의 왕권이나 신라 사회의 불안 요소는 그대로 잠재되고 있었다고 보인다.

필자는 위의 시위부 관계 기사를 다시 조명할 필요가 있다고 본다. 우선 지금까지 신문왕 대의 시위부 기사를 중심으로 시위부를 이해하기보다는, 그 이전 시위부의 설치와 변화과정에 초점을 맞춰서 살펴보려고 한다. 이를 위해 시위부 관련 기사를 중심으로 진평왕과 진덕왕 그리고 신문왕 대의 정치 상황을 검토해 보고자 한다. 먼저 진평왕 대의 정치 상황을 살펴보자.

C-1. 43년(621) 가을 7월에 왕이 대당大唐에 사신을 보내 조공하고 방물方物을 바쳤다.9)
C-2. [44년(622)] 2월에 이찬伊飡 용수龍樹를 내성사신內省私臣으로 삼았다.10)
C-3. 45년(623) 봄 정월에 병부대감兵部大監 2인을 두었다.11)
C-4. [45년(623)] 겨울 10월에 대당大唐에 사신을 보내 조공하였다.12)
C-5. 46년(624) 봄 정월에 시위부侍衛府 대감大監 6인, 상사서賞賜署 대정大正 1인, 대도서大道署 대정大正 1인을 두었다.13)
C-6. [46년(624)] 3월에 당의 고조高祖가 사신을 보내 왕을 주국낙랑군공신라왕柱國樂浪郡公新羅王으로 책봉하였다.14)

위의 C군群 기사는 진평왕 43년부터 46년에 해당하는 내용이다. 이들 기사를 자세히 살펴보면 C-1, 4, 6은 모두 '대당大唐에 사신을 보내'라는 문구가 적혀 있다. 그 다음 기사는 내성사신內省私臣, 병부대감兵部大監, 시위부 대감侍衛府大監, 주국낙랑군공신라왕柱國樂浪郡公新羅王 등의 내용과 연결해 볼 수 있다. 그 가운데 시위부 대감이나 상사서 대정, 대도서 대정 등은 신라 사회에서 처음 마련되는 관부官府나 관서官署이며, 그런 의미에서 중국과의 관계를 생각해보지 않을 수 없다는 점을 상기시키고 싶다. 이러한 가정을 뒷받침할 수 있는 내용이 더 찾아진다.

D-1. [2년(648)] 이찬 김춘추와 그의 아들 문왕文王을 당에 보내 조공하였다.15)
D-2. 3년(649) 봄 정월에 비로소 중국의 의관衣冠을 착용하였다.16)
D-3. 4년(650) 여름 4월에 명을 내려서 진골眞骨로서 관직에 있는 사람은 아홀牙笏을 지니게 하였다.17)

---

9) 『삼국사기』 권4, 신라본기, 진평왕 조(四十三年, 秋七月, 王遣使大唐, 朝貢方物).
10) 『삼국사기』 권4, 신라본기, 진평왕 44년 조(二月, 以伊湌龍樹爲內省私臣).
11) 『삼국사기』 권4, 신라본기, 진평왕 조(四十五年, 春正月, 置兵部大監二員).
12) 『삼국사기』 권4, 신라본기, 진평왕 45년 조(冬十月, 遣使大唐朝貢).
13) 『삼국사기』 권4, 신라본기, 진평왕 조(四十六年, 春正月, 置侍衛府大監六員, 賞賜署大正一員, 大道署大正一員).
14) 『삼국사기』 권4, 신라본기, 진평왕 조(三月, 唐高祖降使, 册王爲柱國·樂浪郡公·新羅王).
15) 『삼국사기』 권5, 신라본기, 진덕왕 2년 조(遣伊湌金春秋及其子文王朝唐).
16) 『삼국사기』 권5, 신라본기, 진덕왕 조(三年, 春正月, 始服中朝衣冠).
17) 『삼국사기』 권5, 신라본기, 진덕왕 조(四年, 夏四月, 下敎, 以眞骨在位者, 執牙笏).

D-4. [4년(650)] 6월에 대당大唐에 사신을 보내 백제의 무리를 깨뜨린 사실을 알렸다.[18)]

D-5. [4년(650)] 이 해에 처음으로 중국의 영위永徽라는 연호를 사용하였다.[19)]

D-6. 5년(651) 봄 정월 초하루에 왕이 조원전朝元殿에 나아가서 백관에게 새해 축하 인사를 받았다. 새해를 축하하는 예식禮式은 이때부터 시작되었다.[20)]

D-7. [5년(651)] 2월에 품주稟主를 집사부執事部로 고치고 파진찬 죽지竹旨를 집사執事 중시中侍로 삼아 기밀사무를 관장하게 하였다.[21)]

D-8. ▨▨▨ 파진찬 김인문金仁問을 당에 들여보내 조공하고, 이에 머무르며 숙위하게 하였다.[22)]

D-9. 6년(652) 봄 정월에 파진찬 천효天曉를 좌이방부령左理方府令으로 삼았다.[23)]

위의 D군群 기사는 진덕왕 2년부터 6년까지의 내용이다. 이들 기사를 자세히 살펴보면, D-1, 4, 8은 앞에서 살펴본 바와 같이 모두 '대당에 사신을 보내'라는 문구가 적혀 있다. 그 다음 기사는 의관 착용, 아홀牙笏 소지, 연호 사용, 백관 하례, 그리고 집사부 설치와 좌이방부령左理方府令 임명 등의 기사가 찾아진다. 그런데 신라본기에서는 이 시기, 즉 진덕왕 5년에 해당하는 시위부 관계 기사는 확인할 수 없다. 『삼국사기』 무관조에서만 해당 기사를 볼 수 있다. 어쨌든 신라 사회에서 처음으로 시행하는 의례나 행사 그리고 관부나 관직의 임명 등은 여기서도 중국과의 관계를 생각해보지 않을 수 없다는 점을 다시 한번 상기시키고 싶다. 이러한 가정을 뒷받침할 수 있는 내용을 더 찾아볼 수 있다.

E-1. 당의 고종高宗이 사신을 보내 신라왕으로 책봉하고, 선왕先王의 관작을 그대로 잇게 하였다.[24)]

E-2. 원년(681) 8월에 서불감舒弗邯 진복眞福을 상대등에 임명하였다.[25)]

E-3. [8월] 8일에 소판 김흠돌金欽突, 파진찬 홍원興元, 대아찬 진공眞功 등이 반란을 꾀하였다가 처형당하였다.[26)]

E-4. 겨울 10월에 시위감侍衛監을 없애고 장군將軍 6인을 두었다.[27)]

E-5. (2년) 여름 4월에 위화부령位和府令 2인을 두고 관리를 선발하는 일[선거選擧]을 맡게 하였다.[28)]

E-6. (2년) 6월에 국학國學을 설립하고 경卿 1인을 두었다. 또한 공장부감工匠府監 1인, 채전감彩典監 1인을 두었다.[29)]

---

18) 『삼국사기』 권5, 신라본기, 진덕왕 4년 조(六月, 遣使大唐, 告破百濟之衆).
19) 『삼국사기』 권5, 신라본기, 진덕왕 4년 조(是歲, 始行中國永徽年號).
20) 『삼국사기』 권5, 신라본기, 진덕왕 조(五年, 春正月朔, 王御朝元殿, 受百官正賀. 賀正之禮始於此).
21) 『삼국사기』 권5, 신라본기, 진덕왕 5년 조(二月, 改稟主爲執事部, 仍拜波珍飡竹旨爲執事中侍, 以掌機密事務).
22) 『삼국사기』 권5, 신라본기, 진덕왕 5년 조(■■■遣波珍飡金仁問入唐朝貢, 仍留宿衛).
23) 『삼국사기』 권5, 신라본기, 진덕왕 조(六年, 春正月, 以波珍飡天曉爲左理方府令).
24) 『삼국사기』 권8, 신라본기, 신문왕 원년 조(唐高宗遣使, 册立爲新羅王, 仍襲先王官爵).
25) 『삼국사기』 권8, 신라본기, 신문왕 조(元年, 八月, 拜舒弗邯眞福爲上大等).
26) 『삼국사기』 권8, 신라본기, 신문왕 원년 조(八日, 蘇判金欽突·波珍飡興元·大阿飡眞功等謀叛, 伏誅).
27) 『삼국사기』 권8, 신라본기, 신문왕 원년 조(冬十月, 罷侍衛監, 置将軍六人).
28) 『삼국사기』 권8, 신라본기, 신문왕 2년 조(夏四月, 置位和府令二人, 掌選擧之事).
29) 『삼국사기』 권8, 신라본기, 신문왕 2년 조(六月, 立國學, 置卿一人. 又置工匠府監一人, 彩典監一人).

위의 E군群 기사는 신문왕 원년부터 2년까지의 내용이다. 이들 기사를 자세히 살펴보면, 원년에 '당의 고종이 사신을 보내'라는 문구가 적혀 있다. 물론 이 기사를 앞의 두 기록과 동일하게 취급하는 것에는 의문이 있을 수 있지만, 시위부 장군을 임명하거나, 위화부령을 두거나, 국학을 설립하고, 관직을 설치하는 모습에서 여기서도 중국과의 관계를 생각해보지 않을 수 없다. 이처럼 시위부의 설치와 연관해서 나타나는 일련의 정치 상황을 감안해 보면, 그 자체 중국과의 관계성 속에서 수립된 것이라 보는 것도 크게 틀리지 않을 듯싶다. 물론 신문왕 대에 시위부가 확대 개편된 이유는 당시의 정변이 주요한 원인으로 작용하였기 때문이었을 것이다.

한편, 앞의 사료 A의 기사를 다시 살펴보면 시위부에 관한 자세한 내용이 서술되고 있다. 그나마 그 구성으로 볼 때 장군, 대감, 대두, 항, 졸의 순서로 편성되었으며, 이들을 구분하는 또 다른 잣대는 관등에서 알 수 있다. 이미 여러 연구가 진행된 바가 있듯이, 시위부의 장군은 다른 장군들에 비해서 그 관등이 그리 높지는 못한 편이다. 그렇지만 이들의 역할이 국왕과 왕궁을 시위하는 것이기 때문에 신문왕대 이후 다른 장군에 비해 존재감은 높았을 것으로 보인다. 또한 이 시위부는 삼도三徒라고 하는 편성체제에서 유래하였으며, 그 시기는 진덕왕 5년으로 서술되어 있다. 이는 시위부의 초창기 모습은 이미 진덕왕대에 시작되었으며, 그 책임자가 감監이었는지 정확히 알 수가 없으나, '신문왕원년파감神文王元年罷監, 치장군置將軍'이라는 기사로 볼 때, 감이라는 직책에서 장군으로 한 단계 격상되고 있음을 확인할 수 있다.[30)]

그리고 대감大監 6인이 기재되어 있는데, 이는 아마도 기존에 있었던 감이라는 직책이 장군으로 격상되면서 그 역할 수행에 필요한 대체 수단으로 대감을 설치한 것으로 볼 수 있다. 그것은 장군과 대감의 인원이 모두 6인으로 기록되어 있어서 그러한 유추가 가능하다고 본다. 이어서 대두隊頭가 등장하는데 이는 시위부의 장군과 대감 아래에 있는 부대의 책임자로 보인다. 그 명칭에서 알 수가 있을 것이며, 이와 비슷한 사례가 무관조에서는 대대감隊大監이 이에 해당할 것이다. 다음의 항項에 대해서는 다른 항목에서 찾을 수 없는 명칭이며, 졸卒은 이와 비슷한 사례가 무관조에서는 유일하게 삼천졸三千卒에서 졸에 해당하는 내용을 확인할 수 있다. 특히, 이 시위부의 졸이 중요한 것은 삼천졸에서 졸에 해당하는 관등 부분이 '位自大奈麻已下爲之위자대나마이하위지'라고 기록되어 있기 때문이다. 시위부에서는 '位自先沮知至大舍爲之위자선저지지대사위지'라고 기재되어 있으므로 삼천졸의 관등 또한 '位自大奈麻至先沮知爲之위자대나마지선저지위지'라고 바꾸어 이해할 수 있는 근거로 활용할 수 있지 않을까 한다. 이상에서 언급한 내용을 알기

---

30) 종래 진평왕 46년(624) 정월에 시위부 대감 6인을 설치한 것은 이전까지 국왕 측근에서 비조직적으로 그를 경호·시위하던 병졸집단을 지휘·통솔하던 관직으로 대감 6인을 설치한 사실을 반영한 것이며, 진덕왕 5년(651)에 시위부 전체를 통솔하던 시위감을 설치하여 시위감-대감의 조직을 갖추었다가 신문왕 원년(681)에 시위감을 없애고 장군을 설치하였다고 이해한 견해(이문기, 『신라병제사연구』, 일조각, 1997, pp.150~163.)가 제기되었다. 한편 진평왕 46년에 시위부 대감을 설치하였다가 신문왕 원년에 시위부 감, 즉 시위부 대감을 시위부 장군으로 개편하였다고 이해하는 견해(최상기, 『신라 장군제 연구』, 서울대학교 박사학위논문, 2020, pp.192~198)도 제출되었다. 이를 대변할 적절한 자료는 없지만, 후자의 견해가 사실에 가깝다고 판단된다. 필자는 시위감을 없애고 장군을 승격시킨 것이 아니라 시위감을 그대로 한 단계 격상해서 장군으로 승격시켰으며, 또한 해당 시위감의 자리에 대감을 새로이 편제한 것이라 보고 싶다. 그것은 장군과 대감의 인원이 6명으로 같은 수로 편성되었기 때문이다.

쉽게 정리하면 [표 1]과 같다.

[표 1] 『삼국사기』 무관조 시위부侍衛府의 구성과 내용

구성	내용	관등	인원
三徒	眞德王五年置		
將軍	神文王元年罷監, 置將軍	位自級湌至阿湌爲之	6명
大監		位自奈麻至阿湌爲之	6명
隊頭		位自舍知至沙湌爲之	15명
項		位自舍知至大奈麻爲之	36명
卒		位自先沮知至大舍爲之	117명

이상과 같이, 시위부의 구조와 내용은 매우 간단하다. 이는 시위부의 특성상 많은 인원이 필요한 부서가 아니었으며, 또한 다양한 직제가 요구되지도 않았기 때문에 이와 같은 내용으로도 충분히 운영될 수 있었다고 볼 수 있다.

나. 제군관諸軍官의 구조와 내용

사실 제군관에 해당하는 내용은 상당히 많은 편이다. 그렇지만 신라의 군사 조직 가운데 핵심이라고 할 수 있는 제군관을 소홀히 취급한다면, 무관조에 대한 이해뿐만 아니라 군사 조직 자체에 관한 구체적인 접근을 어렵게 만들 것이다. 이에 그 내용이 방대하지만, 이를 적극적으로 활용한다는 측면에서 전문全文을 제시하면서 논지를 전개하고자 한다. 우선 해당 사항을 크게 다섯 부분으로 나누어서 분석해 보려고 한다. 첫째는 장군將軍 항목, 둘째는 당주幢主 항목, 셋째는 감監 항목, 넷째는 법당法幢 항목, 다섯째는 삼천졸三千卒 항목이다.

이와 같은 항목 구분은 먼저 장군 항목에서 그 근거를 찾아볼 수 있다.

F-1. 제군관. 장군은 모두 36명이다. 대당大幢 관장하는 것이 4명이고, 귀당貴幢 4명, 한산정漢山停(羅人謂營爲停나인위영위정) 3명, 완산정完山停 3명, 하서정河西停 2명, 우수정牛首停 2명이다. 관등이 진골 상당上堂 에서 상신上臣까지를 임명한다. 녹금당綠衿幢 2명, 자금당紫衿幢 2명, 백금당白衿幢 2명, 비금당緋衿幢 2명, 황금당黃衿幢 2명, 흑금당黑衿幢 2명, 벽금당碧衿幢 2명, 적금당赤衿幢 2명, 청금당靑衿幢 2명이다. 관등이 진골 급찬에서 각간까지를 임명한다. 경덕왕 때에 이르러, 웅천주정熊川州停에 3명을 더 두었다.

F-2. 대관대감大官大監은 진흥왕 10년(549년)에 두었다. 대당大幢 관장하는 것이 5명이고, 귀당 5명, 한산정 4명, 우수정 4명, 하서정 4명, 완산정 4명인데, 무금無衿이다. 녹금당 4명, 자금당 4명, 백금당 4명, 비금당 4명, 황금당 4명, 흑금당 4명, 벽금당 4명, 적금당 4명, 청금당 4명으로,

모두 62명이며, 착금着衿이다. 진골은 관등이 사지에서 아찬까지를 임명하였고, 차품次品은 나마에서 사중아찬四重阿湌까지인 사람을 임명한다.

F-3. 대대감隊大監. 마병馬兵을 통솔하는 대대감은 계금罽衿에 1명, 음리화정音里火停에 1명, 고량부리정古良夫里停에 1명, 거사물정居斯勿停에 1명, 삼량화정參良火停에 1명, 소삼정召參停에 1명, 미다부리정未多夫里停에 1명, 남천정南川停에 1명, 골내근정骨乃斤停에 1명, 벌력천정伐力川停에 1명, 이화혜정伊火兮停에 1명, 녹금당綠衿幢에 3명, 자금당에 3명, 백금당에 3명, 황금당에 3명, 흑금당에 3명, 벽금당에 3명, 적금당에 3명, 청금당에 3명, 청주서菁州誓에 1명, 한산주서漢山州誓에 1명, 완산주서完山州誓에 1명이다.

보병步兵을 통솔하는 대대감은 대당大幢에 3명, 한산정에 3명, 귀당貴幢에 2명, 우수정에 2명, 완산정에 2명, 벽금당에 2명, 녹금당에 2명, 백금당에 2명, 황금당에 2명, 흑금당에 2명, 자금당에 2명, 적금당에 2명, 청금당에 2명, 비금당에 4명이다. 모두 70명으로 모두 착금着衿이다. 관등이 나마에서 아찬까지를 임명한다.

F-4. 제감弟監은 진흥왕 23년(562년)에 두었다. 대당大幢을 통솔하는 데 5명, 귀당貴幢에 5명, 한산정에 4명, 우수정에 4명, 하서정에 4명, 완산정에 4명으로 무금無衿이다. 벽금당에 4명, 녹금당에 4명, 백금당에 4명, 비금당에 4명, 황금당에 4명, 흑금당에 4명, 자금당에 4명, 적금당에 4명, 청금당에 4명, 계금罽衿에 1명이다. 모두 63명으로, 관등이 사지에서 대나마까지를 임명한다.

F-5. 감사지監舍知는 모두 19명이다. 법흥왕 10년(523년)에 두었다. 대당大幢에 1명, 상주정上州停에 1명, 한산정에 1명, 우수정에 1명, 하서정에 1명, 완산정에 1명, 벽금당에 1명, 녹금당에 1명, 백금당에 1명, 비금당에 1명, 황금당에 1명, 흑금당에 1명, 자금당에 1명, 적금당에 1명, 청금당에 1명, 계금당罽衿幢에 1명, 백금무당白衿武幢에 1명, 적금무당에 1명, 황금무당에 1명으로 무금無衿이다. 관등이 사지에서 대사까지를 임명한다.

F-6. 소감少監은 진흥왕 23년(562년)에 두었다. 대당大幢에 15명, 귀당貴幢에 15명, 한산정에 15명, 하서정에 12명, 우수정에 13명, 완산정에 13명, 벽금당에 13명, 녹금당에 13명, 백금당에 13명, 비금당에 13명, 황금당에 13명, 흑금당에 13명, 자금당에 13명, 적금당에 13명, 청금당에 13명이다.

기병騎兵을 통솔하는 소감少監은 음리화정에 2명, 고량부리정에 2명, 거사물정에 2명, 삼량화정에 2명, 소참정에 2명, 미다부리정에 2명, 남천정에 2명, 골내근정에 2명, 벌력천정에 2명, 이화혜정에 2명, 비금당에 3명, 벽금당에 6명, 녹금당에 6명, 백금당에 6명, 황금당에 6명, 흑금당에 6명, 자금당에 6명, 적금당에 6명, 청금당에 6명, 계금당에 1명, 청주서에 3명, 한산주서에 3명, 완산주서에 3명을 두었다.

보병을 통솔하는 소감은 대당에 6명, 한산정에 6명, 귀당에 4명, 우수정에 4명, 완산정에 4명, 벽금당에 4명, 녹금당에 4명, 백금당에 4명, 황금당에 4명, 흑금당에 4명, 자금당에 4명, 적금당에 4명, 청금당에 4명, 비금당에 8명, 청주서에 9명, 한산주서에 9명, 완산주서에 9명이다. 모두 372명이며, 6정은 무금無衿이고, 그 외에는 모두 착금着衿이다. 관등이 대사 이하인 사람을 임명한다.

F-7. 화척火尺. 대당大幢에 15명, 귀당貴幢에 10명, 한산정에 10명, 우수정에 10명, 하서정에 10명, 완산정에 10명, 녹금당에 10명, 비금당에 10명, 자금당에 10명, 백금당에 13명, 황금당에 13명,

흑금당에 13명, 벽금당에 13명, 적금당에 13명, 청금당 13명을 두었는데, 대관大官에 속하였다.

계금罽衿에 7명, 음리화정에 2명, 고량부리정에 2명, 거사물정에 2명, 삼량화정에 2명, 소삼정에 2명, 미다부리정에 2명, 남천정에 2명, 골내근정에 2명, 벌력천정에 2명, 이화혜정에 2명, 벽금당에 6명, 녹금당에 6명, 백금당에 6명, 황금당에 6명, 흑금당에 6명, 자금당에 6명, 적금당에 6명, 청금당에 6명, 청주서에 2명, 한산주서에 2명, 완산주서에 2명을 두었는데, 기병을 통솔하였다.

대당에 6명, 한산정에 6명, 귀당에 4명, 우수정에 4명, 완산정에 4명, 벽금당에 4명, 녹금당에 4명, 백금당에 4명, 황금당에 4명, 흑금당에 4명, 자금당에 4명, 적금당에 4명, 청금당에 4명, 비금당에 8명, 백금무당에 8명, 적금무당에 8명, 황금무당에 8명을 두었는데, 보병을 통솔하였다. 모두 342명이며, 관등은 소감少監과 같다.

사료 F군群 기사의 내용은 얼핏 보기에 그 구조를 이해하기 어렵게 구성되어 있다고도 볼 수 있다. 그러나 이를 자세히 검토해 보면, 장군, 대관대감, 대대감, 제감, 감사지, 소감, 화척 등으로 분류할 수 있다. 다시 그 내용에 따라 정리해 보면, 장군, 대감(대관대감, 대대감), 감(제감, 감사지, 소감), 화척으로 묶을 수 있다. 이러한 구조가 제군관諸軍官의 큰 틀이라고 할 수 있다. 다시 말해, 제군관은 장군이라고 하는 군관 아래 대감, 감, 화척 등이 편제되어 있었다.

실제 제군관은 장군이라고 하는 틀 안에서 다시 그 휘하에 또 다른 구조를 포함하고 있는데, 그것이 바로 당주라고 하는 군관이다. 사료 G군群은 각 당주별幢主別 현황을 정리하고 있다. 이를 자세히 분석해 보면, 신라 군사 조직의 한 측면을 이해하는 데 도움이 될 것이다.

G-1. 군사당주軍師幢主는 법흥왕 11년(524년)에 두었다. 왕도王都에 1명을 두었는데, 무금無衿이다. 대당大幢에 1명, 상주정上州停에 1명, 한산정에 1명, 우수정에 1명, 하서정에 1명, 완산정에 1명, 벽금당에 1명, 녹금당에 1명, 비금당에 1명, 백금당에 1명, 황금당에 1명, 흑금당에 1명, 자금당에 1명, 적금당에 1명, 청금당에 1명, 백금무당에 1명, 적금무당에 1명, 황금무당에 1명을 두었다. 모두 19명이며, 착금着衿이다. 관등이 나마에서 일길찬까지를 임명한다.

G-2. 대장척당주大匠尺幢主. 대당大幢에 1명, 상주정에 1명, 한산정에 1명, 우수정에 1명, 하서정에 1명, 완산정에 1명, 벽금당에 1명, 녹금당에 1명, 비금당에 1명, 백금당에 1명, 황금당에 1명, 흑금당에 1명, 자금당에 1명, 적금당에 1명, 청금당에 1명이다. 모두 15명으로, 무금無衿이다. 관등은 군사당주軍師幢主와 같다.

G-3. 보기당주步騎幢主. 왕도王都에 1명을 두었는데, 무금이다. 대당大幢에 6명, 한산에 6명, 귀당에 4명, 우수주에 4명, 완산주에 4명, 벽금당에 4명, 녹금당에 4명, 백금당에 4명, 황금당에 4명, 흑금당에 4명, 자금당에 4명, 적금당에 4명, 청금당에 4명, 백금무당에 2명, 적금무당에 2명, 황금무당에 2명이다. 모두 63명이고, 관등이 나마에서 사찬까지를 임명한다.

G-4. 삼천당주三千幢主. 음리화정音里火停에 6명, 고량부리정古良夫里停에 6명, 거사물정居斯勿停에 6명, 삼량화정參良火停에 6명, 소삼정召參停에 6명, 미다부리정未多夫里停에 6명, 남천정南川停에 6명, 골내근정骨乃斤停에 6명, 벌력천정伐力川停에 6명, 이벌혜정伊伐兮停에 6명이다. 모두 60명으로, 착금着衿이다. 관등이 사지에서 사찬까지를 임명한다.

G-5. 저금기당주著衿騎幢主. 벽금당에 18명, 녹금당에 18명, 백금당에 18명, 황금당에 18명, 흑금당에 18명, 자금당에 18명, 적금당에 18명, 청금당에 18명, 계금당에 6명, 청주에 6명, 완산주에 6명, 한산주에 6명, 하서주에 4명, 우수당에 3명, 사천당에 3명이다. 모두 178명이며, 관등은 삼천당주와 같다.

G-6. 비금당주緋衿幢主는 40명이다. 사벌주沙伐州에 3명, 삽량주歃良州에 3명, 청주菁州에 3명, 한산주에 2명, 우수주에 6명, 하서주에 6명, 웅천주에 5명, 완산주에 4명, 무진주武珍州에 8명이다. 모두 40명으로, 착금着衿이다. 관등은 사지에서 사찬까지를 임명한다.

G-7. 사자금당주師子衿幢主. 왕도王都에 3명, 사벌주沙伐州에 3명, 삽량주歃良州에 3명, 청주에 3명, 한산주에 3명, 우수주에 3명, 하서주에 3명, 웅천주에 3명, 완산주에 3명, 무진주에 3명이다. 모두 30명으로 착금이다. 관등이 사지에서 일길찬까지를 임명한다.

G-8. 법당주法幢主. 백관당주百官幢主가 30명, 경여갑당주京餘甲幢主가 15명, 소경여갑당주小京餘甲幢主가 16명, 외여갑당주外餘甲幢主가 52명, 노당주弩幢主가 15명, 운제당주雲梯幢主가 6명, 충당주衝幢主가 12명, 석투당주石投幢主가 12명이다. 모두 158명으로, 무금無衿이다.

G-9. 흑의장창말보당주黑衣長槍末步幢主. 대당大幢에 30명, 귀당에 22명, 한산에 28명, 우수에 20명, 완산에 20명, 자금紫衿에 20명, 황금에 20명, 흑금에 20명, 벽금에 20명, 적금에 20명, 청금에 20명, 녹금에 24명이다. 모두 264명이며, 관등이 사지에서 급찬까지를 임명한다.

G-10. 삼무당주三武幢主. 백금무당白衿武幢에 16명, 적금무당赤衿武幢에 16명, 황금무당에 16명이다. 모두 48명으로 관등은 말보당주末步幢主와 같다.

G-11. 만보당주萬步幢主. 경오종당주京五種幢主가 15명, 절말당주節末幢主가 4명, 구주만보당주九州萬步幢主가 18명이다. 모두 37명으로 무금無衿이다. 관등이 사지로부터 대나마까지를 임명한다.

위의 G군群 기사는 모두 당주幢主와 연관된 내용으로, 여기서 주목되는 것은 군사당주軍師幢主를 법흥왕 11년(524년)에 두었다는 것이다. 비교적 이른 시기에 설치된 것으로 볼 수 있는데, 이는 앞에서 살펴본 대관대감大官大監을 진흥왕 10년(549년)에 두었다는 내용과 비교해 보면, 당주幢主가 먼저 설치되고, 이후 대감大監이 설치된 것으로 파악할 수 있다. 또한 당주 관련 기사에서 왕도와 연관된 내용이 찾아진다는 점이다. 군사당주가 1명, 보기당주步騎幢主가 1명, 사자금당주師子衿幢主가 1명씩 배치된다는 점도 주목된다. 이는 왕도王都의 중요성을 알려주는 내용이기 때문이다.

아울러 더욱 주목되는 점은 법당주法幢主와 만보당주萬步幢主의 기재 내용이다. 다른 당주와는 다른 특색을 보여준다. 이를 다시 언급해 보면, "법당주, 백관당주百官幢主가 30명, 경여갑당주京餘甲幢主가 15명, 소경여갑당주가 16명, 외여갑당주外餘甲幢主가 52명, 노당주弩幢主가 15명, 운제당주雲梯幢主가 6명, 충당주衝幢主가 12명, 석투당주石投幢主가 12명이다. 모두 158명으로, 무금無衿이다"라는 내용에서 법당주 소속으로 다른 당주가 기술되고 있다는 점이다. 이에 대해서는 당주가 아니라 당이 올바르다는 지적이 있지만, 이를 수용하기에는 다른 정황이 포착된다. 그것은 "만보당주. 경오종당주가 15명, 절말당주節末幢主가 4명, 구주만보당주九州萬步幢主가 18명이다. 모두 37명으로 무금無衿이다. 관등이 사지로부터 대나마까지를 임명한다"라는 내용에서도 당幢

이 아니라 당주로 기술되어 있다는 점이다. 이는 단순히 당주가 아니라 당幢이 잘못 판각된 것으로 볼 수 있겠지만, 두 가지 당주 관계 기사에서 똑같이 착오로 서술되었다고 보기에는 미심쩍은 생각이 든다. 이에 대한 검토도 필요하다고 본다.

다음으로, 감監에 관한 기사를 살펴보자. 여기에 보이는 감은 위에서 살펴본 당주 휘하의 군사 조직임에 틀림이 없다. 그것은 그 구조상 항목 내용이 유사하기 때문이다. 이를 자세히 살펴보기로 한다.

> H-1. 군사감軍師監. 왕도王都에 2명을 두었는데, 무금無衿이다. 대당大幢에 2명, 상주정上州停에 2명, 한산정에 2명, 우수정에 2명, 하서정에 2명, 완산정에 2명, 벽금당에 2명, 녹금당에 2명, 비금당에 2명, 백금당에 2명, 황금당에 2명, 흑금당에 2명, 자금당에 2명, 적금당에 2명, 청금당에 2명이다. 모두 32명으로, 착금著衿이다. 관등이 사지에서 나마까지를 임명한다.
>
> H-2. 대장척감大匠尺監. 대당에 1명, 상주정에 1명, 한산정에 1명, 우수정에 1명, 하서정에 1명, 완산정에 1명, 벽금당에 1명, 녹금당에 1명, 비금당에 1명, 백금당에 1명, 황금당에 1명, 흑금당에 1명, 자금당에 1명, 적금당에 1명, 청금당에 1명이다. 모두 15명으로, 무금無衿이다. 관등은 사지에서 대나마까지를 임명한다.
>
> H-3. 보기감步騎監은 63명이다. 왕도에 1명, 대당에 6명, 한산에 6명, 귀당에 4명, 우수에 4명, 완산에 4명, 벽금당에 4명, 녹금당에 4명, 백금당에 4명, 황금당에 4명, 흑금당에 4명, 자금당에 4명, 적금당赤衿幢에 4명, 청금당青衿幢에 4명, 백금무당白衿武幢에 2명, 적금무당赤衿武幢에 2명, 황금무당黃衿武幢에 2명으로 저금著衿이다. 모두 63명이며, 관등은 군사감軍師監과 같다.
>
> H-4. 삼천감三千監. 음리화정 6명, 고량부리정 6명, 거사물정 6명, 삼량화정 6명, 소삼정 6명, 미다부리정 6명, 남천정 6명, 골내근정 6명, 벌력천정 6명, 이화혜정 6명이다. 모두 60명이며 저금이다. 관등이 사지에서 대나마까지를 임명한다.
>
> H-5. 사자금당감師子衿幢監은 30명이다. 관등이 당에서 나마까지를 임명한다.
>
> H-6. 법당감法幢監. 백관당百官幢 30명, 경여갑당京餘甲幢 15명, 외여갑당外餘甲幢 68명, 석투당石投幢 12명, 충당衝幢 12명, 노당 45명, 운제당 12명이다. 모두 194명인데, 무금無衿이다. 관등이 사지에서 나마까지를 임명한다.
>
> H-7. 비금감緋衿監은 48명이다. 당을 거느리는 것이 40명, 마병馬兵을 거느리는 것이 8명이다.
>
> H-8. 착금감著衿監. 벽금당 18명, 녹금당 18명, 백금당 18명, 황금당 18명, 흑금당 18명, 자금당 18명, 적금당 18명, 청금당 18명, 계금 6명, 청주 6명, 한산 6명, 완산 6명, 하서 3명, 우수당 3명, 사천당 3명으로 모두 175명이다. 관등이 당에서 나마까지를 임명한다.
>
> H-9. 개지극당감皆知戟幢監은 4명으로 모두 왕도에 두었다. 관등이 사지에서 나마까지를 임명한다.

위의 H군群 기사는 앞에서 살펴본 내용과 부분적으로 일치하는데, 감監 관련 기사에서 왕도와 연관된 내용이 찾아진다는 점이다. 군사감軍師監이 2명, 보기감步騎監이 63명, 개지극당감皆知戟幢監이 4명으로 서술되어 있는데, 앞에서 살펴본 당주 관련 기사와 비교해 보면 사자금당감師子衿幢監이 빠지고, 대신 개지극당감皆知戟幢監이 수록되어 있다는 점이다. 또한 그 인원 구성도 당주와 대비해 보면 많다는 점을 확인할 수 있다. 또한 당주 관계 기사에는 기재되어 있는데,

감監 관계 기사에서 찾아볼 수 없는 항목도 보인다. 하나는 삼무당주三武幢主이며, 둘은 만보당주萬步幢主이다. 그리고 당주에서는 흑의장창말보당주黑衣長槍末步幢主가 보이는데, 감에서는 개지극당감이 기재되어 있으므로, 그 용어상 변화를 읽을 수 있다.

다음으로, 제군관諸軍官의 군사 조직에서 그 구조와 내용을 파악하는데 어려움을 가져온 것으로는 다음에 보이는 세 항목이 그 중심에 있을 것이다. 이들 기사를 보면 법당法幢을 관칭冠稱하는 용어들로 구성되어 있는데, 그 자세한 내막은 아직도 오리무중이다. 이에 대해서 자세히 살펴보자.

I-1. 법당두상法幢頭上은 192명이다. 여갑당餘甲幢에 45명, 외법당外法幢에 102명, 노당弩幢에 45명이다.

I-2. 법당화척法幢火尺. 군사당軍師幢 30명, 사자금당師子衿幢 20명, 경여갑당京餘甲幢 15명, 외여갑당外餘甲幢 102명, 노당弩幢 45명, 운제당雲梯幢 11명, 충당衝幢 18명, 석투당石投幢 18명으로 모두 259명이다.

I-3. 법당벽주法幢辟主. 여갑당餘甲幢 45명, 외법당外法幢 306명, 노당弩幢 135명으로 모두 486명이다.

위의 I군群의 기사는 앞에서 살펴본 법당주와 법당감의 항목과 밀접한 연관성을 지닌다. 그 명칭을 볼 때 어렵지 않게 알 수 있다. 그런데 앞의 B군群 기사에서 화척火尺을 확인할 수 있었는데 위의 기사에서 동일한 사항의 법당화척法幢火尺을 만날 수 있다. 문제는 그 앞뒤에 자리하고 있는 법당두상法幢頭上과 법당벽주法幢辟主와의 관계이다. 이들의 관계를 확연하게 알 수 있는 다른 자료가 찾아지지 않으므로, 이에 대한 다양한 의견이 제출된 바가 있다. 이에 대해서는 다음 장에서 자세히 살펴보기로 한다.

J. 삼천졸三千卒은 150명이다. 관등이 대나마大奈麻 이하인 사람을 임명한다.

위의 J 기사는 삼천졸의 구성 인원이 150명이며, 자격 요건은 '대나마大奈麻 이하인 사람'으로 규정하고 있다. 따라서 150명의 인원을 각 정에 10명씩 두었다고 하는 것인지 알 수 없지만, 그리 추정해도 좋을 듯한데, 자격 요건은 '대나마 이하인 사람'으로 규정하고 있으므로 그 이하가 어디까지인지는 자세히 알 수 없다. 그러나 삼천졸의 자격 요건에서 하한선을 누락하고 있지만, 졸卒의 관등을 언급한 사례가 있으므로 참고된다. 앞에서 언급한 시위부侍衛府의 졸에 관한 규정인데, "졸은 117명으로 관등은 선저지先沮知로부터 대사大舍까지로 삼았다"라는 내용이 이를 보완해 준다. 졸의 하한선이 선저지로, 이는 17관등에 해당하는 조위造位라는 사실을 확인할 수 있게 된다.[31] 이상에서 언급한 내용을 알기 쉽게 정리하면 [표 2]와 같다.

31) 김희만, 「고대 청송지역의 역사적 변천과 領域」, 『청송군의 역사와 문화 발표자료집』, 청송문화원·한국고대사탐구학회, 2023, p.88.

[표 2] 『삼국사기』 무관조 제군관諸軍官의 구성과 내용

순서	諸軍官	내용	비고
1	將軍	共三十六人. 掌大幢四人, 貴幢四人, 漢山停 羅人謂營爲停. 三人, 完山停三人, 河西停二人, 牛首停二人. 位自眞骨上堂至上臣爲之. 綠衿幢二人, 紫衿幢二人, 白衿幢二人, 緋衿幢二人, 黃衿幢二人, 黑衿幢二人, 碧衿幢二人, 赤衿幢二人, 靑衿幢二人. 位自眞骨級飡至角干爲之, 至景德王時 熊川州停加置三人.	大幢, 貴幢 漢山停羅人謂營爲停
2	大官大監	眞興王十年置. 掌大幢五人, 貴幢五人, 漢山停四人, 牛首停四人, 河西停四人, 完山停四人, 無衿. 無衿. 綠衿幢四人, 紫衿幢四人, 白衿幢四人, 緋衿幢四人, 黃衿幢四人, 黑衿幢四人, 碧衿幢四人, 赤衿幢四人, 靑衿幢四人, 共六十二人, 著衿. 眞骨位自舍知至阿飡爲之, 次品自奈麻至四重阿飡爲之.	大幢, 貴幢
3	隊大監	領馬兵 (中略) 領步兵 (中略) 共七十人, 並著衿. 位自奈麻至阿飡爲之.	
4	弟監	眞興王二十三年置 (中略) 共六十三人, 位自舍知至大奈麻爲之.	
5	監舍知	共十九人. 法興王十年置 (中略) 位自舍知至大舍爲之.	
6	少監	眞興王二十三年置 (中略) 領騎兵 (中略) 領步兵 (中略) 位自大舍已下爲之.	
7	火尺	屬大官. (中略) 領騎兵. (中略) 領步兵. 共三百四十二人, 位與少監同.	(이상 軍官號)
8	軍師幢主	法興王十一年置 (中略) 位自奈麻至一吉飡爲之.	
9	大匠尺幢主	共十五人, 無衿. 位與軍師幢主同.	
10	步騎幢主	共六十三人, 位自奈麻至沙飡爲之.	
11	三千幢主	共六十人, 著衿. 位自舍知至沙飡爲之.	
12	着衿騎幢主	共一百七十八人, 位與三千幢主同.	
13	緋衿幢主	四十人. (中略) 共四十人, 著衿. 位自舍知至沙飡爲之.	共四十人
14	師子衿幢主	共三十人, 著衿. 位自舍知至一吉飡爲之.	
15	法幢主	共一百五十八人, 無衿.	
16	黑衣長槍末步幢主	共二百六十四人, 位自舍知至級飡爲之.	

순서	諸軍官	내용	비고
17	三武幢主	共四十八人, 位與末步幢主同.	
18	萬步幢主	共三十七人, 無衿. 位自舍知至大奈麻爲之.	(이상 幢主)
19	軍師監	共三十二人, 著衿. 位自舍知至奈麻爲之.	
20	大匠尺[32]監	共十五人, 無衿. 位自舍知至大奈麻爲之.	
21	步騎監	六十三人 (中略) 共六十三人, 位與軍師監同.	共六十三人
22	三千監	共六十人, 著衿. 位自舍知至大奈麻爲之.	
23	師子衿幢監	三十人. 位自幢至奈麻爲之.	位自幢
24	法幢監	共一百九十四人, 無衿. 位自舍知至奈麻爲之.	
25	緋衿監	四十八人. 領幢四十人, 領馬兵八人.	領幢
26	着衿監	共一百七十五人. 位自幢至奈麻爲之.	
27	皆知戟幢監	四人, 並王都. 位自舍知至奈麻爲之.	(이상 監)
28	法幢頭上	百九十二人 餘甲幢四十五人 外法幢百二人 弩幢四十五人.	法幢頭上
29	法幢火尺	共二百五十九人.	法幢火尺
30	法幢辟主	共四百八十六人.	法幢辟主
31	三千卒	百五十人. 位自大奈麻已下爲之.	三千卒

다. 범군호凡軍號의 구조와 내용

범군호의 기록은 각 군호의 전반적인 구성을 먼저 밝히고, 다음으로 각 군호의 서열과 연혁, 그리고 하부 구조를 서술하는 형식을 취하고 있다.

> K. 모든 군사의 칭호는 23개이다. 첫째는 六停, 둘째는 九誓幢, 셋째는 十幢, 넷째는 五州誓, 다섯째는 三武幢, 여섯째는 罽衿幢, 일곱째는 急幢, 여덟째는 四千幢, 아홉째는 京五種幢, 열째는 二節末幢, 열한째는 萬步幢, 열두째는 大匠尺幢, 열셋째는 軍師幢, 열넷째는 仲幢, 열다섯째는 百官幢, 열여섯째는 四設幢, 열일곱째는 皆知戟幢, 열여덟째는 三十九餘甲幢, 열아홉째는 仇七幢, 스무째는 二罽, 스물한째는 二弓, 스물두째는 三邊守, 스물셋째는 新三千幢이다.[33]

32) 『삼국사기』 정덕본에는 大자로 되어 있으나, 여기서는 『삼국사절요』의 尺자가 타당하므로, 그에 따른다.

33) 『삼국사기』 권40, 잡지 9, 무관 조(凡軍號二十三. 一日六停, 二日九誓幢, 三日十幢, 四日五州誓, 五日三武幢, 六日罽衿幢, 七日急幢, 八日四千幢, 九日京五種幢, 十日二節末幢, 十一日萬步幢, 十二日大匠尺幢, 十三日軍師幢, 十四日仲幢, 十五日百官幢, 十六日四設幢, 十七日皆知戟幢, 十八日三十九餘甲幢, 十九日仇七幢, 二十日二罽, 二十一日二弓, 二十二日三邊守, 二十三日新三千幢).

K-1. 六停. 첫째는 大幢이다. 진흥왕 5년(544)에 처음 두었고 금색은 紫白이다. 둘째는 上州停이다. 진흥왕 13년(552)에 두었다. 문무왕 13년(673)에 貴幢으로 고쳤다. 금색은 靑赤이다. 셋째는 漢山停이다. 본래 新州停이었는데, 진흥왕 29년(568)에 新州停을 없애고 南川停을 설치했다. 진평왕 26년(604)에 南川停을 없애고 漢山停을 두었다. 금색은 黃靑이다. 넷째는 牛首停이다. 본래 比烈忽停이었는데, 문무왕 13년(673)에 比烈忽停을 없애고 牛首停을 설치했다. 금색은 綠白이다. 다섯째는 河西停이다. 본래 悉直停이었는데, 태종왕 5년(658)에 悉直停을 없애고 河西停을 두었다. 금색은 綠白이다. 여섯째는 完山停이다. 본래 下州停이었는데, 신문왕 5년(685)에 하주정을 없애고 完山停을 두었다. 금색은 白紫이다.[34)]

K-2. 九誓幢. 첫째는 綠衿誓幢이다. 진평왕 5년(583)에 처음 두었는데, 但 誓幢이라고만 하였다. (진평왕) 35년(613)에 綠衿誓幢으로 고쳤다. 금장은 綠紫이다. 둘째는 紫衿誓幢이다. 진평왕 47년(625)에 郎幢을 처음 설치하였다. 문무왕 17년(677)에 紫衿誓幢으로 고쳤다. 금장은 紫綠이다. 셋째는 白衿誓幢이다. 문무왕 12년(672)에 백제민들로 幢을 만들었다. 금장은 白靑이다. 넷째는 緋衿誓幢이다. 문무왕 12년(672)에 처음 長槍幢을 두었다. 효소왕 2년(693)에 緋衿誓幢으로 고쳤다. 다섯째는 黃衿誓幢이다. 신문왕 3년(683)에 고구려민들로 幢을 만들었다. 금장은 黃赤이다. 여섯째는 黑衿誓幢이다. 신문왕 3년(683)에 말갈국민들로 幢을 만들었다. 금장은 黑赤이다. 일곱째는 碧衿誓幢이다. 신문왕 6년(686)에 보덕성민들로 幢을 만들었다. 금장은 碧黃색이다. 여덟째는 赤衿誓幢이다. 신문왕 6년(686)에 또 보덕성민들로 幢을 만들었다. 금장은 赤黑이다. 아홉째는 靑衿誓幢이다. 신문왕 7년(687)에 백제잔민들로 幢을 만들었다. 금장은 靑白이다.

K-3. 十停. 혹은 三千幢이라고도 이른다. 첫째는 音里火停, 둘째는 古良夫里停, 셋째는 居斯勿停으로 금장은 靑色이다. 넷째는 參良火停, 다섯째는 召參停, 여섯째는 未多夫里停으로 금장은 黑色이다. 일곱째는 南川停, 여덟째는 骨乃斤停으로 금장은 黃色이다. 아홉째는 伐力川停, 열째는 伊火兮停으로 금장은 綠色이다. 모두 진흥왕 5년(544)에 두었다.[35)]

K-4. 五州誓. 첫째는 菁州誓, 둘째는 完山州誓, 셋째는 漢山州誓로 금장은 紫綠이다. 넷째는 牛首州誓, 다섯째는 河西州誓로 금장은 綠紫이다. 모두 문무왕 12년(672)에 두었다.

K-5. 三武幢. 첫째는 白衿武幢으로 문무왕 15년(675)에 두었다. 둘째는 赤衿武幢으로 신문왕 7년(687)에 두었다. 셋째는 黃衿武幢으로 신문왕 9년(689)에 두었다.

K-6. 罽衿幢. 태종왕 원년(654)에 두었다. 금장은 罽이다.

K-7. 急幢. 진평왕 27년(605)에 두었다. 금장은 黃綠이다.

K-8. 四千幢. 진평왕 13년(591)에 두었다. 금장은 黃黑이다.

---

34) 『삼국사기』 권40, 잡지 9, 무관 조(六停. 一曰大幢. 眞興王五年始置, 衿色紫白. 二曰上州停. 眞興王十三年置. 至文武王十三年, 改爲貴幢. 衿色靑赤. 三曰漢山停. 本新州停, 眞興王二十九年, 罷新州停, 置南川停. 眞平王二十六年, 罷南川停, 置漢山停. 衿色黃靑. 四曰牛首停. 本比烈忽停, 文武王十三年, 罷比烈忽停, 置牛首停. 衿色綠白. 五曰河西停. 本悉直停, 太宗王五年, 罷悉直停, 置河西停. 衿色綠白. 六曰完山停. 本下州停, 神文王五年, 罷下州停, 置完山停. 衿色白紫).

35) 『삼국사기』 권40, 雜志 9, 武官 조. 十停 或云三千幢. 一曰音里火停, 二曰古良夫里停, 三曰居斯勿停, 衿色靑. 四曰參良火停, 五曰召參停, 六曰未多夫里停, 衿色黑. 七曰南川停, 八曰骨乃斤停, 衿色黃. 九曰伐力川停, 十曰伊火兮停, 衿色綠. 並眞興王五年置.

K-9. 京五種幢. 금장의 색은 첫째는 青綠, 둘째는 赤紫, 셋째는 黃白, 넷째는 白黑, 다섯째는 黑青이다.

K-10. 二節末幢. 금장의 색은 첫째는 綠紫, 둘째는 紫綠이다.

K-11. 萬步幢. 9주에 각각 2개가 있다. 금장의 색은 沙伐州는 青黃·青紫, 歃良州는 赤青·赤白, 菁州는 赤黃·赤綠, 漢山州는 黃黑·黃綠, 牛首州는 黑綠·黑白, 熊川州는 黃紫·黃青, 河西州는 青黑·青赤, 武珍州는 白赤·白黃이다.

K-12. 大匠尺幢. 금장은 없다.

K-13. 軍師幢. 진평왕 26년(604)에 처음 두었다. 금장은 白이다.

K-14. 仲幢. 문무왕 11년(671)에 처음 두었다. 금장은 白이다.

K-15. 百官幢. 금장은 없다.

K-16. 四設幢. 첫째는 弩幢, 둘째는 雲梯幢, 셋째는 衝幢, 넷째는 石投幢이다. 금장은 없다.

K-17. 皆知戟幢. 神文王 10년(690)에 처음 두었다. 금장은 黑赤白이다.

K-18. 三十九餘甲幢. 금장은 없다. 京餘甲·小京餘甲·外餘甲 등을 이른다. 그 수는 상세히 알 수 없다.

K-19. 仇七幢. 문무왕 16년(676)에 처음 두었다. 금장은 白이다.

K-20. 二罽幢. 혹은 外罽라고도 이른다. 첫째는 漢山州罽幢으로 태종왕 원년(654)에 두었다. 둘째는 牛首州罽幢으로 문무왕 12년(672)에 두었다. 금장은 모두 罽이다.

K-21. 二弓. 혹은 外弓이라고도 한다. 첫째는 漢山州弓尺으로 진덕왕 6년(652)에 두었다. 둘째는 河西州弓尺으로 진평왕 20년(598)에 두었다. 금장은 없다.

K-22. 三邊守幢. 한편 邊守라고도 이른다. 신문왕 10년(690)에 두었다. 첫째는 漢山邊, 둘째는 우수변牛首邊, 셋째는 하서변河西邊이다. 금장은 없다.

K-23. 신삼천당新三千幢. 한편 외삼천外三千이라고도 이른다. 첫째는 우수주삼천당이고, 둘째는 나토군삼천당奈吐郡三千幢으로 문무왕 12년(672)에 두었다. 셋째는 나생군삼천당奈生郡三千幢으로 (문무왕) 16년(676)에 두었다. 금장의 색은 알 수 없다.

이상에서 언급한 내용을 알기 쉽게 정리하면 [표 3]과 같다.

위의 K군群 기사와 [표 3]을 통해서 확인할 수 있는 것은 23군호軍號를 다양하게 서술하고 있는데, 이를 어떻게 이해할 수 있을까 궁금하다. 6정停과 9서당誓幢에서 주목할 부분은 대당과 귀당, 서당과 낭당郎幢이라고 할 수 있으며, 이들은 그 조직의 초기 모습을 반영하는 용어일 것이다. 이를 대변하는 것으로 10정을 설명하는 문구로 등장하는 '或云三千幢(혹운삼천당)'이라는 용어도 초기 모습을 보여주는 내용으로 이해하고 있다.

[표 3] 『삼국사기』 무관조 범군호凡軍號의 구성과 내용

순서	凡軍號	내용	비고
1	六停	一曰大幢. 眞興王五年始置 (中略) 二曰上州停. 眞興王十三年置. 至文武王十三年, 改爲貴幢.	大幢, 貴幢
2	九誓幢	九誓幢. 一曰綠衿誓幢. 眞平王五年始置, 但名誓幢. 三十五年改爲綠衿誓幢, (中略) 二曰紫衿誓幢. 眞平王四十七年, 始置郎幢.	誓幢, 郎幢
3	十幢	十停 或云三千幢 (中略) 並眞興王五年置.	三千幢
4	五州誓	並文武王十二年置.	
5	三武幢	文武王十五年置, 神文王七年置, 九年置.	
6	罽衿幢	太宗王元年置. 衿色罽.	
7	急幢	眞平王二十七年置. 衿色黃綠.	
8	四千幢	眞平王十三年置. 衿色黃黑.	
9	京五種幢	衿色一靑綠, 二赤紫, 三黃白, 四白黑, 五黑靑.	
10	二節末幢	衿色一綠紫, 二紫綠.	
11	萬步幢	九州各二.	
12	大匠尺幢	無衿.	
13	軍師幢	眞平王二十六年始置. 衿色白.	
14	仲幢	文武王十一年始置. 衿色白.	
15	百官幢	無衿.	
16	四設幢	一曰弩幢, 二曰雲梯幢, 三曰衝幢, 四曰石投幢. 無衿.	
17	皆知戟幢	神文王十年始置. 衿色黑赤白.	
18	餘甲幢	三十九餘甲幢. 無衿. 謂京餘甲·小京餘甲·外餘甲等也. 其數未詳.	三十九餘甲幢
19	仇七幢	文武王十六年始置. 衿色白.	
20	二罽	二罽幢 或云外罽. 一曰漢山州罽幢, 大宗王元(十七)年置.[36] 二曰牛首州罽幢, 文武王十二年置. 衿色皆罽.	二罽幢 或云外罽
21	二弓	二弓 或云外弓. 一曰漢山州弓尺, 眞德王六年置. 二曰河西州弓尺, 眞平王二十年置. 無衿.	二弓 或云外弓
22	三邊守	三邊守幢 一云邊守. 神文王十年置. 一曰漢山邊, 二曰牛首邊, 三曰河西邊. 無衿.	三邊守幢 一云邊守
23	新三千幢	新三千幢 一云外三千. 一曰牛首州三千幢, 二曰奈吐郡三千幢, 文武王十二年置. 三曰奈生郡三千幢, 十六年置. 衿色未詳.	新三千幢 一云外三千

36) 여기에 보이는 '十七'은 『삼국사절요』에 '元'으로 표기된 것으로 보아, 판각할 때 오류가 있었다고 보인다.

사실 범군호의 구조와 내용을 파악하기란 쉽지 않다. 그 기사 내용이 매우 짤막하기도 하며, 거기에 담겨 있는 내용 또한 자세하지 않다. 여기서는 간단히 몇 가지 사항만 언급하면, 첫째는 이 K군群 기사의 특색으로는 세주細註가 적지 않다는 점이다. ① '十停 或云三千幢', ② '三十九餘甲幢. 無衿. 謂京餘甲·小京餘甲·外餘甲等也. 其數未詳', ③ '二罽幢 或云外罽', ④ '二弓 或云外弓', ⑤ '三邊守幢 一云邊守', ⑥ '新三千幢 一云外三千' 등이다. 이는 『삼국사기』를 편찬하면서 다양한 자료를 통해서 무관조를 작성하고 있음을 보여주는 것이다.

둘째는 범군호의 내용을 자세히 살펴보면, 각 부대의 설치 시기를 파악할 수 있는 자료를 제공하고 있다는 점이다. 앞에서 검토한 제군관諸軍官 기사에서는 설치 시기를 알 수 있는 자료가 많지 않은 데 비해, 여기서는 다양한 자료를 확인할 수 있으므로, 각 부대가 신라 사회에서 어떠한 역할을 하였는지를 파악할 수 있을 것이다. 이에 대해서는 다음 장에서 자세히 검토하기로 한다.

라. 금·화·령衿花鈴의 구조와 내용

먼저, 금衿에 관한 내용부터 살펴보자. 이 금에 대해서는 이미 제군관諸軍官이나 범군호凡軍號에서 그 사용례를 확인할 수 있다. 『삼국사기』 무관조에서 거의 절대적 다수를 차지하는 위의 제군관이나 범군호의 기사를 통해서 금색衿色의 중요성을 파악할 수 있었다. 앞에서 다양하게 언급한 금색의 의미를 설명할 필요가 있어서 그에 관한 설명을 다음과 같이 언급하고 있다.

L-1. 금衿은 대개 『서전書傳』에서 말하는 휘직으로 『시詩(경經)』에서 이르기를 "織文鳥章직문조장"이라 하고 전箋에서 이르기를, "직은 휘직徽織이다. 조장鳥章은 새매의 문장으로 장수 이하의 웃옷[衣]에 모두 붙인다"라고 하였다. 『사기史記』·『한서漢書』에서 기치旗幟라고 일렀는데 치幟는 직織과 같아 글자는 다르지만, 음은 같다. 『조례周禮』 사상司常 조에서는 "9기旗는 서로 다른 것을 그린 것으로 휘직으로 서로 구별한다"라고 하였다. 나라에서는 조정의 위계를 보이는 것이고 군은 또 그 제도를 본받아 위계를 표시하여 입어 나랏일에 목숨을 바칠 준비를 하였다. 신라인의 휘직은 청적青赤 등의 색으로써 구별하였고 그 모양은 반월이다. 계罽 역시 옷 위에 붙였는데 그 길고 짧음의 제도는 상세히 알 수 없다.[37]

L-2. 대장군화大將軍花. 세 갈래로 길이는 9치이고 넓이는 3치 3푼이다.
상장군화上將軍花. 네 갈래로 길이는 9치 5푼이다.
하장군화下將軍花. 다섯 갈래로 길이는 1척이다.
대감화大監花. 큰 호랑이의 뺨가죽으로 만드는데, 길이는 9치이고 넓이는 2치 5푼이다. 령鈴은 황금이고 둘레는 1척 2치이다.

37) 『삼국사기』 권40, 잡지 9, 무관 조(衿蓋書傳, 所謂徽織, 詩云, 織文鳥章箋云, "織徽織也. 鳥章鳥隼之文章, 將帥以下衣皆著焉." 史記·漢書謂之旗幟, 幟與織字異音同. 周禮司常, 九旗所畫異物者, 徽織所以相別. 在國以表朝位, 在軍又象其制, 而爲之被之, 以備死事. 羅人徽織, 以青赤等色爲別者, 其形象半月. 罽亦著於衣上, 其長短之制, 未詳).

제감화弟監花. 곰의 뺨가죽으로 만드는데, 길이는 8치 5푼이다. 영은 백은白銀이고 둘레는 9치이다.

소감화少監花. 독수리 꼬리로 만든다. 령鈴은 백동白銅이고 둘레는 6치이다.

화척화火尺花. 소감과 같다. 령鈴은 철鐵이고 둘레는 2치이다.

군사당주화軍師幢主花. 큰 호랑이의 꼬리이고 길이는 1척 8치이다.

군사감화軍師監花. 곰의 가슴 가죽으로 길이는 8치 5푼이다.

대장척당주화大匠尺幢主花는 곰의 팔 가죽으로 길이는 7치 한편 중간 크기 호랑이의 이마 가죽으로 길이는 8치 5푼이라고도 이른다.이다. 령鈴은 황금黃金으로 둘레는 9치이다.

삼천당주화三千幢主花. 큰 호랑이의 꼬리이며 길이는 1척 8치이다.

삼천감화三千監花. 독수리 꼬리이다.

제저금당주화諸著衿幢主花. 큰 호랑이의 꼬리로 길이는 1척 8치 5푼이다.

화花는 맹수의 가죽, 수리 같은 새의 깃털로써 그것을 만드는데 깃대 위에 두니 소위 표미豹尾란 것과 같다.[38] 지금 사람은 이것을 일러서 면창面槍이라고 한다.[39] 장군화將軍花는 물건의 이름은 말하지 못하고 그 수가 혹은 많고 혹은 적어 그 의미를 자세히 알 수 없다.[40]

L-3. 령鈴은 길을 갈 때 탄 말의 위에 두는 것으로 혹은 탁鐸이라고도 이른다.[41]

위의 내용으로 볼 때, 금衿은 대개 중국의 『서전書傳』이나 『시詩(경經)』 또는 전箋에서 "직은 휘직徽織이다. 조장鳥章은 새매의 문장으로 장수 이하의 웃옷[衣]에 모두 붙인다"라고 한 내용을 소급해서 설명을 추가하고 있으며, 『사기史記』·『한서漢書』 및 『주례周禮』의 내용을 인용함으로써 "나라에서는 조정의 위계를 보이는 것이고, 군은 또 그 제도를 본받아 위계를 표시하여 입어 나랏일에 목숨을 바칠 준비를 하였다"라고 표현함으로써 그 중요성을 강조하고 있다.

이와 아울러 '화花'에 대한 설명도 다양하게 서술하고 있다. '화'에 대한 설명 가운데 그 끝부분에 '령鈴'에 관한 내용이 부수적으로 표기되어 있다. 지금까지 이 부분은 명확히 해명되지 않았다. 한편으로는 그 존재가 『삼국사기』 무관조를 이해하는데 있어서 그리 중요하지 않았다는

---

38) 豹尾란 임금의 거동 때 쓰는 儀仗의 한 가지로, 창끝에 표범의 꼬리를 달았다고 해서 붙여진 이름이다. 『後漢書』 志, 凡三十卷, 志第二十九 輿服上, 法駕 (3649쪽). "古者諸侯貳車九乘 秦滅九國 兼其車服 故大駕屬車八十一乘 法駕半之. 屬車皆皁蓋赤裏 (木) [朱]轓 戈矛弩箙 尚書 御史所載. 最後一車懸豹尾 豹尾 以前比省中. [二]小學漢官篇曰 :「豹尾 過後 罷屯解圍」 胡廣曰 :「施於道路 豹尾之內為省中 故須過後 屯圍乃得解」".

39) 이 面槍에 대해서는 이를 面槍將軍花로 이해하기도 하지만, 그것은 잘못이다. 사실 面槍은 사나운 짐승의 가죽이나 수리의 꽁지깃을 묶어서 깃대 끝에 꽂는 꾸밈새를 말한다. 따라서 면창과 장군화를 별개로 이해하는 것이 타당하다는 점을 알 수 있다.

40) 『삼국사기』 권40, 잡지 9, 무관 조(大將軍花. 三副, 長九寸, 廣三寸三分. 上將軍花. 四副, 長九寸五分. 下將軍花. 五副, 長一尺. 大監花. 大虎頰皮, 長九寸, 廣二寸五分. 鈴黃金, 圓一尺二寸. 弟監花. 熊頰皮, 長八寸五分. 鈴白銀, 圓九寸. 少監花. 鷲尾. 鈴白銅, 圓六寸. 火尺花. 與少監同. 鈴鐵, 圓二寸. 軍師幢主花. 大虎尾, 長一尺八寸. 軍師監花. 熊胷皮, 長八寸五分. 大匠尺幢主花. 熊臂皮, 長七寸 一云中虎額皮, 長八寸五分. 鈴黃金, 圓九寸. 三千幢主花. 大虎尾, 長一尺八寸. 三千監花. 鷲尾. 諸著衿幢主花. 大虎尾, 長一尺八寸五分. 花以猛獸皮·若鷲鳥羽作之, 置杠上, 若所謂豹尾者. 今人謂之面槍, 將軍花, 不言物名, 其數或多或少, 其義未詳).

41) 『삼국사기』 권40, 잡지 9, 무관 조(鈴行路置馱馬上, 或云鐸).

방증이 되고도 남는다. 그런데 이 '령鈴'에 관한 설명이 '화'에 대한 설명에 이어서 분명 존재한다는 점이다. 따라서 이제는 '령鈴'에 관한 구체적인 인지와 아울러 그것이 신라 사회에서 갖는 의미를 부연할 필요가 있다고 본다.

사실 위의 기사는 '화'에 관한 내용으로 인식해왔다. 그런데 그 끝부분에 부기하고 있는 '령鈴'에 관한 내용이 부수적으로 표기되어 있어서 주목할 만하다. 지금까지는 위의 '花'와 '鈴'을 하나로 묶어서 이해해 왔다. 이를 하나로 이해했을 경우, 이 기사의 마지막 부분에 언급하고 있는 '鈴'에 붙어 있는 다음의 기사는 위의 '금衿'과 '화花'에 대한 설명을 도외시하는 결과를 낳게 된다. 따라서 『삼국사기』 무관조에 서술된 내용은 크게 네 개의 항목으로 나뉘어 있으면서도, 그 가운데 지금까지 '금衿'과 '화花'로 단순하게 살펴본 사항을 이제부터는 '衿'과 '花' 그리고 '鈴'으로 나누어서 연구에 활용해야 한다는 점을 언급하고자 한다. 여기서 말하는 '령鈴'은 '길을 갈 때 탄 말의 위에 두는 것으로 혹은 방울[鐸]이라고' 한 점으로 보아 '花'와는 직접적으로 연관된 것이라기보다는 기마병을 지휘하던 대감, 제감, 소감, 화척 그리고 대장척당주 등이 행렬할 때 말 위에 설치하였던 방울류라고 하는 것이 타당하리라고 본다. 따라서 이에 대한 재조명이 필요하다고 여긴다. 이상에서 언급한 내용을 알기 쉽게 정리하면 [표 4]와 같다.

[표 4] 『삼국사기』 무관조 '화花'·'령鈴'의 구성과 내용

명칭	갈래 및 재료	길이와 넓이	령鈴
大將軍花	三副	長九寸, 廣三寸三分	
上將軍花	四副	長九寸五分	
下將軍花	五副	長一尺	
大監花	大虎頬皮	長九寸, 廣二寸五分	鈴黃金, 圓一尺二寸
弟監花	熊頬皮	長八寸五分	鈴白銀, 圓九寸
少監花	鷲尾		鈴白銅, 圓六寸
火尺花	與少監同		鈴鐵, 圓二寸
軍師幢主花	大虎尾	長一尺八寸	
軍師監花	熊胷皮	長八寸五分	
大匠尺幢主花	熊臂皮	長七寸 一云中虎額皮, 長八寸五分	鈴黃金, 圓九寸
三千幢主花	大虎尾	長一尺八寸	
三千監花	鷲尾		
諸著衿幢主花	大虎尾	長一尺八寸五分	

이상을 통해서, 무관조의 衿·花·鈴 항목에서는, 금衿은 웃옷[衣]에 부착하여 무관을 구별하는 표식으로 사용하였고, 화花는 각 깃대에 매어 달아 군단을 구별하는 데 사용하였고, 달리는 말에 달았던 령鈴은 아마도 기마 부대에서 사용하였을 것으로 보인다. 특히, 대감화, 제감화, 소감화, 대장척당주화 등에서 나타나고 있으며, 아울러 직급에 따라 금, 은, 동, 철로 구분되어 전하고 있었음을 살펴볼 수 있었다.

3. 무관조武官條를 통해 본 신라의 군사 조직

앞에서 언급한 바와 같이, 『삼국사기』 직관지 무관조는 크게 네 가지의 신라 군사 조직에 관한 정보를 전달하고 있다. 즉, 시위부侍衛府로 구성된 내용, 제군관諸軍官으로 구성된 내용, 범군호凡軍號로 구성된 내용, 그리고 금·화·령衿花鈴으로 구성된 내용 등을 해당 기사를 통하여 살펴보았다. 위에서 살펴본 사항은 각 조직의 내용이 어떻게 구성되었는지를 중심으로 검토해 보았다면, 이 장에서는 그러한 군사 조직이 어떻게 변화하였는지를 살펴보고자 한다. 신라는 중고기中古期의 영토 확장을 시작으로 삼국통일이라는 대업을 완성하였다. 그 과정에서 신라의 군사 조직이 언제, 어떻게 변화하였는지를 시기별로 분석해서 고찰해 보려는 것이다. 이를 통해 『삼국사기』 직관지 무관조에 보이는 나열식 또는 평면적 서술 구조를 입체적으로 응용해 보려고 한다.

이러한 사항은 다양한 접근법을 통해 가능할 것이지만, 이 글에서는 시기별 군사 조직의 운영에 초점을 맞춰서 진행해 보려고 한다. 다시 말해, 신라 중고기中古期의 군사 조직과 삼국통일을 전후한 시기의 군사 조직, 그리고 통일 이후에 보이는 군사 조직의 운영 현황에 대한 개략적인 정리를 통해서 신라 군사 조직 운영의 일면을 살펴보게 될 것이다. 물론 신라의 군사 조직에 대한 이해는 이외에도 지역별, 군단별, 부대별, 인원별 운영 현황을 아울러 파악해야겠지만, 이에 대해서는 추후 다른 논고論考에서 살펴볼 예정이다. 이상에서 언급한 내용을 알기 쉽게 정리하면 [표 5]와 같다.

이 [표 5]의 내용은 23 범군호凡軍號에 해당하는 것으로, 이 기록은 각 부대의 연혁沿革을 파악할 수 있는 자료로서 주목된다. 앞에서 이미 언급한 바와 같이, 신라 사회를 급부상할 수 있게 만든 중요한 계기는 여러 요소가 있겠지만, 특히 군제사적軍制史的 측면을 간과할 수 없을 것이다. 이러한 사실을 확인하는 방법은 그와 관련된 자료를 최대한 확보하는 것이겠지만, 현재로서는 일정한 한계에 부딪힐 수밖에 없다. 이를 극복할 수 있는 대안으로, 필자는 신라사를 크게 세 시기로 나누어 살펴보고자 한다. 첫째는 신라 중고기로서, 이는 신라가 비약적으로 발전할 수 있는 태동기이다. 둘째는 삼국통일 전쟁기로서, 이는 신라가 삼국을 아울러서 하나의 새로운 국가를 창출하는 발전기이다. 셋째는 신라 중대기로서, 이는 신라가 비로소 삼국 사회를 통합한 완성기이다. 대개 신라사를 인식할 때 이들 구분은 유효하다고 할 수 있을 텐데, 필자는 이러한 구분을 신라 군제사軍制史에도 접목해 보려고 한다.

이를 위해, 위의 제군관諸軍官과 범군호凡軍號의 기사에 보이는 내용 가운데 시기별로 언급된 사항을 중심으로 그 대강을 설정해서 이해해 보고자 한다. 먼저, 제군관에 보이는 내용부터 찾아보자.

[표 5] 『삼국사기』 무관조 범군호凡軍號의 시기별 변화 양상

순서	凡軍號	내용	시기별 설치·추가
1	六停	一曰大幢. 眞興王五年始置 (中略) 二曰上州停. 眞興王十三年置. 至文武王十三年, 改爲貴幢.	眞興王五年, 眞興王十三年, 文武王十三年
2	九誓幢	九誓幢. 一曰綠衿誓幢. 眞平王五年始置, 但名誓幢. (眞平王)三十五年改爲綠衿誓幢, (中略) 二曰紫衿誓幢. 眞平王四十七年, 始置郎幢.	眞平王五年, (眞平王)三十五年, 眞平王四十七年
3	十幢	十停 或云三千幢 (中略) 並眞興王五年置.	眞興王五年
4	五州誓	並文武王十二年置.	文武王十二年
5	三武幢	文武王十五年置, 神文王七年置, (神文王)九年置.	文武王十五年, 神文王七年, (神文王)九年
6	罽衿幢	太宗王元年置. 衿色罽.	太宗王元年
7	急幢	眞平王二十七年置. 衿色黃綠.	眞平王二十七年
8	四千幢	眞平王十三年置. 衿色黃黑.	眞平王十三年
9	京五種幢	衿色一靑綠, 二赤紫, 三黃白, 四白黑, 五黑靑.	
10	二節末幢	衿色一綠紫, 二紫綠.	
11	萬步幢	九州各二.	
12	大匠尺幢	無衿.	
13	軍師幢	眞平王二十六年始置. 衿色白.	眞平王二十六年
14	仲幢	文武王十一年始置. 衿色白.	文武王十一年
15	百官幢	無衿.	
16	四設幢	一曰弩幢, 二曰雲梯幢, 三曰衝幢, 四曰石投幢. 無衿.	
17	皆知戟幢	神文王十年始置. 衿色黑赤白.	神文王十年
18	餘甲幢	三十九餘甲幢. 無衿. 謂京餘甲·小京餘甲·外餘甲等也. 其數未詳.	
19	仇七幢	文武王十六年始置. 衿色白.	文武王十六年
20	二罽	二罽幢 或云外罽. 一曰漢山州罽幢, 大宗王元(十七)年置.[42] 二曰牛首州罽幢, 文武王十二年置. 衿色皆罽.	大宗王元年, 文武王十二年
21	二弓	二弓 或云外弓. 一曰漢山州弓尺, 眞德王六年置. 二曰河西州弓尺, 眞平王二十年置. 無衿.	眞德王六年, 眞平王二十年
22	三邊守	三邊守幢 一云邊守. 神文王十年置. 一曰漢山邊, 二曰牛首邊, 三曰河西邊. 無衿.	神文王十年
23	新三千幢	新三千幢 一云外三千. 一曰牛首州三千幢, 二曰奈吐郡三千幢, 文武王十二年置. 三曰奈生郡三千幢, (文武王)十六年置. 衿色未詳.	文武王十二年, (文武王)十六年

N-1. 제감弟監은 진흥왕 23년(562년)에 두었다.

N-2. 감사지監舍知는 모두 19명이다. 법흥왕 10년(523년)에 두었다.

N-3. 소감少監은 진흥왕 23년(562년)에 두었다.

N-4. 군사당주軍師幢主는 법흥왕 11년(524년)에 두었다.

위의 N군群 기사는 제군관에 보이는 몇 가지 항목이다. 이를 보면, 공통으로 생각할 수 있는 것이 모두 신라 중고기에 해당한다는 점이다. 법흥왕 10년과 11년, 진흥왕 23년에 제감과 소감의 두 기사가 보인다는 것에서 제군관의 설치와 관련한 항목은 그 시기가 비교적 일찍 나타난다는 사실을 확인할 수 있다.

다음으로, 범군호에 보이는 내용을 살펴보자.

O-1. 육정六停. 첫째는 대당大幢이다. 진흥왕 5년(544)에 처음 두었다. (중략) 둘째는 상주정上州停이다. 진흥왕 13년(552)에 두었다. 문무왕 13년(673)에 귀당貴幢으로 고쳤다. (중략) 셋째는 한산정漢山停이다. 본래 신주정新州停이었는데, 진흥왕 29년(568)에 신주정을 없애고 남천정南川停을 설치했다. 진평왕 26년(604)에 남천정을 없애고 한산정을 두었다. (중략) 넷째는 우수정牛首停이다. (중략) 문무왕 13년(673)에 비열홀정比烈忽停을 없애고 우수정을 설치했다. (중략) 다섯째는 하서정河西停이다. (중략) 태종왕 5년(658)에 실직정悉直停을 없애고 하서정을 두었다. (중략) 여섯째는 완산정完山停이다. (중략), 신문왕 5년(685)에 하주정下州停을 없애고 완산정을 두었다.

O-2. 구서당九誓幢. 첫째는 녹금서당綠衿誓幢이다. 진평왕 5년(583)에 처음 두었다. (중략) (진평왕) 35년(613)에 녹금서당으로 고쳤다. (중략) 둘째는 자금서당紫衿誓幢이다. 진평왕 47년(625)에 낭당郞幢을 처음 설치하였다. 문무왕 17년(677)에 자금서당으로 고쳤다. (중략) 셋째는 백금서당白衿誓幢이다. 문무왕 12년(672)에 백제민들로 당幢을 만들었다. (중략) 넷째는 비금서당緋衿誓幢이다. 문무왕 12년(672)에 처음 장창당長槍幢을 두었다. 효소왕 2년(693)에 비금서당으로 고쳤다. 다섯째는 황금서당黃衿誓幢이다. 신문왕 3년(683)에 고구려민들로 당幢을 만들었다. (중략) 여섯째는 흑금서당黑衿誓幢이다. 신문왕 3년(683)에 말갈국민들로 당幢을 만들었다. (중략) 일곱째는 벽금서당碧衿誓幢이다. 신문왕 6년(686)에 보덕성민들로 당幢을 만들었다. (중략) 여덟째는 적금서당赤衿誓幢이다. 신문왕 6년(686)에 또 보덕성민들로 당幢을 만들었다. (중략) 아홉째는 청금서당靑衿誓幢이다. 신문왕 7년(687)에 백제잔민들로 당幢을 만들었다.

O-3. 십정十停. 혹은 삼천당三千幢이라고도 이른다. (중략) 모두 진흥왕 5년(544)에 두었다.

O-4. 오주서五州誓. (중략) 모두 문무왕 12년(672)에 두었다.

O-5. 삼무당三武幢. 첫째는 백금무당白衿武幢으로 문무왕 15년(675)에 두었다. 둘째는 적금무당赤衿武幢으로 신문왕 7년(687)에 두었다. 셋째는 황금무당黃衿武幢으로 신문왕 9년(689)에 두었다.

O-6. 계금당罽衿幢. 태종왕 원년(654)에 두었다.

O-7. 급당急幢. 진평왕 27년(605)에 두었다.

O-8. 사천당四千幢. 진평왕 13년(591)에 두었다.

---

42) 여기에 보이는 '十七'은 『삼국사절요』에 '元'으로 표기된 것으로 보아, 판각할 때 오류가 있었다고 보인다.

O-9. 군사당軍師幢. 진평왕 26년(604)에 처음 두었다.

O-10. 중당仲幢. 문무왕 11년(671)에 처음 두었다.

O-11. 개지극당皆知戟幢. 신문왕 10년(690)에 처음 두었다.

O-12. 구칠당仇七幢. 문무왕 16년(676)에 처음 두었다.

O-13. 이계당二罽幢. 혹은 외계外罽라고도 이른다. 첫째는 한산주계당漢山州罽幢으로 태종왕 원년(654)에 두었다. 둘째는 우수주계당牛首州罽幢으로 문무왕 12년(672)에 두었다.

O-14. 이궁二弓. 혹은 외궁外弓이라고도 한다. 첫째는 한산주궁척漢山州弓尺으로 진덕왕 6년(652)에 두었다. 둘째는 하서주궁척河西州弓尺으로 진평왕 20년(598)에 두었다.

O-15. 삼변수당三邊守幢. 한편 변수邊守라고도 이른다. 신문왕 10년(690)에 두었다.

O-16. 신삼천당新三千幢. 한편 외삼천外三千이라고도 이른다. 첫째는 우수주삼천당牛首州三千幢이고, 둘째는 나토군삼천당奈吐郡三千幢으로 문무왕 12년(672)에 두었다. 셋째는 나생군삼천당奈生郡三千幢으로 (문무왕) 16년(676)에 두었다.

위의 O군群 기사는 앞의 제군관諸軍官보다는 시기별 변화 상황이 훨씬 자세한 편이다. 이 내용을 자세히 살펴보면, 범군호凡軍號의 실제 활약상을 조감해 볼 수 있다. 이를 이해하기 쉽게 정리하면 [표 6]과 같다.

[표 6] 『삼국사기』 무관조 범군호凡軍號의 설치 시기 및 양상

명칭	설치 시기	비고
6停	一曰大幢. 眞興王五年始置, 二曰上州停. 眞興王十三年置. 至文武王十三年, 改爲貴幢. 三曰漢山停. 眞興王二十九年, 罷新州停, 置南川停. 眞平王二十六年, 罷南川停, 置漢山停. 四曰牛首停. 文武王十三年, 罷比烈忽停, 置牛首停. 五曰河西停. 太宗王五年, 罷悉直停, 置河西停. 六曰完山停. 神文王五年, 罷下州停, 置完山停.	眞興王五年, 眞興王十三年, 眞興王二十九年, 眞平王二十六年, 文武王十三年, 太宗王五年, 神文王五年
9誓幢	一曰綠衿誓幢. 眞平王五年始置, 但名誓幢. (眞平王)三十五年, 改爲綠衿誓幢. 二曰紫衿誓幢. 眞平王四十七年, 始置郎幢. 文武王十七年, 改爲紫衿誓幢. 三曰白衿誓幢. 文武王十二年, 以百濟民爲幢. 四曰緋衿誓幢. 文武王十二年, 始置長槍幢. 孝昭王二年, 改爲緋衿誓幢. 五曰黃衿誓幢. 神文王三年, 以高句麗民爲幢. 六曰黑衿誓幢. 神文王三年, 以靺鞨國民爲幢. 七曰碧衿誓幢. 神文王六年, 以報德城民爲幢. 八曰赤衿誓幢. 神文王六年, 又以報德城民爲幢. 九曰靑衿誓幢. 神文王七年, 以百濟殘民爲幢.	眞平王五年, (眞平王)三十五年, 文武王十七年, 文武王十二年, 孝昭王二年, 神文王三年, 神文王三年, 神文王六年, 神文王六年, 神文王七年
10幢	並眞興王五年置.	眞興王五年
五州誓	並文武王十二年置.	文武王十二年

명칭	설치 시기	비고
三武幢	一曰白衿武幢, 文武王十五年置. 二曰赤衿武幢, 神文王七年置. 三曰黃衿武幢, (神文王)九年置.	文武王十五年, 神文王七年, (神文王)九年
罽衿幢	太宗王元年置.	太宗王元年
急幢	眞平王二十七年置.	眞平王二十七年
四千幢	眞平王十三年置.	眞平王十三年
軍師幢	眞平王二十六年始置.	眞平王二十六年
仲幢	文武王十一年始置.	文武王十一年
皆知戟幢	神文王十年始置.	神文王十年
仇七幢	文武王十六年始置.	文武王十六年
二罽	一曰漢山州罽幢, 大宗王元(十七)年置. 二曰牛首州罽幢, 文武王十二年置.	大宗王元(十七)年,文武王十二年
二弓	一曰漢山州弓尺, 眞德王六年置. 二曰河西州弓尺, 眞平王二十年置.	眞德王六年, 眞平王二十年
三邊守	神文王十年置.	神文王十年
新三千幢	一曰牛首州三千幢, 二曰奈吐郡三千幢, 文武王十二年置. 三曰奈生郡三千幢, (文武王)十六年置.	文武王十二年, (文武王)十六年

위의 [표 6]을 살펴보면, 범군호凡軍號 23개 가운데 그 설치 시기 및 변화 양상을 찾아볼 수 있는 기사는 16개에 해당한다. 그 가운데 많은 변수를 지닌 것으로는 아무래도 6정과 9서당에서 발견된다. 물론 여기에 기재되지 않은 여러 변수가 있을 수 있겠지만, 앞에서 언급한 바와 같이, 이 글에서는 신라 사회의 영토 확장이나 발전 양상을 크게 세 가지 항목으로 서술하기로 하였으므로, 그를 기준으로 논지를 전개하기로 한다.

먼저, 6정을 살펴보면, 眞興王五年, 眞興王十三年, 眞興王二十九年, 眞平王二十六年, 文武王十三年, 太宗王五年, 神文王五年과 같이, 진흥왕대가 3개, 진평왕대가 1개, 태종왕대가 1개, 문무왕대가 1개, 신문왕대가 1개이다. 이를 단순 비교해 보면 삼국통일 전쟁 이전으로 구분해 볼 수 있는 것이 진흥왕, 진평왕대의 4개, 삼국통일 전쟁기로 볼 수 있는 것이 태종왕과 문무왕을 묶어서 이해한다면 2개, 그리고 삼국통일 이후인 신문왕대가 1개이다. 이는 6停의 설치는 삼국통일 전쟁 이전이 4개로서 가장 많고, 삼국통일 전쟁기는 2개, 삼국통일 이후는 1개가 설치되었다. 이러한 점으로 보아 진흥왕대와 진평왕대는 신라가 발전의 기초를 닦았던 시기였다.

다음으로, 9서당을 살펴보면, 眞平王五年, (眞平王)三十五年, 文武王十七年, 文武王十二年, 孝昭王二年, 神文王三年, 神文王三年, 神文王六年, 神文王六年, 神文王七年과 같이, 진평왕대가 2개, 문무왕대가 2개, 신문왕대가 5개, 효소왕대가 1개이다. 이를 단순 비교해 보면 삼국통일 전쟁 이전으로 구분해 볼 수 있는 것이 진평왕대의 2개, 삼국통일 전쟁기로 볼 수 있는 것이 문무왕대의 2개, 그리고 삼국통일 이후인 신문왕대가 5개이며 효소왕대가 1개이다. 이로써 9서당의 설치는 삼국통일 전쟁 이전이 2개이며, 삼국통일 전쟁기는 2개, 삼국통일 이후는 6개로 파악할 수 있다. 따라서 서당誓幢이 삼국통일 이후 가장 많이 설치되었다는 점으로 보아 신라 사회에서 완성기를 유지하는데 주요한 작용을 했다고 판단된다.

그 다음으로는, 삼국통일 전쟁 이전으로 구분해 볼 수 있는 것이 10당幢의 진흥왕 5년, 급당急幢의 진평왕27년, 사천당四千幢의 진평왕 13, 군사당軍師幢의 진평왕 26년, 이궁二弓의 진덕왕 6년, 진평왕 20년 등이며, 삼국통일 전쟁기로 볼 수 있는 것이 오주서五州誓의 문무왕 12년, 계금당罽衿幢의 태종왕 원년, 중당仲幢의 문무왕 11년, 구칠당仇七幢의 문무왕 16년, 이계二罽의 태종왕 원년(17년?), 문무왕 12년, 신삼천당新三千幢의 문무왕 12년, (문무왕) 16년 등이다. 그리고 삼국통일 이후인 삼무당三武幢의 신문왕 7년, (신문왕) 9년, 개지극당皆知戟幢의 신문왕 10년, 삼변수三邊守의 신문왕 10년 등이다. 이는 6정停과 9서당誓幢 이외에 해당하는 내용을 대상으로 한 것인데, 삼국통일 전쟁 이전이 5개이며, 삼국통일 전쟁기는 6개, 삼국통일 이후는 3개로서 삼국통일을 전후한 시기에 주로 설치되었으며, 이들의 활약상이 결국 신라의 발전기에 주요한 작용을 했다고 판단할 수 있을 것이다.

한편, 『삼국사기』 무관조에 보이는 법당法幢에 관한 사항을 살펴보기로 하자. 이는 지금까지 다양한 연구가 진행되었으며, 사실상 신라 군제사軍制史에서 그 중요성에 관한 성과가 축적되었다.[43] 그런데 이들 법당의 구조와 성격에 대해서는 아직도 이견이 제기되고 있으므로, 이 부분을 간단히 언급하고자 한다. 먼저, 법당 관련 해당 기사를 살펴보자.

P-1. 法幢主. 百官幢主 30명, 京餘甲幢主 15명, 小京餘甲幢主 16명, 外餘甲幢主 52명, 弩幢主 15명, 雲梯幢主 6명, 衝幢主 12명, 石投幢主 12명이다. 모두 158명으로 無衿이다.[44]

P-2. 法幢監. 百官幢 30명, 京餘甲幢 15명, 外餘甲幢 68명, 石投幢 12명, 衝幢 12명, 弩幢 45명, 雲梯幢 12명이다. 모두 194명인데 無衿이다. 관등은 사지에서 나마까지를 임명한다.[45]

P-3. 法幢頭上은 192명이다. 餘甲幢 45명, 外法幢 102명, 弩幢 45명이다.[46]

P-4. 法幢火尺. 軍師幢 30명, 師子衿幢 20명, 京餘甲幢 15명, 外餘甲幢 102명, 弩幢 45명, 雲梯幢 11명, 衝幢 18명, 石投幢 18명으로 모두 259명이다.[47]

---

43) 이에 관한 연구로는, 이문기, 「『삼국사기』 '法幢 冠稱 軍官' 기사의 새로운 이해-신라 法幢의 재검토를 위하여-」,『역사교육론집』 60, 2016 : 이문기, 「신라 法幢 연구의 진전을 위한 기초적 검토」,『신라사학보』 42, 2018 : 이문기, 「신라 法幢의 신고찰」,『대구사학』 131, 2018 : 이인철, 「신라 법당군단과 그 성격」,『한국사연구』 61·62합, 1988와 일본 측의 연구가 있다. 井上秀雄, 「新羅軍制考 上·下」,『朝鮮學報』 11, 12, 1957, 1958 : 武田幸男, 「中古新羅의 軍事的 基盤」,『民族文化論叢』 1, 1981 : 「中古新羅の軍事的基盤-法幢軍團とその展開」,『東アジアにおける國家と農民』, 岩波書店, 1984.

44) 『삼국사기』 권40, 잡지 9, 무관 조(法幢主. 百官幢主三十人, 京餘甲幢主十五人, 小京餘甲幢主十六人, 外餘甲幢主五十二人, 弩幢主十五人, 雲梯幢主六人, 衝幢主十二人, 石投幢主十二人. 共一百五十八人, 無衿).

45) 『삼국사기』 권40, 잡지 9, 무관 조(法幢監. 百官幢三十人, 京餘甲幢十五人, 外餘甲幢六十八人, 石投幢十二人, 衝幢十二人, 弩幢四十五人, 雲梯幢十二人. 共一百九十四人, 無衿. 位自舍知至奈麻爲之).

46) 『삼국사기』 권40, 잡지 9, 무관 조(法幢頭上百九十二人. 餘甲幢四十五人, 外法幢百二人, 弩幢四十五人).

47) 『삼국사기』 권40, 잡지 9, 무관 조(法幢火尺. 軍師幢三十人, 師子衿幢二十人, 京餘甲幢十五人, 外餘甲幢百二人, 弩幢四十五人, 雲梯幢十一人, 衝幢十八人, 石投幢十八人, 共二百五十九人).

P-5. 法幢辟主. 餘甲幢 45명, 外法幢 306명, 弩幢 135명으로 모두 486명이다.[48)]

위의 P군群 기사를 살펴보면, 크게 당주-감-두상-화척-벽주의 순서로 기재되어 있다. 이에 대해서는 이미 이를 당주-감-화척 계열과 두상-벽주 계열로 구분하여 이해한 바 있다. 이렇게 판단하는 근거는 따로 제시하고 있지 않지만, 편제상으로 보면, 법당두상의 구조("法幢頭上百九十二人. 餘甲幢四十五人, 外法幢百二人, 弩幢四十五人")와 법당벽주의 구조("法幢辟主. 餘甲幢四十五人, 外法幢三百六人, 弩幢百三十五人, 共四百八十六人")가 유사하기 때문이 아닌가 한다. 다시 말해, 여갑당餘甲幢-외법당外法幢-노당弩幢의 구조가 같기 때문일 것이다.

그런데 이 법당 관련 내용을 자세히 검토해 보면, 이를 꼭 그렇게 보는 것이 타당한가 하는 의구심이 든다. 즉, 앞에서 언급한 [표 1]의 『삼국사기』 무관조의 제군관諸軍官의 구성과 내용을 자세히 들여다보면, 제군관의 구성과 내용에 일정한 정형성이 찾아진다고 본다. 그것은 먼저 장군將軍-감監-화척火尺이라는 구조인데, 이 구조 다음에 등장하는 것이 당주幢主-감監-졸卒의 구조이다. 제군관의 구성을 이처럼 이해할 수 있다면, 법당을 구성하고 있는 내용에서도 새로운 구조를 상정할 수 있게 될 것이다. 그것은 당주-감-화척의 기본 구조는 그대로 하더라도 법당두상-법당벽주를 하나의 계열로 보는 것에는 이견이 있다. 이들 서술 구조를 보더라도 하나는 '法幢頭上百九十二人'인데 반해 다른 하나는 '法幢辟主. (中略) 共四百八十六人'의 구조를 지님으로써 그 전거 자료가 달랐던 것을 하나의 체제 속에 넣어서 이러한 구조로 나타난 것으로도 볼 수 있다. 다시 말해, 당주幢主-감監-두상頭上·화척火尺·벽주辟主의 구조는 당주-감-화척의 구조를 근간으로 한 것이며, 두상과 벽주는 다른 전거 자료에서 삽입된 것으로 볼 수 있다. 특히, 두상-벽주 계열을 주장하게 된 동기는 앞에서도 언급한 바 있듯이, 그 유사성에서 기인한 것으로 볼 수 있다면 이에 대한 새로운 접근도 의미가 있다고 보인다.

이를 다른 방법으로 이해하려는 이유는 두 가지가 있는데, 하나는 법당감의 구조("法幢監. 百官幢三十人, 京餘甲幢十五人, 外餘甲幢六十八人, 石投幢十二人, 衝幢十二人, 弩幢四十五人, 雲梯幢十二人. 共一百九十四人, 無衿. 位自舍知至奈麻爲之")와 법당화척의 구조("法幢火尺. 軍師幢三十人, 師子衿幢二十人, 京餘甲幢十五人, 外餘甲幢百二人, 弩幢四十五人, 雲梯幢十一人, 衝幢十八人, 石投幢十八人, 共二百五十九人")가 이질적이라는 점이다.

다른 하나는 법당두상-법당화척-법당벽주의 구조에 의문점이 생긴다는 것이다. 만약 당주幢主-감監-화척火尺의 순이라면 의례 화척火尺이 먼저 기재되었을 텐데 그렇지 않고 그 자리에 법당두상法幢頭上이 기재되고 다음에 화척火尺이 그리고 벽주辟主가 기록된 것은, 이들 각 조직이 법당法幢이라는 접두사를 근간으로 하나의 조직처럼 인식됨으로써 기술된 것은 아닌가 생각한다. 달리 말하면, 두상頭上과 화척 그리고 벽주가 순차적으로 나열된 것은, 이들 법당의 하부 구조에서는 그 서열이나 세력 여부에 관계가 없이 필요에 따라 기술하였다고 보는 것이 합리적이라고 할 수 있다.

---

48) 『삼국사기』 권40, 잡지 9, 무관 조(法幢辟主. 餘甲幢四十五人, 外法幢三百六人, 弩幢百三十五人, 共四百八十六人).

사실 법당 관계 기사를 파악하는 데 있어 가장 중요한 것은 성격 문제이다. 위의 P군群 기사를 살펴보면, 백관당百官幢, 군사당軍師幢, 사자금당師子衿幢을 제외하면 크게 여갑당餘甲幢과 사설당四設幢에 관한 내용이다. 여갑당餘甲幢은 그 말 자체에 '갑甲'이라는 용어가 대변하듯이 갑옷과 무관치 않아 보인다. 그리고 이들은 다시 경여갑당京餘甲幢, 소경여갑당小京餘甲幢, 외여갑당外餘甲幢, 외법당外法幢처럼 지역과 연관이 있어 보인다. 또한 사설당四設幢에 관한 내용인데, 이는 법당의 성격을 규명하는 데 주요하게 생각되는 용어로서, 노당弩幢, 운제당雲梯幢, 충당衝幢, 석투당石投幢 등 특수부대의 성격을 잘 보여준다. 특히, 이들의 운용 구조는 혼자서 수행하기보다는 여럿이 작업을 이행해야 하는 구조를 지니고 있으며, 그러한 사항이 인원 구성에도 반영되고 있음을 확인해 볼 수 있다. 추후 다양한 방법론에 의한 연구가 기대된다.

5. 맺음말

이상에서 살펴본 바와 같이, 『삼국사기』 무관조武官條는 크게 네 부분으로 구성되어 있다. 시위부侍衛府는 국왕과 궁성 또는 궁궐을 시위하는 조직으로서 존재하였고, 제군관諸軍官은 각 군관 즉, 무관의 조직을 선도하는 의미가 있으며, 범군호凡軍號는 무관들이 배치되는 각 부대 조직을 서술하고 있으며, 금·화·령衿花鈴은 제군관과 범군호의 조직 형태를 등급별로 표시하는 의물儀物을 기술한 것으로 정리할 수 있을 것이다. 앞에서 언급한 무관조의 구조와 내용, 그리고 무관조를 통해서 본 신라의 군사 조직 양상을 간단히 요약·정리하는 것으로 맺음말에 대신하려고 한다.

•첫째, 시위부侍衛府를 비롯해 제군관과 범군호, 그리고 금·화·령의 구조와 내용을 분석해 보려고 하였다. 지금까지 이에 관한 연구는 주로 무관조 각 항목의 전거를 찾아 무관 조직을 역추적하는 방법이 동원되었다. 그 이유는 무관조의 기록이 신라의 군사 조직의 전모를 파악하기 어렵게 서술되어 있기 때문이다. 그러므로 이 글에서는 가장 먼저 무관조의 구성 원리를 살펴보려고 하였다. 다시 말해, 사료의 전거 자료를 중심으로 그 구성에 대한 검토보다는, 무관조의 해당 기사의 구조를 어떻게 파악할 것인가 하는 점에 주력하였다. 그를 위해 위의 네 항목에 대한 전체적인 자료를 근거로 해서 그 구조를 새롭게 제시해 보려고 하였다.

•둘째, 『삼국사기』 무관조를 통해서 신라의 군사 조직을 시기별 변화과정에 초점을 맞춰서 이를 규명해 보려고 하였다. 지금까지는 무관조에 보이는 각 군단이나 군호를 중심으로 그 전거 자료의 구성과 성격을 중심으로 이해해 왔다. 이 글에서는 시위부, 제군관, 범군호, 금·화·령의 구조를 내용을 시기별로 구분하여 살펴보았으며, 특히, 법당法幢 자료에 관한 새로운 방향을 제시해 보려고 하였다. 결론적으로 이 글에서는, 『삼국사기』 무관조의 구조와 성격, 그리고 신라 군사 조직의 구조와 내용에 관한 사료 검토를 통해서 신라 군제사軍制史의 한 단면을 파악해 보았다고 할 수 있을 것이다.♠

〈참 고 문 헌〉

● 단행본

·이기동, 『신라 골품제사회와 화랑도』, 한국연구원, 1980.

·이기백, 『신라정치사회사연구』, 일조각, 1974.

·이문기, 『신라병제사연구』, 일조각, 1997.

·이인철, 『신라정치제도사연구』, 일지사, 1993.

·전덕재, 『삼국사기 잡지·열전의 원전과 편찬』, 주류성, 2021.

·末松保和, 『新羅史の諸問題』, 東洋文庫, 1954.

·武田幸男, 『新羅中古期の史的硏究』, 勉誠出版, 2020.

·前間恭作, 『前間恭作著作集』 上·下, 京都大學文學部·國語學國文學硏究室 編, 1974.

·井上秀雄, 『新羅史基礎硏究』, 東出版, 1974.

● 논 문

·강봉룡, 「6~7세기 신라의 병제와 지방통치조직의 재편」, 『역사와 현실』 4, 1990.

·김희만, 「신라 신문왕대의 정치상황과 병제」, 『신라문화』 9, 1992.

·______, 「고대 청송지역의 역사적 변천과 領域」, 『청송군의 역사와 문화 발표자료집』, 청송문화원·한국고대사탐구학회, 2023.

·박수정, 「삼국사기 직관지 연구」, 고려대학교 박사학위논문, 2017.

·이문기, 「신라 시위부의 성립과 성격」, 『역사교육론집』 9, 1986.

·______, 「7세기 후반 신라의 군제개편과 그 성격에 대한 일시론」, 『한국고대사연구』 16, 1999.

·______, 「『삼국사기』 직관지 무관조의 사료적 검토」, 『역사교육론집』 15, 1990.

·______, 「『삼국사기』 '法幢 冠稱 軍官' 기사의 새로운 이해-신라 法幢의 재검토를 위하여-」, 『역사교육론집』 60, 2016.

·______, 「신라 法幢 연구의 진전을 위한 기초적 검토」, 『신라사학보』 42, 2018.

·______, 「신라 法幢의 신고찰」, 『대구사학』 131, 2018.

·이인철, 「신라 법당군단과 그 성격」, 『한국사연구』 61·62합, 1988.

·전덕재, 「『삼국사기』 직관지 무관조의 원전과 찬술에 대한 고찰-제군관·범군호 기록을 중심으로-」, 『한국문화』 86, 2019.

·최상기, 「신라 장군제 연구」, 서울대학교 박사학위논문, 2020.

·홍승우, 「『삼국사기』 직관지 무관조의 기재방식과 전거자료」, 『사학연구』 117, 2015.

·前間恭作, 「眞興碑につきて」, 『東洋學報』 19-2, 1931.

·末松保和, 「新羅の軍號 「幢」について」, 『史學雜誌』 43-12, 1932.

·武田幸男, 「中古新羅의 軍事的 基盤」, 『民族文化論叢』 1, 1981 ; 「中古新羅の軍事的基盤-法幢軍團とその展開」, 『東アジアにおける國家と農民』, 岩波書店, 1984.

·井上秀雄, 「新羅軍制考 上·下」, 『朝鮮學報』 11, 12, 1957, 1958.

VII. 광개토대왕 정복전쟁의 전개와 승리요인 및 함의

김 강 녕※

1. 머리말

국내 최초로 군사학 체계를 학문으로 정착시킨 '군사학의 태두泰斗'로서 왕성하게 교육·연구활동을 하다가 94세 일기로 별세한[1] 국내 '군사학 박사 1호' 풍석 이종학 서라벌군사연구소장(공군사관학교, 국방대, 충남대 교수 역임)을 존경·흠모한 사람으로서 추모 논문집에 집필·참여할 수 있게 되어 뜻깊게 생각한다. 풍석 이종학 교수는 광개토대왕비와 그의 정복활동에 대해 선구자적 연구를 남겼다. 그를 추모하는 마음을 담아 이 글을 쓰고자 한다.

역사적으로 대왕(大王, Great King)이란 예컨대 알렉산더 대왕(Alexander the Great)의 경우처럼, 한 민족 또는 인류 전체 역사를 통틀어 상대적으로 엄청나게 큰 업적을 이룬 경우에만 붙이는 칭호이다. 반만년 한국 역사를 통틀어서 대왕으로 불리는 위대한 두 대왕이 있다. 세종대왕은 한글을 창시한 문文의 상징으로서, 광개토대왕은 광활한 만주를 정복한 무武의 상징으로서 오랫동안 우리들의 가슴 속에 기억되고 있다. 다른 한편 세종을 조선의 광개토대왕이라고 보는 관점도 있다. 지난 2003년 7월 '월간중앙'은 창간 35주년 특집 기획으로, 대한민국 역사를 움직인 1백인의 인물을 조사했는데 그 결과 고구려 정복군주 광개토대왕이 1위, 세종대왕이 2위를 각각 차지한 적도 있다.[2]

물론 나당전쟁을 승리로 이끈 문무왕이 문무대왕 칭호로 불리기도 한다. 문무대왕릉은 한국의 문화재로 지정된 여러 왕릉 중 유일하게 왕릉이 아닌 대왕릉이라는 이름으로 공식적으로 알려져 있고(사적 제158호),[3] 대한민국 해군 군함마다 위인의 이름을 붙이는데, 대조영함 등 한국사 역대 국왕의 이름을 붙인 배도 더 있지만, 그 중 대왕이름이 붙은 배는 ① 세종대왕함, ② 광개토대왕함,[4] ③ 문무대왕함, ④ 정조대왕함 4척밖에는 없다.[5]

※ 조화정치연구원장('93~현재), (전)인천대 교수, 아태정치학회 초대회장, 민주평통 상임위원('10~현재), 정치학 박사.

1) 곽성일, "이종학 서라벌군사연구소장, '60대 이후의 인생 전략-서라벌에서 온 편지' 출간," 「경북일보」(2022.9.1.) : 신일권, "'군사학의 대부' 이종학 교수 별이 되다", 「경상매일신문」(2023.1.5.)

2) 이여영, "광개토대왕이 유라시아 대제국 건설?", 「중앙일보」」(2007.9.28.)

3) 조유전, 「경주 문무대왕릉」, 한국학중잉연구원, 『한국민족문화대백과사전』, 1996.

4) 광개토대왕급 구축함이란 KDX-1 사업으로 탄생한 길이 135.4m, 폭 14.2m, 만재배수량 3,900톤의 광개토대왕급 한국형 구축함을 말하며, 광개토대왕급 구축함 1번함이 '광개토대왕함'이고, 2번함이 '을지문덕함'이며, 3번함이 '양만춘함'이다(DK 밀리터리 2022).

‘월간중앙’ 창간 35주년 특집 기획에서 세종대왕에 앞서 광개토대왕이 1위로 선정된 데는 ① 군사적 영웅으로서의 그의 정복활동의 한국인에게 대한 자긍심 고취, ② 그의 대륙진출의 한민족에게 잠재해 있는 반도인 콤플렉스(peninsular complex)에 대한 보상심리 등이 작용했을 것이다.[6] 한국인에 있어서 광개토대왕의 인기는 한반도 역사상 가장 광활한 영토를 개척한 그가 민족 자부심의 원천이기 때문이다. 외세에 핍박받던 과거가 되살아나거나 세계 속에서 초라한 현재가 부각될 때마다 이런 자부심은 더욱 커진다고 볼 수 있다.[7]

광개토대왕(재위 : 391~412)이 통치했던 4세기 말~5세기 초에 고구려는 제국을 건설했다. 광개토대왕은 21년 5개월 재위기간 동안 다수의 정복전쟁을 통해 고구려의 영역을 크게 확장하고, 한반도와 만주 일대에서 강력한 영향력을 행사했다.[8] 당시 고구려는 한강 이북부터 현재 중국의 동북지방, 동몽골의 일부와 연해주에 이르기까지 광활한 영토를 통치했다. 동북아에서 천하의 중심은 중국이 아닌 고구려였다. 이러한 까닭에 우리 역사상 가장 강력한 국력을 자랑했던 국가를 꼽는다면 고구려를 떠올리게 되는 것이다.

조선시대까지만 해도 광개토대왕은 대중에게 잊힌 왕이었다. 『구당서』, 『자치통감』, 『수서』 등 중국 역사서는 물론 국내 최고最古 역사서인 『삼국사기』에서 조차 광개토대왕과 고구려에 대한 언급은 부분적이다. 특히 장거리 원정에 의한 거란정벌, 백제의 항복, 신라의 구원과 가야·왜의 격파, 동부여 정복 등과 같은 역사적 사실은 기존 역사서에는 없다. 그의 업적과 고구려 역사가 제대로 평가받기 시작한 것은 19세기 말 그의 업적을 구체적으로 기록한 광개토대왕릉비(중국 집안시 소재, 높이 6.39m, 무게 37t)가 발견되면서부터다.[9]

백두산에서 시작해 황해로 흘러 들어가는 압록강의 물줄기가 백두산과 황해 중간쯤 이르는 곳에 험준한 산악지대를 등지고 고구려 두 번째 수도 국내성이 있다. 국내성은 오늘날 중국의 만주 땅 집안集安시에 있고 이곳에는 지금도 광개토대왕의 사적을 적은 거대한 돌비(광개토왕비 廣開土大王碑)가 여기저기 상처 난 모습으로 서 있다. 이종학 교수는 일본의 메이지 정부가 1910년 대한제국을 침략·병합하기에 앞서 역사연구소도 아닌 작전계획·모략을 전문으로 하는 육군참모본부가 중심이 되어 비문의 신묘년(391) 기사의 변조(훼손·삭제)는 물론 판독·해석을 왜곡하여 일본의 한반도 침략을 정당화했고, 또 아직도 역사 교과서에서 왜곡된 그대로 한·일관계사를 가르치고 있다는 점에 냉철히 대응해야 한다고 강조한 바 있다.[10] 일본의 그러한 변조로 광개토대왕의 위업이 달라질 수는 없음은 물론이다.

본 논문은 광개토대왕 정복전쟁의 전개와 승리요인 및 함의를 분석하기 위한 것이다. 이를

---

5) 방위사업청, “구축함, 잠수함 중심으로 알아보는 해상/수중 무기체계 역사,” 2022.11.28, https:// blog.naver.com/dapapr/222940232413(검색일 : 2023.1.18.)

6) 한만선, “대한민국 역사 움직인 100인 1위에 광개토대왕.” 「중앙일보」(2007.3.24.)

7) 이여영(2007.9.28.)

8) 우리역사넷. “영토를 크게 넓힌 고구려의 정복 군주 : 광개토왕” http://contents.history.go.kr/mobile/kc/view.do?levelId=kc_n100500&code=kc_age_10(검색일 : 2023.1.17.)

9) 정현진·최미정, “[역사 NIE] 광개토대왕”, 「중앙일보」(2015.1.7.)

10) 이종학 편저, 『나의 학문과 인생』(대전 : 충남대학교출판부, 2009), pp.134~135, p.143.

위해 광개토대왕의 생애와 정복전쟁의 시대적 배경, 광개토대왕의 정복전쟁의 전개, 광개토대왕 정복전쟁의 SWOT·승리요인 분석 및 역사적 함의를 살펴본 후 결론을 도출해 보기로 한다.

2. 광개토대왕의 생애와 정복전쟁의 시대적 배경

가. 광개토대왕의 생애

광개토대왕(생몰 : 374∼412, 재위 : 391∼412)은 고구려의 제18대 왕인 고국양왕故國壤王의 아들로 이름은 담덕談德이다.[11] 사후의 시호는 국강상광개토경평안호태왕國岡上廣開土境平安好太王이고, 담덕談德이 그의 본명인데, 중국측 기록에는 안安으로 전해지고 있다. 광개토왕 이름은 412년 10월 승하昇遐한 후 붙여진 호이다(二十二年冬十月 王薨 號爲廣開土王).[12]

서기 384년 11월 담덕의 큰아버지 소수림왕(율령 반포와 태학 설치, 불교 수용 등으로 고구려 전성기를 이룩한 고구려의 제17대 왕)이 아들을 남기지 못한 채 죽자 소수림왕의 동생이자 담덕의 아버지인 고국양왕이 왕위를 이어받았다. 이에 따라 담덕은 386년(고국양왕 3년)에 12세의 나이로 태자가 되었다. 그리고 391년 5월 고국양왕이 죽자 담덕은 그 뒤를 이어서 18세의 나이로 고구려의 새로운 왕이 되었다.[13]

광대토대왕의 391∼412라는 재위연대는 「광개토왕릉비」에 근거한 것이며, 『삼국사기』에는 재위기간이 22년임은 같지만 재위연대는 392∼413년으로 실려 있다.[14] 재위기간 동안 영락永樂이라는 연호를 사용했으므로 재위시에는 영락대왕이라 일컬어졌다. 광개토대왕의 가계도는 〈그림 1〉과 같다.

그는 18세(391. 5.) 어린 나이에 왕에 올라 39세(412. 10.)까지 21년 5개월 동안 고구려를 통치했다. 그는 왕王이 아닌 태왕太王으로 불렸다. 태왕은 중국의 황제처럼 여러 민족과 국가를 아우른 제국의 최고 지도자를 일컫는 말이다.[15] 그는 어려서부터 체격이 크고 뜻이 고상했다.[16] 다시 말해서 그는 태어날 때부터 기골이 장대하고 용맹스러웠으며 자라면서는 큰 뜻을 품었다.[17] 그는 무예, 정치, 학문, 종교 등에 능했다.[18] 『삼국사기』에 "기개가 웅대하고 활달한 뜻

---

11) 우리역사넷(검색일: 2023.1.17).
12) 서영대, "광개토왕," 한국학중앙연구원, 『한국민족문화대백과사전』, 1996 ; 신호열 역해, 김부식 저, 『세계사상전집11 : 삼국사기 I』(서울 : 학원출판공사, 1984), p.406.
13) 김영일, "고구려 광개토대왕 2부," 2019.12.17. https://blog.naver.com/jazztv2/221739782101(검색일 : 2023.1.19.).
14) 신호열(1984), p.406.
15) 정현진·최미정(2015.1.7.)
16) 서영대(1996)
17) 이이화, 『이이화의 인물 한국사 1 : 역사를 이끈 왕과 신하들』(서울 : 주니어김영사, 2011), 제1부.
18) 조슬기, 「[포커스리더學] 왕관 벗고 갑옷 입은 광개토대왕, 허를 찔러 실을 얻었다」,『아시아경제』(2012.12.27.)

이 있었다(生而雄偉 有偶儻之志)."[19]라는 평가가 남아 있듯이, 그는 광개토대왕이라는 이름에 걸맞게 동북아시아의 최강국 고구려를 이끈 한국인의 영웅이었다. 그가 한국인이 가장 좋아하는 역사인물 중 하나인 이유는 한국 역사상 만주를 호령했던 유일한 인물이기 때문일 것이다.[20] 한국의 고대 왕조인 고구려의 역사적 이정표를 뒤바꿔 놓은 위인이자 고구려의 전성기를 연 군주였다. 즉위하자마자 그는 남쪽의 주요 적국이었던 백제를 쳐서 항복시키는 동시에 서쪽의 후연 등을 상대로 전쟁을 벌여 광대한 요동 지역을 차지했으며, 북쪽의 유목 민족들을 정벌하여 만주를 포함한 넓은 땅을 영토로 삼고 말갈 등 유목 민족들을 휘하에 두어 북쪽 영토를 크게 넓힘으로써 고구려의 국력을 크게 키웠다.[21]

연호란 아시아의 군주국가에서 사용된 일종의 달력이다. 이것은 군주의 치세 연차를 헤아리던 방법이기도 했다. 광개토대왕은 한반도에서 최초로 독자 연호年號를 사용하였다. 광개토왕릉비에 따르면 그는 즉위 후 영락永樂이라는 독자 연호를 사용했고 생존 시에는 '영락대왕'이라는 호칭을 사용했다.[22] 당시 연호는 중국 황제만 사용할 수 있었는데, 그가 독자 연호를 사용했다는 것은 고구려의 국력이 중국의 여러 왕조와 어깨를 맞댈 정도로 강대했음을 보여주는 증거다. 고구려인이 스스로를 하늘의 자손으로 여기고 신라의 왕과 신하를 고구려로 불러들여 관리의 옷을 나누어 준 사실에 대한 기록은 동아시아 강대국으로 성장한 고구려가 고구려 중심의 천하관을 과시했음을 잘 보여주고 있다.[23]

〈그림 1〉 광개토대왕의 가계도

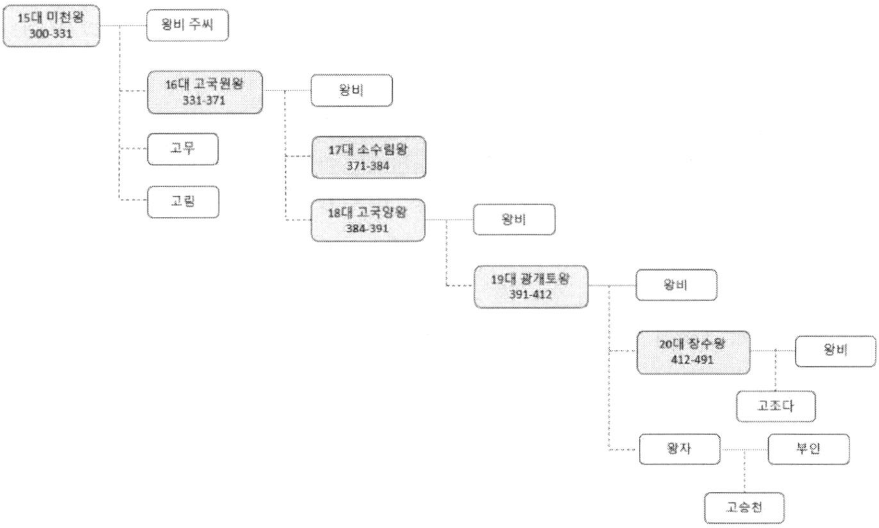

출처 : https://onlygoodmemories.tistory.com/431(검색일: 2023.10.2).

19) 신호열(1984), pp.405~406.
20) 김영일(2019.12.17.)
21) "광개토대왕,"『나무위키』, 2023.
22) 우리역사넷(검색일 : 2023.1.17.)
23) 정현진·최미정(2015.1.7.)

나. 광토대왕 정복전쟁의 시대적 배경과 목표

1) 광개토대왕 정복전쟁의 시대적 배경

광개토대왕 즉위 당시 중국대륙은 5호16국 시대였는데, 그중 고구려와 국경을 맞댄 나라는 선비鮮卑 모용씨慕容氏가 세운 후연後燕이었다. 고구려는 요동지역을 사이에 놓고 후연과 갈등관계에 있었다. 고구려와 후연의 악연은 꽤 이전까지 거슬러 올라가는데, 342년(고국원왕 12) 후연의 전신이라고 할 수 있는 전연前燕이 고구려의 도읍인 국내성國內城까지 쳐들어와 미천왕美川王의 무덤을 파헤쳐 시신을 탈취하고 왕의 어머니 주씨周氏와 왕비까지 사로잡아 가는 일이 있었다. 이로 인해 고구려는 상당기간 동안 전연에 외교적 저자세를 취해야 했다. 385년(고국양왕 2)에는 광개토왕의 부왕인 고국양왕이 4만의 병력을 동원하여 요동을 공격해 일시적으로 점령하였다가 후연의 반격을 받아 물러나기도 하였다.[24]

남쪽으로는 백제와 지속적으로 충돌하고 있는 상황이었다. 광개토대왕의 조부인 고국원왕故國原王은 371년(고국원왕 41) 겨울 평양성으로 공격해 온 백제군과 전투를 벌이다 화살에 맞아 전사하였다. 이후 고구려-백제 관계는 돌이킬 수 없을 정도로 악화되었고, 소수림왕小獸林王과 고국양왕대에도 양국 사이에는 수시로 전투가 발생하였다.[25]

2) 광개토대왕 정복활동의 목표

광개토대왕의 정복활동의 목표는 크게 ① 왕실에 대한 복수, ② 제국건설帝國建設[26]이라는 2가지였다.[27] 복수의 대상은 고구려 16대 왕 고국원왕을 죽인 백제와 모용선비족이 세운 후연이었고, 제국건설의 목표는 신라·부여 등을 복속시키고 거란·신·야· 등을 공략·정복하는 것이었다. 광개토대왕릉비에는 사해·방이라는 표현과 함께 "백제·신라 왕이 항복해 노객을 자처하며 신하의 예를 올리면 태왕이 은덕을 베풀었다."라는 문장이 자주 등장한다. 이것은 천하의 중심이 고구려임을 표현한 것이며, 5세기 전반 고구려는 신라를 사실상 보호국으로 여겼다. 『일본서기』에 따르면 한때는 외적을 막는다는 구실로 고구려군이 신라에 주둔하기도 하였고,[28] 신라의 왕위계승에도 영향력을 미쳤다.[29]

거란정벌은 광개토대왕의 제국건설 구상을 단적으로 잘 보여주고 있다. 광개토대왕릉비에는 "영락 5년(395) 을미년에 왕께서 패려(거란)가 ㅁㅁ하지(ㅁ는 판독 불가능한 글자)않기 때문에 친히 군대를 거느리고 가서 토벌하였다. 부산富山과 부산負山을 지나 염수鹽水언덕에 이르러 600~700영을 쳐부수고 소·말·양떼를 얻은 것이 헤아릴 수 없이 많았다."고 기록하고 있다. 거란 정벌

---

24) 우리역사넷(검색일 : 2023.1.17.)

25) 우리역사넷(검색일 : 2023.1.17.)

26) 제국건설이란 '여러 개의 다른 민족이나 국가를 통치하기 위해 하나의 거대한 국가로 만드는 일, 또는 그런 행위'를 말한다(국립국어원, 『우리말샘』, 2023, '제국건설' 참조).

27) 정현진·최미정(2015.1.7.)

28) 전용신 역주. 『일본사기(완역)』(서울 : 일지사, 1997.)

29) 정현진·최미정(2015.1.7.)

은 고구려가 제국을 건설함에 있어서 교두보 역할을 했다. 거란이 위치한 서요하 지역은 동북아시아의 고구려와 몽골 초원의 유목민 세력, 만리장성 남쪽의 중원세력이 서로 만나는 곳인데, 고구려가 이곳을 정벌함으로써 거란세력을 새로운 힘으로 얻었고, 서요하 남쪽에 위치한 후연으로 진격할 수 있는 길을 확보하게 되었다.[30)]

3. 광개토대왕의 정복전쟁의 전개

광개토대왕은 즉위 초부터 적극적으로 백제를 공략하여 한강 너머까지 진격했다. 백제가 왜와 연합해 고구려의 대방고지와 배후 신라를 치자 광개토대왕은 병력을 보내 왜구를 궤멸시켰다. 신라에 대해서는 친선관계를 맺고 영향력을 행사하여 신라로 하여금 복속의 담보물로 인질을 보내게 하기도 했다. 광개토대왕은 후연이 공격하자 반격하여 요동성 일대를 장악했고, 거란·식신·숙신을 정벌하는 등 고구려의 영토와 세력권을 크게 확장했다.[31)] 광개토대왕 재위기 대외전쟁 현황은 〈표 1〉과 같다.

〈표 1〉 광개토대왕 재위기 대외전쟁 현황

구분	시기	상대국	증원병력	내용	전거
1-1	392 7월	백제	동원병력	석현성 등 10개 성 공취	百濟本紀 第3
1-2	392 9월	거란	·	거란 공격, 백성 1만 招慰	高句麗本紀 第6
1-3	392 10월	백제	·	관미성 공취	百濟本紀 第3
1-4	393	백제	·	백제의 관미성 공격을 격퇴	百濟本紀 第3
1-5	394	백제	기병 5천	백제의 관미성 공격을 격퇴	百濟本紀 第3
1-6	395	백제	7천	진무의 침입을 패수에서 격퇴	百濟本紀 第3
1-7	395	稗麗 후연	·	稗麗 정벌 3개 부락 600~700% 격파 요동 지역 확보	廣開土王陵碑文
2-1	396	백제	·	왕도함락, 아신왕 항복 58개성 700촌 공취	廣開土王陵碑文
2-2	398	숙신	·	숙신 격파 생구 300인 생포	廣開土王陵碑文
2-3	399	후연	·	신성·남소성 함락 영토 700리, 5천호 상실	高句麗本紀 第6
2-4	400	왜	보기 5만	신라 구원 왜군 격퇴	廣開土王陵碑文
2-5	402	후연	·	숙군성 공격, 평주자사 모용귀 도망	高句麗本紀 第6
2-6	403	후연	·	후연의 燕郡 공격	「晉書」124 載記 慕容熙
2-7	404	후연	·	후연군의 요동성 공격 격퇴	高句麗本紀 第6
2-8	405	후연	·	후연군의 요동성 공격 격퇴	高句麗本紀 第6
2-9	405	후연	·	후연군의 목저성 공격 격퇴	高句麗本紀 第6

30) 정현진·최미정(2015.1.7.)

31) 서영대(1996)

구분	시기	상대국	증원병력	내용	전거
2-10	404	왜	·	대방에 침입한 왜군을 격파	廣開土王陵碑文
2-11	407	백제	보기 5만	백제군 공파, 沙溝城 등 격파	廣開土王陵碑文
2-12	410	동부여	·	동부여 토벌·복속	廣開土王陵碑文

•출처 : 나동욱, 「광개토 대왕대 고구려의 군사발전과 성장」, 『군사』(국방부군사편찬연구소, 제77호 2010. 12), p.7을 다소 수정·증보하여 재작성.

가. 백제(가야·왜를 포함한) 정복과 신라 복속

먼저 예성강을 경계로 그동안 일진일퇴를 거듭한 백제에 대해 광개토대왕 즉위 초부터 적극적인 공세를 취해 392년 7월 4만 병력을 거느리고 석현성을 비롯한 10개 성을 빼앗았는가 하면, 같은 해 10월 군사를 7도道로 나누어 백제의 중요한 난공불락의 요새임을 자랑하던 관미성[32]을 정예기병과 함께 전함을 통해 파상공격을 퍼부어 불과 20여 일 만에 함락시켰다.[33] 이후 백제의 반격이 몇 차례 있었으나 모두 격퇴하였다.[34]

그 후 빼앗긴 땅의 탈환을 위해 침공해온 백제군을 고구려군은 394년(광개토대왕 4)에는 수곡성水谷城에서, 395년에는 패수에서 각각 격퇴하고 백제와의 접경지대에 7성을 쌓아 방비를 강화하는 한편, 396년에는 다시 백제에 대한 대규모 공격을 감행하여 한강 너머에까지 진격하여 58성 700촌락을 공파·함락시키는 전과를 올렸다.[35] 이때 고구려군은 백제의 도읍까지 육박하여 당시 백제의 왕이었던 아신왕阿莘王의 항복을 이끌어냈고 앞으로 영원히 노객奴客이 되겠다는 맹세 즉 고구려왕의 신하가 되겠다는 맹세까지 받아냈다. 또한 아신왕의 아우를 비롯하여 대신 10명을 인질로 삼고, 남녀 1,000명의 포로와 세포細布 1,000필을 획득하여 개선凱旋 하였다. 이처럼 백제를 다시 공격하여 여러 성을 함락시킨 후, 한강을 건너 백제의 수도에 육박하자 백제가 이에 굴복하고 일시적이나마 고구려에 복속하기를 맹세하여 고구려는 한강 이북의 땅을 모두 점령하였다.[36]

하지만 백제는 이에 굴복하지 않고 세력 만회를 위해 왜倭를 내세워 399년에는 고구려와 연결되어 있는 신라를 공격했다. 400년(광개토대왕 10)에는 1년 전인 300년에 있었던 신라 내물왕奈勿王의 구원 요청을 받아들여 보병과 기병 5만 명을 파견해 신라 경내를 침범한 왜의 군대를 몰아냈으며, 더 나아가 가야伽倻 지방에까지 진입하여 대규모 군사작전을 펼쳤다. 이 원정으로 인해 한반도 남부의 세력 구도에 일대 전환이 발생하여 신라는 가야에 대한 우위를 확보하게 되었고, 고구려는 신라에 정치적·외교적으로 강력한 영향력을 행사할 수 있게 되었다.[37] 고구려는 신라와 친선관계를 맺고 영향력을 행사하기 시작하여 신라로 하여금 복속의 담보물로 인

---

32) 關彌城의 위치를 강화군 교동도에 比定하는 설, 임진강과 한강의 하류인 조강에 위치한 鰲頭山城에 비정하는 설, 또는 예성강 하구에 비정하는 설 등이 있다. 임기환, "관미성," 한국학중앙연구원, 『한국민족문화대백과사전』, 1998.

33) 조슬기(2012.12.27.)

34) 서영대(1996) ; 우리역사넷(검색일 : 2023.1.17.)

35) 서영대(1996)

36) 우리역사넷(검색일 : 2023.1.17.)

37) 우리역사넷(검색일 : 2023.1.17.)

질을 보내게 하였다.[38)]

그 후 신라와 가야 지방에서 고구려군에 패퇴한 왜는 404년(광개토대왕 14) 지금의 황해도 지방인 대방帶方 지역으로 침입해 왔으나 광개토왕이 직접 군대를 이끌고 가서 궤멸시켰다. 나아가 407년에는 백제를 공격하여 막대한 전리품을 노획하고 6성을 쳐부수어 백제를 응징했다.[39)] 광개토왕릉비에 따르면 407년(광개토대왕 17)에도 보병과 기병 5만을 동원 대규모 전투가 발생했는데, 이는 비문에 결락缺落된 부분이 있어 대상을 명확히 알 수 없다. 다만 많은 학자들이 백제를 대상으로 한 전투였으리라 추정하고 있다. 앞서 왜군의 신라 침입이나 대방 침입 역시 백제가 배후에서 관여한 것으로 여겨지는 만큼 한반도 내에서 고구려가 펼친 군사 활동의 대부분은 결국 백제를 주적으로 한 것이라 할 수 있다.[40)] 광개토대왕은 백제 정복과 신라 복속을 통해 남방으로의 세력확장은 물론 서방으로의 진출을 함께 도모했다.[41)]

나. 후연에 대한 보복전 및 북연과 우호관계 유지

고구려가 한반도 남부에서 대규모 군사원정을 펼치던 때 서쪽 국경에서는 모용씨慕容氏의 후연後燕의 침입이 있었다. 후연과는 396년(광개토대왕 6) 모용보慕容寶가 후연왕으로 즉위하여 광개토대왕을 '평주목요동대방이국왕(平州牧遼東帶方二國王)'에 책봉하는가 하면 400년에는 후연에 사절을 파견하는 등 한동안 평화적인 관계를 유지했다. 그러다가 400년(광개토대왕 10) 후연왕 모용성慕容盛이 몸소 3만의 병력을 이끌고 쳐들어와 고구려의 신성新城과 남소성南蘇城을 함락하고, 고구려 백성 5,000여 호戶를 끌고 간 것이다. 이로써 양국관계는 파탄에 이르렀으며 이후 고구려는 후연에 대한 보복공격에 나섰고, 양국 사이에는 몇 년에 걸쳐 치열한 공방전이 벌어졌다.[42)]

광개토대왕은 후연에 대한 보복전을 감행하여 402년 요하를 건너 멀리 평주平州의 중심지인 숙군성宿軍城을 공격하여 평주자사 모용귀慕容歸를 도망치게 했고, 404년에도 후연을 공격하여 상당한 전과를 올렸다. 이러한 과정에서 요동성을 비롯한 요하遼河 이동지역을 차지했으며, 후연왕 모용희慕容熙에 의한 405년의 요동성 침입과 406년의 목저성木抵城 침입을 격퇴함으로써 요하 이동지역에 대한 장악을 더욱 확고히 하였다.[43)]

광개토대왕이 중국의 산동성에 중심을 둔 남연南燕의 왕 모용초慕容超에게 천리마 등을 보내어 접근을 꾀한 것은 후연을 견제하기 위한 외교정책의 일환이었던 것으로 보인다. 후연과의 전쟁은 407년(광개토대왕 17) 후연에 정변이 발생하여 북연北燕정권 등장으로 비로소 종식되었다. 광개토대왕의 서방으로의 진출은 408년 후연을 멸망시키고 등장한 북연과 우호관계를 유지함으

38) 서영대(1996)
39) 광개토왕릉비에는 407년 작전의 대상을 기록한 부분이 마멸되어 있어 이를 후연後燕으로 보는 견해도 있으나 백제로 보는 것이 옳을 것으로 보인다. 서영대(1996)
40) 우리역사넷(검색일 : 2023.1.17.)
41) 서영대(1996)
42) 우리역사넷(검색일 : 2023.1.17.)
43) 우리역사넷(검색일 : 2023.1.17.)

로써 일단락되었다.[44)]

요컨대 요동지역은 후연과의 전쟁과정에서 온전히 고구려의 영토로 편입되었다. 남쪽의 후환을 없앤 고구려는 서북쪽의 후연을 격파하여 오랜 숙원이던 요동 지방을 포함한 만주 대부분의 땅을 차지하게 되었다.

다. 거란과 숙신의 정벌 및 동부여 복속

광개토대왕은 여세를 몰아 동북쪽의 부여와 동쪽의 말갈을 굴복시켰다. 고구려군은 392년에는 북으로 거란契丹을 정벌하여 남녀 500인을 사로잡고 거란에게 빼앗긴 고구려인 1만인을 데리고 돌아왔다. 395년(광개토왕 5)에는 광개토대왕이 직접 군대를 이끌고 거란의 일파인 패려(稗麗 또는 碑麗)에 대한 정벌을 감행하였다. 이들은 그간 고구려의 변경을 침범하여 백성들을 노략하며 고통을 주었던 존재였다. 같은 해 광개토대왕은 염수鹽水 방면의 부락 600~700영營을 격파하고 수많은 가축(소·말·양 등)을 노획하여 개선했다.[45)] 그것은 모용씨가 세운 후연을 공략하기에 앞서 그 배후의 거란을 차단하기 위한 것이었다.

그 후 광개토대왕은 398년(광개토대왕 8)에는 소규모 군대를 파견하여 식신, 즉 숙신을 정벌하여 조공관계를 맺었다.[46)] 410년(광개토왕 20)에는 왕이 직접 군대를 이끌고 동부여를 정벌하였고, 동부여의 지배층, 혹은 집단명集團名을 의미하는 것으로 보이는 압로鴨盧들을 데리고 개선하였다. 즉 410년 광개토대왕이 동부여東夫餘[47)]를 친정하여 굴복시킴으로써 북쪽과 동쪽으로 영역 내지 세력권을 확장하였는데,[48)] 이것은 기록상에 나타난 광개토대왕의 마지막 정복활동이었다. 광개토대왕은 동부여를 복속한 2년 뒤인 412년(광개토대왕 22) 39세의 나이로 사망하였기 때문이다.[49)]

라. 광개토대왕의 대제국 건설과 내정의 정비

1) 광개토대왕의 대제국 건설 : 영토확장

전술한 바와 같이, 광개토왕은 재위 20여 년 동안 활발한 정복활동을 전개했다. 남쪽(백제와 왜)의 후환을 없앤 광개토대왕은 서북쪽의 후연을 격파하여 오랜 숙원이던 요동지방을 포함한 만주 대부분의 땅을 차지하였고 그 여세를 몰아 동북쪽의 부여와 동쪽의 말갈을 굴복시켰다. 이리하여 광개토대왕은 남북으로 가는 곳마다 승리를 거둠으로써 일생 동안 64개 성 1,400여 촌락을 차지할 정도로 대제국을 건설하였다.[50)] 광개토대왕은 고구려의 영역을 크게 팽창시켜

44) 서영대(1996)

45) 서영대(1996)

46) 우리역사넷(검색일 : 2023.1.17.)

47) 동부여는 두만강 하류 방면의 혼춘설琿春說과 함남 남부와 강원 북부에 걸치는 영흥만永興灣 방면설이 있다. 광개토호태왕존숭회, "광개토대왕의 업적," 2005.10.26, https://cafe.daum.net/youngraklover(검색일 : 2023.1.20.)

48) 서영대(1996)

49) 우리역사넷(검색일 : 2023.1.17.)

50) 우리역사넷(검색일 : 2023.1.17.)

서로는 요하, 북으로는 개원開原에서 영안寧安, 동으로는 혼춘琿春, 남으로는 임진강 유역에 이르게 했다.[51]

남쪽으로는 백제와 가야, 왜 연합세력을 압박하여 백제에 대해 확실한 주도권을 잡았고, 신라에 대한 지원 대가로 이에 대한 영향력을 확보했다. 요동 방면에서는 후연과 끈질기게 대결해 요동을 확보했고, 북방 세력들을 고구려의 세력권에 넣었다. 이를 통해 고구려는 동북아 일대에서 주도권을 확실히 잡게 되었다. 이는 장수왕대에 고구려가 최대 전성기를 이룩하는 기반이 되었다.[52] 광개토대왕 재위시절 고구려 영토는 〈그림 2〉와 같다.

광개토대왕은 당시 수도였던 국내성을 중심으로 동서남북 모든 방향으로 영토를 넓혔다. 그는 지금의 만주·간도 지역은 물론 중앙아시아의 일부 지역까지 광활한 영토를 정복했다. 중국 당나라의 역사를 기록한 『구당서』에는 고구려의 영토가 "동은 바다를 건너 신라에 이르고, 서북은 요수遼水를 건너 영주營州에 이르고, 남은 바다를 건너 백제에 이르고, 북은 말갈靺鞨에 이른다. 동서는 3,100리, 남북은 2,000리에 달했다."고 적고 있다.[53]

광개토대왕이 넓혔던 영토는 서쪽으로는 지금의 몽골 동쪽에 해당되는 대흥안령大興安嶺 산맥과 시라무렌강 유역, 북쪽으로는 송화강 유역의 북만주 일대, 동쪽으로는 두만강을 넘어 목단강(牡丹江, Mudanjiang) 유역의 연해주까지로 추정되고 있다.[54]

2) 광개토대왕의 내정의 정비

광개토대왕은 정복 군주로 널리 알려져 있지만 내치內治 역시 뛰어났던 것으로 보인다. 광개토대왕은 고구려의 영역을 크게 확장시켰을 뿐만 아니라 내정內政의 정비整備에 힘썼으며, 평양에 9개의 절을 창건하여 불교를 장려하기도 했다.[55] 광개토대왕의 통치는 373년(소수림왕3) 율령律令 반포[56] 이래 지속되어 온 고구려 통치체제의 체계성을 보여주었다. 그는 선왕들의 업적을 적극적이고 일관성 있게 계승하며 고구려의 국가체제를 더욱 정교화하였다.[57] '광개토왕릉비'에 따르면 광개토왕의 치세에 "나라는 부유해지고 백성은 늘어났으며, 오곡이 풍성하게 익었다."고 칭송하고 있다. 이렇게 표현한 것도 내정정비의 결과라고 할 수 있다. 그는 장사長史·사마司馬·참군參軍 등의 중앙 관직을 신설했는가 하면, 역대 왕릉의 보호를 위해 수묘인守墓人 제도를 재정비했다.[58]

51) 서영대(1996)
52) 군사연구소, 『한국고전사 : 고대편』(계룡 : 육군본부 군사연구소 2007), p.119.
53) 정현진·최미정(2015.1.7.)
54) 위의 글
55) 서영대(1996)
56) 율령은 중국에서 성립되고 발전한 성문법으로서 律은 형벌법전이고 令은 비형벌적 민정법전으로서 행정법·사법·소송법 등을 규정한 것이다. 田鳳德, 「新羅의 律令攷」, 『서울大論文集 : 人文社會科學 4』, 1956.
57) 우리역사넷(검색일 : 2023.1.17.)
58) 박기현, "[성공한 군주들로부터 배우는 역사의 교훈 '제왕의 리더십'](4) 한반도 최고의 정복군주 광개토대왕, 고구려가 천하의 중심이다," 「바끄로뉴스」(2022.4.2.)

〈그림 2〉 광개토대왕 재위시절 고구려 영토

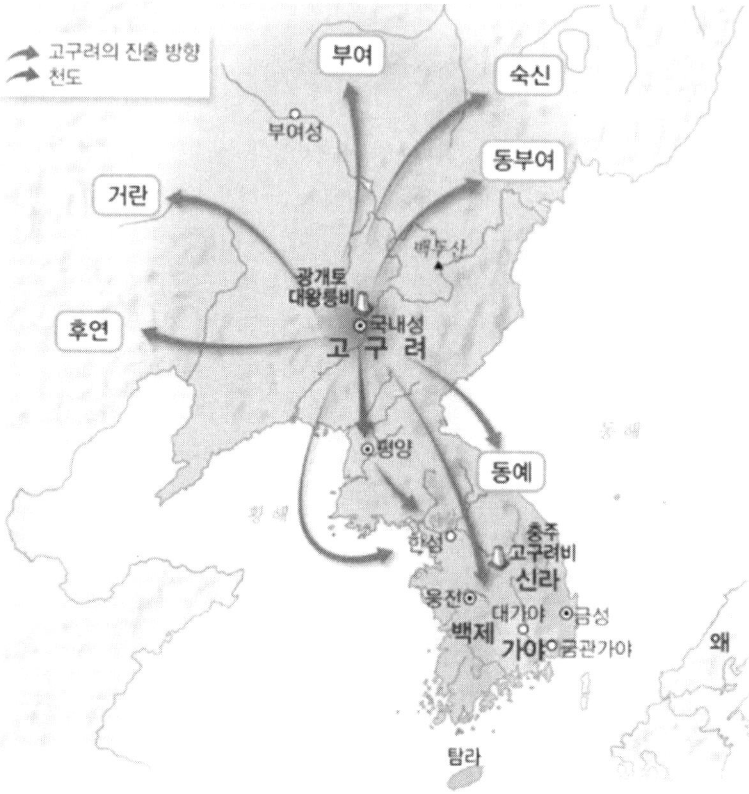

출처 : https://namu.wiki/w/%EA%B3%A0%EA%B5%AC%EB%A0%A4(검색일:2023.10.2); 정현진·최미정(2015.1.7).

물론 대왕의 훈적을 드러내기 위해 만든 비이니만큼 관용적인 표현이라고 할 수도 있겠지만, 광개토대왕이 자신의 백성들이 받는 고통에 관심을 기울인 군주였다는 점은 광개토왕릉비 수묘인守墓人 연호조에 보이는 "선조 왕들이 다만 원근遠近에 사는 구민舊民들만을 데려다가 무덤을 지키며 소제를 맡게 하였는데, 나는 이들 구민들이 점점 몰락하게 될 것이 염려된다."고 한 교언(敎言 : 가르침)을 통해서도 짐작할 수 있다. 예로부터 전쟁을 좋아하는 군주들은 자신의 업적을 쌓는 데 몰두하느라 백성들에게 고통과 부담을 주었다고 비판받는 경우가 많다. 그러한 견지에서 볼 때 광개토대왕의 경우는 다소 다른 면모를 가지고 있었다.[59]

광개토대왕이 행한 내치의 내용은 군사 활동에 대한 기록에 비해 매우 적은 편이지만, 수묘 제도의 정비는 광개토왕릉비에까지 새겨질 정도로 중시된 업적 중 하나다. 그는 선조 왕들의 능묘 관리를 위하여 수묘守墓 제도를 개혁하고 왕릉마다 석비石碑를 세우는 조치를 취하였다. 또한 규정을 위반할 경우에 대한 처벌조항 또한 법으로 규정하여 명시하였다. 이같은 모습은 광개토대왕이 법과 제도에 근거한 통치를 중시하였음을 잘 보여주고 있다.[60]

59) 우리역사넷(검색일 : 2023.1.17.)

광개토대왕의 내치와 관련해 빼놓을 수 없는 것은 평양지역 경영이다. 광개토대왕은 392년(광개토대왕 2) 평양에 9개의 절(寺)을 창건하여 불교를 장려하는 한편, 다음의 장수왕 때 단행되는 평양 천도의 발판을 마련했다.[61] 광개토대왕은 399년(광개토대왕 9) 평양으로 행차하여 신라에서 보낸 사신을 접견하였던 사례 등을 감안하면, 이 시기 평양은 이미 고구려왕의 행정적·외교적 행위가 이루어지는 통치공간으로 기능하기도 했던 것으로 보인다. 평양으로의 천도는 그의 아들인 장수왕長壽王 대에 이르러 실현되었지만, 그 사전 작업들은 광개토대왕대에 이미 이루어지고 있었음을 알 수 있다.

광개토대왕은 고구려라는 나라를 한층 더 발전시키기 위해 많은 고민을 하였고 이를 차근차근 추진한 것으로 생각된다. 고구려는 광개토대왕 사후 장수왕과 문자명왕文咨明王의 시대를 거치며 동북아시아에서 손꼽히는 강국이 되고 전성기를 구가하게 되었다. 이는 광개토대왕이 이룬 군사적 성공과 내치에서의 성공이 바탕이 되었기에 가능했던 것이다.[62]

4. 광개토대왕 정복전쟁의 SWOT·승리요인 분석 및 역사적 함의

가. 광개토대왕 정복전쟁의 SWOT·승리요인 분석

1) 광개토대왕 정복전쟁의 SWOT분석

SWOT분석은 기업의 내부환경과 외부환경을 분석하여 강점, 약점, 기회, 위협 요인을 규정하고 이를 토대로 경영전략을 수립하는 기법으로, 미국의 경영컨설턴트인 앨버트 험프리(Albert Humphrey)에 의해 고안되었다.[63] 광개토대왕 정복전쟁은 약점요인과 위협요인을 강점요인과 기회요인으로 전화위복轉禍爲福시켰다고 볼 수 있다. 광개토대왕 정복전쟁을 SWOT분석모형의 순서를 바꾸어 "① 약점요인(weakness) : 끝없는 전쟁에 고립무원, 식량난까지 겹쳤다. ② 위협요인(threat) : 혼란에 빠진 동아시아에 절대 강자가 없었다. ③ 강점요인(strength) : 강온 양면 전략을 적절히 구사했다. ④ 기회요인(opportunity) : 후방의 신라를 적절히 활용했다."로 정리해 볼 수 있을 것이다.[64]

(가) 약점요인(weakness) : 끝없는 전쟁에 고립무원, 식량난까지 겹쳤다.

광개토대왕이 등극하기 전만 해도 동서남북으로 사방이 적인데다 민심은 술렁거리고 '엎친 데 덮친 격'으로 가뭄이 계속되어 식량사정이 최악이었다. 소수림왕 8년(378년)에는 가뭄이 극심하여 서로 사람끼리 잡아먹는 참상이 나타났고 광개토대왕의 아버지 고국양왕 6년(389)에도 똑같

60) 우리역사넷(검색일 : 2023.1.17.)
61) 서영대(1996)
62) 우리역사넷(검색일 : 2023.1.17.)
63) 기획재정부, 『시사경제용어사전』, 2023, 'SWOT분석' 참조
64) 박기현(2022.4.2.)

은 일이 되풀이 되었다. 고구려의 남진정책은 이러한 거듭되는 식량난과 무관하지 않다. 곡창지대의 확보가 없으면 당장 전쟁수행이 불가능했기 때문이다. 광개토대왕은 태자 시절부터 이런 참상을 바라보며 부국강병의 꿈을 간절히 키워왔던 것이다.[65)]

(나) 위협요인(threat) : 혼란에 빠진 동아시아에 절대 강자가 없었다.

광개토대왕이 즉위할 무렵에 동아시아 정세는 극심한 혼란기를 겪고 있었다. 중국은 전진(前秦, 351~394, 중국의 5호16국의 하나)이 멸망하고 난 다음이라 절대 패자가 없는 형편이었다. 후진後秦, 후연(後燕, 384~407, 중국의 5호16국의 하나), 서진西秦, 서량西涼 등 중국의 북방은 전국시대(戰國時代, Warring States period)를 방불케 할 정도로 전란과 쟁패가 끊이질 않았고 남쪽에서는 동진(東晉, 317~420)이 영토를 크게 확장하며 세를 떨치고 있었다. 백제는 가야伽倻와 왜倭와 손잡고 고구려의 후방을 위협하고 있었다. 고구려는 일어서느냐 죽느냐의 기로에 서 있었다.[66)]

(다) 강점요인(Strength) : 강온 양면 전략을 적절히 구사했다.

광개토대왕은 멀티 플레이어(multiplayer : 한 가지가 아닌 여러 가지의 분야에 대한 지식과 능력을 갖추고 있는 사람)였고 올라운드 플레이어(all-round player : 타격, 수비, 주루 등 여러 방면에 뛰어난 기술과 역량을 갖고 있는 만능선수, 즉 운동경기에서 어떤 기술이든지 골고루 통달한 사람)였다. 그는 육군의 지도자였지만 수군을 잘 아는 리더였다. 이 때문에 수륙전쟁을 동시에 수행할 수 있는 전략가로 직접 전쟁의 최전선에 나서 부하들을 독려하고 이끌어가는 기관차형 리더십의 소유자이기도 했다. 그는 특히 전쟁을 하는 와중에도 평화를 생각하여 양손에 강온 양면 전략을 적절히 구사했던 탁월한 지도자였다. 신라를 위협·회유하는 방법으로 동맹을 맺거나 복속시켰다.[67)] 그가 무력만 사용하여 정복전쟁만 수행한 무장이라고 생각하기 쉽지만 그는 문을 숭상하여 글과 제도와 시스템을 중시하는 면도 겸비했다.[68)] 그는 이런 보기 드문 전방위적 리더십을 소유한 영웅이었기에 한반도 최고의 정복 군주가 되었던 것이다.[69)]

(라) 기회요인(Opportunity) : 후방의 신라를 적절히 활용했다.

광개토대왕은 4국 중 신라를 협력 파트너로 삼았는데 이것은 기발한 선택이었다. 신라는 왜와 가야가 손잡고 신라를 압박하기 시작하자 심각한 위기에 봉착하게 되었다. 신라와 백제는 대놓고 싸움을 벌이지는 않았지만 왜는 신라를 대놓고 압박하고 있었고 백제는 이를 후원하는 모양새였다. 신라 역시 고립무원孤立無援의 상태가 되다보니 남하정책南下政策을 간절히 원하는 고구려와 동병상련同病相憐의 환경이 조성되었다. 손을 내민 것은 신라가 먼저였다. 신라는 고

65) 박기현(2022.4.2.)

66) 박기현(2022.4.2.)

67) 이이화(2011)

68) '광개토왕비'이다. 비문에는 "나라가 부강하고 백성이 편안했으며 오곡이 풍성하게 익었다."라고 적고 있어 광개토왕이 단순히 정복 전쟁에만 골몰한 군주가 아닌 진정한 명군이었음을 전하고 있다. 우리역사넷(검색일 : 2023.1.17.)

69) 박기현(2022.4.2.)

구려마저 자신들에게 등을 돌리면 살아남기 어렵다는 점을 고려하여 적극적으로 화친에 나선 것이다. 고구려 광개토대왕으로서는 신라를 치지 않고도 협력하는 동반자 관계를 맺게 되었으니 남하정책을 적극적으로 펼칠 수 있는 기회를 얻은 셈이었다.[70] 경주 호우총에서 출토된 호우명 그릇 뒤편에 '국강상광개토지호태왕'이라는 광개토대왕 업적을 기린 표현이 적혀 있다. 당시의 양국관계를 잘 말해주는 유물이라 할 수 있다.[71] 그러면 광개토대왕의 정복전쟁의 승리요인을 이어서 살펴보기로 한다.

2) 광개토대왕 정복전쟁의 승리요인 분석

광개토대왕은 21년 5개월 재위기간 동안 신라(협력 파트너)를 제외한 모든 주변국과의 전쟁에서 지는 법이 없었다. 그의 통치기에 고구려가 주변국을 공격한 횟수는 최대 12차례였으며, 직접 군사를 이끌고 나간 경우는 7차례였다.[72] 그가 친정할 때에는 군사들의 사기가 더욱 높아 한 번도 진 적이 없었다.[73] 그의 정복전쟁의 승리요인은 아래와 같이 ① 국제정세에 대한 뛰어난 감각과 지략, ② 탁월한 리더십과 기습적 전략전술, ③ 신무기에 해당하는 강력한 철갑기병군단, ④ 수륙양면 작전 구사 등으로 정리해 볼 수 있다.

•첫째는 국제정세에 대한 광개토대왕의 뛰어난 감각과 지략智略이다. 광개토대왕이 대규모의 원거리 원정遠征이 성공할 수 있었던 것은 그의 국제정세를 읽는 뛰어난 감각과 지략 덕분이었다. 그는 무엇보다 외교를 통해 동조하는 세력을 만들어 놓았다. 처음에는 강력한 힘을 가진 중국의 나라들과 우호를 맺고 나서 신라를 위협·회유하는 방법으로 동맹을 맺거나 복속시켰다. 그런 뒤에 정복하고 싶은 나라들을 골라서 공격했다. 등 뒤 즉 배후背後의 걱정거리를 없애고 지원세력을 만들어 도움을 받은 것이다.[74]

광개토대왕은 집권 직후 백제와의 전쟁에 우선 집중했다. 『삼국사기』는 광개토대왕 즉위년인 "원년(391년) 7월에 대왕이 백제를 공격해 10개의 성을 빼앗았고 그해 10월엔 관미성을 함락시켰다."[75]고 적고 있다. 집권 직후 고구려 남쪽 국경을 넓히고 백제가 후방에서 도발하지 않도록 미리 손을 써둔 것이다. 당시 후연은 북중국에서 급부상한 북위와의 전쟁에 힘을 쏟느라 고구려를 견제할 수 없었다. 광개토대왕은 후연이 처한 상황을 읽고 백제를 먼저 공격해 후방을 튼튼히 한 뒤 거란으로 장거리 원정을 계획한 것이다. 광개토대왕 재위시절 중국은 5호16국五胡十六國이 서로 중원의 패권을 놓고 다툰 분열기分裂期였다.[76] 그는 이런 국제정세 변화를 정확하게 꿰뚫고 정벌의 우선순위를 두고 제국건설의 밑그림을 그렸던 것이다.[77]

---

70) 위의 글
71) 정현진·최미정(2015.1.7.)
72) 주니어 김영사(2011.7.13.)
73) 이이화(2011)
74) 위의 책
75) 신호열(1975), p.406.
76) 김희영, 『이야기 중국사 2』(서울 : 청아출판사, 2006), '제4장 동진·오호십육국 시대' 참조.
77) 정현진·최미정(2015.1.7.)

395년(광개토대왕 5) 거란정벌 이듬해인 396년(광개토대왕 6) 그는 방향을 돌려 대규모의 백제 정벌을 단행하여 58개의 성과 700개의 마을을 획득한 큰 승리를 거두었다. 이어서 398년(광개토대왕 8) 숙신을 정복하고 400년(광개토대왕 10)에는 신라에 침입한 왜구를 격퇴한 뒤 가야까지 정벌을 진행하였다. 이어 407년(광개토대왕 17)에는 후연을 격퇴하고 410(광개토대왕 20년)에는 동부여를 복속시켰다. 그의 탁월한 국제 감각과 지략이 없었다면 불가능했다.

•둘째는 광개토대왕의 탁월한 리더십과 기습적 전략전술이다. 그는 태자시절부터 전쟁에 참전해 병사를 부리는데 능하다는 소문이 날 정도로 타고난 리더의 자질을 갖고 있었다. 『삼국사기』에는 "그가 태어나면서부터 체격이 크고 생각이 대범하였다."고 기록되어 있다.[78] 그는 주어진 여건을 활용하고 나라의 역량을 모을 수 있는 리더십이 있었다. 그는 정복자이기에 앞서 훌륭한 정치가였으며 철학자였고 예술가적인 섬세한 감정과 학자 못지않은 지성, 시대의 흐름을 꿰뚫어보는 예리한 통찰력을 발휘하여 정복전쟁에 역량을 결집시키는 탁월한 리더십을 지니고 있었다.[79]

이처럼 그는 탁월한 군사적 리더십을 지녔기에 그가 전쟁에 친히 참여할 때에는 고구려 군사들은 사기가 더욱 높아 한 번도 진 적이 없었다. 그는 수많은 정복전쟁에서 타이밍(timing)을 제대로 포착•활용할 줄 아는 전략가였다.[80] 전진과 후퇴를 반복하며 전쟁을 벌이면서 그는 그 시기를 잘 잡았다. 전쟁을 벌이면서 뛰어난 전략과 전술을 펼쳤다.[81] 그는 전쟁에 나섬에 있어 기존의 전술적 관행을 버렸다. 비바람이 불고 눈보라가 날리는 날, 허를 찌르는 기습을 단행한 것이 대표적 예이다. 사방이 절벽이며 바다로 둘러싸인 관미성 전투에서는 정예기병과 함께 전함을 통해 파상공격[82]을 퍼부었다. 그는 정복전쟁을 멈추는 순간 적이 공격해온다는 사실도 잘 알고 있었다. 기습 시에는 반드시 보복전을 펼쳐, 이를 경계했다. 이는 눈앞의 적뿐만 아니라 멀리 있는 적까지도 내다본 행보였다.[83]

•셋째는 신무기에 해당하는 강력한 철갑기병군단이다. 고구려 승리의 원동력은 군사부터 그들이 타는 말까지 철갑으로 무장한 철갑기병이었다. 당시 고구려의 철갑 갑옷은 철갑을 귀어 만든 갑옷으로 무게를 줄이고 방탄 능력을 향상시켰다. 여기에 엄청난 길이의 긴 창으로 무장한 철갑기병은 후연 등 상대 진영을 단숨에 무너뜨렸다. 이 철갑기병(궁기병을 포함한)을 중심으로 보병이 함께하는 특화된 진법은 고구려 군을 최강의 부대로 만들었다.[84]

칭기즈칸군은 주력인 경기병으로 적을 공포에 떨게 하는 심리전에 능했는데, 그가 주로 구사한 전법은 일렬횡대로 다가가 순식간에 적을 포위해버리는 전법이었다.[85] 이에 비해 광개토대

78) 김용만, "제국을 이룬 광개토태왕의 리더십," 『머니투데이 더리더』(2017.12.6.)
79) 경수현, "광개토대왕에게서 배우는 리더십," 『연합뉴스』(2007.6.24.)
80) 조슬기(2012.12.27.)
81) 이이화(2011)
82) 파상공격波狀攻擊이란 '어떤 공격 목표에 대하여 동일 방향으로 일정한 시간 간격을 두고 반복하는 공격'을 말한다. 고려대학교민족문화연구원, 『고려대 한국어대사전』(전3권), 2009, '파상공격' 참조)
83) 조슬기(2012.12.27.)
84) 지후니74, "[역사저널 그날 308회] 고구려 전성기 이끈 정복군주 광개토대왕," 2021.4.20., https:// gimpoman.tistory.com/4471(검색일 : 2023.1.20.)

왕의 육상에서의 주력은 중무장한 철갑기병鐵甲騎兵이었지만 중무장한 철갑기병의 경기병輕騎兵에 불리한 약점을 보완하기 위해 광개토대왕은 궁기병弓騎兵을 따로 두었다.[86] 고구려인이 활쏘기에 대해 얼마나 애착을 가지고 있고 숭앙했는지를 벽화 등을 통해 잘 알 수 있다. 전쟁이 시작되면 먼저 궁기병이 활을 날려 적진을 흐트러 놓았다. 이어서 흐트러진 적敵의 진영陣營을 철갑기병이 초토화시키는 전법을 사용했다.[87] 철투구와 철갑옷으로 무장하고 말에게까지 철갑옷을 입힌 고구려의 중무장 기병들은 적에게 공포와 위협의 상징이었다.[88]

·넷째는 수륙양면 작전의 구사였다. 기병과 보병을 중심으로 육지를 휩쓸었던 광개토대왕군은 남쪽으로 진출하면서 새로 수군부대를 창설하고 군함을 만들어 바닷길과 수군과 군함을 이용했다. 광개토대왕은 고구려가 압록강 하류와 그 입구의 황해는 백두산과 압록강 중류의 풍부한 목재를 뗏목으로 실어와 조선소를 만들 수 있는 좋은 입지조건을 갖추고 있어 바다와 강을 군사 진출로로 개척한 것이다.[89]

이처럼 광개토대왕은 기마군단과 함께 수륙양면 작전이라는 이동성이 강한 군사작전을 펼치면서 보병과 산성을 활용하는 정착성을 절묘하게 배합시키고 농경·유목·해양문화의 시스템이 결합된 전략을 구사하였다.[90] 그는 396년 직접 수군을 이끌고 황해의 해안을 따라 내려왔다. 그가 거느린 수군은 황해도와 경기도 일대를 휩쓸고 내려와 관미성을 거쳐 한강에 이르렀다. 고구려 수군은 물길을 타고 쉽게 전진하여 한강 중류 북쪽에 있는 아차성(阿且城, 또는 蛾嵯城이라고도 함)을 점령했다.[91] 요컨대 광개토대왕은 강력한 철갑기병을 앞세운 육군과 수군 병진 작전으로 백제의 수도 한성을 포위하며 백제의 왕 아신왕阿莘王의 항복을 받아낼 수 있었던 것이다.[92]

나. 한국의 정복왕 광개토대왕의 역사적 함의

한국의 정복왕 광개토대왕은 역사적 함의는 ① 동방의 알렉산더 대왕, ② 포용력을 지닌 동아시아 최고의 정복자, ③ 삼국통일의 기반 조성자, ④ 왜곡·축소되어진 호태왕 등으로 요약해 볼 수 있다.

1) 동방의 알렉산더대왕

유럽인들은 알렉산더 대왕을 세계 제일의 정복왕征服王으로 꼽는다. 알렉산더(356~323 B.C.)와 광개토대왕(374~412) 모두 타고난 군사 천재인데다 소년 시절부터 직접 전투에 참여한 지휘자

85) DPrime, "알렉산더 VS 칭기즈칸 VS 광개토대왕," 2007.9.14. https://dprime.kr/g2/bbs/board. php?bo_table=comm&wr_id=9974461(검색일 : 2023.1.19.)
86) 지후니74(2021.4.20.)
87) DPrime(2007.9.14.)
88) 이종호, "말에 철갑을 입히다,"『인사이트코리아』(2016.3.3.)
89) 이이화(2011)
90) 지후니74(2021.4.20.)
91) 이이화(2011)
92) 지후니74(2021.4.20.)

였다. 알렉산더 대왕은 한 부대가 작전을 한 다음 다른 부대가 이어 작전을 하는 전법을 썼다. 페르시아 다리우스 3세의 군대와 격돌한 전투를 예로 들어 보자. 5m 정도 길이의 긴 창으로 무장한 창병槍兵들이 사각형의 대오로 적 전차 부대의 중앙 공격에 맞선다. 좌우 측면에 배치된 기병대의 공격시간을 벌기 위해서다. 우측 기병들이 적의 기병들을 유인해 교전하면, 그 교전의 중앙을 알렉산더가 지휘하는 기병들이 기습 공격해 적 기병대를 혼란에 빠뜨려 틈을 만든다. 그리고 후속 병력이 그 틈 사이를 뚫고 우회, 적 후방 본진으로 파고들어가 적 본부를 괴멸시킨다. 요컨대 창병 부대 → 우측 기병대 → 알렉산더의 지휘 기병대 → 후속 병력이 순차적으로 직렬작전을 전개한 것이다. 광개토대왕의 병렬전법과는 달리, 공격시간이 많이 소요되고 공격 집중력이 최대화되지 못하는 단점이 있다.[93]

알렉산더의 헤타이로이(Hetairoi) 기병대는 말 위에서 한 번 창을 쓰면 창을 놓아야 하거나, 그렇지 않으면 말에서 떨어져야만 했다. 기마술이 서툰 알렉산더 기병대와 사각형 대오로 경직된 창병부대의 군대는 거의 같은 시대에 말 달리면서 활과 칼을 자유자재로 사용하는 유목민인 흉노족(匈奴族 : 초원을 달린 몽골족의 조상) 군대와 맞섰다면 패배했을 것이라는 분석이 많다. 알렉산더 군대가 기마에 서툰 아열대 지방의 군대와만 전투했기 때문에 승리했다는 것이다. 알렉산더는 세상을 하나로 만든다는 만인동포관萬人同胞觀에 의거, 인류융합정책을 구상했다. 마케도니아 군사들을 페르시아 여인들과 결혼시켰고, 그리스 문화와 동방문화의 융합을 꾀했다. 그 결과 동서문화가 융합된 헬레니즘(Hellenism) 문화가 탄생했다. 그러나 그 정책으로 마케도니아 백성들은 그를 외면했고 장기간에 걸친 살육 정복전쟁에 그의 군대마저 그를 두려워하고 싫어하기조차 했다.[94]

알렉산더는 전술의 천재였다. 전술이 100점 만점에 100점이라면 전략은 80점이고 정략은 50점 정도였다고 분석도 있다. 단적으로 그는 사후에 자신의 영토를 자식에게 넘겨주지 못했다. 헬레니즘이라는 문화 흐름은 창안했지만, 정작 알렉산더의 고국이었던 마케도니아에게는 도대체 알렉산더가 뭘 해주었는가라는 생각이 들게 하는 대목이다.[95] 알렉산더는 조직관리와 사후 계승준비를 하지 않은 채 과로와 말라리아로 33세의 젊은 나이에 죽었다. 그가 정복한 대영토는 프톨레마이오스 왕조의 이집트, 셀레우코스왕조의 시리아, 안티고노스왕조의 마케도니아라는 세 왕국으로 분열되었다.[96] 군사에 천부적 재능이 있어 12년 동안 515만㎢(현 미국 영토의 52%)에 달하는 넓은 땅을 정복했지만, 경영철학과 도덕성 부재로 장기 존속하는 강국을 만들지는 못했다. 정복자였을 뿐 위대한 경영자는 아니었다.[97]

대륙과 바다가 만나는 천혜의 위치는 한국의 역사를 침략으로 점철되게 만들었다. 하지만 단

---

93) 장대성, “515만㎢ 땅 정복한 알렉산더 대왕, 군사 천재였지만 경영 철학 부재,”『조선비즈(Weekly BIZ)』(2017.8.18.)

94) 장대성(2017.8.18.)

95) 위의 글

96) 서수지 옮김, 다마키 도시아키 지음, 『한권으로 읽는 세계사』(고양 : 사람과나무사이, 2022), 제1장 알렉산드르 대왕 참조.

97) 장대성(2017.8.18).

한 번은 우리 민족이 대륙의 패자로서 정복자의 입장에 섰었던 적이 있었다. 바로 삼국시대 고구려의 광개토대왕 때가 그렇다. 광개토대왕은 그야말로 우리 역사상 탁월한 전신戰神이었다. 재위 원년부터 전쟁을 시작해서 백제의 10개성과 관미성을 포획했을 정도였다. 광개토대왕은 알렉산더에 결코 뒤지지 않는 정복자였다. 광개토대왕은 북방으로는 후연과의 전쟁에 승리하여 요동을 장악하고, 끈질겼던 북부여-동부여의 정벌, 북방민족인 거란·숙신(말갈)족 정벌 등을 통해 마침내 만주의 패자로 등극하게 됨으로써 당시 중원을 지배하던 남조/북조, 몽골초원의 지배자 유연柔然과 함께 동아시아의 국제정세를 좌지우지하였다.

그렇다고 해서 광개토대왕이 정복전쟁만 하는 잔혹했던 왕은 아니었다. '평안호태왕'이라는 칭호에서 알 수 있듯이 나라를 평안하게 잘 다스려서 백성들에게 사랑을 받았었던 왕이었다. 그는 행정조직의 정비 및 개편을 단행하고, 법령 및 신앙체계의 정비 등 내치에도 힘썼던 것이 이를 잘 말해주고 있다.[98] 광개토대왕이 한국의 알렉산더대왕과 같은 존재이면서도 알렉산더보다 더 경쟁력있는 정복왕이었음을 잘 시사해주고 있다.

2) 포용력을 지닌 동아시아 최고의 정복자

18세 청년왕 고담덕高談德은 즉위 초기인 392년 백제와 거란을 모두 공격하게 되는데 거란 공격으로 백성의 신임을 얻은 정복자로 출발했다. 옛 거란의 땅 내몽고 자치구에는 '대영자大營子'라는 지명의 마을이 있다. 마을을 끼고 흐르는 강의 이름은 '까오리'(高麗) 즉 고려강이다. 1,630여년 전 이곳에 즉위 2년을 맞은 고구려왕 담덕이 이끄는 군대가 나타났다. 그들은 거란족을 공격, 정벌하고 포로로 잡혀있던 고구려인들을 해방시켰다. 그것은 국경을 침범해 약탈을 일삼던 거란에 대한 경고이자 백성들의 지지와 신뢰가 필요했던 새로운 군주 담덕의 신고식이었다.[99]

이어서 광개토대왕은 4세기 중국과 해상무역을 주도하는 동아시아 강국인 백제의 대동맥을 막았다. 고구려는 임진강을 사이에 두고 백제와 대립했고 급기야 371년에는 평양성을 기습한 근초고왕의 군대에 의해 담덕의 조부 고국원왕이 전사했다. 광개토대왕은 즉위 이듬해인 392년 10월 임진강 인근의 백제성 10여개를 함락시켰다. 그는 경기만과 서해로 가는 백제의 관문 관미성을 함락시켜 임진강 수계의 내륙수로와 중국에 이르는 서해항로의 요지를 장악했다.

그가 이끄는 고구려는 전쟁을 할수록 더 강해졌다. 그는 남쪽 영토확장을 위해 거란족의 8부족 중의 하나인 '패려'를 공격했다. 그들의 본거지는 '염수,' 즉 '짠물의 땅'이었다. 그는 시라무렌강 중상류에 위치하고 있던 소금호수 '염수'로 진격해 유목민 거란을 치고 그들의 가축을 전리품으로 가져왔다. 특히 말은 기마전투에 능한 고구려에는 필수적인 존재였다. 그는 염수를 정복하여 엄청난 양의 가축을 확보했다. 그는 정복한 집단의 자원과 힘을 활용해 다음 전쟁에 투입했고 그로 인해 고구려는 잦은 전쟁에도 경제적으로 피폐해지지 않았다. 그는 전쟁에 빠진

---

98) 멜로요우(2015.10.13.)

99) 이슈 카오스크, "역사스페셜 : 광개토대왕 제1부, 동방의 알렉산더, 고담덕," 2020.12.27., https://e otwzealous-90.tistory.com/391(검색일 : 2023.1.20.)

정복군주가 아니라 합리를 추구하는 경영형 군주였던 것이다.[100)]

당시 광개토대왕은 백제를 무릎 꿇게 하기 위해 '고구려판 인천상륙작전'을 구사했다. 관미성 함락으로 서해 항로를 잃은 백제 아신왕은 계속해서 반격해왔다. 수세로 일관하던 대왕은 백제의 공세가 끊이지 않자 결단을 내렸다. 그는 한강, 미추홀, 남양만 3가지 진로로 수륙양공을 펼쳐 백제 도성 '한성'을 포위했다. 끝까지 저항하던 백제 아신왕은 결국 그의 앞에 무릎을 꿇었다. 하지만 그는 백제를 점령하지 않았다. '큰 것을 얻기 위해 작은 것을 희생하고 또 상대방을 포용해주었던 것이다. 그는 궁극적으로 길게 보고 포용과 자비심을 내면 언젠가는 고구려 안에다 포용되고 한 가족이 된다는 그런 마스터플랜을 갖고 있었다. 그는 즉위 5년간 남으로는 아리수(한강)의 백제를 치고 북으로 거란을 정벌했으며 한반도에서 중국에 이르는 서해 중부항로를 장악했다. 그는 고구려 제국을 거느린 새로운 통치자이자 포용력을 지닌 동아시아 최고의 정복자였다.[101)]

3) 삼국통일의 기반 조성자

광개토대왕이 즉위한 4세기 말 고구려·백제·신라 삼국 간의 세력다툼은 다른 한편으로는 삼국의 발전을 촉진하는 자극제가 되었다. 삼국 간의 세력다툼에서 주도권을 잡은 것은 중국 세력과 싸움을 통해 성장한 고구려였다. 광개토대왕은 강화된 국력으로 신라와 밀접한 관계를 맺고 영토를 크게 넓혀 고구려의 전성시대를 열었다. 그의 업적은 만주 집안시集安市에 남아 있는 광개토대왕비에 기록되어 있다. 그가 죽은 뒤, 고구려 사람들은 그가 영토를 크게 넓혔다는 뜻으로 '광개토왕'이라 하여 그의 위업을 기렸다.[102)]

광개토대왕의 제국건설은 단지 영토확장의 의미를 넘어서 삼국통일의 기반을 다진 점을 들지 않을 수 없다. 그의 남진정책은 민족사의 발전과정에서 자연스럽게 나타나는 동일 민족의식을 기반으로 한 통일의지의 실천적 구현이라는 점에 그 역사적 의미가 있다.[103)] 광개토대왕대에 이르러 비로소 백제·신라·가야가 모두 고구려의 직·간접적인 지배 아래 들어가게 되었기 때문이다. 고구려의 성 쌓는 기법, 토기 제작 기법, 무덤의 형태, 건축술, 무기와 갑옷 등 고구려의 문화가 백제·신라에 전파되었다. 고구려 천하는 삼국 간 문화적 동질감을 형성하는 계기가 되었다. 훗날 삼국을 통일한 것은 신라였지만 삼국통일의 씨앗을 뿌린 것은 광개토대왕이었다고 해도 과언이 아니다.[104)]

무적의 군대로 후연과 싸워 요동을 확보하고 영토로 삼았으면서도, 신라와 백제를 남겨놓아 후대의 비극을 초래했다는 원망스러운 평이 있으나, 이는 대왕의 실책이라기보다는 한반도의 인문지리적 특성상 어쩔 수 없는 면이 있었다. 한반도는 고래로 만주에 비해 기후가 온화하고

---

100) 이슈 카오스크(2020.12.27.)

101) 이슈 카오스크(2020.12.27.)

102) 우리역사넷(검색일 : 2023.1.17.)

103) 서영수, "[스페셜 리포트/韓·中 역사전쟁 제2탄!] 광개토태왕 비문에 나타난 '天下觀' 입체 조명,"『월간중앙』, 2004년 8월호.

104) 정현진·최미정(2015.1.7.)

농사지을 땅이 많아 인구밀도가 높았는데, 산지도 또한 많아 방어에 용이하였고, 각지의 호족들 또한 만만찮은 무력으로 할거하고 있어, 요동과 달리 일거에 정복·통일하기가 불가능한 땅이었다. 그럼에도 불구하고 압도적인 무력으로 신라를 속국화하고 백제를 반半 속국화함으로써 동질성의 씨를 뿌렸고, 이후 삼한통일三韓統一이 한반도 구성 주민들의 명제가 되게 하였다. 광개토대왕은 민족혼의 화신으로 전혀 손색이 없는 대왕이었다.105)

4) 왜곡·축소되어진 호태왕

우리는 역사상 가장 위대한 정복군주 광개토태왕을 흔히 동양의 알렉산더대왕이라고도 하는데, 이는 잘못된 표현이라는 주장도 있다. 호태왕은 '광개토경평안廣開土境平安'이라는 그 휘호 그대로 알렉산더 대왕에 뒤지지 않게 고구려제국을 건설(정복)·경영했기 때문이라는 것이다. 훗날 칭기즈칸이 동유럽까지 정복할 수 있었던 이유도 이미 그러한 틀을 만들어놓은 고조선과 고구려의 우수한 유전인자를 물려받았기 때문이라는 것이다.106)

그런데 이상스럽게도 우리나라 역사학계의 정사正史인 『삼국사기』에는 호태왕 공적비문의 내용이 대부분 기록되어 있지 않으며, 그래서 그런지 국사교과서에도 호태왕이 정복한 영토에 대해 상세한 기술이 없다. 단지 장수왕 때 남하정책으로 집안에 있는 국내성에서 대동강 평양성으로 도읍을 옮겼다고 하면서 고구려의 최전성기 영토라는 지도가 올라있을 뿐이다.107) 고구려인들은 고구려를 천하의 중심으로 생각해 그들의 왕을 '태왕太王'이라 불렀다. '왕을 거느리는 위대한 왕'이라는 의미다. 하지만 후세 사대주의 학자들에 의해 '태왕'이 '대왕'으로 낮춰졌다는 것이다.108)

『삼국사기』에는 광개토대왕의 정복전쟁 내용이 기록되어 있고 상대가 공격해와서 방어한 기록은 생략되어 있다. 그 내용은 다음과 같다. 즉 "원년 7월 남으로 백제를 쳐 10성을 빼앗고, 9월 거란을 쳐 500명을 사로잡고 만 명의 고구려 백성을 데리고 돌아왔다. 10월 백제의 관미성을 20일 만에 함락시켰다. 4년 8월 패수浿水 가에서 백제와 싸워 크게 무너뜨리고 8,000명을 사로잡았다. 11년 후연의 숙군성을 치니 연의 평주자사가 성을 버리고 도망갔다. 13년 11월 후연을 침범하였다."가 바로 그것이다.109)

겨우 이 정도로 그를 우리 역사상 가장 위대했던 정복군주라 말할 수 있을까? 위 『삼국사기』에 기록된 내용은 호태왕 공적비문에 전혀 언급되어 있지 않은 그야말로 작은 전쟁이었던 것이다. 여러 기록으로 미루어 볼 때 『삼국사기』는 조선왕조가 정치·외교적인 이유로 호태왕好太王110) 공적의 상당 부분을 누락·축소시킨 편집된 사서라 할 수 있다.111)

---

105) 김경순, "고구려 : 19대 광개토대왕, 한국의 알렉산더," 『수완뉴스』(2019.11.18.)

106) 성헌식, "광개토태왕, 알렉산더대왕보다 큰 광활한 영토 정복," 『스카이데일리』(2005.8.30.)

107) 성헌식(2005.8.30.)

108) 김가영, "광개토태왕, 우리의 자존감 살려줄 위인,"「국방일보」(2017.7.4.)

109) 신호열(1975), p.333.

110) '호태왕'의 사전적 정의를 보면 "고구려 제19대 왕(374~413, 재위 391~413). 휘는 담덕談德이고 연호는 영락永樂으로, 고국양왕의 아들이다. 불교를 신봉하였고 남북으로 영토를 크게 넓혀 만주와 한강 이북을

처음으로 광개토대왕비의 가치를 파악하고 고대사 연구에 주력한 것은 한국이 아닌 일본이다. 19세기 말 조선 침략의 야욕을 드러낸 일본은 광개토대왕비의 내용을 왜곡해 고대 일본이 한반도 남부 일대를 지배했다는 임나일본부설을 제기하며 일본의 조선합병을 정당화하려 했다. 일본 학계가 주목한 대목은 광개토대왕이 즉위한 신묘년의 다음 32글자다. "百殘新羅 舊是屬民 由來朝貢 而倭以辛卯年來 渡海 破百殘□□□羅 以爲臣民" 중간에 지워진 세 글자를 일본 학계는 자기 입맛에 맞게 해석했다. 일본학계는 "백잔(백제)과 신라는 본래 우리(고구려)의 속민으로서 예로부터 조공을 해 왔다. 그런데 왜가 신묘년(391)에 와서 바다를 건너 백제·신라를 격파하고 신민으로 삼았다."라고 주장했다. 고대일본이 한반도 남부를 지배했다는 임나일본부설이다.[112)]

일본 역사학계의 역사왜곡은 아직도 멈추지 않고 있다. 임나일본부설은 폐기됐지만 '임나문제'는 아직 끝나지 않았다. 최근 일본학계는 고대 한반도는 고구려·백제·신라·가야가 분열됐던 것에 비해 당시 일본은 강력한 단일정권(야마토 정권)을 수립했다는 주장을 내놓고 있다. 단일국가 일본이 정치·외교적으로 우위에 섰다는 것이다.[113)]

하지만 다행히 한국학계의 연구가 지속되면서 이미 일본의 주장은 근거 없는 억측이라는 사실이 밝혀졌다. 독립운동가 정인보(鄭寅普, 1893~1950)는 고구려라는 주어가 생략된 점을 고려해 "백제와 신라는 옛적부터 고구려에 조공을 바쳐왔다. 신묘년에 왜나라가 쳐들어오자, 고구려는 바다를 건너가 왜를 쳐부수었다. 그런데 백제가 왜와 (연합하여 신라로 쳐들어가) 그들의 백성으로 삼으려 했다."라는 해석을 내놨다. 재일 사학자 이진희는 일본의 비문조작설을 주장했다. 대체로 지금의 학계는 정인보와 이진희의 해석을 받아들여 391년 고구려가 왜를 격퇴했다는 해석을 정설로 받아들이고 있다.[114)]

나라를 잃고 망명해 떠돌던 역사학자 신채호는 어렵게 찾은 광개토대왕비 앞에 서서 눈물을 흘렸다. 그는 그 비의 가치를 제대로 알아보았고, 그 비석에 새겨진 내용을 옮겨 적어서 위대한 고구려 역사를 쓰는 자료로 삼았다. 1990년대 들어 대한민국과 중화인민공화국이 교류를 트면서 학자와 문인을 비롯해 일반 사람들까지 광개토대왕비를 많이 찾았다. 많은 사람들이 몰려들자, 중국인들도 덩달아 관심을 보이기 시작했다.[115)] 뒤늦게나마 광개토대왕(호태왕)에 대해 많은 사람들이 관심을 커지고 있는 것은 좋은 일이다. 하지만 광개토대왕의 위대한 일생과 업적이 축소·왜곡되지 않도록 민족사적 숭고한 뜻을 선양해 나가고 이를 세계에도 널리 알리는 일이 중요한 바 이를 위해 힘써 나가야 할 것이다.[116)]

차지하는 등 고구려의 전성시대를 이룩하였다."고 기록되어 있다.(국립국어원, 『우리말샘』 2023, '호태왕' 참조)

111) 성훈, "첫 출전에서 백제의 실권자를 참수한 광개토태왕 (3부) : 유럽의 정복왕 알렉산더보다 더 넓은 땅을 정복한 광개토태왕," 『홍천투데이』(2017.8.10.)

112) 정현진·최미정(2015.1.7.)

113) 배영대, "일본 학자들, 식민사관 '가지'는 자르고 '뿌리'는 유지," 「중앙일보」(2010.3.24.)

114) 정현진·최미정(2015.1.7.)

115) 이이화(2011)

116) 이종학 교수는 일본에서의 '신묘년 기사'의 통설에 대해 논파한 논문 「광개토대왕 비문의 신묘년 기사의 검토」를 한국뿐만 아니라, 일본의 학술지에도 발표하여 일본의 비문해석이 왜곡되어 있음을 강조한

5. 맺음말

한글을 창시한 문文의 상징으로서 세종대왕과 함께 광개토대왕은 광활한 만주를 정복한 무武의 상징으로서 오랫동안 우리들의 가슴 속에 기억되고 있는 반만년 한국 역사를 통틀어서 대왕으로 불리는 위대한 두 명의 왕 중 하나다. 한국인에 있어서 광개토대왕의 인기는 한반도 역사상 가장 광활한 영토를 개척한 그가 민족 자부심의 원천(a source of national pride)이기 때문이다.

광개토대왕(재위 : 391~412)이 통치했던 4세기 말에서 5세기 초에 고구려는 제국을 건설했다. 광개토대왕은 남북으로 가는 곳마다 승리를 거둠으로써 일생 동안 64개 성 1,400여 촌락을 차지할 정도로 대제국을 건설하였다. 그는 21년 5개월의 재위기간 동안 다수의 정복전쟁을 통해 고구려의 영역을 크게 확장했고, 한반도와 만주 일대에서 강력한 영향력을 행사했다. 당시 고구려는 한강 이북부터 현재 중국의 동북지방, 동몽골의 일부와 연해주에 이르기까지 광활한 영토를 통치했으며, 동북아에서 천하의 중심은 중국이 아닌 고구려였다.

광개토대왕의 정복활동은 ① 왕실에 대한 복수, ② 제국건설이라는 두 목표 하에서 추진되었다. 그의 정복전쟁은 ① 백제(가야·왜를 포함한) 정복과 신라 복속, ② 후연에 대한 보복전 및 북연과 우호관계 유지, ③ 거란과 숙신의 정벌 및 동부여 복속 등으로 전개되었다. 그는 정복활동뿐만 아니라 내치에서도 탁월한 능력을 보였다. 대왕이 다스리던 시기에 고구려가 주변국을 공격한 횟수는 최대 12차례였으며, 몸소 군사를 이끌고 나간 경우는 7차례였다. 그가 친정할 때에는 군사들의 사기가 더욱 높아 한 번도 진 적이 없었다.[117]

광개토대왕 정복전쟁의 승리요인은 ① 국제정세에 대한 뛰어난 감각과 지략, ② 탁월한 리더십과 기습적 전략전술, ③ 신무기에 해당하는 강력한 철갑기병군단, ④ 수륙양면 작전 구사 등으로 정리해 볼 수 있다. 광개토대왕은 전투시 장창과 철갑기병(궁기병을 포함한)과 보병이 함께하는 특화진법을 활용하였다. 한국의 정복왕 광개토대왕은 역사적 함의는 ① 동방의 알렉산더 대왕, ② 포용력을 지닌 동아시아 최고의 정복자, ③ 삼국통일의 기반 조성자, ④ 왜곡·축소되진 호태왕 등으로 요약해 볼 수 있다. 당시 광개토대왕은 신중함과 더불어 결단성을 발휘, 백제와 거란을 공격해 국민들의 패배감을 씻어주면서 고구려를 대륙과 바다를 다스리는 해륙국가로 만들었으며 정치, 경제, 문화, 군사까지 아우르는 하나의 거대한 시스템을 창조해냈다.[118]

이러한 위대한 광개토대왕비에 대한 일본의 변조문제 이외에도 오늘날 중국이 동북공정을 통해 고구려사를 중국사의 일부로 보고 광개토대왕을 중국 변방지역의 패자로 평가절하하고 있는데 우리부터 한민족의 진취적 기상을 드높인 위대한 인물로 재조명·재평가해 나감은 물론 고구

바 있다. 李鍾學, 「現代軍史硏究方向」,『軍史』 제3호(서울 : 국방부 전사편찬연구소, 1981.), pp.10~59 ; 李鍾學, 「広開土王碑文の真実 : 軍事史学的研究方法上乃辛卯年記事の検討」,『日本及日本人』(東京 : 日本及日本人社, 1998) & 『東アジアの古代文化』 100号(東京 : 大和書房, 1999.) 참조.

117) 이이화(2011)

118) 경수현(2007.6.24.)

려 광개토대왕을 일본의 임나일본부설이나 중국의 동북공정에 의해 더 이상 평가절하되지 않도록 해야 될 중대한 과제가 우리에게 주어져 있다.[119]

세종대왕, 광개토대왕과 같은 위대한 성군 및 정복군주가 있었기에 오늘날 한국이 존재하는 것이다. 많은 세월이 흘렀지만 지금도 그들이 우리에게 주는 비전과 희망과 용기, 교훈과 정책적 시사점이 결코 적지 않다고 할 수 있다. 이들의 창조·개척·호국·포용정신을 바로 알고 또한 바로 알려야 할 주역이 바로 우리 한국인인바 이를 위한 다각적인 연구·홍보 및 국운을 융성케 할 후예양성에 우리 모두 최선의 노력을 다해야 할 때라고 생각된다.♠

119) 멜로요우(2015.10.13.)

〈참 고 문 헌〉

●단행본

·고려대학교민족문화연구원, 『고려대 한국어대사전』(전3권), 2009.

·국립국어원, 『우리말샘』, 2023.

·군사연구소, 『한국고전사 : 고대편』, 계룡 : 육군본부, 2007.

·김희영, 『이야기 중국사 2』, 서울 : 청아출판사, 2006.

·서수지 옮김, 다마키 도시아키 지음, 『한권으로 읽는 세계사』, 고양 : 사람과 나무사이, 2022.

·신호열 역해, 김부식 저, 『세계사상전집11 : 삼국사기 I』, 서울 : 학원출판공사, 1975.

·이이화, 『이이화의 인물 한국사1 : 역사를 이끈 왕과 신하들』, 서울 : 주니어김영사, 2011.

·이종학 편저, 『나의 학문과 인생』, 대전 : 충남대학교출판부, 2009.

·전용신, 『일본사기(완역)』, 서울 : 일지사, 1997.

●논문 및 기타

·서영대, 「광개토왕」, 『한국민족문화대백과사전』, 한국학중앙연구원, 1996.

·李鍾學, 「現代軍史研究方向」,『軍史』 제3호, 서울 : 국방부 전사편찬연구소, 1981.

·______, 「広開土王碑文の真実 : 軍事史学的研究方法上乃辛卯年記事の検討」,『日本及日本人』, 東京 : 日本及日本人社, 1998. &『東アジアの古代文化』 100号, 東京 : 大和書房, 1999.

·장대성, 「515만㎢ 땅 정복한 알렉산더 대왕, 군사 천재였지만 경영 철학 부재」,『조선비즈(Weekly BIZ)』, 2017.8.

·곽성일, "이종학 서라벌군사연구소장, '60대 이후의 인생 전략-서라벌에서 온 편지' 출간," 「경북일보」(2022.9.1.)

·김가영, "광개토태왕, 우리의 자존감 살려줄 위인", 「국방일보」(2017.7.4.)

·김경순, "고구려 : 19대 광개토대왕, 한국의 알렉산더," 『수완뉴스』(2019.11.18.)

·나동욱, 「광개토왕대 고구려의 군사발전과 성장」,『군사』, 국방부군사편찬연구소, 제77호, 2010.12.

·서영수, 「[스페셜 리포트/韓·中 역사전쟁 제2탄!] 광개토태왕 비문에 나타난 '天下觀' 입체 조명」, 『월간중앙』, 2004년 8월호.

·성훈, "첫 출전에서 백제의 실권자를 참수한 광개토태왕 (3부) : 유럽의 정복왕 알렉산더보다 더 넓은 땅을 정복한 광개토태왕", 『홍천투데이』(2017.8.10.)

·신일권, "'군사학의 대부' 이종학 교수 별이 되다,"「경상매일신문」(2023.1.5.)

·田鳳德, 「新羅의 律令攷」, 『서울大論文集 : 人文社會科學』 4, 1956.

·정현진·최미정, "[역사 NIE] 광개토대왕," 「중앙일보」(2015.1.7.)

·조유전, "경주 문무대왕릉," 한국학중앙연구원, 『한국민족문화대백과사전』, 1996.

·한만선, "대한민국 역사 움직인 100인 1위에 광개토대왕," 「중앙일보」(2007.3.24.)

VIII. 한국전쟁기 남북한 소설의 특성

신 영 덕※

1. 머리말

한국전쟁은 남북한 사회에 심각한 영향을 미친 것으로 평가되고 있다. 한국전쟁에 관한 많은 연구는 한국전쟁으로 인해 많은 인명 피해가 있었으며, 남북한 국토의 파괴와 남북한 사회의 이질화가 한층 더 철저해졌음을 밝히고 있다.[1] 한국전쟁을 다룬 남북한의 문학 작품들 역시 이 사실을 잘 보여주고 있다. 한국전쟁을 다룬 문학 작품은 남북한 문학사에서 큰 비중을 차지하고 있는바, 이들은 전쟁으로 인한 피해와 이질화의 심각성을 보여주고 있다. 한국전쟁문학 연구는 이러한 점에서 그 의의를 찾을 수 있겠는데, 이는 남북한 문학의 특수성을 구명하는 데에도 필요한 작업이라고 할 수 있다.[2]

본고에서는 이와 같은 사실을 염두에 두고 한국전쟁소설의 초기 형태에 속하는 한국전쟁기 남북한 소설에 대하여 살펴보고자 한다. 기존에는 연구자들이 한국전쟁기 남북한 소설을 따로 논의하였으나, 앞으로는 남북한 소설을 동일 기준으로 비교 검토하는 작업이 필요하리라 생각한다.[3] 왜냐하면 이러한 방법은 남북한 소설의 특성을 보다 잘 드러낼 수 있을 뿐만 아니라, 장차 써야 할 통일문학사 기술에도 도움을 줄 수 있을 것이기 때문이다.[4]

※ 인도네시아 교육대학교 한국어교육학과 교수, 전 공군사관학교 교수, 문학박사.

■ 이 논문은 풍석 이종학 교수님의 추모집에 게재하기 위해 이전에 발표했던 글을 수정 보완한 것임.

1) 와다 하루끼에 의하면, 북한은 인구의 28.4%인 272만여 명을 사망과 난민으로 잃었고, 남한은 133만여 명을 주로 사망자로 잃었다고 한다. 와다 하루끼, 『한국전쟁』, 서동만 옮김(창작과비평사, 1999), p.348.

2) 이 글에서는 한국전쟁을 제재로 한 문학 작품을 한국전쟁문학으로 칭하고자 한다.

3) 한국전쟁기 남북한 소설을 비교한 연구는 성동민, 「남북한 전시소설 연구」(동국대 대학원 박사학위논문, 2004), 신영덕, 『전쟁과 소설』(역락, 2007) 등 참조.

4) 한국전쟁기 소설에 대한 남한과 북한의 문학사적 평가는 매우 대조적이다. 남한에서 나온 대부분의 문학사에서는 한국전쟁기 남한 소설에 대해 부정적인 평가를 내리고 있으나, 북한에서 나온 문학사의 경우에는 한국전쟁기 북한 소설을 매우 긍정적으로 평가하고 있다. 그런데 이러한 평가는 남북한 문학사의 문학에 대한 관점의 차이와 사실 왜곡에서 비롯되었다고 할 수 있기 때문에 이에 대한 객관적이고도 과학적인 평가가 요구된다. 특히 북한에서 나온 북한문학사의 경우에는 정치적 목적에 따라 작품을 왜곡하여 평가하고 있는 경우가 많으므로 사실에 대한 면밀한 검토가 필요하다. 남로당 계열 작가의 작품에 대한 평가가 특히 그러한데, 본고에서는 이태준의 작품을 예로 들어 이 점에 대해 설명하고자 한다. 필자가 참조한 북한문학사는 안함광, 『조선문학사』(연변교육출판사, 1956), 사회과학원 문학연구소 편, 『조선문학통사』(사회과학출판사, 1959), 박종원, 류만, 『조선문학개관』II(사회과학출판사, 1986), 김선려, 리근실, 『조선문학사』11(과학

따라서 본고에서는 기존의 연구 성과에 기대어 한국전쟁기 남북한 전쟁소설을 동일 기준으로 비교 검토하고 그 특성과 의의를 밝혀보고자 한다.[5] 한국전쟁기에 발표된 남북한 전쟁소설에서 한국군과 북한군이 각자 어떻게 형상화되고 있으며 그 특징과 의의는 무엇인가에 대해 중점적으로 살펴보고자 한다.[6] 한국전쟁기에 발표된 남북한 소설에는 군인들이 많이 등장하고 있는바, 남북한 문학사에서 한국전쟁기만큼 한국군과 북한군이 작품의 주요 비중을 차지하였던 시기는 없었던 것으로 보인다. 따라서 한국전쟁기 남북한 소설에서 한국군과 북한군이 어떻게 형상화되고 있는가에 대한 연구는 한국전쟁기 전쟁소설의 특성을 구명하는 중요한 작업이 될 수 있으리라 생각한다.

2. 한국전쟁기 남한 전쟁소설의 특성

한국전쟁기 남한 사회에서는 한국전쟁을 보통 6·25사변 혹은 동란으로 명명하고 있다. 이는 북한이 1950년 6월 25일 불법 남침하여 동족상잔의 아픔을 겪게 만들었다는 사실을 무엇보다 중시하고자 한 것으로 보인다. 한국전쟁기에 제기된 대부분의 전쟁문학론이 무기로서의 문학을 강조하고 애국심과 공산주의에 대한 적개심을 고취할 것을 강조하였던 것은 이러한 현실과 밀

백과종합출판사, 1994) 등이다.

5) '전쟁문학(Kriegs-dichtung)'이란 용어는 본래 일차대전 이후 독일에서 제기된 것으로 '전쟁을 통해서 휴머니티의 문제를 탐구하는 문학'을 지칭하였다고 한다(오세영, 「한국전쟁문학론 연구」, 『인문논총』, 1992. 12, p.4 참조). 그런데 한국전쟁기 남북한 문단에 있어서 '전쟁문학'이란 휴머니즘의 문제보다는 대체로 애국심과 전의를 고취시킬 수 있는 선전문학 즉, 전쟁독려 문학을 지칭하고 있음을 알 수 있다. 일본의 경우에도 광의의 개념으로서의 전쟁문학은 전쟁을 제재로 한 문학 전체를 지칭하고 있으나, 협의의 개념으로서는 전쟁독려 문학을 지칭하고 있다(『日本近代文學大事典』, 講談社, 1978, pp.260~262, 『現代日本文學大事典』, 明治書院, 1975, pp.629~630). 이처럼 전쟁문학에 대한 개념 정의는 국가 혹은 연구자에 따라 다르게 이루어지고 있다. 따라서 한국 전쟁문학에 대한 개념 정의는 전쟁을 다루고 있는 작품에 대한 면밀한 검토와 함께 병행되어야 할 것으로 판단된다. 따라서 여기에서는 일단 광의의 개념으로서의 전쟁소설, 즉 전쟁을 제재로 한 소설 전체를 전쟁소설이라 칭하고 이들의 특성을 살펴보고자 한다. 전쟁문학론에 관한 논의는 정봉래, 「전쟁문학론」(『자유문학』 34, 1960.1), 김석구, 「한국전쟁문학론」(고대석사학위논문, 1961), 백철, 「전쟁문학의 개념과 그 양상」(『세대』13, 1964.6), 조병락, 「전쟁문학의 개념규정에 관한 연구」(『육사논문집』 3, 1965), 김석구, 「한국전쟁문학론서설」(『군산교대논문집』 1, 1967), 곽종원, 「전쟁문학이란 무엇인가」(『월간문학』, 12호, 1969.10), 김치수, 「6·25 동란을 취재한 작품」(『월간문학』 12호, 1969.10.), 장덕순, 『국문학통론』(신구문화사, 1970), 오국근, 「전쟁문학소고」(『동대논문집 인문사회과학편』, 1972), 김태진 「전쟁문학연구」(『용봉논총』 2집, 1973), 홍기삼, 「전쟁 그리고 문화의 수면」(『월간문학』, 1973.10.), 오영식, 「한국전쟁문학론」(경희대 대학원, 1974), 김윤식, 『한국문학의 논리』(일지사, 1974), 김우종, 『현대소설의 이해』(삼우사, 1976), 이동근, 「임란전쟁문학연구」(서울대 석사학위논문, 1983), 김승환·신범순 편, 『분단문학비평』(청하, 1987), 유학영, 「1950년대 한국소설 연구」(성균관대 박사학위논문, 1987), 이기윤, 「1950년대 한국소설의 전쟁체험 연구」(인하대 박사학위논문, 1989), 오현봉, 「한국전쟁문학의 연구」, 『한국현대문학의 사회학적 시고』(형설출판사, 1990), 김만수, 「1950년대 소설에 나타난 한국전쟁의 형상화방식」, 『한국전후문학의 형성과 전개』(태학사, 1993) 등 참조. 미국에서의 전쟁소설 정의에 관한 내용은 정연선, 『미국전쟁소설』(서울대 출판부, 2002), pp.1~26 참조.

6) 이 글에서 한국군이란 정규 한국군과 유격대원, 북한군이란 정규 북한군과 빨치산 부대원을 지칭하는 용어로 사용할 것이다. 물론 작품 인용 시에는 작품에 나타난 그대로 용어를 사용하고자 한다.

접한 관련이 있을 것이다.[7] 순수문학론자였던 김동리조차도 「전쟁과 문학의 근본문제」(『협동』 35호, 1952.6.)에서 '국가가 전쟁 중일 때 문인이라고 해서 조국을 떠나 문학만을 지킬 수 없으며, 문인이란 특권으로 국민의 권외에 설 수도 없다'는 것과 '문인은 총검을 대신하여 붓으로 자유와 조국을 위해서 싸워야 하므로, 전쟁 수행을 위한 무기로서의 문학은 용인된다'고 주장하였던 것이다.

그런데 이와는 다른 주장도 제기되었다. 염상섭은 그 대표적 이론가라고 할 수 있다. 염상섭은 「광명의 도표되기를」(『부산일보』, 1952.1.1.)에서 전쟁기 남한 전쟁문학의 나아갈 방향을 다음과 같이 제시하였던 것이다.

> 그러나 반드시 전시문학이나 전쟁문학이어야 한다는 것은 아니다. 전시문학, 전쟁문학이어도 좋지마는 포성이나 초연 냄새를 작품에서 듣고 맡자는 것이 아님은 물론이다. 어떻게 잘 싸웠는가? 얼마나 용감히 이겼는가를 알리는 것도 좋다. 그러나 포성보다도 이 겨레의 커다란 부르짖음이 먼저 듣고 싶고 초연 냄새보다도 민족혼이 어떻게 향기로운가를 맡아보고 싶다. 만일 국민정신이 썩었다면 얼마나 악취를 풍기는가 여실히 맡아보아야 할 것이다. 그리함으로써 우리를 반성하고 고취하고 명년의 갈 길을 잡게 되고 빛을 갖게 될 것이다. [중략] 이번 사변의 전모와 성격이 문학을 통하여 해부 분석되고 결론을 짓고 계시되고 반성에 이끌어가서 새살림을 배포하는 길잡이가 되어주어야 할 것이다.[8]

염상섭은 이처럼 소재주의적 전쟁문학론을 비판하면서 당대의 전쟁문학이 나아가야 할 방향에 대해 언급하고 있다. 특히 "이번 사변의 전모와 성격이 문학을 통하여 해부 분석되고 결론을 짓고 계시되고 반성에 이끌어가서 새살림을 배포하는 길잡이가 되어주어야 할 것"[9]이라고 한 그의 요구는 이후 한국 전쟁문학이 추구해야 할 올바른 방향성을 제시하고 있는 것으로 판단된다. 물론 이러한 요구를 모두 받아들이기는 전쟁 당시의 작가에게는 무리였을 것이다. 사변의 전모와 성격을 파악하여 이를 작품화하기에는 모든 여건이 미흡하였다고 할 수 있기 때문이다. 염상섭 자신도 한국전쟁의 총체성을 드러내지 못하고 디테일에 치중하고 있는 작품을 발표하고 있었다는 사실은 그 한 예가 될 수 있으리라 생각한다.[10]

그러나 한국전쟁기 남한 소설은 이러한 두 가지 경향의 요구사항이 어느 정도는 반영되고 있었던 것으로 판단된다. 왜냐하면 이 시기 발표된 작품 중에는 전의를 고취하고자 하는 목적의식이 강한 작품들이 많지만, 한국전쟁기 현실의 모습을 사실적으로 그려내고 있는 작품도 적지 않기 때문이다. 그러면 지금부터는 이러한 사실에 주목하여 실제 작품에 나타난 한국군, 북한군의 형상화 양상에 대해 살펴보기로 하겠다.

---

7) 한국전쟁기에 제기된 전쟁문학론에 관한 상세한 설명은 신영덕, 『한국전쟁과 종군작가』(국학자료원, 2002), pp.19~29. 참조.

8) 염상섭, 「광명의 도표 되기를」(『부산일보』, 1952.1.1.)

9) 같은 곳.

10) 한국전쟁기 염상섭 소설의 특성에 대한 상세한 설명은 신영덕, 「전쟁기 염상섭의 해군체험과 문학활동」(『한국학보』 67집, 1992 여름) 참조.

가. 한국군의 형상화 양상과 특성

한국전쟁기에 발표된 남한 소설 중에는 공산주의에 대한 적개심을 드러내면서 한국군의 애국심과 용감성을 형상화하고 있는 작품들이 많다. 간호장교 김선주 소위와 일선 소대장 이건호 소위의 애국심을 형상화하고 있는 정비석의 「간호장교」(『전선문학』 2호, 1952.12.)는 그 대표적인 작품에 해당한다. 백마고지의 전투가 치열해짐에 따라 육군 제XX병원에는 부상병들이 연속적으로 밀려들어 온다. 따라서 김선주 소위는 부상병들을 치료하기에 눈코 뜰 사이가 없을 정도로 바쁘지만 가끔 이건호 소위를 생각한다. 이건호 소위와 김선주 소위는 이년 전까지 서로 사랑하던 사이였는데, '중공 오랑캐들' 때문에 서울을 두 번째 내놓게 되자 '조국애에 불타는' 이건호가 교직을 내던지고 육군 간부후보생으로 군에 들어간 것이다. 그리고 선주에게는 나라에 목숨을 바치기로 결심하였으니 서로에 대해서 다시는 생각지 말자고 선언한다. 이에 선주는 '사랑하는 사람에게 부끄럽지 않기 위해' 육군 간호원이 된다. 그런데 어느 날 중상을 입은 이건호가 들것에 실려 오게 되자, 선주는 중상을 입은 이건호의 모습에 잠시 당황한다. 그러나 선주는 이건호의 애국심과 자신에 대한 사랑을 확인하면서 '무언의 맹세'를 약속하는 손을 마주잡게 된다. 이처럼 이 작품은 청춘 남녀의 애정 이야기를 통해 애국심을 고취하고 군 지원을 독려하고자 하는 목적의식을 드러내고 있다. 계몽적 태도로 남녀 애정문제를 즐겨 다룬 한국전쟁기 정비석 문학의 특징을 이 작품에서도 찾을 수 있다.[11]

최정희의 「임하사와 그 어머니」(『협동』 37, 1952.12.)는 육군 임영하 하사의 애국심을 형상화하고 있다. 임영하가 세 살 때 아버지가 세상을 떠났기에 어머니는 임영하가 커 가는 재미에 사는 보람을 느낀다. 그런데 '6·25'가 발발하고 '적군'이 몰려오자 임영하는 구들장 밑에 숨어 지낸다. 그리고 '적군'이 물러가자 이번에는 국군 소집 영장이 나온다. 할머니, 어머니는 다시 숨으라고 한다. 그러나 임 하사는 할머니와 어머니의 만류에도 불구하고 몰래 입대한다는 내용이다. 전쟁 당시 징병을 피하려고 하는 당대의 세태를 비판하고 젊은이들의 군 지원을 독려하고자 하는 이 작품의 목적의식은 임 하사의 다음과 같은 말에서도 잘 드러난다.[12]

> 절 육이오 때 숨겨두신 목적이 어딨어요? 밥이나 먹고 똥이나 싸게 하려구 숨겨두셨어요? 내 나라 내 민족이 위기에 있는데 그래 남아로 나서 비슬비슬 숨어 살란 말이예요? 내 나라 내 민족이 다 망한 후에 살면 뭘해요. 그렇게 살아선 값이 없어요. 내 나라 내 민족을 위해 싸우다 죽는 건 비슬비슬 값없이 사는 것 몇 배 이상이예요.[13]

방기환의 「골육骨肉」(『코메트』 4, 1953.5.)은 애국적 차원에서 친형제를 살해한 한국군의 모습을 형상화하고 있다. 공군 조종사인 백 중위는 '무섭게 얕이까지 강하하기로 유명한 파이롯트'로서

---

11) 신영덕, 『한국전쟁과 종군작가』, pp.120~131. 참조.

12) 이무영의 「바다의 대화」(『전선문학』 3호, 1953.2), 안수길의 「갱생기」(『해병과 상륙』, 계문사, 1953) 등도 이러한 계열의 작품에 해당한다.

13) 『협동』 37, 1952.12, p.136.

따발총을 휘두르는 적을 공격한다. 그런데 그 속에 자신의 아우 광이가 섞여 있는 것을 발견하고 순간적으로 멈칫하는 바람에 발사한 로켓은 빗나가게 된다. 그는 이북 고향 땅에 남아 있는 아우 '광이 놈'이 '적병들' 측에 끼어 따발총을 휘두르며 백중위와 전우를 겨누던 어젯밤 꿈을 생각하였다. 이때 광이의 잔인하고 냉혹한 눈초리가 눈에 뜨이자, 백중위는 '비록 형제지간일지라도 전우를 향해 따발총을 겨누는 아우는 용서할 수 없다'는 생각에서 아우가 있는 곳에 폭격을 한다. 그리고 폭탄이 목표물에 명중이 되자, 백중위는 미소와 함께 눈물을 흘린다. 비록 동생이 악한 존재라도 그를 죽인다는 것은 매우 슬픈 일이기 때문일 것이다. 이 작품 역시 개인적 차원보다는 애국적 차원에서 자신의 맡은 임무를 완수해야 한다는 사실을 강조하고 있음을 알 수 있다.[14)]

박영준의 「용사」(『전쟁과 소설』, 계몽사, 1951.)는 용감한 한국군의 모습을 보여주고자 한 작품이다. 권 중사는 농사꾼으로 가장하여 수색을 하다가 '인민군'에 의해 포로가 된다. 그러나 그는 '인민군'을 속여 '아군'의 진지로 유인하여 70명 가량의 '괴뢰군'을 생포하게 되는 공훈을 세운다. 그런데 어느 날 그는 같은 부대에 있는 여하사 김난수에게 사랑을 고백하는 내용의 편지를 전하고 답장을 요구한다. 답장이 없어 그녀를 찾아간 그는 수치심을 느끼고 그녀를 구타한다. 정훈과장 김 소위는 이러한 일이 권 중사의 '원래 솔직하고 단순한 성격'에서 비롯된 것임을 알고 권 중사의 기분을 풀어주기 위해 전향을 거부하는 '괴뢰군' 두 명을 사살하라는 임무를 부여한다. 이에 권 중사는 원수를 멋지게 죽이는 일이 그 무엇보다도 통쾌하리라 생각하고 고마움마저 느끼며 포로들로 하여금 도망치게 하고 그들을 향해 총을 쏘았으나 한 명이 살아 도망치고 만다. 권 중사는 괴로워하다가 급기야는 자살을 생각한다. 김 소위는 권 중사에게 다른 '괴뢰군'이라도 좋으니 아무나 한 명을 잡아오도록 한다. 그러자 권 중사는 산굴 속에 숨어 있는 빨치산 다섯 명을 잡아 와 2계급 승진을 하게 되고, 김난수 하사는 권 중사의 '새로운 그리고 위대한 인간면을 발견'하고 그를 위해 수를 짠다. 이러한 내용에서도 알 수 있듯이, 이 작품은 국군의 용감성을 형상화하고자 하였으나 사건의 우연성, 과장된 표현 등으로 독자의 공감을 얻는데 실패하고 있다. 과도한 목적의식이 작품의 개연성을 의심케 만든다는 사실을 잘 보여주고 있는 작품이라고 하겠다.[15)]

한편, 김동리의 「순정기」(『서울신문』, 1952.1.6.~14)는 앞에서 살펴본 작품들과는 다른 경향을 보여주고 있다. 여주인공 김미리는 약혼자 석운이 작년 여름 중부전선에서 부상당한 후 육군병원에 입원하여 있다는 소식을 듣게 된다. 몸에 흠집이 없는 사람과 결혼하겠다는 생각을 해 왔던 미리는 병원에 가서 석운의 다리에 파편이 열두 개 넘게 박혀 있다는 사실을 알고 놀란다.

---

14) 박영준의 「암야」(『전선문학』 1호, 1952.4) 역시 애국적 차원에서 친형제를 살해하는 육사 출신 한국군 장교의 모습을 보여주고 있다.

15) 박영준은 이외에도 국군을 형상화한 작품으로 한 장군의 형상화를 통해 유비무환의 정신이 전투 승리의 요건이 됨을 보여준 「김장군」, 용맹한 심하사가 여학생으로부터 온 위문편지를 잃어버려 애를 태우다가 찾게 되어 기뻐한다는 「위문과 편지」, 잠꾸러기 노병인 김이등병과 소년병 간의 인간애에 관한 일화를 기록하고 있는 「노병과 소년병」 등을 발표하였다. 정훈교육이 장병들에게 전쟁의 승리를 위한 정신교육을 목적으로 하면서도, 다른 한편으로는 장병들의 수고를 위로해 주는 오락적 기능도 지니고 있음을 고려할 때, 「김장군」은 주로 전자를, 「위문과 편지」, 「노병과 소년병」은 후자를 위한 전쟁물이라고 할 수 있다.

더욱이 석운이 병원에서 퇴원하고 다리가 잘린 채 의자에 앉아 있는 것을 보고는 질겁을 하기도 한다. 어느 날 석운은 자신을 위해 체념과 희생의 길을 걸으려는 미리에게 헤어지자는 의미로 약혼 시계를 돌려준다. 결국 미리는 석운에게서 시계를 받는다. 미리의 입장에서는 나라를 위해 용감하게 싸웠을지라도 상이군인이 된 석운을 결혼 상대로 받아들이기는 어려웠기 때문이다. 이러한 결말에서 어떤 목적의식보다도 사건의 개연성을 먼저 고려한 김동리의 창작 태도를 엿볼 수 있겠는데, 다음 인용문은 그 한 예가 될 것이다.[16]

> 그런 것을 함부로 말하는 사람들 참 싫어요. 나라니 민족이니 또 몸을 바쳤느니… 남의 일이니까 쉽게 말하는 사람들이 얼마나 많아요.[17]

김동리의 「귀환장정」(『귀환장정』, 수도문화사, 1951.)은 대조적인 성격을 지닌 두 인물, 의권과 상복의 이야기를 통해 당시 사회적 물의를 빚었던 '국민방위군 사건'을 다루고 있다.[18] 이 사건은 1951년 1월 국민방위군의 집단 후송 및 수용에 관련되어 일어난 국고 유용 사건이다. 1950년 12월 21일 국민방위군 설치법이 공포되어 제2국민병역에 해당되는 만 17~40세의 장정이 이에 편입되었으나, 전선의 후퇴 작전이 감행되자 방위군은 장정들을 후방으로 이송하게 되었다. 방위군 간부들은 이 기회를 이용, 막대한 국고금과 물자를 부정처분하여 사복을 채웠다. 그 결과 후퇴 장정에 대한 보급이 부족하게 되고 천수백 명의 사망자와 무수한 병자를 내게 되었다. 이 사건이 국회에 탐지되어 조사 결과 국고금 24억 원, 양곡 5만 2천 섬의 부정처분이 탄로되었다. 국회에서는 1951년 4월 30일 방위군의 해산을 결의하여, 방위군은 5월 12일 해체되었으며 이 사건을 일으킨 김윤근 등 4명이 사형되었다.[19] 따라서 이 작품에 나타난 의권, 상복의 거지 행색, 그리고 상복의 죽음 등은 '국민방위군 사건'에 대한 비판의식을 반영한 것으로 판단된다. 물론 이 작품은 이 문제를 자세히 보여주지 않는다. 다만 상복의 죽음이라는 결말을 통해 이승만 정부의 잘못된 정책 등을 간접적으로 비판하고 있다. 이것은 전쟁이라는 특수한 상황 즉, 적과 싸우고 있는 현실 속에서 '군'의 잘못을 들추어내는 것은 적을 이롭게 하는 결과를 가져올지도 모른다는 생각 때문이었을 것이다.[20] 「귀환장정」에 대한 김동리의 다음 설명은 이

---

16) 이와 유사한 작품으로는 김송의 「두개의 심정」(『문예』 14호, 1952.5.)을 들 수 있다. 이 작품은 병신이 된 자신의 몸에 절망한 나머지 자살하고 마는 상이군인의 모습을 통해 전쟁의 비극적 성격을 사실적으로 보여주고 있다. 그러나 북한소설에서는 대부분의 상이군인들이 용맹한 전사로서 전의를 불태우고 있으며, 그의 애인은 이러한 그의 모습을 자랑스럽게 받아들인다는 결말을 보여주고 있다. 리갑기의 「죽령」(『문학예술』, 1953.1.), 김영석의 「사과나무」(『문학예술』, 1953.1.), 조정국의 「불꽃」(『문학예술』, 1953.7.) 등은 그 한 예가 된다는 점에서 참고할 만하다.

17) 김동리, 「순정기」(『서울신문』, 1952.1.10.)

18) 최인욱의 「저류」(『자유세계』5호, 1952.8.) 역시 영길이라는 청년의 모습을 통해 국민방위군의 문제점을 보여주고 있다.

19) 이홍직 편, 『국사대사전』(삼영사, 1984), p.184.

20) 이처럼 김동리가 한국전쟁기에 '무기로서의 문학의 필요성'을 주장하였음에도 실제 작품에서는 전쟁의 폐해와 한국군의 부정적인 면을 사실적으로 그려내고 있다는 사실은 주목할 만하다. 이러한 상반된 결과에는 여러 가지 원인이 있을 수 있겠으나, 현실의 힘을 무시할 수 없는 소설의 장르적 특성이 가장 중요한 원인으로 작용하지 않았을까 생각한다. 따라서 한국전쟁기에 발표된 김동리의 작품들은 「공군종군

러한 사실을 짐작하게 한다.

> 처음 영내營內 생활을 정면으로 그리려 했던 것이 그때는 아직 이 사건의 책임의 소재가 공적으로 구명되지 않았을 때라, 그 반향의 여하에 미묘한 바 있겠고, 또 인간성보다 사회성 혹은 정치성에 기울 것 같기도 해서 생각한 결과 지금의 각도를 취했던 것이다.[21]

이상에서 살펴본 바와 같이 전쟁 당시 남한의 많은 소설이 애국적이고 용감한 한국군의 형상화를 통해 전의를 고취하고 군 지원의 필요성을 강조하고 있다. 그런데 이러한 경향의 작품 중에는 전의를 고취하고자 하는 목적의식이 과도한 나머지 개연성에 문제점을 드러낸 작품도 적지 않다. 한편, 이 시기 작품 중에는 한국군의 모습을 통해 전쟁의 폐해와 한국군의 부정적인 면을 드러내고 있는 작품도 있다. 냉전적 상황 속에서도 한국전쟁기 현실의 모습을 사실적으로 그려내고자 한 작가의 글쓰기 태도에서 비롯된 이러한 경향의 작품은 북한문학에서는 찾아볼 수 없다는 점에서 남한 소설의 주요한 특성을 보여주고 있는 것으로 생각한다.

나. 북한군의 형상화 양상과 특성

한국전쟁기 남한 소설 중 공산주의를 비판하고 있는 작품은 많으나 북한군의 모습을 구체적으로 형상화한 경우는 많지 않다. 이는 대부분의 남한 작가들이 전장보다는 후방의 현실에서 그 제재를 찾았다는 사실과 밀접한 관련이 있을 것이다.[22] 박영준의 「빨치산」(『신천지』51, 1952.5.)은 이런 점에서 중요한 의의를 지닌다. 이 작품은 빨치산의 생활과 그의 인간적인 면모를 비교적 구체적으로 형상화하고 있기 때문이다. 이 작품은 지식인 김명구가 공산주의 사상 때문에 빨치산 부대장이 되어 비인간적 행위를 서슴지 않다가 귀향이라는 여성과의 사랑을 통해 인간성을 회복하게 된다는 내용의 이야기를 들려주고 있다. 이데올로기와 휴머니즘의 문제를 다루고 있는 이 작품의 성과는 박영준 자신의 체험에서 비롯된 것으로 보인다. 박영준은 이 작품이 밀양에 주둔해 있던 기갑부대에서 만난 한 인물을 모델로 하고 있음을 다음과 같이 밝히고 있기 때문이다.

> 모델이 된 그 사람을 직접 만나보았을 때 그는 말뿐 아니라 몸놀림 하나하나 일순의 표정 하나하나 오로지 살고 싶다는 그 일념으로 충만해 있었습니다만 내 눈엔 그러는 그가 조금도 추해 보이지 않았습니다. 그래서 나는 생명에 대한 애정, 다시 말해 인간애에 눈을 뜨게 된 그를 위해 소속 연대장에게 그를 특사해달라고 청원까지 했습니다. 그러나 그가 그 후에 어떻게 되었는지 아무런 소식을 못 들었습니다. 아무튼 나는 그 전쟁의 현장에서 귀중한 체험을 했고 그걸 작품화시켜 보았던 것입니다.[23]

문인단」 부단장으로서의 책임감과 소설의 장르적 특성을 무시할 수 없는 김동리의 대가급 문인다운 태도에서 비롯된 고민의 산물이라 할 것이다.

21) 김동리, 『귀환장정』(수도문화사, 1951.), p.149.

22) 전쟁 당시 종군작가들이 발표한 소설의 경우 대부분의 작품은 전장보다는 피난지 현실을 주로 다루고 있다. 이 점에 대해서는 신영덕, 『한국전쟁과 종군작가』 3장 참조.

인용된 글을 통해서도 우리는 이 작품의 성과가 어디에서 비롯되었는지를 짐작할 수 있게 된다. 그것은 바로 모델이 된 한 실제 인물의 이야기가 지니는 구체성과 빨치산의 전형적 성격 즉, 한국전쟁기 한국 사회의 성격을 드러낼 수 있는 가능성과 관련된 것이었다. 그런데 이 같은 성과는 작가 자신의 목적의식에 의해 제한을 받는다. 즉, 반공애국사상을 고취하고자 한 작가의 목적의식은 작품 「빨치산」으로 하여금 작위적이고도 관념적인 성격을 가지게 하였기 때문이다.[24] 이 작품이 "뚜렷한 근거나 필연적인 이유도 없이 빨치산 생활에 염증을 나타내기 시작하고 공산주의의 허구성에 크게 눈뜨기 시작"[25]하는 주인공의 모습을 보여주고 있는 것은 이러한 사실 때문일 것이다.

이무영의 「사死의 행렬」(『국방』 23~24호, 1953.4~5.)은 주로 주인공 이훈의 이야기를 통해 공산주의의 허구성과 북한군의 잔학성을 고발하고 있다.[26] 이 작품의 전반부에서는 천석지기의 외아들 이훈이 공산주의자가 되었으나 북로당원과의 갈등 끝에 반동분자들과 함께 납북되는 과정을 보여주고 있다. 그리고 후반부에서는 주로 이러한 납북과정에서 일어난 일들을 그리고 있는데, 납북과정에서 훈은 북한군과 공산주의자들의 비인간적인 잔학성을 체험한 후 지난날 자신의 좌익 활동이 어리석은 일이었음을 깨닫게 된다. 훈은 '가장 진보적 민주주의라고 떠들어대는 공산주의가 재판은커녕 심사도 없이 사람의 목을 파리 목 자르듯 하는 무서운 사실 앞에' 전율하기도 하고, '인간의 권리와 자유를 빼앗은 공산당'을 저주하기도 한다. 이 작품은 다소 감정적인 태도로 공산주의를 비판하고 있지만, 한 공산주의자의 삶을 비교적 구체적으로 형상화하였다는 점에서 그 의의를 지닌다고 생각한다.[27]

한편, 황순원의 「포화 속에서」(『서울신문』, 1952.1.15.~18.)는 휴머니즘의 입장에서 북한군을 형상화하고 전쟁의 비인간성을 비판하고 있다는 점에서 특징적이다.[28] 이 작품의 주인공 강서방

---

23) 박영준, 「저 산정에 햇볕이」(『문학사상』, 1973.7.), p.278.

24) 박영준은 이외에도 빨치산의 형상화를 통해 공산주의자들의 '만행'을 고발하고 그들에 대한 적개심을 고취하는 작품을 발표하였다. '공비'가 된 해봉이 군당부 간부의 명령 때문에 할 수 없이 자기의 어머니를 총으로 쏘아 죽이게 만들었다는 내용의 「삼형제」(『협동』 39, 1953.4.), '공비'가 욱실거리는 지리산 운봉에 살고 있는 근배가 '공비'들에 의해 처자식을 모두 잃어버린 후 그들에게 복수한다는 내용의 「어둠을 헤치고」(대한금융연합회 편, 『농민소설선집』, 1952.)가 그것이다. 「어둠을 헤치고」는 이후 단편집 『그늘진 꽃밭』(신한문화사, 1953.)에 「지리산근처」로 개제, 수록되었다.

25) 조남현, 「우리 소설의 넓이와 깊이」(『문학정신』, 1988.12.), p.254.

26) 가끔 이훈을 박홍 혹은 박훈이라고도 하였다. 『국방』 23호, p.239, p.240, p.246, 『국방』 24호, p.225. 참조.

27) 이 작품의 주인공 이훈은 이문열의 『영웅시대』에 등장하는 이동영과 여러모로 흡사하다는 점에서 주목할 만하다. 천석지기 갑부의 외아들이라는 점, 학생사건으로 구속되었다는 점, 지식인 공산주의자라는 점, 전쟁 발발 직전까지의 지하 잠적 생활, 북로당원들과의 갈등을 통해 공산주의의 허구성을 깨닫는다는 점 등이 그것이다. 한국전쟁기 문학과 이후 발표된 한국전쟁을 제재로 한 문학과의 상관관계는 이러한 점에서도 찾을 수 있으리라 생각한다.

28) 『서울신문』에 연재되었던 이 작품은 이후 『목숨』(『주간문학예술』, 1952.5.)으로 개제되었다. 그런데 이 사실은 그 동안 잘 알려져 있지 않았던 것으로 판단된다. 황순원 전집이 이미 나와 있고, 황순원 문학에 대한 많은 연구가 이루어졌음에도 불구하고 이 사실이 알려져 있지 않았다는 것은 한국전쟁기 문학에 대한 실증적 연구의 필요성을 새삼 보여준다고 하겠다. 그리고 황순원은 "연재소설을 쓰지 않는 작가로 유명"하다고 하는 평가가 있음을 고려할 때, 이 작품은 다소 예외적인 작품에 해당한다고 할 것이다. 오

은 '마흔 고개를 넘은 지도 이미 이태'이며, 아이 둘과 아내가 있는 농사꾼이다. 그는 전쟁이 터지자 '인민군'으로 불려 나와 훈련을 받고 전장에 투입된다. 그런데 강서방은 비행기 공습이 있게 되자, 굴속으로 피신한다. 그리고 여기서 농사하다가 '인민군 군대'에 들어오게 된 열네 살의 소년을 만나게 된다. 공습이 끝나서 이들은 밖으로 나가 부대원들을 찾았지만 부대는 간 곳이 없다. 이들은 자신들이 낙오하였다는 사실에 불안해하면서도 한편으로는 목숨을 부지할 수 있게 되었다는 안도감을 느끼며, 콩가루와 생쌀을 먹으면서 물을 찾아 남쪽으로 걸어간다. 도중에 강서방은 피투성이의 '인민군' 부상병을 발견하고 그에게 물을 먹인다. 그런데 그가 죽자 시체의 피 묻은 쌀 주머니를 취한다. 그리고 얼마 후에는 소년이 토하면서 죽어가기 시작한다. 이에 강서방은 당황하여 소년을 업고 달려가면서 "사람의 목숨이 이렇게 죽어서 된단 말이냐."[29] 하고 부르짖는다. 작가 황순원은 "주인공의 마지막 부르짖음 그것이, 다만 그 한 사람만의 부르짖음이 아닐 것이라는 느낌이, 나로 하여금 붓을 들게 하였다."[30]라고 밝힌 바 있다. 이러한 언급을 통해서도 알 수 있듯이, 작가 황순원은 이 작품을 통해 전장에서 죽어가는 북한군 역시 같은 인간이라는 사실을 보여주면서 생명의 존엄성이 파괴되는 전쟁 현실을 비판하고 있는 것이다. 다소 감상적인 면이 있지만, 이 작품은 전의를 고취할 것을 요구하는 전시 상황 속에서 발표되었다는 점에서 특히 그 의의를 지닌다고 할 수 있다.[31]

이상과 같이 한국전쟁기에 발표된 남한 소설 중 북한군을 구체적으로 형상화한 작품은 많지 않으나 이들은 대부분 공산주의에 대한 적개심을 드러내면서 전쟁에서의 승리를 위해 전의를 고취하고 있다. 그런데 이와는 달리 북한군도 같은 인간임을 강조하면서 생명의 존엄성을 무시하는 전쟁 현실을 비판한 작품도 이 시기에 발표되었다. 한국전쟁기 북한 문학에서는 휴머니즘의 입장을 견지하고 있는 후자와 같은 작품이 거의 발견되지 않는데, 한국전쟁기 남한 소설과 북한 소설의 차이점은 이런 점에서도 찾을 수 있다.

3. 한국전쟁기 북한 전쟁소설의 특성

북한에서는 한국전쟁을 '조국해방전쟁'으로 명명하고 있다.[32] 이러한 명명에서 한국전쟁에 대한 북한의 인식 태도는 잘 드러난다. 이는 일본 제국주의 대신에 새로이 한반도를 차지하고자

생근, 「전반적 검토」,『황순원전집』 12(문학과지성사, 1988.), p.11.

29) 『서울신문』(1952.1.18.)

30) 『황순원전집』 12, p.183.

31) 황순원의 전쟁소설에 관한 상세한 설명은 신영덕, 「황순원의 전쟁소설 연구」(『한국문학이론과비평』 10호, 2001.3.) 참조.

32) 김일성은 전쟁 발발 다음 날인 1950년 6월 26일 방송 연설을 통해 전쟁의 성격을 정의의 해방전쟁으로 규정하고, 모든 힘을 전쟁의 승리를 위하여 바칠 것을 강조하였다. 이후 그는 「우리의 예술은 전쟁 승리를 앞당기는 데 이바지하여야 한다」(1950.12.24.), 「우리 문학예술의 몇가지 문제에 대하여」(1951.6.30.), 「우리 예술을 높은 수준에로 발전시키기 위하여」(1951.12.12.) 등의 연설을 통해 전시문학의 전투적인 사명과 임무, 주제 방향과 창작 실천적 문제들에 대한 방향성을 제시하였던 것이다. 김선려·리근실, 앞의 책, pp.5~24.

하는 미제국주의의 침략에 대항해야 한다는 것이다. 이 시기 조선노동당에서는 사회주의적 사실주의를 창작 원리로 제시하였지만, 보다 직접적인 창작 지침은 전쟁 승리를 위한 '문학 예술의 무기화'를 주장한 김일성의 연설 내용에 기초하고 있다.

문학 예술의 무기화 지침은 한국전쟁기 북한 문학에 다음과 같은 것을 요구하였다. 첫째, 숭고한 애국심을 형상할 것, 둘째, 인민군대의 영웅성과 완강성을 표현 묘사할 것, 셋째, 적에 대한 증오심을 옳게 표현할 것, 넷째, 국제친선사상을 테마로 한 작품을 많이 창작할 것, 다섯째, 사회주의 사실주의의 창작방법을 체득할 것 등이다.[33] 한국전쟁기 북한 소설은 이러한 요구에 의거하여 창작되었던 것으로 여겨지는데, 이러한 사실은 한국군, 북한군의 형상화 양상에서도 확인할 수 있다.

가. 한국군의 형상화 양상과 특성

한국전쟁기 북한소설에서 한국군은 큰 비중을 차지하고 있지는 않으나 미군 못지않게 부정적인 인물로 형상화되고 있다. 김남천의 「꿀」(『문학예술』 4권 1호, 1951.4.)은 1950년 8월 하순 낙동강 전선에서 부상당한 북한군 병사에 관한 이야기를 통해 북한군의 전투 의지와 할머니로 대표되는 '인민'들의 북한군에 대한 애정을 보여주고 있다.[34] 그런데 이 작품은 곳곳에서 군기가 흐트러진 한국군의 모습을 희화화하여 묘사하고 있는바, 다음은 그 한 예가 된다.

> 「빨리, 빨리!」 서로서로 짖어가며 우르르 몰려서 선두에 섰던 놈들은 벌써 산 고지를 타고 넘어갑니다. 총도 없이 맨손으로 뛰는 놈으로, 철갑모도 웃저고리도 없이 사쓰바람으로 두리번거리는 놈으로, 어떤 놈은 숫제 군복 웃옷을 벗어버리고 베적삼을 걸친 놈도 있어서 그 행색이 가지각색이지요.[35]

이북명의 「악마」(『문학예술』 4권 1호, 1951.4.)는 미군의 야수성과 악마성을 고발하면서 이에 대

---

33) 안함광, 앞의 책, pp.472~498. 한편, 사회과학원 문학연구소의 『조선문학통사』에서는 그 내용을 6가지로 구분하고 있다. 첫째는, 인민의 고상한 애국심과 민족적 자부심을 정당히 형상할 것. 둘째, 영웅을 형상할 것. 셋째, '원쑤'들의 만행을 철저히 폭로할 것. 넷째, 프로레타리아 국제주의 사상을 반영할 것. 다섯째, 자연주의적 요소를 숙청하고 사회주의적 사실주의에 기초할 것. 여섯째, 작가들은 위대한 무기, 문학 예술의 창조자로서 애국주의적 세계관을 부단히 제고할 것 등이다. 사회과학원 문학연구소 편, 앞의 책, pp.242~245. 참조, 김선려·리근실의 『조선문학사』에서는 위 내용 중 사회주의적 사실주의를 '우리식 사실주의'로 표현한 점이 다를 뿐이다. 첫째, 인민의 숭고한 애국심을 형상화할 것, 둘째, 인민군대의 영웅성과 완강성을 묘사할 것, 셋째, 적에 대한 증오심을 불러일으킬 것, 넷째, 민족적 형식과 민주주의적 내용을 가진 인민적 예술이 되는 동시에 국제주의 정신으로 일관되고 심오한 사상성과 높은 예술성을 가진 세계적 예술이 되도록 투쟁할 것, 다섯째, 형식주의를 타파하고 우리식 사실주의적 창작방법의 요구를 철저히 구현할 것 등이 그것이다. 김선려, 리근실, 앞의 책, pp.5~24.

34) 북한군의 모습을 영웅적으로 형상화하고 있는 다른 작품과는 달리 다소 '초라한 부상병'의 이야기를 사실적으로 들려주고 있다는 점에서 이 작품은 특징적이다. 이 작품에 대해 논란이 많았던 것은 이러한 사실과 관련 있을 것이다. 이 작품에 대한 북한 내부의 논쟁에 관해서는 김재용, 「월북 이후 김남천의 문학활동과 「꿀」 논쟁」,『분단구조와 북한문학』, pp.156~160 참조.

35) 김남천, 「꿀」(『문학예술』 4권 1호, 1951.4.), p.38.

한 적개심을 고취하고 있는 작품이다. 미군들은 박첨지의 코를 철사로 꿰어 기어가게 하고 쇠줄에 꿴 큰아들의 머리와 며느리의 머리를 목에 걸고 있게 할 정도로 잔인한 존재로 묘사된다. 그런데 이 작품에서는 한국군도 이에 못지않게 잔인한 존재로 묘사되고 있다. 한국군은 여성을 겁탈하고 갓난아기를 밟아 죽이는 야수와 같은 존재로 형상화되고 있는 것이다. 특히 한국군 소위 구맹호는 대표적인 인물로서 나이 많은 박첨지를 구둣발로 차는 무지막지한 인물로 등장하는데, 그 생김새 역시 다음과 같이 묘사되고 있다.

> 왼쪽 뺨에 길다랗게 칼 맞은 흠집이 굼벵이처럼 돋으라져 있는 구맹호의 구두발이었다. 막 쥐어잡은 메주덩이처럼 생긴 이 자는 과거에 권투쟁이로 주먹깨나 쓰던 덕분에 지금 국군소위로 행세하고 있는 것이다. 항상 무엇을 들부시지 않으면 때려부시고 싶어서 주먹을 틀어쥐고 후둘후둘 떠는 버릇은 아직 그대로 남아 있다.[36]

최명익의 「기관사」(『문학예술』 4권 2호, 1951.5.)는 영웅적이고 애국적인 기관사 현준의 모습을 형상화한 작품이다. 이 작품에서는 미군에 의해 희롱당하면서도 어쩌지 못하는 한국군의 비굴한 모습을 보여준다. 한국군 헌병 중위 '강가'는 미군 병사에 의해 희롱당하면서도 비굴한 웃음만을 짓는 것으로 형상화되고 있는 것이다.

> 「오 노-노. 노 굿. 술이 좋소」 하며 호되게 제 머리를 흔들고 난 미국 병정놈은 한 손까락을 빼쳐 헌병 중위 강가의 두줄 댄추로 너민 군복 옷깃속에서 넥타이를 뚱구쳐 냈다. 와락 챙피해진 모양인 강가는 현준의 앞에서 도라서며 바삐 넥타이를 옷깃 속으로 꾸겨 넣었다. 그러나 미국 병정놈은 가만 안 있었다. 그 사이에 놈은 강가의 허리에 달린 가죽 집에서 권총을 빼내서 제 괴춤에 찔렀다. 헌병 강가는 그 손을 막으려 했다. 그러나 미국 병정놈은 부르쥔 주먹을 헌병 중위의 코 앞에 흔들어 보이고는 미상불 「앞으로 갓-」의 구령을 내리는 모양으로 버럭 고함을 질으자 강가의 어깨를 비틀어 돌려 세웠다. 그리고는 헌병의 궁둥이를 이쪽 저쪽 번가라 데기차듯이 앞발길질을 해가며 앞세우고 나갔다.[37]

황건의 「안해」(『문학예술』 4권 6호, 1951.9.)는 '적'의 평양 점령으로 인해 나약했던 한 여성이 단련된 투사가 되어 가는 과정을 보여주고 있는 작품이다. 이 작품에서는 한국군이 죄 없는 민간인을 학살하기 위해 삼십 명이 넘는 사람들을 모아 놓는 과정 중에 있었던 일을 다음과 같이 희화화하여 묘사하고 있다.

> 호통치던 키 작달막한 국방군 놈은 성이 난 듯 옆에 선 같은 국방군 놈의 총을 빼앗아 쥐자 총자루를 거꾸로 추켜들고 앞에 선 사람들을 후려갈기기 시작했다. 「아이구…아이후…」 허기 찬 비명 소리가 연이어 들리고 하나둘 허리를 빗틀며 거꾸러지는 양이 보였다.[38]

---

36) 이북명, 「악마」(『문학예술』 4권 1호, 1951.4.), p.55.
37) 최명익, 「기관사」(『문학예술』 4권 2호, 1951.5.), pp.12~13.

결국 이 작품은 한국군이 아이를 가슴으로 돌려 아이 얼굴에 자신의 얼굴을 묻고 있는 여성마저 모두 총으로 쏘아 죽인 사실을 고발하고 있다. 한국군의 민간인 학살 문제는 박웅걸의 「나의 고지」(1952.5.)에서도 나타난다. 이 작품은 한계렬 경기사수의 용감성과 애국심을 형상화하는 가운데 후퇴하는 한국군이 '돈 있는 놈과 젊은 처녀들은 골라 데리고 가고' 나머지는 총살한다는 내용의 이야기를 들려주고 있다.

한국군의 부정적인 모습은 한설야의 장편 『대동강』(1952)에서도 찾아볼 수 있다. 이 작품에서는 한국군 공병을 '리승만 군대 공병' 혹은 '미군의 노예된 것을 달게 여기는 썩은 인간들'로 표현하고 '더러운 짐승들의 졸개인 리승만의 강아지들'로 표현하면서, 한국군 정훈 장교의 모습을 통해 한국군 장교의 부정적인 모습을 보다 구체적으로 형상화하고 있다. '어깨가 쩍 벌어지고 돼지 목통같이 밭고 목덜미에 칼 맞은 자리가 있는' 정훈 장교는 미국 선교사의 양자 노릇을 하여서 영어를 곧잘 하고 근력이 좋은 까닭에 선교사 부인의 총애를 받아 미국까지 다녀온다. 그는 또한 선교사의 양자였다는 이유로 '리승만 괴뢰군의 정훈장교'가 되었으며, 이것을 기회로 "졸개들을 시켜 군용물자를 훔쳐다 팔아먹고 뢰물 받고 군인들을 승급시켜주고 또 미군들이 도적해 내온 물건 거간 노릇을 해서 배를 불리고"[39], "남조선의 많은 애국자들을 잡아다 죽였고 인민군대의 후퇴 시기에는 평양까지 들어오는 동안에 도처에서 살인의 모범"[40]을 보인 인물로 형상화되고 있다.[41]

이상에서 살펴본 바와 같이 북한소설에서 한국군은 모두 부정적 인물로 등장한다. 한국군은 국방군 혹은 리승만 군대, 괴뢰군 등으로 지칭되고 있으며, 이들은 작품에서 큰 비중을 차지하지는 않으나 언제나 미군에 빌붙어 사는 초라한 존재로서 비겁하고 잔인한 성격을 지닌 인물로 형상화되고 있다. 남한 소설과 달리 북한 소설에는 이들에 대한 인간적 동정심은 거의 드러나지 않는다. 작중 화자는 편향적 서술 태도와 욕설로써 이들을 야유하며 비판하고 있다. '적에 대한 증오심을 옳게 표현하라'는 김일성의 요구가 작품에 이러한 영향을 미쳤을 것으로 판단된다.

나. 북한군의 형상화 양상과 특성

한국전쟁기 북한 소설에서 북한군은 거의 예외 없이 긍정적 인물로서 영웅적으로 형상화되고 있다. 한설야의 「김두섭」(『문학예술』 6권 3호, 1953.3.)은 전쟁 초기 전투 과정에 있었던 북한군의 '영웅성과 완강성'을 형상화하고 있다.[42] 일찍 부모를 잃은 김두섭은 단 하나뿐인 형을 의지하고 살았으나, 형이 일본 탄광으로 끌려가자 형수와 어린 조카와 살게 된다. 생활의 어려움 때

---

38) 황건, 「안해」(『문학예술』 4권 6호, 1951.9.), p.9.

39) 한설야, 『대동강』(조선작가동맹출판사, 1955), p.117.

40) 같은 곳.

41) 한국군의 부정적인 모습은 박태민의 「벼랑에서」(1952)에서도 찾아볼 수 있다. 이 작품은 전시 수송대에 동원된 트럭 운전수 원주가 미군과 한국군을 트럭에 태운 채 함께 벼랑으로 떨어진다는 내용의 이야기를 통해 약탈품을 가로채 사복을 채우려는 한국군 장교의 부정적인 모습을 고발하고 있다.

42) 북한문학사에서는 이러한 경향의 대표작으로서 유항림의 「최후의 피 한방울까지」(1950), 김만선의 「당증」(1950)을 들고 있다. 김선려, 리근실, 앞의 책, pp.128~131. 참조.

문에 '월사금'을 내지 못하는 그를 선생들은 '개고기'라 부른다. 이후 그는 고향인 신창 정거장의 기차 소제부가 되었고, 전철수에서 다시 화부로 일하는 중에 해방을 맞이한다. 또한 두섭은 철도 경비대에 있다가 보안 간부 훈련소를 마친 후 박격포 '묘준수'가 되었고 뒤에 '땅크' 연대 강습소를 나온다. 뛰어난 머리를 가진 그는 자기의 소질을 구김 없이 드러내어 짧은 기간에 전사로부터 중대장에까지 승급하게 된다. 이후 그는 '38선 이북으로 북을 침공한 적을 반격하여 일거에 개성을 해방하고 임진강을 건너 문산 계선까지 밀고 가서' 서울 점령을 눈앞에 둔다는 것이 이 작품의 결말이다.[43] 해방 이전에는 미천한 신분의 주인공이 해방 이후 전개된 북한 사회주의 체제로 인해 새로운 삶을 가지게 되었고, 이후 전쟁이 발발하자 인민군대에 입대하여 영웅이 된다는 이러한 이야기는 북한 소설에서 하나의 공식처럼 등장한다. 물론 이와 같은 현상은 영웅을 그려냄에 있어서 대중적 영웅주의를 보여줄 것을 요구한 당 문예정책과 밀접한 관련이 있다고 할 것이다.[44]

1950년 9월 연합군의 인천상륙으로 부득이 후퇴해야만 했던 북한군의 모습을 다룬 작품으로는 한효의 중편 소설 「서울사람들」(『문학예술』 4권 5~7호, 1951.8.~10.)이 있다. 이 작품은 지은이가 주로 평론 활동을 하던 한효라는 점에서 우선 주목할 만하다. 이 작품에서는 북한군의 영웅적 행위를 다양한 인물을 통해 보여주고 있으나, 중심인물인 김세호를 보다 구체적으로 형상화하고 있다.[45] 그는 일본 유학 후 야학생활을 하다가 8·15 후 귀국하였으나 5·30 선거 반대 투쟁 조직 중 붙잡히기도 한 인물로 나타난다. 그는 일에 대한 정열 때문에 거칠고 무뚝뚝하지만 인간적 면모도 지니고 있는 것으로 형상화되고 있다. 그는 말로는 표현하지 않지만 금주를 사랑하기 때문에 금주가 자신의 딸 옥희에게 준 방울을 대신 지니고 다닌다. 이러한 성격의 김세호는 후퇴하자는 부위원장을 비판하면서 끝까지 서울을 사수할 것을 주장한다. 결국 그는 적에게 최종적 타격을 준 후 9월 27일 북한산으로 들어가게 되는데, 이는 빨치산 2대대에 편입되어 끝까지 투쟁하기 위한 것임을 보여준다. 이 작품은 이처럼 북한군의 영웅적 행위를 보여주면서도, 한편으로는 당시 북한군의 무장 상태가 대단히 열악했음을 보여준다는 점에서 주목할 만하다. 이 작품에는 당시 북한군이 '날창'과 '깡통으로 만든 수류탄' 등을 사용하면서, 적의 무기를 빼앗아 싸웠던 것으로 묘사되고 있기 때문이다.[46]

---

43) 이와 유사한 작품으로는 한설야의 「땅크 214호」(1953.3.)가 있다. 한설야 선집에 실려 있는 이 작품은 땅크 운전수 전기련을 통해 파죽지세로 적을 물리쳐 전쟁 초기 서울을 점령하는 북한군의 영웅적 모습을 보여주고 있다.

44) 대중적 영웅주의란 '영웅이란 어떤 전설적인 비범한 인간을 의미하는 것이 아니라, 어젯날의 노동자, 농민, 사무원, 학생들 또는 이들의 자제이므로, 이들의 풍부한 감성과 인간성, 그들이 갖고 있는 사상과 신심 그대로를 묘사한다면 오늘날의 우리 공화국의 영웅들이 될 것'이라는 김일성의 교시 내용 중 하나이다. 사회과학원 문학연구소 편, 앞의 책, p.243. 참조.

45) 북한군의 영웅적 행위는 '적의 포화를 무릅쓰고 용감하게 지휘하는 인민군 군관', 수류탄을 가지고 탱크 밑으로 들어가 폭파한 윤기철, 탱크 위에 올라가 탱크 속에 총알을 퍼붓다 전사한 오성호 등의 모습에서도 찾아볼 수 있다.

46) 이 작품은 또한 결말에 이르러 주제의 파탄을 보인다는 점에서 주목된다. 이 작품은 처음에는 서울 사람들의 애국심과 용감성을 찬양하다가, 3회 연재 시에는 서울 사람들 대신 북한 사람들의 애국심과 용감성을 찬양하고 있기 때문이다.

그런데 북한군은 이러한 비장한 인물로서만이 아니라 다소 희극적인 인물로도 등장한다. 김영석의 「화식병」(『문학예술』 4권 4호, 1951.7.)에서는 성미가 급하지만 용감하고 희생적인 화식병 박성근의 모습을 통해 북한군의 긍정적인 면을 형상화하고 있다. '둥글넙적하고 서글서글한 얼굴의 박성근은 성품이 쾌활해서 좀처럼 화를 내지 않으나 일단 홍분하면 몹시 씨근거리는 습관'이 있기 때문에 '씨근이'로 불린다. 이러한 성격 때문에 동료로부터 놀림을 받기도 하였지만 그는 따뜻한 동지애를 가지고 있어 전투 중 부상당한 몸으로 유산탄이 터지는 가운데서도 전투 중에 있는 동료들을 위해 음식을 나르는 임무를 완수하게 된다. 이야기 내용은 단순하지만 북한군의 인간적 면모를 잘 드러냈다는 점에서 그 의의를 찾을 수 있다.[47)]

김만선의 「사냥꾼」(『문학예술』 4권 5호, 1951.8.) 역시 다소 괴짜이지만 애국적이고 용감한 북한군의 모습을 보여준다. 별명이 '괴짜 아바이'인 김의성 하사는 나이 마흔이 넘어 군에 입대한다. 두 아들 모두 전선에 보냈음에도 그가 입대한 것은 미군 조종사에 대한 증오심 때문이었다. 결국 김하사는 나이가 많다는 주위의 우려에도 불구하고 용감히 싸워 적기 2대를 격추시킨다. 이 작품은 개연성이 부족하다는 느낌을 주지만, 적기를 유인하기 위한 허위 위장 방법, 전투 현장에서 북한군들이 자는 모습, 중기를 자유자재로 사용하기 위한 방법을 모색하는 주인공의 모습 등을 구체적으로 묘사함으로써 작품의 사실성과 흥미를 높여주고 있다는 점에서 의의를 찾을 수 있다.[48)]

윤세중의 「우정」(『문학예술』 4권 3호, 1951.6.)은 북한군 특히 구대원과 신대원간의 우정을 통해 신입대원의 교육문제와 이들의 영웅적 행위를 보여주고 있다. 정치부 중대장 김해주는 적의 포관측소를 습격하여 아군으로 하여금 적을 궤멸시키게 하는 임무를 소대장 현우에게 맡기지 않고 본인이 직접 수행한다. 사랑하는 현우에게 위험한 일을 맡기고 싶지 않았기 때문이다. 그러나 해주는 임무 완수로 자신이 공을 세우게 되자 현우에게 공로를 세울 기회를 주었으면 좋았을 것 같다는 아쉬움을 느낀다. 윤세중은 이와 같이 북한군 사이의 우정을 다룬 작품을 많이 발표하였는데, 40여 차의 큰 전투를 치른 노련한 구전투원 장수철과 귀엽고 영리하고 씩씩한 박성구 사이의 우정을 그린 「구대원과 신대원」(1952)은 이러한 계열의 대표작으로서 높이 평가되고 있다.[49)]

임순득의 「조옥희」(『문학예술』 4권 3호, 1951.6.)는 여성 빨치산의 이야기를 들려주고 있다. 빈농의 딸인 그녀는 광산 노동자에게 출가하였으나 1년이 못 되어 남편이 광산 갱내에서 죽는다. 나이 스물에 홀몸이 된 그녀는 후퇴하라는 동료의 말을 듣지 않고 입당하던 날의 각오를 떠올린다. 입당하던 날 그녀는 조국을 위한 길이라면 백번 죽어도 유한이 없겠노라고 일기를 썼던

47) 이 작품은 이후 개정되어 『조선문학사선집』2 (학우서방, 1982)에 수록되었다. 이때 사건에 개연성을 부여하기 위해 약간의 내용이 추가되었다. 박성근의 희생적 노력과 임무 완수의 고통, 오경환 전사와의 갈등 및 화해 등이 특히 그러하다.

48) 이 작품은 사건의 개연성이 부족하다는 이유로 안함광으로부터 비판을 받았던바, 이에 관한 내용은 안함광, 「1951년도 문학창조의 성과와 전망」(『현대문학비평자료집』, 태학사, 1993), p.139. 참조. 한편, 비행기 사냥꾼에 관한 작품으로는 리종민, 「남강마을의 새로운 노래」(『문학예술』, 1952.9.) 등이 있다.

49) 김선려, 리근실, 앞의 책, pp.136~138. 참조.

것이다. 김일성의 사진을 보고 오열하며 빨치산에 가담한 이유를 생각하던 그녀는 "조선의 자유와 독립을 위하여 청춘을 바쳐 싸우신 당신을 본받아 인민의 한 사람인 저도 어찌 그 길을 따르지 않으오리까"(p.20.) 하며 끝까지 투쟁하기로 결심한다. 결국 그녀는 미군 습격에서 분대장 역할을 맡아 임무를 완수하지만, 미군에게 붙잡혀 고문을 받은 후 총살당한다. 여성 빨치산의 용감성과 애국심을 형상화하고 있는 이 작품은 김일성 우상화 경향을 보여주고 있다는 점에서 주목할 만하다.[50)]

북한군 형상화에 있어서의 또 다른 특징은 소년병의 애국심을 다룬 작품에서 찾을 수 있다. 박태원의 「조국의 깃발」(『문학예술』 5권 4호~6호, 1952.4.~6.)에는 소년병 리영일이 주요 인물로 등장하고 있다. 다음은 부사수 강동수의 눈에 비친 리영일 소년병의 모습이다.

> 나이도 어리고 또 갓 들어오고 하였으니 좀 어려워하는 맛이 있어도 좋으련만, 이것 조그만 것이 아주 여간내기가 아니다. 말 한마디도 남에게 지려고 안 한다. 다른 동무들은 그가 말도 잘하고 아주 '영악바리'라고 귀엽게들 보는 모양이지만 그것은 어림도 없는 수작이다. 어린 게 서울치가 되어 놓아서 주둥아리만 깠고 아주 깜찍스럽다.(5권 4호, p.14.)

이처럼 리영일은 나이가 어리지만 '여간내기가 아닌' 소년으로서 '원쑤'에 대한 증오심으로 자신의 맡은 임무를 철저히 수행하는 인물이다. 영일의 아버지는 그가 아주 어렸을 때 병으로 죽었고, 형은 그가 여덟 살 때 '원쑤놈들'과 싸우다 한을 머금고 쓰러졌다. 당원이며 민청원으로 서울역 기관구에서 투쟁하다가 '괴뢰 경찰'의 손에 검거되어 갖은 악독한 고통을 받던 끝에 마침내 이십사 세를 일기로 세상을 떠났다. 이에 리영일은 어머니의 반대에도 불구하고 도망 나와 의용군을 지원한다. 이후 리영일은 전장에서 우연히 형의 원수인 '조가'를 만난다. 형사 조가는 '일제 때에 함흥인가 어디서 고등계 형사질을 해 먹다가 해방이 되자 그 즉시 서울로 도망해 온 악질로 아주 유명한 놈'으로 영일의 형을 고문하여 죽인 인물인데, 영일은 그의 배를 총창으로 찔러 죽인다는 이야기이다. 중편에 해당하는 이 작품은 이처럼 소년병의 모습을 통해 북한군의 '영웅성과 완강성'을 형상화하면서, 적이 소년병의 가족을 해친 일제하 고등계 형사였다는 사실을 통해 소년병이 적에 대해 증오심을 가질 수밖에 없는 이유를 보여주고 있다.[51)]

한편, 이태준의 「백배 천배로」(1951.4.)는 북한문학사에서 의도적으로 왜곡하여 평가하고 있는 작품이라는 점에서 논의할 만하다. 이 작품은 최훈 분대장과 오기호 전사의 이야기를 통해 적에 대한 적개심과 전의를 고취하고 있으나, 북한문학사에서는 이 작품이 "영웅적 인민군 전사들을 모욕하고 우리 인민이 진행하는 전쟁의 정의적 성격을 말살하려 하였으며 전쟁 승리를 위한 우리 당과 정부의 시책을 중상하였다"[52)]라고 비판하고 있다. 이태준이 당의 노선에 입각하여

---

50) 이와 유사한 내용의 작품으로는 리북명의 「조선의 딸」(『문학예술』 5권 10호~12호, 1952.10.~12.)이 있다. 중편 분량의 이 작품은 조옥희라는 여성의 생애를 보다 구체적으로 형상화하고 있는바, 실제 인물을 동일한 대상으로 한 것으로 추정된다.

51) 소년 전사의 애국심을 다룬 작품으로는 이외에도 현덕의 「복수」(『문학예술』, 1951.6.), 리갑기의 「강」(『문학예술』, 1952.4.), 심상학의 「꼬마 습격조원」(『문학예술』, 1952.9.) 등이 있다.

인민군을 영웅적으로 형상화하고자 하였음은 그의 다른 작품 「누가 굴복하는가 보자」(1951.4.)에서도 잘 드러난다. 이 작품은 김영민 군관의 영웅적 행위로 인해 겁 많던 운전수가 애국적이고 용감한 인물로 변모된다는 이야기를 들려주고 있으나, 북한문학사에서는 이 작품에 대해 함구하고 있다. 이와 같은 현상은 남로당 출신 작가의 숙청이라는 정치적 사건과 밀접한 관련이 있을 터인데, 이태준 문학에 대한 북한문학사의 평가를 재검토해야 함은 이러한 이유 때문이다.

이상에서 살펴본 바와 같이 한국전쟁기 북한 소설에서 북한군을 비롯한 긍정적 인물들은 혁명적 낙관주의와 대중적 영웅주의에 입각하여 형상화되고 있다.[53] 따라서 이들은 대부분 애국적이고, 승리에 대한 자신감과 굳은 의지를 지니고 있으며, 극한 상황에서도 여유를 잃지 않고 위기와 고난을 슬기롭게 극복하여 임무를 완수하는 영웅적 인물로 형상화되고 있다. 설혹 부정적인 성격을 지니고 있다고 하더라도 정도가 심각하지 않기에 이들은 대부분 교화되어 변모됨으로써 자체 내의 갈등은 결국 해소되고 만다. 그리고 작품에 등장하는 북한군은 대체로 농민 혹은 노동자 출신으로서, 개인 희생과 당에 대한 헌신, 김일성에 대한 충성을 맹세하고 있다는 점에서 특징적이다.[54]

4. 맺음말

본고에서는 한국전쟁기 남북한 전쟁소설의 특성을 밝혀내고자 그 일환으로서 한국군과 북한군이 어떻게 형상화되고 있으며, 그 특징은 무엇인가에 대하여 살펴보고자 하였다. 이는 한국전쟁기에 발표된 전쟁소설에서 한국군과 북한군이 작품의 주요한 비중을 차지하고 있어 이 시기

52) 사회과학원 문학연구소 편, 앞의 책, p.248.

53) 그 결과 이들은 지나치게 이상적으로 형상화됨으로써 인물의 성격이 단순화되고 유형화되는 문제점을 보여주게 된다. 김춘선, 앞의 글, p.396. 참조.

54) 애국적인 북한군의 모습을 형상화한 작품으로 이 글에서 언급하지 않은 작품으로는 서울 시가 방어 전투에서 수류탄을 안고 '땅크' 밑으로 들어가 폭파하고 전사하는 리영우의 모습을 형상화한 박찬모의 「수류탄」(『문학예술』 4권 1호, 1951.4.), 고향 해방전투에서 용감히 싸워 이긴 후에도 고향에는 전쟁이 끝난 후에 찾겠다고 하는 박경호의 애국심을 형상화한 리근영의 「고향」(『문학예술』 4권 8호, 1951.11.), 전투에서 용감히 싸운 전사 박경호의 이야기를 다룬 채규철의 「빛나는 고지」(『문학예술』 4권 9호, 1951.12.), 용감하고 애국적인 전사 박동구, 리창배의 이야기를 다룬 천세봉의 「고향의 아들」(『문학예술』 5권 1호, 1952.1.), 신대원 문식이 분대장 영철의 지도로 미군 장교들을 포로로 잡아 오게 된다는 이야기를 다룬 신동철의 「분대장의 목소리」(『문학예술』 5권 1호, 1952.1.), 조순필과 최영만 등 빨치산의 용감성과 애국심을 형상화한 박찬모의 「혈맥」(『문학예술』 5권2호, 1952.2.), 적 대대장을 사로잡아 전투를 승리로 이끈 김용걸 소대장과 정찰병들의 이야기를 다룬 천청송의 「정찰병들」(『문학예술』 5권 3호, 1952.3.), 첫 전투에 나선 전투 조종사 김락준의 이야기를 다룬 현덕의 「첫전투에서」(『문학예술』 5권 10호, 1952.10.), 부상병 남정우의 용감성과 애국심을 다룬 리갑기의 「죽령」(『문학예술』 6권 1호, 1953.1.), 용감한 중기사수 리찬식과 간호원 현숙의 이야기를 다룬 김영석의 「사과나무」(『문학예술』 5권 12호, 1952.12.), 적의 폭격으로 가족과 집을 잃어버린 후 간호원이 된 례주와 부상으로 입원한 병사 정호의 이야기를 다룬 황건의 「행복」(『문학예술』 6권 2호, 1953.2.), 무사고 주행으로 훈장을 받은 수송전사 윤수의 고향 방문 이야기를 다룬 엄홍섭의 「다시 넘는 고개」(『문학예술』 6권 4호, 1953.4.), 부상당한 신중섭 분대장이 자신의 몸으로 철조망을 덮쳐 전우들로 하여금 자신의 몸을 밟고 지나가게 함으로써 전투에서의 승리를 이끈다는 이야기를 다룬 조정국, 「불꽃」(『문학예술』 6권 6호, 1953.6.) 등이 있다.

작품의 특성을 잘 보여줄 수 있으리라 생각하였기 때문이다.

한국전쟁기 남한 전쟁소설의 특성은 다양성에서 찾을 수 있다. 남한의 전쟁소설은 전쟁에서의 승리를 위해 전의를 고취하고자 하는 목적의식을 강하게 드러내는 작품도 많지만, 한국전쟁기 현실의 모습을 사실적으로 보여주고 있는 작품도 적지 않다. 특히 후자의 경우에는 한국군과 북한군의 다면적 성격을 보여줌으로써 작품에 역동성을 부여하고 있는바, 이는 남한 전쟁소설의 중요한 특성이 된다.

이에 비해 북한 전쟁소설의 특성은 단일성에서 찾을 수 있다. 거의 모든 작품이 전의를 고취하고자 하는 목적의식을 강하게 드러내고 있으며, 북한군은 선인, 한국군은 악인이라는 기본적인 도식하에 인물이 형상화되고 있다. 그 결과 인물은 유형화되고 주제 또한 천편일률적이어서 작품은 단조롭다는 인상을 주게 된다. 물론 이러한 특성은 '인민군의 영웅성과 완강성을 형상화하고 적에 대한 증오심을 옳게 표현하라'는 김일성의 요구와 밀접한 관련이 있는바, 이러한 특성은 남한 소설과의 근본적 차이점이 된다.

이상으로 본고에서는 남북한 전쟁소설의 특성을 동일 기준으로 비교 검토해 보았다. 그 결과 한국전쟁이 남북한 문학에 미친 영향을 어느 정도 구명할 수 있었으며, 그 이질화의 심각성도 알 수 있었다. 이제 앞으로는 한국전쟁을 다룬 작품들이 휴전 이후 어떻게 전개되어 왔는가에 대한 검토를 통해 남북한 전쟁소설의 특성과 이질화 양상을 살펴보고자 한다. 남북한 문학의 특성과 이질화 양상에 대한 연구는 향후 남북한 관계 개선 및 화해에 의한 통일을 대비하는 중요한 작업이 될 수 있을 것이다.♠

〈참 고 문 헌〉

●단행본

·권영민, 『한국현대문학사』, 민음사, 1993.
·김선려, 리근실, 『조선문학사』11, 과학백과종합출판사, 1994.
·김윤식, 『북한문학사론』, 새미, 1995.
·김윤식, 『한국현대문학사론』, 한샘, 1988.
·김윤식·정호웅, 『한국소설사』, 예하, 1993.
·김재용, 『북한문학의 역사적 이해』, 문학과지성사, 1994.
·박명림, 『한국전쟁의 발발과 기원』Ⅰ, 나남, 1996.
·박신헌, 『한국전쟁전후기소설연구』, 형설출판사, 1993.
·박종원, 류만, 『조선문학개관』Ⅱ, 사회과학출판사, 1986.
·사회과학원 문학연구소, 『조선문학통사』, 인동, 1988.
·송하춘, 이남호 편, 『1950년대의 소설가들』, 나남, 1994.
·신영덕, 『한국전쟁과 종군작가』, 국학자료원, 2002.
·신영덕, 『전쟁과 소설』, 역락, 2007.
·신형기, 오성호, 『북한문학사』, 평민사, 2000.
·안함광, 『조선문학사』, 연변교육출판사, 1956.
·오현봉, 『한국현대문학의 사회학적 시고』, 형설출판사. 1990.
·와다 하루끼(和田春樹), 서동만 역, 『한국전쟁』, 창작과 비평사, 1999.
·이재인, 『북한문학의 이해』, 열린원, 1995.
·이종학, 『군사사학으로 본 6·25 전쟁사』, 충남대학교 출판문화원, 2022.
·조건상 편, 『한국의 전후 문학』, 성대출판부, 1994.
·조남현, 『한국현대소설연구』, 민음사, 1987.

●논문

·김영택, 「전전세대와 전쟁의 소설화」,『어문학연구』 4, 1994.
·김춘선, 「북한문학의 전개양상과 제 특징」,『현대소설연구』11호, 1999, pp. 383~400.
·서경석, 「6·25전쟁문학」,『역사비평』, 1990년 겨울.
·성동민, 「남북한 전시소설 연구」, 동국대 대학원 박사학위논문, 2004.
·신영덕, 「한국전쟁기 남북한 소설과 미군·중국군의 형상화 양상」,『한중인문학연구』 10집, 2003.6.
·오세영, 「한국전쟁문학론 연구」,『인문논총』 28집, 서울대, 1992. 12.
·이상원, 「1950년대 한국 전후소설 연구」, 부산대 박사논문, 1993.
·이은자, 「북한 전시소설의 주제특성에 대한 연구」,『현대소설연구』12호, 2000.

IX. 남북한 재래식 군사력 비교와 의미[1)]

김 희 수※

1. 머리말

한반도는 광복 이후 정치적 이념이 다른 남과 북으로 분단되어 정치·경제·사회·문화적인 경쟁을 하면서 군사적인 대립을 하였다. 오늘날 한국은 2차 세계대전 이후 독립한 국가 가운데 시장경제 체제와 민주주의 체제가 가장 잘 발전된 대표적인 국가가 되었다. 이러한 성장은 한미동맹을 기반으로 안보와 국방이 제공되었기 때문에 가능할 수 있었을 것이다.

북한은 2017년 '국가 핵무력' 완성을 선언한 이후 대미협상을 시도했으나, 하노이 미·북 정상회담이 결렬되면서 교착 국면이 장기화되자 2020년 1월 '정면 돌파전'을 새로운 전략노선으로 제시하였다. 이후 경제난이 심화되는 상황에서도 2021년 제8차 당대회에서 국방분야 전략적 과업을 제시하고, 2022년 9월 최고인민회의를 통해 '핵무력정책'을 법제화하는 등 핵을 포기하지 않겠다는 강한 의지를 표명하면서 핵·미사일 능력 고도화에 집중하는 한편, 선별적인 재래식 전력증강을 통해 작전태세 향상을 도모하고 있다.[2)]

한국은 북한 핵 위협이 고도화됨에 따라 국가안보에 많은 위기의식이 존재하고 있으며, 한국의 독자적인 능력으로 핵사용을 억제하는 방안과, 미국으로부터 확장억제 실효성을 제고할 수 있는 방안을 논의하는 중이며 전술핵 배치, 핵 공유, 자체 핵무장을 논하면서도 북한의 재래식 군사력에 대한 대비도 병행해야 한다는 주장이 제기되고 있다. 특히 최근 우크라이나와 러시아의 전쟁 양상과 이스라엘과 하마스 간의 전쟁 등에서 재래식 무기의 효과성이 대두되고 있다. 한편 압도적인 재래식 군사력이 있으면 핵 위협을 상쇄할 수 있다는 주장도 제기되고 있다.

이러한 배경에서 본 연구는 남북한의 재래식 군사력의 현황과 격차를 비교하면서 회피해야 할 북한의 강점과 이용해야 할 약점을 식별하고, 상대적으로 우리의 강점을 최대한 발휘하면서 우리의 취약점을 보강하는 방안을 논의하고자 한다. 본 연구는 문헌 연구를 주로 하며 기존 군사력에 대한 개념과 선행연구를 살펴보고, 현재 공식적으로 국방부가 평가하고 있는 남북한 군사력의 현황을 살펴본 후 군구조별 비교를 통해 함의를 찾고자 한다.

※ 합동군사대학교 전략학과 교수, 군사학 박사.

1) 이 원고는 2023년 한반도 평화를 위한 통일정책 연합 학술회의(2023.11.10)에서 발표된 논문으로서 수정과 보완이 필요한 원고임을 밝히며, 풍석 이종학 교수님 추모 기념 논문으로 인용을 삼가해주시기 바랍니다.

2) 국방부, 『2022 국방백서』(서울 : 국방부, 2022), p.21.

2. 군사력에 대한 이론적 논의

가. 군사력 개념

국제 무정부 환경에서 국가는 안보를 위한 최소한의 자구책을 마련하지 않을 수 없으며, 군사력은 그러한 자구책의 핵심을 구성하는 본질적인 요소이다. 일반적으로 국가는 안보를 위해서 국력(Power)을 확충하기를 원하지만, 모든 국가가 원하는 만큼의 국력을 가질 수 있는 것은 아니다. 동시에 국력이라는 것을 구체적으로 어떻게 정의하고 그것을 어떻게 측정할 수 있는가 하는 문제는 국제정치 학자들의 오랜 연구 주제 중에 하나이다.[3)]

레이 클라인(Ray Cline)은 국력의 한 요소로 군사력을 포함시켰으며 군사력의 세부 요소로 전략핵 능력과 재래식 군사력으로 구분하여 전력 평가 모형을 제시하였다.[4)] 국력은 경성요소인 군사적 구성뿐만 아니라 설득이나 매력과 같은 연성의 요소를 모두 포함하고 있다. 군사력만으로 전쟁에서 승리를 보장할 수는 없다. 군사력은 약하지만 강한 의지를 가진 국가가, 군사적으로 강하지만 결의가 약한 국가와 싸워 승리할 수 있다. 전쟁의 결과는 단순히 군사력에 의해서만 결정되지 않는다는 것이다.[5)]

클라우제비츠는 전쟁론에서 '전쟁은 정치의 연속'임을 강조하였다. 전쟁이란 특정한 정치적 목적을 달성하기 위한 수단이라는 것이다. 근대국가 체제가 형성된 이래 국가는 정치적 목적을 달성하기 위한 전쟁을 수행하였고, 이를 위해 군사력을 유지하여 왔다. 군사력이란 정치적 목적을 위해 전쟁을 수행하기 위한, 준비된 능력이라고 정의할 수 있다.[6)]

군사력은 다양하게 정의되고 있다. 합동·연합작전 군사용어사전의 정의를 보면, 군사력軍事力은 국가안전보장을 위한 직접적이며 실질적인 국력의 일부로서, 군사작전을 수행할 수 있는 군사적인 능력과 역량을 말한다.[7)] 군사력은 상대방의 인명과 시설 및 장비를 실질적으로 파괴할 수 있는 물리적 능력으로서 안보의 최후 보루이다.[8)] 군사력은 특정 국가의 무기체계와 규모를 지칭하는 경우가 많으나, 원칙적으로 유형전력을 포함해서 전술 전기와 운용전략 등 무형의 전력을 포괄하는 개념이다.

군사력은 정택적 정의와 동태적 정의로 구분할 수 있다. 군사력의 정태적 정의는 협의의 정의로 군사력이란 "전쟁을 수행하기 위해 준비된, 무기, 병력, 장비를 포함하는 물리적 능력"이라

---

3) 고봉준. 「국가안보와 군사력」, 『안전보장의 국제정치학』(서울 : ㈜사회평론, 2010), p.183.
4) 권오정·조용주, 「지상군 전력평가 발전방향 연구」, 『국방정책연구』제31권 제1호(한국국방연구원, 2015), p.109.
5) 스티븐 비들, 『군사력 현대전에서의 승리와 패배』 현대군사명저 번역 간행위원회 옮김(서울 : 국방부, 2021), p.10.
6) 고봉준(2010), p.185.
7) 합동참모본부, 합동교범 10-2 『합동·연합작전 군사용어사전』(대전 : 합참, 2020), p.55.
8) 고봉준(2010), p.184.

고 정의할 수 있다. 군사력의 동태적 정의로 군사력이란 "군사전략에 의해 부여되는 임무를 수행하는 능력"으로 정의하고 있다. 군사력의 활용 목적을 구성하는 군사전략 및 그 전략에 맞추어 군사력이 수행해야만 하는 전술적 임무를 동시에 정의해야만 한다. 군사력이란 안보전략에서 일차적으로 규정된 정치적 목적을 달성하기 위해 군사전략에서 지시하는 전쟁을 수행할 수 있는 잠재 능력(War potential)을 군사력으로 정의한다.[9)]

3. 군사력 비교 논의

가. 재래식 군사력과 대량살상 무기

전통적 군사력은 상대방의 유사 능력을 물리적으로 파괴할 수 있는 능력을 의미하고 지상군 능력을 핵심적인 자산으로 삼아 왔으나, 최근 들어 기존의 개념에 변화를 필요로 하는 새로운 구성요소들이 등장하였다. 하지만 군사력을 이해하기 위해서는 병력과 무기의 규모와 질 그리고 그러한 병력과 무기가 전쟁 준비를 위해 조직되는 방식에 대한 기초적 이해를 배제할 수 없고, 이러한 기초적 이해는 군사력의 창출과 운용을 연결하는 중요한 고리이다.[10)]

전통적 군사력을 고려함에 있어서 재래식 무기 위주의 지상군 능력은 21세기에도 여전히 중요한 군사전략상 필수 요소이지만, 해군력과 공군력 역시 국가안보를 유지하는 핵심적인 기능을 수행하고 있음을 부인할 수 없다.[11)] 재래식 무기(在來式武器, Conventional Weapons)란 칼·총·대포 따위와 같이 예전부터 사용해 오던 무기로서 핵무기·생화학 무기·탄도 미사일 따위를 제외한 무기를 이르는 말이다. 재래식 무기는 대량살상무기의 사용을 직접적으로 필요로 하지 않는 방어, 공격 작전에 사용되는 인력, 장비 또는 무기를 일컫는다. 선박, 항공기, 장갑차, 총, 비핵미사일, 비핵탄두 및 육·해·공군 인력, 배치하는 전략, 통신, 기후, 통제기기, 연결망 등을 의미한다.[12)]

전통적 군사력은 물리적 능력에 초점을 맞추는 현실주의 안보이론에 따르면 잠재적 적국으로부터의 위협은 그 나라가 보유하는 군사력의 크기와 상관관계가 있다. 국제정치에서 한 국가가 가진 군사력의 의미는 관력 국가의 군사력과 비교를 통해 정확한 의미를 파악할 수 있다.[13)]

전통적인 군사력과 관련해서 두 가지 점을 유의할 필요가 있다. 다변화해 가는 전쟁의 특징

---

9) 고봉준(2010), p.188.

10) 고봉준, 「국가안보와 군사력」, 『안전보장의 국제정치학』(서울 : ㈜사회평론, 2010), pp.197~198.

11) 고봉준(2010), p.190.

12) *con·ven·tion·al [kənvénʃənəl] a.
① 전통적인 ; 인습적인, 관습적인
② 형식적인, 판에 박힌, 상투적인, 진부한, 독창성 [개성]이 결여된
③ (병기가) 재래식인, 보통의, 비핵(非核)의
-------• Conventional war 재래식 무기에 의한 전쟁

13) 고봉준(2010), p.188.

을 고려할 때 전통적 군사력 구성 요소들은 잠재적 전쟁수행 능력의 측면에서는 여전히 그 중요성이 인정되나 그 자체를 군사력과 동일시하는 데에는 무리가 있을 수밖에 없다. 최근의 변화하는 전략적 환경의 추이를 감안한다면, 전통적 군사력에 대한 이해도 정보지식 기반의 군사력에 대한 이해를 바탕으로 해야 할 필요가 있다. 특히 해·공군력은 최근 군사부문 기술발전을 더욱 능동적으로 소화하고 있어서 전통적 군사력의 의미를 본질적으로 변화시키는 측면이 있는 점을 주목해야 한다.[14]

한편 대량 살상무기는 인간을 대량 살상할 수 있는 무기로 생물, 화학, 핵, 방사능 등 4종류의 무기를 가리키지만, 일반적으로 핵무기를 지칭하는 경우가 많다. 대량살상무기가 군사력 측면에서 중요한 쟁점이기는 하지만, 유일한 것은 아니다. 스티븐 비들에 의하면 대부분의 국가들은 대량 살상무기를 확보하지 못할 것이며, 설령 확보한다 하더라도 쉽게 사용하지 못할 것이다. 따라서 대량살상무기가 확산되어도 재래식 전력은 여전히 중요하다.[15]

나. 군사력 비교 선행연구

비교란 둘 이상의 것을 견주어 공통점이나 차이점, 우열을 살핌을 말한다. 사회과학적 연구방법론의 한 부류로서 비교분석은 연구주제의 현상과 특징들을 비교하기 위해 질적 또는 양적 방법을 사용하여 연구를 수행하는 방법론이다.

남북한 군사력의 비교·분석·평가는 분단 이후 남북한의 불안정한 군사적 대치·갈등·충돌이 지속됨에 따라 우리의 중요한 관심사 중의 하나였다고 해도 과언이 아니다. 그러나 한국에서 군사력 평가방법론 및 남북한 우열비교 연구는 제6공화국(노태우 정부) 출범 전까지 활발하게 진행되지 못하였다. 그 이후 남북한 군사력 분석은 2004년(노무현 정부)과 2009년(이명박 정부)과 2018년(문재인 정부)에 실시한 바 있다.[16]

한반도의 군사균형(군사비교)에 대한 관계당국 및 관련학자들의 견해는 크게 한미 관계당국의 공식적인 주장으로 북한군사력 우세론, 북한당국과 한반도 문제에 대한 수정주의학자들의 견해인 남한군사력 우세론, 그리고 남북한 군사력 균형론을 주장하는 세 가지 시각이 있다는 분석이 제시된 바 있다.[17]

학자들 간에 견해가 상이한 것은 군사력이 무엇이냐에 대해 연구자들이 서로 다른 개념을 갖고 있으며, 평가에 있어 질적 요소와 조직적 능력 등을 고려하는 방법과 정도도 서로 다르기 때문이다. 또한 동일한 평가를 놓고 군사적 우열을 재평가한다 하더라도 군사력이라는 종속변수와 독립변수 간의 함수관계가 명확하지 않아 군사력에 대한 객관적이고 명확한 실체평가가 어렵기 때문이다.[18]

---

14) 고봉준(2010), p.190.

15) 스티븐 비들(2021), p.16.

16) 김강녕, 「남북한 군사력 비교·평가와 한국의 군사적 대비과제」, 『군사논단』 통권 제108호, 한국 군사학회(2021) p.36.

17) 김강녕(2021), p.36.

최근 남북한 군사력에 대한 언론에 노출된 주요 비교사례와 국방백서의 남북한 군사력 현황 등을 정리하여 의미를 살펴보고자 한다.

4. 남북 군사력 현황

가. 북한의 군사력 현황

1) 북한의 군사전략과 군사지휘구조

북한은 ‘국방에서의 자위’ 원칙에 따라 1962년 4대 군사노선을 채택하고, 군사력을 지속적으로 증강하고 있다. 또한, 김정은은 정권세습 이후 2015년 인민군대의 강군화를 위한 군 건설의 전략적 노선으로 ‘정치사상 강군화, 도덕 강군화, 전법 강군화, 다병종 강군화의 4대 전략적 노선’을 새로이 제시하였다.

북한군은 기습공격, 배합전, 속전속결을 중심으로 하는 군사전략과 핵무력 전략에 기초하여 다양한 전략·전술을 모색하고 있으며, 핵·WMD(Weapons of Mass Destruction), 미사일, 장사정포, 잠수함, 특수전 부대, 사이버·전자전 부대 등 비대칭 전력 증강과 함께 선별적인 재래식 무기 성능 개량을 추진하고 있다. 특히 핵·미사일 능력 고도화를 달성하기 위해 각종 미사일을 연이어 시험 발사하고 있으며, 6,800여 명의 사이버전 인력을 운영하여 최신 기술에 대한 연구 개발을 지속하는 등 사이버전력 증강을 위해 노력하고 있다.

북한군은 유사시 비대칭 전력 위주로 기습공격을 시도하여 유리한 여건을 조성한 후 조기에 전쟁을 종결하려 할 가능성이 높다. 특히 2021년 1월 제8차 당대회에서 북한은 ‘강력한 국방력으로 조국통일의 역사적 위업을 앞당길 것’이라는 내용을 당 규약에 포함시켜 무력에 의한 통일 전략을 강조하였다. 또한, 2022년 9월 최고인민회의에서 핵무기 사용조건을 구체화한 ‘핵무력정책’ 관련 법령을 채택하면서 핵사용 위협을 증대하고 있다. 향후 북한은 대외 전략적 환경변화와 경제난 등 대내 여건을 고려하여 군사전략의 변화를 지속 모색해 나갈 것으로 예상된다.[19]

김정은은 국무위원장, 최고사령관 및 당 중앙군사위원회 위원장을 겸직하면서 북한군을 실질적으로 지휘·통제하고 있다. 국무위원회는 북한의 최고 정책결정기구로서 국방전력건설 사업을 비롯한 중요 정책을 결정한다. 최고사령관 예하의 총정치국은 군내 당 조직과 정치사상 사업을 관장하고, 총참모부는 군사작전을 지휘하는 군령권을 행사하며, 육군·특수작전군·해군·공군·전략군 등 5개 군종을 통합군제로 운용하고 있다. 국방성은 대외적으로 군을 대표하면서 군사외교, 군수, 예산 등 군정권을 행사한다. 보위국은 군 내부 감시 및 통제, 군사범죄 활동에 대한 수사 등을 담당하고, 호위사령부는 최고 지도자 및 가족들의 신변보호, 숙소경계와 관리 등의 경호를 담당하며 유사시 반체제 쿠데타 진압을 수행한다.[20] 당 중앙군사위원회

---

18) 김강녕(2021), p.37.

19) 국방부, 『2022 국방백서』(서울 : 국방부, 2022) p.25.

는 조선 노동당 규약에 따라 당의 군사노선과 정책을 관철하기 위한 대책을 토의·결정하며 국방사업 전반을 당적으로 지도한다. 북한의 군사지휘기구도는 〈도표 1〉과 같다.

〈도표 1〉 북한의 군사지휘기구도[21]

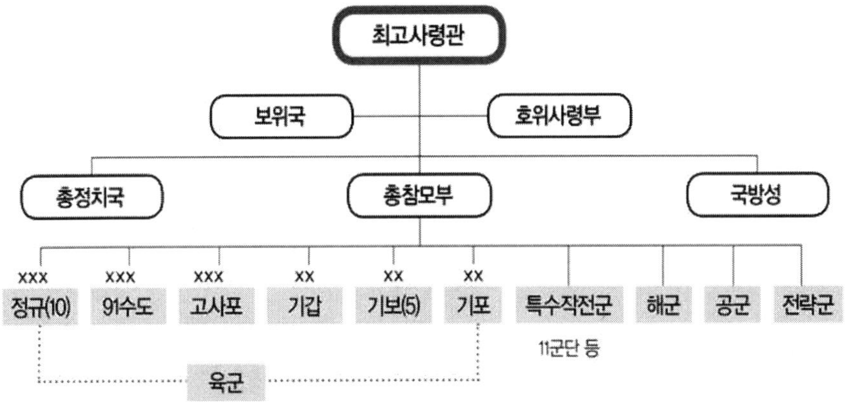

＊ xxx : 군단 xx : 사단

2) 육군

육군은 총참모부 예하에 10개의 정규 전·후방군단, 91수도방어군단, 고사포군단, 1개 기갑사단, 5개 기계화보병사단, 1개 기계화포병사단 등으로 편성되어 있으며, 국방성 예하에 도로건설군단, 총정치국 예하에는 공병군단 등 전문건설부대가 편성되어 있다.

북한은 육군 전력의 약 70%를 평양-원산선 이남 지역에 배치하여 언제든지 기습공격을 감행할 태세를 갖추고 있다. 전방에 배치된 170㎜ 자주포와 240㎜ 방사포는 수도권 지역에 대한 기습적인 대량 집중 공격이 가능하고, 최근 사거리 신장 및 정밀유도가 가능한 300㎜ 방사포와 북한이 초대형 방사포로 주장하는 600㎜급 단거리탄도미사일을 개발하여 한반도 전역을 타격할 수 있는 방사포 위주로 화력을 보강하고 있다.

기갑 및 기계화부대는 6,900여 대의 전차와 장갑차를 보유하고 있으며, 최근 기동성과 생존성이 향상된 신형 전차와 다양한 대전차미사일·기동포를 탑재한 장갑차를 개발하여 일부 노후 전력을 대체하고 있다.[22]

3) 특수작전군

북한군은 특수전 부대의 위상을 강화하기 위해 '특수작전군'을 별도의 군종으로 분류하였으며,

20) 위의 책(2022) p.23.
21) 위의 책(2022) p.24.
22) 위의 책(2022) p.26.

특수전 부대는 11군단과 특수작전대대, 전방군단의 경보병 사·여단 및 저격여단, 해군과 공군 소속 저격여단, 전방사단의 경보병 연대 등 각군 및 제대 별로 다양하게 편성되어 있고, 병력은 20만여 명에 달하는 것으로 평가된다. 특수전 부대는 전시 땅굴을 이용하거나 잠수함, 공기부양정, 고속상륙정, AN-2기, 헬기 등 다양한 침투수단을 이용하여 전·후방지역에 침투하여 주요 부대·시설 타격, 요인 암살, 후방 교란 등 배합작전을 수행할 것으로 판단되며, 공중 및 해상·지상 침투훈련과 우리나라의 주요 전략시설 모형을 구축하여 타격훈련을 실시하고, 무장장비를 현대화하는 등 지속적으로 전력을 보강하고 있다.[23]

4) 해군

해군은 해군사령부 예하 동·서해 2개 함대사령부, 13개 전대, 2개의 해상저격여단으로 편성되어 있다. 해군은 전체 전력의 약 60%를 평양~원산선 이남에 전진 배치하여 언제든지 기습 공격할 수 있는 능력을 보유하고 있으나, 대부분 소형 고속함정 위주로 편성되어 원해 작전능력은 제한된다. 수상전력은 유도탄정, 어뢰정, 소형경비정 및 화력지원정 등 470여 척으로 구성되어 있으며, 대부분 소형 고속함정으로 지상작전과 연계하여 지상군 진출을 지원하고 연안 방어 등의 임무를 수행한다. 최근에는 일부 함정 노후화에 따라 신형 함정을 건조 및 작전배치하고 있으며, 또한 일부 함정은 신형 대함미사일을 장착하여 원거리 공격능력도 향상시키고 있다. 수중전력은 로미오급 잠수함과 소형 잠수함정 등 70여 척으로 구성되어 있으며, 전시 해상교통로 차단, 기뢰 부설, 수상함 공격, 특수전부대 침투 지원 등의 임무를 수행한다. 최근에는 잠수함 발사 탄도미사일(SLBM) 탑재가 가능하도록 로미오급 잠수함 개조를 진행하는 등 전력을 지속 증강하고 있다. 상륙전력은 공기부양정, 고속상륙정 등 250여 척으로 구성되어 있으며, 대부분 고속 소형함정으로 수상전력의 엄호 하에 특수전 부대를 우리 후방지역에 침투시켜 주요 군사·전략시설을 타격하고 중요 상륙해안을 확보하는 임무를 수행할 것으로 예상된다. 해안 방어전력은 동·서해 해안을 따라 다수의 해안포와 지대함미사일을 배치하여 해상에서 접근하는 함정을 공격하고 대상륙 방어 등의 임무를 수행한다. 또한, 지속적으로 지대함미사일의 성능을 개량하고, 사거리를 연장하는 등 연안방어 능력을 향상시키고 있다.[24]

5) 공군

공군은 공군사령부 예하 5개 비행사단, 1개 전술수송 여단, 2개 공군저격여단, 방공부대 등으로 편성되어 있다. 북한 공군은 북한 전역을 4개 권역으로 나누어 전력을 배치하고 있으며, 총 1,570여 대의 항공기를 보유하고 있다. 전투임무기는 810여 대 중 약 40%를 평양~원산선 이남에 전진 배치하여 기습 공격할 수 있는 태세를 갖추고 있으며, AN-2기와 헬기를 이용한 특수전 부대의 침투능력을 보유하고 있다. 또한, 노후 훈련기 도태, AN-2기와 경항공기의 추가 생산 및 배치, 다양한 정찰 및 공격용 무인기 개발 등 공군전력 효율화 및 현대화를 위한 노력을

23) 위의 책(2022) p.27.
24) 위의 책(2022) p.28.

지속하고 있으나, 신규 전투임무기 도입이 제한되어 신형 지대공미사일 개발 및 배치 조정 등을 통해 방공력을 보강하고 있다. 방공체계는 공군사령부를 중심으로 항공기, 지대공미사일, 고사포, 레이더 부대 등으로 통합 구축되어 있다. 전방지역과 동·서부 지역에 SA-2와 SA-5 지대공 미사일이 배치되어 있으며 평양 지역에는 SA-2와 SA-3 지대공미사일과 고사포를 집중배치하여 다중의 대공 방어망을 형성하고 있다. 또한, GPS 전파교란기를 포함한 다양한 전자교란 장비를 개발하여 대공방어에도 운용하고 있는 것으로 추정된다. 지상관제요격기지, 조기경보기지 등 다수의 레이더 방공부대는 북한 전역에 분산 배치되어 있어 한반도 전역을 탐지할 수 있으며 레이더 방공부대의 탐지 정확도를 높이고 작전 대응시간을 단축하기 위하여 자동화방공 지휘통제체계를 구축하여 운용하고 있다.[25)]

6) 전략군

북한은 별도의 군종사령부인 전략군 예하에 스커드, 노동, 무수단 등 13개 미사일여단을 편성하고 있으며, 최근에는 신형 ICBM 및 작전 운용에 유리하고 정확성과 요격회피 능력이 향상된 다양한 고체추진 탄도미사일을 개발 중인 것으로 평가된다. 북한은 전략적 공격능력을 보강하기 위해 핵, 탄도미사일, 화생무기를 지속적으로 개발하고 있다.

북한은 2022년 9월 8일 '핵무력 정책'을 법제화하여 선제 핵사용 가능성을 공식화한 이후 전술핵 탑재가 가능하다고 주장하는 다양한 탄도미사일을 동·서해상으로 발사하였고, 2022년 11월 2일에 미사일 1발을 의도적으로 NLL 이남 26㎞ 공해상에 발사하여 「9·19 군사합의」를 위반하였다. 또한, 북한은 2000년대 초반부터 지대함 위주로 순항미사일을 개발해 왔으며, 이를 통해 축적한 기술을 이용하여 장거리 지대지 순항미사일 개발에 주력하고 있다. 향후 북한의 장거리 지대지 순항미사일 개발이 완료된다면, 한국에 대한 미사일 위협이 증대될 것으로 예상된다. 향후에도 북한은 핵무력 고도화 및 국방력 강화 계획에 따라 미사일 개발과 시험발사를 지속할 것으로 예상되며, 특히 제8차 당대회에서 제시한 전략무기 개발 과업 완성에 역량을 집중할 것으로 전망된다.

북한이 현재 보유 또는 개발하고 있는 탄도미사일의 종류와 사거리는 〈도표 2〉 및 〈도표 3〉과 같다.[26)]

---

25) 위의 책(2022) p.29.
26) 위의 책(2022) pp.29~31.
27) 위의 책(2022) p.31.

〈도표 2〉 북한이 보유 중인 탄도미사일 종류[27)]

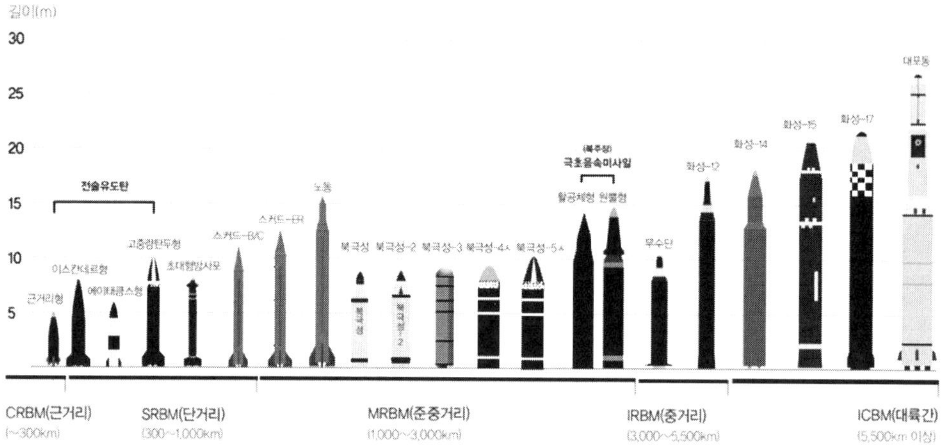

〈도표 3〉 북한의 탄도미사일 사거리[28)]

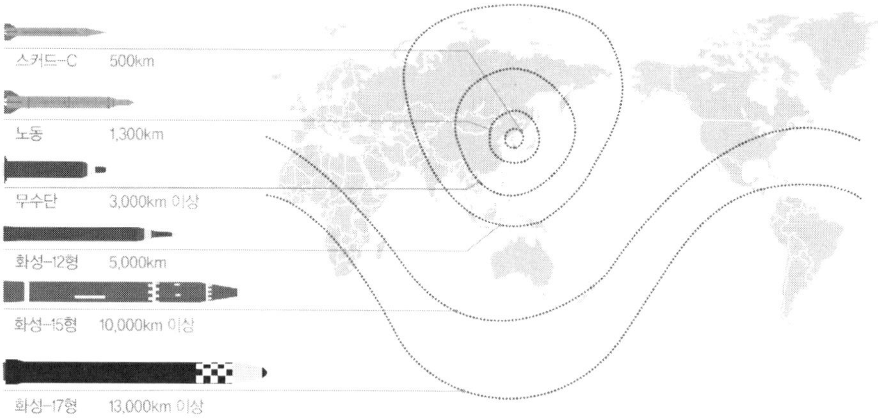

북한은 1980년대부터 화학무기를 생산하기 시작하여 약 2,500~5,000톤의 화학무기를 저장하고 있는 것으로 추정되며 탄저균, 천연두, 페스트 등 다양한 종류의 생물 무기를 자체적으로 배양하고 생산할 수 있는 능력도 보유하고 있는 것으로 평가된다.[29)]

7) 예비전력과 전쟁지속능력

북한의 예비전력은 전투동원 대상인 교도대, 직장 및 지역 단위의 노농적위군, 고급중학교 군사조직인 붉은청년근위대, 준군사부대로 구성되어 있다. 이들은 14세부터 60세까지 동원 대

28) 위의 책(2022) p.32.
29) 위의 책(2022) p.32.

상이며, 전 인구의 약 30%에 달하는 762만여 명으로 추산된다. 유사시 정규전 부대의 전투력을 보강할 수 있는 교도대는 60만여 명으로 정규군에 준하는 훈련수준을 유지하고 있다.[30)]

북한은 전시에 약 1~3개월 정도 전쟁을 지속할 수 있는 전쟁 물자를 확보하고 있는 것으로 추정된다. 북한의 군수공장은 전시 단기간 내 전환 가능한 100여 개소 이상의 민수용 공장을 포함하여 약 300여 개소 이상인 것으로 추정되며 유사시 신속하게 군수품 생산이 가능하도록 전시 동원체계를 갖추고 있다. 주요 군수물자 생산 및 비축시설은 지하 요새화되어 전시 생존성이 보장된 가운데 전투임무기를 제외한 주요 무기 및 탄약을 자체 생산할 수 있는 능력 또한 갖추고 있는 것으로 추정된다. 그러나 국제사회의 대북제재가 장기화됨에 따라 에너지난과 원자재난이 심화되고 있어 지속적인 군수산업 육성에 어려움이 있을 것으로 평가되며, 전쟁 지속능력은 군사 분야뿐만 아니라 정치·경제·사회·기반시설과 같은 다양한 요소에 의해 영향을 받을 것으로 전망된다.[31)]

나. 한국의 군사력 현황

1) 한국군 군사전략과 대비태세

한국군의 군사전략 목표는 외부의 도발과 침략을 억제하고 억제 실패시 '최 단시간 내 최소피해'로 전쟁에서 조기에 승리를 달성하는 것이다. 이를 위한 군사전략 개념은 안보환경 변화와 전 방위 안보 위협에 유연하게 대응하면서 전 방위 위협에 대해서는 굳건한 한미동맹을 기반으로 주도적인 억제·대응 능력을 구비하는 것이다. 북한의 위협에 대해서는 위협 감소를 통해 전쟁 가능성을 감소시키고 장기적으로 평화체제를 구축할 수 있는 군비통제 전략을 수립하여 시행한다. 또한 굳건한 한미동맹을 바탕으로 강력한 억제력을 발휘하고, 유사시 전승을 달성할 수 있는 능력과 태세를 갖춘다. 이를 통해 북한의 도발과 침략을 억제하고, 우발적인 군사적 충돌을 방지하며 도발 시에는 신속한 대응과 위기 완화 조치를 병행하여 상황을 안정적으로 관리한다. 억제 실패 시에는 '최 단시간 내 최소피해'로 전쟁을 조기에 종결한다.[32)]

한국군 합참은 군령에 관하여 국방부장관을 보좌하며, 국방부 장관의 명을 받아 전투를 주 임무로 하는 각 군의 작전부대를 작전지휘 및 감독하고, 합동부대를 지휘 및 감독하여 합동작전과 연합작전을 수행한다. 또한 민·관·군·경·소방 통합방위작전과 계엄업무 등을 수행한다. 한국군은 고도화되는 북한 핵·미사일 위협에 대응하기 위해 전략사령부 창설을 추진 중이다. 합참은 2023년 1월 '핵·WMD대응센터'를 '핵·WMD대응본부'로 개편하였으며, 이를 활용하여 우리 전략환경에 최적화된 전략사령부 창설을 추진할 예정이다.

합참은 우주·사이버 등을 포함한 전 전장영역에서의 전구작전지휘체계와 합동작전개념 기반의 작전수행능력을 발전시켜가고 있다. 또한, 미래 전장에서 합동성을 발휘할 수 있도록 최적화된 편성과 군사능력을 체계적으로 발전시켜 한국 군 주도의 전쟁수행능력 강화를 추진하고 있다.[33)]

---

30) 위의 책(2022) p.32.
31) 위의 책(2022) p.33.
32) 위의 책(2020) p.41.

2) 육군

육군은 육군본부와 2개의 작전사령부, 수도방위사령부, 특수전사령부, 항공사령부, 미사일전략사령부, 동원전력사령부, 기타 지원부대로 편성되어 있다. 지상작전사령부는 작전지역 내에서 모든 작전요소를 통합하여 다양한 지상작전을 수행하고, 제2작전사령부는 민·관·군·경·소방 통합 방위작전으로 합동 후방지역의 안정과 전쟁 지속능력을 유지하는 임무를 수행한다. 수도방위사령부는 수도 서울의 기능 유지를 위해 중요시설과 도시기반시설을 방호하고, 특수전사령부는 전시 특수작전과 평시 평화 지원작전 임무를 수행하며, 항공사령부는 항공작전을 수행한다. 미사일전략사령부는 전략적·작전적 표적 타격 임무를 수행하고, 동원전력사령부는 동원사단, 동원지원단 등 동원전력의 평시 전투준비태세를 완비하도록 관장하고, 그 외 사령부는 인사 및 군수지원, 교육훈련 등의 임무를 수행한다.

육군은 현존전력을 최대한 효율적으로 활용하면서 미래 합동작전개념 구현을 위해 신속결정작전을 수행할 수 있도록 부대를 개편하고, K2전차, 한국형 기동헬기, 다련장로켓 등 기동 및 타격 능력을 지속적으로 확보해 나가고 있다. 특히, 유·무인 복합전투체계 기반의 Army TIGER(Army Transformative Innovation of Ground forces Enhanced by the 4th industry Revolution technology) 4.0, 정찰·공격·전자전 드론을 활용하는 드론봇 전투체계, 워리어 플랫폼 전력화와 연계하여 부대·전력구조 발전을 추진하고 있다.[34)]

3) 해군

해군은 해군본부와 해군작전사령부, 해병대사령부 및 서북도서방위사령부, 기타 지원부대로 편성되어 있다. 해군작전사령부는 전반적인 해군작전을 지휘하고 대함작전, 대잠작전, 기뢰작전, 상륙작전 등을 수행한다. 함대사령부는 구축함, 호위함, 초계함, 고속함(정) 등의 전투함을 운용하여 책임 해역의 방어임무를 수행하고, 잠수함사령부는 잠수함을 운용하여 잠수함 작전을 수행하며, 항공사령부는 해상 항공전력을 운용하여 해상 항공작전을 수행한다. 해병대사령부는 상륙작전과 책임지역 및 전략도서 방어작전을 수행하며 신속기동부대를 운용하고, 서북도서방위사령부는 서북도서에 대한 경계와 방어임무를 수행하며 그 외 사령부는 군수지원, 교육훈련 등의 임무를 수행한다.

해군은 수중·수상·공중에서 각종 위협에 대응할 수 있도록 차기잠수함, 이지스급 구축함, 차기구축함, 차기호위함, 차기고속정, 해상초계기, 해상작전헬기 등을 확보하여 입체 전력을 통합 운용하며, 해병대는 입체고속상륙작전, 다목적 신속대응작전, 전략도서 방위 등 다양한 임무수행이 가능한 공지기동형부대로 발전시키고 있다.[35)]

---

33) 국방부, 『2022 국방백서』(서울 : 국방부, 2022) p.47.
34) 국방부, 『2022 국방백서』(서울 : 국방부, 2022) pp.48~49.
35) 위의 책(2022) p.48.

4) 공군

공군은 공군본부와 공군작전사령부, 기타 지원부대로 편성되어 있다. 공군작전사령부는 항공작전을 전반적으로 통제하며, 제공작전, 항공차단작전, 근접항공지원작전을 비롯하여 핵·미사일·장사정포 위협에 효과적으로 대응하기 위한 작전을 수행한다. 공중전투사령부는 공군작전사령부의 통제에 따라 부여된 전투임무를 수행하여 전투임무기의 전투력 발휘를 보장하고, 공중기동정찰사령부는 공중기동 및 공중급유, 감시정찰, 조기경보 및 항공통제, 특수임무 및 탐색구조임무를 수행하여 공중기동전력의 전투력 발휘를 보장한다. 미사일방어사령부는 전략적·작전적 공중위협 감시를 통해 복합·광역·다층 미사일방어 및 지역방공 임무를 수행하고, 방공관제사령부는 한반도 전구 내 항공통제, 공중감시, 항공기 식별, 항공작전 지원 등의 임무를 수행한다. 공군은 최신예 전투기를 지속 확보하여 월등한 공중우세를 달성하고, 중고도 정찰용 무인항공기를 도입하여 공중감시정찰 능력을 확대하며, 복합·광역·다층 미사일방어체계를 구축하고 있다.[36]

5) 주한미군과 증원전력

주한미군사령부는 미8군 사령부, 주한 미해군사령부, 주한 미해병대사령부, 주한 미특수전사령부, 미7공군사령부, 주한 미우주군사령부로 편성되어 있다. 주한 미군사령관은 유엔군사령관과 한미연합군사령관을 겸임하고 있다. 유사시 대한민국의 방위를 지원하기 위해 투입되는 미국의 증원전력은 육·해·공군 및 해병대를 포함하여 병력 69만여 명, 함정 160여 척, 항공기 2,000여 대의 규모이다. 미국의 증원전력은 위기상황 전개에 따라 「한미 상호방위조약」 제2조에 의거하여 '신속억제방안(FDO : Flexible Deterrence Option)'과 '시차별부대전개제원(TPFDD : Time Phased Forces Deployment Data)'으로 구분되어 증원된다. 한반도에 위기가 고조되면 전쟁을 억제하고 위기를 완화하기 위한 '신속 억제방안'이 시행되어 지정된 전력이 투입되고, 전쟁이 발발하면 한미 연합작전계획의 시행을 보장하도록 '시차별 부대전개제원'에 따라 계획된 전투부대와 지원부대가 증원되며, 육군사전배치재고(APS : Army Pre-positioned Stocks) 등을 통해 전쟁물자가 지원된다.[37]

5. 재래식 군사력 비교 및 의미

가. 병력구조

남북한의 병력현황을 살펴보면 〈도표 3〉과 같이 북한이 한국보다 수적인 면에서 훨씬 많음을 알 수 있다. 남북한의 총인구를 보면 남한 인구 5,155만 명에 대비하여 북한 인구는 2,616만 명으로 남한이 훨씬 많지만 정규군의 숫자는 북한이 오히려 두 배 이상의 격차를 보이고 있

36) 위의 책(2022) p.49.
37) 위의 책(2022) p.50.

다. 특히 한국군의 복무기간이 2년인데 비해 북한군은 10년을 복무해야 제대할 수 있는 '10년 복무 연한제'를 실시하고 있다. 복무기간과 관련하여 숙련도면에서 차이가 발생할 수 있다.

〈도표 3〉 남북한 병력 현황[38]

구분	한국	북한
육군	36.5만여 명	110만여 명
해군	7만여 명 (해병대 2.9만여 명 포함)	6만여 명
공군	6.5만여 명	11만여 명
전략군	-	1만여 명
계	50만여 명	128만여 명

나. 부대구조

남북한의 부대구조를 살펴보면 〈도표 4〉와 같이 육·해·공군의 부대수 역시 북한군이 더 많은 부대를 편성하고 있으며, 전략군과 특수군 부대 등 비대칭적인 부대들이 상당수 존재하고 있다. 이처럼 북한은 병영국가로서 재래식 군부대를 대규모로 보유하고 있다. 특히 주목할 것은 전략군 예하의 13개 미사일 여단과 20만여 명에 이르는 다양한 특수전 부대를 보유하고 있다는 점이다. 북한의 경보병 사, 여단 및 저격여단, 해군과 항공 및 반항곡군 소속 저격여단, 전방사단의 경보병연대 등 전략적, 작전적, 전술적 수준의 부대로 다양하게 편성되어 있다.

한편 북한은 육군 전력의 약 70%를 평양-원산선 이남 지역에 배치하여 언제든지 기습공격을 감행할 태세를 갖추고 있다. 해군은 전체 전력의 약 60%를 평양~원산선 이남에 전진 배치하였고, 북한 공군 역시 전투임무기 810여 대 중 약 40%를 평양~원산선 이남에 전진 배치하여 기습 공격할 수 있는 태세를 갖추고 있다.

38) 위의 책(2022) p.24.

〈도표 4〉 남북한 부대 현황[39]

구분	한국	북한
육군	육군본부와 2개의 작전사령부, 수도방위사령부, 특수전사령부, 항공사령부, 미사일전략사령부, 동원전력사령부, 기타 지원부대	10개의 정규 전·후방군단, 91수도방어군단, 고사포군단 1개 기갑사단 5개 기계화보병사단 1개 기계화포병사단
해군	해군본부와 해군작전사령부, 해병대사령부/서북도서방위사령부, 기타 지원부대	해군사령부 예하 동·서해 2개 함대사령부, 13개 전대, 2개 해상저격여단
공군	공군본부와 공군작전사령부, 기타 지원부대. (공중전투사령부, 공중기동정찰사령부, 미사일방어사령부, 방공관제사령부)	공군사령부 예하 5개 비행사단, 1개 전술수송여단, 2개 공군저격여단, 방공부대 (북한 전역 4개 권역 전력 배치)
전략군	-	13개 미사일여단 (스커드, 노동, 무수단)
특수군	-	11군단과 특수작전대대, 전방군단 경보병 사·여단/저격여단, 해·공군 소속 저격여단, 전방사단 경보병 연대 등 (병력 20만여 명)

다. 전력구조

남북한의 전력구조를 살펴보면 〈도표 5〉와 같이 육·해·공군의 주요 무기체계의 수량은 북한이 월등한 것으로 나타난다. 지상전 주요 무기체계인 전차와 포병의 수적인 우세가 있으며, 해·공군 역시 다량의 전투함정과 전투기를 보유하고 있다.

육·해·공군의 전력을 구분해서 격차를 분석해 보면 육군 전력의 경우, 전면전 수행을 위한 공격용 기본 장비에 해당하는 전차, 장갑차, 야포의 세 가지 핵심 무기체계를 비교해 보면 북한은 대내외적인 여건이 열악함에 불구하고 양적 규모를 축소하지 않았다. 오히려 북한은 이 세 가지 장비를 양적으로 꾸준히 증강하면서 대병주의 군구조를 그대로 유지하고 있다. 한국도 이 세 가지 무기체계는 지속적으로 양적으로 증강하고 있는데, 북한군이 보유하지 않은 육군 항공 전력을 보유하고 있다.[40]

39) 위의 책(2022) p.24.

북한은 포병전력을 중점적으로 강화하고 있다. 북한은 언제든지 기습공격을 감행할 태세를 갖추고 있는데 북한의 장사정 포병이 한국의 안보에 상당한 위협으로 대두되고 있다. 북한은 단거리 화력체계를 개발하여 한반도 전 지역과 주변 수역에 대한 타격력을 강화하고 있다. 북한은 2019년 5월 이후 초대형 방사포, 북한판 이스칸데르, 신형 전술지대지 미사일을 비롯하여 신형 단거리 타격체계를 개발하여 실전배치하고 있다. 북한이 최근 개발하고 있는 최신 초대형 방사포(KN-25)는 전선사가 직접통제하는 포병 사단에 배치되어 직접 운용할 가능성이 높다. 이로써 핵 억제에 대한 군사적 역할은 전략군이 담당하되, 포병은 재래식 분쟁에 대해서 보다 유연성을 발휘할 수 있도록 조직을 정비하고 강화할 것으로 보인다.[41]

〈도표 5〉 남북한 전력 현황[42]

구분		한국	북한
육군	전차	2200여 대	4300여 대
	장갑차	3100여 대	2600여 대
	야포	5600여 문	8800여 문
	다련장/방사포	310여 문	5500여 문
	지대지유도무기	발사대 60여기	발사대 100여기
해군	전투함정	90여 척	420여 척
	상륙함정	10여 척	250여 척
	기뢰전함정	10여 척	20여 척
	지원함정	20여 척	40여 척
	잠수함정	10여 척	70여척
공군	전투임무기	410여 대	810여 대
	감시통제기	70여 대	30여 대
	공중기동기	50여 대	350여 대
	훈련기	190여 대	80여 대
헬기(육·해·공군)		700여 대	290여 대

북한 해군 전력은 대부분이 소형 함정으로서 지상작전과 연계하는 연안 작전에 치중되고 있으며, 실질적인 해상작전 보다는 공기부양정과 고속상륙정 등을 이용하여 한국의 후방지역에 시설에 대한 타격과 교란작전을 수행할 수 있는 능력을 보유하고 있는 것으로 평가된다.

북한 공군 전력은 질적으로 한국군에 열세한 입장에 처해 있는 것으로 판단된다. 그러나 북

40) 김태현·박민형, 「김정은 집권 이후 한반도 군사력 균형평가 : 총괄평가(Net Assessment)」,『국방정책 및 군사전략』(국가안전보장문제연구소, 안보연구시리즈 제6권 제2호, 2020) p.248.

41) 김태현·박민형(2020), p.252.

42) 국방부, 『2022 국방백서』(서울 : 국방부, 2022) p.24.

한 전투임무기의 약 40%를 평양-원산 선 이남에 전진 배치하고 있어 유사시 즉각 전장에 배치할 수 있으며, AN-2기와 헬기를 다수 보유하고 있어 특수전 부대 공중침투를 지원할 수 있으며, 정찰 및 공격용 무인기와 경항공기도 개발 배치하고 있다는 점은 한국에 위협 요소가 된다. 정밀타격 능력은 한국이 북한을 압도하고 있다. 북한은 한국군의 감시정찰 능력, C4I능력, 타우러스 미사일 도입, F-35와 같은 첨단 공중전력에 취약성을 가지고 있다. 특히 북한이 한국군에 비해 노정하고 있는 가장 큰 취약성은 '정밀타격 능력'이 있다고 해도 과언이 아니다.[43] 정밀타격 능력과 관련하여 최근 한국의 재래식 전력 증강에 대해 해외의 학자·전문가들이 많은 의견을 제시하고 있다. 한국은 북한의 핵 위협을 재래식 첨단능력을 통해 억지하는 '독특한 방법'(3축체계 : 킬체인, KAMD, KMPR)을 취하고 있다고 말한다.[44]

재래식 군사력의 양적인 측면에서는 북한이 한국보다 압도적인 우위를 확보하고 있는 것으로 보인다. 그러나 양적인 측면만으로 군사력의 모든 것을 설명할 수 없다. 우선 무기의 성능을 고려한 질적인 측면도 함께 고려되어야 한다. 무기체계의 양적 요소와 질적 요소를 모두 고려하여 정량적인 지수로 산출하여야 할 것이다. 한국은 월등한 경제력을 기반으로 꾸준히 전력을 증강시켜 현대전에서 중요한 공군력과 해군력에서 북한을 앞지르고 있다. 반면 북한은 지속적인 경제위기로 전력 개선에 투자하지 못하였다. 육군에서의 우월한 능력을 기반으로 부족한 해군과 공군 전력을 비대칭 전력인 미사일, 잠수함, 특수부대 등을 중심으로 강화해왔다.

라. 지휘구조

남북한 간에는 방위체제의 비대칭성이 작동하고 있는데 한국군은 한미동맹체계를 근간으로 하는 방위체제를 구축하고 있는 반면, 북한은 자위적 군사 노선에 입각하여 독자적인 군사력 건설과 운용을 지향하고 있다.

북한 김정은은 최고사령관으로서 북한군을 실질적으로 지휘·통제하고 있다. 최고사령관 예하의 총정치국은 군내 당 조직과 정치사상 사업을 관장하고, 총참모부는 군사작전을 지휘하는 군령권을 행사하며, 육군·특수작전군·해군·공군·전략군 등 5개 군종을 통합군제로 운용하고 있다.

한국 대통령은 국군 통수권을 가지고 있다. 한국군 합참은 군령에 관하여 국방부장관을 보좌하며, 국방부 장관의 명을 받아 전투를 주 임무로 하는 각 군의 작전부대를 작전지휘 및 감독하고, 합동부대를 지휘 및 감독하여 합동작전과 연합작전을 수행한다. 또한 민·관·군·경·소방

---

43) 김태현 · 박민형(2020), p.250.

44) 김보미, 「한국의 재래식 전력 증강의 한반도 안정 효과에 관한 두 가지 견해」, 국가안보전략연구원 [전략리뷰 2021-6호] p.2. 이들은 한국이 현재 첨단 정보, 감시, 정찰 자산뿐만 아니라 공중, 해상, 지상 발사 탄도 및 순항 미사일의 급증하는 전력에 투자하여 정밀타격 능력을 획기적으로 향상시키고 있음에 주목한다. 이안 바우어(Ian Bowers)와 헨릭 히임(Henrik Hiim)은 한국의 재래식 전력 발전은 미국의 방기위협에 근거를 두고 있다고 주장한다. 이들은 강한 재래식 전력은 미국의 확장억지 공약이 불확실하더라도 북한의 핵위협과 한미동맹의 디커플링(decoupling)의 위험을 미약하게나마 억지할 수 있다고 본다. 특히 한국의 탄도미사일이나 순항미사일 같은 우월한 재래식 능력은 미국이 한국을 방기하더라도 북한 핵위협을 감소시킴으로써 한국이 독자적인 핵능력을 추구하는데 도움이 될 수 있다고 말한다.

통합 방위작전과 계엄업무 등을 수행한다.

평시 한국 합참은 작전통제권을 행사하며 전시 연합사령부가 행사하고 있는 작전통제권을 전환하기 위해 핵심적인 군사능력을 비롯한 조건을 충족시키고 있다. 현재 한미 연합 방위체제하에 작전지휘권을 행사하고 있다.

마. 무형전력과 전쟁지속력

남북한 재래식 군비경쟁은 질적으로 한국에게 상대적으로 유리한 흐름을 보이는 가운데 북한은 이러한 유형적 차원의 취약성을 상쇄하기 위해 무형적 차원의 비대칭성을 이용하여 남북한간 우세를 확보하려고 한다. 북한은 한국군의 수세적, 대응적 전략의 관성을 이용하여 자신에게 유리한 군사력 균형을 조성할 여지가 있다. 북한은 전통적으로 한반도의 전 전장화를 통해 신속하게 무력통일을 추구하는 군사전략을 기본전략으로 채택해온 것으로 알려져 있다. 북한이 기습전, 속전속결전, 배합전을 위주로 하는 전면전 전략을 실제로 이행할 능력이 있는지는 의문시 되지만 그들의 의도는 변함이 없다고 할 수 있다.[45]

북한은 사상적으로 주체사상에 세뇌된 주민들이 결사 항전하려는 경향이 나타날 수 있다. 특히 북한이 동맹국 미국의 지원을 받을 수 없는 상태를 조성하거나, 선제공격과 다양한 비대칭 능력을 활용하여 우리의 동원 능력을 마비시키려 할 가능성이 높다. 북한의 의도가 성공한다면 정치적 갈등이 야기되고, 적의 사주를 받은 세력들에 의해 사회적 혼란이 극대화된다면 한국의 응전 의지는 약화될 수밖에 없다. 여기에 도시 게릴라와 북한 특수부대의 파괴활동으로 사회가 극심한 공포에 휩싸일 경우 전쟁에서 승리해서 국가를 지키겠다는 의지보다는 가족의 안정을 우선하려는 가족 이기주의가 등장할 수 있다.[46]

전면전에서 더욱 중요한 것은 전쟁수행 능력일 것이다. 전쟁수행 능력을 평가하기 위해서는 무기의 성능 외에도 전쟁발발 상황, 전쟁지속 능력, 전쟁지원 능력 등을 종합적으로 고려해야 한다. 북한은 선제공격을 통해 기습의 효과를 극대화할 가능성이 높고 비대칭 전력을 통해 한국의 공군과 해군력을 극도로 약화시킬 것으로 예상된다. 수도권 이북지역에서 한국이 북한의 공격을 방어하는 것이 가능하지만 전선이 고착화 되어 장기전으로 발전할 가능성이 높다. 전쟁물자 생산능력과 물자 비축능력 면에서 북한체제가 전쟁중심으로 구성된 병영국가의 경제구조를 유지하고 있어 전시 최대 생산능력을 간과할 수 없다.[47]

한국은 고도로 성장한 경제력을 바탕으로 실질적인 전시 전환체계를 준비하고 적용할 수 있는 체계를 마련하면서 국민 공감대 형성을 하여 총력전을 발휘할 수 있어야 할 것이다.

---

45) 김태현·박민형(2020), p.258.
46) 박상현, 「남북 군사력의 실체」, 제주평화연구원, JPI Peace Net. 2015.03.31.
47) 박상현, 「남북 군사력의 실체」, 제주평화연구원, JPI Peace Net. 2015.03.31.

6. 맺음말

남북 간 체제경쟁은 정치, 경제, 사회적 측면에서 북한이 불리하게 평가된다. 북한으로서는 유일하게 한국에 대한 경쟁적 우위를 확보할 수 있는 영역은 군사 분야일 것이다. 북한은 외교, 경제, 사회, 문화면에서 열세를 면치 못하며, 이러한 추세가 지속된다면 상대적으로 강성해질 한국이 북한의 체제 존속에 위협이 될 것으로 예측할 것이다. 북한은 군사분야에서의 경쟁적 우위를 이용하여 남북경쟁에서 반전을 모색해야 하는 압박감에 사로잡힐 수 있다. 따라서 북한은 경쟁 비용을 과도하게 초래하지 않으면서 한국에 경쟁적 이점을 지닌 영역, 즉 핵 및 미사일 등 전략무기를 지렛대로 하여 불리하게 돌아가는 남북경쟁의 흐름을 차단하거나, 혹은 역전시키려는 의도로 오판을 할 수 있다.[48]

재래식 군사력을 비교한 결과 한국은 북한에 비해 양적으로 열세하지만 질적으로는 점차 우세를 확대하고 있다. 반대로 북한군은 한국에 비해 양적 우세를 확보하고 있으나, 질적으로 열세한 분야가 많다. 또한 북한은 아직도 노후된 구식장비를 운용하고 있으며 전반적인 현대화 사업보다는 포병 무기체계를 비롯한 일부 무기체계에 대한 선택적인 성능개량을 하고 있다. 특히, 기술의 진화에 직접적인 수혜를 입는 장비 중심의 군종인 해군, 공군의 경우 북한은 질적인 면에서 한국에 비해 상대적으로 열세에 처해 있는 실정이다. 남북한 경쟁에서 한국이 북한에 대해 경쟁적 우위를 장악하고 있는 대표적인 분야는 정밀타격 능력이라고 할 수 있다.

북한 군사력은 특수작전 전력, 사이버 전력, 장사정포 등 비대칭 전력 중심으로 증강해온 추세를 보이고 있다. 한국 입장에서는 이들에 대한 대비를 더욱 내실 있게 할 필요가 있다. 남북한 재래식 군사력 현황을 살펴보면서 유형의 군사력이라고 할 수 있는 병력구조, 부대구조, 전력구조, 지휘구조를 비교하고 무형전력 및 전쟁 지속능력까지 비교할 때 남북한의 군사적인 능력을 계량화하는 것은 쉬운 일이 아니다. 유형전력과 무형전력의 조화가 필요하고 상비군사능력, 잠재군사능력, 전쟁지원능력 등 전반적인 전쟁수행능력을 비교 평가하는 것은 많은 연구가 필요하다. 전문기관, 학자 등에 의해 주관적으로 평가하는 정성적 방법과 양적인 자산을 기준으로 평가하는 정량적 방법을 활용하여 전력평가 절차 및 방법을 보완하여야 하겠다.

국방백서는 국방정책에 대한 국민적 안보 공감대 형성과 국방정책의 투명성을 확보, 그리고 국민들에게 군사 대비태세를 알리기 위한 목적으로 준비된다. 이 때문에 기밀사항이 유지되는 한도 내에서 자료를 공개하는 것이 원칙이다. 따라서 공개되는 자료의 단순한 비교만으로는 남북 군사력의 함의를 파악하기 어렵다. 그러나 북한이 대규모 재래식 전력을 유지하고 있음으로 이에 대한 대비가 필요하며, 보유한 재래식 전력의 질적 보강에 대비해야 하겠다. 특히 비대칭 전력 증강에 대비해야할 것이다. 북한 따라잡기식이 아닌 북한을 주도할 수 있는 전력 건설이 필요하다. 특히 북한의 핵 개발은 억제하지 못했지만 핵 사용은 반드시 억제해야 할 과제이다.

---

48) 김태현·박민형(2020), p.253.

한미동맹 확장억제, 한국형 3축 체계, 첨단전력 기술 발전 등 핵사용을 억제할 수 있는 전력건설을 우선적으로 해야 하겠다.

한편 4차 산업혁명 시대가 도래함에 따라 미래전은 인공지능 기술이 사업, 우주, 자율, 드론 무기체계에 결합되어 기존 전쟁수행체계와 전쟁 수단과는 차원을 달리할 것으로 전망되는 가운데 북한은 한국에 비해 점차 열세해질 가능성이 있다. 최근 한국군은 미래전에 대비하여 신기술을 접목한 자율무기와 유무인 복합체계, 영상기술, 통신기술, 위성항법, 인공지능 등 분야에 대한 투자를 지속하고 있다. 북한군이 전반적인 신기술 적용 면에서 열세할 것으로 평가되는 가운데, 기술력과 재원 등을 고려할 때 미래전 수행을 위한 첨단기술군으로의 발전을 둘러싼 남북한 장기적 경쟁은 북한에게 불리하게 전개될 가능성이 있다고 평가할 수 있다.[49] 미래전쟁 예측을 잘못하면 큰 재앙이 될 수 있다. 1차 대전 이후 프랑스의 마지노선 준비와 과신에 비대칭적 방법으로 전격전으로 승리한 독일 사례를 보거나, 정규전에 대비한 비정규전(게릴라전) 사례 등을 볼 때 한반도에서의 미래전쟁 예측은 무엇보다 중요하고, 나아가서 전쟁을 미연에 방지하는 억제의 중요성이 더욱 대두된다고 할 수 있다.♠

49) 김태현·박민형(2020), p.253.

〈참 고 문 헌〉

●단행본

·국방부, 『2022 국방백서』, 서울 : 국방부, 2022.

·김열수, 『국가안보 : 위협과 취약성의 딜레마』, 서울 : 법문사, 2013.

·스티븐 비들, 『군사력 현대전에서의 승리와 패배』 현대군사명저 번역 간행위원회 옮김, 서울 : 국방부, 2021.

·이성만 외, 『국가안보의 이론과 실제』, 서울 : 도서출판 오름, 2013.

·이종학, 『군사전략론』, 대전 : 충남대학교 출판원, 2009.

·임길섭 외, 『국방정책 개론』, 서울: 한국국방연구원, 2020.

·정한범 등, 『2022년 안보정세 전망』, 국가안전보장문제연구소, 2022.

·한용섭, 『국방정책론』, 서울 : 박영사, 2014.

·함택영·박영준 편, 『안전보장의 국제정치학』, 서울 : ㈜사회평론, 2010

·합동군사대학교, 『국방정책』, 대전 : 국방출판지원단, 2021.

·합동참모본부, 합동교범 10-2 『합동·연합작전 군사용어사전』, 대전 : 합참, 2020.

●논문

·고봉준, 「국가안보와 군사력」,『안전보장의 국제정치학』, 서울 : ㈜사회평론, 2010

·곽인수, 「북한 특수전력과 제주해군기지」, 『북한』, 통권498호, 2013

·권오정·조용주, 「지상군 전력평가 발전방향 연구」, 『국방정책연구』, 제31권 제1호, 한국국방연구원, 2015.

·김강녕, 「남북한 군사력 비교·평가와 한국의 군사적 대비과제」, 『군사논단』 통권 제108호, 한국군사학회, 2021.

·김태현·박민형, 「김정은 집권 이후 한반도 군사력 균형평가 : 총괄평가(Net Assessment)」, 『국방정책 및 군사전략』, 국가안전보장문제연구소, 안보연구시리즈 제6권 제2호, 2020.

·문성묵, 「한·미 연합전력과 북한의 군사력 비교」, 『북한』 통권498호, 2013.

·서유석, 「김정은식 스타일이 자리잡은 인민군 창건 75주년 열병식」, 『북한』 통권 615호, 2023.

·양 욱, 「2·8, 건군절 열병식 톺아보기」, 『북한』 통권 615호, 2023.

·이호령, 「북한의 군사력 강화추세와 대적사업」, 『KIMA』, 한국군사문제연구원, Vol 29, 2020.

·정경영, 「북한의 전쟁지속능력 평가와 대비책」, 『북한』 통권498호, 2013.

·한기범, 「김정은 정권 병진노선 10년 결과 : 핵개발 편중, 주민 기아 가속화」, 『북한』 통권 615호, 2023.

X. 국방산업과 국방산업 생태계 연구

임 익 순※

저에게 군사학의 길을 열어 주신 이종학 교수님의 1주기 추모논문집에 글을 보낼 수 있어서 영광입니다. 교수님께서 혼신의 노력으로 닦아 놓으신 군사학의 길을 수월하게 걸을 수 있어 감사드리며, 저처럼 군사학의 길을 함께 가고 있는 교수님의 후학들이 더 열심히 노력하여 더 넓고 훌륭한 길이 될 수 있도록 하겠습니다.

1. 머리말

역사적으로 국가방위에 필요한 장비와 물자의 생산은 군대 운영의 주체인 국가가 제기한 소요를 기반으로 다양한 산업분야에서 담당해 왔다. 크게 보면 직접적인 전투행위에 필요한 무기의 생산과 무기를 다루는 군인의 의식주를 지원하기 위한 물자의 생산으로 대별할 수 있다. 이러한 구분은 무기체계(weapon system)와 비무기체계(non-weapon system)로 나누는 미군의 영향 때문으로 보인다. 그러나 이와 같은 구분은 두 가지 성격을 다 가지고 있는 장비나 구성품 등으로 인해 구분의 필요성에 의문을 제기하는 경우도 나타나게 되었다. 특히 4차 산업혁명 관련 기술의 급속한 발전은 무기체계-비무기체계 구분을 더욱 모호하게 만들고 있다. 일례로 현재 우리 육군에서 추진하고 있는 워리어플랫폼의 경우 전투를 위한 무기체계와 방호 및 통신 등을 위한 비무기체계가 결합된 형태이므로 어느 하나의 체계로 구분하기 어렵게 되어 두 가지로 구분하는 용어로 인한 혼란이 제기되고 있다. 이러한 구분을 산업적인 관점에서 보면 용어로 인한 혼란은 더욱 두드러진다.

군이 필요로 하는 장비와 물자의 생산이라는 측면에서 볼 때 1948년 창군 이후 미군의 군사원조에 의존하던 시기에 우리는 물자의 일부를 생산하는데 그쳤다. 자체적인 전투장비, 즉 무기의 생산은 박정희 대통령의 지시로 국방과학연구소가 창설된 1970년 이후에 시작되었다. 방위산업이라는 용어가 처음 사용된 근거와 출처는 확인하기 어렵지만 학술적으로 검색되는 최초의 사용례는 국방대학교 안보문제연구소 학술지인 『국방연구』의 1970년 6월호 특집 주제가 '방위산업'으로 되어 있어 1970년 전후에 사용된 것으로 추정할 수 있다. 한편, 1972년 백환기의 논문 「국방산업에 대한 이론적 고찰」에서 보는 바와 같이 방위산업이라는 용어는 일

※ (전)육군 교육사령부 리더십센터 군교수, 군사학 박사.

반적으로 사용된 용어는 아니었던 것으로 보인다. 특히 법률용어로서는 1973년 제정된 "군수조달에 관한 특별조치법"에 명시된 '군수산업'이라는 용어가 방위산업이라는 용어보다 먼저 사용되었고, 방위산업이라는 용어가 법령에 명시된 것은 "군수조달에 관한 특별조치법"을 폐지하고 1983년 제정된 "방위산업에 관한 특별조치법"부터다. 이 "방위산업에 관한 특별조치법"은 2006년 방위사업청의 설치 근거법인 "방위사업법"으로 이어졌으며, 현재는 "방위사업법"에 추가하여 2021년 "방위산업 발전 및 지원에 관한 법률"이 제정되어 오늘에 이르고 있다.

이러한 과정을 정리해 보면 1970년대는 군수산업과 국방산업, 방위산업이 혼용되었고, 1980년대 이후에는 방위산업이라는 용어가 주로 사용된 것으로 보인다. 최근에는 다시 군수산업이라는 용어와 국방산업이라는 용어의 사용 빈도가 증가하여 이러한 용어를 사용하는 단체들이 설립되어 용어에 대한 개념을 정립하여 혼란을 줄이는 활동에 대한 필요성이 증가하였다. 또한 4차 산업혁명 기술의 발전에 따른 AR/VR 기술을 활용한 안보체험장 운영 등 국방과 관련된 산업이 확장되고 있는 실정이다. 따라서 이 논문에서는 방위산업의 역사적 흐름을 개관해 본 후, 방위산업의 분화과정을 살펴보고, 이들 용어의 통합적 사용 방안을 검토하고자 한다.

2. 방위산업의 역사

방위산업은 넓은 뜻으로는 무기·탄약 등 직접적인 전투장비뿐만 아니라 피복·군량 등 비전투용 일반 군수물자까지도 포함하여 해석한다. 그러나 일반적으로는 국방력 형성에 중요한 요소가 되는 총·포·탄약·함정·항공기·전자기기·미사일 등 무기장비의 생산과 개발을 담당하는 산업의 총칭으로 그 범위를 한정하고 있다. 제2차세계대전 이전부터 주로 사용되던 군수산업軍需産業이라는 용어는 우리나라의 경우 1980년 초까지도 방위산업이라는 용어와 혼용되었으나, 전쟁개념이 방위전 개념으로 발전하면서 방위산업이라는 용어를 널리 사용하고 있다.

우리나라에서 방위산업 육성의 필요성이 제기된 배경은, 첫째 미국의 대한국 정책의 변화이며, 둘째 북한의 방위산업개발과 군사도발에 있다. 미국은 1950년대 초부터 6·25전쟁을 계기로 우리 나라에 적극적인 군사지원정책을 펴왔으나, 1950년대 후반에 미국의 국제수지가 악화되면서 대한군사원조가 점차 줄어 오다가, 1971년에는 대한대충자금원조對韓對充資金援助가 단절되고, 1974년부터는 대한군사원조가 무상원조無償援助에서 유상원조로 전환됨과 동시에 실질적인 군사원조는 급속히 감소되어 갔다.

또한 1969년 7월 25일 미국의 대통령 닉슨이 괌도(Guam島)에서 선언한 이른바 '닉슨 독트린'이 주한미군의 감축을 촉진하였다. 이 선언은 아시아지역에서 재래식 전쟁이 발발하는 경우에 그 방위의 일차 책임은 당사국 자신이 져야 하며, 미국은 동맹국가와 맺은 상호방위조약의 테두리 안에서 원조에 대한 공약을 이행할 것이라는 내용이었다. 이러한 미국의 새로운 아시아정책은 일차적으로 우리나라에 적용되어 1971년 3월 주한미군 제7사단 약 2만 명이 철수하였다. 이로써 주한미군은 6만 명에서 4만 명으로 감축되어 일선 방위에 불안을 가져왔다. 이러한 미국의 대한정책의 급격한 변화는 우리나라로 하여금 이전의 대미 의존 일변도의 국방에 대한 기존 관념에서 탈피하여 자주국방의 필요성을 절감하게 하였다. 이와 함께 이전의 국방조달원國防調達源이었던 일반 수입, 유상·무상 원조를 자체조달원으로 조속히 전환시켜야 할 필요성이 대두되었다.

한편, 북한은 휴전 이후 1966년부터는 이른바 4대 군사노선四大軍事路線을 채택하여 군수산업 개발과 함께 군비 확장을 촉진시킨 결과 1960년대 말에는 이미 전쟁 준비를 완료하고 대남파괴공작을 적극화시켰으며, 마침내는 1968년 1월 21일 청와대 기습사건을 유발하기에 이르렀다. 이 사건은 분명히 외부로부터의 침략 행위로 마땅히 한미상호방위조약에 규정되어 있는 바에 따라 권리와 의무가 발동되어야 했으나, 미국은 거의 같은 시기에 발생한 '푸에블로호 피랍사건(Pueblo號被拉事件)' 해결에 열중한 나머지 이 침략 행위에 대해서는 등한시하는 태도를 보였다. 이러한 미국의 소극적인 태도는 우리들로 하여금 자주국방의 필요성을 더욱 자각하도록 하였다. 청와대 기습사건 직후인 같은 해 2월 17일 당시의 대통령 박정희朴正熙는 250만 재향군인을 완전무장시키고 이에 필요한 무기생산공장을 1969년에 완성할 계획임을 선언하였다. 이어 5월에 열린 한미 국방장관회의(1971년부터는 한미 안보협의회의로 개칭)에서 한미 합작으로 소화기공장小火器工場을 설치할 것에 합의함으로써 병기공장건설이 구체화되기 시작하였다. 또한, 1971년 1월 박정희는 연두기자회견 석상에서 자주국방태세 강화의 필요성을 강조하고 방위산업 육성방침을 재천명하였다. 같은 해 9월 예산안의 국회 제출에 따르는 시정연설에서, 국방정책의 기본은 어떤 형태의 침략과 도전을 받더라도 이를 격퇴할 수 있는 방위력을 유지하는 데 있으며, 정부는 이러한 기본 방침 아래 물적 방위능력을 강화하기 위하여 방위산업 육성과 아울러 국방과학기술의 연구·개발이 필요하다고 강조하였다.

이와 같이 우리 나라의 방위산업은 미국의 대한정책의 변화와 북한의 지속적인 군비 확장 내지는 도발에 대처하기 위해 본격적으로 추진되기 시작하였다. 정부는 뒤늦게 출발한 방위산업을 보다 적극적으로 육성함으로써 조속한 시일 내에 자주국방태세를 확립하기 위해 다음과 같은 방위산업 육성 지원에 관한 기본 정책을 수립하였다. 그 내용은 다음과 같다.

① 자주국방의 조기 실현을 위한 병기·장비 등에 대한 국산화사업의 적극 추진,
② 방위산업을 효율적으로 추진하기 위하여 경제개발 5개년계획 및 중화학공업과의 병행 육성,
③ 현재의 가용 자원과 국내 공업의 잠재력을 활용하기 위하여 가급적 민간 주도형으로 추진하되 현재 보유하고 있는 병기 및 장비 유지에 대한 우선 순위를 부여하는 것이다.
④ 민간기업 또는 연구기관의 자본 부족을 해소하고 관계 업체의 주도적인 참여의식을 고취시키기 위하여 각종 자금의 융자, 세제상의 특혜, 기술자 및 기능사에 대한 병역 특례조치 등에 대한 지원,
⑤ 평시 군수업체를 유사시 신속하게 전시체제로 전환시켜 활용할 수 있는 전시 동원체제의 연구 발전,
⑥ 방위산업 업체의 적정 이윤 보장과 기존 시설의 유휴화遊休化를 방지하기 위하여 국내의 수요 충족 여력에 대해서는 기타 민수품을 최대한 생산한다는 것 등이었다.

이와 같은 방위산업의 육성 기본 정책에 입각한 구체적인 추진 목표는 1981년까지 북한보다 우위의 방위산업을 육성한다는 데 두고, 그 육성에 착수한 1972년부터 1976년까지는 기본 병기 및 탄약의 국산화를 위한 연구개발과 양산체제를 확립하기 위하여 방위산업의 기반을 조성하고, 1977년부터 1981년까지는 기본 병기 및 탄약과 기타 장비를 양산하여 전력화戰力化하는 동시에 고도의 전략무기 생산을 위한 기반을 구축하는 기간으로 설정하였다. 그리고 1982년부터 1986년까지는 우리나라 사람의 신체적인 특징과 지리적인 조건에 적합한 독자적인 무기체계를 확립하여 우리의 전략·전술에 가장 적합한 자주적인 병기를 개발, 전력화함으로써 명실공히 자주국방을 완성하는 단계로 설정하였다.

그러나 방위산업 고유의 문제점으로 지적되는 막대한 자금의 소요, 고도한 기술 인력의 확보 및 수요와 공급면에서 독자적인 시장형태를 개척해야 하는 등의 어려움을 극복할 수 있도록 기업의 적정 이윤을 보장해 주고, 고도의 정밀을 요하는 병기의 개발생산에 대한 신뢰성을 보장하는 면에서도 정부의 집중적인 지원을 필요로 하였다. 그래서 정부는 1973년 2월 "군수조달에 관한 특별조치법"을 제정하여 방위산업의 육성 지원을 위한 제도적 장치를 마련하여 그 지원체제를 보강하였다. 그 주요 내용은 다음과 같다.

① 세제면에서 소득세 및 법인세의 감면 등 특례 적용, 국내 생산이 불가능한 군수물자의 원자재에 대한 관세 및 특별소비세의 면제, 그리고 부가가치세의 영세율零稅率 적용 등 각종 특혜의 부여,
② 금융 지원면에서도 국민투자기금을 재원으로 한 각종 융자 및 외화 대부와 1977년 "군수조달에 관한 특별조치법" 개정에 의하여 방위산업 육성기금을 설치 운용,
③ 군수업체 또는 연구기관에 대해서는 관계 법령의 규정에도 불구하고 필요한 기기 및 물품을 유상 또는 무상으로 대여하거나 양여한다는 것이다.
④ 장기 계약제도를 도입, 군수업체에 대해서는 착수금 및 중도금을 지급할 수 있도록 함으로써 국내 생산은 물론 외국 기술을 도입·생산하는 경우에도 소요 경비의 거의 전액을 선급先給받아 자금의 영세성으로 인한 사업 중단 등이 발생하지 않도록 조치,
⑤ 군수물자 원가계산을 현실화함으로써 군수업체의 적정 이윤이 보장될 수 있도록 조치,
⑥ 우수한 기술 인력을 확보하기 위하여 기술자 및 기능사에 대한 병역특례조치와 장려금을 지급한다는 것 등이었다.

"군수조달에 관한 특별조치법"은 1983년 "방위산업에 관한 특별조치법"으로 제정과 함께 폐지되어 1983년 이후 우리나라는 방위산업의 발전을 꾀하게 되었다. 이러한 제도는 방위산업의 질적양적 발전을 이루게 하였지만 국방부와 각 군이 고유의 전력발전사업을 추진하에 따라 중복투자에 대한 우려가 제기되었고, 각종 비리가 지속적으로 발생함에 따라 2006년 "방위사업법" 제정에 따른 방위사업청의 창설과 함께 국방전력의 계획과 집행이 이원화되어 현재에 이르고 있다.

3. 방위산업의 분화

가. 방위산업의 발전

1) 국내 방위산업의 현황과 구조

우리나라의 2023년도 국방예산은 2022년 대비 4.4% 증가한 57조 143억 원이며, 군사력 건설을 위한 방위력개선비는 2022년 대비 1.3% 증가한 16조 9,169억 원이다. 전세계 방위산업 100대 기업 내 4개의 한국 기업은 2020년 총 무기 판매액이 8조 6,730억원 정도로 100대 기업 전체의 1.2%를 차지[1]했으며, 2019년보다 무기 판매액이 4.6% 증가했다. 한국 최대 방산기업 한화에어로스페이스(30위)의 무기 판매액은 0.3%로 미미하게 증가했다. LIG넥스원(62위)의 무기 판매액은 9.6% 증가해 1,868억 원을 기록하였으며 군수품을 전문판매하는 기업이기 때문에 COVID-19의 영향을 받지 않은 것으로 추정되며, 한화그룹도 유도무기 사업에 힘입어 무기 판매액이 19% 성장하여 한국의 방산수출 증가율은 117%에 달했다.

국내 방위산업은 대기업 중심의 불균형적 구조로 구성되어 있다. 2021년 기준 국내 방위산업 상위 4대 기업의 매출이 전체 방위산업 매출에서 차지하는 비중은 85.7%로 매출의 쏠림현상이 심한 상황이다.[2] 방위산업이란 「방위사업법」 제3조 제8호에 따르면 무기체계를 중심으로 안정적인 조달원 확보와 엄격한 품질보증을 위해 특별히 정부가 지정한 "방위산업물자"(이하 방산물자)를 생산하거나 연구개발하는 산업으로 정의할 수 있다. 국내 방위산업은 최종완제품을 생산하는 체계 업체, 체계 업체에 방산물자 관련 품목과 서비스를 제공하는 1차 협력업체, 1차 협력업체와 거래하는 2차 협력업체로 구성되어 있다. 2017년 산업연구원의 방위산업 통계에 따르면, 방산 대기업은 전체 생산의 약 80%를 차지하고 있으며 중소기업은 20% 수준에 불과하여 대기업 위주의 생산체계가 주를 이루고 있다. 2020년 기준 방위산업 상위 10대 기업이 전체 수출에서 차지하는 비중은 85.1%로 수출의 불균형이 나타나는데 이러한 방위산업의 산업구조 불균형을 완화하기 위한 정책적 접근이 필요하다.

국내 방위산업의 매출액은 점차 증가하고 있으나 이에 반해 수익성은 저조한 편이다. 방위산업의 수익성이 낮은 원인으로는 지체상금, 상한가 개산계약 체결에 따른 초과비용 감액 등이 지적되고 있다.[3] 방위사업청의 방산업체 경영실태 조사에 따르면, 2021년 기준 방산업체의 매출액은 15조 8,801억원, 영업이익은 7,228억원으로 집계되고 있다. 2021년 기준 방산업체의 영업이익률은 4.6%이며 방산업체 가동률은 72.9%에 달한다. 이를 제조업의 6.8%과 비교할 시, 방위산업의 수익성은 저조한 편이라고 볼 수 있다. 국내 방산업체 중 방산부문에 종사하는 인

---

1) 뉴스2데이, "100대 방산기업 중 41개 보유한 미국이 전체 무기판매액 54% 점유"(검색일 : 2023.1.2)

2) 2021년 국내 방위산업 총매출은 15조 8,801억원(방진회), 4대기업 매출총액은 13조 6,115억원(한화에어로스페이스 6조 4151억, LIG넥스원 1조 8,200억, KAI 2wh 5,623억, 현대로템 2조 8,141억, 잡코리아)

3) 산업연구원, 『23~27 방위산업발전 기본계획 수립연구』(세종 : 산업연구원, 2022), p.38.

력은 2022년 기준으로 32,989명으로 집계되었으며 이 중 항공유도 분야 종사 인력이 10,715명, 화력 분야 3,646명, 탄약 분야 6,297명, 기동 분야 2,846명, 통신전자 분야 4,357명, 함정 분야 4,279명, 화생방 분야 204명으로 구성되어 있다.[4)]

2019년 방위산업의 수출 비중은 12.6%로 제조업(40.9%) 대비 매우 낮고, 방위산업의 무역집중도는 제조업 대비 매우 높은 수준이다. 2020년 방위산업 매출은 국내 88.2%, 해외 11.8%로 구성되어 있어 내수 중심 산업으로 성장 가능성이 제한되어 있으므로 수출을 통한 시장 확대가 필요하다.

윤석열 정부는 "윤석열 정부 110대 국정과제"를 발표하여 향후 5년간의 국정철학과 국정 목표, 20대 약속 사항들을 제시하였는데, 이중 방위산업과 관련한 항목들이 포함되어 있다.[5)] 국정목표 103에서는 '제2창군수준의 「국방혁신4.0」 추진으로 AI과학기술강군육성'을 통해 급속도로 발전하는 과학기술을 적기에 활용할 수 있도록 전력증강 프로세스를 전면 보완하고, 제도개선 및 조직개편을 추진하여 전력 증강의 효율성·신속성을 보장할 것을 제시하고 있다. 국정목표 105는 '한·미 군사동맹 강화 및 국방과학기술 협력 확대'를 목표로 제시하여 한·미간 '국방과학기술 협의체'를 설치하여 정책·전략적 수준의 협력을 강화하고, 양국 간 '국방과학기술협력센터' 설치를 추진하는 내용을 담고 있다. 국정목표 106은 '첨단전력 건설과 방산수출 확대의 선순환 구조 마련'을 목표로 하여 4차 산업혁명 시대 방위산업을 경제성장을 선도하는 첨단전략산업으로 육성하고 경제안보와 국가안보 간 선순환 관계를 유도하고자 한다. 또한 도전적 국방 R&D → 첨단무기체계 전력화 → 방산수출로 이어지는 방위산업 생태계를 구축하여 국가 먹거리 산업화를 추진한다.

방산수출의 특성을 고려하여 국가안보실 주도 범정부 방산수출 협력체계를 구축하는 방산수출 지원체계를 마련하고, 국방과학기술 역량 결집을 위해 대전으로 방위사업청의 이전을 추진하고 있다. 방위사업청은 2023년을 기준으로 부분 이전을 시작했으며 전체 이전을 2027년에 완료할 것을 목표로 삼고 있다.

첨단산업화, 도전적 R&D환경 조성 및 맞춤형 수출지원사업 신설 등을 통한 수출 경쟁력을 강화한다. 첨단산업화는 성장단계별 풀패키지 지원, 우주 방산 전문기업 육성, 국가 경제안보 핵심품목에 대한 맞춤형 전략(수입선 다변화, 비축 확대) 수립과 국산화를 병행하는 내용을 포함하고 있다. R&D환경의 조성은 방산기술 혁신펀드 조성, 방산 업체의 기술개발 여건 개선 및 방산혁신 클러스터 확대를 통한 방산혁신 성장 생태계를 조성하는 것과 관련이 있다. 맞춤형 수출지원 사업은 수출형 방산물자 부품·성능개량 지원, 선제적 부품 국산화 확대 및 민·군기술협력사업 추진체계 강화 등을 통한 수출경쟁력의 강화와 관련된 사항이다. 스마트 방산협력 패키지(완제품/공동개발/기술이전)를 마련하고, 구매국별 맞춤형 수출전략 수립을 통해 수출 기회를 확대하고자 하는 방산수출 방식 다변화를 모색한다. 또한 한미 국방상호조달협정 체결을 통해 방

4) 한국방위산업진흥회, 방산업체 경영분석, https://www.kdia.or.kr/kdia/contents/defense-info24.do.(검색일: 2023.10.1.)

5) 제20대 대통령직인수위원회, "윤석열 정부 110대 국정과제," 2022.

산 분야 상호 시장 개방을 바탕으로 미美 글로벌 공급망 참여기회를 확대하고 안보동맹을 공고화하고자 하였다.

2) 국내 방위산업 클러스터

최근 방위산업과 관련하여 주요 지자체들을 중심으로 방위관련산업 클러스터 육성의 필요성이 대두되고 있다. 방위산업에서의 클러스터는'일정 지역에서 방위산업 발전과 관련된 혁신주체들이 기능적 연계와 공간적 집적을 통해 방위 및 관련산업 생산체계를 중심으로 과학기술체계와 기업지원체계 그리고 군사체계가 효율적으로 접합된 집합체'라고 정의할 수 있다.

방위산업에서 클러스터의 필요성은 국가안보 유지를 위한 방위산업 역량 강화, 방위산업에 있어 첨단기술개발의 테스트베드(Test-bed)적 특성에 따른 항공우주, 항공 MRO, 전력지원체계 산업 등과의 높은 연계성, 그리고 지자체 자체의 방위 관련 산업 클러스터 육성 의지 측면에서 살펴볼 수 있다.

국내 방위산업 및 이와 관련성이 높은 항공우주, 항공 MRO, 전력지원체계를 포함한 방위산업 관련 클러스터는 창원, 진주·사천, 구미, 대전 등을 중심으로 조성되어 운영 중에 있다.

국내 최대 규모의 방위산업 집적지인 창원시는 2016년에 방위산업 분야 산·학·연·관 간 협의체인 "방산 클러스터"를 발족하였다. 이를 통해 부품국산화 및 수출활동 지원, 지역혁신기관과 연계한 신사업 창출 등을 추진하고 있다. 사천, 진주 등을 중심으로 한 경남은 전국 최대의 항공우주산업 밀집 지역으로 사천공항, 산업기술시험원, 국방기술품질원 등 지역 내 특화된 항공산업 인프라를 바탕으로 2017년에는 항공 국가산업단지로 지정되었다. 특히 2019년 산업연구원에서 실시한 클러스터 육성전략 마련을 위한 실태조사에서 진주·사천의 항공우주 클러스터가 가장 높은 평가를 받았다. 그러나 우리나라의 방위산업 클러스터 발전 수준은 선진국에 미치지 못하고 있는데 이는 중앙정부의 방위산업 클러스터 육성정책이 부재하고 중앙정부와 지자체 간 방위 및 관련산업 클러스터 육성을 위한 소통이 부족 것 등에서 기인하는 것으로 보인다.[6]

[그림] 방위산업 클러스터 개념도

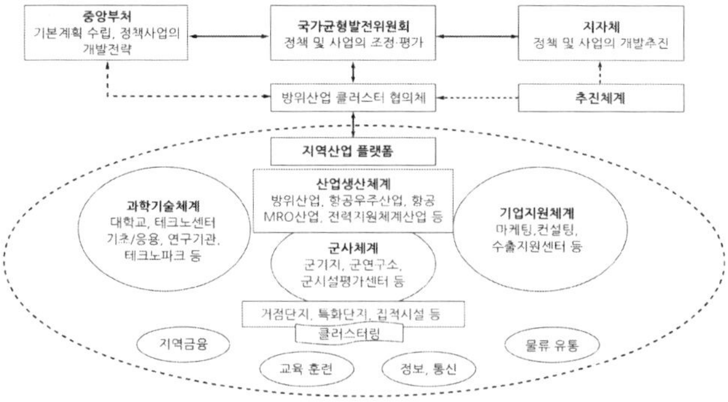

* 출처 : 장원준 , 「국내 방위 관련산업 클러스터 비교분석과 정책과제」(세종 : 산업연구원, 2020)

---

6) 장원준 외, 『주요국 방위 및 관련산업 클러스터 분석과 시사점』(세종 : 산업연구원, 2018), pp.227~233.

나. 군수산업의 발전

1) 전력지원체계 관련 군수산업 개관

전력지원체계는 전투를 수행하는 군인과 전투에 투입되는 무기체계의 효율성과 효과성을 증진하기 위해 전투지원 분야와 전투근무지원 분야에서 요구되는 장비·부품·물자·시설·정보화 체계 등으로 정의되고 있다. 이에 따라 전력지원체계는 7대 대분류를 기준으로 중분류 32개, 소분류 135개로 세부 분류하고 있다.

전력지원체계 중장기 개발 방향은 전투임무 위주 전력지원체계 개선 및 개발로 구형장비/물자 성능개량 및 품질개선을 위해 전투근무지원장비에 대한 기동화 추진과 개인전투체계와 연계된 개인 전투장구류 및 피복류 개선에 중점을 두고 있다. 미래형 첨단장비 및 고품질 다기능 물자 개발은 일반 통신장비의 존투효율성 및 기동장비의 야전운용성 향상과 개인전투체계 구현을 위한 핵심기술 개발에 중점을 두고 있다. 민간 선진기술 도입 및 우수 상품에 대한 군 적용 확대는 C&D(Connect & Development) 개념을 적용하여 민간선진기술 도입을 위한 기술평가 강화와 장병 편의성 향상을 위한 우수 상용품 획득 우선 추진에 중점을 두고 있다.

[그림] 전력지원체계 중장기 개발방향

구분	주과제	세부과제
중기 개발방향	구형 장비물자에 대한 성능개량 및 품질개선	- 전투근무지원장비 기동화 추진 - 개인전투체계와 연계된 개인전투자구류 및 피복류 개선 - 작전환경 부합 및 전투효율성 향상 위한 천막 및 전투식량 개발
장기 개발방향	미래형 첨단장비 및 고품질 다기능 물자 개발	- 일반통신 장비의 전투효율성 및 기동장비의 야전 운용성 향상 - 개인전투체계 구현을 위한 핵심기술 개발 - 미래 작전환경 및 민간 신기술 적용한 전투식량 개발

2) 전력지원체계 관련 산업

첨단 전력지원체계 획득의 중요성은 장병의 임무수행과 밀접한 피복류(전투복 등), 개인전투체계, 전투식량 등의 일반 군수품뿐만 아니라, 4차 산업혁명 신기술이 적용된 AI 기반 장비, 가상·증강현실 기반 교육훈련장비, 무인 로봇 등과 같은 미래 군 장비 및 물자를 포함하고 있으므로 매우 중요하다. 전력지원체계는 무기체계의 획득 절차와 달리 연구개발보다 상용품 구매에 의한 획득이 많은 부분을 차지하고 있었으나, 최근에는 국기연의 전력지원체계 연구센터에서 첨단 전력지원체계의 연구개발을 전담한 이후 전력지원체계의 연구개발이 확대되고 있다.

특히, 4차 산업혁명 기술을 적용한 첨단 전력지원체계는 AR/VR 기술을 적용한 교육훈련장비의 획득, AI 기술을 적용한 일반수송차량의 무인자율차량화, 첨단 소재를 활용한 고효율 방탄복 제작 등 다양한 분야에서 무기체계만큼 군의 전투력을 향상할 수 있는 요소로서 중요성이 크게 증가하였다.

또한, 가상·증강·현실 기술을 적용한 군 교육훈련 체계 개발도 중요한 변화 중 하나다. 가상현실(Virtual Reality, VR)은 완전히 몰입하도록 만들어져 있으며, 실제와는 다르거나 동떨어진 세계에 있다고 생각하도록 감각을 속이는 것으로, 헤드 마운트 디스플레이(HMD) 또는 헤드셋을 사용하여 컴퓨터가 만든 상상의 세계와 사운드를 체험하며 콘솔이나 PC에 연결된 상태로 물건을 조작하거나 촉각을 사용하는 컨트롤러로 움직일 수 있다. 증강현실(augmented reality, AR)은 실제 현실을 바탕으로 하여, 다른 디지털 세부 사항으로 현실을 강화하면서 새로운 인지 계층을 만들고 현실이나 환경을 보완한다. 혼합현실(mixed reality, MR)은 현실과 디지털 요소를 함께 활용하며, 혼합현실에서는 차세대 센서 및 이미징 기술을 사용해 실제 물건과 환경, 가상의 물건과 환경을 모두 조작하고 이들과 상호 작용함. 또한, 혼합현실에서는 손으로 가상 환경과 상호 작용하면서 헤드셋을 벗지 않은 상태로 주변을 보고 여기에 몰입할 수 있으며, 한 손이나 한 발은 실제 환경에서, 다른 쪽은 가상의 공간에서 활동할 수 있기 때문에 현실과 가상의 기본적인 개념을 무너뜨리고 오늘날 게임과 업무방식을 바꿀 수 있는 경험을 제공한다.

[그림] 신속시범획득사업, 우수상용품 시범사용 획득절차 비교

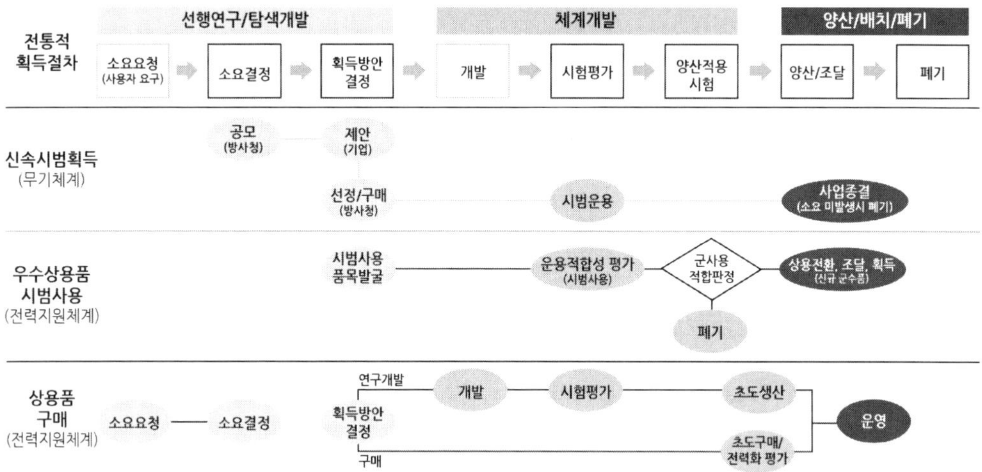

이러한 AR/VR 기술을 적용한 교육훈련체계 개발은 전쟁이라는 직무의 특수성으로 인해 실제 경험이 제한되는 군의 특성을 고려했을 때, 이러한 가상·증강현실을 군 교육훈련 분야 적용을 통한 직무능력을 향상해야 하므로 필요성이 제기된다. 아울러 심각한 저출산과 복무기간 단축 등으로 병력이 꾸준히 감소하고 있으며, 그에 따라 전투력을 보존하고 평화 유지에 필요한 전쟁억제력을 발휘하기 위해서는 장비의 첨단화와 고도화를 통해 1인당 발휘할 수 있는 전투력 증대가 필수적인 상황이다.

AR/VR 기술은 몰입감이 뛰어난 가상·증강현실 체계를 개발하기 위해서는 디스플레이 기술, 객체 추적 기술, 영상합성 기술, 상호작용 기술 등의 하드웨어, 소프트웨어 기술들이 종합적으로 요구된다. 이중 디스플레이 기술은 현실과 유사한 가상 · 증강현실 세계를 구성하기 위해서 시각, 촉각, 청각 등의 감각을 인공적으로 구현할 수 있어야 하므로, 최근에는 착용 장비의 경량화와 컴퓨터 연산 능력의 향상이 이루어지면서 HMD(Head Mounted Display)가 주로 활용되고 있다. 증강현실 체계의 디스플레이는 사용자가 디스플레이 너머의 실제 환경을 시각적으로 인지할 수 있어야 하므로, 카메라를 활용해 외부 환경을 그대로 불투명 디스플레이에 출력하는 기술은 해상도와 영상 획득 및 출력 지연시간으로 인한 위화감이 생기므로 현재는 반투명한 렌즈를 사용한 광학적 투시 기술의 개발에 집중하고 있다.

객체 추적 기술은 가상·증강현실에서 사용자의 시야에 정확한 영상을 제공하고 정확한 좌표에 가상 객체를 덧씌우기 위해서는 관심 객체를 인지하고 추적하는 기술이 필요하다. 가상·증강현실 시스템에 적용하는 객체 추적 기술은 각 기술의 한계점을 극복하기 위해 여러 기술을 혼합하여 사용하게 되며, 주로 반응속도가 빠른 관성 센서를 이용하여 얻은 좌표를 속도는 느리지만 정확도는 높은 광학추적 기술로 보정 하는 식으로 객체 추적이 이루어진다.

영상합성 기술은 가상·증강현실 영상합성 기술은 시뮬레이션 모델을 운용하고 객체를 조작하기 위한 가상의 환경을 생성하는 기술로, 가상 이미지에 또 다른 가상 이미지를 합성하거나 더 실제에 가까운 환경을 구성하기 위해 빛과 그림자를 표현하는 등의 다양한 기술이 포함된다. 증강현실 영상합성 기술은 카메라로 촬영한 3차원 현실 위에 생성된 가상영상을 이질감 없게 합성하는 기술이 필요하며, 이러한 영상합성에는 객체 추적 기술을 이용해 획득한 카메라와 가상 객체 사이의 상대적인 위치정보가 이용된다.

상호작용 기술은 가상·증강현실의 콘텐츠를 사용자가 인식하고 조작할 수 있도록 돕는 기술로, 기존의 컴퓨터에 주로 사용되는 장치인 키보드나 마우스 등의 간접 입력 장치를 가상·증강현실에 사용하면 사용자의 부자연스러운 동작을 강제함으로써 사용자의 몰입감을 저해하므로 동작이나 음성 인식 등 사용자의 몰입감을 저해하지 않는 간단하고 효과적인 상호작용 기술의 도입이 연구되고 있다.

군 교육훈련에 가상현실, 증강현실, 혼합현실 기술의 적용으로서, VR은 3차원 엔진을 통해 평면 스크린과 돔형 스크린, 헤드 마운티드 디스플레이(HMD) 등 다양한 형태로 구현되며, 평면 스크린은 비교적 구현이 쉽고 가격이 저렴하기 때문에 사격, 항공기, 장갑차량 교육을 위해 사용되는 시뮬레이터에 많이 사용된다. AR은 전투기의 전방 상향기(HUD) 등을 통해 좌표와 구도, 속도 등의 정보를 알려주는 방식으로 활용되었으며, HUD는 수송기와 헬기를 넘어 민간 자동차 운행까지 활용이 확대되었음. 전투기에 사용된 AR은 헬멧에 정보를 투영하는 HMD로 발전해, F-35에는 360도 전 방향 상황인식 능력이 적용되었다. 위치인식 기반 혼합현실(MR) 기술이 적용돼 은폐·엄폐 및 상호교전 훈련도 가능하다. AR 기반 지휘통제훈련 시뮬레이터는 3차원 지형 안에서 지휘소훈련 형태의 워게임이 가능하다.

AI 기술을 적용한 일반수송차량의 무인자율차량화로서 2014년 미국 방산업체 록히드 마틴은 대형 일반 트럭을 군용 무인 수송차량으로 개조해주는 자율주행시스템을 시연하였다. 록히드의 자율주행시스템은 고성능 라이더(LiDAR : Light Detection And Ranging) 센서와 GPS센서, 카메라를 비롯하여 최첨단 소프트웨어(차량통합패키지) 등으로 구성돼 있어 사람이 직접 운전해야 하는 대형 트럭을 무인 트럭으로 개조 가능하다. 이 시스템은 미 육군과 해병이 공동으로 추진하는 AMAS(Autonomous Mobility Applique System) 프로그램에 맞춰 개발되었고, AMAS는 도심과 교외의 모든 도로에서 일반 트럭이 완전 자율주행이 가능하도록 로봇화를 지원하는 프로그램이다.

한편, 한화디펜스의 지능형 다목적 무인차량 개발로서, 2021년 한화가 개발한 인공지능 기반 최첨단 다목적 무인차량 시제품인 지능형 다목적 무인차량에 대해 육군에서 임무 성능과 조작 및 운용 편의성, 전술적 운용 가능성 등 확인하였다. 다목적 무인차량은 보병부대에 편성되는 2톤급 차량으로 고위험 전장환경에서 병사 대신 종속주행을 통해 물자탄약수송, 수색·정찰, 환자후송, 근접전투 지원 등 다양한 임무를 수행하는 미래형 국방로봇 체계이다. 지능형 다목적 무인차량은 6륜구동 플랫폼으로 기존 모델에 비해 최고속도와 적재중량, 항속거리 등 주요 성능이 대폭 향상되는 수출형 제품이다. 적재 중량이 기존 200kg 보다 2배 이상 늘어나 고하중의 전투물자 수송과 부상자 후송 등 전투지원 능력을 획기적으로 향상시킬 것으로 기대되며 1회 충전으로 100km 정도 주행이 가능하다. 군용 통신망 외에도 상용 5G·LTE 네트워크를 이용한 보조 통신중계가 가능해 산악지형 등에서도 원격·자율주행 및 대용량 데이터 송수신 등의 임무를 막힘 없이 수행할 수 있으며, 통신 두절 시엔 1분간 스스로 통신 재연결을 시도해보고 미복구시 최초 출발점으로 돌아오는'스마트 자율복귀'기능을 탑재하였다.

또 다른 첨단 전력지원체계로서 전투 시 피탄 가능성으로부터 전투원의 생명을 보호하는 지속가능성과 관련된 방탄 소재에도 우리의 관심이 높아진 상태이다. 첨단 소재를 활용한 고효율 방탄복 제작에 있어 2021년 효성은 첨단소재를 적용한 신형 방탄복/헬멧을 출시하였다. 효성첨단소재는 파라(para)계 아라미드로 강철보다 5배 강한 강도를 가지며, 섭씨 500도가 넘는 고온에서도 견디는 고기능 슈퍼 섬유인 알켁스를 활용하여 신형 첨단 경량화 방탄복 및 헬멧 개발, 출시한 것이다.

아울러, 2022년 국방과학연구소는 '그래핀 방탄복 개발'을 미래도전 국방기술 연구·개발사업 과제로 공모하였다. 흑연 구성 물질의 하나인 '그래핀'(grahpene)은 탄소 원자가 6각형 벌집 모양으로 연결된 평평한 판板 형태의 물질로 철보다 200배 강하고 전기는 구리보다 100배 더 잘 통함. 투명하고 잘 휘는 특성도 있어 휘어지는 디스플레이 등에 쓰일 차세대 소재로 주목받고 있으며, 충격 흡수 능력이 우수하여 방탄복이나 헬멧의 소재로도 주목받고 있다. 그래핀 소재에 총알이 부딪치면 총알의 운동에너지가 순식간에 흡수·분산되면서 속도가 떨어져 방탄효과가 높아지므로 방탄효과가 개선된 첨단 방탄복 제작이 가능하다. 그러나, 그래핀 입자 간 계면 결합, 구조적 결함 문제 등 때문에 높은 수준의 방탄 성능을 발현하는 데 어려움이 있다. 즉, 그래핀 고유의 기계적 성질을 유지하면서도 경량화된 방탄섬유·패널을 제작할 수 있는 기술을 개발하는 것이 우리 군이 직면한 과제이다.

다. 국방 관련 산업

최근에는 산업적 차원에서 앞에서 언급한 무기체계 관련 방위산업과 비무기체계 관련 군수산업으로서 전력지원체계 관련 산업 외에 국방과 관련된 산업의 중요성이 크게 대두되고 있다. 이러한 국방 관련 산업의 대표적인 사례가 국방 MICE 산업이며, AR/VR을 활용한 안보체험장 설치 및 운영과 관련된 산업이다. 이러한 국방 관련 산업은 직접적으로 전력증강에 기여하지는 않지만 간접적으로 국방 및 안보에 대한 국민적인 관심과 중요성의 환기 등에 기여하는 분야이므로 중요한 산업으로 발전시켜야 할 것이다.

1) MICE 산업 개관

마이스(MICE)는 회의(Meeting), 포상 관광 또는 인센티브 여행(Incentives), 컨벤션(Convetion), 전시회(Exhibition)의 앞 글자를 따온 말로 4개 비즈니스 분야를 지칭한다. 다시 말해 국제회의, 기업회의, 관광, 컨벤션, 전시 박람회, 기타 여러 행사를 포괄하는 산업을 말한다. 마이스 산업은 기본적으로 국제 회의, 박람회, 전시회 등 각종 국제행사를 유치함으로써 부가 이익을 창출하는데 지역 경제 활성화, 일자리 창출 등과 같은 파급효과가 커 미래 유망 산업으로 부상하였다.

MICE 산업의 구체적인 내용은 다음과 같다. 먼저 Meeting은 아이디어 교환, 사회적 네트워크 형성, 토론, 정보교환, 사업 등을 목적으로 설립된 유료시설을 사용하는 회의로서 최소 참가자를 10인 이상으로 하며 최소 0.5일(4시간) 이상 진행되는 모든 회의를 말한다. Incentives는 회사에서 비용을 부담하여 조직원들의 성과에 대한 보상 및 동기를 부여하기 위한 순수 포상여행을 말한다. Convention은 아이디어 교환, 사회적 네트워크 형성, 토론, 정보교환, 사업 등을 목적으로 설립된 유료 시설을 사용하는 회의로서 UIA(Union of international Association) 기준에 부합하는 정보/공공, 협회/학회, 기업회의를 말하며, Meeting보다 규모가 크며 국제적 성격을 띤 회의를 말한다. Exhibition은 제품, 기술, 서비스를 특정 장소인 전문 전시시설에서 1일 이상 판매, 홍보, 마케팅 등의 활동을 함으로써 유통업자, 무역업자, 소비자, 관련 종사자 및 전문가, 일반인 등을 대상으로 해당기업 및 관련 기관들이 정보를 교환하거나 거래 및 마케팅 활동을 하는 각종 전시 등을 가리킨다.

우리나라에서는 국제회의산업육성에 관한 법률 및 전시산업발전법을 제정하여 MICE 산업의 활성화를 지원하고 있는데, 이러한 MICE산업의 특성으로는 환경친화성, 네트워크성, 지역성, 공공성, 파급성 등을 들 수 있으며 각각의 특성은 다음과 같다. 첫째, 환경친화성으로 회의진행 시 3R(Recycle, Reuse, Reduce)을 실천하는 '그린미팅(Green Meeting)'개념을 도입하여 환경오염 가능성을 최소화하고 있으며 2020년을 목표로 환경에 전혀 영향을 미치지 않는(zero net environmental effect) 컨벤션 개최를 시도하는 등 저탄소 녹색성장의 대표산업을 지향한다는 특성이 있다. 둘째, 네트워크성으로 MICE의 각 요소들은 기본적으로 사람들의 이동, 교류를 기반으로하여 아이디어의 교환, 토론을 위한 서비스로 정의 가능. 따라서 MICE 품목의 각 요소들은 이해관계자, 조직, 지역간의 네트워크를 수반하고 있으며, 이러한 네트워크는 상호협력을 중요한 요소로 한다. 셋째는 지역성으로, MICE는 기본적으로 지역의 고유한 특성을 바탕으로 지역의 다른 사업 요소들과의 연계를 통해 부가가치를 창출. 그 지역의 고유한 관광, 문화, 자연 자원의 활용을 기반으로 하여 독특한 문화적 이미지와 브랜드를 창출하고 있으며, 그 지역의 고유한 특성이 MICE 발전에 중요한 척도로 작용한다. 넷째는 공공성으로 MICE는 다양한 국제 및 국내 교류를 통하여 상호 협력과 발전을 모색하는 것이 목적으로, 환경, 교육, 문화, 국방 등 국가 또는 국내의 공공의 이익을 위한 행사의 비중 또한 높아지고 있다는 점에서 공공적 성격이 있다고 볼 수 있다. 다섯째는 파급성으로, MICE는 관광은 물론 전시, 공연, 문화체험, 쇼핑, 레저 등 다양한 분야의 요소들이 결합된 복합적인 서비스로, 각 산업분야별로 다양한 전후방적 파급성을 가짐. MICE는 종합적 서비스 품목으로 MICE와 직접적인 관련성이 있는 회의장, 숙박시설, 전시 및 컨벤션 산업 등에 대한 파급효과는 물론, MICE참가자들의 오락, 관광, 여행 등 간접적인 활동에 따른 경제적 파급효과를 가져오며, 일반 관광객에 비해 체류기간이 길기 때문에 숙박, 음식 등의 분야에서의 파급성이 크다는 특성이 있다.

2) 국방 관련 MICE 산업 및 팬데믹 이후 MICE 산업

국방과 관련된 MICE(회의 및 전시, 인센티브 여행, 컨퍼런스, 이벤트) 산업은 국방 및 안보 분야에서 다양한 행사와 활동을 포함한다. 이는 군사적인 목적뿐만 아니라 군사 산업의 발전, 군사 기술의 전시 및 교류, 국방 정책 및 전략에 관한 논의 등을 다루게 된다. 국방 MICE 산업의 구체적 내용은 다음과 같다. 먼저, 방위산업 전시회(Defense Trade Shows)로 여기에는 군사 및 방위산업에서 사용되는 새로운 기술, 장비, 무기체계 등을 소개하고 국제적으로 판매 및 전시하는 행사가 포함된다. 안보 컨퍼런스(Security Conferences)는 안보 및 국방 전략에 관한 국제 컨퍼런스는 정부 관계자, 군사 전문가, 산업 리더 등이 참석하여 현안 문제에 대한 논의와 국제적인 협력을 촉진하는 기회를 제공한다. 군사 훈련 및 시뮬레이션 이벤트(Military Training and Simulation Events)는 실전 상황을 시뮬레이션하고 군사 훈련 기술을 소개하는 이벤트는 국방 능력 향상과 군사 인재 양성에 기여한다. 정보 교환 및 협력 이벤트(Information Exchange and Collaboration Events)는 다양한 국가의 국방 관계자들이 정보를 교환하고 국방 협력에 대한 토론을 나누는 이벤트를 제공한다. 이러한 행사들은 국방 및 안보 분야에서 협력과 이해를 증진시키며, 새로운 기술과 전략을 소개하고 국제적인 군사 및 안보 협력을 강화하는 데 기여하게 된다.

팬데믹 이후, MICE(회의 및 전시, 인센티브 여행, 컨퍼런스, 이벤트) 산업에서는 온라인 플랫폼의 활용이 크게 증가하면서 다양한 변화가 나타났으며, 여러 이유로 인해 온라인 플랫폼이 더 중요한 역할을 하게 되었다. 먼저, •가상 이벤트 및 전시회(Virtual Events and Exhibitions)로서, 신체적인 이동이 제한되는 상황에서 온라인 플랫폼을 통한 가상 이벤트와 전시회가 증가하였다. 가상 공간에서 참가자들은 각자의 장소에서 참여하고 새로운 제품, 기술, 서비스를 발견할 수 있게 되었다. •비대면 회의 및 워크샵(Remote Meetings and Workshops) : 원격 근무 및 협업이 증가하면서 비대면 회의와 워크샵이 일상적으로 이루어지고 있다. 다양한 비디오 커뮤니케이션 플랫폼이 활용되어 전 세계의 참가자들이 실시간으로 의사소통할 수 있게 된 것이다. •다음은 인터랙티브 기술 및 가상 현실(VR)의 도입으로, 온라인 이벤트에서 참가자들이 보다 현실적인 경험을 할 수 있도록 가상 현실과 인터랙티브 기술이 도입되고 있고, 이를 통해 전시부스를 탐험하거나 현장에서의 경험을 가상으로 체험할 수 있다. •다음은 글로벌 협업 및 국제적 참여 강화로 온라인 플랫폼을 활용하면 지리적 제약이 줄어들어 국제적 협력 및 참여가 더욱 강화되고 있고, 다양한 문화와 언어를 가진 참가자들 간의 소통이 쉬워지고 국제적 네트워킹이 활발해진다. 아울러, 데이터 분석 및 피드백 수집으로 온라인 플랫폼은 참가자들의 행동을 기록하고 분석할 수 있는 데이터를 제공하며, 이를 통해 이벤트의 효과를 측정하고 개선점을 파악할 수 있다. 이러한 변화들은 온라인 환경에서 MICE 산업이 더 유연하게 대처할 수 있도록 도와주고, 지속적인 비즈니스 활동을 지원한다. 하지만 동시에 온라인 환경에서의 도전과 과제도 존재하며, 보안, 기술 인프라, 참가자들 간의 상호작용 등에 대한 새로운 고려사항이 필요한 실정이다.

4. 국방산업과 국방산업 생태계

가. 국방산업 관련 용어 검토

1) '국방산업' 용어 사용 배경

국방산업이라는 용어는 방위산업이라는 용어와 함께 국방분야에 종사하는 사람들에게 친숙하게 느껴지는 용어지만 특별히 정의되어 있지는 않다. 국방산업이라는 용어가 학술적으로 사용된 것은 1972년 백환기의 국방대학교 안보문제연구소 『국방연구』에 게재된 「국방산업國防産業에 대한 이론적 고찰理論的考察」에서 제시된 것이 가장 이른 언급인 것으로 파악되고 있다.[7)]

법률적으로는 2011년 '방산물자 등 수출지원 협의회 규정'을 대체하여 국방산업을 육성하고 방위산업물자 등의 수출을 범정부 차원에서 종합적·체계적으로 지원하기 위하여 국방산업발전협의회를 설치하고 그 구성 및 운영에 관한 사항을 정하기 위한 '국방산업발전협의회 규정' 이라는 대통령훈령을 제정하면서 법령용어로 제시되었다. 그러나 국방산업에 대한 정의가 명확하게 규정되어 있지는 않고 방위산업과 방산수출을 활성화하기 위해 산업자원부와의 협력을 강화할 목적으로 방위산업이라는 용어와 같은 개념으로 제정된 용어로 추정할 수 있다. 이러한 추정이 가능한 것은 국방산업발전협의회 규정이 한시규정으로 2020년 말로 자동 폐지되었고, 동 규정의 주요 내용이 2021년 제정된 방위산업발전법으로 계승되었기 때문이다.

7) 백환기, 「국방산업에 대한 이론적 고찰」, 『국방연구』 15-2호, 1972 ; 백환기는 이 논문을 통해 국방산업이라는 용어를 방위산업과 같은 의미로 파악하여 그 정의를 "외부로부터의 직접 또는 간접의 침략에 대하여 자국을 방위한다고 하는 국가행위의 목적의식에 기초를 두고 이러한 국가행위를 목적으로 하여 군사적으로 소요되는 물자(병기 및 소재)의 생산과 개발에 종사하는 산업"으로 제시하였다. 아울러 물자의 범위에 따라 광의적 의미와 협의적 의미로 볼 때 고려할 사항을 제시하였다.

2) 국방산업 용어 정의

가) 국방산업과 방위산업

국방산업이라는 용어가 방위산업이라는 용어와 등치가 가능하여 용어사용에 혼란을 줄 수 있다. 방위산업이라는 용어의 정의는 국방과학기술용어사전에 따르면 "군사적 소요물 가운데에서도 국방력의 중요요인이 되는 기기, 즉 총포·탄약·폭약·함정·항공기·차륜 및 전자장비로 한정하고, 통신기기 및 미사일 등의 생산과 개발과 관련된 산업"으로 규정하고 있다. 또한, 무기를 제조하고 국방부에 납품하는 기업을 지원하기 위한 기구로서 1976년 한국방위산업진흥회가 설립되어 오랜 기간 운영됐고, 이후 방위사업법의 제정에 따라 정의된 방위산업은 무기체계와 관련된 산업을 지칭하므로 국방산업과 혼동을 주게 되었다. 특히, 최근에는 2021년 전력지원체계와 관련된 산업을 활성화하기 위해 설립된 대한민국군수산업연합회로 인해 국방산업이라는 용어에 대한 정의를 명확하게 할 필요가 더욱 커진 상황이다.

나) 국방산업 용어 정의

과거부터 최근까지의 일련의 흐름을 고려한바, 방위산업이 무기체계와 관련된 산업을 가리킨다면 군수산업은 전력지원체계와 관련된 산업을 말하는 것임에 틀림없다. 그러면 무기체계나 전력지원체계와 관련이 없지만 국방분야의 산업적인 측면에서 필요한 산업으로 볼 수 있는 AR/VR을 활용한 안보체험장의 설치와 운영을 통해 경제활동을 영위하는 산업을 지칭할 수 있는 용어가 필요하게 된다. 이러한 산업을 일컫는 용어를 특정하기 어려운 현실이므로 국방분야를 지원하는 산업이라는 의미로 '국방지원산업'이라는 용어를 제시하고자 한다. 또한 방위산업과 군수산업, 국방지원산업을 망라하는 통합적인 용어로 앞에서 검토한 '국방산업'을 사용할 것을 제시하고자 한다. 이와 같은 논의의 흐름을 종합하여 국방산업과 그 하위산업의 구조를 도식적으로 나타내면 다음의 그림과 같다.

[그림] 국방산업의 하위산업구조

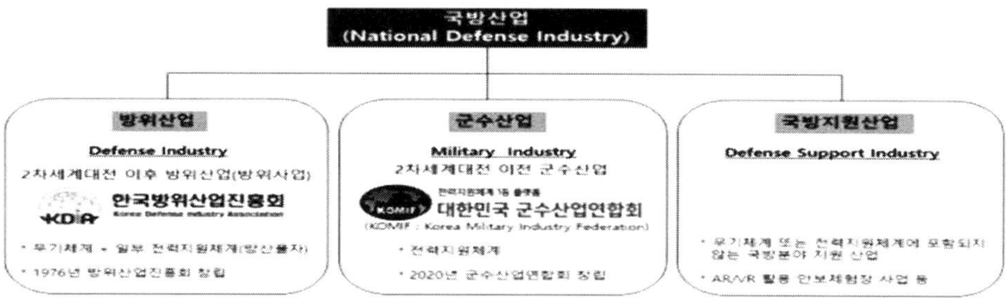

따라서, 국방산업이라는 용어는 "무기체계를 연구·제조·납품하는 활동과 연관된 산업과 전력지원체계를 연구·제조·납품하는 활동과 연관된 산업, 그리고 무기체계나 전력지원체계의 연구·제조·납품과는 관계 없지만 국방력의 증진과 관련된 연관산업을 포함하는 통합적인 용어"로 정의할 수 있을 것이다.

나. 국방산업 생태계 정의와 구조

1) 국방산업 생태계 정의

생태계(ecosystem)라는 개념은 생물학 분야에서 1930년대 Tansley(1935)에 의해'생물학적 생태계'라는 용어로 처음 제시되었다. 이를 Moore(1996)가 비즈니스 분야에 최초로 적용한 이후, 오늘날 '산업생태계'는 구글, 애플, 네이버, 유튜브 등 국내외 IT 산업을 포함한 주요 산업들의 경쟁력 제고를 위한 핵심 개념으로 자리 잡았다. 이는 단순히 개별 기업의 경쟁력 강화 측면이 아니라 산업생태계를 구성하는 생산자(대-중소·벤처기업, 파트너)와 소비자(고객), 이해관계자들이 상호 경쟁과 협력을 통해 성장, 발전하고 외부 환경변화에 대응함으로써 함께 진화해 나간다는 점에서 오늘날 비즈니스 생태계의 성장과 발전을 위한 중요한 이론적 근거로 활용되고 있다.

한편, 국방산업 생태계란 '국방산업에 대한 완제품 또는 서비스의 수요자인 중앙정부 등과 이를 제공하는 기업으로 이루어진 기본축을 중심으로 기술과 인력을 제공하는 국방관련기관/정출연 등과 자금을 지원하는 자금지원기관으로 이루어진 지원축, 그리고 기본축 및 지원축 구성요소의 공통적인 정보인프라를 제공하는 네트워크 및 데이터 등으로 이루어진 공통축 등 국방산업을 구성하는 모든 요소가 하나의 '경제적 공동체'를 이루어 상호 의존하고 자원을 공유하며 성장, 발전함으로써 외부의 환경변화에 공동으로 대응하며 진화하는 시스템'이라고 정의할 수 있다.

국방산업 생태계의 구조를 수요와 공급을 기본으로 하는 3축 개념으로 설정하였다. 국방산업 생태계의 구성요소 중 중앙정부나 지자체의 수요에 대한 공급이 가장 중요한 요소로서 이를 기본축으로 설정하였다. 수요는 국내 중앙정부 요소인 국방부, 방위사업청, 소요군과 지방자치단체가 포함되고, 외국의 정부도 수요부문의 구성요소이다. 공급 기능은 완제품(무기체계), 소재·부품·구성품, SW, 서비스를 제공하는 것으로 체계종합업체(주도기업), 전문방산업체(참여기업), 협력업체(중소벤처기업 등, 참여기업)가 포함된다.

수요가 없으면 공급이 이루어지기 어려운 경직된 수요구조를 가진 방위산업을 포함한 국방산업의 특징으로 인해 공급을 담당하는 기업에 다양한 지원이 필요하므로 이를 지원축으로 설정하였다. 지원축은 기술지원과 인력양성 지원, 자금지원으로 구성된다. 기술지원은 ADD, 정출연, 연구소, 대학 등이 포함되고, 인력양성은 정출연, 대학 등이 담당하게 된다. 자금지원은 정책자금(방사청 등), 자금지원기관(기보, 신보 등), 금융기관 등이 포함된다. 다음은 기본축과 지원축의 기능수행에 긴요한 정보와 관련된 요소로서 이를 공통축으로 설정하였다. 공통축에는 네트워크, 데이터, 관련 정보 등이 포함된다. 이러한 국방산업 생태계의 3축 개념을 표로 나타내면 다음과 같다.

〈표〉 국내 국방산업 생태계 3축 개념

축	구분	부문	구성내용
기본 축	수요-공급 그룹	• 수요 : 정부(국내, 해외) • 공급 : 완제품(무기체계), 소재·부품·구성품, SW, 서비스	• 수요 : 국내 정부 (국방부·방위사업청·소요군), 지자체, 외국 정부 • 공급 : 체계종합업체(주도기업), 전문방산업체(참여기업), 협력업체(중소벤처기업 등, 참여기업)
지원 축	지원그룹	• 기술지원, 인력 양성지원, 자금지원	• 기술지원 : ADD, 정출연, 연구소, 대학 등 • 인력양성 : 정출연, 대학 등 • 자금지원 : 정책자금(방사청 등), 자금지원기관(기보, 신보 등), 금융기관 등
공통 축	공통정보 그룹	• 정보 공유	• 네트워크, 데이터, 관련정보

국방산업 생태계는 위에서 검토한 바와 같이 기본/지원/공통의 3축 개념 아래 각 축을 구성하는 세부 요소들의 상호관계가 구조를 형성하고 있다. 중앙정부 등 소요 요소는 주요 기업 등 공급 요소와 연계되어 사업 발주와 완제품 또는 서비스의 납품이 교환되는 구조를 형성하고 있다. 또한, 수요는 국방 관련 기관 또는 정출연 등 기술·인력 지원 요소와도 연계되어 국방 R&D 등 사업의 발주와 국방 관련 산출물의 납품이 교환되는 구조를 갖고 있다.

한편 공급 요소인 주요 기업 등은 국방 관련기관 또는 정출연 등 기술 인력 지원 요소와 연계되어 기술지원과 인력의 지원을 받고 지원기관으로부터 발주되는 R&D 과제에 대해 납품하는 구조를 갖추고 있다. 또한, 금융기관 등 자금을 지원하는 요소와는 자금 신청과 금융서비스 제공 등으로 연계된 구조를 형성하고 있다.

공통 축의 네트워크 요소는 기본 축과 지원 축의 구성 요소들이 유기적으로 연계되어 원활한 기능을 발휘할 수 있도록 구조를 형성하고 있다.

이상에서 살펴본 국방산업 생태계의 3축개념과 구조를 도식화하면 다음 그림과 같다.

[그림] 국방산업 생태계 구조

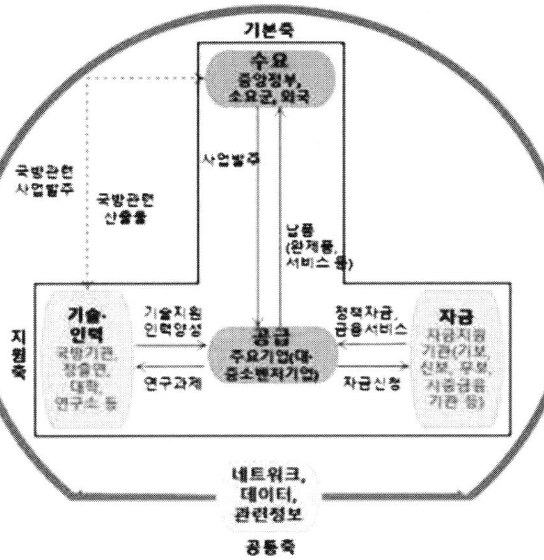

5. 맺음말

2차 세계대전 이전부터 사용되었던 군수산업이라는 용어는 전후 80여 년의 기간 동안 여러 가지 이유로 변화를 겪어 왔다. 우리나라의 경우 1980년대 초까지도 군수 조달이라는 용어를 주로 사용하였고, 1983년 방위산업에 관한 특별조치법의 제정과 함께 2010년대 초반까지 방위산업이라는 용어가 군수산업이라는 용어를 완전히 대체하였다. 그러나 이즈음의 방위산업은 2014년 방위사업법의 개정으로 비무기체계라는 용어를 전력지원체계로 전환하면서 과거의 군수산업이라는 용어를 소환하게 하였다. 1976년 방위산업진흥회라는 무기체계 위주의 방위산업체를 지원하는 조직이 설립되어 현재에 이르렀으며, 2020년 전력지원체계 위주의 산업체를 지원하기 위해 군수산업연합회가 설립되면서 무기체계와 방위산업, 전력지원체계와 군수산업이라는 용어체계가 등장하였다. 한편 2016년부터 제기된 4차 산업혁명 기술과 관련하여 AR/VR을 활용한 안보체험관의 설치와 운영이라는 새로운 사업을 추구하는 기업이 등장하고, 기존의 관광산업으로부터 확산한 MICE 산업 중 국방 MICE 산업에 대한 관심이 고조되어 국방 관련 산업이 확산/분화되어 왔다.

이에 따라 국방 관련 산업은 방위산업과 군수산업, 기타 국방 관련 산업 등 세 가지의 개념으로 분화된 상황에서 국방산업발전연구원이라는 민간 연구소의 등장 등 국방산업이라는 1972년에 사용되었던 국방산업이라는 용어가 다시 등장하게 되었다. 결국 국방 관련 산업을 지칭하는 용어가 방위산업을 포함하여 세 가지로 분화됨으로써 이들을 통합하는 용어에 대한 검토가 필요한 상황이 전개된 것이다. 국방 관련 산업의 세 가지 용어와 국방산업이라는 용어를 검토한 결과 용어의 역사성과 우리나라의 국방 관련 산업의 역사 등을 검토한 결과 현재 산황의 우리나라 국방 관련 산업을 방위산업, 군수산업, 기타 국방지원산업으로 구분하고 이들 용어를 통합하는 용어로서 국방산업이라는 용어를 제시하게 되었다.

국방산업은 국가방위를 구성하는 유형/무형 전력을 증진하기 위한 사업으로 정의할 수 있으므로 유형 전력으로서 무기체계와 전력지원체계 관련 산업과 무형전력으로서 기타 국방지원산업이 전력 증강의 두 축을 담당할 수 있을 것으로 보인다. 향후 우리나라의 국방산업은 새롭게 정의된 국방산업과 이에 상응하는 국방산업 생태계의 구축을 통해 국가방위를 위한 전력증강에 기여할 것으로 기대한다.♠

〈참 고 문 헌〉

●단행본 및 기타

·백환기, 「국방산업에 대한 이론적 고찰」,『국방연구』 15-2호, 1972.
·장원준, 「국내 방위 관련산업 클러스터 비교분석과 정책과제」, 세종 : 산업연구원, 2020.
·장원준 외, 「주요국 방위 및 관련산업 클러스터 분석과 시사점」, 세종 : 산업연구원. 2018.

·산업연구원, 『23~27 방위산업발전 기본계획 수립연구』, 세종 : 산업연구원, 2022.

·뉴스2데이, "100대 방산기업 중 41개 보유한 미국이 전체 무기판매액 54% 점유"(검색일 : 2023.1.2)
·한국방위산업진흥회, 방산업체 경영분석,
(https://www.kdia.or.kr/kdia/contents/defense-info24.do.(검색일 : 2023.10.1.)
·제20대 대통령직인수위원회, "윤석열 정부 110대 국정과제", 2022.

XI. 국방 환경 변화에 따른 미래 한국군 건설 방향

이 원 희※

1. 머리말

지구촌은 전쟁과 분쟁, 각종 재해재난으로 조용할 날이 없다. 미·중 패권 경쟁이 날이 갈수록 치열해지고 있는 가운데 유럽에서는 2022년 2월 시작된 러시아-우크라이나 전쟁(이하 러-우 전쟁)이 지금도 진행 중이고, 2023년 10월에 시작된 중동지역의 이스라엘과 하마스간 전쟁으로 수많은 사상자가 발생하고 있다. 여기에 아시아권의 중국과 대만의 양안 문제도 언제 터질지 모르는 화약고나 마찬가지이며, 정전 중인 한반도의 상황도 북한의 끊임없는 핵·미사일 도발로 위기가 지속되고 있다.

유럽과 중동지역에서의 전쟁은 물론 러시아 푸틴 대통령과 북한 김정은 국무위원장 간의 만남은 이해당사자인 우리의 입장에서는 결코 그냥 넘길 수 없는 상황이다. 김정은은 2023년 9월, 5박 6일간의 러시아 방문을 통해 러시아에 필요한 재래식 무기와 탄약을 제공해 주는 대신 러시아로부터 북한에 필요한 핵심 무기에 대한 기술을 전수받으려 하고 있다.[1] 북한은 핵추진 잠수함, 정찰위성, 전술 핵탄두 개발 완성과 실전 배치를 위한 마지막 핵심기술이 필요한 상황이다. 11월 21일에는 군사정찰위성인 '만리경 1호' 발사에 성공함으로써 김정은은 "이제 만 리를 굽어보는 '눈'과 만 리를 때리는 강력한 '주먹'을 다 함께 수중에 틀어쥐었다"[2]고 하기에 이르렀다. 대륙간탄도미사일(ICBM) 기반의 인공위성, 핵잠수함 개발 기술이 이전되고, 최신예 전투기와 같은 첨단 무기를 러시아가 지원한다면 우리의 한국형 3축 체계 등 대북 핵·미사일 방어망의 전면 수정이 불가피하고, 심각한 안보 위협을 초래하게 될 것이다.

급변하는 국제정세 속에서 우리나라는 인구 감소문제로 인해 병역자원이 부족하고, 4차 산업혁명에 따른 새로운 과학기술을 무기체계에 접목해야 할 상황에 직면해 있다. 이러한 최근의 국방 안보환경 변화요인은 크게 인구 감소와 4차 산업혁명의 도래, 미래 전쟁의 패러다임 변화

※ 미래군사학회 고문, 군사학 박사.

■ 이 논문은 필자의 스승이시자 '롤 모델'이신 풍석 이종학 교수님의 서거 1주기를 맞아 교수님을 추모하기 위한 논문이다.

1) 김정은은 러시아 방문 간 블라디보스토크에서 극초음속 미사일 '킨잘(KH-47)'을 시찰하였고, 러시아 태평양함대사령부에서는 대함 미사일 '우란'과 잠수함발사순항미사일(SLCM) '칼리브르' 등을 둘러보았으며, 아무르주 보스토치니 우주기지에서 우주로켓기술을 살펴보았다.

2) 김정은이 언급한 '주먹'은 대륙간탄도미사일(ICBM)을, '눈'은 정찰위성을 의미하는 것으로 풀이된다.

로 구분할 수 있을 것이다. 본고의 연구 목적은 이러한 국방 안보환경 변화요인에 대해 살펴보고, 미래 한국군을 어떻게 건설해야 할 것인지 군사혁신의 방향을 제시하는 데 있다. 이를 위해 2장에서는 인구 부족과 병력자원 감소, 4차 산업혁명에 대한 현상을 살펴보고, 3장과 4장에서는 러-우 전쟁과 이스라엘-하마스 간의 전쟁을 통해 예측 가능한 미래전 양상을 도출한 후, 5장에서는 북한과 주변 잠재 위협국으로부터 국민의 재산과 생명을 보호하기 위한 한국군의 건설 방향을 제시하고자 한다.

2. 국방 환경의 변화

현재 우리나라를 둘러싼 안보환경은 기존의 전통적 위협에 비전통적 위협이 더해지고, 끊임없는 군비경쟁과 함께 회색지대 분쟁이 일상화되는 등 갈수록 복잡해지고 있는 상황이다. 국방안보환경의 변화요인은 인구감소에 따른 병역 자원 감소, 4차 산업혁명에 따른 군사과학기술의 발전과 전쟁 패러다임의 변화, 최근의 러-우 전쟁과 이스라엘-하마스간의 전쟁을 통해 나타난 미래 전쟁의 양상 등을 들 수 있다. 앞의 두 가지 사항은 본 장에서, 최근의 전쟁 사례와 미래전에 대해서는 다음 장에서 살펴보기로 한다.

가. 인구 감소와 병역자원 부족

인구도 국력을 평가하는 주요 요소 중의 하나이다. 인구 감소, 인력 부족은 우리만의 문제가 아니라 전 세계적인 문제가 된 지 오래다. 인구 성장 속도는 급속히 감소하고 있고, 전 세계 인구는 2100년 약 110억 명으로 정점을 찍을 것이다. 전 세계적으로 인구 고령화는 빠르게 진행되고 있으며, 오직 아프리카만이 젊은 대륙이다. 대부분 국가의 출생률은 인구 대체율[3]보다 낮다.[4] 미국의 경우 기업의 90% 이상이 노동력 부족을 호소하고 있고, 미군도 1973년 모병제로 전환한 이후 49년 만에 최대 규모의 신병 모집 미달 사태에 직면한 바 있다. 2023년 세계 인구 1위 자리를 인도에게 물려 준 중국도 2025년이면 3천만 명의 인력이 부족할 것이라는 전망이다.

2022년 우리나라의 합계출산율[5]은 0.72로 OECD 38개국 중 꼴찌이고, 2019년 말부터 사망자 수가 출생자 수보다 더 많은 인구 데드 크로스(Dead Cross) 현상이 시작되었으며, 나 혼자 사는 1인 가구는 매년 늘어 1000만 가구에 육박하고 있다. 2012년 세계 7번째로 '20-50 클럽'에 가입

---

3) 인구 대체율이란 현 세대와 다음 세대 사이에 현재의 인구를 유지하기 위해 필요한 출생율을 말한다. 모든 여아가 건강한 여성으로 성장하는 건 아니고 모든 여성이 아이를 낳는 건 아니므로, 이런 점을 고려한 적정 인구대체율은 2명을 약간 넘는 2.1명으로 보고 있다.

4) 이언 골딘, 로버트 머가 지음, 추서연 외 옮김, 『앞으로 100년, 인류의 미래를 위한 100장의 지도』(서울 : 도서출판 동아시아, 2022), p.305.

5) 미혼자를 포함한 가임기(15~49세) 여성 한 명이 평생 낳으리라 예상되는 아이 수를 말한다. 합계출산율이 2.1이면 부부가 2명을 낳는 것이어서 인구가 유지된다. 0.1은 영아 사망률을 예상해 더한 것이다.

하였으나 이제는 5천만 인구 붕괴가 초읽기에 들어간 상태라고 할 수 있다.

초저출생은 인구 문제가 아닌 국가 소멸이 걸린 안보 문제이다. 현재 한국군의 병력은 50만 명 규모로 병사 30만 명, 간부 20만 명으로 구성되어 있다. 국가 안보 측면에서 인구 감소는 병역 자원 감소로 이어지고, 복무기간 단축 등으로 적정 상비병력 유지가 어려워 이에 대한 대비가 필요한 상황이다. 연간 22만 명 수준이던 군 입영 대상 20세 남성 인구는 2040년엔 13만 명으로 크게 줄어들고, 초급간부 모집[6]은 점점 더 어려워지고 있다. 따라서 병역자원 부족 문제를 해결하기 위한 심층 깊은 연구가 필요하다.

나. 4차 산업혁명과 전쟁 패러다임의 변화

1) 4차 산업혁명

2016년 1월 다보스 포럼에서 최초 언급된 4차 산업혁명은 전 세계적으로 그리고 모든 분야를 막론하여 주요한 이슈로 부각되고 있다. 이러한 4차 산업혁명의 영향은 국방 분야에서도 예외가 아니다. 4차 산업혁명 시대에 있어서 가장 중요한 개념이 바로 초연결(Hyper-connected)이라는 개념으로 민간과 국방의 영역과 그 경계가 급속히 허물어지는 현상이 나타나고 있으며, 이 4차 산업혁명이 군사분야와 연결되면서 전쟁 수행방식에도 지각 변동을 일으키고 있는 것이다. 특히 미래 전장환경은 새로운 형태의 네트워크 중심전으로써 전장 감시체계를 통하여 먼저 보고, 먼저 이해하고, 지휘통제체계를 통하여 적시에 우위의 결정을 내려서 먼저 적을 제압하는 것이 중요하다고 할 수 있다.

2) 전쟁 패러다임의 변화

시대에 따라서 전쟁을 바라보는 패러다임[7]이 바뀌고 있다. 패러다임이란 용어를 처음 사용한 토마스 쿤도 "하나의 패러다임이 성과가 누적되면, 이 패러다임은 차츰 부정되고, 경쟁적인 새로운 패러다임이 나타나면서 자리를 잡아 간다"고 했다. 오늘날 첨단과학기술의 급격한 발달로 인해 신무기가 등장하고, 그로 인해 전쟁 패러다임이 파격적으로 전환되고 있다. 정보·감시·정찰 무기 혁명, 원거리·초정밀·초고속 타격 무기혁명, 정찰·타격 복합 무기 혁명, 우주 무기 혁명, 무인 고지능 무기 혁명, 사이버전 혁명, 지향성 에너지 무기 혁명 등이 지속화되면 전력체계도 혁신이 불가피하다.[8]

과거에는 군사적 승리를 위해 '군 중심의 전쟁 패러다임'을 유지해 왔으나 최근에는 '국민 중

---

6) 2023년 육군 학군단을 운영하는 전국 108개 대학 가운데 54곳이 후보생 정원이 미달되어 창군 이래 처음으로 추가 모집을 받았다. 육군 병사 복무기간이 18개월인데 비해 ROTC는 23~36개월로 복무기간이 길고, 처우도 제대로 보장되진 않는다는 인식이 반영된 결과이다. 2025년이면 병사 봉급이 병장 기준 월 205만 원인데 비해 소위는 순수 월급 기준 178만 원으로 급여 역전 현상이 발생할 것이라는 우려도 있다. 「조선일보」(2023.9.25. A6.)

7) 패러다임이란 바로 '한 시대를 지배하는 인식과 이론, 또 관습, 사고, 그리고 관념, 가치관 등이 결합된 총체적인 틀 또는 개념의 집합체'를 말한다.

8) 신치범, 「비대칭성 기반의 한국형 군사혁신(K-RMA)에 관한 연구」, 건양대 박사학위논문(2023), p.28.

심의 전쟁 패러다임'으로 변화되었기 때문에 우리는 전쟁을 새로운 패러다임으로 바라보고 전쟁의 속성을 이해하면서 이에 대비해야 한다.[9] 그러므로 정부는 국가의 전 안보 역량을 융합할 수 있는 국가안보융합 체계를 구축하고, 군은 과거의 군사적 승리를 위해 전쟁에서 승리하는 군 중심의 전쟁 패러다임의 고정관념을 버려야 한다. 이를 위해 민군기술협력과 민간기업과의 협조가 필수적이며, '국민 중심의 전쟁 패러다임'에 부합한 군사력 건설과 국민의 안보 의지는 무엇보다 중요하다고 할 수 있다.

'군 중심의 전쟁 패러다임'에서 '국민 중심의 전쟁 패러다임'으로 전환된 하나의 좋은 사례로 우크라이나 전쟁에서의 민간부대를 들 수 있다. 신출귀몰하며 러시아 탱크를 파괴하는 공중 정찰부대인 아에로로즈 비드카(Aeroroz Vidka)가 대표적이다. 극도로 신분 노출을 꺼리는 이들은 취미로 드론을 만들던 IT분야 대학 교수, 소프트웨어 개발자, 대학생 등 동호인이 모여 취미로 모형 비행기나 전자기기를 만들던 민간단체이다. 그러다가 2014년 크림반도 강제합병 이후 기술력이 부족한 우크라이나 군에 도움을 주면서 육군 참모부에 통합되었다. 이들은 스타링크를 이용하는데 밤에 드론을 띄워 러시아군 위치를 파악, 수류탄을 떨어뜨려 파괴하고 대형 옥토콥터형 드론(날개 8개)도 운용하고 있다.

3. 최근의 전쟁 사례 고찰

가. 러시아-우크라이나 전쟁

1) 개요

지금도 계속되고 있는 러-우 전쟁에서는 최신의 무기와 전략전술 등이 펼쳐지기 때문에 이를 통해 미래의 전쟁을 가늠해 볼 수 있을 것이다. 우크라이나 당국자들도 "전 세계 무기체계의 90%가 우크라이나 전쟁에서 실험되고 있다"고 했는데, 어떻게 보면 각종 첨단무기들이 각축을 벌이고 있는 러-우 전쟁은 '미래전의 축소판'이라고도 할 수 있다.

사실 세계 2위의 러시아와 22위의 우크라이나 간의 전쟁은 그야말로 '다윗과 골리앗의 싸움'이라고 해도 과언이 아니다. 그런데 2년이 지난 현 시점까지도 러시아는 별다른 성과를 내지 못하고 있는데 그 이유는, 우크라이나가 2014년 크림반도에서의 실패를 교훈 삼아 8년간 축적한 학습 효과를 통해 러시아의 사이버전, 심리전 등을 포함한 하이브리드전에 대해 철저히 대비를 했다는 점과 NATO 등의 서방권과 민간 IT기업의 시의 적절하면서도 전폭적인 지원이 있었기 때문이라는 분석이 많다.

2) 러시아-우크라이나 전쟁의 특징

우크라이나 전쟁에서 벌어지고 있는 몇 가지 특징을 살펴보면 다음과 같다. 먼저 '델타 시스

---

9) 성윤환, 『정보화 시대의 전쟁관』(경기 성남 : 북코리아, 2018), pp.322~327.

템'을 들 수 있는데, 이 시스템은 드론이나 위성, 인간정보 등 다양한 출처의 정보를 통합하여 실시간으로 전장상황을 인식할 수 있도록 해주는 '지능형 상황 인식 프로그램'이라고 할 수 있다. 이 델타 시스템을 통해서 생성된 정보는 스타링크를 통해서 실시간으로 우크라이나군에게 전달이 되었고, 우크라이나군은 이를 토대로 러시아군의 위치를 추적하면서, 드론과 같은 저비용 무기체계를 이용해서 효율적으로 적을 타격하고 보급로를 차단하는 효과를 거둘 수 있었다. 일반적으로 전쟁 초기에는 공격하는 쪽에서 미사일 등으로 전력이나 에너지, 통신분야 기반시설을 기습 공격하게 된다. 우크라이나도 마찬가지로 통신 두절 등의 문제가 발생한 상황에서 우크라이나 부총리 미하일로 페드로프 부총리가 트위터를 통해서 일론 머스크에게 스페이스 X의 스타링크[10] 지원을 요청하였고, 일론 머스크는 이를 바로 수락하였다. 스타링크는 작은 위성으로 안테나와 셋톱 박스만 있으면 광통신망이나 기지국, 중계국 같은 기존의 인프라가 없어도 전 세계 어디에서나 통신이 가능하다.

둘째로, '포병 우버앱'이라 불리는 지휘통제 프로그램인 'GIS 아르타(Geographic Information System Arta)'의 활용을 들 수 있다. 이것은 우리가 택시를 탈 때 우버나 카카오 택시앱을 통해 요청하면 가장 가까이 있는 택시를 배정해 주는 것과 같은 역할을 한다. 다시 말해 확인된 적 표적에 대해 가장 가까이 있는 포병에게 임무를 할당해 주는 것으로, 스타링크 위성통신 체계를 기반으로 24시간 정상 가동된다. 전장 정보를 실시간으로 확인하면서 상황에 맞는 타격 수단을 정해서 목표를 쪽집게식으로 타격하는 것이다. 일반적으로 포병은 화력 집중을 위해 포대단위(6문)로 기동하는 것이 기본이며 가장 널리 사용되는 운용단위는 대대단위(18문)이다. 밀집해 있으면 전폭기, 정찰기, 공격 헬기, 대포병 레이더에 탐지되어 공격당할 위험이 높다. 그런데 우크라이나 포병대는 GIS 아르타 운용 덕분에 숲, 수풀지역, 작은 마을 외진 장소 등에 1~3문 단위로 소량씩 배치하여 생존성을 높일 수 있었다.

셋째로, 델타시스템과 GIS 아르타를 소형 위성인 스타링크를 통해 연결하여 운용한 점이다. 잘 알려진 바와 같이 개전 초기 러시아의 폭격으로 우크라이나의 통신체계가 붕괴되자 일론 머스크는 '스페이스 X'의 스타링크를 지원했다. 러시아에서는 스타링크를 공격하기 위해 강력한 방해 전파를 쐈지만 통하지 않았다. 스타링크에서 소프트웨어를 업그레이드하면서 러시아의 전자전 공격이 무력화된 것이다. 지금 1만 2천 개, 궁극적으로 4만 5천 개를 올린다는 계획이다. 테슬라의 CEO 일론 머스크는 우크라이나에 초고속 위성 인터넷 서비스 스타링크를 제공했는데, 바로 이것이 전쟁 초기 러시아의 전력을 무너뜨리는 결정적인 한방이 되었던 것이다.

넷째로, 서방 국가들로부터 지원받은 최신 무기들도 눈에 띄는 활약을 하였다. 가장 대표적인 것은 영국, 스웨덴의 MBT LAW/NLAW[11] 대전차 미사일과 발사 시스템, 미국의 대전차 미사일 재블린, 무기 시장의 강력한 다크호스로 떠오른 드론 바이락타르 TB2 등이다. 2022년 미국으로

---

10) 스타링크는 기존 위성 통신망의 단점을 개선함과 동시에 가장 범용적 통신망인 케이블 통신과 셀룰러 통신의 한계를 극복하기 위해 구상된 스페이스 X의 지구 저궤도 통신망 사업이다.

11) NLAW(Next generation Light Anti-tank Weapon, 차세대 경량 대전차 무기)는 사브(Saab Bofors Dynamics) 사에서 개발된 대전차미사일이다. 영국군의 도입 명칭인 MBT LAW(Main Battle Tank and Light Anti-armour Weapon)로도 알려져 있으며, 개발국 스웨덴에는 Robot 57이라는 명칭으로 도입되었다.

부터 받은 '하이마스(HIMARS)[12]', 드론 등도 큰 역할을 했다. 우크라이나 전쟁에서 실시간으로 전쟁을 가시화한 델타 시스템을 눈으로 보고, 서방의 첨단 무기인 타격 체제를 근육으로 본다면 이 지휘 통제 GIS 아르타는 이 모든 걸 연결하고 통제하는 일종의 두뇌 신경계와 같은 것으로 생각할 수 있다.

이러한 우크라이나의 전투수행방법을 요약하면, 델타 시스템을 통해 전장 상황을 파악하여 스타링크를 통해 우크라이나군에게 전달하면, GIS 아르타에 의해 표적이 분배되고 포병, 하이마스, 바이락타르 TB2와 같은 드론 등이 타격을 가하는 방법을 사용했던 것이다.

3) 교훈 및 함의

아직도 진행 중인 러-우 전쟁이 우리에게 주는 교훈은 다양하다.

군사적 측면에서 보면, 러-우 전쟁은 러시아가 침략 이전부터 조작한 거짓 정보와 심리전으로 우크라이나를 조금씩 약화시키면서 시작하는 '회색지대 전쟁'이자 '하이브리드 전쟁'의 유형이라고 할 수 있을 것이다. 러-우 전쟁에서는 새로운 패러다임의 전쟁이 수행되고 있다. 외교·정보·군사·경제(DIME), 군사·비군사적 수단, 정규전·비정규전, 특수전, 재래식 및 첨단 무기체계전, 사이버전, 정보전, 소셜미디어전, 여론전 등이 융복합된 새로운 형태의 하이브리드전(Hybrid Warfare)이 수행되고 있다. 과거의 전쟁과 현대전이 혼합되어 있고, 군사와 비군사적 수단이 혼재되어 있으며, 군인과 민병대, 인터넷과 소셜미디어(SNS), 민간 위성 등 우주자산을 활용한 전쟁이 융복합적으로 수행되고 있는 것이다.

국방혁신의 관점에서 볼 때, 미래 부대구조를 과감하게 혁신하고 모병제의 요소를 수용하면서 과학기술군으로 전환하고자 하는 우리 군에게 많은 시사점을 준다. 현재 우리 군은 군단 중심에서 부대구조를 슬림화하고 있다. 군단과 사단을 폐지하고 전술제대를 여단 중심으로 재편하면서 전력을 강화하고 있는 것이다. 러시아군의 작전이 제대로 성공하지 못하고 있는 이유 중의 하나는 제병협동작전 수행능력의 미숙함에서 찾아 볼 수 있다. 따라서 우리는 부대구조 측면에서 '제병협동작전 수행의 중심제대'는 '여단'이 되어야 하며, 한국군 여단은 부대구조의 완전성 보장을 위해 대폭 보강되어야 한다고 볼 수 있다.

무기체계면에서 게임체인저가 되는 신무기를 개발할 필요가 있다. 러시아를 비롯한 한반도 주변국들과 북한도 극초음속무기와 각종 정밀무기 개발을 추구하고 있다. 한국은 비대칭전략에 입각하여 선택과 집중을 통해 상대적 우세를 달성하고 억제력을 유지하기 위해 자기만의 독특한 신무기를 개발하여 보유할 필요가 있다.

그 외에도 국가중요시설 방호측면에서는 민·관·군·경·소방이 집단지혜를 모아 체계적인 방호력 개선 통합 플랫폼을 구축해서 실효성을 높여야 하고, 군수면에서는 한국군 군수부대의 편성 및 능력 보강, 국제공조, 민군협력 등을 통한 전시조달·획득을 발전, 전시 군수부대 피해 예방 및 복구 대책을 강구해야 한다. 또한 우크라이나 사태는 국민과 군의 단합과 일체화가 얼마나

12) High Mobility Artillery System. 고기동성 포병로켓 시스템. 미국의 록히드마틴사가 개발한 차륜형 트럭 기반의 다련장 로켓. 언론이 게임 체인저라고 표현한 무기로 2022년 6월 우크라이나에 전달되었다.

중요한 지 잘 보여주고 있다. 그런 점에서 오늘 날 우리의 민군 관계는 건강한 관계라 자부하기 어렵다. 그러한 점에서 민군협력을 어떻게 확대하고 유사시를 대비할 예비전력 활용방안을 만들어 나갈지 고민해야 한다.

나. 이스라엘-하마스 간의 전쟁

1) 개요

2023년 10월 7일 새벽 팔레스타인 무장단체 하마스[13]가 이스라엘을 기습 공격하여 민간인과 군인 등 1200명이 사망하고 200여 명이 납치되었다. 하마스의 이스라엘 공습작전명은 '알아크사[14] 홍수'로 알려졌고, 이스라엘은 '하마스 완전 격멸'을 공언하면서 국제사회의 우려에도 불구하고 가자지구를 전면 봉쇄한 후 지상전을 감행하고 있다.

2) 경과 및 전쟁의 특징

하마스의 2천~5천여 발에 달하는 로켓포 공격으로 이스라엘 대공방어 시스템인 '아이언돔'이 뚫리고 주요 거점에 대한 미사일 발사와 함께 하마스와 이슬라믹 지하드가 육상(픽업트럭, 오토바이), 해상(수상정), 공중(패러글라이더)에서 입체적 다영역 작전을 선보이며 공격하였다. 이스라엘 정부가 선전포고와 동시에 예비군 소집령을 내리자 48시간 만에 36만 명이 모여 부대 배치를 마쳤는데, 이 중 6만 명은 해외에서 달려온 이들이었다.

이스라엘은 가자지구에 전기, 물, 에너지 공급을 끊고 지상군을 투입해 작전 중인 가운데 유엔을 포함한 국제사회는 인질로 잡힌 민간인을 '인간 방패'로 이용하는 하마스와 이스라엘의 민간인 폭격을 적극 만류하고 있다. 하마스와 이스라엘 방위군 사이에 격렬한 교전이 벌어지면 막대한 민간인 사상자가 발생하고 여성과 아이가 피해를 입고 고통을 받기 때문이다.[15] 가자지구 북부지역에 대한 지상작전이 전개되면서 이스라엘의 땅굴 파괴 작전에는 인공지능 로봇과 적외선·엑스레이 관측 장비, 땅굴 파괴용 특수 폭발물 등 첨단 장비가 투입되었다. 인질과 포로 교환을 위한 잠시의 휴전기간이 있었지만 이 전쟁이 언제 끝날지는 예측하기 어렵다.

이스라엘을 뚫은 하마스의 전략을 요약하면, 통신 무력화[16](연락체계 파괴, 기습효과 극대화), 사

---

13) 하마스는 1987년 12월 창설된 반이스라엘 무장단체이다. 범아랍권 이슬람 조직 '무슬림형제단' 팔레스타인 지부에서 과격파가 독립한 것이다. 하마스란 명칭은 아랍어로 '이슬람 저항운동'을 뜻한다. 2006년 하마스는 팔레스타인 총선에서 온건파 파타당을 제치고 대승을 거뒀다. 이후 2007년부터 팔레스타인 자치구 가자지구를 독재 지배하고 있다.

14) 알아크사는 아랍어로 '최고의'란 뜻으로 예루살렘 성지 밀집지역인 '옛 시가지' 내 약 14만㎢의 고지대 구역을 가리키는데 이곳에 건축된 이슬람 사원 명칭이기도 하다. 유대인들은 같은 지역을 성전聖殿산이라 부른다. 알아크사 이슬람 사원은 요르단이 관리하고 있으며, 경내 기도는 이슬람 신자에게만 허락되어 있고, 유대인들은 성전산 바깥 '통곡의 벽'에서 기도한다.

15) 하마스의 노림수는 다음 세 가지로 요약할 수 있을 것이다. 첫째는 팔레스타인 정치의 주도권을 잡으려는 의도이고, 둘째로는 이스라엘 정치의 혼란상을 이용하려는 노림수를 들 수 있으며, 셋째로는 미국이 공을 들이고 있는 사우디와 이스라엘의 수교 움직임을 막으려는 것으로서 세 번째가 핵심동기라고 할 수 있다. 팔레스타인의 존립 기반이 위태로워지자 판을 흔들기 위한 것이었다.

전 조사와 준비(수개월 전부터 순찰 패턴 등을 분석하여 경계 취약점을 파악하기 위해 정보 수집, 사전 연습 실시), 기만전술 구사(팔레스타인 주민의 경제적 자립을 위한 일자리 등 경제 지원에 관심이 있는 척, 공격 의사가 없다는 기만전술로 경계심을 누그러뜨림), 로켓을 쏘면서 육상, 공중 동시 공격을 통한 전방위 속도전 수행 등으로 정리할 수 있을 것이다.

반면에 이스라엘은 전략적 판단 착오를 범했는데, 그 내용은 북쪽의 헤즈볼라 공격에 대비하느라 가자지구를 무방비 상태로 둔 점, 가자지구에서의 몇 차례 전투에도 불구하고 하마스의 능력을 과소평가한 점. 가자지구에 대한 카타르의 10억 달러에 달하는 재정지원과 이스라엘 취업 제공 등으로 하마스가 '국경의 평온'을 바랄 것이라는 오판을 한 점, 아이언돔과 국경지대 센스, 드론 감시 등 최첨단 무인 역량을 과신한 점 등이다.[17]

3) 교훈 및 함의

이 전쟁이 주는 교훈은 먼저 정보수집체계의 무력화를 들 수 있다. 하마스는 가자지구 분리 장벽에 설치된 감시 카메라와 센스 등을 파괴하여 이스라엘의 정보능력을 무력화하였다. 세계 최고정보기관으로 알려진 모사드(해외담당 첩보기관)와 신베트(Shin Bet, 국내 첩보기관) 그리고 이스라엘 방위군(IDF)의 정보기관인 아만(Aman)은 하마스가 이렇게 도발할 것을 전혀 예측하지 못했다. 한마디로 정보의 실패다. 이는 이스라엘 정보기관인 '모사드'의 적에 대한 정보 참사이자 미국의 중앙정보국(CIA)의 정보력에도 우려가 제기되는 사항이다. 첨단 ICT 시대에 세계 최고 수준의 이스라엘 정보기관이 2년간 준비해 온 하마스의 공격 첩보를 입수하지 못한 것은 미스터리라고 할 수밖에 없다.

다음은 이스라엘-하마스 전쟁은 러시아 침공으로 발생한 전쟁 직후 급속히 진영별로 세를 결집했던 러-우 전쟁과는 사뭇 다른 양상으로 전개되고 있다는 점이다. 이스라엘과 미국에 대한 '저항의 축[18]'은 하마스와 이란혁명 수비대 쿠드스군, 헤즈볼라, 이슬라믹 지하드 등 반미, 반이스라엘 성향을 지닌 동맹체라고 할 수 있다. 이들은 이스라엘 영토 내에서 전투를 벌이기 위해 지·해·공으로 병력을 직접 침투시키는 방법을 택한 것이다.

이스라엘은 현재 심각한 딜레마에 빠져 있다고 볼 수 있다. 초기 자국의 피해를 고려할 때 전쟁을 멈출 수 없는 상황이고, 많은 민간인 피해로 인해 미국을 비롯한 국제사회의 비난과 휴전 요구 등을 받아들이기도 어려운 것이다. 휴전으로 인해 전쟁을 한번 멈추었다가 다시 시작하는 것은 대단히 어려운 일이기 때문이다. 사실 60만 명에 육박하는 이스라엘군에 3만 명에 불과한 하마스는 상대가 되기 어렵지만 물리적 집단이 아니라 종교적 집단에 가까운 하마스를 완전 박멸하기는 쉽지 않을 것이다. 이스라엘의 대대적 공세에 오랜 교전 경험을 축적한 하마

---

16) 가자지구와 이스라엘 유일 관문인 에레즈 검문소는 최첨단 카메라, 동작인식 스캐너, 군용 통신시설 등 디지털 장비가 설치되어 있었으나 대전차 미사일로 첨단 통신 장비를 파괴하였다.

17) 송승종, "이스라엘의 '정보실패'가 빚은 파국적 재앙"(「조선일보」, 2023.10.10.)

18) 9·11테러 직후인 2002년 1월 국정연설에서 조지 W 부시 미국 대통령이 이란, 이라크, 북한 등 적대국가를 '악의 축'이라고 부르자 이슬람권 언론이 반감을 드러내며 만든 용어. 미국에 저항하는 국가들이라 뜻이었지만 이후 점차 이란을 지원하는 중동의 반 이스라엘 무장단체를 이르는 말로 굳어졌다.

스가 '지구전'으로 버틸 경우 지구촌에는 유럽의 러-우 전쟁지역과 중동, 두 곳의 화약고에서 장기전을 치르는 상황이 될 것이다.

하마스가 북한과 무기 거래, 전술 교리, 훈련 등 여러 분야에서 연계된 것으로 판단된다고 합참은 밝혔다. 특히 하마스의 전술은 교리 측면에서 북한과 유사점이 많은 것으로 분석됐다. 합참은 하마스 공격이 휴일 새벽 기습 공격으로, 대규모 로켓 발사를 통해 '아이언 돔'을 무력화하고, 무인기 공격으로 분리 장벽에 설치된 각종 감시·통신·사격통제 체계를 파괴한 후 침투하는 양상이 우리가 예상하는 북한의 '비대칭 공격 양상'과 닮은꼴이라고 평가했다.[19]

이번의 하마스의 기습공격을 통해 주변 국가들에게 '이스라엘도 별거 아니구나' 하는 인식, 즉 주변 국가들에게 바람직하지 않은 잘못된 시그널을 보낼 수 있다는 점은 이스라엘로서는 뼈아픈 사건이다. 그럼에도 불구하고 국가가 혼란과 동요에 빠지지 않고 지도자를 중심으로 단결하여 전쟁 수행에 대한 굳은 의지를 드러내며 동원시스템이 체계적으로 작동되는 점은 우리가 본받아야 할 요소라 하겠다.

4. 미래전의 양상

ICT의 발전은 전장의 영역을 육상, 해상, 공중을 넘어 우주와 사이버 공간까지 확장시켰으며, 이제는 심리 인식 공간이 새로운 전장 공간으로 대두되고 있다. 미래전쟁이 가지는 이미지는 첨단기술전쟁, 사이버전쟁, 전쟁이외의 군사작전이라 불리는 평화유지전쟁 그리고 더러운 전쟁이라 불리는 비대칭 전쟁을 생각할 수 있다.[20] 미래전은 향후 등장할 새로운 첨단기술과 그 기술의 군사적 잠재성에 의해서만 결정되는 것은 아니지만 러-우 전쟁과 이스라엘-하마스 간의 전쟁에서 나타난 현상을 토대로 예상되는 미래전의 양상을 주요 유형별로 정리해보면 다음과 같다.

가. 새로운 형태의 네트워크 중심전

네트워크 중심전이란 현재의 무기체계 중심에서 전쟁의 근본을 바꾼 새로운 전쟁 개념으로 탐지·식별·추적체계(Sensor)와 결심권자(Decision maker)와 타격체계(Shooter)를 네트워크로 연결함으로써 같은 시간에 같은 정보를 인식하여 지휘 속도를 증가시키고 빠른 작전을 구사함으로써 적의 치사율을 높이는 반면 아군의 생존성은 제고시키며 전투력을 동시에 구사할 수 있는 작전을 가능케 하는 정보우위의 전쟁을 말한다.[21] 지리적으로 흩어져 있는 부대와 각종 장비, 부대원들을 유·무선으로 거미줄처럼 탄탄한 네트워크로 구성해 전투 역량을 극대화하는 것이다. 이는 이라크전과 아프가니스탄 전쟁 등 실전에도 적용해 온 현대전의 핵심 작전개념 중 하나다.

정찰위성 등 인공위성, 조기경보기·전투기 등 공중 무기, 이지스함 등 함정, 전차·장갑차 등

19) 「조선일보」(2023.10.18. A6.)
20) 김종하, 『미래전, 국방개혁 그리고 획득전략』(서울 : 북코리아, 2008), pp.14~27.
21) 충남대 국방연구소, 『세계 군사혁신의 현재와 미래』(2016), p.62.

지상 무기, 전투원 등이 데이터 링크에 의해 유기적으로 연결되어 네트워크를 형성한다. 데이터 링크는 통신망을 의미하기 때문에 네트워크 중심전의 핵심은 바로 통신이라고 해도 과언이 아니다. 통신망이 제대로 작동하지 않으면 킬 체인 등 한국형 3축 체계도 무용지물이 될 수밖에 없기 때문이다.

나. 모자이크전

미국의 방위고등연구계획국(Defense Advanced Research Projects Agency, DARPA)은 2016년 미래 작전수행방식인 모자이크전(Mosaic Warfare)을 제시했다. 이것은 4차 산업혁명이 제공하는 과학기술을 기반으로 정립한 것으로써 미군에게 새로운 군사혁신(Revolution in Military Affairs) 방향을 제시해 주고 있다. 모자이크전의 개념은 모자이크화에서 일부 타일이 빠져도 전체를 보면 어떤 이미지인지 알 수 있는 것처럼 일부 전력이 무력화되더라도 전체 작전은 정상적으로 수행할 수 있도록 한다는 것이다. 이는 마치 다양한 수준의 전력을 레고 브릭처럼 조합하여 적이 예측할 수 없는 위치, 시간, 방법으로 빠른 속도로 적을 공격해 적의 결심 체계를 무너뜨리는 전투방식을 의미한다. 다시 말해 모자이크전은 상대의 공격으로 킬 체인의 일부가 파괴될 경우 새로운 킬 체인 또는 킬 웹을 형성해서 다시 작전을 수행하는 개념이라고 할 수 있다.[22)]

모자이크전의 핵심 내용을 간추려 보면 세 가지로 정리할 수 있다. 먼저 신속한 구성과 재구성이 가능한 군사력이다. 모자이크전에서는 작은 규모로 분산된 전력을 유연하게 결합해서 지휘관에게 다양한 대안을 제공한다. 둘째, 킬 체인에서 킬 웹으로의 전환이다. 기존의 네트워크 중심전과 같이 정교하게 연결된 킬 체인은 이미 경쟁국이 작전개념을 인식하고 무력화하기 위한 능력을 갖추고 있어서 연결고리가 단절될 경우 위험성이 크다. 따라서 모자이크전에서는 다양한 전력들을 동적인 킬 웹 형태로 운영해서 하나의 노드가 무력화되더라도 작전 운용이 가능하도록 하는 것이다. 셋째로 인공지능과 기계의 능력을 결합한 전투통제이다. 모자이크전에서는 인공지능을 활용해서 적보다 빠르고 효과적인 의사결정을 강조하고 있다. 따라서 모자이크전의 핵심은 인공지능과 같은 새로운 능력을 활용하여 동적인 킬 웹 환경에서 분산되고 유연하게 군사력을 운영하는 개념이라고 정리할 수 있다.

다. 하이브리드전

2008년 러시아가 조지아를 공격했을 때를 '하이브리드전의 시초'라고 얘기하고 있는데, 2014년 크림반도를 합병했을 때에는 총 한 방 쏘지 않고 합병했다는 점에서 바로 '하이브리드전의 진수'를 보여줬다고 할 수 있다. 러시아는 우크라이나 정규군이 주둔하고 있는 크림반도에 특수작전부대와 비정규전 부대를 먼저 투입해서 크림반도를 외부로부터 철저히 고립시키기 위한 군사작전을 수행하면서, 그와 동시에 방송, 언론 매체들을 완전히 장악해서 정보를 차단하고 여론전을 실시하였다. 군사작전이 개시되기 이전에는 우크라이나 중앙정부 홈페이지를 마비시켜서,

---

22) 설인효, 「미중 군사혁신 경쟁과 미래전」, 『합참』 제87호(2021). p.26.

정부가 국민을 상대로 해서 현재 상황을 인식시키거나 러시아의 부당함을 폭로할 수 있는 기회조차 가지지 못하도록 했다. 그리고 주민투표가 실시되기 바로 하루 전에 나토와 우크라이나를 대상으로 해서 대규모의 디도스 공격을 감행하였던 것이다.

이스라엘-하마스 전쟁에서 하마스는 첨단 AI기술에 의한 영상 정보(IMINT)와 감청 등 신호 정보(SIGINT)를 피하기 위해 역설적으로 땅굴 메트로를 이용하는 뉴-하이브리드 군사작전을 구사하였다. 대외적으로는 철저히 위장 평화전술을 구사하여 이스라엘의 의심을 풀게 하였다. 그리하여 이스라엘의 모든 정보기관이 하마스의 공격능력을 과소평가하여 무전 도청을 1년 전부터 중단하기에 이르렀던 것이다.

라. 사이버전

사회가 디지털화되면서 사이버 보안의 중요성이 점차 커지고 있다. 이는 4차 산업혁명으로 연결성이 커지면서 부차적으로 생기는 해킹 등의 부작용 때문이다. 2009년 유엔 산하 국제전기통신연합 사무총장 하마둔 투레는 "제3차 세계대전은 사이버 공간에서 일어날 것이고, 그것은 재앙이 될 것이다.…(중략)…핵심 네트워크가 파괴된 모든 국가는 곧바로 불능 상태가 될 것이고, 사이버 공격으로부터 안전한 성역은 없다."고 경고했는데 이 경고는 벌써 현실화되고 있다.

사이버전(Cyber Warfare)이란 사이버 공간에서 일어나는 새로운 형태의 전쟁수단으로서, 컴퓨터 시스템 및 데이터 통신망 등을 교란, 마비 및 무력화함으로써 적의 사이버 체계를 파괴하고 아군의 사이버 체계를 보호하는 것을 말한다. 사이버전은 사이버공격을 수행해야 할 주체인 사이버 전사, 컴퓨터와 네트워크로 구성된 사이버 전장, 공격대상이 되는 적 정보 및 정보체계 등의 사이버 표적 그리고 사이버 무기체계 등 4가지 요소로 구성된다. 따라서 전국에 산재되어 있는 수많은 국가 중요시설을 전부 현역 사이버 전문가들만으로 대비할 수 없기 때문에 국가안보 차원에서 예비군 사이버 전문가의 양성과 활용은 필수적이라 하겠다.[23)]

1999년 발칸반도 코소보에서 일어난 코소보 전쟁은 최초의 사이버전이다. 1999년 코소보의 알바니아인과 세르비아인 간의 내전으로 발생된 이른바 코소보전에서는 매우 중요한 또 하나의 전쟁이 일어나고 있었다. 육지에서는 폭탄과 총격이 난무하는 전투가 벌어졌지만, 물밑에서는 나토군과 유고군 간의 컴퓨터 네트워크를 통한 충돌이 있었던 것이다. 특히 유고의 해커들이 나토와 백악관, 미 국방부의 웹사이트까지 침투하여 대량의 전자우편 폭탄 이른바 스팸이 발생했고, 이로 인하여 백악관의 웹 서버가 24시간 동안 마비되는 초유의 사태가 벌어졌다. 그러자 미국 CIA가 유고 밀루세비치 대통령의 해외 예금 계좌를 해킹해서 그 재산을 쓸 수 없게 하는 등 지상에서의 전투보다 더 치열한, 보이지 않는 전쟁이 벌어졌던 것이다.[24)]

---

23) 이원희, 「한국 예비전력의 현주소와 효율적 운영방안 연구」,『군사논단』통권 제84호(2015), pp.209~210.
24) 노훈, 「M-KISS」, "사이버전의 4대 특징".

마. 드론전

러-우 전쟁에서 우크라이나는 드론으로 러시아 본토를 공격하고 러시아는 자폭 드론으로 우크라이나 기반시설을 파괴하는 드론 전쟁 양상으로 치닫고 있다. 4차 산업혁명 이후 벌어진 러-우 전쟁에서 드론의 참전으로 인하여 전쟁의 양상이 달라지고 있고, 두 나라 간의 '드론 공방전'이 규모와 기술 측면에서 급속하게 발전하며 전쟁의 승패를 좌우하는 핵심으로 주목받고 있다.

러-우 전쟁에서 스타링크와 드론을 연결한 새로운 정보 탐색전이 시작되었다. 작전 현장에 사람이 투입되지 않아도 무인기를 통해 상대방의 상황을 실시간으로 관찰하면서 우군 피해는 최소화하는 효과적인 전투를 벌이고 있는 것이다. 첨단 기술을 접목한 미국의 군사 드론도 우크라이나군에게 보급되어 새로운 미래 전쟁을 이끌고 있다. 또한 적군의 위치를 스스로 파악하는 초정밀 자폭 드론은 압도적 무기가 지배하던 전쟁의 모습을 바꾸고 있다. LMAMS, 스위치 블레이드 300(대인용), 600(대기갑용) 이런 것들은 미군들한테도 보급된 지 불과 1~2년밖에 안 되었다.

300만 원대의 DJI[25) 모델이 시민단체를 통해 대량 구매되어 우크라이나 일선 부대로 공급되기도 했다. 최저 30만 원대인 DJI 레저용 드론을 개조하면 군사용 무기로 얼마든지 전용이 가능하다고 한다. 실제 우크라이나 전쟁에서 사용하는 드론의 60%가 DJI 제품이라고 한다. 민간의 기술을 얼마나 활용하느냐 하는 것이 전쟁의 향방에 중요한 변수로 작용하고 있는 것이다. 미국, 중국, 러시아, 이스라엘 등 세계 각국에서 무인기 개발에 주력하고 있는 이유는 무엇일까? 사람이 타지 않기 때문에 조종사가 다칠 일이 없다는 점과 아주 높은 고도에서 오랫동안 머물며 은밀하게 공격이 가능하며, 유인 항공기보다 소요 비용이 저렴하다는 장점이 있기 때문이다.

바. 우주전

우주전(Space warfare)이란 대기권 밖의 우주 공간에 있는 물체를 대상 표적으로 하는 군사작전 활동을 말한다. 지상에서 우주에 있는 인공위성을 공격하거나 인공위성을 이용해서 또 다른 인공위성을 공격하는 것이다. 때로는 인공위성을 이용한 감시 정찰이나 통신 지원 또는 공격 활동을 하는 것도 이 우주전에 포함시키기도 한다. 우주라는 공간은 지상이나 해상과 다른 특성이 있다. 대기권 내에는 각 국가의 영공이 있는 것과는 달리 우주에는 아직 어느 국가의 소속이라는 개념이 없다. 대기권 사정도 이와 비슷하다. 영공의 고도 범위가 국제법적으로 정의된 바는 없다고 한다. 따라서 우주만큼 군사적인 장점을 살릴 수 있는 공간은 없을 것이다.

러시아의 우크라이나 침공은 군사적으로 정찰 위성의 중요성을 일깨운 계기가 되었다. 수천 개의 군사 상업용 위성을 활용해 러시아군의 움직임을 손바닥 들여다보듯이 실시간으로 확인하는 것이 가능했기 때문이다. 우주작전을 위해서는 다목적으로 사용할 수 있는 소형 위성체를 만드는 것도 중요하다. 초소형 정찰위성이 미래전의 게임 체인저 역할을 할 것이기 때문이다.

---

25) DJI는 중국의 드론 전문 제조사를 말한다. 대표적 드론으로는 저렴한 가격의 팬텀 시리즈, 촬영 목적의 인스파이어, 휴대가 용이한 접이식 트론인 매빅 시리즈가 있다.

5. 미래 한국군 건설 방향

현재 우리나라를 둘러싼 안보환경은 기존의 전통적 위협에 비전통적 위협이 더해지고, 끊임없는 군비경쟁과 함께 회색지대 분쟁이 일상화 되는 등 갈수록 복잡해지고 있는 상황이다. 앞에서 언급한 국방안보한경의 변화 속에서 미래 한국군이 고려해야 할 요소들은 인구감소, 4차 산업혁명에 따른 미사일 기술 등 군사과학기술의 발전, 북한 위협 양상의 변화, 미래 한반도 전쟁 양상의 변화 등을 고려해야 할 것이다. 이를 토대로 미래 한국군 건설방향을 다음과 같이 제기하고자 한다.

가. 병역자원 확보 및 예비전력의 활용

1) 병역자원 확보

부족한 병역자원에 대한 해결방안은 크게 두 가지를 고려할 수 있다. 첫 번째 방안은 대체인력 등 가용병력을 많이 확보하는 방안이고, 두 번째 방안은 소규모 병력을 장기적으로, 효율적으로 활용하는 방안이다.

첫 번째 방안 중 가장 근본적인 것은 장기적으로 출산율을 높이는 것이겠지만 국방부 차원의 대책으로는 여군[26], 외국인, 용병 등 기존에 징병 대상이 아닌 자원을 추가로 포함하는 것과 순수한 국방의 의무가 아닌 다른 업무에 운용하던 인원을 조정하는 것, 전문 기술을 가진 병력을 확보하여 효율성을 높이는 방안 등이 고려될 수 있다. 이민정책은 장기간 구조 개혁과 달리 즉각적으로 쓸 수 있는 선택하기 쉬운 카드라고 하지만 결코 쉬운 것이 아니다. 아프리카를 제외한 전 세계가 저출산에 시달리고 있기 때문에 한국으로 이민을 오게 만들려면 선진국 수준의 경쟁력을 갖춰야하기 때문이다. 병무청에서 문화·예술 요원에 대한 병역특례제도에 대한 종합적인 검토도 필요하다.[27] 금메달보다 병역특례에 더 관심이 많은 건 비정상이다. 고된 훈련과 혹독한 담금질의 결과로 국위를 선양했기에 선수들의 메달은 색깔에 관계없이 모두 값진 것이지만 메달 획득만큼이나 군 복무도 자랑스러운 애국이라는 점을 인식토록 해야 한다.

두 번째 방안으로는 4차 산업혁명기술을 이용하여 소수의 병력을 효율적으로 운영하는 것이다. 이를 위해서는 군·산·학·연을 연계하여 전문인력을 확보하는 방안이 강구되어야 한다. 국방부는 AI 등 첨단 과학기술 전문인력의 경우, 과학기술 전문인력 육성 및 활용을 '국방혁신 4.0'의 과제로 선정하여 추진하고 있으며, 최근 병력자원 감소에 따른 공무원의 대규모 증원 필요성과 우주, 인공지능 등 과학기술 발전에 따른 기술 분야, 군무원 수요 증가 등 대외적 요구

---

26) 1941년과 1945년 사이에 소련 군대에는 80만 명의 여성이 복무했다. 그 중 50만 명이 전투 경험을 한 것으로 추정된다. 브뤼노 카반 외, 이정은 옮김, 『세상을 바꾼 전쟁의 모든 것』(경기 파주 : 열린책들, 2023), p.425.

27) 현재 올림픽 3위 이상, 아시안게임 1위, 31개 국제 음악 및 무용 경연대회 2위 이상, 5개 국내 예술 경연대회 1위에게 병역 혜택이 주어진다.

에 능동적으로 대응하고 전문성과 경쟁력을 갖춘 군무원 제도를 확립하기 위하여 '군무원 종합 발전 계획'을 수립, 추진 중이다.[28)]

일각에서는 드론, 로봇, AI 등 4차 산업혁명 기술을 활용할 경우 병력을 대체하여 병력 급감의 쓰나미를 크게 완화할 수 있을 것으로 기대하고 있지만, 미국의 무인공격기 리퍼(Reaper)와 관련된 '리퍼의 역설'이라는 게 있다. 무인기 도입으로 인력이 줄어들 것으로 예상했는데, 전문 운용 인력이 추가로 필요해 오히려 인력 수요는 늘어난 데서 비롯된 말이다. 국방연구원 분석에 따르면, 4차 산업혁명 기술 등 과학기술 적용으로 얻을 수 있는 병력 절감 효과는 10% 수준이라고 한다.[29)]

「국방혁신 4.0」을 구현하기 위해 국방부는 병력 중심의 유인 체계에서 AI 기반의 유·무인 복합 전투체계[30)]로 전환을 추진하고 있다. 첨단 과학기술 기반의 AI 유·무인 복합전투체계를 운영할 수 있는 간부 병력을 확보하고, 전문성을 갖춘 민간인력을 확대하는 방향으로 국방 인력 구조를 개편하고 있다.[31)] 유·무인 복합 전투체계를 활용하여 작전수행 능력을 대폭 향상시킨 병력 절감형 군구조는 미래 병력자원 부족 문제에 대한 해결책이 될 것이다. 따라서 육군이 국가방위의 중심군으로서 다영역 전장을 지배하기 위해 최소 피해로 전투효율성을 극대화하기 위해 추진하고 있는 Army Tiger[32)]를 우선적으로 추진해야 한다.[33)]

2) 예비전력의 활용

인구 감소로 병력자원이 부족한 한국은 현역 병력을 예비군으로 대체하여 활용하는 미국과 이스라엘의 예비군 제도를 잘 활용할 필요가 있다. 먼저 미국의 예비군은 우리와 달리 본인의 선택에 의해서 연간 훈련기간을 결정하고 복무기간과 숙련 정도에 따라 소장계급까지 진급할 수 있다. 그리고 각종 군사교육 기간에 참가하여 정규 군사교육을 받는다. 그 기간 동안 근무하던 회사에는 휴직 처리되었다가 교육 종료 후 다시 복직한다. 특히, 급여와 대우는 교육이나 훈련에 참가하는 순간부터 현역과 동일하다. 그리고 자신의 근무처와 부대 복무 업무의 유사성이 많아서 사회활동과 예비군 활동 간에 깊은 연계성을 가진다. 따라서 전문성 유지에 아주 좋다. 뿐만 아니라 예비군 구성원 각자가 자신의 필요성에 의해 교육훈련과 부대 복무를 능동적으로 결정하고, 높은 수준의 급여는 자발성을 제고시켜 예비군의 자질과 능력이 현역과 별반 다르지 않다.[34)]

---

28) 국방부, 『국방백서』(2022), p.236.
29) 「조선일보」(2023.3.8.)
30) 유무인 복합 전투체계란 최단시간 최소 희생으로 승리를 위해 첨단 과학기술을 적용한 유인과 무인의 복합전투체계를 말한다.
31) 국방부, 『국방백서』(2022), p.129.
32) Army Tiger는 인명 중시, 최소피해, 전투 효율성 극대화를 위해 첨단과학기술군으로 군사혁신한 미래 육군의 모습이자 4세대 이상의 지상전투체계로 무장한 미래 지상군 부대를 말한다.
33) 신치범, 앞의 논문, p.138.
34) 김진항, 「인구 감소 및 4차 산업시대에 대비한 미래 한국군 건설 방향」, 『미래 한국군 건설 관련 세미나 자료집』(2023.9.15.). p.26.

병력자원이 부족한 이스라엘은 예비군 46만 여명을 두고 있다. 현역 17만 명의 2.5배다. 남녀 모두 2~3년씩 현역 복무를 한 뒤 여성은 34세, 남성은 40~45세까지 예비군으로 연간 55일을 훈련한다. 예비군이 현역보다 전투 경험도 많고 숙련도도 높은 핵심 전력이다. 전문성을 담보하는 이스라엘 병역제도는 탈피오트, 하바찰롯, 8200부대, 9900부대 그리고 다양한 특수전부대 등을 운영한다. 먼저, 탈피오트는 최고 수준의 젊은 과학 영재를 엄격한 선발과정을 거쳐 대학교 위탁교육과 체계적인 군사훈련을 거쳐 장교로 양성하여 첨단 국방 분야를 이끌어 나가게 하는 프로젝트다. 매년 전국 고교 상위 1~2%에 드는 수천 명의 지원자 중에서 50여 명 정도를 선발한다. 다음으로 하바찰롯 역시 군과 대학을 연계하여 만들어진 프로그램으로 하이파 대학과 군이 합작하여 정보 전문 요원을 양성한다. 이 프로그램을 이수한 학생은 군 정보 분야에서 최소 6년 이상 복무한다. 국가 안보를 위한 군 복무가 곧 미래 국가 기술의 혁신과업으로 연결되면서 서로 윈·윈 선순환 구조로 정착되어 있다. 그리고 8200부대는 통신 정보수집과 비밀암호 해독 등을 위해 만들어진 특수부대다. 현재는 인터넷이나 사이버 분야의 정보수집과 그에 대한 대응 활동도 병행하고 있다. 9900부대 역시 유명한 군 정보부대의 하나로 위성이나 드론 등을 이용하여 수집한 영상을 판독·분석하여 지리정보를 제작하여 제공하는 특수부대다. 3D 기술과 인공지능을 활용하여 정확한 현지 상황 파악과 공격목표 설정에 필요한 다양한 지리정보를 생산하여 제공하고 있다.[35)]

우리나라 예비군은 동원예비군, 지역예비군, 지원예비군, 비상근예비군 등 4개 유형이 있다. 예비군 자원 정예화를 위한 최상의 대안으로 비상근예비군 제도[36)]를 시행하고 있는데 2022년부터 장기 비상근 예비군제도를 시행 중이다. 대한민국 국가방위를 책임지는 한 축인 예비전력이 상비전력과 대등한 전투력을 발휘할 수 있도록 무기체계, 장비, 물자를 현대화해야 한다.

나. 네트워크 중심전 수행능력 확보

1) 정보수집체계 강화

전쟁의 승패는 정보전에서 판가름 난다고 해도 과언이 아니다. 역사상 정보의 실패는 대부분 필요한 정보의 부족 또는 정보 분석의 오류에 기인한다. 북한군의 기습공격 징후를 사전에 파악하고 대응하기 위한 감시정찰(ISR)자산 확보는 필수다. 현재 주한미군 자산에 의존하고 있는 ISR 자산을 한국군이 확보하는 것은 전시작전통제권 전환의 핵심 조건이 되어야 할 것이다.

따라서 우리의 눈과 귀를 가리는 9.19 군사합의는 적에게는 유리하고 아군에게는 불리한 합의이기 때문에 폐기하거나 대폭 수정이 필요하다. 대북 정찰자산은 9·19 군사합의로 인해 여러 물리적 제약으로 24H 전천후 감시에 어려움이 있다. 또한 무너진 대북 휴민트를 복원하려면 많은 시간과 노력이 필요하다. 따라서 정보역량을 강화하기 위한 특단의 대책이 요구된다.[37)]

---

35) 김진항, 위의 논문, pp.11~12.

36) 비상근예비군제도는 2014년부터 시작한 제도로서, 동원지정된 예비군 중에서 핵심 요원들을 평시에 동원지정된 부대로 소집하여 15일에서 180일까지 훈련과 전투준비를 할 수 있게 만든 제도.

37) 첩보수집은 휴민트(HUMINT, 인적정보)와 테킨트(TECHINT, 기술정보)로 구분되는데 과학기술 발달로

아울러 국가정보기관인 국정원은 물론 군과 경찰 등 정보기관들이 전문 역량을 발휘하도록 종합 정보시스템을 구축하여야 한다. 정보기관 사이에 존재하는 '사일로 현상(Silo Effect)[38])'을 극복하고, 급변하는 안보환경에 능동적으로 대응하기 위해 범정부차원의 정보기관 개편도 필요하다고 하겠다. 또한 한반도 안정화 작전시 정보기관(국정원, 정보사, 안보사)과 특전사는 유사시 우호세력 확보 및 조직화를 도모할 수 있도록 평시부터 상호 긴밀히 협조하고 정보를 공유하도록 해야 한다.

2) 영민한 사이버 전사 확보

해킹이 세계적인 안보 문제로 떠오르고 있다. 북한 해커들은 최근 전 세계은행에서 거액의 현금과 가상화폐를 빼돌리려고 시도했고, 코로나19 백신과 치료제 기술을 훔치려 한 것으로 알려졌다. 국정원이 감지하는 북한 등 우리나라에 대한 사이버 공격 시도는 매일 150만 건이 넘는다고 한다. 우리 기업과 정부 기관을 대상으로 랜섬웨어를 담은 악성 메일을 유포해 돈과 정보를 빼앗으려는 시도가 이어지고 있는 것이다. 북한이 해킹에 투자하는 이유는 군사기밀 탐지와 사이버 공격, 그리고 외화벌이 때문이다. 유엔 안전보장이사회의 대북제재위원회는 지난 2019년부터 약 2년간 북한의 해킹 범죄 수익이 4천억 원을 넘는다고 하였다. 이 돈은 핵과 미사일 개발에 사용되고 있는 것으로 보인다. 국경이 봉쇄되고 각종 제재로 묶인 북한이 기댈 수 있는 유일한 대책은 바로 해킹이다.

최근에도 북한은 러시아를 해킹해 각종 무기 기술을 빼냈다. 국가전략연구원과 국방안보포럼 등에 따르면, 2023년 4월 공개된 '만리경 1호'는 러시아 위성업체 스푸트닉스의 기술을 해킹한 것이고, 북한의 지대공미사일 '번개 5호(KN-06)'는 러시아 전차업체인 알마즈-알테이사의 S-400를 해킹한 것이며, 2020년 공개한 신형 전차 'M-2020'은 러시아 전차업체인 울랄바곤자보드를 해킹한 것이다.[39])

북한의 사이버 테러 목표는 원전을 포함한 전력망, 공항·항만·지하철 등 교통망과 주민번호 관리시스템·의료보호망 등 정부부처나 금융기관, 군 지휘통제시스템 등으로 예상된다.[40]) 최근 북한의 디도스 공격, 전산망 해킹, 방송 및 금융기관에 대한 사이버 공격은 IT강국인 한국에게 오히려 최대의 취약부분임을 알려주고 있다. 비대칭전을 구사하는 북한이 한국의 전력망, 교통망 등에 대해 사이버 테러를 감행할 경우 엄청난 주민생활의 불편을 초래하게 되고, 유사시 군 지휘통신시스템에 대한 공격은 작전의 승패와도 직결될 수 있다. 북한의 사이버 테러에 대비하

테킨트 비중이 높아졌지만 휴민트의 검증이 뒷받침되지 않으면 효용가치가 떨어질 수밖에 없다. 이스라엘은 정보수집을 위해 인공지능(AI)같은 디지털 기술을 대거 도입하면서 휴민트(HUMINT, 인적정보) 역량을 축소한 것이 패착요인 중의 하나였다. 따라서 국정원의 휴민트 능력을 강화해야 한다.

38) 사일로(silo)는 곡식을 저장해두는 큰 탑 모양의 창고를 말한다. 기업에서 조직의 각 부서들이 사일로처럼 서로 다른 부서와 담을 쌓고, 자기 부서의 이익만 추구하는 현상, 즉 '부서 이기주의'를 일컫는다. 자기 부서의 실적과 이익에만 몰두하다 보니 서로 간의 의사소통이 이루어지지 않아 개별 부서의 효율은 커지는데 회사 전체의 경쟁력을 잃어버리는 결과를 초래한다.

39) 「조선일보」(2023.9.7. A1/A5.)

40) 이원희, 『예비전력의 이론과 실제』(대전 : 충남대학교출판문화원, 2015), p.241.

기 위해 군은 2025년에 사이버 예비군도 창설할 계획이며, 육군은 급증하는 사이버 위협에 대비하기 위해 '사이버 작전병'[41] 군사특기를 신설했다. 장차 이 범위를 더욱 확대하고 운용방법을 발전시켜 나가야 할 것이다.

3) 스마트 무기체계 발전

북한은 '하이브리드전'을 구사할 가능성이 높다. 가짜 뉴스 유포, 사이버 공격으로 카카오톡 등 각종 통신체계를 교란시키는 심리전을 전개할 것이다. 군은 '한국형 아이언 돔'으로 불리는 장사정포 요격체계(LAMD)를 2026년까지 개발할 계획이다.[42] 그러나 한국형 아이언 돔은 반쪽짜리로 북한 240㎜ 및 300㎜ 방사포탄은 요격할 수 있지만 170㎜ 방사포탄은 요격할 수 없는 것으로 알려졌다. 따라서 이를 요격할 수 있는 수단으로 단기적으로는 30㎜ 기관포 등이, 장기적으로는 레이저 무기가 거론된다.

개인 전투원이 하나의 소규모 '부대(Unit)'라는 인식하에 전력건설이 추진되어야 한다. 병역자원의 급격한 감소, 인명 중시 사상 확산 등으로 개별 전투원의 임무수행 능력과 생존성에 대한 관심은 더욱 고조될 것이다. 우크라이나 전쟁에서 확인할 수 있듯이 소총 조준경, 야시장비, 무전기, 방탄복 등은 개별 전투원에게 기본 장비가 되고 있다. 군사 선진국에서는 블랙 호넷(Black Hornet)[43]같은 손바닥 크기의 초소형 무인기가 분대단위 이하에 보급되고 있다. 향후에도 이러한 추세는 더욱 강화될 것이며, 관련 예산도 증가할 것이다. 따라서 개별 전투원의 임무수행과 생존성 향상을 위한 전력 건설에 각별한 노력이 필요하다.

4) 우주전 수행 준비

제이 레이먼드 미국 우주군 사령관은 영국 BBC 방송과 인터뷰에서 우크라이나 전쟁을 가리켜 "우주 공간에서의 능력이 실제 전장의 승패를 가를 정도로 중요 역할을 한 최초의 전쟁"이라고 평가하기도 했다.[44] 대한민국은 2022년 합성개구레이더(SAR : Synthetic Aperture Radar) 위성기술의 국산화에 성공하였다. SAR는 지면에 레이더 전파를 쏜 뒤 반사되는 시간차로 영상정보를 만들어내는 방식을 뜻한다. 레이더를 사용하기 때문에 주야간은 물론 악천후에도 영상정보를 획득할 수 있다는 것이 장점이다. 이는 레이더와 같은 원리다. 데이터링크 시스템[45]이라는 것은 이렇게 만들어진 영상을 지상으로 다시 내려보내기 위한 기술이다.

---

41) '사이버 작전병'은 사이버 방호실 등에서 간부들과 함께 전·평시 사이버 위협을 식별 예방하고 해킹 대응 기술 개발 임무를 수행하게 된다. 모집 대상은 사이버 관련 전공자나 해킹 분야 개발·연구 경력자, 각종 해킹 대회 수상자 등이며, 첫 모집인원은 10~20명 수준이다.

42) 「조선일보」(2023.10.18. A6.)

43) 길이 16.8㎝×폭 12.3㎝, 무게 32g, 작전반경 2㎞, 비행고도 약 100m 이하. 소음이 없다.

44) 신치범, 앞의 논문, p.99.

45) 전술 데이터링크란 무기체계 간에, 또는 무기체계와 지휘통신통제체계 간의 전술 데이터를 실시간으로 교환하기 위하여 표준으로 정한 전술자료 통신망을 말한다. 전술데이터링크가 중요한 이유는 이것이 선진 각국의 군이 추진하고 있는 네트워크 중심전의 핵심 수단이기 때문이다. 모든 탐지체계나 지휘통제체계, 그리고 타격체계들을 연결하는 전장 네트워크에 이 데이터링크 체계가 중추적인 역할을 하게 된다.

위성의 역할과 기능은 민간용과 함께 군사적, 전략적 목적으로도 활용되고 있다. 우리는 북한의 핵미사일, 무인체계, 우주력 도전 등에 대비한 포괄적인 우주력 발전을 위해 다음과 같은 노력에 집중해야 한다. 첫째, 2035년까지 한국형 위성항법시스템(KPS)을 완성해야 한다. 둘째, '425사업'[46]을 통해 계획된 정찰위성을 단계적이고 성공적으로 확보해 나가야 한다. 정찰위성은 한국형 3축 체계의 핵심 전력으로 425사업이 완성되면 우리 군은 2시간 간격으로 북한 내 미사일 기지, 핵 실험장 등 주요시설 정보를 위성을 통해 수집할 수 있다. 셋째, 2028년부터 다수의 초소형 위성을 발사하여 군집 형태로 북핵 미사일 등 대북감시를 위한 ISR자산으로 활용해 나갈 계획이 있다. 따라서 미래전에 대비하는 차원에서라도 현재의 소형위성 발사에 대한 계획 실행뿐만 아니라 Starlink 수준으로 확대하는 방안을 전향적으로 검토해야 한다. 넷째, 위성체계와 무인체계의 연동을 통한 C4ISRPGM+UAS(Unmanned Aircraft System) 자동화 체계를 구축해 나가야 한다.[47]

다. 하이브리드전 수행 능력 확보

1) 인지전과 대북 심리전 강화

러-우 전쟁에서 양국 모두 SNS 등을 활용해 인지전(cognitive warfare)[48]을 벌여왔는데 이스라엘-하마스 전쟁에서도 SNS와 AI 등 첨단 기술을 활용해 치열한 가짜 뉴스와 심리전, 여론전을 펼치고 있다. 2023년 10월 17일 팔레스타인 가자지구에 있는 알 아흘리 병원에서 발생한 대규모 폭발사고로 수백 명이 숨진 사건을 둘러싼 하마스와 이스라엘의 공방은 인지전의 대표적인 사례다.

진짜 전쟁이 발생하게 되면 가짜 뉴스가 엄청나게 늘어날 것이다. AI 기반 이미지 합성 기술인 딥페이크까지 활용한다면 한국 사회의 동요는 예측하기 어렵다. "전시 대통령 도망", "미군철수"와 같은 가짜 뉴스와 영상까지 만들어낼 수 있기 때문이다. 이러한 재래전과 심리전이 결합된 하이브리드전에 군의 역량만으로 대응하기에는 역부족이다. 그동안 우리는 광우병, 천안함 침몰, 성주 사드 전자파 괴담 등에 속절없이 무너졌고 유무형적 피해를 입었지만 유언비어의 책임은 묻지 못했다. 이와 같은 조직적 허위 선동과 조작, 가짜 뉴스와 괴담은 국가의 존망을 위태롭게 하기 때문에 철저한 대비가 필요하다. 그동안의 사례로 비추어 볼 때, 북한 지도부는 미군의 전략자산 전개보다 대북 확성기 방송이나 전단 살포 등 대북 심리전 재개를 더 두려워한다. 대북 심리전이야말로 북핵·미사일 개발과 드론 도발, 사이버 공격 등에 대한 실효적이고 결정적 대응 수단이며 전략인 셈이다.

---

46) '425사업'은 방사청과 국방과학연구소(ADD)주도로 북한 미사일에 대응하기 위해 고성능 영상 레이더(SAR) 탑재 위성 4기와 전자광학(EO), 적외선(IR) 탑재 위성 1기 등 정찰위성 5기를 지구 궤도에 올려 전력화하는 사업을 말한다. '425'란 명칭은 'SAR'와 'EO' 등 장치의 영문명을 비슷한 발음의 아라비아 숫자인 '425'로 표기한 것이다.

47) 김홍철, 「현대전 및 미래전에서 우주력의 역할」, 『2023 국제 안보환경 평가와 우리의 대응』, 제31회 국제 국방학술 세미나 자료집(2023), pp.125~126.

48) 인지전은 가짜 뉴스 등을 퍼트려 정부에 대한 불신을 부추기고 군의 사기를 떨어뜨리는 한편 민심을 교란해 적을 무력화 하는 심리전, 여론전 등을 포함하는 전쟁 개념이다.

'국방비전 2050'과 '육군비전 2050'(수정 1호)에서 인지 영역을 전장 영역에 포함한 것에서도 알 수 있듯이, 현대전쟁뿐 아니라 미래 전쟁에서도 인지 영역이 작전에 미치는 영향은 지대하다. 미래 전쟁에서 유·무인 복합전, 더 나아가 무인전투 중심의 미래 전쟁 양상이 대두되더라도 결국 전장의 주체는 인간이기 때문이다. 즉 전장의 주체인 인간의 인지 영역을 지배하는 것은 앞으로도 변함없이 중요한 것이다.[49)]

2) 드론전 수행체계 발전

2023년 10월 7일, 하마스(Hamas) 기습의 효과를 극대화시킨 무기체계 중 하나가 드론이었다. 당시 하마스 전투원들은 드론으로 수류탄을 투하하여 이스라엘군이 스마트 펜스에 구축한 통신탑과 원격사격통제체계(Remote Controlled Weapon System, RCWS)를 무력화시켰다. 이로 인해, 가자지구를 둘러싼 이스라엘군의 지휘·통제는 하마스의 급습이 이루어지는 동안 일시적으로 마비되었고, 이스라엘은 하마스의 계산된 기습을 허용할 수밖에 없었다. 하마스는 저가의 드론을 이용하여 고가의 '메르카바-4' 전차를 파괴하는 등 가성비가 있는 전투를 수행하였다. 그런데 시간이 지나 하마스가 인질 석방 협상에서 '가자지구 상공에 감시 드론 띄우기 중단'을 조건으로 내걸었다. 드론을 통해 하마스의 움직임을 일거수일투족 파악, 공격해대니 견딜 수가 없었던 것이다.

현대전은 드론 전쟁이다. 4차 산업혁명 주요 기술의 보편화와 더불어 북한군도 전술적 수준부터 전략적 수준까지 다양한 드론을 운용하고 있다. 특히, 북한군은 러-우 전쟁에서 나타난 드론전투의 영향을 받아 폭발물을 투하할 수 있는 전술적 수준의 드론을 제작하기 시작했고, 해외에서 사용된 정황이 포착되기도 했다. 또한, 김일성종합대학에서는 회전익 드론에 대한 연구개발(R&D)을 추진하는 것도 식별되고 있다.

2014년 북한 무인기가 처음 발견된 이후, 2022년 12월 26일에 김포, 강화도 및 서울 일대 영공을 7시간 넘게 침범함으로써 인천, 김포공항 항공기 이착륙이 일시 중단되는 사태가 발생하였다. 북한은 정찰, 감시, 타격용 무인기에 이르기까지 1000여 대의 다양한 무인기를 보유하고 있는 반면, 한국군은 군단급 송골매(RQ-101)와 신형 사단급 무인기(KUS-9), 대대급 무인기 리모아이 등을 전방에 배치한 상태이며, 이스라엘에서 도입한 '하피' 자폭 무인기도 100여 대를 보유하고 있다. 북한 후방지역을 정찰할 스텔스 무인기로는 현재 개발 중인 가오리 계열 스텔스 무인전투기 개조형이 유력하나, 군은 북한 무인기 대응 전력 확보를 위해 5년간 5,600억 원을 투입하기로 했다. 드론 방어능력이란 적의 드론을 탐지 및 식별하여 무력화하는 것이다.

한국군은 2023년 9월 1일 육·해·공군, 해병대로 구성된 국군 최초의 합동전투부대인 '드론작전사령부'를 창설했다. 국방부 직할부대이며 합참의장이 지휘·감독한다. 임무는 크게 3가지로서 먼저 드론을 주 작전수단으로 유사시 적 무인기, 핵·대량살상무기 등 다양한 비대칭 위협에 대한 억제 및 방어, 공격작전을 수행한다. 또 다양한 전략적·작전적 수준의 감시정찰, 타격, 심리전, 전자전도 맡는다. 이와 함께 드론 전력을 효율적, 체계적으로 전력화하기 위한 네트워크 구축, 공역 통제, 합동 교리 발전, 항공 안전, 정비 등 다양한 업무를 총괄하게 된다.[50)]

49) 신치범, 앞의 논문, p.33.

3) 비대칭전 수행방안 강구

북한은 세계 최대 규모인 20만 명의 특수부대를 보유하고 있고, 레이더에 잘 잡히지 않는 300대의 AN-2기, 130여 척의 고속 공기부양정, 지하 땅굴 등을 통해 수천 명 이상이 동시에 침투할 수 있다. 우리 후방지역에 대규모 특수부대를 침투시켜 정규전과 비정규전을 함께 수행하는 '배합 전술'은 북한의 오랜 전략이다. 합참은 하마스 공격이 휴일 새벽 기습공격으로, 대규모 로켓발사를 통해 '아이언돔'을 무력화하고, 무인기 공격으로 분리 장벽에 설치된 각종 감시, 통신·사격통제 체계를 파괴한 후 침투하는 양상이 우리가 예상하는 북한의 '비대칭 공격 양상'과 닮은꼴이라고 평가했다. 북한은 한국이 전방지역에 과학화 경계 시스템을 구축하자 패러글라이더를 이용한 공중침투훈련을 강화해 왔다. 군은 '한국형 아이언돔'으로 불리는 장사정포 요격체계(LAMD)를 2026년까지 개발할 계획이다.

라. 안정화 작전 수행체계 및 도시지역작전 수행 능력 강화

1) 안정화 작전 간 우호세력 활용

안정화 작전시 한국군이 상대하게 되는 적은 대부분 북한주민과 북한군으로서 이들은 크게 포로 및 민간인 억류자, 피난민, 잔류민, 내부 협조자 등으로 구분할 수 있으며, 이들은 크게 적극적 우호세력, 소극적 우호세력, 동요세력, 소극적 저항세력, 적극적 저항세력 등 5등급으로 분류할 수 있을 것이다 이를 위해 참고할 수 있는 자료를 확보해야 한다.[51] 우호세력은 한국군에 자발적 지지 의사를 표명하는 개인 및 집단으로 우호세력과 접촉시에는 신뢰성 확인이 무엇보다 중요하다. 우호세력에게는 역할 수행에 따른 보상 약속과 함께 장비, 물자의 지원과 가족에 대한 안전보장 조치를 취하도록 해야 한다. 반대로 불순 세력의 선동으로부터 주민을 보호하는 것이 대단히 중요하다. 적과 주민을 분리하기 위해 대적 및 선무, 전단, 방송매체 등을 활용한 심리전 수행이 필요하다.

안정화 작전 간 북한이탈주민의 활용 및 북한 현지 주민의 활용 가능성, 정부 및 민간 조직 활용 가능성, 그리고 피난민 보호와 관련된 국내법 및 국제법에 대한 사전 연구와 준비가 필요하다.

2) 도시지역작전 수행 능력 강화

이스라엘-하마스 전쟁에서도 나타났지만 도시지역작전은 복잡하면서도 많은 어려움이 뒤따른다. 정면에 있는 적과 대치하며 싸우는 전선과 달리 전후좌우 사방이 전선이라 할 수 있다. 밀집도가 높은 빌딩이나 비좁은 골목 어디에 적이 숨어있는지도 알 길이 없다. 건물 하나하나가 대형 장애물이자 진지 역할을 하며, 전차나 장갑차가 진입하기도 어렵고, 도보 전진하는 보병들

---

50) 「국방일보」(2023.9.4.)

51) 북한지역에서 안정화 작전간 확보해야 할 문건으로는 간부이력문건(자서전, 이력서, 가계표), 평정서, 주민등록자료와 기타 자료 등이 있으며, 북한 내 주요 사회조직(여맹, 농근맹, 직총, 청년동맹 등) 활동 실태를 확인하여 참조할 수도 있다.

은 적 저격수에게 노출되기 쉬우며, 건물 수색도 어렵다. 건물 곳곳에 설치된 부비트랩과 지뢰 등도 지상군 작전을 어렵게 하는 장애요인이다. 민간인을 '인간 방패'로 앞세워 전투를 벌일 경우 민간인 사상자가 늘어날 위험이 크다. 수많은 군중 속에서 누가 민간인이고 누가 적인지 식별하고 분리시키는 일은 결코 쉬운 일이 아니다. 미국 웨스트포인트 산하 '현재전쟁연구소(Institute of Modern war)'는 '도시전에 적용되는 8가지 규칙'을 분석한 바 있다.[52]

도시지역작전에 소요되는 무기체계는 민간인 보호와 잔적 소탕 및 제거 임무를 동시에 고려해야 함으로 핀 포인트 공격용 무기가 많이 요구된다. 우선적으로 정밀한 저격용 소총이 다량 필요하고, 고층 빌딩 및 지하시설 수색과 정찰에 필요한 장비와 저항하는 잔적 소탕 무기가 필요하다. 또한 도시지역작전은 사방에 적이 산재할 것이므로 방호력이 우수한 기동수단이 다량 필요하다. 야지 기동 중심의 작전 수행체계를 도시지역작전 수행체계로 전환하는 데 필요한 제반 훈련 방법도 적극 개발하고 이를 실행할 수 있는 무기체계와 장비를 발전시켜야 한다.[53]

3) 저격수 양성

도시지역작전 시 저격수는 대단히 중요한 역할을 한다. 저격수는 소수의 인원으로 편성되었음에도 불구하고 적을 사살하는 것 외에 적에게 공포심을 유발하고, 행동의 자유를 박탈하여 사기를 저하시키며, 전투의지를 약화시켜 패배의식을 갖게 하는 심리적 효과가 있다. 이러한 측면에서 예비군 저격수는 도시지역작전뿐 아니라 20만 명에 달하는 북한의 특수전부대가 후방지역 침투시 매우 효과적으로 활용할 수 있는 전력이다. 아무리 첨단과학무기가 발달하더라도 핵심요원을 골라서 제거할 수 있는 저격수는 중요한 역할을 하기 때문이다. 따라서 저격수의 양성과 이들을 위한 무기·장비·물자의 개발을 지속 추진하여야 한다.[54]

마. 작전지속 지원체계 발전 및 전쟁 지휘역량 확대

1) 전쟁지속을 위한 체계 발전

이스라엘 국민들은 미사일 경보앱인 '조파 레드 얼러트(Tzofar-Red Alert)'가 울릴 때면 지하 방공호로 대피했다. 미사일 대응 매뉴얼이 몸에 배어있기 때문이다. 식료품을 파는 마트에서도 사재기는 없었다고 한다. 이스라엘 국방부 산하 민방위 사령부는 이스라엘 내 시민들을 대상으로 미사일 공격 발생 시 행동지침을 배포하고 있다. 현지법에 따르면 모든 이스라엘 가정집은 설계 시 벙커시설을 의무적으로 마련해야 한다. 한국은 어떤가? 최근 부활된 민방위훈련도 제자리를 찾아야 한다.

미래전은 전장의 동시화와 단일화 특성 때문에 국가 자원이 빠른 시간 내에 동원이 가능해야 하고 모든 자원의 사용에 숙달이 되어 있어야 한다. 따라서 국가 동원체제의 획기적 정비가 요

52) 세부 내용은 송승종, "새로운 '전쟁의 시대' 열리나. 이스라엘·하마스 전쟁 숨은 변수로", 주간조선 2781호(2023.11.5.)를 참조.
53) 김진항, 앞의 논문, p.14.
54) 이원희, 앞의 책, p.246.

구한다. 앞으로의 전장 상황에서는 전쟁 수행의 수단이 일상의 국민 생활과 기업 활동에서 사용되는 것들과 크게 다르지 않다. 전략적 차원에서도 전쟁의 억제와 수행 간의 차이가 줄어들어 전·평시 구분도 애매해진다. 따라서 민군 겸용 장비 사용을 확대할 필요가 있다. 통상 군용장비가 되면 수요의 한계 때문에 값이 비싸지는 단점이 있는데 군용품을 민군겸용으로 확대하면 저렴한 가격으로 확보 유지할 수 있다. 이렇게 하면 상시 동원체제유지에도 도움이 될 것이다.

2) AI를 활용한 지휘통제 방안 개발

기술력으로 군대는 확실히 월등해지지만 기술력만으로 승리를 거둘 수는 없다. 모든 것은 군대의 수장과 국가가 그 기술력을 어떻게 사용하느냐에 달려 있다.[55] 따라서 평시 전쟁을 억제하고 전쟁 발발 시 승리하기 위해 군의 전투지휘 역량을 발전시켜야 한다. 최고위 제대부터 말단 제대까지 동시에 한 묶음으로 생각하는 제대 통합 사고가 필요하다. 지·해·공 작전 간의 통합은 물론이고 우주 및 사이버전까지 하나로 연결된 네트워크를 이용하여 동시성 전투를 통합해야 하는 전략적, 작전적 전투 행위를 동시에 고려하여 전쟁을 지휘해야 하므로 이에 맞는 지휘역량을 구비해야 한다.

러-우 전쟁에서 AI를 활용한 우크라이나군의 전술 프로그램 'GIS 아르타'가 결정적 역할을 하였고, 이스라엘-하마스 전쟁에서도 이스라엘군은 하마스 추적에 AI를 적극 활용하고 있다. 가자지구 지상전투가 시작된 뒤 이스라엘군 '표적 센터'가 땅굴 등 약 1200개의 새로운 하마스 공격표적을 확인했는데 AI가 상당한 역할을 한 것으로 알려져 있다. 미래 전장상황 속에서는 많은 양의 정보가 다양한 출처로부터 수집되고, AI의 도움을 받아 데이터가 종합되고 분석되어 실시간으로 제공될 것이다. 그렇지만 이러한 모든 것들을 분석하고 판단하는 기준은 사람이 설정해야 하고, 그 분석결과를 취사선택하는 것 역시 각급제대 지휘관의 몫이다. 그러므로 각급 제대의 지휘관과 참모는 전체와 부분이 상호 어떻게 작용하며 현재와 미래가 어떤 영향을 줄 것인가를 판단하는 전략적 능력을 배양해야 한다.

6. 맺음말

역사가 생긴 이래 수많은 전쟁이 있었고, 지금도 지구촌 곳곳에서는 전쟁이 진행되고 있으며, 미래에도 전쟁은 발생할 것이다. 그동안 군사전문가들은 군사적 충돌의 개연성이 높은 곳으로 나토와 러시아 간의 유럽 전선, 이스라엘과 팔레스타인간의 중동 분쟁, 미·중 간의 군사적 시위가 빈발하는 대만 해협 그리고 남북이 대치하는 한반도를 거론해 왔다. 그런데 미국이 우려하는 두 개의 전쟁이 현실화되어 유럽의 러-우 전쟁, 중동의 이스라엘-하마스 간의 전쟁이 지속되고 있다. 여기에 중국의 대만 침공, 북한의 대남 도발이 벌어진다면 이는 우리에게는 최악의 상황이 될 수도 있다. 북핵에 대비하여 한국의 핵무기 재배치를 위한 예비 대화와 유사시 선제

55) 브뤼노 카반 외, 이정은 옮김, 『세상을 바꾼 전쟁의 모든 것』(경기 파주 : 열린책들, 2023), p.141.

타격을 포함한 독자적인 전략도 필요하다.

미래 한반도의 안보환경은 내외의 많은 도전을 받고 있다. 인구 감소 속에서 가용 병력은 급감하고 국방예산 확보도 매우 어려운 상황이지만 역설적으로 군사력 건설을 통해 국민 경제에 기여할 수 있는 기회가 될 수도 있다. 치열하게 전개되는 미중 경쟁 속에서 역내 군비경쟁은 계속될 것이며 이는 당면한 북한 위협뿐 아니라 주변 잠재 위협국들의 다양한 위협에 직면하게 될 수도 있다. 이러한 변화하는 국방환경 변화에 따라 능동적으로 대처해야 한다. 인구 감소로 인한 병역자원감소는 제한된 자원을 어떻게 효율적으로 활용할 것인가를 고민해야 하고, 4차 산업혁명에 따른 과학기술의 발전을 잘 이용해야 한다. 미래 안보환경에 적극적으로 대비, 대응하기 위해 첨단과학기술과 무기체계를 활용한 새로운 전쟁 수행방식을 적극적으로 수용하고 한국적 상황에 맞게 활용, 변용해 나갈 필요가 있다. 또한 최근의 러-우 전쟁과 이스라엘-하마스 간의 전쟁 양상을 분석하여 예상되는 미래전의 양상을 예측하여 선제적으로 대비하기 위한 노력을 통해 미래 한국군을 건설해 나가야 한다.

전쟁의 속성과 양상은 변해도 본질은 변하지 않는다. 그리고 '국민 중심의 전쟁 패러다임'으로 변한 오늘날, 한국의 군사력 건설은 단지 군과 국방 당국의 노력만으로 되는 것이 아니라 전 정부적, 전 사회적 접근을 요구하고 있다. 유사시 한반도에서 전쟁 발발시 국민 의지를 결집하고, 세계 각국의 국민으로부터 지지를 획득한 가운데 유엔군 및 북한 주민들과 함께 전쟁을 수행해야 승리할 수 있을 것이다. 물론 손자병법에서 제시한 '싸우지 않고 이기는 부전승不戰勝'과 '온전한 상태로 이기는 전승全勝'을 구현하는 것이 최상의 방책이라는 사실은 두말할 나위가 없다.

모든 전쟁은 비극적이다. 1914년 이후 전쟁은 4천만 명의 군인을 포함해 총 1억 2천만 명에서 1억 5천만 명의 사망자를 냈다.[56] 우크라이나 국민이나 이스라엘 국민이라고 '피 흘리는 전쟁'이 두렵지 않을 리가 없다. 그래도 싸워야 하는 생존 논리를 이해하지 못한다면 평화도, 안보도 논할 자격이 없다. '이기는 전쟁보다 더러운 평화가 낫다'는 궤변으로 국민들을 현혹하고 선동하는 일이 있어서는 안 된다. 평생을 군사학 연구에 헌신하신 풍석 이종학 교수께서는 "국가의 독립과 평화를 바란다면 전쟁을 이해하고, 거기에 대비해야 한다. 그리고 국민의 생명, 국토, 주권의 수호도 전쟁의 대비에서 비롯됨을 명심하라!"는 말씀을 남기셨다.♠

56) 브뤼노 카반 외, 이정은 옮김, 위의 책, p.3.

〈참 고 문 헌〉

●단행본

·성윤환, 『정보화 시대의 전쟁관』, 경기 성남 : 북코리아, 2018.
·이원희, 『예비전력의 이론과 실제』, 대전 : 충남대학교출판문화원, 2015.
·충남대 국방연구소, 『세계 군사혁신의 현재와 미래』, 2016.
·브뤼노 카반 외, 이정은 옮김, 『세상을 바꾼 전쟁의 모든 것』, 경기 파주 : 열린책들, 2023.
·이언 골딘, 로버트 머가 지음, 추서연 외 옮김, 『앞으로 100년, 인류의 미래를 위한 100장의 지도』, 서울 : 도서출판 동아시아, 2022.

●논문

·김진항, 「인구 감소 및 4차 산업시대에 대비한 미래 한국군 건설 방향」, 『미래 한국군 건설 관련 세미나 자료집』, 2023.
·김홍철, 「현대전 및 미래전에서 우주력의 역할」,『2023 국제 안보환경 평가와 우리의 대응』, 제31회 국제 국방학술 세미나 자료집, 2023.
·남주현 등, 「4차 산업혁명 시대의 모자이크 전쟁」,『국방연구』제63권 제3호, 2020.
·방종관, 「한국군 군사력 건설방향」,『2023 국제 안보환경 평가와 우리의 대응』, 제31회 국제 국방학술 세미나 자료집, 2023.
·배진석, 「한국형 결심 중심전 개념과 발전 방향」,『군사논단』, 통권 제115호, 2023.
·설인효, 「미중 군사혁신 경쟁과 미래전」,『합참』 제87호, 2021.
·신치범, 「비대칭성 기반의 한국형 군사혁신(K-RMA)에 관한 연구」, 건양대 박사학위논문, 2023.
·양욱, 「모자이크전을 통한 결심중심전의 미래전」,『ASAN REPORT』, 2022.
·이원희, 「한국 예비전력의 현주소와 효율적 운영방안 연구」,『군사논단』, 통권 제84호, 2015.
·장진오, 「과학기술 발전과 우리의 군사혁신 방향에 대해」,『국방논단』 제1807호, 2020.
·홍규덕, 「국방 정책과 군사력 건설 방향」,『2022 국제 안보환경 평가와 한국의 선택 전략』, 2022.

●신문, 방송, 기타 자료

·「국방일보」, 2022.2.15./2023.9.4.
·국방 TV. 지식 IN, "총성없는 전쟁 하이브리드전" 1부, 2부.
·송승종, "이스라엘의 '정보실패'가 빚은 파국적 재앙", 「조선일보」, 2023.10.10.
·______, "새로운 '전쟁의 시대' 열리나. 이스라엘·하마스 전쟁 숨은 변수로", 「주간조선」 2781호, 2023.11.5.
·조상근, "하마스 드론 공격, 소부대 대드론체계(Counter-Drone System), 그리고 한국군", 유용원의 군사세계, 2023.11.13.
·KBS 다큐인사이트, 「뛰는 놈 위에 나는 놈, 미래전쟁」, 2023.3.31. 방송.
https://blog.naver.com/PostView.nhn?isHttpsRedirect=true&blogId=jjostonebird&logNo=223012849526(검색일 : 2023.9.3.)

XII. 지정학적 리스크 극복 위한 한반도의 전략적 전환방안

이 종 호※

1. 머리말

러시아-우크라이나 전쟁과 이스라엘-하마스 전쟁은 21세기 세계질서와 동아시아의 신냉전적 질서 형성을 촉진하고 있는 가장 큰 요인이 되고 있다. 특히 러시아-우크라이나 전쟁은 한반도와 접경국인 러시아가 침공을 시작한 전쟁이고, 미국과 중국이 깊숙이 개입하고 있으며, 서구 유럽과 미국이 우크라이나를 전폭적으로 지원함으로써 러시아와 대립하고, 중국과 러시아가 연대해 나가는 국제질서의 신냉전적 진영 대립구도의 재편을 촉진하고 있다. 이는 북·중·러 대對 한·미·일의 협력체제가 강화됨으로써 최근 많은 학자들은 한반도가 지정학의 함정에 빠진 것은 아닌가? 라는 우려를 나타내고 있다.[1)]

러시아-우크라이나 전쟁과 이스라엘-하마스 전쟁은 동아시아에서 미중 패권경쟁이 확장되는 견인차 역할을 하고 있다. 즉 중국과 러시아, 북한의 연대가 심화되고, 한·미·일의 전략적 협력관계가 강화되면서 미중 간의 패권경쟁이 진영대결로 증폭되고 있다. 이는 북·중·러 대 한·미·일의 냉전적 구도가 강화되고 한반도 안보의 구조적 제약은 지정학적인 리스크가 커지는 방향으로 작용한다는 의미가 된다.

시계를 한반도의 7세기로 돌려보면 고구려, 백제, 신라 삼국이 각축전을 벌일 때 당나라는 주도면밀한 대전략을 실행에 옮겨 동쪽으로부터의 위협을 완전히 제거해버렸다. 특히 백제는 동아시아의 역학관계의 변화를 인식하지 못하고 신라와의 갈등과 분쟁에 몰두하다가 결국은 나당동맹에 의해 붕괴되었다. 백제 의자왕의 최대 실책은 오랫동안 잘 유지해왔던 대당 외교관계를 파탄시켰던 것이었다.

17세기 명·청 교체기에 조선은 변화되고 있던 동아시아 질서의 역학관계를 인식하지 못하고 명나라에 대한 사대외교에 함몰되어 있었으며, 결국 청나라에게 두 번이나 대규모 침공을

※ (사)국방산업연구원 원장, (전)건양대학교 군사학과 교수, 군사학 박사.

■ 이 논문은 풍석 이종학 교수님의 추모집에 수록하기 위해 2019년 12월 『한국군사학논총』(제8권 제2호)에 게재된 것을 수정·보완한 글이다.

1) 외교통상부 차관을 지냈던 김성한 고려대 국제대학원 교수는 "분단에 겹쳐 중국·일본·러시아 어느 나라도 한국에 완벽하게 호의적이지 않다"면서 "한반도는 지정학적 퍼펙트 스톰에 뒤덮여 있는 상황"이라고 진단했다.

당한 후 속국으로 전락해 버리고 말았다. 국제정치에 대한 지도자의 부족한 안목은 고스란히 국민들의 비참한 피해로 나타났다. 19세기 조선은 동아시아 국제질서의 변화를 읽지 못하고 청나라의 속국으로 자족하고 있을 때 일본의 지도자들은 부국강병을 위해 국제정치의 변화에 편승하려고 노력하였다. 19세기 세계의 패권은 영국에게 있었고 영국은 독일과 오스트리아-헝가리 제국과는 협력관계였으며, 프랑스와 러시아와는 적대관계로 대립하였다. 일본은 영국과 독일에 협력하여 해군은 영국식으로 육군은 독일식으로 육성하여 강력한 군사력을 확보해 나갔으나 조선은 동아시아에서 지정학의 함정에 빠져 결국 일본의 식민지로 전락하고 말았다.

20세기 중국은 또 한 번의 대전략을 실행에 옮겨 동쪽으로부터의 위협을 완전히 제거하지는 못했지만 위협을 어느 정도 완충할 수 있는 지역을 확보하였다. 1949년 중국 공산당이 대륙의 패권을 잡았을 때 이미 동아시아의 역학관계는 급격하게 변화되고 있었다. 한국은 북쪽에서 형성되고 있던 북·중·소의 군사적 협력체제에 실효적으로 대응하지 못하고 결정적 타이밍을 놓쳤으며, 그 결과 전 국토는 국제 전장화 되었다. 다행히 미국과 유엔의 개입으로 세력균형을 유지하게 되었으나 한반도의 분단체제는 더욱 강고해졌다.

본 연구는 동아시아 지역 국제체제의 본질적 변화가 진행되고 있는데도 불구하고 전통적인 대외정책의 지속성에 대한 문제 의식을 갖고 어떤 요인으로 한반도가 지정학적인 함정에 빠져들고 있는지 살펴보고, 대전략(Grand Strategy)의 관점에서 바람직한 전략적 전환방안은 무엇인지 모색해보고자 한다. 이를 위한 방법론으로써 로버트 커헤인과 조셉 나이의 복합상호의존 모델을 적용하여 한반도의 현상을 분석하고, 윌리엄슨 머레이(Williamson Murray)가 대전략의 수립론에서 주장했던 대전략의 지속과 전환에 영향을 주는 요인을 활용하여 바람직한 전략적 전환방안을 도출해보고자 한다.

2. 복합 상호 의존 모델과 대전략의 지속 및 전환에 대한 접근방법

로버트 커헤인(Robert O. Keohane)과 조셉 나이(Joseph S. Nye)는 국제정치경제 분야에서 자유주의 시각의 대표작이라고 할 수 있는 저서 "권력과 상호의존"(Power and Interdependence)을 통해 국제정치는 무정부 하에서의 권력투쟁을 중심으로 바라보는 현실주의적 모델 보다는 때로는 복합 상호의존(complex interdependence)모델의 시각으로 바라볼 때 더욱 현실에 가까울 수 있다고 주장한다.[2)]

국제정치를 복합 상호의존 모델의 시각으로 보는 관점은 국가 간의 관계가 이미 공식적인 외교채널뿐만 아니라 초정부 간(transgovermental), 초국가 간(transnational) 긴밀하고 복합적으로 연결되어 있으며, 국제관계의 의제도 군사안보에 종속되어 있는 것이 아니라 다양한 국내정책과 외교정책이 다중적이고 중첩되어 나타나고 있고, 정책수단으로서의 군사력 사용도 점점 더 적

2) Robert O. Keohane and Joseph S. Nye, "Realism and Complex Interdependence," *Power and Interdependence : World Politics in Transition*(Boston : Little, Brown and Company, 1977.)

절하지 못하게 되는 경우가 많다는 것이다.

첫째, 복합 상호의존하의 지역 국제체제에서는 국가정책이 정치군사적 목표에 종속되지 않고 문제영역에 따라 다양해진다. 군사력의 효용성이 감소하고 정책분야별 중요성이 보다 균등해짐에 따라 국가 간 정치적 협상도 문제영역에 따라 연계전략 등 다양한 변이를 보일 것이다. 즉 역사적 문제인 강제징용의 배상문제가 일본의 경제보복조치를 촉발하고, 사드 배치와 같은 군사적 문제에 대한 대응으로 중국이 자국에 진출한 롯데마트의 영업정지 처분과 같은 경제보복을 하는 경우라고 할 수 있다.

둘째, 복합 상호의존하에서는 국내정책과 국제정책의 구별이 모호해짐에 따라 의제 설정의 정치는 더욱 미묘해지고 차별화된다. 불만스러운 국내의 집단들은 문제들을 정치화하고, 국내문제를 국제문제로 전환하려고 할 것이며, 초국적 경제기구, 관료들의 초정부 간 연결망, 노동조합들은 초국적 유동성을 발휘할 것이다. 예를 들어 국내 조선산업의 생존을 위해 추진하였던 현대중공업과 대우조선해양의 합병을 반대하기 위해 민주노총이 재벌특혜 저지라는 명목으로 경쟁국인 EU와 일본의 당국을 방문하여 반대의견을 전했던 현상이 대표적이라고 할 수 있다.

셋째, 초국적, 초정부적으로 연합이 형성된 세계에서는 국제기구의 잠재적 역할이 엄청나게 증대될 것이다. 또 국제기구의 역할 증대는 관련분야의 국내 담당부서의 위상을 강화시키는 효과로 나타나고 비정부기구들과 연합을 형성함으로써 약소국들의 무역, 통화, 환경 등의 연계전략을 보장해줄 것이다.

위에서 제시한 복합 상호의존 모델이 동아시아 지역 국제체제에도 적용이 가능한 것인가? 물론 아직도 북한이 미국, 일본과 국교정상화에 성공하지 못하고 있으며, 북핵문제로 국제적인 경제제재 하에 있는 것은 현실이다. 그러나 두 번에 걸친 북미정상회담을 통해 북한이 정상국가로의 변화를 모색하고 있다는 것을 고려하고, 한국, 일본, 중국, 러시아 및 미국 간의 정치, 경제, 사회, 문화적으로 밀접하고 복합적인 연결채널을 볼 때 제한적인 적용이 가능할 것으로 본다.

이러한 측면에서 본 논문에서는 현대 동아시아 지역 국제체제의 변화에 주목하고 이를 적실성 있게 설명할 수 있는 복합 상호의존 모델을 기본 틀로 하여 한반도의 지정학적 변화 현상을 분석해 보고자 한다. 또한 대전략의 본질을 좀 더 명료하게 이해하기 위해서 대전략의 지속과 전환에 관한 접근방법이라고 할 수 있는 윌리엄슨 머레이의 '대전략의 수립론'을 접목하려고 한다.[3] 머레이는 대전략의 비전과 구조는 과거의 역사를 이해함으로써 시작되며, 역사는 현실적이고 유효한 전략의 핵심요소를 제공한다고 주장하였다.

미국이 1947년 케난의 제안을 받아들여 소련에 대한 봉쇄전략을 일관되고 조화되게 구사함으로써 성공하였으나 오늘날 미국은 역사상 가장 불확실하고 혼란스러운 전략적 환경에 처해 있다고 진단하고 있다. 인간의 삶과 마찬가지로 국제정치에서 정적인 것은 존재하지 않는다. 3세기에 로마를 둘러싼 환경이 급격하게 변화하면서 로마제국은 결국 붕괴의 길로 들어섰고, 세계패권을 유지하였던 영국은 제1차 세계대전에서 동맹국들의 도움으로 겨우 승리할 수 있었다. 20년

3) Williamson Murray, Richard Hart Sinnreich, James Lacey, *The Shaping of Grand Strategy : Pol;cy, Diplomacy, and War*(New York : Cambridge University Press, 2011).

후 제2차 세계대전에서 영국은 붕괴되기 직전에 이번에도 동맹국들의 도움으로 살아남았다.

따라서 대전략은 유동성이 넘치는 현실 속에서 존재하므로 부단한 변화와 적응이 필수적이며, 계산된 판단만이 아니라 주동성이 요구된다. 즉 대전략의 지속과 전환에 영향을 주는 것으로서 첫째, 지정학적 변화와 인식이다. 대전략은 지정학의 포로와 같은 존재이며, 역사적 경험이 지리와 함께 결합하여 대전략의 개발에 핵심적인 역할을 한다. 둘째, 정부의 성격이 큰 영향을 미친다. 현대의 정치, 종교적 이데올로기는 민주국가, 공산국가, 파시즘, 신정국가 등 다양한 성격의 국가를 탄생시켰으며, 이는 대전략의 형성에 핵심적인 요인이 된다. 셋째, 최고 지도자의 리더십은 대전략의 수립과 구현에 가장 큰 영향을 미친다. 넷째, 동맹관계의 구축은 국가의 생존에 중요한 요소로 간주되므로 대전략 수립에 밀접하게 관계된다.

따라서 복합 상호의존 모델과 대전략 수립론을 결합하여 지정학적 변화의 시대 한반도의 현상을 분석하고 위에서 제시한 네 가지 독립변수로 19세기 말 영국의 대전략과 한반도의 현실을 비교 분석 후 바람직한 대전략의 전환방안을 도출해보고자 한다.

3. 1890년~1910년 영국의 대전략 전환사례 분석

1890년대 영국의 주요 적대국은 프랑스와 러시아였고, 반면에 선린관계를 유지한 국가는 독일과 오스트리아-헝가리제국이었다. 20년 후 관계는 정확히 반대로 뒤바뀌게 된다. 1890년대 영국의 전략적 관심사는 전세계에 걸쳐있는 대영제국의 영토(식민지)였으며, 유럽대륙의 문제는 그 다음이었으나 20년 후 이 관심사는 정반대가 되었다. 1890년대 영국의 외교정책에서 평화시 군사적 동맹은 전통적으로 거부감이 있었으나 20년 후 영국은 일본, 프랑스, 러시아와 공식적인 동맹, 혹은 우호조약을 맺었으며, 미국과는 영구적인 잠정 협약에 준하는 협상을 벌였다. 1890년대 영국해군은 해상에서 세계 최강자였으나 20년 후 독일해군의 공격적인 확장, 일본과 미국의 강력한 해군력의 건설로 영국은 해상에서의 세계적 패권을 포기하였다. 반면에 식민지 경찰 수준의 육군은 1910년 즈음에 독일에 대항하기 위하여 대륙에서의 대규모 군사작전에 대비한 거대한 개혁을 시작하였다.

19세기 말에서 20세기 초까지 약 20년 동안 발생한 영국의 극적인 전략적 전환사례는 영국이 기존의 전략을 개선하기 위하여 능동적으로 결정한 것이 아니라 새롭게 발생하는 상황이나 사건들에 대하여 정치·군사적으로 대응하는 과정에서 전략적 결정이 하나씩 쌓여나가면서 나타난 결과라고 할 수 있다.

세계적 대변환의 시대에 과거의 전략적 결정시스템은 이제는 더 이상 작동될 수 없었고 심각하게 논의하여 결정했던 전략적 선택과제들이 모여서 전혀 새로운 대전략의 기본 방향을 이루어갔다. 이 사례는 21세기 세계적 패권을 발휘하고 있는 미국에게만 큰 함의가 있는 것이 아니라 한반도의 현실에도 비교해 볼 수 있다고 본다. 오늘날 한국은 주변국이 세계적 강대국으로 둘러싸여 있어서 상대적 약소국으로 보이지만 경제력은 GDP에서 세계 11위이고, 군사력 면에서는 전문가들이 세계 10위권 안에 드는 것으로 보고 있을 정도로 강국의 반열에 올라와 있다.

따라서 영국의 전략적 전환사례를 한반도의 현상과 비교분석해 볼 때 우리에게 많은 시사점을 줄 수 있다고 본다.

가. 지정학적 변화와 인식

레이몽 아롱은 지정학이란 외교정책과 전략의 관계, 국가자원에 대한 지리와 경제의 관계, 생활방식과 환경에 따라 다양한 외교적 행태 등 세 가지를 지리적 관점에서 분석한 것이라고 하였다.[4] 즉 지정학은 국가의 정치적 특징과 역사적 제도 그리고 인접국가와의 관계에 대한 지리적 영향을 연구하는 분야로써 "공간"이라는 지리적 요인과 권력이라는 정치적 요인의 관계를 분석하는 것이므로 우리에게 역동적인 역사적 본질을 이해할 수 있는 혜안을 줄 수 있다. 19세기 후반기 영국을 둘러싸고 있는 지정학적 변화는 대략 네 가지 측면에서 설명할 수 있을 것이다.

• 첫째는 나폴레옹 전쟁 이후 빈 체제(Wiener System)와 비스마르크에 의해 주도되었던 유럽의 평화체제가 붕괴된 것이다.

칼 폴라니가 거대한 전환에서 나폴레옹 전쟁 이후의 유럽을 "백년 평화"라고 주장하였듯이 이 기간 중에는 신성동맹과 4국 동맹(신성동맹+영국)이 구축되고, 영국의 헤게모니의 도구로 작동하는 유럽협조체제(Concert of Europe)라는 강력한 실체가 존재하였다.[5] 특히 비스마르크는 유럽 열강간의 다면적 대립관계의 기반 위에서 세력균형의 원칙을 응용하여 다중적인 동맹협상체제를 구축함으로써 보오전쟁과 보불전쟁의 와중에서도 유럽평화를 지켜낼 수 있었다. 영국은 거의 한 세기 동안 유럽대륙 내에서 발생하던 문제로 인해 방해받지 않는 가운데 산업화와 자유무역에 의한 엄청난 부를 축적할 수 있었다. 그러나 1890년대에 이르러서 유럽의 평화체제는 흔들리기 시작하였다. 보불전쟁에서 알자스-로렌지방을 독일에게 빼앗긴 프랑스는 이를 도저히 받아들일 수 없었다. 새로운 정부가 들어설 때마다 국민들의 반독일 정서를 국내정치에 이용하기 시작하였으며, 독일과 프랑스는 더욱 정치적으로 대립하게 되었다.

비스마르크의 유럽 현상유지정책의 일환으로 체결되었던 1873년 독일-오스트리아·헝가리-러시아의 3제 협상은 1877년 러시아-터키전쟁으로 와해되었다. 러시아는 슬라브 민족 통일주의 정책과 발칸지역에 있는 오토만 제국의 서방영토에 대한 야심 때문에 전쟁을 일으켰다. 러시아의 군사적 승리에도 불구하고 영국-독일-프랑스-오스트리아·헝가리 등 유럽의 강대국들은 발칸지역에 대한 러시아의 영향력 확대를 우려하여 베를린 회의를 소집하여 러시아의 영토 확대를 축소시켰다. 이러한 과정에서 독일 등 강대국들에 대한 러시아의 감정이 악화되었다.[6] 특히 1890년 비스마르크의 사임 이후 독일 황제 빌헬름 2세는 유럽의 평화체제를 지탱해 왔던 비스마르크의 균형정책을 버리고 특유의 극단적인 전략적 대외정책을 선택하였다. 러시아와 프랑스가 협력을

---

4) Raymond Aron, translated by Richard Howard and Annette Baker Fox, *Peace and War:A Theory of International Relations*(New York : Frederick A. Praeger, Inc. Publisher, 1967), p.182.

5) Karl Polanyi, 홍기빈 역, 『거대한 전환』(서울 : 도서출판 길, 2018), pp.96~123.

6) Robert Gilpin, *War and Change in World Politics*(Cambridge : Cambridge University Press, 1981), pp.238~240.

맺도록 하고, 동맹국이던 이탈리아가 중립국이 되도록 하였으며, 협력관계였던 영국을 적대적인 관계로 돌아서게 만들었다.

·둘째는 지중해로부터 아프리카, 중앙아시아, 동아시아에서의 식민지 쟁탈전으로 유럽 내의 각국 간의 협력체제가 갈등관계로 변모하였다.

오스만 제국이 쇠퇴하면서 지중해 지역의 알제리, 키프로스, 튀니지, 모로코, 리비아 등이 프랑스, 영국, 이탈리아에 의해 점령당하였다. 아프리카는 1880년대까지 유럽 각 국에 의해 식민지로 전락하였으며, 국가 이기주의로 인해 식민지의 불분명한 경계지역에서는 끊임없는 분쟁이 유발되었다. 중앙아시아에서는 러시아의 남진정책으로 타슈켄트, 사마르칸트, 트랜스카프카스 지역 등에서 전쟁과 영토합병이 계속 이어졌으며, 영국령 인도와 러시아 세력은 아프가니스탄에서 대립하였다. 동아시아에서는 열강의 세력다툼이 되었던 중국이 19세기 후반에 들어서면서 해체되기 시작하였고, 근대국가로 성장한 일본이 강력한 군사력을 기반으로 1894년 청일전쟁에서 승리한 이후 중국의 영향력을 대신하여 지역체제에서 중요한 국가로 인정받았다. 정치, 경제, 군사적으로 계속 성장하는 열강들이 세계 인구와 영토의 거의 1/4을 지배해 왔던 영국을 도처에서 위협하기 시작하였다.

·셋째는 영국의 산업과 기술적 비교우위가 쇠퇴하고 자유무역체제의 한계가 드러났다.

1880년대 이후 제2차 산업혁명의 여파로 러시아, 독일, 미국과 일본 등이 차례대로 경제적 부상을 함에 따라 영국의 전통적인 자유무역주의는 미국과 독일의 보호무역주의의 도전 앞에 큰 어려움에 처하게 되었다. 1900년대로 접어들면서 강대국 간 산업잠재력 면에서 미국은 영국을 크게 추월하면서 그 격차가 점점 커져갔으며, 그 뒤를 이어 독일이 영국을 추월해 나갔다.

〈표 1〉 강대국 간 산업잠재력의 상호 대비(1880~1913)(1900년의 영국=100)

구분	영국	미국	독일	프랑스	러시아	오스트리아·헝가리	이탈리아	일본
1880	73.3	46.9	27.4	25.1	24.5	14	8.1	7.6
1900	(100)	127.8	71.2	36.8	47.5	25.6	13.6	13
1913	127.2	298.1	137.7	57.3	76.6	40.7	22.5	25.1

*출처 : 폴 케네디, 이일수 외 역, 『강대국의 흥망』(서울 : 한국경제신문사, 1989), p.243.

영국 내에서의 대응도 크게 두 갈래로 나뉘었다. 대영제국의 오랜 신념이라고 할 수 있는 자유무역체제를 고수해야 한다는 소영국주의자들, 즉 자유당을 대표로 하는 글래드스턴 총리와 같은 부류의 인사들이었다. 이들은 미국산업의 부상에 따른 영국산업의 쇠퇴는 수용할 수밖에 없는 역사적 변화라고 주장하였다. 왜냐하면 아직도 국제통화와 국제금융의 중심지는 런던이었으며, 무역수지 적자는 자본수지 흑자에 의해 충분히 메울 수 있었기 때문이다. 반면에 대영국주의자인 보수당의 로즈베리 총리와 같은 부류는 미국과 독일의 무역전쟁에 맞서기 위해서는 캐나다, 호주 등 식민지와 영국을 관세장벽으로 묶어 미국의 보호무역주의에 공세적으로 대응해야 한다고 확신하였다.[7] 결국 두 차례의 세계대전 이후 패권국의 원천이라고 할 수 있는 금융권력도 런던에서 뉴욕으로 전환되었다.

·넷째는 유럽 강대국 간 육군과 해군의 군사력 균형이 변화되기 시작하였다.

1890년대에 영국은 세계적 패권전략에 적합한 거대한 해군력을 육성하였으나 육군은 식민지에서의 군사적 행동에나 어울리는 소규모 군대를 유지하고 있었다. 그러나 19세기 후반기가 되면서 러시아, 프랑스 등이 강력한 해군력을 건설하기 시작함에 따라 영국은 1889년 해군방어법(Naval Defense Act)을 승인하여 두 잠재적인 적국의 해군을 합친 것보다 더 우월한 해군력을 건설하도록 하였다.

〈표 2〉 강대국의 육·해군 병력(1890~1910)

구분	러시아	프랑스	독일	영국	오스트리아·헝가리	이탈리아	일본	미국
1890	677,000	542,000	504,000	420,000	346,000	284,000	84,000	39,000
1900	1,162,000	715,000	524,000	624,000	385,000	255,000	234,000	96,000
1910	1,285,000	769,000	694,000	571,000	425,000	322,000	271,000	127,000

*출처 : 폴 케네디, 이일수 외 역, 앞의 책, p.245.

하지만 1900년대가 되면서 일본, 미국과 독일까지 영국에 대응하기 위해 강력한 전함을 중심으로 해군력을 건설하면서 "우월한 해군력 건설"이라는 목표는 불가능해졌다.

〈표 3〉 강대국의 군함톤수(1890~1910)

구분	영국	프랑스	러시아	미국	이탈리아	독일	오스트리아·헝가리	일본
1890	679,000	319,000	180,000	240,000	242,000	190,000	66,000	41,000
1900	1,065,000	499,000	383,000	333,000	245,000	285,000	87,000	187,000
1910	2,174,000	725,000	401,000	824,000	327,000	964,000	210,000	496,000

*출처 : 폴 케네디, 이일수 외 역, 앞의 책, p.245.

이때 남아프리카에서 발생한 보어전쟁은 육군을 중심으로 군사적 결함에 대하여 각성하는 계기가 되었다. 아서 발푸어(Arther Balfour)는 제국방위위원회(CID)를 정부내각 내에 구성하여 민간부문과 군사부문을 조정하는 핵심기구로 운영하였다.

1903년 여기서 발표한 주요 국가 정책적과제는 해군력으로는 영국의 해안을 방어하는 임무가

7) 정재호, 『평화적 세력전이의 국제정치』(서울 : 서울대학교 출판문화원, 2016), pp.48~57.

가능하지만 육군은 근본적으로 개혁을 해야 된다는 것이다. 그러나 그 때까지 육군의 주 방어임무는 인도의 방어와 러시아의 남진정책에 대한 대응이었다. 그러나 1905년 러일전쟁에서 러시아가 패배한 이후 러시아의 해군은 무력화되고 중앙아시아에서 육군의 위협은 사라져버렸다. 그러나 헤이그와 런던에서 개최된 해군군축회의는 건함경쟁 억제에 실패하고 영국과 독일은 해군력 증강에 총력을 기울였다. 그 와중에 영국의 첫 번째 거포 전함인 '드레드노트'호가 출현하면서 세계가 깜짝 놀랐으며, 독일은 다시 이에 대항함으로써 유럽의 해군 경쟁은 더욱 치열해져갔다. 19세기 후반에서 20세기 초반 영국의 지정학적인 변화는 국가 대전략의 전환을 요구하였으며, 여기에 대한 논의는 매우 치열했다. 특히 정치적 구조의 변동, 경제체제의 전환, 군사 및 기술혁신, 국민의식과 민주화 확산 등 전례 없는 변화가 전략적 결정을 어렵게 만들고 있었다.

나. 정부의 성격

19세기 후반 영국의 정치제도는 위원내각제로서 1890년대부터 1910년대 영국의 정부는 자유당 정권과 보수당 정권이 계속적으로 주고받는 경향을 보였다.

보수당의 솔즈베리 후작은 총리를 3번(1885~1886년, 1886~1892년, 1895~1902년)지냈으며, 두 번째 재임 후 자유당에 정권을 내주었다. 자유당 당수 글래드스턴(William Ewart Gladstone)은 영국 총리를 4번(1868~1874년, 1880~1885년, 1886년, 1892~1894년)이나 지낸 인물이며, 고령에 건강상의 이유로 사임하고 1894년 로즈베리 백작이 총리직을 이어받았다.

1894년 선거에서 자유당은 선거 전략과 리더십의 부재로 패배하고 보수당이 정권을 받아 솔즈베리 후작이 다시 1902년까지 내각을 이끌었고 건강문제로 사임 후 아서 벨푸어가 총리직을 이어 받았다. 1905년 선거에서 자유당은 다시 사상 유례가 없는 승리를 하여 정권을 되찾아 왔다. 1906년부터 1908년까지 헨리 캠벨배너먼(Henry Cambell-Barnerman)이 역임 후 허버트 헨리 애스퀴스(Herbert Henry Asquith)가 1908년부터 제1차 세계대전이 발발 후 초반기인 1916년까지 집권하였다.

영국은 자유당과 보수당이 번갈아 가면서 정부를 운영함으로써 국가전략 및 정책수행의 유연성이 발휘되었다는 점이 장점이라고 할 수 있다. 자유당은 기본적으로 자유주의자들의 집합체로서 19세기 중엽 자유무역을 주장하는 맨체스터 학파의 영향을 받아 제국주의적 영토 확장에 반대하고 식민지 지배의 부담을 줄이자는 소영국주의를 지향하였다. 그리고 국내문제에 있어서는 경제발전과 함께 나타난 엄청난 소득 불평등, 하층민들의 빈곤문제, 노인, 무직자, 병약자의 고통, 불결한 주거환경 등 사회적 평등문제에 관심을 두고 사회보장제도 확립에 정책적 중점을 두었다.

영국은 빅토리아 여왕(재위 1837~1901년) 때 의회정치가 확립되었다. 여왕은 64년 동안 영국을 통치하면서 의회의 의견을 존중하였으므로 국민들로부터 두터운 신망을 받았다. 자유당의 당수 글래드스턴이 의무교육 확대, 노동자 및 농민에게 선거권을 주는 선거법 개정 및 사회보장제도의 개정 등 국내정책에 힘을 쏟았다면 보수당의 당수 디즈레일리는 아시아와 아프리카 등 해외 식민지를 확장하고 자유무역을 확립하여 영국을 해가 지지 않는 나라로 만들었다. 즉 보수당은 기본적으로 소영국주의에 반대하여 제국주의적 영토확장론을 주장하는 자들의 집합체라 할 수 있다. 영국은 세계적 대격변기에 선거를 통해 시대정신에 맞는 정권을 창출해 나갔으며, 그것의 정치적 맥락이 영국의 대전략을 전환해나가는 데 있어서 유용한 기초가 될 수 있었다. 그렇다고 해서 항상 성공적인 해결책이라고 평가할 수는 없는데 결국 제1차 세계대전의 발발을 억제하지 못하고 대륙의 문제에 국가의 흥망을 내맡기게 되었기 때문이다.

다. 지도자의 리더십

당시 영국의 대외정책에서 큰 영향을 미친 지도자로는 보수당 정권에서 총리를 3번 역임한 솔즈베리 후작과 그 후임자 아서 벨푸어 그리고 이 당시 외무장관을 지낸 랜즈다운, 자유당 정권에서 1908년부터 제1차 세계대전 초반까지 집권한 에스퀴스 총리 및 그 당시 외무장관 에드워드 그레이 경이라고 할 수 있다.

19세기 후반에서 20세기 초반 기간 중 영국의 대전략은 놀라울 정도로 변화해 나갔다. 그것은 어느 지도자의 전략적 결정에 의해서가 아니라 시대의 영향과 영국 내의 정치적 산물이었다. 왜냐하면 영국은 의원 내각제로 국가를 경영하는 나라이고 이러한 정치체제 하에서 총리의 역할은 동등한 지위의 의원들 가운데 1번일 뿐이기 때문이다.

먼저 솔즈베리 후작은 3번째 보수당 정부를 이끌 때 자유통일당과 연립형태를 취했으며, 자유통일당의 체임벌린(Joseph Chamberiain)을 식민성 장관으로 발탁했다. 솔즈베리는 러시아, 프랑스와의 관계회복을 통해 영국의 전략적 행동의 자유를 회복하는 것이 시급하다고 주장하였다. 그래서 1898년 러시아에 대하여 중앙아시아, 페르시아, 극동지역에서 상대국의 영향지역을 직접적으로 협상하자고 제안하기도 하였다. 물론 이는 이루어지지 않고 오히려 러시아가 만주지역에 대한 진출을 시도하기 시작하였으나 그것 때문에 갈등을 촉발하지는 않았다. 당시 영국은 프랑스와 시암이나 아프리카에서 종종 충돌하고 있었다. 1898년 하르툼에서 살해당한 고든 장군의 복수를 위해 허버트 키치너(Herbert kitchener) 장군의 영국-이집트 군을 파견하였다. 키치너는 이집트와 수에즈운하에 대한 위협을 깨끗이 제거하였으나 나일강 상류에 대한 지배권을 주장하는 프랑스 군대와 대치하였다. 외무장관 랜즈다운과 프랑스의 테오필 데클라세와의 교섭을 통해 프랑스가 철수하였으나 영국과 프랑스의 관계개선에는 도움이 되지 않았다.

1899년 제2차 보어전쟁 발발 초기에 영국 육군은 군사적 약점을 보였고, 국지적으로 패배하였다. 1900년에 접어들면서 강력한 육군 병력을 투입하여 전세를 만회하였으나 거의 2년간 게릴라전을 해결하여야 했다. 특히 빅토리아 여왕이 1901년 서거하자 그 충격은 더욱 커졌으며, 러시아, 독일, 프랑스가 반 영국연합을 구축하여 개입할 것이라는 위협에 시달려야 했다.[8)]

체임벌린은 보어전쟁을 해결하는 과정에서 그 당시 가장 우호적 관계였던 독일이 가장 적대적이었으며, 대외적으로 영국이 매우 고립되어 있다는 것을 인식하였다. 1902년에 평화협상을

---

8) 버나드 로 몽고메리, 승영조 역, 『전쟁의 역사』(서울 : 책세상, 2006), pp.756~758.

마치고 남아프리카에서 돌아온 체임벌린은 영국과 영국의 식민지 국가들을 하나의 공동시장으로 묶는 새로운 관세계획을 발표했다. 영국 연방 소속국이 아닌 경우에는 엄격한 관세를 부과하고 영국 연방 소속국일 경우에는 특혜관세를 적용함으로써, 영국 연방시장을 하나로 통합하고 보호할 이 관세계획이 영국의 국제적 안전을 강화시키고 영국의 새로운 경쟁국들인 미국과 독일로부터 영국의 제조업자들을 보호할 것이며, 또 국내적으로는 사회사업을 위한 수입원을 증가시킬 수 있을 것이라고 보았다. 그러나 체임벌린의 자유무역에 반하는 이 정책 때문에 1906년 선거에서 보수당은 대참패를 당하고 자유당에게 정권을 내주게 된다.

1901년 초 랜즈다운은 영국-독일-일본의 삼국협력과 상호 방위협정을 추진하였으나 독일의 빌헬름 황제의 관심을 얻지 못했다. 그래서 그는 극동의 일본으로 방향을 돌려 러시아에 대응하기 위한 영일동맹을 추진하였고, 1902년 이를 성사시켰다. 18세기 이후 영국이 다른 국가와 공식으로 맺은 방어동맹이었다. 1905년 제1차 모로코 위기가 발생하였다. 모로코를 지배하려는 프랑스에 대하여 모로코의 문호개방을 주장하는 독일이 일촉즉발의 상황으로 갈 때 영국의 벨푸어 총리와 랜즈다운은 프랑스를 적극적으로 지지하였으며, 회담이 열리는 아헤시라스에 함대를 파견하였다.

선거에서 보수당 정부가 패배하고 자유당 정부가 들어와 외무장관에 에드워드 그레이 경이 취임하였으나 그레이도 랜즈다운과 똑같이 독일에 대하여 환멸을 느끼고 있었고, 체임벌린처럼 영국의 고립에 대하여 우려를 갖고 있었다. 그러나 자유당 정권을 물려받은 에스퀴스 총리(1908년~1916년 재임)나 그레이 외무장관도 솔즈베리와 랜즈다운이 한 것처럼 유럽 최강의 육군을 갖고 있으면서 또 강력한 해군 함대를 육성하려고 하는 독일에 대하여 반감을 가지면서도 동시에 우의를 잃지 않으려고 힘썼다.

대전략 차원에서 결정을 한 것은 없었으나 대륙에서 독일과 프랑스가 전쟁을 하게 된다면 프랑스를 지원할 수밖에 없는 영국의 지정학적 변화라는 큰 현실을 당시 지도자들은 피할 수 없었다.

라. 동맹의 구축

1890년 이후 독일의 산업력과 군사력의 증강 속도를 보면서 향후 유럽 내의 강대국으로 올라설 것이라고 모두가 예측하고 있었다. 이러한 상황에서 비스마르크가 퇴장하고 나자 빌헬름 황제는 공세적인 국가전략을 과시하는데 주저함이 없었다. 1882년 독일, 오스트리아·헝가리제국, 이탈리아 간의 삼국동맹에 대응하는 성격으로 프랑스와 러시아는 1894년 군사동맹을 체결하였다. 주요 내용은 독일과 오스트리아·헝가리의 공격에 대하여 공동으로 대응한다는 것이다. 프랑스와 러시아는 대륙에서의 변화하는 위협에 즉각적으로 대처하기로 하였고, 영국은 그렇게 해서 대륙의 세력균형이 달성되기를 희망하였다.[9)]

그러나 1905년 무렵이 되었을 때 프랑스와 러시아의 힘만으로는 독일에 대처하는 것이 불가

9) 김용구, 『세계외교사』(서울 : 서울대학교출판부, 1995), pp.324~329.

능하리라고 판단되었다. 국력 차원에서 독일이 유럽의 국가들에 비하여 상대적으로 월등하게 신장되었고, 러시아는 러일전쟁에서 결정적인 패배를 당한 가운데 국내의 혁명사태로 독일에 대응할 형편이 아니었다.[10] 1890년부터 1910년 기간 중 독일과 프랑스의 군사력은 비슷하였다. 그러나 예비군의 동원전력과 능력수준, 일반참모부의 능력과 중포병 면에서 독일이 좀 더 우수하였다. 러시아군은 유럽에서 가장 규모가 큰 군대를 보유하고 있었으나 질적 수준은 독일과 프랑스에 비해 한참 떨어진다고 평가되었다. 그렇기 때문에 러일전쟁에서 일본군에게 심각한 패배를 당하게 되었던 것이다.

영국 육군은 대륙에서의 대규모 작전에 참가할 만큼 규모가 크지 않았기 때문에 유럽의 강대국 군에서는 고려의 대상이 되지 못했다. 하지만 영국 육군은 소규모였으나 질적으로 강한 전투력을 보유하고 있었다. 보어전쟁 이후 육군의 개혁이 진행되고 있었다.

영일동맹은 초기에는 영국, 독일, 일본의 삼국동맹으로 논의되었으나 독일 외교의 막후 실력자였던 홀슈타인(Friedrich von Holstein)이 독일 입장에서 삼국동맹 안이 이점利點이 없다고 주장하여 이 문제는 소멸되었다. 그러나 영국과 일본은 교섭을 계속하여 1901년 영국의 랜즈다운과 일본의 하야시 공사 간에 최초로 공식회담을 갖게 되었으며, 1902년 영일동맹이 체결됨으로써 영국은 전통적인 "영예로운 고립정책"에서 벗어나게 되었다.

영국의 렌즈다운과 체임벌린은 더 나아가서 보어전쟁 이후 독일과의 해군협상에 실패하자 대륙에서 협력할 대상국을 찾기 시작하였다. 프랑스도 러시아와 일본 간에 전운이 감돌자 영국과의 협력이 필요하였다. 왜냐하면 프랑스-러시아 동맹이 체결되어 있고, 영국-일본 동맹이 체결되어 있어서 러일전쟁이 발발하면 프랑스와 영국도 전쟁사태에 휘말리게 되기 때문이었다. 이러한 배경 때문에 1904년 영국과 프랑스 협상이 체결되었다. 이 협상은 식민지에서의 세력범위와 공동관리 방안을 주로 담고 있으나 이 협상에 조인함으로써 영국과 프랑스는 상대방을 위협국에서 우호국으로 인식하게 되었고, 독일의 입장에서는 이제 동맹국은 오직 오스트리아·헝가리제국만 남게 되었다. 이것이 세계대전의 촉발요인 중 하나이다.

4. 1990년~2022년 한국의 현상분석

한국의 대전략은 2018년 발표된 문재인 정부의 국가안보전략에 근거해서 볼 때 "국민의 나라 정의로운 대한민국"을 국가비전으로 설정하고 국가안보목표를 첫째, 북핵문제의 평화적 해결 및 항구적 평화정착, 둘째, 동북아 및 세계 평화·번영에 기여, 셋째, 국민 안전과 생명을 보호하는 안심사회 구현 등 세 가지를 제시하고 있다.[11] 전략적 방향이 이렇게 설정된 배경에는 남북, 북미 정상회담으로 군사적 긴장 국면이 대화 분위기로 전환되고 있음에 따라 한반도 안보환경을 평화적으로 전환할 수 있다는 자신감이 있었기 때문이다. 또한 촛불혁명에 의한 평화적 정

10) 존 J. 미어셰이머, 이춘근 역, 『강대국 국제정치의 비극』(서울 : ㈜나남출판, 2004), pp.563~569.
11) 국가안보실, 『문재인 정부의 국가안보전략』(서울 : 국가안보실, 2018), pp.23~27.

권교체와 국민들이 보여준 민주적 역량 그리고 세계 10위권의 경제력 등을 기반으로 국가안보 전략을 일관되게 추진할 수 있다는 판단이 있었던 것이다.

앞 장에서 분석해 본 영국의 사례와 같이 한국의 경우도 1990년대로부터 현재까지 약 30년간의 기간을 범위로 해서 어떠한 변화가 있었는지 분석해 보고 대전략의 전략적 전환방안을 도출해 본다.

1990년대 한국은 강력한 한미동맹을 축으로 하여 일본과 협력관계를 유지하고 북한, 중국, 러시아는 적대적 관계였다. 탈냉전의 세계사적 전환시대를 맞아 노태우 대통령의 북방정책이 효력을 발휘함으로써 중국, 러시아, 동구권 국가들과 국교 정상화를 실현하였다. 약 30년 후 한미동맹은 유지되고 있으나 다양한 측면에서 재검토가 요구되고 있으며, 일본과의 심각한 관계 악화는 일부 해소되었으나 갈등은 언제든지 촉발될 수 있다. 오히려 중국, 러시아 관계유지에 중점을 두고 있는 상황이다. 1990년대 한국의 전략적 관심사는 미국의 핵우산으로 국가의 안전을 보장받는 가운데 경제발전에 전념하여 고속 성장하는 것이었으며, 1990년 1인당 GDP가 6,147달러로 6,000달러 고지를 돌파하였고, 1995년에는 1만 1,472달러로 홍콩, 싱가포르, 대만에 이어 아시아의 4龍(용)이 되었다. 1996년에는 세계 29번째로 OECD에 가입하였다.[12)]

약 30년 후 그 반대가 되었다. 북한의 핵 개발로 미국의 핵우산에 대한 보장이 우려되면서 국가안보의 딜레마에 빠져있는 가운데 경제발전은 일본의 "잃어버린 20년(1991년~2011년)"과 같이 장기침체기로 들어갈 것이 우려되고 있다.

1990년대 한국의 동북아 외교정책은 전통적인 한미일 남방 3각관계와 북중러 북방 3각관계의 대립 속에서 안보를 중심으로 생각하였으나 30년 후 동북아에서 한국은 일본, 중국, 러시아 및 미국 간의 정치, 경제, 사회, 문화적으로 밀접하고 복합적인 연결채널로 인하여 더 이상 안보를 중심으로만 관계를 유지할 수는 없게 되었다. 북한도 비록 하노이 회담이 결렬되었으나 북미 정상회담을 두 번이나 한 바가 있다. 1990년대 세계 유일의 패권국인 미국과의 강력한 한미동맹 하에서 구성된 한·미 연합전력은 세계에서 가장 강력한 군대였다. 30년 후 중국의 경제적 성장과 군사력 증강, 소련의 해체, 북한의 재래식 군사력 약화 및 WMD 개발 등으로 미국은 중국의 위협론과 북한의 핵 등 새로운 위협에 대응해야 하는 상황이다. 한미 간에는 한국으로의 전작권 전환 추진, 한미 연합훈련 축소 및 확대, 방위비 분담문제 등으로 동맹관계에 갈등요소가 상존하고 있으며, 일본과는 군사정보보호협정인 지소미아의 파기와 재기를 반복하고, 북한과는 9·19 군사합의와 파기를 상호 선언하는 등 군사적 긴장이 요동치고 있다.

이상에서 보는 바와 같이 20세기 말에서 21세기 초까지 약 30년 동안 발생하고 있는 정치, 경제, 군사 등 안보환경의 변화는 한국의 극적인 전략적 전환을 요구하고 있다.

가. 지정학적 변화와 인식

한국이 처한 지정학적 변화는 정치, 경제, 군사, 지리 및 문화적으로 대단히 역동적이라고 할

12) 허욱·테렌스 로릭, 이대희 역, 『한미동맹의 진화』(서울 : 에코리브르, 2019), pp.142~146.

수 있다. 20세기 후반기로부터 21세기 초반 동북아시아의 지정학적 변화는 대략 세 가지 측면에서 설명할 수 있을 것이다.

·첫째는 탈냉전 이후 북방 삼각관계와 남방 삼각관계의 대립이 완화되고, 복합적인 상호의존하에서 경쟁과 갈등이 다원화되고 있다.

존 J. 미어셰이머가 강대국 국제정치에서 예견한 것처럼 중국이 동북아시아에서 잠재적 패권국이 되어 미국의 군사력이 계속 주둔하면서 다극적 균형상태를 유지하고 있는 경우나 중국이 잠재적 패권국을 포기하여 미국의 군대는 철수하고, 일본이 미국을 대신하여 군사적 강국이 됨으로써 지역체제가 불안정해지는 경우는 아직 발생하고 있지 않다.[13] 그렇지만 동북아의 정세는 다른 지역에 비해 역동적으로 변화하고 있다. 변화의 중심에는 중국의 부상과 일본의 정상국가화, 그리고 한반도 문제가 있다.

이제 동북아에서 한국, 미국, 일본의 남방 3각관계와 북한, 중국, 러시아의 북방 3각관계가 대립하는 신 냉전체제라는 개념은 적합하지 않다. 한국은 중국, 러시아와 우호적인 동반자 관계로서 다양한 분야에서 협업을 하고 있으며, 북한과 러시아는 더 이상 동맹관계가 아니다. 그러나 미국과 일본은 동맹관계로서 지난 30년간 가치동맹의 성격에서 공동운명체의 성격으로 변화시키면서 동맹을 심화시키고 있다. 미국과 일본은 미일동맹을 기반으로 미국(하와이)-일본-호주-인도를 연결하는 인도-태평양전략 구상을 통하여 중국의 패권확장을 저지하고자 한다. 미국은 1947년 케난의 제안을 받아들여 소련에 대한 봉쇄전략을 수행하기 시작하였다면 현재는 중국에 대한 제2의 봉쇄전략이라고 할 수 있는 인도-태평양전략을 수행하고 있다.

1990년대 소련의 붕괴 이후 단절되었던 중국과 러시아의 관계는 2010년대에 들어와서 전통적인 우호협력관계를 복원하려고 추진하고 있다. 러시아-우크라이나 전쟁으로 미국과 러시아가 대립하고 있는 가운데 중국과 러시아 및 북한이 밀접한 전략적 관계로 변화하고 있는 것이다. 2016년 한반도 사드체계 배치과정에서 미중, 미러 간 경쟁구도가 심화되고, 중일 간 갈등도 고조되었다. 특히 동북아에서 북한의 핵문제는 역내의 군사적 위협과 불안정을 유발하는 중요한 변수가 되고 있다. 북한은 1993년 1차 북핵 위기 이후 2차, 3차 북핵 위기를 겪으면서 6차례의 핵실험을 진행하였고, 잠수함발사 탄도미사일(SLBM)을 포함한 각종 미사일을 실험 발사함으로써 동북아에서 군사적 긴장을 고조시키고 있다. 동북아의 지정학적 변화가 요동치고 있는 것은 중국의 부상, 미일동맹의 강화, 일본의 정상국가화, 러시아의 재등장 및 중러 관계 밀착 등으로 정리할 수 있다.[14]

·둘째는 북한의 핵 무기 및 미사일 고도화는 역내 군사적 위협과 불안정을 증대시키는 반면에 주변국의 협력과 대립을 유발하고 있다.

북한은 1차 북핵 위기가 발발한 1993년 이래 6차례의 핵실험과 잠수함발사 탄도미사일

---

13) 존 J. 미어셰이머, 이춘근 역, 앞의 책, pp.724~730.

14) Robert Gilpin, *War and Change in World Politics*(Cambridge : Cambridge University Press, 1981), pp.238~240.

(SLBM) 등 각종 미사일 실험발사를 함으로써 유엔으로부터 총 12차례의 안보리 결의안이 채택됨으로써 강력한 제재를 받고 있다. 북한의 핵 문제가 진행되는 과정은 북한의 중대한 도발과 이후 유엔 결의안 채택 및 미국과 한국과의 타협 등으로 구성되어 있다.

- 1993년 1차 북핵 위기 시 북한의 NPT 탈퇴 및 제네바 합의,
- 1998년 북한의 대포동 1호 미사일 발사 및 페리 보고서 발표에 이어서 2000년 남북 정상회담 및 울브라이트 미 국무장관 방북,
- 2002년 존 켈리 차관보의 평양 방문에 따른 2차 북핵 위기 및 2005년 9·19 공동성명,
- 2006년 북한의 장거리 미사일 발사 및 1차 핵실험과 2007년 2·13 합의
- 2009년 북한의 장거리 로켓발사 및 2차 핵 실험과 클린턴 방북 후 북미대화 모색
- 2012년 장거리 로켓발사와 3차 핵 실헙 및 안보리 제재 후 정면대립
- 2016년 북한의 4차 핵실험 및 장거리 로켓발사 및 5차 핵실험
- 2017년 장거리 탄도미사일 발사(화성 14형, 15형) 및 6차 핵실험 이후 대화국면으로 전환
- 2018년 북미 정상회담(6월, 싱가포르) 및 3차 남북 정상회담(9월, 평양)
- 2019년 북미 정상회담(2월, 하노이) 결렬
- 2020년 북한에 의한 남북공동연락사무소 폭파(6월, 개성공단)

20여 년간의 북한 핵 개발과정을 보면 북한의 김씨 세습정권이 정권의 유지와 권력 강화를 위해 어려운 외부환경 하에서도 핵을 개발하고 가속화한 측면도 있으나 한국과 미국의 대북정책 전개과정에서 조성된 북한의 정책 환경과 여건이 북한 정권으로 하여금 핵 개발을 용인하거나 가속화 한 측면이 있다고 볼 여지도 있다.[15] 따라서 북한이 핵을 개발하고 미사일의 능력을 고도화하는 과정에서도 남북 정상회담을 4차례 하였으며, 두 차례의 북미 정상회담을 싱가폴과 하노이에서 진행하고 2019년 7월 판문점에서 짧은 만남을 가졌다는 사실은 매우 큰 의미가 있다. 실무적 차원에서의 협상과 동시에 TOP-DOWN 방식의 북핵 해결방안의 동시 추진도 병행할 필요성이 대두된 것이다. 북한의 핵 개발과 미사일 발사에 대한 제재국면에서 동북아 국가간의 협력과 갈등은 표면화되지는 않았으나 상호 이익의 관점에서 대화와 타협의 중요성이 더욱 대두되었다는 것은 틀림없다.

·셋째는 남북한 및 동북아 국가 간의 재래식 군사력의 상대적 능력이 변화하였다.

1990년대 초기 북한은 고난의 행군이라고 불리는 매우 경제적으로 혹독한 시기를 경험하였다. 이후에도 경제적 여건의 개선은 어려웠고 핵 개발에 따른 경제적 제재는 국가경제를 더욱 위축시켜왔다.

현대 무기체제의 특성 상 첨단 재래식 무기를 확보하여 군사력을 유지하기 위해서는 천문학적인 국방예산이 소요되기 때문에 북한의 여건 상 그것은 불가능하다. 따라서 북한은 핵무기와

15) 홍현익, 『우크라이나 전쟁 이후 한국의 국가전략 환경 변화와 정책제언』(성남 : 세종연구소, 2023), pp.34~40.

화학무기 및 특수전 부대 역량 등 비대칭 무기체계를 중심으로 군사력 건설전략을 전환하고 있다. 반면에 한국군은 각 군별로 국방개혁을 추진함으로써 대북 재래식 전력이 월등하게 갖추어졌으며, 그 격차는 계속 벌어지고 있다. 중국은 기존의 7대 군구체제에서 5대 군구로 개편하고, 병종도 육·해·공군 3군을 로켓군과 전략지원군을 추가하여 5대 군종체제로 변환하였다. 장거리 투사능력을 위해 기존의 육군 중심체제에서 해군과 공군을 더 우대하는 체제로 전환하였다.[16)]

20세기 후반에서 21세기 초반 한국의 지정학적인 변화는 국가 대전략의 전환을 요구하고 있으며, 여기에 대한 논의를 더욱 치열하게 해야 된다. 특히 정치적 구조의 변동, 경제체제의 전환, 군사 및 기술혁신, 국민의식과 민주화 확산 등 전례 없는 변화가 전략적 결정을 어렵게 만들고 있었다.

나. 정부의 성격

20세기 후반 한국의 정치제도는 대통령제로서 1990년대부터 2010년대 한국의 정부는 보수당과 진보당 정권이 계속적으로 주고받는 경향을 보였다. 1990년 노태우 대통령이 집권여당인 민정당과 통일민주당의 김영삼 총재, 신민주공화당의 김종필과 함께 3당 합당을 발표하면서 거대 보수정당인 민자당이 창당되었다. 여소야대의 국면은 피했으나 호남을 기반으로 하는 평민당은 배제함으로써 한국의 정치구도가 호남 대 비호남이라는 지역 구도로 고착되는 계기가 되었다. 그러나 민정당의 노태우 정권에서는 탈냉전의 시대에 맞게 북방외교를 추진함으로써 중국, 러시아 및 동구권의 국가들과 국교를 수립하는 역사를 이루었다.

1993년 민자당의 김영삼이 14대 대통령으로 당선되어 군부 정권은 이제 종식되고 문민정부가 탄생하게 되었다. 한국의 민주화가 정착되는 계기가 되었으며, 보수 정권으로서 경제발전의 공과가 있는데 재임 중 1995년 국민소득 1만 1,472달러를 달성하여 홍콩, 싱가폴, 대만과 함께 아시아의 4龍(용)이 되었으며, 이듬해 OECD에 가입하였다. 1993년 북한의 1차 핵 위기를 맞아 미국과 신중히 대응하였으며 1994년 전쟁의 위기를 극복하고 제네바 합의를 도출하는데 기여하였다. 그러나 경제부문에서의 위험 신호를 무시하는 바람에 IMF라는 사태를 맞이하여 한국 경제는 침몰하였다.

1998년 민주당의 김대중 대통령이 제15대 대통령으로 당선되었다. 제일 먼저 한국 경제의 IMF 극복이 큰 과제가 되어서 이를 극복해 나갔으며, 2000년 국민소득 1만 1,349달러를 달성하여 다시 1만 달러 고지를 재탈환하였다. 대북 햇볕정책으로 남북관계 개선에 노력한 결과 제1차 남북정상회담을 평양에서 개최하여 남북관계를 화해와 협력으로 전환한다는 6·15 공동성명에 합의하였다. 2003년 민주당의 노무현이 제16대 대통령으로 정권을 이어받았다. 자주국방에 대한 의지를 가지고 국방개혁과 전시작전권환수를 추진하였으며, 2007년 제2차 남북정상회담을 평양에서 개최하였다. 여기서 남북경협확대 및 백두산 관광 등이 포함된 10·4 남북정상공동선언에 합의하였다.

---

16) 대한민국 국방부, 『2022 국방백서』(서울 : 국방부, 2022), pp.14~15.

2008년 한나라당의 이명박이 대선에서 당선되어 정권이 보수당인 한나라당으로 넘어갔다. 집권 첫해에 발생한 광우병 사태와 세계 금융위기를 잘 극복하였으며, 미국과 EU등과 FTA체결, UAE 원전수주 및 G20의장국 역할을 해내는 등 경제발전에 기여하였으나 남북관계는 경색되고 북한에 의한 천안함 사건과 연평도 포격도발이 발생하였다. 2013년 한나라당의 박근혜가 대통령에 당선되어 정권을 이어 받았다. 재임 간 경제활성화를 위해 각종 법적 제도적 정비를 하면서 김영란법을 통과시켰으며, 북한과의 경직된 관계를 개선하지 못하고 결국 개성공단을 패쇄하였고, 사드배치를 결정하였다. 최순실의 국정농단 사태로 3년 7개월 만에 최초의 탄핵을 받은 대통령이 되었다. 2017년 더불어민주당의 문재인이 제19대 대통령에 당선이 되어 진보세력으로 정권교체가 실현되었다. 그러나 민생정책의 실패로 2022년 보수정권이 재집권했다.

한국은 대통령제하의 자유민주주의체제로써 보수정당과 진보정당이 번갈아 가면서 정부를 운영함으로써 국가전략 및 정책수행의 유연성이 발휘되었다는 점에서 영국의 사례와 유사하다고 할 수 있다. 진보정당은 기본적으로 진보를 표방한 의회주의자들의 집합체로서 국내문제에 있어서는 경제발전과 함께 나타난 엄청난 소득분배문제, 빈곤문제, 사교육문제, 노인 등 취약계층, 환경 등 사회적 불평등문제에 관심을 두고 여기에 정책적 중점을 두었으며 대외정책 면에서는 남북관계 개선과 자주국방을 중시하였다.

보수정당은 기본적으로 경제의 성장문제와 법치에 근간을 두었으며, 전통적인 안보정책을 지향하고 대외정책에 있어서는 강력한 한미동맹을 바탕으로 대북 우위전력을 유지하며, 주변 4강국과의 전략적 우호관계를 유지하는 것이었다. 한국은 5년마다 대선을 통해 시대정신에 맞는 권력을 창출했다, 그것의 정치적 맥락이 변화하는 안보환경에 부합하는 대전략으로 전환해나가는데 일정부분 역할을 하고 있다.

다. 지도자의 리더십

1990년대 이후 한국의 대외정책에서 큰 영향을 미친 지도자로는 보수정권에서는 노태우 대통령과 박철언 청와대정책보좌관, 이명박 대통령, 진보정권에서는 김대중 대통령과 임동원 장관, 문재인 대통령이라고 할 수 있다.

20세기 후반에서 21세기 초반 한국의 안보지형은 놀라울 정도로 변화하고 있다. 그것은 시대의 영향과 대통령을 중심으로 한 한국 내의 정치적 산물이었다. 왜냐하면 한국은 대통령제로 국가를 경영하는 나라이고 이러한 정치체제 하에서 민주화되는 과정에서 권력기반은 국민들의 변화되는 새로운 요구로부터 나오기 때문이다.

민주화의 열망이 봇물처럼 터지던 1989년6월 29일 직선제를 수용한다는 6·29선언으로 노태우는 일약 국민영웅이 되었다. 야당인 민주화세력의 분열에 힘입어 13대 대선에서 승리하고 대통령에 당선되었으나 총선에서 패하여 여소야대로 국정이 표류하기 시작하였다. 노태우 대통령은 여소야대의 정치적 딜레마를 해소하기 위해 3당 합당을 실현시킴으로써 1990년 거대정당인 민주자유당을 출범시켰다. 3당 합당은 이념적으로는 진보세력에 맞서는 보수세력의 대연합이었고, 지역적으로는 호남을 포위하는 비호남지역연대의 출범이었다. 그러나 경제개혁이 실패하고 금융실명제의 포기로 정경유착이 고착되었다. 노동운동의 전투성이 극도로 과열되면서 국가경쟁력이 약화되고 경제가 침체되기 시작하면서 1992년 무역수지가 적자로 돌아섰다. 이는 김영삼 정부의 1997년 IMF 경제환란으로 이어졌다.

그러나 대외적으로는 냉전이 해체되는 역사적인 전환기의 시대였다. 시대의 흐름을 간파한 노태우 대통령은 북방정책을 선언하고 공산권으로의 진출을 시도하였다. 북방정책의 입안과 물밑접촉은 당시 청와대 정책보좌관 박철언이 맡았다. 이는 3단계로 추진되었는데, 1단계는 1988년부터 1989년까지 헝가리와 대사급외교관계 수립, 이어서 폴란드, 유고슬라비아와의 수교 및 소련과 영사사무소 설치였다. 제2단계는 1990년 체코, 불가리아, 몽골, 루마니아와 대사급 외교관계 수립 및 소련과의 수교였으며, 1991년 남북한의 동시 UN 가입이었다. 제3단계는 1992년 한·중수교가 성사된 것이다. 노태우 대통령이 결단했던 북방정책의 궁극적인 목표는 남북한 통일을 위한 북방우회론 내지는 북방을 통한 통일접근이었다. 이는 우리와 같은 약소국이 지역적 질서 속에서 변화하는 환경에 능동적으로 대처하고, 적극적으로 유리한 환경을 만들어가는 것이 가능하다는 귀중한 사례를 제공해준다.[17)]

김대중 대통령은 1997년 자민련의 김종필과 DJP연합을 성사시켰다. 진보와 보수의 연합이고, 호남과 충청의 연합이었다. 이로써 1990년 3당 합당으로 형성된 호남 고립화 구도가 영남 고립화 구도로 바뀌었다. 동시에 IMF 경제환란이 발생하여 국민들은 준비된 대통령을 요구하였다. 김대중 정권의 출범으로 10년간 김대중, 노무현으로 이어지는 진보정권의 시대가 열렸다. 김대중 대통령은 DJP공동정부라는 구조적 한계를 극복하고 리더십을 발휘하여 노사정위원회를 만들어 환란극복이라는 사회적 합의를 이끌어 내었다. 노동, 금융, 기업, 공공 등 4대 부문의 개혁에 성공하고 IT혁명의 기초를 마련하여 경제환란을 극복하였다.

한반도의 분단 현실을 극복하고, 냉전체제를 탈냉전체제로 바꾸기 위하여 햇볕정책을 추진하였는데 세 가지 원칙이 있다. 첫째는 민족공동체사상으로 체제보다 민족이 우선이고, 인도적 지원은 무조건이라는 것이다. 둘째는 흡수통일 배제이다. 즉 상호수렴을 지향한다. 셋째는 선지원-후통일이다. 최빈국 북한의 체제유지가 중요하다는 것이다. 군 출신인 임동원 장관이 입안하고 추진하였던 햇볕정책 추진을 통해서 금강산 관광사업, 개성공단 건설, 경의선 복원, 남북한 교역의 확대 등 실적이 있었고, 남북 정상은 2000년 최초의 남북정상회담을 개최하여 6·15공동선언에 합의했다. 한반도에서 전쟁공포증이 조금씩 줄어들었다. 그러나 이러한 유화적 대북정책에도 불구하고 북한이 끝내 핵개발을 강행함으로써 김대중 대통령의 햇볕정책은 현재 비판의 대상이 되고 있다.

이명박 대통령은 경제대통령이라는 아젠다로 2007년 대선에서 승리하였다. 노무현 정부가 시대정신의 변화를 읽지 못한 정책적 실패와 진보개혁세력의 다층 분화의 결과였다. 그러나 이명박 대통령은 한미FTA 미국산 쇠고기 개방, 한반도 대운하 건설, 4대강 살리기 아젠다를 통하여

---

17) 김호진, 『한국의 대통령과 리더십』(서울 : 청림출판, 2006), pp.332~334.

경제대통령으로 지지를 기대했으나 오히려 국민들로부터 특정계층의 이익만을 대변하는 대통령으로 비판을 받았다.

2008년은 미국의 대선이 치러졌는데 핵심 이슈는 미군의 이라크 철수 문제였다. 또 대중국 무역 적자 등 중국의 부상도 큰 관심사였다. 따라서 동아시아의 안보지형은 다시 요동치고 있었다. 중국의 영향력이 커지는 가운데 미국은 이라크 문제에 골몰한 상태였으며, 북한은 한국정부의 유화적 접근에도 불구하고 핵 실험 및 개발을 지속하고 있었다. 특히 북한은 그동안 협상과 핵 개발을 병행하다가 대외적 환경의 변화를 고려하여 북미협상과 6자회담에서 철수하고 핵억지력 강화를 위한 핵 개발에 몰두하기 시작하였다. 이때 이명박 대통령은 "비핵 개방 3000"이라는 대북정책을 내놓으면서 남북관계는 급냉하기 시작하였다. 대외 안보환경의 변화와 북한의 전략적 전환상황을 읽지 못하고 강경한 대북정책을 추진하는 바람에 또 다시 한반도는 군사적 긴장상태가 조성되었다. 이러한 정책적 분위기는 박근혜정부로 이어졌다.

2017년 시대정신의 변화에 제대로 대응하지 못한 보수정권은 탄핵정국에서 좌초하고, 진보세력으로 정권교체가 되었다. 문재인 대통령은 "기회는 평등하고, 과정은 공정하며, 결과는 정의로울 것입니다"는 국정철학을 내세우면서 전폭적인 국민적 지지를 받았다. 남북정상회담 및 미북 정상회담을 통해 한반도 비핵화 및 평화정착에 큰 희망을 국민들에게 주었다. 그러나 임기의 반환점을 돌면서 국가경제의 지속적인 하강, 남북관계의 경색국면, 한일관계 악화, 조국 사태로 인한 국민적 실망감 등으로 다시 위기 국면이 이어지다가 2022년 대선에서 보수진영으로 정권교체가 되었다.

현시점은 대통령의 올바른 리더십과 국가 대전략의 전환이 필요한 상황이다.

라. 동맹의 구축

한국은 한미동맹을 기반으로 하여 안보가 유지된 가운데 경제발전에 전력해 올 수 있었다. 이미 두 나라의 협력의 역사는 60년이 넘었으며, 협력의 범위 또한 국제안보 문제를 비롯하여 광범위한 영역으로 확장되어 왔다. 공동비전 선언에서 밝히고 있지만 동맹의 범위를 넓혀왔지만 동시에 향후 상당한 도전과제가 있는 것도 사실이다. 따라서 공동비전 보다 더욱 구체적인 기본전략을 양국은 마련할 필요가 있다. 그렇지 않다면 양국이 처한 핵심적 이익과 장기 전략 문제 대신에 지엽적인 쟁점과 전술적 문제에 휘둘리게 될 것이다.

지난 30년간의 시간 속에서 한미동맹의 변화요인을 분석해 본다면 첫째, 한국과 미국의 동맹에 대한 위협의 성격이 변화되었다. 최초에는 공산주의의 확산에 대비하는 동맹이었지만 시간이 지나면서 소련은 해체되고 중국은 개방되어 세계경제발전에 합류하였고, 한국이 이 두 국가와 협력관계를 구축함으로써 더 이상 한국에 대한 안보적 위협이 되지 않는다는 사실이다.

둘째, 북한 역시 변화하였다. 지난 30년 동안 북한의 재래식 전력은 상당히 약화되었다고 판단되며, 건설한 군사력을 이용하여 전쟁을 수행할 정도로 효율적으로 유지, 관리하는데 따른 어려움이 가중되고 있을 것이다. 물론 아직도 수도 서울을 타격할 수 있는 강력한 화력을 보유하고 있는 것도 사실이지만 만일 그러한 상황이 온다면 김정은 정권은 필히 붕괴되는 순간을 맞이할 수밖에 없는 것이 현실이다.[18] 그렇기 때문에 김정은은 결국 핵 개발에 전념할 것이며, 대륙간탄도탄 개발 및 핵무기의 고도화에 성공할 것으로 보인다. 그렇게 되었을 때 미국은 새로운 전략적 대응책을 내놓을 수밖에 없다.

셋째, 한국사회의 성공적인 민주화의 진행으로 한국과 미국 두 나라는 정치, 경제적 가치와 체제를 공유하게 되었다. 그러나 자유민주주의 체제는 집권당과 국가지도자의 잦은 교체를 수반한다. 이는 수시로 정책변화가 일어날 수 있다는 것이다. 지난 30년간 한국의 진보정당이 집권했을 때 미국에서 보수적 행정부가 들어오면 한미동맹은 대단히 삐꺽거렸다. 특히 시민들이 광장으로 나와 반미구호를 외칠 때 한미동맹에 심각한 불화를 초래하기도 하였다.

넷째, 한국이 고도로 경제성장을 함으로써 지도자들에게 더욱 많은 정책적 수단을 제공하여 주었다. 글로벌 문제에 대처하기도 하고 한국이 자국방위에 더 많은 부담을 질 수 있게 되었다. 아직도 미국의 대한 방위공약은 결정적이지만 신뢰성이 다소 불확실한 확장억제전력에만 의존하는 우를 범해서는 안 된다. 그동안 양국 정부는 위협의 인식, 정치적 변동, 동맹국 간의 서로 다른 권력지형을 비롯하여 여러 측면에서 발전을 거듭해 왔다. 현시점에서는 미국의 바이든 정부와 한국의 윤석열 정부 간에 한미동맹은 어느 정도 견고하다고 할 수 있다. 그러나 과거 사례에서 보듯이 동맹은 영원하지도 않고 그렇게 유리하기만 한 것도 아니다. 긴밀한 협력과 이해가 동반되어야 한다.

한국과 일본 간의 협력은 1965년 한일 청구권 회담 이후 한미동맹과 미일동맹이라는 양자동맹을 축으로 하여 잘 유지되어 왔다. 그러나 한국의 문재인 정부와 아베 신조 정부 시기에 대단히 어렵고 복잡한 관계로 변화되었다. 2차 세계대전 당시 징용문제의 해결이 난항을 겪자 일본이 갑자기 경제적 보복으로 맞섬으로써 양국 관계는 급속히 동결되었다. 양국 간에는 기본적으로 역사문제를 별도로 구분하여 취급해야 한다. 그렇지 않으면 모든 문제가 역사문제로 함몰될 가능성이 농후하다는 것이 그동안의 양국관계에서 보여주고 있다.

현 상황에서 한국과 일본은 경제적인 문제뿐만 아니라 안보적 차원에서도 협력해야 할 대상이지 대척했을 경우 양국이 동시에 피해를 볼 수 있다. 한국의 경우 안보적 고립화를 자초할 수 있는 대단히 위험한 대응이라고 할 수 있다. 더불어서 중국의 경제 및 군사력이 확대되어 가면서 대중국정책에 있어서 한국과 일본은 마찰을 빚을 수 있다. 기본적으로 한국은 미중협력을 선호하지만, 일본은 미중 갈등을 선호한다. 또한 일본은 중국을 견제하는 정책을 취할 가능성이 크지만 한국은 북한 문제가 해결되지 않는 한 중국과의 갈등을 회피하는 정책을 취할 가능성이 높다. 그렇기 때문에 적극적으로 일본이 정책을 변화시킬 수 있도록 설득하고 회유하는 노력이 필요한 것이다.[19]

---

18) 허욱·테렌스 로릭, 이대희 역, 앞의 책 pp.221~224.
19) 김재필, 『중국, 미국 그리고 동아시아』(파주 : 한울앰플러스(주), 2006), pp.307~309.

5. 바람직한 전략적 전환방안 및 맺음말

로버트 커헤인과 조셉 나이의 복합상호의존 모델을 적용하여 한반도의 현상을 분석하고, 윌리엄슨 머레이(Williamson Murray)가 대전략의 수립론에서 주장했던 대전략의 지속과 전환에 영향을 주는 4가지 요인을 활용하여 19세기 말에서 20세기 초 영국의 사례와 20세기 말에서 21세기 초 한국의 사례를 분석해 보았다. 아래의 도표는 영국과 한국의 사례분석을 비교하여 요약한 것이다.

〈표 4〉 영국과 한국의 사례분석 비교 요약

구 분	영 국	한 국
지정학적 변화와 인식	·유럽의 평화체제 붕괴 ·식민지쟁탈전으로 유럽국가간 갈등 ·영국산업 퇴조, 자유무역체제 한계 ·유럽 강대국 간 군사력 균형 변화	·북방삼각 對 남방삼각관계 대립 와해 ·북한 핵 개발이 역내 군사적 위협 및 불안정 증대요인 ·남북한 및 동북아 국가 간 재래식 군사력 의 상대적 능력 변화
정권의 성격	·빅토리아 여왕시대 의회정치 정착 ·자유무역을 주장하는 자유당과 영토 확장을 주장하는 보수당정부 간 교대 ·선거로 시대정신에 맞는 정권창출	·민주화 달성으로 문민정부 등장 ·보수정권과 진보정권 교대에 따라 정책의 변동, 국가목표의 변경 ·선거로 국민이 원하는 정부 출현
지도자의 리더십	·고도의 정치력 속에서 대외정책의 핵심에 맞는 대전략 도출 ·정책 실패를 통해서 보완책 구상 ·보수당과 자유당 정권간 정책 연속성	·대통령의 통치 목적으로 정당 간 통합 및 해체문제 발생 ·정책실패 과다 및 지속성 부족 ·국내정책과 대외정책의 연계성 부족
동맹의 구축	·국가목표에 부합된 동맹국 선정 ·오랜 적대국 프랑스와 동맹 협상 ·세계전략 차원에서 영일동맹 성립	·국가목표에 부합된 동맹정책 추진 ·상호의존적 환경 속에서 국가 간 협력 ·한미동맹, 한일협력 변화 추구

위의 도표를 통해 볼 때 영국과 한국의 사례는 유사하면서도 상이한 점이 많다. 그렇기 때문에 상호 비교를 통해 함의를 찾을 수 있다는 것이다. 비교분석을 통해서 얻은 영감을 통해서 몇 가지 전략적 전환방안을 제시하고자 한다.

첫째, 복합상호의존 모델에 입각한 북미, 북일 국교정상화 추진이다

동북아의 각 국가관계가 이미 초정부 간(transgovermental), 초국가 간(transnational) 긴밀하고 복합적으로 연결되어 있으며, 의제도 군사안보에 종속되어 있는 것이 아니라 다양한 국내정책과 외교정책이 다중적이고 중첩되어 나타나고 있기 때문에 군사력 사용도 제한될 수밖에 없

다. 이미 한국은 냉전 시기 적대국이었던 중국, 러시아와는 전략적 동반자 관계로 전환하여 긴밀한 국제적 협력을 하고 있으며, 특히 경제적으로는 상호 복합적인 관계로 진전되고 있다. 그러나 북한은 아직도 미국, 일본과 적대국가 관계를 유지하면서 고립되어 있으므로 시대적 흐름에 맞게 북미, 북일 국교정상화의 길을 갈 수 있도록 지원할 필요가 있다.

한국의 대외정책 면에서도 북한이 미국과 일본 간에 수교를 하고 정상국가로 변화된다면 우리도 미·일 간의 협력에서 좀 더 자유로울 수 있을 것이다. 또한 대중국과 러시아와의 관계에 있어서도 역할 비중이 높아질 것으로 기대된다. 그렇게 되었을 때 동북아에도 복합상호의존 모델에서 제시하고 있는 경제발전의 시너지가 발휘되고 군사력의 사용은 억제될 것이며, 지역국제체제를 유지하는 국제기구의 출현 및 역할이 강화될 것이다.

둘째, 다수 편승론이다

편승이라는 개념은 한국의 대외정책에서 어떻게 하면 편승전략을 효과적으로 사용할 것인가? 라는 측면에서 생각해 왔으며, 단일 편승적 개념에 머물러서 친미인가? 자주인가? 아니면 친중인가? 라는 이분법적 관점에서 문제를 풀려고 해왔다. 이제 세계는 변화하고 있는데 우리의 사고 속에는 아직도 근대적 개념만이 남아서 복합적인 미래 세계에서 우리의 바람직한 대전략을 수립하는 것을 제한할 뿐이다. 따라서 대외정책을 구체적으로 수립하는데 지침을 주는 대전략적 관점에 준거기준을 제시할 필요가 있다. 그것이 다수 편승론이다. 이제는 다수 편승론에 대한 논의를 시작할 때가 되었다고 생각한다.

세계적 패권을 일정기간 유지할 것으로 보이는 미국과의 동맹관계는 가치동맹으로 좀 더 승화시키면서 다수 편승방안을 강구할 필요가 있다. 다수 편승론에 중국을 고려하는 것은 바람직하지 않다. 왜냐하면 우선 정치체제가 우리와 상반된 사회주의체제이며, 미국과 일정 기간이 지나면서 패권 다툼이 벌어질 수 있는 국가이므로 너무 위험한 결정이 될 수 있으므로 중국을 상정할 수는 없다. 그렇다면 과거 한국의 분단 문제에 책임이 있으며, 냉전 이후 미국과 적대관계를 끝장내고 정치체제도 자유민주주의체제로 전환한 러시아가 다수 편승론의 대상 국가가 될 수 있는 것이다.

이것은 하나의 예일 뿐이다. 중요한 것은 한반도의 전략적 전환 시기에 다수 편승론에 대한 사고의 영역을 넓혀보라는 것이다. 그렇게 했을 때 우리의 바람직한 대전략을 구상해낼 수 있을 것이다.

셋째, 6자회담 정례화 및 지역안보회의체로 발전시키는 것이다

북한의 핵문제를 해결하기 위해서 구성하였던 6자회담의 회의체를 지속할 필요가 있다. 동북아의 평화체제 구축을 위해서는 6자회담의 틀이 대단히 바람직한 기초가 될 수 있다. 즉 북한의 핵문제를 해결하는 과정에서 반드시 6자회담을 다시 활용하고 북한 비핵화가 달성되었다 하더라도 6자 회담의 틀을 살려서 정례화할 필요가 있다.

동북아 국가 간에 복합 상호의존 모델이 적용되는 시대가 온다면 국내정책과 국제정책의 의제는 혼합되고 연계되기 때문에 논의하고 해소해야 할 의제는 무수히 많을 것이다. 따라서 장

기적인 비전을 가지고 기존의 6자회담을 정례화하여 향후 지역 안보회의체로 발전시키는 방안을 강구해 보았으면 한다.

넷째, 대외전략의 연속성과 유연성을 발휘할 수 있도록 연립정부 또는 인재의 활용이다

영국의 사례와 한국의 사례를 비교해 봤을 때 가장 부러운 부분이 영국은 정권이 바뀌더라도 정책의 연속성은 유지되고 정책결정의 유연성이 발휘된다는 것이다. 의원 내각제의 특징일 수도 있겠으나 사례에서 보면 보수당 정권에서 자유당 정권으로 전환되더라도 주요 직위의 인재는 계속 활용하는 경우가 있는데 솔즈베리 총리와 체임벌린 식민성장과, 벨푸어 총리와 랜즈다운 외무장관 등이다. 또한 그들은 국가의 대전략목표에 대한 공감도가 뛰어난 것으로 보이는데 이러한 면을 우리가 벤치마킹할 필요가 있다.

지난 문재인 정부에서도 보수정권에서 일했던 진영 장관이나 조응천 수석 등을 다시 활용한 것은 통합과 정책의 연속성 측면에서 바람직했었지만 거기까지만 있었고, 또 다시 진영논리에 매몰되어 발전적인 비판보다는 상대방에 대한 무조건적인 비방만이 대세를 이루고 있는 것이 현실이다.

본 논문은 영국과 한국의 사례분석을 통해 우리의 여건을 한번 되돌아보고 전략적 전환에 필요한 시각을 제공하고자 하였다. 향후 추가적인 대전략의 과제를 도출하고자 한다.♠

〈참 고 문 헌〉

●단행본

·강성학 편저, 『용과 사무라이의 결투』, 서울 : 리북, 2006.
·김용구, 『세계외교사』, 서울 : 서울대학교출판부, 1995.
·김호진, 『한국의 대통령과 리더십』, 서울 : 청림출판, 2006.
·김재필, 『중국, 미국 그리고 동아시아』, 파주 : 한울앰플러스(주), 2006.
·정재호, 『중국의 강대국화』, 서울 : 조율아트, 2006.
·정재호, 『평화적 세력전이의 국제정치』, 서울 : 서울대학교 출판문화원, 2016.
·홍현익, 『우크라이나 전쟁 이후 한국의 국가전략 환경 변화와 정책제언』, 성남 : 세종연구소, 2023.

·국가안보실, 『문재인 정부의 국가안보전략』, 서울 : 국가안보실, 2018.
·대한민국 국방부, 『2022 국방백서』, 서울 : 국방부, 2022.

·버나드 로 몽고메리, 승영조 역, 『전쟁의 역사』, 서울 : 책세상, 2006.
·존 J. 미어셰이머, 이춘근 역, 『강대국 국제정치의 비극』, 서울 : ㈜나남출판, 2004.
·Karl Polanyi, 홍기빈 역, 『거대한 전환』, 서울 : 도서출판 길, 2018.
·폴 케네디, 이일수 외 역, 『강대국의 흥망』, 서울 : 한국경제신문사, 1989.
·허욱·테렌스 로릭, 이대희 역, 『한미동맹의 진화』, 서울 : 에코리브르, 2019.

●논문

·김상배, 「장주기 국제정치이론」, 『현대국제정치이론』, 하영선 편저, 서울 : 사회비평사, 1995.
·박건영, 「국제관계와 패권이론」, 『21세기 미국패권과 국제질서』, 오기평 편저, 서울 : 도서출판 오름, 2000.

●해외 문헌

·Gilpin, Robert, *War & Change in World Politics*, New York : Cambridge University Press, 1981.
·Raymond Aron, translated by Richard Howard and Annette Baker Fox, *Peace and War : A Theory of International Relations*, New York : Frederick A. Praeger, Inc. Publisher, 1967.
·Williamson Murray, Richard Hart Sinnreich, James Lacey, *The Shaping of Grand Strategy : Policy, Diplomacy, and War*, New York : Cambridge University Press, 2011.

·Robert O. Keohane and Joseph S. Nye, "Realism and Complex Interdependence," *Power and Interdependence: World Politics in Transition*, Boston : Little, Brown and Company, 1977.

XIII. 신무기체계 도입과 한국군의 작전계획수립 능력 향상방안

김 재 범※

본 내용은 풍석風石 이종학 교수님의 1주기를 맞이하여, 교수님의 학문적 뜻을 이어받고자 군에 실질적으로 필요한 작전술 분야의 내용과 관련한 논문으로 2020년 공군에서 발간하는 ACE지(145호)에 기발표 했던 논문이다. 기발표 논문을 수정하여 재발표한 이유는 그 내용은 일반 독자들이 접하기 어려운 작전술 분야 중 작전기획(Planning)에 관한 내용이기 때문이다.

주 내용은 현 한국군의 군 발전은 외형적인 부분에 집중되어, 상대적으로 비교가 가능한 무기체계 위주로 진행되고 있으나, 무기체계를 어떻게 운용할 것인가에 대한 눈에 보이지 않는 소프트웨어적인 작전기획 분야에 관심이 미흡한 상황이다. 현재 한국군은 다종의 우수한 무기체계가 구비되어있고, 앞으로도 지속 도입될 예정이지만, 그 사용에 관해서는 과거와 같은 작전개념으로 사용하여 그 효율성이 미흡하다는 내용이다. 특히 작전기획(Planning) 수립 능력 향상으로 공군의 무기체계 효용성을 극대화할 수 있는 분야의 발전이 반드시 뒷받침 되어야 한다는 것이다.

논문 발표 이후 개인적으로 작전기획 분야의 발전을 위해 정책적인 반영과 특히 한국공군 장교의 미 공군의 SAASS(School of Advanced Air and Space Studies) 교육과정 입과 등 개인적인 노력을 많이 기울였으나, 아직 그 결과는 보이지 않는 상황이다.

풍석 이종학 교수님이 평상시 말씀하신 "*국가의 독립과 평화를 바란다면 전쟁을 이해하고 거기에 대비하라, 그리고 국민·국토·주권의 수호도 전쟁의 대비에서 비롯됨을 명심하라!* "는 의미를 다시 한번 되새겨 본다. 미래 한국군은 무기체계 건설에만 노력하지 말고, 이들을 어떻게 효율적, 효과적으로 운용하여 군사력 능력의 극대화를 추구할 것인지 고민해야 할 것이며, 작전기획에서 그 일부분의 결과를 찾기를 기대해 본다.

※ SAASS(School of Advanced Air and Space Studies) : 미 공군에서 운영하는 군사이론과 전략기획 등을 교육하는 소령급 장교 교육과정(1년)으로 대상은 미, 영, 캐, 네덜란드, 일본, NATO 등 주요 동맹국임.

※ ASTI 국제관계 센터장, 연세대 객원교수, 예비역 공군 준장.

1. 머리말

"한·중·일 3국의 스텔스 전투기 도입 경쟁이 동북아지역 군사적 균형을 흔들 가능성은 없을까?"

"日 F-35 스텔스 '1호기' 10월 인도… 연내(2016년) 4대 도입"1), 일본 항공자위대가 차세대 전투기로 도입하기로 한 F-35 스텔스 전투기 '1호기'가 2016년 10월 미국 'Lockheed Martin'사로부터 인도될 예정이라고 산케이 신문이 7월 22일 보도 했다. 일본 정부는 지난 2011년 F-35를 차세대 전투기 기종으로 선정하고 총 42대를 도입하기로 하였으며, 4대는 미국에서 완성된 기체를 인수하고, 나머지 38대는 국내(일본)에서 조립한다고 하였다.

"중국공군, 스텔스기 'J-20' 작전부대 배치(2017년)… 일본·인도 등 긴장"2), 중국이 독자 개발한 차세대 스텔스 전투기 젠(J)-20은 중국의 4세대 중장거리 전투기로 2011년 1월 시험비행을 한 뒤 2016년 11월 주하이 에어쇼에서 공개되었다. 그리고 2017년 7월 중국군 건군 90주년 열병식에 참여 후 12월에 공식 배치되었다. J-20은 중국 항공공업그룹의 청두 비행기 공장에서 연간 15대 전후로 생산되며, 양산체제 이후 연간 50대 규모로 생산이 예상된다.

"한국 첫 스텔스기 F-35A 날개 편다(2018년)".3) 최첨단 스텔스 성능과 우수한 전자전 능력을 갖춘 대한민국의 F-35A 스텔스 전투기 1호가 출고됐다. 방위사업청은 2018년 3월 28일 미국 텍사스주 포트워스에 있는 'Lockheed Martin'사 최종 조립공장에서 F-35A 1호기 출고 행사를 했다. 올해 생산되는 6대의 F-35A는 미국에서 한국군 조종사와 정비사의 교육훈련에 투입되며, 2021년까지 40대가 작전 배치될 예정이다.

한반도를 중심으로 동북아지역 하늘에서 일어나고 있는 한·중·일의 스텔스 경쟁은 북한의 핵폐기문제, 중국의 군사력 강화, 일본의 일반 국가화 등 동북아 정치환경과 연계되어 또 다른 미래의 불안정성을 키워나가고 있으며, 이는 동북아지역에서 군사력 균형을 깨트릴 가능성이 있는 요소가 될 것이다.

특히, 현재 진행되고 있는 동북아의 군사력증강 현황은 항공 우주력의 경쟁이라고 보이며, 이는 현대의 항공 우주력이 국가목표 달성을 위한 군사력 운용에 있어서 가장 경제적이며, 효과가 높은 수단으로 사용되기 때문일 것이다. 또한, 스텔스 무기의 특성을 잘 이해하면, 현대는 무기체계의 수적 우세도 중요하지만, 상대국가의 취약한 중심을 어떻게 마비시켜 우리의 원하는 바를 이룰 것인가? 하는 것을 추구하는 것이 더 효율적이라고 할 수 있다.

결국, 국가목표 달성의 주요 요소인 군사력을 효과적으로 지원하기 위한 군사전략 활성화를 목적으로 국방목표(ends) 설정과 그 수단인 항공 우주력(means)을 어떻게 효율적으로 사용할 것

---

1) 서울 news 1, 장용석 기자 (2016.07.22.자), http://news1.kr/articles/?2727926(검색일 : 2018.8.29.)

2) 연합뉴스(2018.2.10.자) jooho@yna.co.kr,
http://www.yonhapnews.co.kr/bulletin/2018/02/10/0200000000
AKR20180210025200089.HTML?from=search (검색일 : 2018.8.29.)

3) 서울신문(2018.3.29.자), 박홍환 기자, http://www.seoul.co.kr/news/newsView.php?id=20180330005005 (검색일 : 2018.8.29)

인가? 하는 명제는 군사력 운용하는 군사 작전기획(ways), 특히 작전계획수립 능력이 중요한 요소로 부각浮刻될 것이다. 현재 한국공군은 양적으로는 F-35A, A-330 MRTT[4], Global Hawk 등 첨단 무기체계 도입이 계획대로 진행되고 있으나, 이를 운용할 질적 요소인 시스템적 발전은 미흡한 상태라고 할 수 있다. 과거에도 KF-16, F-15K 도입 시 비행과 정비 분야는 원활하게 운용하였으나, 첨단무기임을 고려할 때 초기의 작전 운용 면에서 미흡한 부분이 없었다고 주장할 수는 없을 것이다. 결국, 2세대와 3세대인 F-5와 F-4, 4세대와 4.5세대인 KF-16과 F-15K과 같은 항공전력 운영 방식으로 5세대 항공기인 F-35를 운용하는 우를 범해서는 안 될 것이다. 어찌 보면 약간 늦은 감은 있지만, 무기체계의 작전 가능 시기를 고려해 볼 때 결코 늦은 것은 아니라고 본다. F-35A, A-330 MRTT, Global Hawk 등 도입되는 최첨단 항공 우주력이 제 기능을 발휘하기 위해서는 군사전략을 전술과 연결해 주는 작전술 영역인 작전계획수립절차와 관련된 현실태를 점검 하고, 발전 방향을 제시할 필요성이 있다.

이에, 한국공군이 전시 작전통제권 인수 후 주도적인 전쟁 수행을 위해서 필요한 분야를 식별하고 사전에 대비하고자 하는 의미에서 기획과 계획이란 무엇인가를 알아보고, 군사력의 역할과 한국군의 능력분석을 통해 무엇이 부족한지에 대한 분석, 한국군의 국방기획관리제도와 한국공군의 기획체계, 합참의 합동 기획체계와 작전계획수립절차의 현 주소를 검토하여 그 문제점을 발굴하고, 항공 우주력을 효율적으로 운용하기 위한 작전술 차원의 항공우주 작전계획수립절차의 중요성을 확인해 봄으로써 동북아 주변의 강대국에게 군사력으로 제압당하는 일이 없도록 조금의 도움이라도 주기 위해 본 논문을 작성하였다.

2. 기획(企劃, Planning)과 계획(計劃, Plan)

·기획과 계획 : 먼저, 영어의 의미로 볼 때 기획(Planning)은 동명사이고, 계획(Plan)은 명사의 형태를 띠고 있다. 그 품사를 보고 짐작할 수 있듯이 기획은 계획을 다루는 과정을 의미하고 계획은 기획의 과정에서 얻어지는 최종 결과물을 의미한다. 그리고 또 다른 유사용어로서 계획보다 낮은 개념의 프로그램(program)이라는 용어가 있는데, 이는 '사업계획'이라는 말이며, 프로젝트(project)는 그보다 더 구체적인 내용을 포함한 '세부 사업계획'으로 번역되기도 한다.

사회에서 일반적으로 사용되는 기획(企劃, Planning)이란? 어떤 분야 또는 대상에 대해 그 분야나 대상의 변화를 가져올 목적을 확인하고, 그 목적을 성취하는데 가장 적합한 행동을 설계하는 것을 의미하고, 계획(計劃, Plan)이란? 조직 활동의 목표·방침·행동 계획을 설정해 조직 활동 및 구성원의 업무 방향을 제시하는 것을 말한다. 다시 말하자면, 기획이란 계획을 수립하는 과정이라고 말할 수 있으며, 그 내용은 어떤 분야를 지금보다 바람직한 상태로 미래를 변화시키고자 추상적으로 설정된 정책을 근거로 구체적이고 명확한 목표를 다시 설정하며, 그 목표를

4) Wikipedia, MRTT : Multi-Role Tanker Transport(다목적 공중급유 수송기), https://en.xikipedia.org/wiki/MRTT(검색일 : 2018.11.14.)

달성하기 위하여 가장 효율적이고 적용 가능한 여러 가지 논리적이고 과학적인 방법을 개발하고 선택하는 지속적인 지적활동知的活動이라고 말할 수 있다. 이러한 점에서 기획은 장래에 일어날 불확실한 상태를 예측하고 그 대비책을 강구 하려는 미래지향성未來志向性을 가지고 있어야 한다. 그리고 설정된 목표를 달성하기 위하여 가장 효율적이고 적용 가능한 수단과 방안을 모색하는 지속적인 활동으로 합리주의(rationalism)에 입각하여 목표를 달성하고 가치를 추구한다고 할 수 있다. 또한, 기존의 상태를 의도적으로 수정과 통제를 통하여 미래를 보다 바람직한 상태로 바꾸어 보려는 것이므로 통제적統制的 성격을 띠고 있다고 할 수 있다.[5] 이에 반하여 계획은 앞으로 할 일에 대하여 그 방법·순서·규모 등을 미리 생각하여 정해 놓은 결과물로서 기획이라는 용어와 혼란이 일어나기도 한다.

·군에서의 기획과 계획 : 그렇다면, 군에서 사용하는 기획과 계획은 어떤 의미로 사용되는지를 알아보기 위해 합동참모본부에서 사용하는 『합동·연합작전 군사 용어사전』의 정의 내용을 살펴보면 다음과 같다.

·'기획(企劃, Planning)'이란? '예상되는 위협을 분석하여 국방목표를 설정하고, 대응전략 수립 및 군사력 소요를 제기하며, 적정수준의 군사력을 효과적으로 운용하기 위해 제반 정책을 수립하는 과정', 또는 '미래를 예측하고 구상하며, 목표를 설정하고 행동방안을 선택하며, 목표를 달성하기 위하여 효율적으로 자원을 배분하는 과정'[6]이라고 정의하고 있으며, '계획(計劃, Plan)'이란 '부여받았거나 예상되는 임무(과업)을 수행하기 위한 방법이나 복안 또는, 확정된 목표를 완수하기 위해 가용한 인적 및 물적 자원을 단계적으로 배분한 세부 명세서'[7]라고 설명되고 있다.

·분석 : 이러한 정의를 종합하여 보면, 사회에서 통용되는 일반적인 기획이란 어떤 분야에서 새로운 목적을 달성하기 위해 해당 분야에 영향을 미칠 수 있는 다양한 환경을 평가하고, 그 평가를 바탕으로 원하는 목표를 설정하며, 목표 달성을 위한 정책 방향 수립과 행동방안을 선택하며, 정책 방향에 적합한 행동방안을 수행하기 위해 효율적 자원 배분과 배분된 자원의 효과적 운용 등의 전체적인 행동 과정이라고 볼 수 있다. 그리고 군에서의 기획은 설정된 '국가안보 목적을 달성하기 위해서 국내·외의 안보환경을 판단하고, 그 목적을 뒷받침해 줄 수 있는 군사전략 목표를 설정하며, 군사전략 목표를 달성하기 위해 필요한 군사력 건설을 위한 소요 판단·제기·조정 등 자원할당 업무와 군사력 운용과 관련된 과업 부여 및 작전 수행에 관련된 모든 행위를 언급하고 있다.'고 할 수 있다. 그리고 계획은 이러한 기획 행위를 통해 생산된 각종 산물(예, 00작전 계획)인 것이다. 이러한 기획의 정의를 바탕으로 군사력의 역할에 대한 한국군의 능력을 정보 능력과 군사전략 수립 분야 그리고 군사력 건설 분야와 작전 운용 분야를 분석해 보고자 한다.

---

5) Naver data lab '기획', '계획'
http://terms.naver.com/entry.nhn?docid=76069&cid=42155& categoryid=42155(검색일 : 2018.11.14..)

6) 합동참모본부, 『합동·연합작전 군사용어사전』(합동군사대학교, 합동교범 10-2, 2014.12.31.), p.106.

7) 위의 책, p.25

3. 한국군의 능력분석

·군사력의 역할 : 클라우제비츠는 그의 역작 『전쟁론』에서 '전쟁은 다른 수단에 의한 정치의 연속에 지나지 않는다.'고 하였다. 많은 국가가 외교적 협상이 실패했을 때 자국의 의지(국가안보 또는 정치적 목적 등)인 목적 달성을 위해, 목표를 완수하기 위한 최후의 방법으로 전쟁을 생각하게 되고 전쟁의 수단으로 군사력을 사용하게 된다. 다시 말해서 군사력을 사용한다는 것은 자국의 의지 투사, 즉 국가목표 달성이 주목적인 군사전략을 통해서 수립된 군사목표를 완수하기 위해 그 수단인 군사력을 운용하는 것을 말하며, 평시에는 전쟁을 대비한 군사력 건설과 군대 양성에 중점을 두고, 전시에는 군사력 운용으로 전쟁을 수행하는 것이다.

·정보 능력과 군사전략 수립 분야 : 특별한 자료와 구체적인 사례를 언급하지 않더라도 현재 한국군의 정보 능력은 군사전략 수립을 위한 전략환경 평가에 있어서 주변국의 정보 상황 수집을 제외하더라도, 대對 북한 관련 군사전략 수립을 위한 정보 수집 및 분석 그리고 배분 및 활용 등 독자적으로 할 수 있는 능력이 부족하고, 정보자산의 많은 부분을 연합작전이라는 명목하에 미군과의 업무 협조에만 의지할 뿐 한국군 자체적으로 정보를 수집할 수 있는 자산과 능력은 극히 미비한 것이 사실이다. 물론 여기에는 기술적 부분의 한계가 있으며 더불어 경제적 부분도 간과할 수 없는 부분이기도 하다. 현재와 같은 상황이 지속된다고 가정하면, 한국군은 미래 한반도 주변 정세를 고려하여 남·북통일 이후에도 미군의 한반도 주둔이 사실화되고 있는 상황에서 향후 한국군의 정보 분야와 군사전략 수립 및 운영에 대한 미군 의존도를 더욱 높이게 될 것이 예견된다. 결국, 막대한 예산과 오랜 시간이 필요한 이들 분야의 투자를 미루게 되는 것은 미래 한국군의 정보 능력 한계와 군사전략 수립 분야에 큰 어려움을 가져오게 할 것이며 전시작전권 전환에도 악영향을 미칠 것이다.

·군사력 건설 분야 : 한국은 1970년대부터 경제의 안정적 성장과 더불어 군사력의 중요성이 지속 강조됨에 따라 1974년 국방력 강화를 위한 목적의 무기체계 도입 사업인 군사력 건설 「율곡사업」[8])이 시작되었고, 1979년 제정된 국방기획관리 기본훈령에 따라서 현재는 방사청 주관 「방위력개선사업」이라는 명목으로 공정하고 투명한 무기체계 획득을 진행 중이다. 한국군의 군사력 건설을 위한 무기체계 획득 분야는 미군의 제도를 도입하여 무기 도입 및 분배에 있어서 많은 발전이 있었다. 물론 기술이전을 통한 기술력 확보의 어려움과 충분하지 못한 예산 지원으로 다소 어려움은 있었지만, 우리의 예산을 통해서 실행하기 때문에 그나마 우리의 의지가 반영되어 발전을 기할 수 있었다.

·작전 운용 분야 : 작전통제권과 관련해서 평시 작전통제권은 과거에도 조금씩 언급이 되었으나 노무현 정부에서 본격적으로 추진을 시작하여 1994년 12월 1일부로 환수되었고, 미래에는 전시

8) Naver, 『한국민족문화대백과』(검색일 : 2018. 9. 28.), "율곡 사업" '1974년 대북전력격차 해소를 위해 수립한 한국군 전투력 증강계획으로 1986부터 전력정비사업으로 변경'
http://terms.naver.com/entry.nhn?docid=572106&cid=46628&categoryId=46628(검색일 : 2018. 11. 14.)

작전통제권까지도 한국군이 담당해야 한다는 국민적 열망과 정치권의 지속적인 주장으로 여러 번의 시도와 국민적 갈등이 있었다. 그러나 2014년 워싱턴에서 개최된 한·미 양국 간 연례안보협의회(SCM)에서 전시 작전통제권 전환은 ▲한반도의 안보 상황이 개선되고, ▲한국군의 핵심 군사 능력이 적정수준으로 강화되었을 때, 그리고 ▲북한 핵·미사일에 대한 한국의 필수 대응 능력 등을 기준으로 한다고 명시하였다. 이러한 협의 내용은 한반도에서 한국군이 전시 작전통제권을 이양받기 위해서 갖추어야 할 능력으로 먼저 안보 상황을 판단할 수 있는 ■독자적인 정보 능력확보 확보, 대 북한 억지력을 구사할 수 있는 ■핵심 군사 능력 강화를 위한 군사력 건설 그리고 마지막으로 ■한국군이 독자적으로 군사력을 운영할 수 있는 능력의 준비가 되어야 가능한 것으로 결정되었다.

·분석 : 한국군은 전쟁의 위기를 극복하기 위해 당시 이승만 대통령이 국군의 작전통제권을 1950년 7월 14일부로 유엔군 사령관에게 이양함으로 전쟁에서 전략적 차원의 주도적인 임무를 수행할 수 없었고, 유엔군이 주도하는 전쟁에서 오로지 전술적 차원의 전투 임무에만 전념할 수 밖에 없었다. 휴전 이후에도 지속적인 북한의 위협이 존재하였으나 경제적인 문제로 즉각적인 군사력을 강화할 수 없었다. 전쟁을 대비한 북한의 군사전략 목표선정과 군사전략 개념 선택, 군사수단의 배분과 운영 등 군사 분야의 모든 부분에서 주도적인 임무 수행을 뒤 받침 해 줄 수가 없었다. 특히, 전쟁 수행을 위해서 턱없이 부족한 군사 무기체계와 신생국가로서 군의 전문 인재양성이 되지 못함으로 인한 전쟁을 위한 군사기획 능력의 미흡으로 미군에게 전적으로 의지할 수밖에 없었다.

이러한 이유로 한국군은 우리의 예산으로 해야 하는 무기체계 도입 분야와 스스로 할 수 있는 분야인 전투수준의 전술 분야의 발전은 있었으나, 전략적 차원의 환경평가를 위한 정보 능력 확보와 군사전략 수립을 통한 군사력 운용과 관련된 작전 분야의 발전은 기대하기 어려운 환경이 조성되었다. 결국, 우리 한국군은 전쟁계획 수립을 위해 무엇이 필요하고, 어떤 절차를 거쳐서, 어떻게 실행해야 하는지에 대한 발전이 미흡하게 되었다. 군사력 건설이라는 것은 군사전략에 의해서 목표가 정해지고 어떤 개념으로 전쟁을 수행할 것인지를 결정한 후에 수단인 군사력을 건설한다고 했을 때 국가의 정책을 뒷받침해 줄 수 있지만, 불행하게도 한국군은 미군의 그늘 아래에서 안보에 대한 열정을 포기할 수는 없었기에 국가안보를 위한 국방목표를 정하기 전에 미리 수단을 염두에 둔 목표와 개념을 만들지 않았는지 되돌아보아야 할 것이다. 목적과 개념에 대한 깊은 고뇌보다는 선배들로부터 수행해온 형식적 절차에 만족하고 사업을 진행 시키지 않았는지, 과연 전문적인 교육을 받고 업무를 수행했는지도 이제는 고민해 보아야 할 시기가 되었다. 한국군은 휴전 이후 작전을 주도하는 미군의 의도에 따라서 사용되는 경우가 대부분으로 한국군은 전투와 교전의 전술적 부분에서는 우수한 능력을 보이지만 군사력을 운용하는 작전술 차원 이상의 영역에서 독자적인 능력이 미흡한 것은 사실이라고 할 수 있다.

결국, 앞서 서론에서 언급한 바와 같이 미래 전장은 항공 우주력 운용을 어떻게 하느냐에 따라 승패의 갈림길에 서게 될 것으로 생각된다. 한반도를 중심으로 한 항공 우주력의 경쟁에서 국가안보를 좀 더 경제적이고 효율적인 운영을 위해서 우리에게 필요한 대안이 무엇일까? 를 생각해보기 위해서 한국군의 국방기획관리제도와 작전기획체계에 대하여 알아보면 다음과 같다.

4. 국방기획관리 제도

한국군 국방기획관리제도의 용어 정의와 국방기획의 현실태를 확인하고자 용어 정의를 다시 살펴보면 다음과 같다.

"'국방기획체계(National Defense Planning System)'라 함은 '국방목표를 설정하고, 국방목표를 효율적으로 달성할 수 있도록 최선의 방법을 선택하며, 자원을 합리적으로 배분, 운영하는 제반 활동'이라고 『합동·연합작전 군사용어사전』에서 정의하고 있으며,

"'국방기획관리(National Defense Planning Management)'라 함은 '국방목표를 설계하고 설계된 국방목표를 달성할 수 있도록 최선의 방법을 선택하여 보다 합리적으로 자원을 배분·운영함으로써 국방의 기능을 극대화 시키는 관리 활동을 말한다.'"고 「국방기획관리 기본훈령」에서 정의하고 있다.

또한, 「국방기획관리」에 대한 제도화 노력으로 국방부 훈령 제253호(1979. 6. 7.)를 제정하여 법적 근거를 마련하였고, 약 20회에 달하는 수정을 통해 최종본으로 국방부 훈령 제2048호(2017. 6. 29.)로 개정되어 현재에 이르고 있다. 최종본 제1조에서 목적을 살펴보면 *'현존 군사력의 좌표를 분석하여 새로운 국방목표를 설계하고 군사력의 건설과 유지 및 운영 방향을 종합적 체계적으로 모색하여 국방자원을 효율적으로 관리하기 위한 국방기획관리에 대한 기본방침 및 제반 절차를 규정함을 목적으로 한다.'*고 명시하고 있다.

『합동·연합작전 군사용어 사전』과 『국방기획관리 기본훈령』에서 살펴본 바와 같이 국방부와 합참에서 사용하고 있는 기획(企劃, Planning)에 대한 의미를 종합해 보면 *'국방목표 설정과 그 목표 달성을 위한 최선의 방법선택과 이를 지원하기 위한 합리적인 자원 배분 및 운영을 통해서 국방의 기능을 극대화 시키는 제반 관리 활동'*이라고 말할 수 있으며, 군사전략 측면[9]에서 살펴볼 때 국방부에서 수행하는 국방기획(國防企劃, Military Planning)을 재해석해 보면 '국가안보라는 목적 달성을 위한 군사전략 목표선정, 최선의 방법선택을 위한 군사전략 개념 결심과 목적 달성을 위한 수단인 군사자원에 대한 배분과 운영을 통해 기능을 극대화 시키는 활동'이라고 볼 수 있다.

·기획문서 간의 상호관계 : 한국은 현재 군사력 건설과 운영을 위해 연간 40~45조에 가까운 국방비를 사용하고 있으며, 이를 어떻게 효율적으로 사용할 것인가 하는 것은 우리 모두에게 주어진 하나의 커다란 과제이다. 국방기획관리훈령, 제34조(문서 간의 상호관계)에서 전반적인 한국군의 국방기획관리제도를 이해하기 위해 각 문서 간의 상호관계를 〈그림 1〉 에서 다음과 같이 설명하고 있다.

'국방기획관리를 위해 작성되는 모든 문서들은 위협분석-국방정책-소요결정-재원배분-예산편

9) Arthur F. Lykke, Jr. "Toward an understanding of military strategy", 『군사전략론』, 이종학(충남대학교 출판문화원, 2015), p.85.

성-집행 순으로 작성되며, 국방의 모든 조직과 인력들이 유기적인 협조체제를 강화하여 국방자원을 효율적으로 관리하기 위하여 문서 간의 상호관계를 규정'하고 국방부와 합참, 각 군 및 모든 부서는 문서들의 발간 주기를 준수하여 문서 상호 간에 연계성이 유지되도록 하고 있다.[10] 이러한 관계로 볼 때 국방기획관리체계는 기획-계획-예산편성-집행-분석평가의 PPBEEs 과정을 통해서 피드백되는 절차를 진행하는 것이며, 각 단계별 역할을 분석해 보면 업무의 비중과 방향을 알 수 있을 것이다.

〈그림 1〉 국방기획체계 문서 간의 상호관계

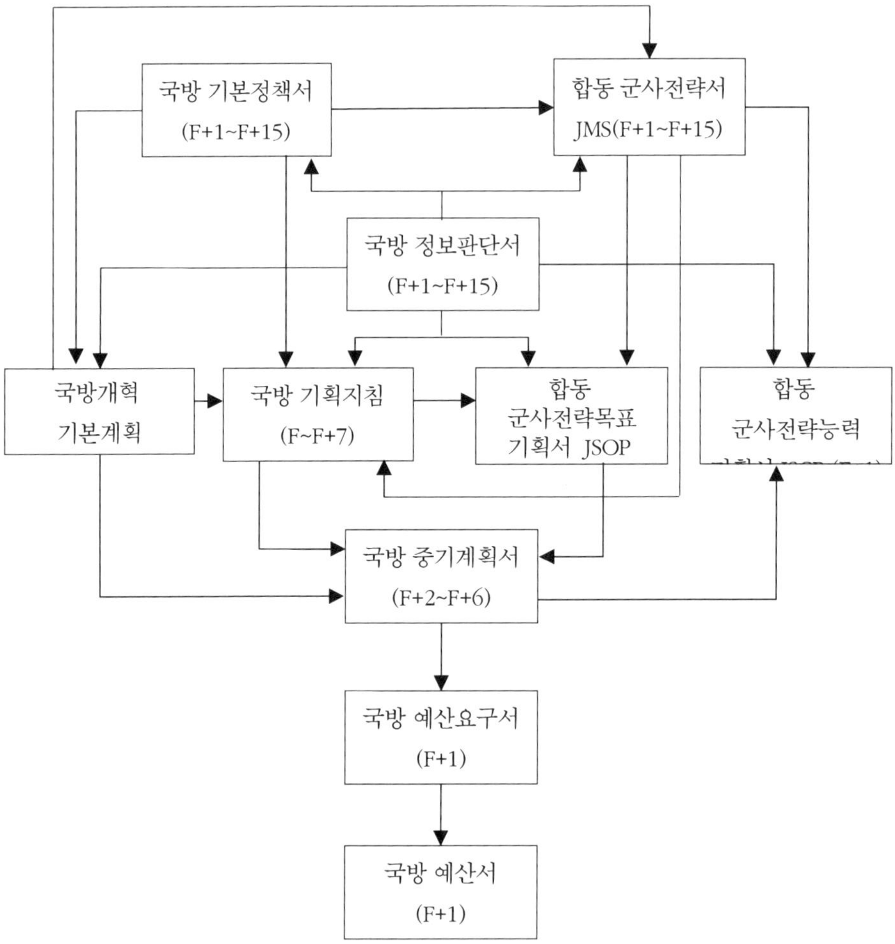

·체계의 역할[11] : 국방기획체계의 역할은 예상되는 위협과 안보환경 변화에 대응하기 위한 국방목표를 설정하고 이를 효과적으로 달성할 수 있는 국방정책과 군사전략을 수립하여, 군사전

10) 국방부, 「국방기획관리 훈령」(국방부 훈령 제2048호, '17.6.29.), p. 48.

11) 위의 책, p.6.

략에 따른 합동개념을 발전시키고 임무 수행을 위한 최적의 군구조를 결정하여 부대 기획을 발전시킨다. 그리고 군사전략과 합동개념을 구체화할 수 있도록 합리적인 군사력 건설 및 유지 소요를 결정하고, 국방과학기술진흥정책을 수립하며 중·장기 연구개발 소요를 발굴하고, 제기된 군사력 건설 소요를 효과적으로 뒷받침할 수 있는 중·장기 차원의 기본적인 임무 및 기능별 세부정책을 발전시킨다고 명시되어있다.

이것은 해석하기에 따라서 국방기획관리를 위한 업무를 완벽하게 구성하였다고 할 수도 있지만, 꼼꼼히 분석해 보면 ① 국방 목표설정과 정책 및 전략 수립, ② 군구조 결정과 부대 기획 발전, ③ 군사력 건설 및 유지, ④ 연구개발 소요발굴과 ⑤ 소요를 뒷받침할 수 있는 임무 및 기능별 세부정책 발전이라고 볼 수 있으며, 작전 운용에 관련된 내용보다는 무기체계 획득을 위한 소요 관련 업무 위주로 언급되어 있다는 것이다.

그리고 훈령에서 언급하고 있는 그 역할을 살펴보면 기획단계의 국방정책과 군사전략에서 제시하는 임무를 구체화하여 임무를 중심으로 재원 배분이 제시되고 확인될 수 있도록 함으로써 기획과 예산의 연결을 중요시하고 있으며, 유·무형 전력이 균형 있게 발전될 수 있도록 군사력 건설 및 유지 사업을 동시에 반영하고, 연도 예산편성의 근거 제공과 관련 부서의 지속적인 업무연결을 원활하게 하며 국방자원관리의 효율성을 도모한다. 국방부 업무 전반을 대상을 한 기관·부서·개인의 성과평가 결과를 정책개선 및 자원 배분에 반영한다고 명시되어있다.[12] 이것은 계획체계의 역할이 ① 기획과 예산의 연결, ② 군사력 건설 및 유지 사업의 동시 반영, ③ 연도 예산편성의 근거 제공, ④ 국방자원관리의 효율성 도모, ⑤ 성과평가 결과를 통한 피드백이라고 해석할 수 있다. 앞서 용의 정의 부분에서 확인된 바와 같이 계획이 기획의 결과로 나타난 결과물이라고 했을 때, 훈령에서 말하고 있는 계획체계 역시 작전 운용의 차원보다는 군사력 건설과 유지에만 중점을 둔 계획체계가 아닌가 해석이 된다. 그리고 임무 중심의 재원 배분이라고 되어있는 부분도 임무라는 것이 작전 운용에 관련된 임무보다는 기획과 예산의 연결, 그리고 자원관리의 효율성 도모에 중점을 둔 것으로 성과평가와 이를 통한 정책개선, 자원 배분에 관련된 것이라고 보인다.

·예산편성과 집행 체계의 역할은 그 체계의 특성상 국방중기계획 상의 기준연도 사업과 소요 재원을 검토·조정하여 필요한 예산을 구체화 시켜 예산획득의 근거를 제공하고, 예산획득 목표 달성으로 계획의 실현성을 높이며, 예산의 효율적 집행을 위한 기준을 제공하여 편성예산의 효율적 사용과·전용을 억제하고 이월, 불용액 발생 최소화에 노력한다고 명시되어있다.[13] 여기에서도 작전 운용을 위한 부분보다는 기존 기획체계와 계획체계를 통해서 진행된 군사력 건설과 유지에 중점을 두고 이와 관련된 예산의 편성과 집행에 관련된 업무에 집중하고 있는 것으로 보인다.

끝으로 ·분석평가체계의 역할을 살펴보면 국방목표 달성을 위한 합리적인 정책 결정과 국방자원의 효율적 사용을 보장받기 위한 관리 기능으로서 기획, 계획, 예산편성, 집행 및 운영 간에

12) 위의 책, p.20.
13) 위의 책, p.30, p.34.

사업추진의 타당성, 합리성, 효율성과 사업추진 성과 등을 분석·평가하여 사업추진 단계별로 합리적인 의사결정과 차기 및 유사 사업에 대한 계획수립을 지원함으로써 한정된 자원의 효율성을 극대화 시키며, 전쟁 양상예측 및 장차 작전 모의분석, 군 구조 및 전장 운영 능력과 자원관리분석, 비용분석 및 무기가격 정보 자료의 생산, 관리로 기획관리 제 단계에 활용, 도출된 문제점 및 교훈을 계획수립 및 유사 사업추진 시 반영하도록 하고 있다. 이러한 분석평가체계의 역할은 ① 합리적 정책 결정과 효율적인 국방자원 사용을 위한 관리 기능이며, ② 사업추진 단계별 의사결정과 사업의 계획수립을 지원하고, ③ 전쟁 수행 시 전장 운영 능력과 자원관리 분석 및 실시, ④ 비용분석 결과와 도출된 문제점 및 교훈의 재활용에 중점을 두고 있는 것이며, 분석평가체계에서 전쟁 수행 시 전장 운영 능력[14]에 대하여 처음으로 언급되고 있다.

·분석 : 종합적으로 볼 때 국방기획의 업무는 국방목표를 달성하기 위하여 국방정책을 바탕으로 군사전략을 수립하고, 합동개념의 발전과 임무 수행을 위한 최적의 군구조를 결정하여 부대기획을 발전시키고, 합동개념을 구체화할 수 있도록 군사력 건설과 유지 소요를 결정하고, 군사력 건설 소요를 뒷받침할 수 있는 중·장기 차원의 임무 및 기능별 세부정책을 발전시키는 것이 주 역할이며, 건설된 군사력의 작전 운용에 대해서는 언급된 부분이 미미하다고 할 수 있다. 그리고 앞의 〈그림 1〉 기획관리업무의 연결체계에서 알 수 있듯이 「합동군사전략목표기획서」(이하 JSOP)는 「국방정보판단서」와 「합동군사전략서」(이하 JMS)로부터 지침을 받아서 작성하여 「국방중기계획서」에 영향을 미치고 전반적인 예산의 요구와 집행에 관여하는 반면, 「합동군사전략능력기획서」(이하 JSCP)는 「국방정보판단서」와 JMS, 「국방중기계획서」의 일방적인 지침으로 작성이 되며 피드백되는 구조는 보이지 않는다. 물론 체계에 표시되지 않은 JMS나 또 다른 부분을 통해 반영될 것이다. 그러나 전반적으로 볼 때 국방기획체계는 기획과 계획, 예산편성과 집행, 그리고 분석평가의 P-P-B-E-E s의 모든 단계의 주요 업무가 작전 운용 관련 사항보다는 군사력 건설과 유지를 중심으로 이루어져 있다는 것을 알 수 있다. 물론 국방부의 기획 훈령인 점을 고려한다면 업무의 특성상 이해할 수는 있지만, 합참의 작전 운용에 대한 전반적인 지침이나 기준은 명시가 되어야 할 사안으로 보인다.

·공군기획관리 체계 : 공군규정 1-1 「공군 기획관리 기본규정」은 1961년 8월 제정되었고, 12번 개정되었으며 현재는 2017년 7월부 최종판이 발간되어 사용되고 있다. 이 규정의 목적은 공군력 건설, 유지 및 운영 방향을 종합적·체계적으로 모색하고 가용자원을 효율적으로 관리하기 위하여 국방부가 제정한 「국방 기획관리 기본훈령」에 따라 공군기획관리에 대한 기본방침과 제반 절차를 규정한 내용으로 공군의 전 부대에 적용이 된다[15]고 명시되어있다. 공군기획관리 체계는 국방부 훈령에 따른 하위체계로서 국방부의 기획체계와 업무 주기에 따라서 수행하고 지원되기 때문에 별도 분석 없이 앞서 살펴본 국방 훈령과 같이 동일한 과정이 같은 시기에 진행된다고 보면 될 것이다.

·공군의 기획기준 교범 발전은 기본교리의 시작으로부터 보아야 한다. 공군은 1949년 독립한 이

14) 여기서 언급된 전쟁 수행 시 전장운영 능력은 작전 운용을 말하며, 작전술에 해당하는 것으로 판단.

15) 공군본부, 「공군 기획관리기본규정」(2017.7.1), p.4.

래 교리가 없이 운용되어 오다가, 1966년 「공군 작전 운용 요강」 발간으로 시작되었고, '74년 12월 제1차 개정 시 기본교리, 작전교리, 운용교리로 구분하여 공군 기본교리를 발간하였다. 이때 공군 계획 예산 제도로서 PPBs(기획/Planing, 계획/Plan, 예산/Beget system)가 도입되어 최초로 기획관리체계가 운용되었다. 이후 1983년 9월 공군 교범 2 계열로 기획관리와 재무관리로 분리되어 발간되었고, 이때 「기획관리」 교리는 총 4개 장에 걸쳐 기획관리의 개념과 특성(필요성 및 특성), 기획관리 체계 및 발전을 주요 내용으로 최초로 제정되었다. 세부내용에서 전시기획체계와 장기기획체계로의 발전과 전산기술을 이용한 관리정보체계의 발전을 강조하였다.

1986년 기본교리 개정에 따라 공군 교범 2-27로 「기획 운용」 교리를 1차 개정 발간하였고, 주요 내용으로 기획의 특성/효용성 및 원칙, 기획수립과정, 공군기획관리제도, 기획의 특성과 필요성 분야를 최신학설을 적용하여 특성과 효용성, 원칙의 3분야로 확대 기술하였고 새로이 기획수립과정을 추가하였다. 특히, 계획수립단계 과정을 세부적으로 구분하여 ① 목표설정, ② 상황 분석 및 판단, ③ 기획과정 설정, ④ 대안작성 및 비교평가, ⑤ 최종안 선택이라는 5단계로 구분하여 기술하여 기존의 기획관리 분야보다는 계획 분야의 전문성을 강조하였다. 818 군 구조개편과 주변국의 안보환경 변화와 무기체계의 효율적 운용을 위한 미래지향적이고 한국적 여건에 부합되는 교리의 필요성이 제기되어 '93년 2월 기본교리가 개정되었고, 후속으로 12월에 기획 운용 교리도 2차로 개정되었다. 이때 기획과 계획의 구별, 정책과 기획의 관계가 추가되었다.

'97년 10월 공군 기본교리 개정에 이어 작전술 및 항공전역개념을 중심으로 작전수준 교리를 신규 제정함에 따라 운용교리로 운영하던 공군기획을 작전수준 교리로 제정하였기 때문에 공군기획 교리의 수정 보완이 필요하게 되었다. 이에 따라서 '99년 2월 수정 보완(3차 개정)[16]하였으며, 주요 보완 내용은 먼저 기존의 기획기준 교리에서 전력기획과 항공작전기획을 두 축으로 작성되어 전략지침에 따라 "공군력을 어떻게 건설할 것인가?"와 전시 및 위기 시 공군력 운용을 위한 작전계획과 작전명령을 "어떻게 작성할 것인가?"를 기술하였고, 둘째 공군력 운용의 구체적인 행동계획인 항공전역계획을 수립하는데 필요한 기본적인 개념을 수록하였으며, 추가로 논리적 내용 구성을 위해 장·절·항의 순서를 수정하였다. 그러나 2003년 공군 기본교리 7차 개정 시 공군교리체계가 작전 기능 중심으로 변경되면서, 공군기획교리는 폐간이 되었다.

그 이후 2011년 공군 기본교리 9차 개정 시 「공군기획」 교리를 제정개념으로 재작성하게 되었으며, 폐간된 기간 중 재작성 시 중요 변경 요인으로 합동기획 내용이 수정되어 이를 반영하여 제정하였다. 새로 제정된 공군기획 교리는 기획과 기획관리체계에 대하여 혼동되지 않도록 중점 작성하였으며, 국가기획, 국방기획, 합동기획과 연계하여 공군기획 관련 요원들이 기획에 대한 개념을 쉽게 이해하도록 작성하였다. 여기에는 합동기획과의 관계를 포함하여 공군 기획문서 및 부대(서)별 책임을 명시하였다. 세부내용으로 '공군 정책기획'에서는 국방정책을 구현하고 지원하기 위한 공군 정책 개념과 정책기획 절차를 설명하여 업무 수행 간 지침을 제시하였고, '공군 전략기획'에서는 합동전략 기획을 지원하기 위한 공군 전략기획 개념과 합동 전략기획 절차

16) '97년 공군기본교리 개정으로 「공군기획」 운용교리가 작전수준 교리로 변경되어 제정, 운영되었고, 이후 수정되어 '99년에 개정되었으므로 '97년은 개정으로 보지 않음.

와 연계된 공군 전략기획 절차를 설명하였다. 그리고 '공군 작전기획' 관련하여 합동작전 기획 내에서 공군작전 기획을 이해하도록 공군 작전기획 개념을 설명하고 공군 작전기획의 구분과 활동을 포함하였다. 마지막으로 '15년 2월 개정 시 항공 우주력 운용을 중심으로 기획 교범을 작성하였으며, 정책기획이나 공군기획 발전 방향은 삭제하여 현재에 이르고 있다.

5. 합동기획

·합동교범 5-0『합동기획』: 합동기획 교범의 제정과 개정 과정을 살펴보면 1994년 1월 합참주관으로 「합동기획」 교리연구에 착수하여 1995년 12월 초안이 발간되었고, 업무에 참고하면서 보완 과정을 거쳐 1998년 12월 「합동기획」 교범 완성본이 최초로 발간되었다. 그리고 2003년 12월 교범이 1차 개정되어 사용되다가 미군의 기획체계 변화와 한국군 현실에 적합한 기획제도의 개정 필요성이 제기되었고, 2009년 초부터 교범 개정사업이 진행되어 합동 기본교리와 합동 작전 교리가 연계되어 개정이 추진되었다. 이후 약 2년간의 연구 기간을 거쳐 2011년 12월 개정본이 발간되었다. 수정내용으로 합동기획의 기준과 운용 교범의 역할 수행을 위해 개념을 정립하였고, 기획체계 간의 상호관계 이해가 용이 하게 제시하였으며, 합동전략(작전)기획 평가의 개념과 절차를 제공하였다. 그리고 관련 기관들의 권한과 책임을 구체화하고 개념과 절차, 시행체계를 제시하여 교범의 이해도와 활용도를 증진하도록 작성이 되었다. 이때 미군이 사용 중인 JP 5-0(합동작전기획, '06년 12월)의 내용이 반영되었다. 그러나 한국군이 교범을 개정 중인 상황에서 미군이 2011년 8월 새로운 「합동작전기획」 교범을 발간함으로 미군과 연합작전을 수행해야 하는 한국군은 개정된 「합동기획」 교범의 활용도에 한계가 있었다. 이후 「합동기획」 교범은 약 4년간 별도의 개정 없이 보내게 되었고, 작전기획 관련 업무는 미군들 주도로 이루어지게 되었으며, 미군의 JP 5-0 개정('11. 8.) 내용을 기준으로 합참, 연합사에서 적용하여 업무를 수행하였다. 이후 최신 발전내용을 합동 교리에 새로이 체계화해야 할 필요성이 제기되었고 각 군 대학과 야전에서 합동기획 교리발전 소요가 다수 식별되어 2015년 4월부터 합동군사대학교 합동전투발전부 주관으로 「합동기획」 교범 연구가 시작되었다. 약 2년 8개월에 걸쳐 연구가 진행되었고, 그 결과를 2018년 2월 합참의장에게 보고하여 2018년 새로운 교범이 개정되었다.

새로 개정된 2018년 「합동기획」 교범은 '합동기준 교범으로서 합동전략기획과 합동작전기획에 관한 기본원칙과 지침을 제공하는데 목적이 있다.'[17]고 명시하고 있으며, 교범의 주요 내용으로, 제1장 총론에서 국가기획과 국방기획, 합동기획, 합동 전투발전체계(신규 반영)의 개념과 범위, 각 체계 간의 상호관계, 국방유관기관협조회의 등을 기술하였고, 제2장에서는 합동전략기획에서 합동전략기획의 개념, 범위, 역할 및 주요 산물인 각 문서 간의 관계, 합동전략기획 절차(5단계)와 산물에 대하여 기술하였다. 제3장에서는 합동작전기획에서는 합동작전기획 개념과 역할, 합동작전기획 및 시행체계(JOPES)를 이용한 합동작전기획 및 시행절차와 그 산물, 작전술과 작전

17) 합동참모본부, 『합동교범 5-0 합동기획』(합동대, 2018), p.서-2.

구상의 개념, 작전적 접근을 적용한 작전구상 방법론, 13가지 작전구상 요소 설정 및 활용, 단계화에 관하여 기술하였다. 제4장 합동작전계획수립절차에서는 작전술, 작전구상, 합동작전계획수립절차의 상관관계, 1단계 계획착수부터 7단계 계획 또는 명령작성까지 단계별로 이루어지는 주요 입력물과 산물, 활동, 고려사항 등을 기술하였다. 그리고 제5장 작전평가에서는 작전평가 개념, 목적, 준칙, 고려사항, 작전평가 절차의 각 단계별 주요 입력물·산물과 활동, 평가지표 작성방법 및 관련 예문을 기술하였고, 끝으로 부록에는 용어 정의 및 약어, 주요 변경사항, 연구추진 경과, 합동 작전계획 양식, 방책 비교 방법, 합동군사전략기획절차 소개, 작전구상 요소 변천 과정, 참고문헌을 수록하였다.

이번 개정에서 합동성 차원에서 미래전을 사전에 준비하는 총체적인 노력으로서, 현존전력을 극대화하고 미래전력의 소요를 창출하는 과정이라고 소개된 합동 전투발전체계에 대한 신규 반영이 이루어 짐으로서 합동기획은 합동전략기획과 합동작전기획, 그리고 합동전투발전의 3가지 요소로 구성되게 되었으며, 세 가지 요소는 국방목표를 달성하기 위하여 군사전략을 수립하며, 군사전략을 구현하기 위해 군사력 건설 소요를 결정하고 군사력을 운용하는 과정에서 독립적으로 운영되는 체계가 아니라 상호 작용하는 체계가 된 것으로서 이들 구성요소를 〈그림 2〉와 같이 표현할 수 있다.

〈그림 2〉 합동기획 구성요소

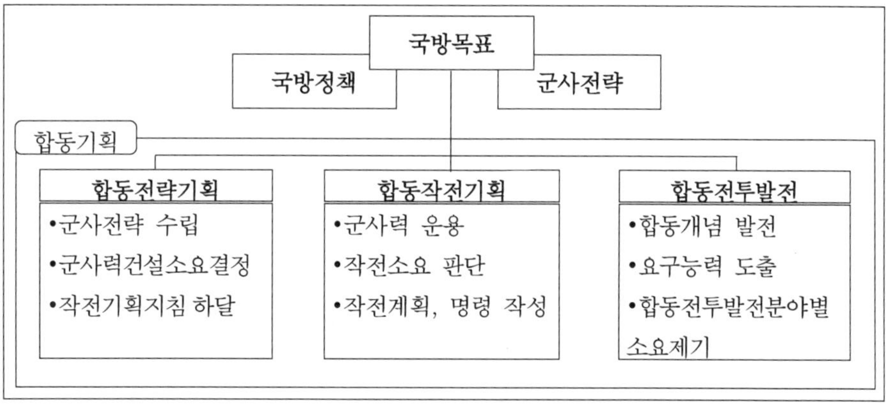

·합동전투발전체계 : 새로 반영된 합동전투발전에 대하여 좀 더 상세하게 알아보면, 2007년 9월 훈령 제831호에 의해서 제정되었고, 4차례에 걸쳐 개정되어 최종적으로 2017년 9월에 합동전투발전업무 훈령 제2068호로 개정되었다. 이 체계는 훈령 제21조에 명시한 대로 합동성 차원에서 미래를 준비하는 총체적인 노력을 지원하는 체계로서 현존전력을 극대화하고, 미래 전투발전 소요를 창출하기 위한 것으로 미래전에서 '합동작전부대가 어떻게 작전을 할 것인가?' 그리고 이를 위해서 '합동작전부대에 요구되는 능력이 무엇인가?'를 제시하고 합동전투발전 분야별로 소요를 창출하는 체계로서 〈그림 3〉과 같이 이루어져 있다.

이 합동전투발전체계는 합동개념을 발전시키고 분야별 소요를 창출하는 체계로서 ·1단계 합동개념 발전은 미래에 싸우는 방법에 대한 개념(미래합동작전기본개념서)을 제시하고, 요구 능력(합동작전요구능력서)을 도출하는 단계이며, 『미래합동작전기본개념서』는 합동전투발전체계의 최상위 문서로서 합동작전부대의 '미래에 싸우는 방법'과 '무엇을 준비할 것인가?'에 대한 개념을 제시하여, 미래 합동작전 개념을 이해시켜서 공통적인 사고의 틀을 형성하고, 미래 합동작전을 가시화한다. 그리고 합동작전요구능력서 및 각 군 개념발전 지침을 제공하고, 미래에 요구되는 능력에 대한 연구와 실험을 위한 지침을 제공하는 역할을 하는 것이다.

〈그림 3〉 합동전투발전체계도[18)]

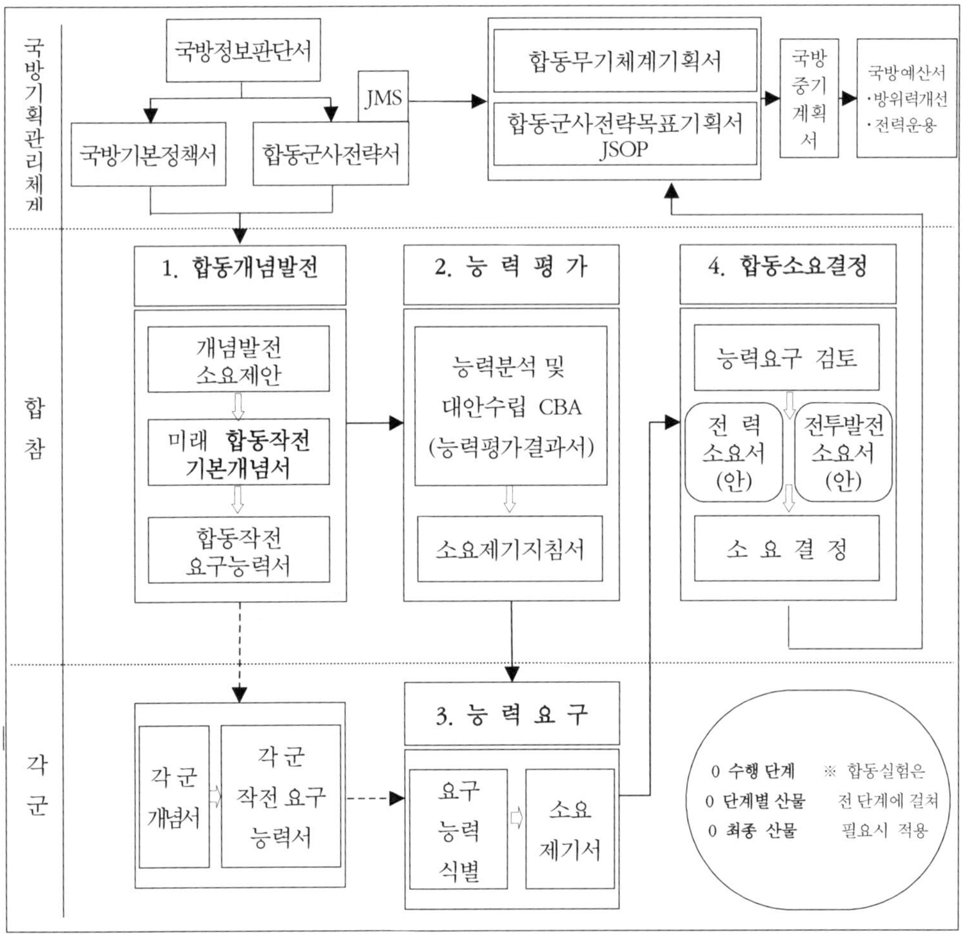

결국 『합동작전요구 능력서』는 『미래합동작전기본 개념서』에서 제시된 '싸우는 방법'과 이를 위해 '요구되는 능력'을 구체화하여 능력평가를 위한 기초를 제공하는 문서가 된다. ·2단계 능력

18) 위의 책, pp.1-20~1-22.

평가는 현재 능력을 평가하고 미래에 요구되는 능력을 도출하여 부족 능력을 식별한 후, 이를 극복하기 위한 최적의 대안을 수립하고 『소요제기지침서』를 작성하여 하달하는 단계이다. 이 단계는 능력기반 소요기획을 위한 핵심으로 미래에 요구되는 전력 소요에서 부족 능력을 식별하고, 대안을 제시하여 소요를 창출하는 방법을 말하는 것으로 구체적으로는 합동작전계획 및 교리로부터 현 능력을 도출하고, 미래합동작전기본개념으로부터 목표 능력을 도출하여 미래에 요구되는 전력소요의 부족능력(목표 능력-현 능력)을 식별한 후, 최적의 대안을 제시하여 합동전투발전분야별로 소요를 제기하는 과정으로 수행한다. ·3단계 능력요구 단계에서는 각 소요제기 기관이 소요제기 지침서에 제시된 대안에 대한 작전요구 능력 또는 발전방향을 도출한 후, 『소요제기서』를 작성하여 합참에 제출하는 단계이다. 마지막으로 ·4단계는 합동소요결정 단계로서 소요 결정은 합참 참모부, 각 군 및 해병대, 합동부대의 『소요제기서』를 합참 전략기획본부에서 종합한 후, 중복 또는 누락 여부 검토, 합동실험 등을 거쳐 합동성위원회 및 합동참모회의에서 소요를 결정하게 된다. 그리고 합동전투발전 분야는 교리(Doctrine), 교육훈련(Training), 무기·장비(Material), 인적자원(Personnel), 시설(Facilities)을 포함한 것으로 DOTMPF라고 부르기도 한다.[19]

·분석 : 이번 합동교범 5-0 「합동기획」에는 많은 내용이 삭제되고 삽입되었다. 특히 새로운 내용인 합동전투발전체계도(〈그림 3〉)를 좀 자세히 살펴볼 필요성이 있다. 특히 기존의 조직 확대나 추가 인원의 편제가 지원되지 않은 상태에서 새로운 기획문서가 생겨났다는 것이다. 어떻게 보면 기존의 〈그림 1〉 국방기획체계에서 설명된 내용에서 문서작성 대상 기간을 표시하지 않은 상태에서 살펴보면 기존의 소요제기 절차와 중복되지 않는가 하는 의문이 든다. 물론 합동전투발전체계를 먼 미래(F+8년 이후라고 가정)의 일이라고 생각하면 필요한 것은 사실이다.

그러나 미군의 합동전투발전체계는 위협기반 소요제기에서 능력기반 소요제기로 변경이 되는 과정에서 자연스럽게 발전한 체계라고 보이지만 우리가 신규 반영한 합동전투발전체계는 미군이 채택했다고 해서 우리가 처해있는 남북 간의 상황과 우리의 능력으로 주변국들에 대한 미래를 준비한다는 것이 우리의 능력으로 할 수 있는 것인지, 아니면 우리의 능력 범위를 벗어나는 것은 아닌지 잘 검토해보고 가야 하지 않을까 하는 의문이 든다. 그렇지만 현실적으로는 2007년 9월 합동전투발전업무훈령이 발효되고 또한 4번의 개정 과정을 거치면서 상황이야 어떻게 변하든 기존의 기획체계 속에 합동전투발전은 자리 잡기를 시도하고 있으며, 최초로 합동교범 5-0 「합동기획」에 수록되었다는 사실이다.

이러한 합동전투발전업무훈령에 따른 합동교범 제정과 개정 과정에 있어서 공군이 관심은 가지고 있을지 몰라도 현행 작전과 현재의 사업에 몰두한 나머지, 합참이나 합동대 차원에서 진행되고 있는 합동작전과 관련된 훈령, 교범의 개정 과정에 있어서 약간은 등한시하고 있지는 않은지 고민해 보아야 할 것이다. 미래전에 있어서 '합동작전부대가 어떻게 작전을 할 것인가?'에 대한 개념적인 문제의 현재 업무를 등한시하게 되면 '합동작전부대에 요구되는 능력이 무엇인가?'에 대한 결과인 미래 합동작전부대에 소속된 공군의 정상적인 작전을 위한 무기체계 도입이 이루어

19) 앞의 책, p.1-20~1-22.

지기 어렵다는 것을 인지해야 할 것이다. 물론 공군 고유의 작전과 영역에 대한 부분은 문제없이 이루어지겠지만 기존의 틀을 유지하면서 원만하게 작전을 전개하기 위해서는 미래 작전개념이 포함된 합동전투발전 업무에 대한 적극적인 관심과 실질적인 개입이 필요할 것이다.

·공군 교범 3 『작전』(2015.12.) : 한편 작전기획과 관련된 공군의 교범은 1997년 진행된 교리체계 발전을 위한 기본교리-기준교리-운용교리-전술교리 4단계 구분에서 출발한다. 기준교리를 공군기획, 인사, 공군정보, 공군작전, 공군군수, 공군 C4I 체계의 6가지 항목으로 결정하였고, 연구를 거쳐 1999년 12월 『공군작전』 교범이 최초로 제정되었다. 2003년, 공군교리발전사업계획에 따라 한국적 여건과 전장 환경 및 현대전에 부합하는 항공우주 작전 교리제정의 필요성이 제기되어 2004년 12월 『항공작전』이라는 제목으로 이라크 전쟁 이후 변화된 전쟁수행 개념과 항공우주력의 위상, 항공전략 이론과 주요 개념 등을 반영하여 현대전의 핵심적 역할을 수행하는 항공우주작전에 대한 개념 및 원칙을 제공하는데 목표를 두었다. 2011년, 공군기준교리 개정 시기 도래와 참모기능 중심의 공군교리체계개선('10.9.1.) 내용을 반영하고, 합동기본교리 개정('11.5.)과 연계하고, 현대전 양상과 전쟁 수행 개념 변화를 반영하기 위해 동년 12월 『작전』 제정판을 발간하게 되었다. 여기에는 항공우주작전개념, 항공우주작전 계획, 항공우주작전 수행, 교육 및 훈련 등의 내용이 포함되었다. 이후 작전 기준교범의 개정시기 도래와 교리·교범체계 재정립('14.11.) 내용을 준용하여 『작전』 '기준교리'에서 『작전』 '기준교범'으로 2015년 12월부로 명칭을 변경하여 개정하였다.

2015년 개정판은 공군기본교범('15.12.)과 미래항공우주작전기본개념서('15.6.) 그리고 군사기본교리('14.12.) 및 합동작전교범('15.12.), 미래합동작전기본개념서('14.11.), 미공군 작전교범('13.6.) 등의 내용을 연구 분석하여 항공우주작전 및 연합·합동작전과의 작전수행 개념에 관한 연계성을 유지하고 현대전 양상과 전쟁수행 개념 변화를 반영하여 개정하였다. 기준교리로서 공군의 「작전」 교범은 앞선 설명에서와 같이 역사적으로는 교리체계발전에 따라 3번의 제정과정이 있었는데, 이것은 공군 전력의 전장 영역 확대로 인해 1999년 12월 최초 제정시 『공군작전』, 2004년 12월 『항공작전』, 2011년 12월 『작전』이라는 기준교리의 명칭 변화뿐만 아니라 내용 면에서도 많은 변화가 있어서 새로 만들었다는 의미에서 제정이라고 부르게 되었고, 교리·교범체계 재정립('14.11.) 계획에 따라서 2015년 12월 『작전』 '기준교범'으로 개정되었다.

전쟁 수행의 개념이 변화한다는 측면에서 볼 때, 기준교범으로서 공군교범 3 『작전』은 전쟁 수행개념 변화와 현대전 양상에 적합하도록 항공력을 바탕으로 연합·합동작전과의 연계성을 유지하면서 작전수행이 가능하도록 개념을 통일하여 개정되었다고 보인다. 특히, 인간이 어떻게 할 수 없는 지형과 기후적 요인, 급격한 변화 속에 있는 사회적 기술적 요인, 그리고 예측할 수 없는 작전적 환경을 분석하여 공군이 지향하고 있는 네트워크 기반 아래, 효과 중심의 공세적 항공우주작전 개념과 항공우주력 운용 원칙을 재정립하였다는 점에서 그 중요성을 말할 수 있다.

〈그림 4〉 항공우주작전 기능

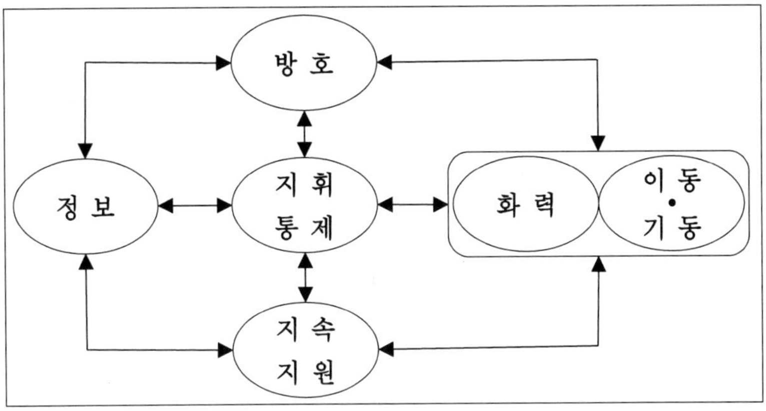

특히 〈그림 4〉에서 보듯이 '합동 기능'을 강화하기 위하여 항공우주작전의 기능 부분에서 지휘통제를 중심으로 정보, 화력, 이동 및 기동, 방호, 지속지원의 6가지로 구분함으로 작전의 명확성과 임무의 구분으로 인해 작전 요원들에 대한 계획수립과 상하 간의 명령 하달과 수행의 명확함을 기할 수 있을 것이다. 지휘구조 측면에서 볼 때 작전 수행을 위한 '지휘통제체계 및 기구'로서 한국 항공우주작전본부(KAOC)를 중심으로 중앙집권적 통제와 관련 기구들의 분권적 임무 수행을 위한 편성과 작전 수행상의 지휘 관계를 〈그림 5〉와 같이 재정립한 것은 그 권한과 책임을 명확하게 하고, 임무를 효과적으로 수행하게 될 것이다.

〈그림 5〉 한국전구 항공우주 통제체계

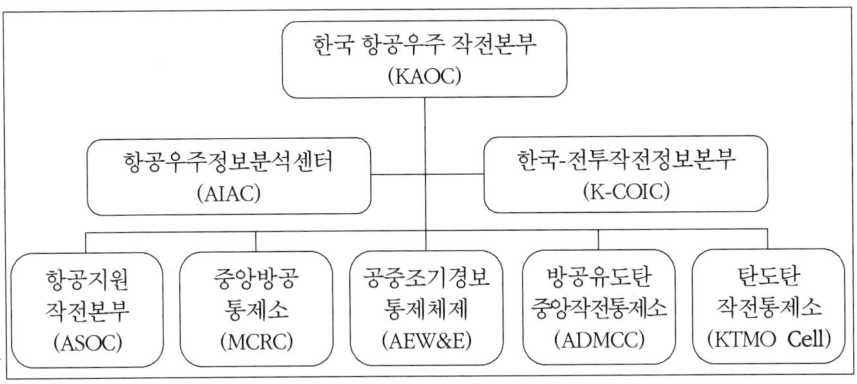

끝으로 항공우주작전 기획과 계획을 위한 작전구상 및 7단계의 '작전계획 수립절차'를 정립하여 수립된 작전계획 수행을 위한 작전준비, 작전 수행, 평가절차 등 작전 수행 절차를 체계적으로 정립하였다. 공군교범 3 『작전』은 기능 면에서 합동작전 수행에 적합하도록 하였고, 편성과 지휘구조에서도 잘 만들어졌다고 할 수 있으며, 특히 작전계획 수립에 대한 명확한 절차를 수립했다는 점에서 적절한 개정이었다고 할 수 있다. 그러나, 기능과 편성 지휘구조, 작전계획 수립절차는 잘 만들어졌지만, 작전계획수립에 필요한 세부적인 부분을 다루는 운용교리 부분에서는 아직 미흡하다고 할 수 있다. 단적인 예로 연합사에서 사용하고 있는 『한미 공동 계획작성 지침서』(2012.2.23. 초안)[20]만 하여도 정식 교범이 아닌 지침서 형태로 사용되고 있으며, 합참에서 사용하고 있는 『계획관 편람(Planner's Handbook)』(2017.10.16.) 책자도 작전계획 수립반(OPT : Operation Plan Team) 운영 등 계획발전 업무 시 합참의 계획관 참고용으로 사무실 차원에서 작성하여 사용하고 있으며, 공군작전사령부에서는 교범이 아닌 『SMART BOOK』[21]이라는 명칭으로 2010년 최초 발간한 이래 2017년 1월 개정판이 발간되어 사용되고 있다. 이러한 현상들은 한미 연합작전을 수행해야 하는 현장의 실무담당자들이 작전계획과 시행단계에 있어서 얼마나 많은 어려움이 있으며, 업무개선을 위한 노력이 대부분 실무자 수준에서 진행되고 있다는 것으로 지휘관들의 관심과 제도화 노력이 있어야 할 분야로 보인다.

이러한 한국군의 기획관리제도와 작전기획 분야의 현상에 대한 대안으로서 작전술을 통한 작전계획수립 절차를 알아보고자 한다.

6. 작전술을 통한 작전계획수립 능력 향상

·전쟁의 수준 : 일반적으로 전쟁의 수준을 전략적, 작전적, 전술적 수준으로 나누고 각 수준은 별개의 것이 아니라 상호 간에 밀접한 관계가 있으며 각 수준의 행위들이 다른 수준에 영향을 미칠 수 있다. 이들 수준 간에는 부대의 규모나 작전의 크기 등 물리적으로 명확하게 경계선을 그을 수는 없고, 무엇을 달성할 것이냐 하는 목적에 따라서 수준이 구분된다고 할 수 있으며, 전쟁의 수준과 군사 활동, 용병술 체계 그리고 적용 제대와의 관계를 〈그림 6〉과 같이 표시할 수 있다.

·용병술 : 과거의 전쟁에서 국가지도자와 군사 지휘관이 동일 하였기 때문에 용병술이란 의미는 국가의 모든 위기상황에서 국가안보를 지키기 위해 군사력을 포함한 국가자원을 사용하는 모든 행위가 포함되었으나, 최근에는 전쟁의 규모도 확대되었고 장비의 다양화와 복잡성 등으로 국가지도자와 군사 지휘관이 다르게 되었고, 전쟁의 형태도 제한전에서 총력전 형태로 그 양상이 변화됨으로 인해서 전쟁의 수단이 군사력뿐 아니라 국가의 모든 국력이 사용될 수 있다는 점을 고려했을 때 과거와는 달리 용병술이라는 용어를 군사 분야에 한정하는 것이 적절한 것으로 보인다. 그리고 합동참모본부에서 발행한 『합동·연합작전 군사용어사전』에서 *"용병술(military art)은 전쟁을 준비하고 수행하는 제반 활동으로서, 국가안보를 달성하기 위한 군사전략, 작전술 및 전술을 망라한 이론과 실제를 말한다."*고 정의하고 있고, 공군본부 발행 『군사용어사전』에서는 "전쟁을 준비하고 수행하는 제반 활동, 국가안보 목표를 달성하기 위한 군사전략, 작전술 및 전술을 망라한 이론과 실제를 말함."이라고 정의하고 있다.

20) 합동참모본부&주한미군사령부/유엔군사령부, 『ROK and US BILATERAL』(서울, 2013)
21) 공군작전사령부, 『SMART BOOK』(오산, 2017)

〈그림 6〉 전쟁의 수준과 관련 요소와의 관계[22]

전쟁의 수준	군사 활동	용병술 체계	적용 제대
전략적 수준 (strategic level of war)	전쟁(war)	전략(strategy)	합동참모본부 (각군 본부)
작전적 수준 (operational level of war)	전역(campaign) 대규모 작전 (major operation)	작전술 (operational art)	합동 작전본부 한미연합사, 지·해·공 구성군사 작전사급 제대
전술적 수준 (tactic level of war)	전투(battle) 교전(engagement)	전술 (tactics)	군단급 이하 제대

용병술이라는 것은 과거에도 그랬고, 현재에도 행하여지고 있듯이 국가의 위기상황을 대비한 전쟁준비와 위기 발생시 군사력을 운영 및 운용하는 모든 부분의 이론과 실제를 말하는 것이다. 한국군의 상황을 볼 때, 전쟁의 수준과 관련 요소와의 관계를 설명한 〈그림 6〉에서 말하듯이 전략과 전술은 한국군 단독으로 수립하고 시행할 수 있지만, 작전술 부분은 한미연합사와 지·해·공 구성군사와 한국군 체계가 혼재되어 있음을 알 수 있다. 특히, 전쟁의 수준에 따른 용병술 체계에서 전쟁의 작전적 수준인 작전술(operation art)과 관련된 전역(campaign)과 대규모 작전(major operation)의 주도권은 한국군 제대가 아닌, 한미 연합사와 지·해·공 구성군사에서 가지고 있는 것을 알 수 있다.

그리고 용병술 체계 속에서 작전술의 역할을 설명하고 있는 〈그림 7〉을 참조하면 전략과 전술을 연결하고, 군사작전에서 승리하기 위한 작전계획 수립과 군사작전 수행과 관련한 주도적인 역할은 한국군이 아닌 미군들에 의해서 이루어지고 있다는 것을 알 수 있다. 이러한 부분을 볼 때 전시작전권 환수에 대비한 한국군의 능력 향상을 위한 해결책으로 작전술이 한 방법이 아닌가 생각된다. 특히 한국공군은 전략목표를 달성하기 위한 독립작전보다는 미군과의 연합작전 체계 내에서 작전이 수행되기 때문에 작전술이 차지하는 부분은 대단히 중요하다고 보인다.

·작전술 : 작전술이라는 것은 1·2차 세계대전을 거치면서 전쟁의 규모 측면에서 볼 때 참전군인의 수가 수백만으로 확대되고, 전장도 한 개의 전장이 아닌 여러 곳에서 많은 전투가 이루어지고, 전쟁의 기간도 단기전이 아닌 장기전 형태로 변화됨에 따라 전쟁의 승패가 한 번의 전투가 아닌 수많은 전투 결과를 종합한 결과, 승리와 패배가 결정됨으로 인해 제한된 국력을 사용하여 전투와 전투를 연결하고 조직화하여 각 전투의 결과를 통합시키는 새로운 창의적인 방법으로 작전술이 개발된 것이다. 작전술이 최초로 등장한 것은 1920년대 소련의 스베친(A. Svechin)에 의해 '작전술'이라는 용어가 처음으로 사용되었고, 구 소련이 1965년 작전술을 공식적인 교리로 채택하여 선도적인 역할을 하였으며, 미군은 월남전을 분석한 결과 1982년 FM 100-5『작전요무령』교범에 공식적으로 적용하였다.[23]

---

22) 공군본부, 공군교범 0『공군 기본교리』(공군본부, 2015), p.25.

〈그림 7〉 용병술 체계와 작전술[24)]

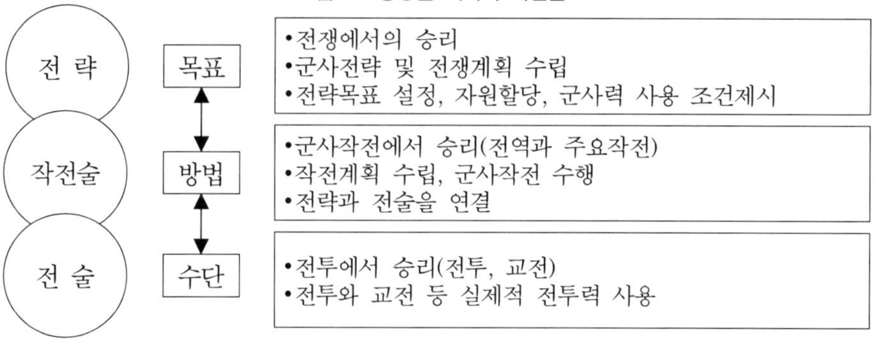

공군본부 발행 『군사용어사전』에서 작전술(Operation Art)은 *"군사전략목표를 달성할 수 있도록 전역 또는 주요 작전을 구상하고, 군사력을 조직하여 운용하기 위해 숙련된 능력, 지식, 경험을 창의적으로 적용하는 것"*이라고 정의하고 있다. 작전술의 역할은 여러 가지 요소가 있겠지만 먼저 군사전략과 전술을 연결하는 것으로 전략지시를 수행한다는 차원에서 군사전략을 이해하고, 전략개념을 군사작전으로 전환하는 것이다. 군사작전을 계획하는 작전술 담당제대는 지휘관과 참모들을 중심으로 작전구상을 통해서 작전계획을 수립하여 전술적 제대에서 군사전략 목표를 달성할 수 있도록 전투 및 교전의 사용을 지휘하고, 예측 불가능하고 가변적인 전장에서의 즉각적인 결심과 통제를 통해서 작전지도를 하는 것이 그 주요한 역할이며, 특히 항공우주작전 계획 수립을 위한 절차가 중요하다고 생각된다.

·합동작전계획과 항공우주작전계획 수립절차 : 〈그림 8〉 작전계획 수립절차는 작전술에 있어서 군사전략의 목적을 달성하기 위한 전략지침을 군사력을 운용하는 군사계획을 발전시켜 유사시에는 작전명령으로 하달하여 군사력을 직접적으로 운용하기 위한 합동 작전계획 수립절차 7단계를 설명한 것이다. 현재 연합사와 합참은 공동작계 작성이나 훈련을 위한 모든 절차를 위의 절차에 의해서 수행하고 있다.

공군교범 3 『작전』에서 *'항공우주작전 계획은 군사전략 목표 달성에 기여할 수 있도록 항공우주력 운용과 관련하여 '합동작전기획' 및 공군 기준교범 '기획'의 작전구상과 작전계획수립 절차 등의 관련 내용을 준용하여 수립하며, 공중 및 우주작전과 관련된 과업수행에 대한 청사진을 제공해 주는데, 이는 항공임무명령서(ATO) 작성과정을 통해 수행된다. 작전계획 수립은 작전구상을 통해 형성된 기본 틀 내에서 규정된 절차를 적용하여 작전준비 및 수행을 위한 구체적인 항공우주 작전계획 또는 연합·합동 작전계획의 지원계획을 수립하는 과정이다.'*고 명시 되어있다.

23) 위의 책, p.107.
24) 노양규, 『작전술』(충남대학교출판문화원, 2016), p.18.

〈그림 8〉 작전계획 수립절차[25]

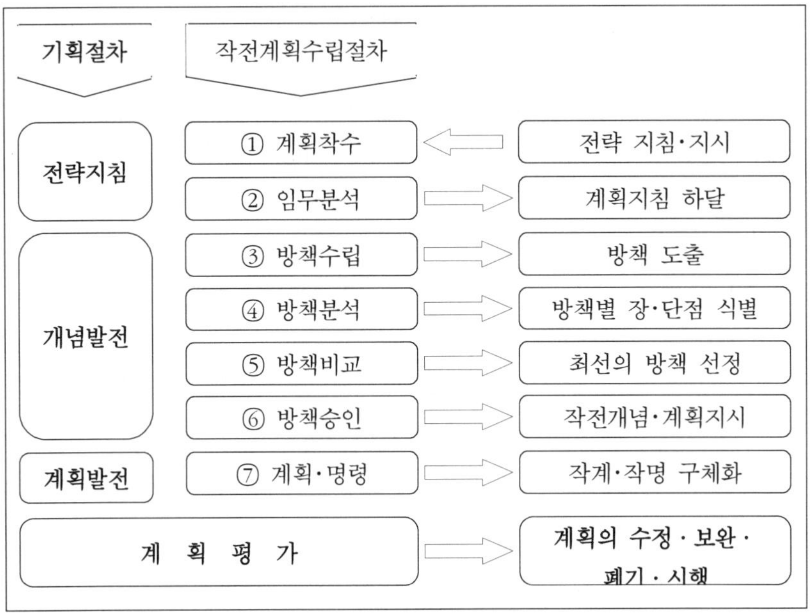

〈그림 9〉 항공우주 작전 수행 과정[26]

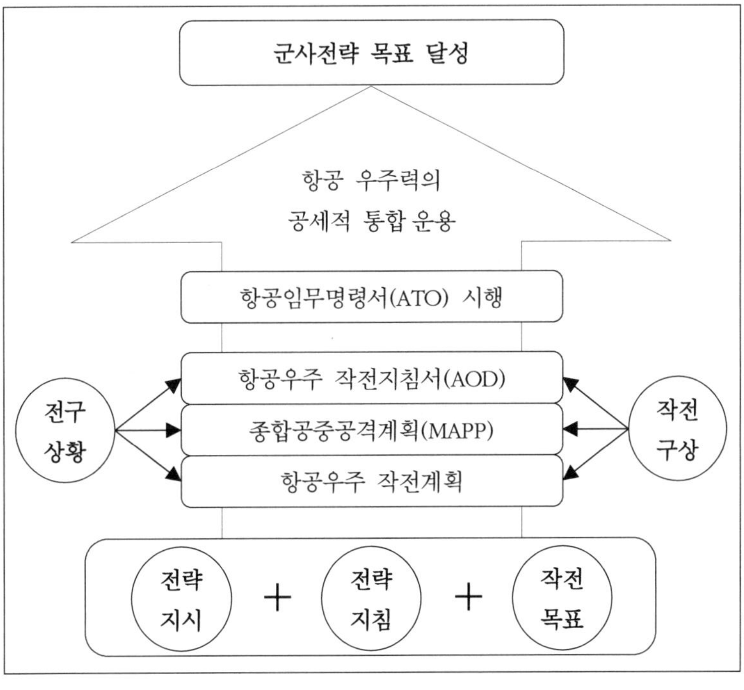

25) 공군본부, 공군교범 3 『작전』(공군본부, 2015), p.41.
26) 공군본부, 공군 교범 3 『작전』(공군본부, 2015), p.47.

〈그림 9〉는 항공우주 작전 수행 과정을 설명한 것으로 여기서 항공우주 작전계획과 합동 작전계획과의 관계에 대한 명확한 이해와 절차가 필요하다. 합동기획에서 진행되는 작전계획수립 절차와 항공우주 작전을 위한 작전계획수립절차는 모두 7단계로 구성되어 동일 과정을 수행하는 것으로 되어있으나, 합동기획의 작전계획 수립에서는 공군 전력만을 고려한 작전계획 수립이 아닌 관계로 연합사와 합참 차원에서 모든 전력을 대상으로 작전계획을 수립하게 되며, 이 절차가 완료되어 연합사의 작전계획이 수립된 이후에 공작사 차원의 항공우주 작전계획 7단계 절차가 처음부터 다시 시작된다.

〈그림 9〉 항공우주 작전 수행 과정에서 말하고 있듯이 전구 상황과 작전구상은 합동기획에서 이루어졌던 내용이 그대로 항공우주 작전계획 수립과 수행 과정에도 적용이 되고 있다는 것이다.

·분석 : 앞서 서론에서 언급한 바와 같이 한반도를 중심으로 동북아의 군비경쟁이 항공 우주력을 중심으로 이루어지고 있기에 항공 우주력의 특성인 고도, 속도, 거리, 융통성, 치명성, 동시성, 지속성에 대한 이해가 없이 각 군의 무기체계를 골고루 사용한다는 관점에서 작전계획이 수립될 경우 공격 목표 설정과 전략 목표 달성을 위한 비효율적인 군사목표 설정이 불합리하게 이루어질 여지가 있다는 것이다. 특히 작전계획 수립과 연습을 진행하고 있는 담당관들은 초기 보임 시에 많은 시행착오와 전임자들이 구축해 놓은 절차에 의해서 업무를 수행하고 있는 차원이며, 명확하게 규정화되어 있지는 않다. 이것은 한국군이 주도적으로 하는 것이 아니고, 연합작전을 수행하는 미군에 의해서 이루어지다 보니 생겨나는 현상이며, 현장에서 작전계획을 수립하는 담당관들은 어쩔 수 없이 미군들의 작전구상이나 작전계획 수립절차가 변경될 때마다 연합사에서 발행하는 지침서나 협조에 의해서 업무가 진행되는 것이다. 이렇게 작전계획 수립 절차가 진행될 경우 한국군의 군 특성상 빠른 보고를 위해서는 한미간의 공동이익에서 한국의 이익보다는 미국의 이익에 좀 더 가까운 결정이 될 가능성이 농후한 것이 현실이다.

결국, 공군작전사령부 차원에서 연합사 작전계획 발전단계에서 진행되는 작전계획 수립반(OPT) 운영 시 항공우주력의 특성이 적절히 반영되기 위해서는 담당관을 포함하여 공군작전사령부 차원의 적극적인 개입이 필요한 것이다. 그리고 이러한 현실을 반영하기 위해서는 작전술 수준의 작전구상에 필요한 상황판단과 적 정보를 포함한 포괄적이고도 광범위한 영역에 대한 정보 능력확보가 필요하고, 작전기획 능력 향상을 위한 관련 인력양성을 포함한 작전술 수준의 작전계획수립절차의 교리체계 내에 명문화하고 주기적인 검토와 보완을 통해서 미군과의 업무 협조 시에도 근거에 입각하고 우리의 국익을 앞세운 안보 목적에 부합되는 군사목표를 설정하고 항공력의 특성을 적절히 반영한 개념을 설정하고 목표와 수단을 운용하는 작전술 차원의 작전계획수립 능력을 향상시켜 나가는 노력이 필요한 것으로 보인다.

7. 맺음말

현재 한반도를 중심으로 일어나고 있는 항공·우주력 중심의 동북아 국가들에서 나타나는 군비경쟁은 국제 관계의 균형을 흔들 수 있는 요소가 될 것이다. 특히, 한국은 주변국에 비하여 인구나 국토 등 대부분 면에서 그 규모가 상대적으로 소규모이기 때문에 동일한 군비경쟁을 하기에는 어려운 형편이다. 그러나 역사적으로 볼 때 규모가 큰 국가가 힘이 세다고 하여 항상 패권을 차지하는 것이 아니라는 것을 알고 있다면, 이제는 그 방법을 찾는 것이 무척이나 의미가 있는 과제가 될 것이다.

항공 우주력의 기본 특성인 고도, 속도, 거리, 그리고 부가 특성인 융통성, 치명성, 동시성, 지속성[27]은 국가안보 목표를 달성하기 위한 가장 적합한 도구로서 그 내용을 잘 이해하고 어떻게 운용하느냐에 따라서 잠재적 적성국과의 대결에서 우세한 환경을 조성하여 승리할 수 있다는 사실을 이스라엘의 중동전을 통해서 잘 알고 있다. 전시 작전통제권 환수를 앞두고, 군사력을 통한 국가안보 목표달성을 지원하는 방법에 있어서 평시 완벽한 항공우주 작전계획 수립과 위기 시 효과적으로 그 계획을 시행하는 것을 과제의 해결책으로 제시하고자 하였다.

군사 분야에서 기획은 '설정된 국가안보 목적을 달성하기 위해서 국내외 안보환경을 판단하고, 군사전략 목표를 설정하며, 목표달성을 위한 군사력 건설을 위한 소요 판단 및 자원할당 업무와 군사력 운용과 관련된 작전 수행에 관련된 모든 행위를 말한다. 그리고 계획은 이러한 기획 행위를 통해서 생산된 각종 산물(작전계획, 명령)을 말하는 것이다. 이러한 측면에서 한국군의 능력을 정보 능력과 군사전략 수립 분야, 군사력 건설 분야, 작전 운용 분야로 나누어 분석해 보았다.

그 결과 정보 능력과 군사전략 수립 분야에서 미군과의 연합작전으로 인한 한국군의 정보 수집능력과 군사전략 수립 관련한 분야는 기술적으로 미진하고, 경제적으로도 어려움이 있으며, 이는 장기간에 걸친 예산의 투자와 노력이 필요한 것으로 확인되었다. 군사력 건설 분야는 1974년 「율곡사업」으로 시작하여, 미군의 제도를 도입하고 자체적인 노력으로 자생력을 가지고 발전하고 있으나, 군사전략과 연계된 부분에서 약간의 미흡한 부분이 식별되고 있다. 끝으로 작전 운용 분야는 1950년 7월 14일부로 이양된 작전통제권으로 인해 발전에 많은 어려움이 있으며, 작전계획을 수립하기 위한 인력과 조직이 아주 미흡한 상태이다.

대안으로서 정보수집과 군사전략 수립과 관련된 노력은 예산을 많이 투입한다고 해서 해결되는 문제는 아니며, 오랜 시간에 걸친 관심과 투자를 병행해야 가능할 것이다. Global Hawk 등 자산의 도입이 진행되고는 있으나 하드웨어적인 확장뿐만 아니라, 소프트웨어적인 조직과 정보를 활용하여 어떻게 우리에게 유리한 군사전략을 수립할 것인지에 대한 지속적인 관심과 지원이 계속되어야 할 것으로 보인다.

군사력 건설 분야는 기획체계의 운영이 오래되고 우리의 예산과 우리의 의지로 진행되기 때문에 체계상으로는 문제가 없어 보인다. 그러나 군사전략이라는 시각으로 바라보았을 때는 목표달성을 위한 수단의 확보가 아니라, 수단을 확보하기 위한 목표설정이 되지 않도록 해야 할 것이다. 이것은 앞서 연구된 정보를 통한 소프트웨어적으로 접근하기 위해서는 무기체계 획득 분야 전문 인력양성과 조직을 마련해야 할 것이다.

끝으로 군사력 운용 분야는 한·미 연합작전을 고려한 접근이 필요하다. 특히 공군 작전기획

---

27) 앞의 책, 『공군 기본교리』, p.55.

전문가가 없는 상태에서 작전계획수립을 하는 것은 미군들이 주도하는 합동 작전기획의 틀 속에서 대한민국의 국익을 위한 우리의 의지를 반영하는 것이 생각보다 쉽지 않기 때문에 항공력에 대한 이해가 풍부한 공군 요원을 양성하여, 합참과 연합사, 작전사 등의 작전기획 분야에서 작전계획을 수립하는 작전구상 단계에서부터 노력해야 할 것이다.

이미, 한국 육군은 작전술과 작전기획의 중요성을 인지하고 미 육군의 SAMS 과정[28]에 입과 하여 교육을 진행 중이며, 여러 명의 전문가를 양성하여 연합사와 합참에서 활용하고 있다. 그리고 미 공군 대학에서는 SAASS라는 과정[29]이 개설되어 약 1년간 군사이론을 포함하여, 전략 기획과 계획 전문가를 양성하는 과정이 운영되고 있다. 늦은 감이 있지만, 한국공군은 조금이라도 빨리 전문가 양성에 노력하여야 할 것이다. 한국 합참 주도의 정상적인 작전기획과 작전계획을 수립하기 위해서는 육군 작전기획 및 계획 전문가뿐만 아니라 해·공군의 작전기획 및 계획 전문가들이 1:1:1의 비율로 동등한 자격에서 작전기획과 작전계획을 수립할 때에 효과적이고 경제적인 작전기획과 작전계획이 작성될 것으로 생각된다. 이러한 조치들은 실무자 선에서 이루어지기 어려운 것으로서 최고 지휘관들의 관심과 실무자들의 노력이 같이 갈 때 이루어질 것이다.

이제 한국군의 전시 독자적인 작전을 뒷받침해 줄 전시작전권 환수는 멀지 않았다고 생각된다. 단지 우리가 준비해야 할 것은 대한민국 국가안보 목표를 달성하기 위한 군사전략을 수립하고, 지상군 중심의 작전이 아닌 전장의 규모에 따라, 전술적 상황에 따라 승리를 위한 가장 효과적이고 경제적인 군사력 건설과 운용이다. 앞서 논의한 바와 같이 한반도 주변국들과 군비경쟁은 한국의 경제를 피폐 시킬지도 모른다. 부디 작전기획과 작전술, 그리고 작전계획수립에서부터 항공 우주력을 활용한 계획수립으로 주변국이 군사적으로는 넘보지 못하도록 하는 날을 기대해 본다.♠

28) SAMS(School of Advancde Military Studies) : 약 11개월간 미군과 영, 캐, 독, 프 등 영어권 및 NATO 등 소령급 장교를 대상으로 외국군 15명을 포함하여, 약 135명으로 구성되며, 작전계획 및 군사전략 수립 등 작전술 전문가 육성과정으로 현재 한국군은 1명이 재학('18.6.30.~'19.5.30.) 중에 있음.

29) SAASS(School of Advanced Air and Space Studies) : 약 1년간 미군과 영, 캐, 네덜란드, 일본, NATO 등 주요 동맹국의 소령급 장교를 대상으로 군사이론과 전략기획 등을 교육하고 있음.

<참 고 문 헌>

●단행본 및 기타

·노양규, 『작전술』, 충남대학교출판문화원, 2016.

·공군본부, 『공군 기획관리 기본규정』, 서울 : 공군본부, 2017.7.1.
·공군본부, 공군 교범 0 『공군 기본교리』, 공군본부, 2015.
·공군본부, 공군 교범 3 『작전』, 공군본부, 2015.
·공군작전사령부, 『SMART BOOK』, 오산, 2017.
·국방부, 훈령 제2048호 『국방기획관리 훈령』, 국방부, 2017.6.29.
·국방부, 훈령 제2068호 『합동 전투발전업무 훈령』, 국방부, 2017.9.20.
·합동참모본부, 『합동 교범 5-0 합동기획』, 합동대, 2018.
·합동참모본부, 『합동·연합작전 군사용어 사전』, 합동군사대학교, 합동 교범 10-2, 2014.12.31.
·합동참모본부&주한미군사령부/유엔군사령부, 『ROK and US BILATERAL』, 서울, 2013.

·Arthur F. Lykke, Jr. "Toward an understanding of military strategy" 『군사 전략론』, 이종학, 충남대학교출판문화원, 2015)

·서울 news 1, 장용석 기자(2016.07.22 자), http://news1.kr/articles/?2727926 (검색일 : 2018.8.29.)
·연합뉴스(2018. 2. 10 자) jooho@yna.co.kr,
http://www.yonhapnews.co.kr/bulletin/2018/02/10/0200000000AKR20180210025200089.HTML?from=search (검색일 : 2018.8.29.)
·서울신문(2018. 3. 29), 박홍환 선임기자,
http://www.seoul.co.kr/news/newsView.php?id=20180330005005 (검색일 : 2018.8.29.)
· Wikipedia, MRTT : Multi-Role Tanker Transport(다목적 공중급유 수송기),
https://en.xikipedia.org/wiki/MRTT (검색일 : 2018.11.14.)
·Naver data lab '기획', '계획'(검색일 : 2018.9.28.)
http://terms.naver.com/entry.nhn?docid=76069&cid=42155&categoryId=42155(검색일:2018.11.14)
·Naver, 『한국민족문화대백과』(검색일 : 2018.9.28.), "율곡 사업" '1974년 대북 전력 격차 해소를 위해 수립한 한국군 전투력 증강계획으로 1986부터 전력 정비사업으로 변경'
http://terms.naver.com/entry.nhn?docid=572106&cid=46628&categoryId=46628(검색일:2018.11.14.)
·서울신문, 오세진 기자, '한·미 오늘 SCM서 전작권 전환·연합훈련 유예 현안 논의'(2018.10.31.)
http://www.seoul.co.kr/news/newsView.php?id=20181031500001&wlog_tag3=naver(검색일:2018.11.14.)

XIV. 러시아-우크라이나전의 군사 교리적 함의[1)]

안 재 봉※

1. 머리말

2023년 10월 7일, 하마스가 이끄는 팔레스타인 무장 단체가 로켓 포격과 함께 차량을 이용하여 이스라엘의 가자지구를 무력으로 침공하자, 이스라엘은 반격으로 대응하며 2023년 10월 8일 공식적으로 하마스에 전쟁을 선포했다. 하마스가 침공한 이날은 유대교의 초막절을 기념하기 위해 레임 키브츠 인근에서 '슈퍼노바 초막절 행사'를 진행하고 있었던 관계로 최소 1,300만 명의 이스라엘 국민이 사망하는 참사가 발생한 것이다. 이로써 지금 지구상에는 2개의 전쟁이 치러지고 있다.

러시아의 침공으로 발발한 러시아-우크라이나전은 개전 초 세계의 많은 전문가들이 양국의 군사력[2)] 차이를 바탕으로 '다윗' 우크라이나와 '골리앗' 러시아의 싸움으로 판단하고, 빠르면 며칠, 길면 몇 주 만에 러시아가 일방적으로 승리할 것이라고 예측하였다. 그러나 이 같은 예측은 빗나가고 말았다. 일방적으로 패배할 것이라 생각했던 우크라이나는 볼로디미르 젤렌스키(Volodymyr Zelensky) 대통령을 중심으로 전 국민이 똘똘 뭉쳐 항전의지를 불태움으로써 세계를 놀라게 했다. 젤렌스키 대통령은 미국과 유럽연합의 정치지도자를 비롯해 전 세계의 자유민주주의 지도자들에게 군사지원을 이끌어냄으로써 21개월째 전쟁을 수행하고 있다.

21개월째 이어지고 있는 러시아-우크라이나 전쟁은 우크라이나의 남부 요충지 헤르손주의 드니프로강 주변 등에서 치열한 전투가 이어지고 있다. 이 전투는 우크라이나가 러시아에 점령당한 헤르손주 남부를 수복하고 러시아의 후방기지가 있는 크림반도를 공격할 교두보를 마련하기 위해서는 반드시 확보해야 할 전략적 요충지이다.

따라서 본 논문에서는 하마스의 이스라엘 침공으로 인해 새로운 국면을 맞이하고 있는 러시

※연세대 항공우주전략연구원 부원장, 예비역 공군 준장, 군사학 박사.

1) 본 논문은 풍석 이종학 교수님의 별세 1주기를 추모하기 위해 김규철 외 13인이 공저한 「우크라이나 전쟁의 시사점과 한국의 국방혁신」(로얄컴퍼니, 2023.2.24.)에 게재되었던 필자의 논문 「새로운 패러다임의 전쟁, 전략적 함의 및 정책 제언」을 보완하여 수록하였음을 밝힙니다.

2) 글로벌 파이어파워(GFP)에 따르면 러시아의 군사력은 세계 2위, 우크라이나의 군사력은 세계 22위로 러시아가 절대적으로 우위를 보이고 있다. 개전 당시, 병력은 현역 기준으로 우크라이나군 25만 5,000명 : 러시아군 101만 4,000명, 전투기 67대 : 1,531대, 공격헬기 34대 : 538대, 탱크 2,430대 : 1만 3,000대, 장갑차 1만 1,435대 : 2만 7,100대, 견인포 2,040문 : 4,465문, 함정 38척 : 605척이었다.

아-우크라이나 전쟁을 군사 교리적 관점에서 분석하고자 한다. 군사교리의 핵심인 전쟁의 원칙(Principles of war)[3] 중에서 목표, 공세, 집중, 기습, 지휘통일의 원칙 측면에서 러시아-우크라이나 전쟁을 분석하고, 걸프전 이후 수행된 현대전의 특징인 항공우주력에 의한 초전 우세 달성, 단기속결전, 전쟁수행 방식의 다양화, 첨단무기전 측면에서 러시아-우크라이나 전쟁을 분석하여 전략적 함의를 도출하였다.

2. 분석의 틀 : 전쟁의 원칙, 현대전의 특징

러시아-우크라이나 전쟁은 개전초부터 21개월째를 맞이하는 지금까지 군사전문가들의 예상을 뛰어넘는 새로운 형태로 전개되고 있다. 군사교리의 핵심인 전쟁의 원칙과 걸프전 이후 수차례 발발한 현대전의 특징을'분석의 틀'로 대입해도 공통점을 식별할 수 없는 새로운 형태의 전쟁이 수행되고 있는 것이다.

이에 따라 전쟁의 원칙 중에서 핵심 요소인 목표의 원칙, 공세의 원칙, 집중의 원칙, 지휘통일의 원칙 측면에서 살펴보고, 현대전의 특징은 걸프전 이후 발발한 코소보전, 아프가니스탄전, 이라크전 교훈을 바탕으로 분석해 보고자 한다.

가. 전쟁의 원칙

전쟁은 다양한 관점에서 정의되고 논의되어왔지만, 한마디로 요약하면 정치적 목적을 달성하기 위해 사회적으로 용인된 국가폭력이다. 클라우제비츠는 전쟁을 대규모 결투, 적에게 강요하는 무력 행동, 다른 수단에 의한 정치의 연속이라고 정의하면서, 전쟁의 수행에는 마찰, 기회, 불확실성이 결합된다고 하였다. 전쟁의 형태는 끊임없이 변화되어왔으나 그 본질은 변하지 않았으며, 그 중심에 전쟁의 원칙이 자리하고 있다. 전쟁의 원칙은 전쟁을 위한 계획 수립, 준비 및 수행 간에 적용해야 할 지배적인 원리로서 전쟁의 전략적·작전적·전술적 수준에서 전쟁을 수행하는데 기준이 되는 원리와 원칙이다. 미군은 역사적으로 아래 〈표 1〉과 같이 9개의 원칙을 견지하고 있다.

〈표 1〉 전쟁의 원칙

목표(Objective)	**공세(Offensive)**	**집중(Mass)**
절용(Economy of Force)	기동(Maneuver)	**기습(Surprise)**
지휘통일(Unity of Command)	보안(Security)	간명(Simplicity)

3) 전쟁의 원칙은 전쟁을 위한 계획 수립, 준비 및 수행 간에 적용해야 할 지배적인 원리이며, 전쟁의 전략적·작전적·전술적 수준에서 전쟁을 수행하는데 기준이 되는 규칙을 말하며, 주로 목표, 공세, 집중, 절용, 기동, 지휘통일, 보안, 기습, 간명의 원칙 등 9개 요소로 구성된다.

위의 9개 전쟁의 원칙 중에서 군사력을 운용하는데 있어 근간을 이루는 목표, 공세, 집중, 기습, 지휘통일의 원칙에 대하여 살펴보고자 한다.

·목표(Objective)의 원칙이란 작전 목표를 달성하기 위해 확보 또는 달성해야 할 대상으로서, 전투력 운용의 지향점이며 전쟁원칙의 구심점이 되는 가장 중요한 요소이다. 모든 군사작전은 명확하게 정의되고 결정적이며 달성 가능한 목표를 지향해야 한다. 전쟁에서 군의 가장 궁극적인 목표는 적 부대와 적의 전투의지를 분쇄하는 것이다. 따라서 전쟁의 모든 수준에서 목표 간의 상호연계성은 매우 중요하며, 모든 군사활동은 궁극적으로 전략목표를 달성하는데 맞춰져야 한다. 작전목표는 전쟁의 목적에 직접적으로 기여해야 하며, 명확하고 결정적이며 달성 가능해야 한다. 작전목표를 설정할 때에는 임무, 적, 지형과 기상, 가용 능력, 가용 시간, 그리고 민간 요소를 총망라해야 하며, 정치지도자에 의해 국가안보목표 등 상위 목표가 수정되거나 상황이 변화될 경우에는 작전수행 중에도 작전목표가 변경될 수 있다.

·공세(Offensive)의 원칙은 아군의 의지를 적에게 강요하는 능동적이며 적극적인 작전활동으로서 공세 행동의 목적은 전장의 주도권을 탈취하고, 유지 및 활용하여 효과적으로 목표를 달성하는데 있다. 목표를 효과적으로 달성하기 위해서는 주도권을 확보하여 행동의 자유를 유지하고 자신의 의지대로 전투를 이끌어 가야 하며, 적의 약점에 대해서는 지속적인 공세행동으로 적의 균형을 와해하고 과오를 확대하며, 동시에 아군의 취약점을 보호해야 한다. 상황에 따라 방어를 실시할 경우에도 조기에 주도권을 탈취하여 공세로 전환할 수 있는 모든 기회를 추구해야 한다.

·집중(Mass)의 원칙은 지휘관이 원하는 장소와 시간에 압도적인 전투력의 효과를 집중하는 것으로, 결정적 성과를 달성하기 위해 가장 유리한 장소와 시간에 집중해야 한다. 걸프전 이후 수행된 현대전에서 결정적 효과를 창출하기 위해 전방위 다차원에서 동시 통합적으로 집중의 원칙을 적용하고 있으며, 물리적 집중보다는 전투력의 효과를 창출하는 데 중점을 두고 있다. 오늘날 집중의 원칙은 기존의 양적인 집중으로부터 정밀성을 이용한 효과의 집중으로 변화하였다. 예컨대, F-35 스텔스 전투기 한 대가 단 1회 출격하여 정밀유도폭탄 1개를 투하하는 것은 제2차 세계대전 중 B-17 폭격기가 4,500회 출격하여 폭탄 9,000개, 월남전에서 F-4 전폭기가 95회 출격하여 폭탄 190개를 투하했을 때와 동일한 성과를 창출한다. 이러한 성과를 창출할 수 있는 가장 큰 이유는 화력의 양 대신에 기술에 바탕을 둔 정밀성과 정보에 기반을 두고 있는 무기체계의 등장에서 비롯되었다.

·기습(Surprise)의 원칙은 예상하지 못한 시간·장소·방법으로 적을 공격하는 것으로, 기습을 통해 전투력의 균형을 결정적으로 전환시킬 수 있다. 기습을 달성하기 위해서는 적이 전혀 예상치 못하게 시행하는 것도 중요하지만 너무 늦게 알아서 효과적으로 대응할 수 없도록 하는 것이 더욱 중요하다. 기습 달성의 요소에는 의사결정의 속도, 효과적인 정보, 부대 이동, 기만, 예기치 못한 전투력 운용, 작전보안 그리고 전술 및 작전 수행 방법의 변화 등 다양하다. 현대전은 우주공간을 이용한 ISR 위성, 유·무인 항공기 등 고도로 발달된 감시 수단 및 기술로 인해 대규모 부대의 은밀한 기동을 식별할 수 있기 때문에 기습을 달성하는데 많은 어려움이 있다.

·지휘통일(Unity of command)의 원칙은 모든 부대가 목표 달성에 책임이 있는 단일 지휘관 하에서

공동의 목적을 추구하며, 작전을 수행하는 것을 말한다. 따라서 모든 목표에 대해 지휘의 통일과 노력의 통일을 보장해야 한다. 지휘통일은 한 명의 책임있는 지휘관이 모든 부대를 통제하는 것을 말하며, 통합 목표 추구시 모든 부대를 지휘하기 위해 필요한 권한을 가진 단일 지휘관이 전권을 행사해야 한다. 지휘통일의 원칙은 단일 지휘관에게 노력의 통일을 보장하기 위해 필수적이며, 노력의 통일은 협동과 협조를 통해 공동이익을 달성한다. 항공우주력은 중앙집권적으로 통제하고 분권적으로 임무를 수행한다.

나. 현대전의 특징

현대전의 특징을 식별하기 위해 걸프전 이후 수행된 코소보전, 아프가니스탄전, 이라크전에 대해 간략히 살펴보고자 한다.

걸프전은 1991년 1월 17일부터 43일 동안 미국을 비롯한 다국적군에 의해 사막의 폭풍작전(Operation desert storm)이란 명칭으로, 쿠웨이트의 실지를 회복한다는 전쟁목표 하에 전략적 항공전역, 전구내 전과 확대, 지상전역 준비, 공세적 지상전역 등 4단계로 수행되었다. 첫 단계인 전략적 항공전역은 다국적군의 강점인 잘 훈련된 조종사, 스텔스 전투기, 크루즈 미사일, 정밀유도탄, 지휘 및 통제의 우세, 효과적인 야간작전 수행 능력 등을 고려하여 결정하였다. 당시 이라크의 약점인 경직된 지휘통제체계, 수세 위주의 작전개념 등을 고려하여 초전에 적의 전쟁지휘본부, 화생방전 능력, 공화국수비대를 무력화함으로써 공중우세를 확보하는데 목표를 두었다. 전략적 항공전역은 미국과 영국, 프랑스 등 나토(NATO) 군의 토마호크 미사일 등 장거리 정밀유도무기와 F-117 스텔스 전투기, F-15E 전투기, GR-1 토네이도 전투기 등 첨단 항공력을 이용하여 이라크의 전쟁지휘부와 C4I체계, 공화국 수비대, 방공망 등 주요 전략적 중심(Center of gravity)을 공격하였다. 걸프전쟁의 특징 중 가장 괄목할만한 것은 F-117 스텔스 전투기와 정밀유도무기(PGM)의 결합으로 작전 효율성을 크게 향상시켰다는 점이다. 당시 F-117 스텔스 전투기의 출격은 전체 출격 항공기의 2%에 불과했지만 전략표적의 40%를 파괴시켰으며, 미 공군의 경우 정밀유도무기 사용은 총 사용무장의 9%였으나 전체 전략표적의 75%를 파괴하는 성과를 달성하였다. 또한 걸프전쟁에서 첫 선을 보인 합동 감시 및 표적공격레이다체계(E-8 JSTARS : Joint Surveillance and Target Attack RADAR System)와 Keyhole II 등 60여 개의 인공위성과 함께 상호 연동을 통해 C4ISR 개념을 발전시켰다.[4] 지상전은 쿠웨이트 해안에 대한 해병대의 상륙공격을 포함하여 전투기와 AH-64 아파치헬기, A-10 공격기 등 항공력을 이용한 공중공격과 M1A1 전차 등 지상 기동전력을 이용한 공격 그리고 해상에서의 함포공격을 지원받아 공세적으로 수행되었다. 지상전의 주력은 M1A1 에이브럼스 전차로서 시속 16km의 속도로 진격하여 지상전역(Ground campaign)을 수행한지 100시간 만에 쿠웨이트를 해방시켰다. 전쟁이 종료될 때까지 43일 동안 항공기는 총 118,700 소티를 비행했으며, 이 중 공격임무는 41,300 소티를 수행했고, 개전 초에는 일일 평균 2,800여 소티를 수행하였다.[5]

---

4) 안재봉, 『새로운 패러다임의 군사교리』(대전 : 충남대학교 출판문화원, 2019), p.99.

코소보전은 코소보 해방을 전쟁목표로 설정하고 미국 및 나토(NATO) 군에 의해 1999년 3월 24일부터 78일 동안 동맹군 작전(Operation allied force)이란 명칭으로 준비단계, 여건 조성, 유고군 고립, 유고군 격멸 등 4단계로 수행되었다. 가장 큰 특징은 지상군의 투입 없이 항공력만으로 전쟁을 종결하였다. 미국을 비롯한 나토군은 항공력을 중심으로 우주자산과 정밀유도무기를 이용하여 마치 외과 의사가 환자의 환부를 도려내듯 외과수술식 타격(Surgical strike)으로 인명피해를 최소화한 깔끔한 전쟁(Clean war)을 수행하였다. 특히 위성과 유무인 정보·감시·정찰(ISR) 체계를 이용한 작전 수행으로 유고군의 위장 및 은폐된 표적과 악기상 시에도 원활한 작전을 수행하였다. 또한 탄소섬유 필라멘트를 이용한 흑연폭탄인 CBU-95 (Blackout bomb) 등 비살상무기와 합동정밀직격탄(JDAM : Joint Directed Attack Munition) 등 정밀유도무기를 효과적으로 활용했으며, 유고군의 방공체계를 제압하기 위해 적의 지휘본부와 레이다기지, 미사일 발사대 등 방공망을 무력화하기 위해 전자전과 사이버전을 수행하였다. 전쟁이 종료될 때까지 78일 동안 항공기는 총 37,500~38,000 소티를 비행했으며, 이중 공격임무는 총 10,808~14,006 소티로서 일일 평균 452 소티, 일일 최대 535 소티를 수행하였다.[6]

아프가니스탄전은 탈레반 정권의 축출과 알카에다 제거라는 전쟁목표를 설정하고 2001년 9월 14일부터 50일 동안 미국이 항구적 자유작전(Operation enduring freedom)이란 명칭으로 여건 조성, 초기 전투, 결정적 작전, 안정화작전 등 4단계로 수행되었다. 아프가니스탄의 작전환경은 국토의 75%가 산악지형으로서, 대부분의 지형이 평균 해발 1,000m 이상의 고산지대로 민둥산이라 지상작전을 수행할 경우, 게릴라전이 유리하여 미군의 피해가 컸다. 따라서 위성 및 무인기를 이용한 ISR 작전과 정밀유도무기를 이용한 항공작전 수행으로 작전효율성을 제고하였다. 1단계는 여건조성 단계로서 주로 우방국간 군사협력 및 군사력 전개에 주안을 두었고 2, 3단계에서 항공작전과 특수부대작전을 상호 연계하여 실시하였다. 정밀유도무기를 탑재한 폭격기와 순항미사일을 이용한 원거리 정밀공격으로 탈레반을 공격하였고, 소수 정예 특수부대를 투입하여 오사마 빈라덴의 색출 및 공격목표에 대한 정보획득 임무를 수행하였다. 항공작전의 효용성이 떨어지자 주 임무를 공중폭격에서 정찰임무로 전환하고 정예 특수부대 및 소규모 지상군을 투입하여 작전을 수행하였다.

전쟁기간 중 사용된 무장으로는 JDAM 등 정밀유도무기가 전체 사용무장의 56%를 차지하고 있다. 아프가니스탄전에서 새롭게 선보인 무기체계로는 헬파이어 미사일을 장착하고 고위협 상황 하에서도 공격임무를 수행하는 RQ-1B 프레데터 무인기와 지하 동굴벙커에 침투 후 폭발을 일으키는 AGM-65, 지하 30m를 침투해 폭발하는 GBU-37 벙커버스터와 GBU-37의 자탄인 BLU-118S 지하 벙커 공격용 폭탄이 있다. 작전지역이 주로 산악지형이다 보니 무인기의 역할이 컸는데, RQ-4A(Global Hawk) 고고도 무인기와 RQ-1B(Predator) 중·저고도 무인기를 이용한 ISR 작전을 통해 실시간 의사결정에 활용함으로써 긴급표적을 효과적으로 공격할 수 있었다. 아프가니스탄전은 실제 군사작전이 수행된 기간은 77일이었으나 공식적으로 종전을 선언한 것은 13

5) 공군전투발전단, 『이라크전쟁 : 항공작전 중심으로 분석』(계룡대 : 공군전투발전단, 2003), p.45.
6) 합동참모본부, 『코소보 전쟁 종합 분석』(서울 : 합동참모본부, 1999), pp.59~17, p.76.

년이 지난 2014년 12월 28일이었다.

이라크전은 2003년 3월 20일 후세인 제거, 이라크 정부의 무장해제, 이라크 국민의 해방, 심각한 위협으로부터 세계를 보호한다는 명분하에 이라크 자유작전(Operation Iraq freedom)이라는 명칭으로 전쟁 준비, 결정적 작전, 안정화작전 등 3단계로 수행되었다. 1단계는 전쟁 준비를 위해 미군이 군사력을 전개하면서 이라크의 내분을 유도하는 작전이었다. 2단계는 결정적 작전(Decisive operation)으로서 최우선적으로 후세인을 제거하는데 목표를 두고 단기속전속결전 수행, 바그다드 점령, 결정적 전투를 수행하였다. F-117 스텔스 전투기와 B-1/2/52 전략폭격기 등 항공력과 토마호크 원거리 정밀유도탄을 이용하여 군 지휘본부, WMD 시설, 방공망 등 전략적 목표에 대한 고강도 공습을 단행하였다.

걸프전에서 지상군의 진격속도가 시간당 16km였으나, 이라크전에서는 그보다 4배가 증가된 시속 60km로 진격할 수 있었고, 걸프전에서 딱 100시간 실시한 지상전은 개전 초부터 바그다드가 함락될 때까지 21일 동안 수행되었다. 이처럼 기동속도를 크게 신장시킬 수 있었던 것은 미군을 신속화, 기동화, 첨단화시키면서 최첨단 무기와 속도전을 강조한 럼스펠드 독트린(Rumsfeld Doctrine)에서 기인한다. 병력의 규모보다 신속한 기동을 위해 지상군을 경량화하였고, 기동하는 지상군 지원 화력을 곡사포가 아닌 크루즈 미사일, 헬기가 아닌 공군의 화력을 지원받았기 때문이다.

〈표 2〉 현대전의 특징

•항공력에 의한 초전 우세 달성 -걸프전, 코소보전, 아프가니스탄전, 이라크에서 개전과 동시에 토마호크 미사일과 항공력을 이용하여 적의 전쟁지휘본부, C4I체계, 방공망, 적 공군기지 및 주력 지상부대 등 전략적 중심(Center of gravity)을 공격함으로써 공중우세를 확보하고 초전 승기를 잡아 전승 달성 •단기 속전속결전 -원거리 정밀유도무기와 항공력을 이용하여 결정적 작전 수행에 필요한 유리한 여건을 조성한 후에 지상군을 투입해 단기전으로 전승 달성 *지상군 진격 속도 크게 향상 : 걸프전 시속 16km, 이라크전 시속 60km *걸프전 43일, 코소보전 87일, 아프가니스탄전 77일, 이라크전 43일 •전쟁 수행 방식의 다양화 -신속결정작전(RDO), 네트워크중심전(NCW), 효과중심작전(EBO), 전자전, 사이버전, 비정규전, 게릴라전, 시가지전 등 4세대전쟁 수행 *美 육군 Rangers, Delta Force, 해군 Navy Seal, 해병대 특수부대 •첨단 무기전 -F-117, B-1/2, JDAM, RQ-1B/4A, AH-64, M1A1, M-1A2 개량형, 브래들리 장갑차, CBU-97, BLU-114, EMP탄, BLU-82(daisy cutter), MOAB, Patriot, 정찰위성(KH-12, Lacrosse), 조기경보위성(DSP), 통신위성(DSCS, Milstar) 등

이라크전에서 가장 큰 특징은 정밀 항공력을 이용한 전쟁, 디지털 전장 등으로 불릴 만큼 정밀성과 파괴성이 크게 향상된 첨단 무기체계가 사용되었다는 점이다. 전쟁에서 정밀유도무기 사용률은 걸프전쟁에서 7.8%, 코소보전쟁에서 35%, 아프가니스탄전쟁에서 56%였으나, 이라크전쟁에서는 68%를 사용하였다. 그 중에서도 가장 대표적인 것은 GPS 정보를 이용하여 주야간·전천후 상황에서도 오차가 3m에 불과한 JDAM을 비롯하여 전자폭탄(E-bomb), GBU-28 벙커버스터, 소형 핵무기에 버금가는 초강력 대형 폭탄(MOAB : Massive Ordnance Air Blast)[7] 등의 신무기가 사용되었다. 이 밖에도 대탄도탄 능력이 크게 신장된 개량형 패트리어트 미사일의 위력이 발휘되었으며, 정찰위성(KH-12, Lacrosse), 조기경보위성(DSP : Defense Support Program), 통신위성(DSCS[8], Milstar[9]) 등 군사위성이 작전에 본격적으로 활용되었다. 군사작전 이후 바그다드와 주요 도시를 중심으로 이라크군의 게릴라 활동이 전개되자, 안정화작전을 수행하여 군사작전을 종결한지 8년이 지난 2011년 12월 15일에야 비로소 종전이 선언되었다.

이상에서 살펴본 바와 같이 현대전의 특징을 아래 〈표 2〉와 같이 항공우주력에 의한 초전 우세 달성, 단기속전속결전, 전쟁 수행 방식의 다양화, 첨단 무기전 등을 들 수 있다.

3. 러시아-우크라이나 전쟁 분석

가. 전쟁의 원칙 관점

러시아-우크라이나 전쟁을 전쟁의 원칙 중 목표, 집중, 공세, 기습, 지휘통일의 원칙 측면에서 분석하고자 한다.

1) 목표(Objective)의 원칙

러시아 푸틴 대통령은 우크라이나 젤렌스키 정부를 전복시키고 친러정권을 세우기 위해 우크라이나를 침공한다고 천명하였다. 2022년 2월 24일, 푸틴 대통령은 TV를 통한 대국민 담화를 통해 특별군사작전(SMO)을 수행한다고 선언했다. 푸틴 대통령은 이 연설에서 우크라이나의 군사적 발전과 나토(NATO)의 확장은 용납할 수 없다고 역설하였다. 푸틴은 역사적으로 러시아의 영토였던 우크라이나가 미국과 유럽연합으로부터 현대적 무기를 공급받아 NATO 국가의 군대가 만들어지고 반反러시아 국가가 들어설 것이라는 데에서 침공 명분을 찾고, 러시아가 추구하는

---

7) 미국이 개발한 초대형 무기로 '모든 폭탄의 어머니(mother of all bombs)'로 불린다. 무게가 2만 1천 파운드(9,525kg)로 2001년 아프가니스탄 공격에서 낙하산을 이용해 투하해 악명을 떨쳤던 데이지 커터보다 질산암모늄과 알루미늄 폭약이 더 많이 들어가 위력이 더욱 강력하다. GPS에 의한 유도기능을 첨가하여 2003년 이라크 공습을 앞두고 투하 시험을 통해 이라크를 위협했으며, 3월 이라크 공습시 실제로 사용하였다.

8) 미군의 국방위성통신 시스템(Defense Satellite Communication System)으로서 국가전략상 중요한 의사결정을 지원하며, 합참의장이 직접 지휘한다.

9) Military Strategic Tactical And Relay는 국방부 관리 하에 전군에서 통합적으로 사용되는 밀리미터파(Extremely High Frequency) 위성통신시스템을 말한다.

것은 우크라이나의 비무장화와 탈나치화라고 발표했다. 그러면서 우크라이나를 점령하지 않을 것이라면서 우크라이나 정권이 자행한 굴욕과 대량학살에 직면한 돈바스 지역의 인민보호가 이번 작전의 목적이라고 했다. 이처럼 러시아는 전쟁이 아닌 특별군사작전으로서 우크라이나를 침공했으며, 침공 목적 또한 명확하지 않았고 군사작전의 목표도 불분명했다.

2) 공세(Offensive)의 원칙

러시아는 침공 이전에 돈바스 지역에서 우크라이나 정부군의 포격으로 러시아계 주민들이 피난 가는 모습을 담은 가짜 동영상을 제작하여 뿌리는 등 가짜 깃발작전(false flag operation)[10]을 통해 여론을 조작함으로써 침공 명분을 축적하였다. 이와 함께 재밍 장비와 전자전으로 우크라이나의 방공망을 무력화했으며, 우크라이나의 주요 정부기관 홈페이지에 대한 해킹 등 사이버작전을 수행하였다.

그러다가 2월 24일, 러시아는 개전과 동시에 우크라이나 전역에 대하여 순항미사일과 탄도미사일을 이용하여 우크라이나의 조기경보레이다와 SAM기지를 공격하였고, Su-34 전폭기와 Su-30SM/Su-35S 다목적 전투기로 우크라이나 영토 내 300km, 고도 12,000~30,000ft 상공에서 일일 140여 소티(sortie)의 전투기 소탕(Fighter sweep)과 타격(Strike) 임무 등 공세제공임무(OCA)를 수행하였다.[11] 초전 3일 동안 러시아 항공우주군의 주요 공격목표는 우크라이나의 방공체계였다. 이로 인해 100개 이상의 고정형 장거리 레이다가 공격을 받았으며 군기지, 탄약고 및 이동형 장·중거리 SAM 기지가 공격을 받았다. 특히 러시아 지상군을 엄호하기 위해 러시아군의 공수 및 헬기 강습부대가 투입되는 경로에 러시아 전투기의 임무가 집중되었다. 러시아 항공우주군의 공격임무는 주로 중·고고도에서 운용되는 Su-24MR 정찰폭격기가 담당하였다. Su-34 전폭기는 대부분 단기單機로 운용되었고 비유도 폭탄을 이용해 12,000ft의 중고도에서 임무를 수행하였으며, 그 상공 30,000ft에서 Su-35S와 Su-30SM 전투기가 전투초계임무를 담당하였다. 이와 같이 항공력을 분산해 운용하다 보니, 전투피해평가(BDA) 등 공격 결과에 대한 평가가 제한되었고, 후속 공격이 이어지지 않았다.

한편, 우크라이나 공군은 러시아 첨단 전투기의 위협으로부터 벗어나 소극적 방어임무로 전환하거나 초저고도로 임무를 수행하였다. 특히 러시아의 SAM이 빠르게 정비되고 북쪽의 벨라루스와 남쪽의 크림반도에 위치한 이동형 S-400 triumph SAM[12]과 돈바스지역과 남부지역에서 운용되는 러시아의 A-50MU Mainst AWACS 위협으로 인해 해당 지역에서의 항공작전은 100ft 이하의 초저고도로 비행하였다. 그럼에도 불구하고 러시아의 항공작전은 시너지를 창출하지 못

---

10) 16세기 카리브해 해적들이 적국 또는 중립국의 깃발을 달고 적선敵船에 접근해서 기습공격을 가하는 기만술에서 유래한 것으로, 상대방이 먼저 공격한 것처럼 조작해서 공격의 빌미를 만드는 수법으로 침공을 정당화 하기 위해 조작하는 군사작전 또는 정치 행위를 말한다.

11) RUSI Special Report, *The Russian Air War and Ukrainian Requirements for Air Defence*(London : Royal United Services Institute, 2022.11.7.), p.7.

12) S-400 triumph SAM은 성능이 매우 우수하여 최소 탐지거리는 2km, 최소 탐지고도는 5m로서 초저고도 표적에 대해서도 매우 위협적이며, 탐지고도는 30km, 최대 탐지거리는 400km이다.

하고 두 가지 측면에서 많은 제한을 받았다. 그 하나가 러시아의 A-50MU에 대한 우크라이나군의 전자공격이 실시되었고, 다른 하나는 러시아의 항공작전은 지상군에 종속되어 있었기 때문에 A-50MU에서 수집된 정보를 초계비행 중인 전투기, 지상 방공전력인 S-400포대에 바로 전달하지 않고 러시아 군구사령부나 육군 제병지휘소를 통해 체공 중인 IL-20M 중계항공기에 의해 정보가 전달되었기 때문에 매우 비효율적이었다.[13)]

지상에서의 공세작전도 실패하였다. 푸틴은 단기전을 가정하고 며칠 안에 작전이 끝날 것으로 예상했으나, 우크라이나의 강력한 저항으로 러시아군의 무기와 장비가 우크라이나 영토 곳곳에서 고립되었다. 종심이 깊어지자 전투원에 대한 식량 보급이 끊기고 기동장비에 대한 연료가 고갈됨에 따라 러시아군은 수송 차량, 전차, 장갑차, 미사일 등 군수장비를 유기하거나 방치하였다. 그나마 기동할 수 있는 전차, 장갑차량 등이 포장도로를 따라 이동하다가 우크라이나의 재블린 대전차미사일에 피격됨으로써 어려움에 봉착하였다.

3) 집중(Mass)의 원칙

러시아는 초전에 항공력과 3M-14 칼리브르(Kalibr) 순항미사일 등을 이용해 우크라이나의 주요 지휘통신시설과 방공망을 공습하였으며, 지상에서는 우세한 화력과 기동력으로 수도 키이우를 비롯하여 주요 도시를 점령하고자 했다.

남부전선에서는 크림반도를 발판 삼아 헤르손 지역을 점령하였고, 동부전선에서는 도네츠크와 루간스크를 발판으로 개전 2주까지는 주요 도시를 점령하는데 성공하였다. 북부전선에서는 체르니히우 등 주변 도시를 우회하여 키이우로 진격하여 초전 승기를 잡는 듯 했다.

그러나 러시아군은 종심이 깊어지자 개전 2주 만에 전투식량, 탄약, 유류, 장비 등 군수물자가 바닥났고, 전투원들의 사기가 말이 아니었다. 전황이 불리해지자 러시아 군은 개전 초에 방공전력을 파괴하는데 집중해서 운용했던 미사일 전력을 3월에는 정부 건물, 방송시설, 군수공장에 집중해서 운용했다. 6월에는 유류시설, 철도 등 사회 기간시설에 중점을 두었으며, 9월 이후에는 발전소, 변전시설 등 에너지시설을 파괴하는데 중점을 두고 운영하였다. 우크라이나군은 초전에 지휘통제시설이 큰 타격을 받았으나 곧바로 NATO의 정찰자산과 일론 머스크(Elon Musk)의 스타링크(Starlink) 위성 등 민간 위성을 통한 인터넷을 통해 러시아 군의 핵심 정보들을 실시간으로 파악할 수 있었다. 특히 우크라이나 군은 우세한 정보력을 이용하여 러시아의 지휘관을 저격하고 적의 보급부대와 급유 차량을 공격하는 전술을 구사하여 개전 2주 만에 우크라이나 종심에 위치한 러시아 군의 물자고갈을 초래하였다.

우크라이나 공군은 러시아 항공우주군 전투기에 비해 15:1이라는 숫적 열세에도 불구하고 공군 조종사들의 항전의지와 공지통합작전 수행능력 그리고 우수한 비행기량을 이용하여 선전하였다. 우크라이나 공군은 실전적 훈련측면에서도 강점이 있었는데 1993년부터 미국에서 미 공군 전투조종사들과 지속적인 정보 교류와 함께 연합 공중전투훈련을 실시해 왔으며 미국, 폴란드 공군과도 Safe Skies 연합훈련을 실시해 오고 있었다.

---

13) RUSI Special Report, *op.cit.*, p.3.

4) 기습(Surprise)의 원칙

기습에서 가장 중요한 것은 적이 예상치 못한 시간과 장소에서, 창의적인 방법으로 공격해야 한다는 것이다. 러시아와 우크라이나의 전장환경을 고려한다면 개전을 위한 시기는 라스푸티차(**Распутица**, Rasputitsa)[14]가 시작되는 3월 이전인 1월 정도가 가장 적당하였다. 그러나 러시아의 전략적 우방국인 중국 베이징에서 2022년 2월 4일부터 22일까지 제24회 베이징 동계올림픽이 개최되고 있었다. 러시아가 2008년에 체첸을 침공할 때는 베이징 하계올림픽 기간이었다. 그래서 이번에는 중국의 입장을 최대한 고려한 것으로 판단하며, 이로 인해 기습의 효과가 크게 반감되었다. 최근 우주기술의 발달로 군사위성뿐만 아니라 민간위성을 활용하여 상대국의 군사동향을 세밀하게 파악하고 있었기 때문에 기습효과가 예전처럼 달성되기에는 한계가 있다.

따라서 현대전에서 기습을 위해 가장 효율적인 전력은 미사일과 항공력을 들 수 있다. 그러나 러시아는 우크라이나 공군보다 훨씬 우세한 항공우주군(**Воздушно-космическими силами**)을 보유하고 있음에도 불구하고 기습효과를 달성하지 못했을 뿐만 아니라 초전에 우크라이나에서 공중우세를 확보하지 못했다. 또한 러시아 자체 위성항법체계인 GLONASS(Global Navigation Satellite System)[15]가 우크라이나에 의해 해킹됨에 따라 장거리 항법비행과 정밀유도무기의 사용이 제한되어 기습작전에 큰 제한을 받았다.

5) 지휘통일(Unity of Command)의 원칙

'다윗과 골리앗'의 대결 같았던 러시아-우크라이나전에서 예상 밖으로 선전하고 있는 우크라이나 전력戰力의 핵심에는 '정치 초짜'에서 '전쟁 영웅'으로 평가받고 있는 젤렌스키 대통령의 리더십이 있다. 젤렌스키 대통령은 개전 직전부터 지금까지 SNS를 통해 끊임없이 우크라이나 국민의 항전과 우크라이나의 승리에 대한 높은 기대감과 확신을 심어 주고 있다. 개전 직전에 SNS를 통한 영상 담화에서 러시아 푸틴 대통령에게 "당신이 우리를 공격할 때 당신은 우리의 등이 아니라 얼굴을 보게 될 것"이라며 우크라이나 국민들의 항전을 독려했다.

현대전에서 가장 중요한 것은 C4ISR 자산을 바탕으로 시스템을 통합하는 능력과 실시간으로 정보를 소통하는 것이다. 러시아 군은 전구 단위의 지휘통제시스템이 확고히 구축되어 있지 못했다. 종심이 깊어지자 기동장비의 정비, 유류 보급 등 군수문제에 큰 혼란이 발생하였고, 이로 인해 전투원의 사기가 크게 떨어졌다. 더 큰 문제는 러시아군 대부분의 제대가 암호장비를 사용하지 않았고, 그나마 사용하는 일부 무선장비는 군사적 수준의 보안기능이 떨어진 중국산 부품이 장착되어 있어 항재밍 능력이 없었다. 개전 초에 우크라이나의 SAM을 무력화시키기 위해

---

14) 러시아, 벨라루스, 북부 우크라이나 일대에서 가을(10월 중순~11월 하순)과 봄(3월 중순~4월 하순)이 되면 땅이 뻘로 변해 통행이 힘들어지는 도로, 또는 도로가 흡사 늪과 비슷한 상태로 변하는 시기를 말한다. 라스푸티차는 기후와 연관된 지리적 현상이지만 전쟁에서 적을 수렁에 빠뜨리는 천연의 무기로 작용되기도 한다. 특히 러시아쪽 라스푸티차는 대부분 늪이나 수렁, 뻘밭이 되기 때문에 여기에 걸리면 어떤 군대도 피해 없이 벗어나질 못한다.

15) 미국의 GPS, 유럽연합의 갈릴레오, 중국의 베이더우와 함께 상용으로 서비스하는 러시아의 위성위치확인 시스템으로서, 총 24기의 위성이 전세계를 커버하고 있으며, 이 중 18기가 러시아 지역 위주로 커버한다.

러시아가 수행했던 전자공격은 개전 후 며칠이 지나자, 역으로 우크라이나군이 러시아군에게 수행함으로써 반전되었다.

러시아군은 개전 초에 통신망, 인터넷, 전력 네트워크를 파괴하는 물리적 공격을 적극적으로 수행하지 않았다. 러시아군이 우크라이나 민간통신 네트워크를 사용하고 있었던 관계로 이를 파괴할 경우, 작전수행이 불가능했기 때문이다. 또한 러시아 군은 저가低價의 워키토키와 핸드폰을 통해 암호화 하지 않고 통신을 주고받음으로써 작전내용과 위치가 그대로 노출되었다. 러시아 장성들이 최전방에서 지휘하다가 숨진 배경엔 이같이 허술한 통신체계가 한 몫 했다.

반면에 우크라이나는 군 통수권자인 젤렌스키 대통령이 전 국민을 대상으로 항전의지를 지속적으로 불어넣고 있으며, 미하일로 페도로프(Mykhailo Fedorov) 부총리겸 디지털혁신부장관은 개전 이틀 후인 2월 26일, 미국의 일론 머스크에게 SNS를 통해 "당신이 화성을 식민지화 하려는 동안 러시아가 우크라이나를 점령하려고 한다. 당신의 로켓이 성공적으로 임무를 마치고 우주로부터 귀환하여 착륙하는 동안, 러시아 로켓이 우크라이나 민간인들을 공격하고 있다. 우크라이나에 스타링크 서비스를 제공하고, 제 정신인 러시아인들이 푸틴에게 좀 맞서게 해 주시오."[16]라고 요청했다. 바로 다음 날 일론 머스크는 "스타링크 서비스는 지금 바로 우크라이나에서 사용가능하고, 더 많은 수신기 터미널이 가고 있소."[17]라고 트윗했다. 이후 5,000개의 인터넷 수신을 위한 접시모양의 안테나와 터미널이 우크라이나에 제공되었고, 이중 1,330개의 터미널 비용을 바이든 행정부가 지불했다. 민간 통신 서비스가 차단되어도 통신 단절이 일어나지 않도록 한 것이다.[18] 이처럼 우크라이나는 미국의 스타링크 서비스로 위성 인터넷을 이용하여 우주정보지원을 받고 있으며, 군통수권자인 젤렌스키 대통령으로부터 일사불란한 군의 지휘체계가 확립되었다.

반면, 러시아 푸틴 대통령은 우크라이나 전쟁을 총지휘하는 통합사령관을 지난 해 11월에 임명했던 세르게이 수로비킨 항공우주군 총사령관을 3개월 만에 발레리 게라시모프 총참모장으로 전격 교체했다. 이로써 개전 1년 만에 전쟁을 지휘하는 통합사령관이 '알렉산드르 드로르니코프→세르게이 수로비킨→발레리 게라시모프'로 세 번째 교체된 것이다. 알렉산드르 드로르니코프 남부군 사령관이 개전 6주가 지나서야 통합사령관으로 임명된 점을 감안하면 사실상 개전 1년 만에 4번째 전쟁지휘관이 바뀐 것이다.

나. 현대전의 특징 관점

걸프전 이후 수행된 코소보전, 아프가니스탄전, 이라크전을 통해 도출된 현대전의 특징을 크

---

16) "while you try to colonize Mars-Russia try to occupy Ukraine! While your rockets successfully land from space-Russian rockets attack Ukrainian civil people! We ask you to provide Ukraine with Starlink stations and to address sane Russians to stand.", Twitter, 2022. 2. 26.

17) "Starlink service is now active in Ukraine, More terminals en route.", Twitter, 2022.2.26.

18) 최성환, 「러시아-우크라이나 전쟁의 우주전 분석 및 양상 그리고 우주기술 개발시 고려사항」,『우주기술과 응용』, 2022년 5월.

게 항공우주력에 의한 초전 우세 달성, 단기속전속결전, 전쟁 수행 방식의 다양화, 첨단 무기전으로 나누어 살펴보고자 한다.

1) 항공력에 의한 초전 우세 달성 : 실패

러시아는 현대전의 특징으로 식별한 항공력에 의한 초전 우세 달성에 실패하였다. 개전 초, 순항미사일과 탄도미사일을 이용한 우크라이나 방공망 공격과 러시아 항공우주군의 최첨단 전투기를 이용한 우크라이나의 주요 전략적 중심(Center of gravity)에 대한 공세작전을 수행하였으나 충분하지는 않았다. 최소한 우크라이나 수도인 키이우 상공에서의 공중우세를 획득했어야 하나, 이 또한 충분하지 않았다.

러시아 항공우주군은 Look down 광역 감시 및 조기경보 통제능력을 보유하고 있는 A-50MU AWACS를 비롯하여 최첨단 SU-35S와 SU-30SM 전투기를 보유하고 있어, 공세제공(OCA : Offensive Counter Air) 임무와 방어제공(DCA : Defensive Counter Air) 임무가 가능했으나 전쟁 초기에 집중적으로 운용하지 않아 공중우세 획득에 실패했고, 우크라이나 방공망에 대한 공격에 중점을 두다 보니 전략목표 타격 임무도 제대로 수행하지 못했다. 또한 항공작전의 중점이 지상군 작전지원으로 전환됨에 따라 조종사들은 초저고도에서 공격목표를 육안으로 확인하고 공격해야 했기 때문에 오폭이 잦았다. 러시아 항공우주군의 표적인 우크라이나군의 차량과 장비, 무기체계가 러시아 군과 동일한 것이 많았기 때문이다. 또한 작전 지도가 최신화되어있지 않아 러시아 조종사들은 저고도 항법과 표적 인식에 어려움이 많았다. 조종사들의 심리에도 영향을 주었는데, 러시아 조종사들은 우크라이나 지역의 SAM과 휴대용 대공미사일(MAPADS : Man Portable Air Defence System)의 위협 때문에 전선에서 멀리 떨어진 우크라이나 지역과 종심지역에 대한 임무를 기피하는 현상도 발생했다.[19] 이를 극복하기 위한 대안으로 러시아 항공우주군은 3월 9일부터 침투임무를 야간공격으로 전환하였으나, 당시 야간작전 수행에 필요한 조종석(cockpit)을 구비하고 있는 전투기는 Su-34가 유일했다. 나머지 기종은 휴대용 야간시계장비(NVG : Night Vision Goggle)를 사용해야 했으며, NVG가 절대적으로 부족해 야간공습작전은 매우 제한적으로 수행되었다. 주로 Su-34 전투기를 이용하여 체르니히브, 수미, 하르키우, 마리우풀 등 포위된 도시에 대한 단순 폭격임무를 수행하였다.

우크라이나 공군은 개전 이전에 초기피해를 최소화하기 위해 인접국인 루마니아로 전투기를 분산시키고 제한적인 공대공임무와 방공작전임무를 수행하였다. 또한 러시아에 비해 상대적으로 부족한 전투기를 대체하기 위해 전투기 운용은 일일 5~10 소티만 운용하고 주로 지대공미사일, MANPADS, 무인항공기 등을 운용했다.

2) 단기 속전속결전 : 실패

푸틴 대통령은 러시아 군의 국방력을 과신한 나머지 개전과 동시에 우크라이나의 수도 키이우를 최단시간 내에 함락시킬 수 있다고 판단했으나, 우크라이나 젤렌스키 대통령과 국민들의

19) RUSI Special Report, *op.cit.*, p.15.

단합된 항전의지로 인해 예상 외로 고전하였다. 러시아의 전차가 우크라이나 지역으로 기동해 들어갈수록 전투식량, 유류 등 군수보급품이 고갈되었고 우크라이나 영토 곳곳에서 러시아군이 고립되었다. 특히 전투원의 식량과 기동장비의 연료가 고갈됨에 따라 전차, 수송차량, 장갑차, 미사일 등을 유기하거나 방치하는 일도 비일비재했다. 그나마 기동할 수 있는 전차, 장갑차량이 포장도로로 이동하게 되면 재블린에 의해 공격을 받았다.

개전 초에는 러시아 지상군이 우크라이나 지역으로 기동해 들어갈 때, 러시아 항공력에 의해 엄호를 받았지만 우크라이나의 방공망과 SAM 이 복구된 이후에는 공중엄호작전이 현격히 감소되었다. 그나마 지원되는 항공력은 저고도 전술을 이용한 비유도 폭탄과 로켓공격이어서 작전 효율성이 크게 떨어졌다. 그 결과, 전쟁 초기에 러시아가 목표로 했던 단기속전속결전은 실패하였고, 21개월째 장기전을 수행하고 있다.

3) 전쟁 수행 방식의 다양화

러시아-우크라이나 전쟁은 새로운 방식의 하이브리드전이 매우 다양한 형태로 전개되고 있다. 가장 큰 특징으로,

첫째, 하이브리드전을 수행하고 있다는 점이다. 러시아-우크라이나 전쟁은 초전에 적의 전쟁 지휘본부, 지휘통제시설, 방공망 등을 집중적으로 타격하여 무력화하지 않았다. 우크라이나는 국가총력전을 전개하여 러시아가 전개하고 있는 정규전, 비정규전, 사이버전, 정보전, 경제전, 외교전 등을 융복합한 하이브리드전에 맞서 선전하고 있다. 우크라이나 지역에서 수행되고 있는 하이브리드전은 기존의 정규전과 비정규전의 이분법적인 사고에서 벗어나 테러행위, 범죄행위, 그리고 사이버 공격까지 포함하는 다양한 형태의 작전들이 동시에 복합적으로 전개되는 특징을 갖는다. 이는 기존의 제4세대 전쟁이나 복합전쟁이론 보다 발전된 개념이다. 특히 주목할 점은 비인도적 전쟁에 대한 미국과 유럽 등 서방세계는 글로벌 차원의 정부, 금융기관, 테크기업들이 앞장서 러시아에 대한제재와 금융자산 동결 등 전방위 다차원적인 제재를 실시하였다.

둘째, 정보전과 사이버전을 수행하고 있다는 점이다. 현대전에서 사이버전, 정보전, 우주전은 전쟁의 승패를 좌우했다. 국제 해커 조직인 어나니머스(Anonymous)는 2월 24일 개전과 동시에 러시아와의 사이버전쟁을 선포하였다. 이들은 2월 25일 러시아 국방부 데이터베이스를 해킹했고, 이어서 러시아 정부의 웹사이트와 관영 언론에 대한 디도스 공격을 감행하였다. 2월 26일에는 러시아의 국영방송을 해킹하여 우크라이나 국기가 휘날리고 국가가 울려 퍼지게 하였다. 3월 2일에는 러시아 군사위성과 위성업무를 총괄하는 우주국을 해킹하여 통제했으며, 이를 통해 러시아 전쟁지도부와 전선사령부와의 실시간 소통이 제한받았고 러시아정부는 우크라이나에 대한 사이버 공격보다는 자국의 사이버 방호에 치중하였다.[20] 이로 인해 러시아는 기술정보와 지형공간정보를 얻을 수 없었고, 전술적인 정보습득 또한 제한된 상태이다.

이제 사이버전도 지상과 공중을 넘어 우주 영역까지 확장되었다. 러시아는 정보전에서 완패하여 자국의 위성조차 사용하지 못한 반면, 우크라이나는 스페이스 X 민간위성 등 서방국가의

---

20) https://terms.naver.com/entry.naver?docId=6597826&cid=60344&categoryId=60344,(검색일 : 2022. 3. 19.)

군사·민간 정보력을 통해 러시아군을 능가할 수 있었다. 급기야 3월 10일에는 러시아 전쟁지휘소의 C41SR체계를 구성하는 암호장비를 우크라이나 측에게 해킹당했다. 러시아는 우크라이나를 침공하기 이전에 세 차례에 걸쳐 정부 부처, 국영 은행 등에 대한 디도스공격과 랜섬웨어로 데이터 삭제 등 사이버전을 광범위하게 수행하였음에도 불구하고, 우크라이나가 빠르게 복구한 이유는 우크라이나의 우수한 사이버 복원력과 국제협력에 의한 신속한 복구, 젤렌스키 대통령의 글로벌 리더십 등을 들 수 있다. 러시아는 개전 이전에 우크라이나 방공망에 대한 전자공격과 정부기관 홈페이지에 대한 해킹 등 사이버공격을 감행하였다.

러시아군은 개전과 동시에 우크라이군의 방공망을 집중적으로 타격하면서 전자공격을 실시했는데, 이틀만에 전자공격을 대폭 축소하였다. 러시아가 전자전을 축소하자 우크라이나 SAM은 빠르게 재편되었고 3월 초부터는 러시아가 우크라이나의 SAM에 큰 타격을 받았다. 이로 인해 러시아는 항공작전 우선순위를 변경하였는데, 초전에 우크라이나 방공망 무력화에 중점을 두었던 것을 러시아 지상군작전을 직접 지원하는 데 중점을 두었다.

셋째, 민·군 통합 우주전을 수행하고 있다. 러시아는 통신위성, 정찰위성, 항법위성 등 100여 기의 군사위성을 운용하고 있으나, 정찰위성의 경우 수명주기에 도달하거나 구식 우주기술을 적용하고 있어 미국 등 서방 정찰위성에 비해 해상도가 현격히 떨어졌으며, 서방의 제재로 인해 부품 확보에도 많은 제한을 받고 있다. 특히 러시아가 운용하고 있는 자체 항법위성인 GLONASS는 총 24대 중 23대가 운용되고 있어 완전한 기능을 발휘하지 못하고 있으며, 일부는 수명주기 도달했음에도 부품이 없어 교체하지 못하고 있는 실정이다. 또한 개전 초 일시적 해킹을 당해 러시아 항공기의 장거리 항법비행과 정밀유도무기 운용에 많은 제한을 받았다.

미국은 통신위성, 정찰위성, 항법위성 등 220여 기를 운용하고 있으며, 상용위성도 1,220여 기를 운용하고 있다. 우크라이나는 미국을 비롯한 서방의 민간기업이 보유하고 있는 초소형 위성까지도 활용하여 군사작전을 수행하고 있다. 특히 스페이스 X의 스타링크를 군사작전에 활용함으로써 실시간 지휘통신을 통해 정찰, 통신, 항법 등 원활한 작전을 수행하고 있다. 특히 미국의 정찰위성의 경우 해상도 25cm로서 러시아 군용차량의 'Z'문자를 식별할 정도이다.

넷째, 러시아의 최첨단 전투기가 MANPADS에 피격당하는 비대칭전을 수행하고 있다. 러시아는 Su-25 공격기와 Su-30SM, Su-34 등 첨단 전투기를 이용한 항공작전을 일일 140소티 정도를 운영했는데, 우크라이나의 SAM 위협을 피해 500ft에서 비유도 폭탄과 로켓공습 위주로 수행하였다. 러시아군은 저고도 비행전술로 우크라이나 SAM 위협을 피할 수는 있었으나 우크라이나군과 민병대에 보급된 수천대의 MANPADS 사거리에 포착되었다. 그 결과, 작전 수행 1주일 만에 Su-25 공격기와 Su-30SM, Su-34 전투기 8대를 우크라이나군의 MANPADS 공격으로 잃었다. 러시아가 저고도 전술을 적용하여 비유도 폭탄이나 로켓으로 공격하는 항공작전을 수행하다 보니, 개전초에 중고도전술을 적용했던 때보다 작전효율성이 현저히 떨어졌다.

다섯째, 주요 무기체계와 장비의 자체 생존성이 매우 중요하다는 점을 인식시켰다. 금번 러시아-우크라이나 전쟁에서 러시아의 첨단 전투기가 저고도 비행전술을 구사하다가 MANPADS에 의해 격추되었고, 저공비행중인 헬리콥터가 우크라이나군의 MANPADS에 의해 피격당했다. 또한 지상작전 중인 러시아군 전차가 재블린(Javelin, FGM-148) 대전차미사일에 의해 피격 받았다. 이러한 결과는 러시아 첨단 전투기에 지대공미사일과 MANPADS에 효율적으로 대응할 수 있는 재밍(Jamming)장비나 지향성 적외선 방해장비(DIRCM : Directional Counter Measures) 등 생존 장비가 미비했기 때문이다. 또한 러시아 항공우주군의 전투기에 탑재하고 있는 적아 식별장비(IFF/SIF : Identification Friend or Foe/Selective Identification Feature)가 태부족하여 항공작전 수행에 제한을 받기도 했다. 전차의 경우에도 대전차 미사일과 대전차 로켓에 효율적으로 대응할 수 있는 능동방호체계(APS : Active Protection System)가 제대로 구비되어 있지 않아 생존성이 취약한 면을 드러냈다.

여섯째, 무인기가 게임체인저로서의 역할을 수행하고 있다. 러시아-우크라이나전에서는 무인기가 적은 비용으로 적국에 치명상을 입힐 수 있는 비대칭 무기로 평가받고 있으며, 게임체인저로서의 역할을 수행하고 있다. 우크라이나는 터키제 TB-2 바이락타르 무인기와 미국으로부터 지원받은 배낭에 넣을 수 있는 정도의 작은 드론인 스위치 블레이드(Switch blade)[21)]와 자폭 드론인 피닉스 고스티(Phoenix Ghost)[22)]를 운용하고 있다. 러시아는 2022년 10월부터 자폭용 드론인 이란제 샤헤드(Shahed)-136[23)], 공격용 드론인 모하제르(Mohajer)-6[24)] 등 드론을 우크라이나 공습에 투입하고 있다. 특히 러시아는 우크라이나의 변전소와 전기통신시설 등 에너지 시설과 기간시설을 파괴하는데 샤헤드-136 드론을 활용하고 있어, 우크라이나 군은 고가高價의 미사일로 요격함으로써 비대칭전을 수행하고 있다. 이에 대해 경제성 문제가 대두되고 있으나, 드론의 공격으로 발전소 등이 파괴되거나 인명피해가 발생할 경우에는 더 큰 피해가 발생하기 때문에 이를 간과하고 있는 것이다. 실제로 이란제 자폭 드론기의 가격은 약 2만 달러 수준이나 이를 요격하는 지대공 미사일 가격은 러시아제 S-300은 14만 달러, 미제 첨단 미사일 나삼스(NASAMS : Norwegian Advanced Surface-to-Air Missile System)[25)]는 50만 달러 정도다. 그러다 보니 드론을 격추하기 위해 7배 또는 25배 비싼 미사일로 대응해야 하는 '비非비례성 전투'가 수행되고 있는 것이다.

일곱번째, 러시아-우크라이나 당사국 간 전쟁이 아닌 미국을 비롯한 유럽연합 국가와 러시아가 대리전을 수행하고 있다. 전장은 우크라이나-러시아 지역이지만 벨라루스를 제외한 전 유럽 지역에서 러시아에 대항해 외교전, 경제전, 정보전, 군사작전을 수행하고 있다. 폴란드와 체코는

---

21) 스위치 블레이드는 인명 살상용(스위치 블레이드 300), 탱크·장갑차 타격용(스위치 블레이드 600)이 있으며, 스위치 블레이드 300의 경우 길이가 60cm, 무게 2.5kg 정도로 반경 10km까지 비행시간은 최대 15분이다.

22) 이름과 같이 유령처럼 날아다니다가 불사조처럼 자폭하는 드론으로, 인간이 선택한 목표물에 폭발물을 배송하는 개념으로 주·야간 6시간 동안 체공 가능하다.

23) 샤헤드-136 드론은 비행거리 1,800~2,500km 이상으로 무게 200kg, 탄두 36kg, 최대 속도 185km이며, 비행시간은 6~8시간이다.

24) 모하제르-6 드론은 정찰, 감시, 타격용으로 길이 7m, 날개 너비 10m, 최대 속도는 200km, 최대 비행고도 5.4km로 12시간 비행이 가능하다.

25) 첨단 지대공미사일체계로서 노르웨이의 콩스베르그사와 미국의 레이션사가 공동 개발한 첨단 공대공미사일이다. 최대 사거리는 16km 이상이며, 속도는 마하 4이다.

자국이 보유하고 있는 러시아제 무기를 우크라이나에 제공해 주고, 독일의 레오파드 전차나 한국의 K-9, FA-50 공격기를 긴급 구매하는 등 새로운 형태의 국방력을 구비하고 있다. 이는 우크라이나가 수행하고 있는 러시아의 명분 없는 전쟁과 우크라이나의 정의의 전쟁이라는 대외 심리전이 설득력을 얻고 있기 때문이다. 미국은 우크라이나에 병력을 지원하지 않고도 무기와 장비를 지원하면서 러시아를 견제하고 유럽연합 국가의 군비증강을 유도하는 이중효과를 얻었다. 미국은 우크라이나에 M1A2 에이브럼스 전차 31대를 지원하겠다고 밝혔으며, 독일은 레오파드 2 전차 14대를, 영국은 챌린저 2 전차를 우크라이나에 인도하겠다고 밝힌 바 있다. 또한 프랑스는 파생형 경전차 AMX-10을 보내겠다고 약속했고, 폴란드, 네덜란드, 핀란드, 덴마크, 스페인 등 유럽 국가들도 우크라이나에 전차와 중장갑 차량을 공급할 계획이라고 밝힌 바 있다.

4) 새로운 무기체계의 시험장

금번 러시아-우크라이나 전쟁에서는 우크라이나가 터키로부터 수입한 TB-2 바이락타르(Bayraktar) 무인기를 사용하고 있다. 이 무인기는 길이 6.5m, 날개폭 12m로, 최대 속도는 시속 220㎞이며, 27시간 비행이 가능하다. 무장능력은 4개의 대전차미사일이나 로켓, 정밀유도무기를 탑재할 수 있다. 우크라이나는 TB-2 무인기를 이용해 러시아군의 전차 기동을 제한했고 지대공 미사일포대를 격파하는 등 괄목할 만한 전과를 올렸다.

러시아는 음속의 5배 이상 속도로 비행하는 킨잘(Kinzhal) 극초음속 미사일을 최초로 사용하였다. 우크라이나 서부 이바노 프란키우스크 지역에 있는 우크라이나군의 미사일과 항공용 탄약 지하 저장고를 파괴하는데 사용되었다. 킨잘 미사일은 2018년 푸틴 러시아 대통령이 직접 발표해 세상에 공개된 극초음속 미사일로 전술 핵탄두도 탑재할 수 있어 게임체인저로도 평가받고 있다.

러시아가 야심차게 개발한 차세대 스텔스기 Su-57 전투기가 우크라이나전에 최초로 투입된 것이 확실시된다는 서방의 분석이다. 영국 국방부가 지난 1월 9일, 트위터를 통해 공개한 산하 정보기관 국방정보국(DI) 일일보고서에서 "러시아 공군이 최소 지난해 6월부터 Su-57 전투기를 우크라이나를 겨냥한 임무에 사용해 온 것이 거의 확실하다."고 전했다. 러시아는 5세대 스텔스 전투기인 Su-57이 레이다에 거의 포착되지 않고 스텔스 기능을 갖추었으며 다양한 미사일을 장착할 수 있다고 선전해 왔다. 영국 국방부는 Su-57 전투기가 우크라이나전에서 만에 하나 추락할 경우 발생할 평판 훼손과 수출 전망 악화, 기술 노출 등 위험을 피하는데 우선순위를 두고 운용했을 것으로 추정했다.[26]

러시아-우크라이나 전쟁에서 또 하나의 특징은 민간 트럭이나 4륜 구동차량에 중화기를 탑재한 테크니컬(Technical)[27]이 주목을 받고 있다. 과거 중동이나 아프리카 지역에서 벌어진 무력충돌이나 특수전 등 저강도 분쟁에서 비정규군이 사용한 적은 있으나, 우크라이나 전쟁에서는 정규군이 전면전에서 사용하고 있다. 이는 전장에서 폭증하는 수요를 군용차량으로서는 감당하기

26) YTN, "러시아 차세대 스텔스기 Su-57 우크라 투입 거의 확실"(2023.1.11.)

27) 정규군이 운용하는 규격화된 차량 장비가 아닌, 그 성능을 흉내낸 유사 차량 장비류를 말하며, 주로 픽업트럭이나 1톤 트럭 같은 튼튼한 민수용 중소형 차량에 중화기를 탑재해 무장시킨다.

어렵고, 자동차 기술이 크게 발달하면서 민간 트럭과 4륜구동 차량에 중기관총, 다연장로켓, 대공포, 대전차미사일 등을 탑재하여 전장에서 요긴하게 사용하고 있는 것이다.

4. 전략적 함의

북한은 2023년 11월 21일 군사용 정찰위성 '만리경-1호'를 성공적으로 발사했다고 보도했다. 북한의 핵·미사일 위협이 현존하고 있는 한반도 안보상황을 직시할 때, 러시아-우크라이나전 분석을 통해 식별된 전략적 함의는 매우 크다.

북한은 2022년 한 해 동안 대륙간탄도미사일(ICBM) 도발 8회를 포함해 탄도미사일을 총 38회에 걸쳐 70여 발을 발사함으로써 월평균 3회 정도의 미사일 도발을 감행했다. 이처럼 지속적인 미사일 도발을 감행하다가 2021년 12월 26일에는 소형 무인기 5대를 이용하여 우리 영공을 침범했으며, 그 가운데 1대는 서울 북부까지 진입한 후 돌아갔다. 소형 무인기의 영공침범은 2017년 5월 2일 이후 5년 7개월 만이다.

당시, 북한 무인기의 영공침범은 우리 군의 대비태세에 큰 경종을 울려 주었다. 당시 군은 북한의 무인기를 최전방에서 지상레이다로 탐지하고도 최초 탐지한 부대(육군 제1군단)에서 수도방위사령부에는 통보하지 않은 채, 합동참모본부에만 보고한 것으로 확인되었다. 그러다 보니, 무인기대비태세인 '두루미'를 발령하기까지 무려 1시간 30분이 소요되었고, 뒤늦게 비행금지구역(P-73)을 침범한 것으로 드러나, 적지 않은 문제점을 노정하였다. 관련 작전부대들간 상황전파가 제때 이뤄지지 않아 적절한 대응에 실패한 것이다.

여기에는 여러 가지 이유가 있겠지만 현존하는 북한의 위협인 핵·WMD·미사일과 비교했을 때 소형 무인기에 대한 군의 대비태세는 후순위로 밀려, 대비에 소홀했던 점을 간과할 수는 없다. 현실적으로 군 레이다에 시현된 물체를 새떼인지, 소형 드론인지를 구별하기가 그리 쉽지 않은 것은 사실이다. 군에서의 경험에 의하면 소형 무인기 대응에서 가장 중요한 것은 조기에 레이다로 포착하여 식별하는 것이고, 그다음에 신속히 격추하는 것이다. 이를 위해서는 전방에 드론 탐지 레이다를 밀집해서 배치하고, 무인기를 탐지했을 경우에는 고속상황전파체계를 통해 신속히 전파해야 하며, 우선 지상에서 격추하는 방법(비물리적 타격, 집중 사격 등)과 공중에서 격추하는 방법(저속 고정익 항공기, 헬기)을 병행하여 이중체계로 강구하고, 이러한 훈련을 실전적으로 반복해서 실시해야 한다.

한때 우리 군은 북한의 AN-2기가 야간에 침투할 경우에 대비하여 탐지·식별·요격·격추하는 훈련을 강도높게 실시한 바 있다. 야간에 저고도로 항공기의 외부 라이트를 모두 점등하고 침투하는 AN-2기를 공중에서 포착하는 것은 여간 힘든 임무가 아니었다. 더군다나 AN-2기는 초저고도로 침투하다 보니, 당시 레이다가 장착된 F-4D/E 전투기로 하방(look down) 탐색시 지면地面 클러터(ground clutter)로 인해 숙련급 조종사도 식별이 쉽지 않았다. 그래서 가상 경로를 따라 침투하는 AN-2기 탐지 및 식별 훈련을 반복해서 지속으로 실시한 것이다.

마찬가지로 소형 무인기의 영공침범을 막기 위해서는 지상과 공중에서 레이다로 탐지하여 관련 부대에 신속히 전파하고, 지상과 공중에서 물리적·비물리적 수단을 이용해 탐지·식별·요격·격파하는 훈련을 주기적으로 실시해야 한다.

러시아-우크라이나전 분석을 통해 도출한 전략적 함의는 다음과 같다.

•첫째, 확고한 한미동맹을 더욱 공고히 해야 할 필요성을 인식시켜 주었다. 우크라이나전에서 보여 주고 있는 미국의 역할은 지대하다. 2021년 12월 21일, 전격적으로 미국을 방문한 젤렌스키 대통령은 조 바이든 미국 대통령과 정상회담을 통해 패트리엇 방공미사일 1개 포대 등 18억 5,000만 달러(약 2조 3,000억원) 규모의 추가 지원을 약속받았다. 또한 2022년 1월 25일에는 바이든 대통령이 M1A1 에이브람스 전차를 우크라이나에 31대를 지원할 것이라고 발표하였다. 결국 러시아-우크라이나전이 미국을 비롯한 유럽연합과 러시아 간 대리전쟁으로 치닫고 있는 것이다. 북 핵 위협이 상존하고 있는 가운데, 대만해협에서 중국과 대만 간 긴장이 고조되고 있는 중차대한 시점에서 한미동맹의 중요성은 아무리 강조해도 지나치지 않다.

•둘째, 현재 한국군이 추진 중인 「국방혁신 4.0」의 방향성을 제시해 주고 있다. 러시아가 금번 전쟁에서 고전하고 있는 이유 중의 하나가 2008년 조지아전에서 승리한 이후에 추진했던 국방개혁에 실패했기 때문이다. 러시아군은 조지아전에서 드러난 무기체계의 노후화, 전투부대의 반응속도 지연, 지휘통제의 혼선, 전투원의 훈련부족 등 문제점을 개선하기 위해 2009년부터 2019년까지 무기체계의 현대화, 부대구조 개편, 지휘체계 단순화, 우주방어 시스템 구축 등 국방개혁을 강도 높게 추진했으나 군사력의 효율적 운용을 위한 군사교리 등 소프트 파워의 개혁에는 소홀했다. 따라서 현재 우리 군이 추진하고 있는 「군사혁신 4.0」의 추진방향과 과제가 현대전 수행 개념과 미래전에 대비한 개념인지(?) 총체적인 진단이 선행되어야 한다.

•셋째, 북 핵 위협에 대한 실질적인 대비책을 전면 재검토해야 한다는 점을 인식시켜 주었다. 북한은 우크라이나 사례를 반면교사로 핵을 절대 포기하지 않을 것이다. 북한은 과거 우크라이나가 핵보유국이었음을 고려하여 북한 생존과 체제 유지를 위해 개발 중인 핵을 절대로 포기하지 않을 것이며, 지속적으로 더욱 고도화하고 소형화해 나갈 것이다. 따라서 우리는 북한의 핵·미사일 위협에 보다 실질적이고 실현가능한 대응책을 강구해 나가야 한다.

•넷째, 공중우세와 항공우주력의 중요성을 입증해 주었다. 러시아 항공우주군은 우크라이나 공군에 비해 질적으로나 양적으로 압도적인 항공력을 보유하고 있었음에도 불구하고 초기에 공세적으로 운용하지 않아 우크라이나 상공에서 공중우세 확보에 실패했다. 그러다 보니 러시아의 항공우주군은 우크라이나 지역에서 자유로운 항공작전을 수행하지 못했고, 개전초에 공격기세를 유지한 채 종심깊게 침투했던 러시아의 기동부대는 항공력의 후속 지원을 받지 못했다. 우주작전 측면에서 보면 우크라이나는 미국을 비롯한 서방의 군사용 위성과 상업용 위성을 이용하여 광범위하게 군사작전에 활용하고 있으며, 러시아는 100여 기의 군사위성을 이용하여 작전을 지원하고 있어 많은 제한을 받고 있다. 따라서 현재 추진하고 있는 국방우주력의 효율적 구축과 상업용 위성 및 민간 지상국을 활용한 군사작전 효용성 제고방안도 함께 검토되어야 한다.

•다섯째, 무인기가 전장戰場의 게임체인저로서 실질적인 대응책 강구 필요성을 입증해 주었다. 러시아-우크라이나전에서 게임체인저로 등장한 무인기가 안보를 위협하는 비대칭무기로서

더욱 진가를 발휘할 것이다. 2021년 12월 북한의 무인기가 우리 영공을 침범하자 국민들은 불안해 했으며, 정치인들은 여·야로 나뉘어 네 탓, 내 탓 책임공방을 벌였다. 안보에는 여·야가 따로 있을 수 없다는 불문율을 깨고 자당自黨의 유·불리에 따라 정쟁에 몰두했다. 이는 어쩌면 북한이 의도했던 목적인지도 모른다. 무인기는 적은 비용으로 상대방에게는 물리적 파괴와 심리적 붕괴를 동시에 초래할 수 있는 전략적 목표를 달성할 수 있는 비대칭 무기가 되었고 유사시 게임체인저로서의 역할을 수행했다. 이에 다차원적으로 대비할 수 있는 방안을 시급히 모색해야 한다.

• 여섯째, 주요 무기체계의 자체 생존성이 매우 중요해졌다. 러시아-우크라이나전에서 러시아의 최첨단 전투기가 우크라이나 민병대의 MANPADS에 의해 격추되고, 러시아의 주력 전차들이 휴대용 대전차미사일 재블린에 의해 피격되는 등 주요 장비의 생존성이 매우 중요하게 대두되었다. 최근 K-방산 무기 및 장비의 수출이 활발히 진행되고 있는데, 우리 군이 운용하는 주요 무기체계에도 지향성 적외선 방해장비(DIRCM : Directional Infrared Counter Measure)와 APS 등 자체 생존장비를 구비해야 한다.♠

〈참 고 문 헌〉

●단행본

·권태환 외, 『홍규덕 교수의 국방혁신 대전략 : 러시아의 우크라이나 침공과 한국의 국방혁신』, 서울 : 로얄컴퍼니, 2022.

·안재봉, 『새로운 패러다임의 군사교리』, 대전 : 충남대 출판문화원, 2019.

·양욱 외 공저, 『한반도, 평화를 말하다』, 서울 : eBook, 2021.

·홍규덕, 『국방혁신 대전략』 01,02, 서울 : 로얄컴퍼니, 2022.

·공군본부, 『공군기본교리』(공군교범 0), 계룡대 : 공군본부, 2021.11.

·공군전투발전단, 『이라크전쟁 : 항공작전을 중심으로 분석』, 계룡대 : 공군전투발전단, 2003.

·국방군사연구소, 『걸프전쟁 분석』, 서울 : 국방군사연구소, 1992.

·국방대학교, 『한국군 사이버전 대비방향 연구』, 서울 : 국방대학교, 2009.

·합동군사대학교, 『러시아-우크라이나 전쟁 분석』, 논산 : 합동군사대학교, 2022. 12.

·합동참모본부, 『군사기본교리』(합동교범 0), 서울 : 합동참모본부, 2022.8.

●논문

·송승종, 「하이브리드 전쟁과 북한에 대한 시사점 : 우크라이나 사태를 중심으로」,『국방연구』제59권 제4호, 2016.

·안재봉, 「러시아-우크라이나 전쟁, 군사교리적 시사점과 정책 제언」,『홍규덕 교수의 국방혁신 대전략 : 러시아의 우크라이나 침공과 한국의 국방혁신』, 서울 : 로얄컴퍼니, 2022.

·주은식, 「러시아-우크라이나 전쟁 평가와 전망, 교훈」,『월간조선』, 2023년 2월호.

●해외 문헌

·Drew, Dennis M.. & Snow, Donald M., *Making 21st Century Strategy : An Introduction to Modern National Strategy Processes and Problems*, Maxwell AFB : Air University Press, 2006.

·Posen, Barry R., *The Sources of Military Doctrine: France, Britain, and Germany Between the World Wars*, New York : Cornell University Press, 1986.

·RUSI Special Report, *The Russian Air War and Ukrainian Requirements for Air Defence*, London : Royal United Services Institute, 2022. 11. 7.

·United States Air Force HQ. *Air Force Basic Doctrine, Organization, and Command.* Washington D.C. : United States Air Force HQ, 2011.

·Bronk, Justin, "The Mysterious Case of the Missing Russian Air Force", RUSI, 28 February 2022.

·Bronk, Justin, "Ukrainian Air Defence Options in the Event of a Russian Attack", RUSI, 8 February 2022.

·Roza, David, "After training together for years, Air Force pilots are watching Ukrainian friends fight for their lives", *TASK & PURPOSE*, 2022.3.

부록

【부록 1】

[이종학 박사] 전쟁이 바꿔놓은 삶… '평화의 군사학'으로 꽃피웠다

강병찬※

"전쟁을 소홀히 한 민족이나 국가는 수모를 당한다는 것이 역사의 교훈이다. 평화를 바란다면 전쟁을 이해하고 전쟁에 대비하라."

이종학 박사(93·군사학)가 경주에 있는 한옥 고택에서 '서라벌군사연구소'를 설립한 지 35년이 흘렀다. 그는 이곳에서 오전에는 군사학을 연구하고, 오후에는 밭을 가꾸는 삶을 이어오고 있다. 러시아의 우크라이나 침공으로 전 세계가 전쟁의 고통을 받는 요즘, 이 박사가 주창한 '평화의 군사학'이 새삼 회자하고 있다.

그의 군사학은 '인명을 살상하기 위한 기술'이 아니었다. 국가를 보전하고, 국민의 안위를 지키는 토대의 학문이었다. 그는 문헌사학文獻史學에 머물렀던 군사사학軍事史學 분야를 경험과 현장 답사를 통한 역사적 확증을 시도해 한 단계 끌어올렸다는 평가를 받는다.

2022년 3월, 그는 '대한민국 최고령 대학교수'라는 개인적 성취에 멈춰 서지 않았다. 그는 현대인들이 철학의 상실로 인해 스스로 전쟁 같은 상황에 매몰돼 가는 것을 너무나 안타깝게 생각했다. 그렇기에 그는 사람들이 가치관을 회복해 인생 후반 역전승을 할 수 있는 책략을 주저없이 알려주었다.

단순히 책략만 알려주는 것도 아니었다. 그는 평생 모은 수십억 원 상당의 재산을 미련 없이 국가와 사회에 기부했다. 이것은 인간에게 불을 훔쳐 준 대가로 코카서스 절벽에 묶여 독수리에게 간을 쪼아 먹히는 형벌을 받은 프로메테우스의 실천과 같았다.

※ 대경일보 편집국장.

■ 2022년 3월 28일자 특집기사 및 부고기사(2022년 12월 29일)

◇ 평화를 지향한 군사학의 대부

올해는 봄 가뭄이 이어지다 3월 중순이 돼서야 봄비가 내렸다. 단비가 오자 서라벌군사연구소가 있는 경주시 평동 고택 마당의 나무들이 싹을 틔우기 위해 안간힘을 쓰고 있다. 이 박사는 바깥마당에 서 있는 매실나무를 보며 "직접 심어서 가꾼 나무다. 튼실한 열매를 맺으니 기분이 무척 좋다."라며 흐뭇해했다.

안마당에 들어섰다. 아담한 고택에는 풍석재風石齋란 당호堂號가 붙어있다. 처마 아래 벗어 놓은 신발이 비를 맞을 듯했다. 유리문을 열고 올라선 대청마루에는 서적들이 빽빽해 발 디딜 공간이 좁았다.

뺀질뺀질해진 문지방은 코로나19가 오기 전까지 그의 제자와 후배 대학교수들이 뻔질나게 드나들었다는 것을 확인해 주었다. 연구실로 들어섰다. 부인 최정화 여사가 방금 간 과일주스를 내오며 화사하게 방문객을 맞았다. 탁자에 앉자마자 이 박사의 이야기보따리가 터졌다. 주제는 그의 지론이 담긴 '인생 손자병법'이었다. 93세인 그가 마지막으로 남기고픈 말들은 주옥과도 같았다.

자신의 인생이 '실패했다'라고 느끼는 현대의 청장년들에게 그의 인생 손자병법은 자양분을 주기에 충분했다. 그것은 그가 살아온 삶의 궤적이 일제강점기, 제2차 세계대전, 6·25전쟁을 연이어 겪은 대한민국의 질곡과 일치했기 때문이다. 그 일치는 그의 군사학이 '평화의 군사학'이 될 수밖에 없는 이유다.

◇ 전쟁이 뒤바꾼 포항 청년의 인생

이종학 박사는 1929년 포항시 대흥동에서 태어났다. 그는 일제강점기의 혼란으로 인해 포항동지고를 3년 늦게 졸업했다. 그 해에 6·25전쟁이 발발했다. 520만 명의 인명 피해를 낸 6·25전쟁은 대한민국의 운명뿐 아니라 청년 이종학의 삶도 송두리째 바꿔놓고 말았다.

그는 청소년기에는 퀴리부인 전기를 감동적으로 읽고서 화학자의 꿈을 키웠다. 하지만 전쟁은 그를 공군사관학교에 입학시켰고, 군대로 데려갔다. 공군사관학교에서 그는 매일 파괴와 살상을 위한 교육과 훈련을 받았다. 적을 쳐부수고 죽여야 내가 이기고, 나라를 지키는 것이었다.
직업군인이 되기 위한 살상 훈련은 어느덧 그의 몸과 정신을 쇠약하게 했다. 그는 상담 끝에 마산 공군병원으로 후송 치료를 받았다. 그때 그는 인생의 고뇌와 삶의 고충을 솔직히 고백하는 감상문을 적었다. 당시 내과 과장이었던 이봉균 중령은 그의 감상문을 읽고서 그에게 휴식과 안정을 취하게 했다. 이 중령의 배려 속에 그는 독서와 휴식을 통해 재충전을 했고, 치료를 마치고 복귀해 공군사관학교를 졸업했다.

그는 공군사관학교를 졸업한 후 통신장교와 교육의 임무를 맡았다. 이것은 국가가 그에게 베풀어 준 넉넉한 배려였다. 그는 대전통신학교에서 연구와 교육실적을 인정받아 미국 연수의 기회까지 잡았다. 세계 최강국이자 최고의 선진국인 미국에 대한 동경심으로 그의 마음은 들떠 있었다. 그러나 미국도 인생의 고뇌에 깊이 빠져있었던 그에게 정답을 말해주지 않았다. 미국에도 수많은 갈등이 있으며, 인생들의 고달픈 삶은 여전하다는 현실을 목격했다. 귀국 후 그는 독학으로 군사학 연구에 몰두했다.

◇ 한발 빠른 퇴직과 기부의 시작

이종학 박사의 시련은 그것으로 끝나지 않았다. 그는 대령 진급 심사에서 좌절을 겪었고, 곧바로 예편을 결심했다. 그는 국가로부터 이미 상당한 혜택을 받았다는 자체 판단을 내렸다. 그런 만큼 새로운 길을 가겠다는 결단을 미룰 이유가 없었다. 그는 금과옥조로 연구해 온 '손자병법'의 '진퇴의 때를 놓치지 말라'는 교훈을 즉각 실천했다.

공교로운 일은 이때 일어났다. 국방대학교 박현식 중장이 군사학 교수가 돼 달라는 전갈을 보내왔다. 박 중장은 이 박사가 펼쳐온 '현대전략론'을 높게 평가했다고 한다. 이종학 박사가 국방대 첫 교단에 선 날이었다. 학생 신분의 선배 대령들이 교실에서 교수가 된 그를 기다리고 있었다. 그 후 그는 13년간 국방대 교수로 재직했다. 1980년, 그는 군사학 분야에서 국내 최초로 정교수가 됐다. 이것은 그 자신의 명예를 넘어 '평화의 군사학'을 정립한 대한민국 학계와 국군의 영예였다.

이 박사가 국방대를 퇴직한 해는 1987년, 58세 때였다. 그는 몇 년 더 교단에 머물다 정년퇴임을 할 수도 있었다. 하지만 이번에도 손자병법의 가르침이 그의 등을 떠밀었다. 더 늦기 전에 진정으로 하고 싶었고, 반드시 이룩해야 할 일이 우선순위였다. 군사학은 독서와 연구는 물론 경험과학으로서 답사와 실천이 뒤따르는 학문이다. 그래서 그는 역사상 겪어온 우리나라 전쟁의 현장을 샅샅이 다녀보고 싶었다. 그는 당시 시가 3억 원을 호가하는 서울의 주택을 공군사관학교에 기부를 했다.

◇ 연구하고 농사짓는 느림보 삶

이종학 박사가 경주에 이사 온 때도 그 해였다. 삼국통일을 이룩한 신라의 수도 경주의 매력은 그의 마음을 사로잡았다. 경주는 매소성전투와 기벌포해전으로 20만 당군을 한반도에서 물리쳤던 화랑도의 고장이다. 그는 퇴직에 대비해 1983년도에 매입한 경주시 평동 고택의 이름을 자신의 호인 '풍석'風石을 따서 풍석재風石齋로 지었다. '풍석風石'은 '큰 바위는 되지 못할지언정 바람에 흔들리지 않는 돌이 되고 싶다.'라는 그의 염원이 담겨있다. 집 입구에 '서라벌군사연구소' 명패도 달았다.

그는 풍석재에서 오전에는 연구하고, 오후에는 농사짓는 느림보의 삶을 최정화 여사와 함께 35년간 이어왔다. 최 여사는 그와 의견을 나누며, 자료들을 컴퓨터로 정리해주는 가장 큰 조력자다. 그 덕분에 지금까지 그는 일문을 포함해 50여 권의 국내외 저서를 출간했다. 발표한 국내외 주요 논문도 80여 편에 이르렀다. 그는 군사사학뿐만 아니라 고대 역사에도 정통해 시청률이 높았던 KBS 역사스페셜의 단골 논평가이기도 했다.

풍석 이종학 교수와 최정화 여사(풍석재)

그의 나이 73세 때인 2002년, 충남대학교에서 '군사학 석사과정'을 개설한다는 소식을 듣고 그는 모든 지혜와 역량을 모아 충남대 군사학 석사과정의 설립에 기여했다. 국내 일반대학교 최초의 군사학 석사과정이었다. 그는 그때 수십억 원에 달하는 강화도의 토지와 1만여 권의 장서를 충남대에 기부했다. 2003년 다시 시작한 대학 강의는 90세인 2018년까지 이어졌다. 그는 명실상부 '대한민국 최고령 대학교수'로 이름을 올렸다. 군사학부는 이후 박사학위자만 30여 명을 배출했다.

그는 최근까지 전공 강의 외에 '50대의 인생전략'에 대해 손자병법을 응용한 인생 강연을 해왔다. 몇 년 전에는 서울대학교 교수 백여 명을 모아놓고 특강을 했다. 강연은 3시간 너머 이어졌다. 그러나 아무도 자리를 뜨지 않았다고 한다.

그의 군사학의 결론은 "전쟁을 소홀히 한 민족이나 국가는 수모를 당한다는 것이 역사의 교훈이다. 평화를 바란다면 전쟁을 이해하고, 전쟁에 대비하라"였다. 그의 인생 강연의 결론은 'Slow but Steady(천천히 그러나 꾸준히)'였다.

사람들은 그가 던진 평범하고 진솔한 이 교훈에서 자신을 되돌아보고, 인생 2막을 향한 새로운 이정표를 발견할 수 있다.♠

【부록 2】

하늘의 별이 된 이종학 서라벌군사연구소장

◇ 역경 이기고 한국 군사학 신기원 이룩

'한국 군사학의 대부' 고故 풍석風石 이종학(李鍾學, 서라벌군사연구소장) 박사가 2022년 12월 29일 경주시 평동 서라벌군사연구소에서 별세했다. 향년 94세.

「대경일보」 2022년 3월 28일 자에 그의 일생을 다룬 특집기사가 게재됐으며, 그의 생전 칼럼이 본지에 연재되고 있었다.

이 박사는 1929년 경북 포항에서 태어났다. 포항 동지고 1회 졸업생이며, 1954년 공군사관학교 3기로 입학, 소위(통신장교)로 임관했으며, 공군 중령으로 예편하기까지 공군사관학교 교수부 군사학과장, 국방대학원 교수, 교수부 제3학처장 등을 지냈다.

이종학 박사는 국내에서 최초로 군사학 체계를 학문으로 정립시킨 '군사학의 대부'이자 '군사학의 태두泰斗'라는 평가를 받는다.

그는 국내에서 처음으로 '전쟁론'을 가르쳤고, '현대전략론'을 통해 군사학 이론의 틀을 잡았다.
그는 1976년에는 한국군사학회를 창립해 초대 회장을 지냈다. 국방대 재임 때인 1980년에 국내 첫 군사학 정교수로 교육부 승인을 받았다.
58세 때인 1987년, 국방대 교수직을 그만두고 경주시 평동에 서라벌군사연구소를 세웠다. 73세 때인 2002년, 충남대 평화안보대학원 군사학 석사과정 설립에 산파 역할을 했으며 특임교수로 교단에 복귀했다.
74세 때인 2003년 국내 최초로 명예 군사학박사 학위를 충남대로부터 받았다. 2018년 충남대 군사학부 특임교수를 그만둘 때까지 현직 교수로 활동했다.
그는 최근까지도 충남대학교 등에서 전공 강의 외에 '50대 인생전략'에 대해 손자병법을 응용한 인생 강연을 해왔다. 명실상부 대한민국 현역 최고령 대학교수였다.

◇ 국내 최고령 교수, 40억원 남다른 기부

이종학 박사는 일찍이 서울의 주택을 군사학 발전기금으로 공군사관학교에 기부했다. 2003년에는 충남대에 군사학 석사과정을 개설하면서 강화도의 토지와 함께 군사학진흥기금과 장서 1만여 권을 기증했다. 평생 40여억 원 상당의 기부를 실천한 것으로 알려졌다.

저서로는 '군사전략론'(1987, 박영사), '군사학개론'(2009, 충남대 출판부), '한국군사사 연구'(2010, 충남대 출판부), '6·25 전쟁사 : 그 진실과 교훈을 찾아서'(2001, 서라벌군사연구소 출판부)와 '6·25전쟁이란 무엇인가'(2011, 충남대 출판문화원) 등 일문(日文)을 포함한 50여 권의 국내외 저서를 출간했다. 발표한 국내외 주요 논문은 80여 편이다.

1969년부터는 경희대 대학원에서 사학과를 졸업, 만학도로서 군사학의 뿌리를 찾으려고 신라 화랑 등을 연구했다. '광개토왕비문의 신연구'(1999, 서라벌군사연구소 출판부), '화랑세기를 다시 본다'(2003, 주류성) 같은 역사 관련 공저를 주도했다. 또 "화랑세기는 진본"이라고 주장하기도 했다.

2000년대에는 역사와 전쟁사를 버무린 해박한 지식을 발판으로 국민적 인기 프로그램이었던 공영방송 KBS 역사스페셜의 단골 패널로 활약했다.

최근 '60대 이후의 인생 전략-서라벌에서 온 편지'(충남대학교 출판문화원)를 출간해 구순을 넘긴 나이에도 군사학에 관한 연구와 왕성한 집필활동을 과시했다. 고인은 최근 6·25 전쟁 과정에서 백선엽 장군의 공적을 재평가하는 논문을 쓰는 중이었다고 한다.

◇ 프로메테우스의 삶을 살다 간 인물

이종학 박사는 일제의 폭압이 기승을 부리던 때에 태어났고, 태평양전쟁이 한창이던 때에 학창시절을 보냈다.

그는 태평양전쟁기였던 1940년대 초반, 진해에서 중학교에 다녔다. 진해에는 일제의 해군기지가 있었다.

중고등학교 통합 과정이었던 진해의 중학교는 제국 군대에 필요한 기술인력을 양성하는 데 교육이 맞춰져 있었다.

그러던 중 1945년 8월 15일 해방이 찾아왔다. 그는 고향인 포항으로 돌아와 마무리하지 못했던 고등학교 과정을 밟기 위해 동지상고(현 동지고) 1회 입학생이 됐다.

그는 뒤늦게 고등학교를 졸업했지만, 자신이 원했던 화학자의 길로 가지는 못했다. 그가 맞이한 환경은 인류 최악의 전쟁이었고, 동족끼리 싸우고 죽이는 전장이었다.

그러나 그는 아무것도 원망하지 않았고, 가던 길을 되돌아가지 않았다. 그는 그때 이미 질곡의 시대를 거슬러 프로메테우스의 삶을 살아가겠다는 굳은 결심을 했을 것으로 보인다.

오늘날 역전을 꿈꾸며 인생 2막을 향해 달려가는 사람들에게 역경을 헤쳐가는 지혜를 남겨둔 채 홀연히 떠나간 풍석 이종학 박사의 영면을 기원한다.♠

□ 편집단상(編輯斷想)

풍석 이종학 교수는 사적으로는 자랑스런 나의 남편이고, 공적으로는 우리나라 군사학의 태두이다.

남편은 2022년을 이틀 남긴 12월 29일 홀연히 내 앞에서 하늘의 별이 되었다. 아침에 평상시와 같이 인사를 나누고, 이틀만 지나면 새해라고 미리 인사드린다는 제자와 지인들의 오는 전화들을 받았고, 2023년에 해야 할 일을 메모하고… 전날(28일) 밤에는 언제나처럼 이런저런 대화를 나누고 아직 미해결된 일들은 어떻게 처리할 것인가를 묻고 답하고… 그런데 그날은 비상금마저 나에게 넘기기에 웃으면서 아직은 못 받는다고 했더니 책꽂이 책 사이에 비상금을 넣은 봉투를 꽂으면서 "여기 있어" 하기에 "비상금 날라갔네요." 하며 우리는 웃음을 터뜨렸고… 그렇게 여느 날처럼 행복하게 보냈다. 다음날 남편이 머나먼 길을 혼자서 떠나갈 줄도 모르고… 우리의 보금자리인 풍석재로 돌아올 때는 이 넓은 세상에 남편 없이 나 혼자라는 현실에 넋을 잃었고, 나의 하늘을 잃었고 땅을 잃은 나는 아무것도 할 수가 없었다. 남편을 따라가려는 생각밖에 없었다. 지금 가면 남편을 따라잡을 수 있을까? 어디까지 갔을까? 식음을 전폐하고 남편의 빈자리만 응시하며 나날을 보냈다.

주위에서는 걱정을 하고, 위로를 하고… 나에게는 아무 말도 들리지 않았던 시간들이 지나면서 조금씩 남편이 못하고 간 남겨진 과제가 생각났고, 가시는 길에 한 약속이 생각났다. "당신이 마무리 못한 것을 마무리하고 가겠으니 그때 만나요."

더 이상 누워만 있을 수가 없었다. 남편 때문에 쓰러졌지만 남편의 과제 때문에 '내가 아니면 누가 이 일을 해 줄 수 있겠나.' 일어날 용기가 생겼다. 나를 혼절하게 한 것도 나를 잡아 일으켜 세운 것도 남편이었다. 내 힘이 닿는 데까지 과제를 마무리하겠다고 다짐했지만 어떻게 해야 할 바를 몰라 주저앉기를 여러 번.

맨 처음 떠오른 것은 남편이 '군사학 총서 21'로 지정을 해놓은 김희수 박사의 군사학 학위논문을 책으로 만드는 일이었다. 김희수 박사는 남편이 계실 때 발간하기 위해 2년여 동안 군사학 박사 학위논문을 열심히 보완하고 수정했지만 결국 발간을 하지 못했다. 생전에 발간을 못 보신 것이 회한으로 남았다. 김 박사의 책(『한국군사전략의 변화와 발전』, 군사학총서 21, 충남대학교 출판문화원, 2023.9.)을 맛볼 수 있다면 아마 매우 짠맛이 날 것이다. 그 이유는 남편을 생각하며 아려오는 마음에 울면서 책을 만들었기 때문이다. 이어 생각난 것은 제자들이 하늘의 별이 되신 스승을 위해 헌정하는 '추모 논문집'이었다.

계획을 잡고 논의하고 제자들과 지인들에게 연락하니 연락받은 모든 분마다 흔쾌히 승낙하고 원고를 보내줬다. 다른 곳에 발표하려던 논문들도 보내주었고, 이미 발표한 논문이지만 수정·보완을 해서 더 깊이 있는 논문을 만들어 보내주고, 공군사관학교에서 '풍석 이종학 교수 추모 학술세미나'(2023.12.12.)에서 발표한 논문도 포함하고. 모두 스승을 추모하는 정성 어린 옥고玉稿였다. 하지만, 보내준 원고의 양이 생각보다 많았고 어떻게 정리할까를 고민했지만 책의 판형을 바꿔서라도 모두 실어서 필자들의 스승을 추모하는 마음을 담아야겠다고 생각을 하고 보내준 원고를 정리하고 편집을 하는 중에 남편의 유고 논문인 「백선엽 대장 논평」이 생각이 났다. 『60대 이후의 인생전략-서라벌에서 온 편지-』(충남대출판문화원, 2022.8.)을 만든다고 잠시 미뤄둔 논문이었다. 이미 입력시킨 내용이 있었기에 또 있나 찾아보니 2/3의 분량이 더 있었는데, 내가 책을 만드는 동안에 논문을 쓰고 계셨던 것이다. 논문을 구상한 메모와 나머지 원고들이 각 파일에 한 Chapter씩 넣어져 있었는데, Chapter Ⅷ의 일부와 머리말, 결론이 빠져 있었다. 생날것(발표 하기 전 수정·보완 등이 없는)의 이 미완성 논문을 발표하면 오히려 남편을 욕되게 하는 것이 아닐까, 아니면 임의로 수정을 할까 하다가 그것은 오히려 더 좋지 않을 것 같아서 그대로 싣기로 결정은 했지만 이런저런 고민을 거듭하였다. 결론은 원로 학자가 돌아가시기 전까지 연구를 놓지 않은 모습을 보여주어 후학들에게 격려와 용기를 주자는 마음이 컸다. 남편은 생전에 나의 의견을 말하면 대부분 '좋다'고 칭찬을 하던 분이라 이번 일도 너그럽게 봐주실거라고 내 나름의 마음 정리를 했다.

유고 논문을 입력하고 편집하면서 남편의 만년필 글씨를 보고 마음이 너무 아파 울고, 울고 나면 몸과 마음이 무너지고. 힘이 들어 며칠씩 컴퓨터 앞에 앉지도 못하고, 다시 입력하고, 멈추고. 더구나 남편의 흘려 쓴 필체가 거의 이해 불가일 때는 서재로 가서 자료를 찾다가 동쪽으로 난 큰 창으로 보이는 토함산 위로 해가 뜨고 달이 뜨는 모습을 보면서 사색에 잠기던 남편의 모습이 떠올라 그만 주저앉아 울고… 서재에 없으면 각 도서관을 검색하여 찾아내 자료를 복사해서 확인하고. 그러다 보니 한 달이라는 시간이 훌쩍 지나고 말았다.

많은 걱정을 담고 '미완성 유고 논문'을 실었기에 독자들의 이해를 바라며 연구하는 데 조금이나마 도움이 되었으면 좋겠고, 이종학 교수의 '미완성 유고 논문'을 후학들이 완성해 주기를 바라는 마음도 크다.

이 책이 나오기까지 도와주신 분이 많은데, 먼저 마음의 고통을 어루만져 주시고 동행해주신 하나님께 감사드린다. 그리고 책 이름을 『풍석 이종학 교수 추모 사제동행 논문집』으로 제안해 주신 이종호 박사, 다른 분의 원고 오·탈자 수정과 제안을 해주신 최병학 박사, 각자의 논문 소제목 일부를 통일하자고 한 이도학 박사, 보내준 파일을 밤새워 읽고 교정과 조언을 해주신 이원희 박사, 많은 수고를 해주신 노양규 박사, 나의 얘기를 들어주고 힘이 되어주신 나태종 박사, 김재범 (예)장군, 가끔씩 성경말씀을 보내주며 힘을 보태주신 김희수 박사, 힘들 때 요들송을 부르라며 방법을 알려주신 김강녕 박사, 응원을 해주신 이도흠 박사, 김희만 박사, 신영덕 박사, 임익순 박사, 안재봉 박사 등 많은 분의 협조가 있었기에 8개월의 시간을 거쳐 이 책이 탄생한 것이다. 하늘에서 남편도 응원해주고, 책의 출간을 기뻐하리라. 그리고 "모두 애썼구먼!"이라고 칭찬의 말씀을 건넬 것 같다. 모든 분께 감사드린다.

끝으로 충남대 출판문화원장 박수연 교수, 열심히 같이 뛰어준 양광준 과장, 김보라·김민지씨 등 직원들에게 감사드리며, 입력을 도와준 장하리씨, 친구같은 조카 이순미에게 고마움을 전한다.

2024년 6월 12일
풍석재에서
풍석 이종학의 아내 최정화 씀.

군사학 총서 발간 취지

군사학은 전쟁이란 무엇이며, 전쟁의 준비·수행 및 억제와 연구방법 등에 관한 지식의 체계이다. 전쟁은 오랫동안 인류 생존의 기본 요소이며 수단으로 등장하였고, 현재뿐만 아니라 앞으로도 형태를 달리하면서 존속하리라. 그리고 전쟁은 국민의 생사·국가의 존망과 직결되는 문제이기 때문에 신중히 대처하지 않을 수 없다. 한민족의 평화적 통일·생존권의 확보 및 번영의 초석이 되는 군사학의 연구·발전을 위해 군사학 총서를 발간하였다. 독자의 지도 편달과 육성, 그리고 동참을 기대한다.
(이종학 : leechoy@daum.net)

번호		책 명	저 자	발행연도	정가
1	군사학 개론		이종학·길병옥 편저	2009년 (4·6배판, 594쪽)	35,000
	내용	군사학이 우리나라에서 학문으로 공식적으로 인정된 것은 2002년 12월이다. 군사학의 간략한 정의는, "전쟁의 본질과 성격 및 무력전의 준비 및 수행에 관한 통일된 지식체계"라는 점에서 그 범위도 설정되었다. 이런 관점에서 군사학의 다양성, 다차원성, 다변화성을 포괄하는 학문적 개론서로서 새로운 학문영역으로 자리 잡고 있는 군사학의 학문체계를 정리하고자 각 분야의 전문가 13명의 공동집필로 출간되었다.			
2	군사전략론		이종학 편저	2009년 (신국판, 450쪽)	25,000
	내용	우리 국군은 6·25전쟁과 베트남전 참전을 통해 전투경험은 했지만 전쟁을 하지 않았다는 것을 잊어서는 안 된다. 즉, 군사전략을 수립하여 전쟁을 수행해 본 일이 없는 것이다. 그래서 이 책은 군사전략 수립을 위한, 제1편 군사전략의 기초, 제2편 군사전략의 이론, 제3편 군사전략의 실제로 구성되어 있다. 군사전략은 군사목표, 군사전략개념 그리고 군사자원으로 구성되어 있는 결심사항을 간략한 문장으로 표기하며, 이것은 세 가지 기준, 즉 적합성, 가능성 및 수락성에 의해 검토된다는 것을 상세히 설명하고 있다.			
3	나의 학문과 인생		이종학 편저	2009년 (4·6배판, 606쪽)	30,000
	내용	평생을 군사학 분야 발전을 위해 헌신해온 이종학 교수의 八旬을 맞이하여 펴낸 책이다. 제1편은 나의 학문과 인생(이종학), 제2편은 군사학의 학문체계 및 발전방향(교수 에세이), 제3편은 군사학의 발전방향으로 군사학과의 박사과정을 이수했거나 혹은 이수 중인 피교육자들의 학위논문 주제를 요약하거나 관심을 가진 분야에 대한 간략한 에세이를 수록했다. 부록에는 공군사관학교 57기생들에게 '군사학 특강'을 실시 후 그들의 소감문을 소개했다.			
4	한국군사사연구		이종학 지음	2010년 (4·6배판, 632쪽)	30,000
	내용	1981년 국방대학원에 재직할 때, 「현대 군사사의 연구방향」이라는 논문을 발표하면서 '군사사'에 대한 이론 정립을 시도했다. 즉, 군사사는 군사이론과 역사학이 결합된 학문인 동시에 군사학의 이론적 기초이며 근원이다. 이것을 기초로 하여 한국사 가운데 군사문제를 다루기 시작해 30년간의 연구 성과를 집대성한 것이며, 21편의 논문으로 구성되어 있다. 저자가 지난 반세기 동안 군사사 연구에서 얻은 결론과 기본철학을 소개하면 다음과 같다. 즉, "평화를 바란다면, 전쟁을 이해하고 이에 대비하라!"			

5	전략이론이란 무엇인가 -『손자병법』과 『전쟁론』을 중심으로-	이종학 편저	2012년(개정보완판) (신국판, 372쪽, 3판)	16,000
	내용	전략이론이란 무엇인가를 밝히면서, 원래 군사분야의 용어가 1960년대 이후 경영분야에도 활용되어 왔다는 것을 알아야 하고 군사전략뿐만 아니라, 국가전략 및 핵전략의 발전과정을 소개했다. 전략이론의 고전인 『손자병법』은 1972년 중국 산동성에서 『죽간 손자병법』이 나왔기에 그것을 삽입시켜 13편을 완역했다. 한편 클라우제비츠의 『전쟁론』은 초판본이 나왔고, 거기에서 내용이 너무 방대하기에 전술적 내용을 삭제한 抄譯을 했다. 직업군인과 최고 경영자들에게 전략이론을 알기 위한 필독서를 만들고자 꾸며 보았다.		
6	6·25전쟁이란 무엇인가	이종학 지음	2011년 (4·6배판, 623쪽)	30,000
	내용	이 책은 40여 년 간에 걸친 6·25전쟁 연구의 총 결산이자 집대성한 내용이다. 6·25전쟁에 대한 연구와 분석을 통해 그 원인을 밝혀내고 평시에 안보태세를 굳건히 하는 것이 가장 기본적인 대책이라고 해법을 제시한다. 이 책은 마치 6·25전쟁을 구석구석 현미경으로 확대해 들여다보는 듯하며 지금까지 나왔던 6·25전쟁 관련 서적과 다르게 새로운 사실들과 풍부한 사료들을 담고 있기 때문에 6·25전쟁을 연구하는 전문가들이나, 석·박사과정의 학생들에게 많은 도움이 될 것이다.		
7	현대 북한의 이해	박성규·길병옥 지음	2012년 (4·6배판, 336쪽)	25,000
	내용	탈냉전 이후 급변하는 국제상황 속에서 북한이라는 실체를 명확히 파악하고 한반도 평화통일의 기본 틀을 마련하는 데 기본적인 목적이 있다. 특히 남북한의 평화로운 통일과 기본적인 방향을 설정하는 데 있어서 가장 중요한 것은 북한을 제대로 이해하는 것이라는 점을 강조한다. 이 책은 현재 북한 관련 교재들이 북한의 실제를 제대로 파악하기에는 많이 부족하다는 점을 지적한다. 상식으로는 이해할 수 없는 북한이라는 체제 전체를 제대로 알 수 있는 교육이 절대적으로 필요하고 북한의 본질을 이해하여 그 대응책을 마련하는데 주요 초점을 두고 있다.		
8	군사고전의 지혜를 찾아서	이종학 지음	2012년 (신국판, 537쪽)	25,000
	내용	인류의 역사는 투쟁사 혹은 전쟁사의 연속이라 할 수 있다. 그러한 급변하고 위태로운 정세하에서 어떻게 생존하며 또한 승리할 것인가 하는 그 방법과 지혜를 제시했으며, 동양의 손무가 저술한 『손자병법』(기원전 513?)과 서양의 클라우제비츠가 저술한 『전쟁론』(1832)이 군사고전에 속하며, 그것들의 시대적 배경과 철학적 기초를 밝히려고 지난 반세기 동안 시도한 에세이를 편집한 것이 이 책이다. 군사고전은 심오한 철학사상을 바탕으로 하고 있기 때문에 생명력과 실용성을 보유하고 있을 뿐만 아니라, 인생철학의 지침서요 또 경영전략의 참고서로써 최근에 와서 더 많은 각광을 받고 있다.		
9	군제 기본원리와 한국의 병역제도	나태종 편저	2012년 (신국판, 353쪽)	16,000
	내용	이 책은 크게 두 편으로 구성되어 있다. 제1편 군제기본원리에서는 군사제도의 중요성과 제도에 관한 역사적 교훈, 현대 국방사상이 군제에 미치는 영향, 군사제도 설정의 기본원칙을 포함하였다. 제2편 한국의 병역제도에서는 정부수립 이후로부터 현재까지의 한국의 병역제도 변화과정을 분석하고 스위스, 이스라엘의 병역제도와의 비교평가를 통해 미래 한국의 병역제도 발전방안을 제시하였다.		

<table>
<tr><td rowspan="2">10</td><td colspan="2">현대전략론</td><td>이종학·노양규·
이성만 지음</td><td>2013년
(신국판, 457쪽)</td><td>24,000</td></tr>
<tr><td>내용</td><td colspan="4">『現代戰略論』(1972)은 40여년 전, 전략 입문서가 없었던 시절에 출간되어 그동안 전략 입문서로서의 기능을 발휘했으나, '한글세대'의 등장으로 절판되었다가 이번에 '한글화'된 개정판이 나왔다. 이번 개정판에는 전략의 기본문제를 보완하면서 미국에서의 새로운 전략연구의 추세와 한반도의 정세를 감안해서 내용을 구성했는데, 주요 내용은 '전략이란 무엇인가', '현대전쟁의 성격', '국가전략', '군사전략', '작전술', '전술' 그리고 '북한의 핵무기와 한반도 안보' 등이다. 전략을 연구하고자 하는 사관생도·일반 대학교의 군사학 전공자뿐만 아니라, 국제정치 전공자에게는 필독서이다.</td></tr>
<tr><td rowspan="2">11</td><td colspan="2">군사학 입문</td><td>송영필 지음</td><td>2014년
(신국판, 339쪽)</td><td>16,000</td></tr>
<tr><td>내용</td><td colspan="4">군사분야에 대한 입문서이다. 군사학의 정의와 연구대상으로부터 전쟁, 군사제도의 발전과정, 전쟁준비 차원에서 군사력 건설에 필요한 국방기획관리제도와 전투발전체계를 다루었다. 또한 전쟁수행 차원에서 군사력 운용의 용병술 체계와 전투수행에 대하여 방법, 수행절차를 기술하였다. 군사학을 공부하고자 하는 사람이나 군인의 길을 걷고자 하는 사람에게 기초가 되는 분야를 알기 쉽게 설명한 책이다.</td></tr>
<tr><td rowspan="2">12</td><td colspan="2">웨드마이어 회고록과 논평</td><td>이종학 편저</td><td>2014년
(신국판, 323쪽)</td><td>20,000</td></tr>
<tr><td>내용</td><td colspan="4">이 책의 제1부 『웨드마이어는 보고한다!』는 웨드마이어 대장의 회고록이다. 그는 제2차 세계대전 당시 마셜 육군참모총장의 두뇌 역할을 수행했고, 당시 미국의 국가전략과 그 이면사를 솔직하게 밝혔다. 특히 1947년 트루먼의 특사로 중국과 한국을 방문하고 미국의 극동정책에 대해 건의한 「웨드마이어 보고서」가 수록되어 있다.
제2부는 '웨드마이어 회고록'에 대한 논평이 수록되어 있으며, 특히 6·25전쟁의 복합적 원인에 대해 밝히고 있다. 그리고 평화적 남북통일에 대한 제안, 독도 영유권에 대한 해결방안, 한반도와 중국의 이해관계를 위한 단상 등이 수록되어 있다.
(※ 이 책은 대한민국학술원의 「2015년도 우수학술도서」로 선정되었다.)</td></tr>
<tr><td rowspan="2">13</td><td colspan="2">예비전력의
이론과 실제</td><td>이원희 지음</td><td>2015년
(신국판, 372쪽)</td><td>16,000</td></tr>
<tr><td>내용</td><td colspan="4">이 책은 한반도에서 전쟁이 발발시 승리하기 위해 군사력의 한 축인 예비전력에 대해 무엇을 어떻게 준비해야 할 것인가에 대한 방향을 제시하고 있다.
책의 구성은 「예비전력의 이론과 역사」, 「외국의 예비전력 운영」, 「예비전력의 운영사례와 효율적 운영방향」으로 되어 있고, 부록에는 「향토예비군 설치법」을 비롯한 관련 법령이 수록되어 있다.
장차 군의 간성이 되기를 원하는 학생은 물론 군의 주요 지휘관과 관련 참모, 지역 및 직장예비군 지휘관들에게 예비전력 운영에 관한 유용한 지침서가 될 것이다.</td></tr>
</table>

<table>
<tr><td rowspan="2">14</td><td colspan="2">작전술</td><td>노양규 지음</td><td>2016년
(신국판, 470쪽)</td><td>24,000</td></tr>
<tr><td>내용</td><td colspan="4">처음으로 발간된 작전술 관련 전문서적이며, 한국군의 변화와 발전을 위해서는 작전술이 가장 먼저 발전되어야 한다고 주장한다.
'작전술이란 무엇인가'에 대한 이론적인 배경을 설명한 후, 작전술이 소련군에서 태동하게 된 과정과 변화를 살펴보았고, 이어 현대 작전술의 중심인 '미군의 작전술' 변화과정을 1980년대부터 연대순으로 세밀하게 살펴보았다. 이어 '북한 작전술'을 살펴본 후, '한국군의 작전술'을 점검하고 미래 발전을 위한 방안을 제시하였다.
작전술은 한국군 변화와 발전의 관건關鍵이다.</td></tr>
<tr><td rowspan="2">15</td><td colspan="2">동북아시아의
전쟁과 평화</td><td>이종학 지음</td><td>2016년
(신국판, 577쪽)</td><td>35,000</td></tr>
<tr><td>내용</td><td colspan="4">미수(米壽, 88세)를 맞이하여 제자·후배들에게 남겨줄 선물로 이 책을 꾸며보았다.
제1부 동북아시아의 전쟁과 평화 : 평생 전쟁을 연구대상으로 하는 군사학을 연구하게 된 동기를 밝혔고, 또한 이론정립을 시도했으며, 저자가 바라는 평화적 남북통일 등을 수록했다. 제2부 군사사학으로 본 역사산책 : 군사사학의 관점에서 지난날의 군사와 관련된 역사를 살펴보았다. 제3부 대학교육과 국방 : 국가의 안보와 발전·번영에 필요한 인재를 양성하는 대학교육은 문·무가 일치된 교육이 실시되어야 한다는 관점에서 살펴보았다. 제4부 한 군사학도의 인생단상 : 인생전략의 수립방법과 절차를 소개했다. 그리고 제5부는 군사학에 의한 일본의 역사산책으로 일본어로 발표한 논문을 수록했다.</td></tr>
<tr><td rowspan="2">16</td><td colspan="2">군사명언의
지혜를 찾아서</td><td>이종학 편저</td><td>2018년
(신국판, 388쪽)</td><td>20,000</td></tr>
<tr><td>내용</td><td colspan="4">이 책은 편저자가 90세를 맞이하여, 군 지휘관 및 구성원들에게 전쟁의 준비·수행의 지침서가 될 뿐만 아니라, 우리들 인생의 지침서도 되고 또한 경영의 참고가 되는 명구(名句)로 꾸몄다.
제1장 국가안전보장, 제2장 전쟁, 제3장 지휘와 통솔, 제4장 전략·작전술 그리고 전술, 제5장 군사교육과 훈련, 제6장 전쟁의 원칙, 제7장 전략문화로 구성되어 있다.
전장(戰場)에서의 승패는 최고 지휘관의 자질에 의해 결정되어 왔기에 이 책의 제3장 지휘와 통솔에 역점을 두었다는 것을 밝히고, 군사전략의 수립뿐만 아니라, 인생전략의 수립방법도 소개했으니 60대 이후의 인생을 충실히 사는 방법을 제시했다. 부록으로 「나의 학문과 인생」을 첨부했으니 참고하기 바란다.</td></tr>
<tr><td rowspan="2">17</td><td colspan="2">동아시아
패권경쟁과 해양력</td><td>김경식 지음</td><td>2018년
(신국판, 406쪽)</td><td>23,000</td></tr>
<tr><td>내용</td><td colspan="4">이 책은 세계정치와 해양력과의 관계를 이해하고 동아시아 패권경쟁에서 해양력이 어떠한 역할을 수행하였는가를 분석하여 향후 한반도 주변에서 벌어질 강대국 간의 패권경쟁에 대비하는데 기여하고자 작성되었으며, 제1장 서론, 제2장 패권에 관한 이론적 배경, 제3장 패권경쟁과 해양력, 제4장 동아시아 패권경쟁과 한반도, 제5장 러일간 패권경쟁과 해양력, 제6장 미일간 패권경쟁과 해양력, 제7장 미중간 패권경쟁과 해양력, 제8장 결론 등 총 8개의 장으로 구성되었다.
해양력은 지구적 공공재에 대한 접근능력과 세계문제에 대한 개입 능력으로 말미암아 오래 전부터 패권경쟁의 핵심수단이 되어왔으며 이는 근대 동아시아 지역체제의 패권경쟁에서도 마찬가지였다. 이 책은 해양력이 국가안보와 번영·발전에 중요하다는 것을 알려주는 역저力著이다.</td></tr>
</table>

<table>
<tr><td rowspan="2">18</td><td colspan="2">새로운 패러다임의 군사교리</td><td>안재봉 지음</td><td>2019년
(신국판, 326쪽)</td><td>18,000</td></tr>
<tr><td>내용</td><td colspan="4">이 책은 군사교리에 관한 대한민국 최초의 전문서로서 현존 및 미래 안보환경에 부합한 새로운 패러다임(paradigm)의 군사교리 발전방향을 제시하고 있으며, 책의 구성은 총 5개 장으로 되어 있다. 제 I 장은 군사이론에 관한 내용으로 교리의 어원, 군사교리의 개념 및 역할, 군사교리의 수준, 제II장은 전쟁의 새로운 패러다임을 제시한 걸프전쟁, 코소보전쟁, 아프간전쟁, 이라크전쟁 분석, 제III장은 한국군의 군사교리체계와 1990년 최초로 정립한 『군사기본교리연구』(1) 이후, 수 차례 개정되었던 『군사기본교리』의 주요 내용 분석, 제IV장은 미국, 영국, 중국의 군사교리 및 전략 분석, 제V장은 결론으로 미래 한국군의 『군사기본교리』 정립안을 군사교리체계, 군사교리발전에 영향을 주는 영향 요소, 한국군의 전쟁수행개념(How to Win?)으로 구분하여 제시하고 있다.
(이 책은 '2020년 국방부 진중문고(陣中文庫)'에 선정되었다.)</td></tr>
<tr><td rowspan="2">19</td><td colspan="2">군사사학으로 본 6·25전쟁사</td><td>이종학 지음</td><td>2020년
(신국판, 403쪽)</td><td>23,000</td></tr>
<tr><td>내용</td><td colspan="4">이 책은 6·25전쟁 70년을 회고하면서 아래의 내용을 중점으로 6·25전쟁에 대한 진실을 밝히고자 노력했다. 즉,
▲6·25전쟁의 방아쇠는 누가 당겼나?
▲6·25전쟁을 누가 유인했나?
▲6·25전쟁 초기 작전에서 한국군은 왜 패했는가?
▲평화적 남북통일이란?
▲6·25전쟁의 역사적 고찰과 교훈
▲초기 공군사와 6·25전쟁
▲6·25전쟁의 재발은 가능한가?
▲손자병법으로 본 6·25전쟁</td></tr>
<tr><td rowspan="2">20</td><td colspan="2">60대 이후의 인생전략
-서라벌에서 온 편지-</td><td>이종학 지음</td><td>2022년
(신국판, 428쪽)</td><td>21,000</td></tr>
<tr><td>내용</td><td colspan="4">그리스의 수학자 피타고라스(기원전, 582?~493?)는 이 세상의 가장 중요한 일은 "인생을 어떻게 살아야 하는가를 가르쳐주는 일이다"고 말했다. 이 책에서 저자는 60대 이후의 인생은 황혼기가 아니라, 하고 싶은 일을 할 수 있는 결실기와 황금기임을 역설하였다.
이 책은 '머리말'과 「나의 학문과 인생」을 읽고 다음 순서대로 읽는 것이 좋으리라. 즉, 「한 군사학도의 지난날의 단상」, 「후배들에게 들려주고 싶은 군사학」, 「군사고전과 변증법」, 「신라 삼국통일의 의의」, 「신라의 해상세력과 감은사 창건」, 「한국과 일본의 미래를 위한 단상」, 「한반도와 중국의 미래관계를 위한 단상」 등등. 그리고 해상세력 이론의 학문적 체계화의 수립은 마한 대령의 『해상세력 사론』(1890)이지만, 해상세력의 '선각자' 및 '실천가'는 삼국통일을 완성한 문무대왕이며, 대전략가로 재조명되어야 한다는 것을 역설했다. 일본 고대사학계가 주장하는 '임나일본부'설과 '황국사관'을 철저히 논파했고, 특히 일본 천황가는 김해(임나가라) 출신임을 『일본서기』(720)에 의해 밝혔다. 군사고전인 손무의 『손자병법』 및 클라우제비츠의 『전쟁론』(1832)도 '변증법'을 알아야 이해·해석이 가능함을 역설했다.</td></tr>
</table>

<table>
<tr><td rowspan="2">21</td><td colspan="2">한국 군사전략의 변화와 발전</td><td>김희수 지음</td><td>2023년
(신국판, 304쪽)</td><td>20,000</td></tr>
<tr><td>내용</td><td colspan="5">이 책은 한국의 군사전략이 어떻게 발전해 왔는지, 군사전략을 기획하는 능력은 어느 정도 수준인지에 대한 문제의식에서 출발했다.
제1부 군사전략 이론은 군사전략 기획과 관련한 이론과 실제, 제2부 1945년~1998년 군사전략은 이승만, 박정희, 전두환·노태우·김영삼 정부의 전략환경 변화와 시대별 군사전략의 변천, 제3부 1998~2022년 군사전략은 김대중, 노무현, 이명박, 박근혜, 문재인 정부의 전략환경 평가와 시대별 군사전략의 변화, 제4부 군사전략 특징 및 발전방향은 역대정부의 국가안보 및 국방정책의 유사점과 차이점을 비교하고, 전략의 구성 요소인 군사전략목표, 개념, 자원의 변화 등 군사전략의 특징과 발전방향을 제시하면서 전략적인 사고력과 통찰력을 갖게 한다.</td></tr>
</table>

· 펴 낸 곳 : 충남대학교출판문화원

· 전　　화 : 042 − 821 − 6045

· e − mail : cnupress@cnu.ac.kr